复变函数和积分变换 学习指导

主　编　张援农

副主编　姜春华　岳显昌　谷升阳

Functions of

a Complex Variable

and

Integral transforms

WUHAN UNIVERSITY PRESS

武汉大学出版社

图书在版编目(CIP)数据

复变函数和积分变换学习指导/张援农主编;姜春华,岳显昌,谷升阳副主编.—武汉:武汉大学出版社,2024.9(2025.5 重印)
ISBN 978-7-307-24057-5

Ⅰ.复… Ⅱ.①张… ②姜… ③岳… ④谷… Ⅲ.①复变函数—高等学校—教学参考资料 ②积分变换—高等学校—教学参考资料
Ⅳ.①O174.5 ②O177.6

中国国家版本馆 CIP 数据核字(2023)第 196073 号

责任编辑:胡　艳　　　责任校对:汪欣怡　　　版式设计:马　佳

出版发行:**武汉大学出版社**　　(430072　武昌　珞珈山)
　　　　　(电子邮箱:cbs22@ whu.edu.cn 网址:www.wdp.com.cn)
印刷:武汉邮科印务有限公司
开本:787×1092　1/16　印张:20.25　字数:465 千字　插页:1
版次:2024 年 9 月第 1 版　　2025 年 5 月第 2 次印刷
ISBN 978-7-307-24057-5　　定价:49.00 元

前　　言

　　复变函数与积分变换不仅是数学理论的重要组成部分，也在物理学、工程技术等领域有广泛的应用。为了帮助读者更好地掌握复变函数和积分变换的理论知识和应用，我们依据《数学物理方法(第二版)》(张援农等编著，武汉大学出版社)编写了配套的辅助学习指导资料。

　　本书内容涵盖了复变函数与积分变换的主要知识点，通过精心挑选的例题，展示了各种题型的解题方法和技巧，帮助读者理解和掌握解题的要点和难点。同时，还提供了《数学物理方法(第二版)》教材习题的参考解答，使读者能够自行检验学习成果，加深对知识点的理解。为了巩固读者的学习效果，书中设置了大量的练习题及参考解答。这些练习题涵盖了各个章节的知识点，难度适中，既有助于读者加深对知识点的理解，又能够锻炼读者的解题能力，拓展思维深度。

　　愿每位读者在学习的过程中，都能体会到数学之美，以及它在现实世界中的无限应用潜力。

　　在编写本书的过程中，我们参考了大量国内外优秀教材和论文，在此向这些文献资料的编著者表示感谢。由于复变函数和积分变换的知识体系庞大且复杂，限于编者的水平，本书难免存在一些不足之处，恳请广大读者批评指正。

编　者

2024 年 5 月

目　　录

第一章　复数与复变函数

复变函数中所研究的函数的自变量和因变量都是复数，因此，首先要认识复数域以及复变量的函数。在这一章中，我们要掌握复数域与复平面的概念，以及复平面上的点集、区域以及复变函数的极限与连续的概念，为深入研究解析函数理论和方法奠定必要的基础。

一、知 识 要 点

(一) 复数和复数运算

1. 复数及运算

(1) 定义一对有序的实数对 $z = (x, y)$ 为复数，常记为 $z = x + iy$，其中 $i = \sqrt{-1}$。

(2) 两复数相等的充分必要条件是对应实部和虚部分别相等。

若　　　　　　　　　　　　$z_1 = x_1 + iy_1, \quad z_2 = x_2 + iy_2$

则　　　　　　　　　　　　$z_1 = z_2 \Leftrightarrow x_1 = x_2, \ y_1 = y_2$

此性质对复变函数同样适用，并有许多重要的应用，如可将实函数构成复函数进行运算、恒等式证明等。

(3) 复数的四则运算：若 $z_1 = x_1 + iy_1, \quad z_2 = x_2 + iy_2$，则有

$$z_1 \pm z_2 = (x_1 \pm x_2) + i(y_1 \pm y_2)$$

$$z_1 z_2 = (x_1 x_2 - y_1 y_2) + i(x_1 y_2 + x_2 y_1)$$

$$\frac{z_1}{z_2} = \frac{z_1 \bar{z}_2}{z_2 \bar{z}_2} = \frac{(x_1 x_2 + y_1 y_2)}{x_2^2 + y_2^2} + i\frac{(x_2 y_1 - x_1 y_2)}{x_2^2 + y_2^2} \quad (z_2 \neq 0)$$

注意：除法的运算！只要将分母实数化即可，即把分子分母同时乘以分母的共轭复数即可。

2. 模和辐角

(1) 模：　　　　　　　　　　　$r = |z| = \sqrt{x^2 + y^2}$

(2) 辐角与主辐角：　　　　$\theta = \mathrm{Arg}z = \mathrm{arg}z + 2k\pi \quad (k = 0, \ \pm1, \ \pm2, \cdots)$

式中，$\mathrm{arg}z$ 是辐角的主值，称为主辐角，其取值范围不超过 2π 的辐角，本教材取

$-\pi < \arg z \leqslant \pi$。可按照如下计算：

$$\arg z = \begin{cases} \arctan\dfrac{y}{x}, & x > 0 \\[2mm] \pm\dfrac{\pi}{2}, & x = 0,\ y > 0;\ x = 0,\ y < 0 \\[2mm] \arctan\dfrac{y}{x} \pm \pi, & x < 0,\ y > 0;\ x < 0,\ y < 0 \\[2mm] \pi, & x < 0,\ y = 0 \end{cases}$$

式中，$-\dfrac{\pi}{2} < \arctan\dfrac{y}{x} < \dfrac{\pi}{2}$。

注意：零点的辐角无意义。

（3）复数的三种表示形式：

代数形式：$\qquad\qquad z = x + iy$

三角形式：$\qquad\qquad z = r(\cos\theta + i\sin\theta)$

指数形式：$\qquad\qquad z = re^{i\theta}$

式中，r 为复数的模，$r = |z| = \sqrt{x^2 + y^2}$；$\theta$ 为辐角，$\theta = \mathrm{Arg}z = \arg z + 2k\pi$（$k = 0,\ \pm 1,\ \pm 2,\ \cdots$）。一般而言，$\theta$ 可以取主辐角。

关系：$\qquad\qquad x = r\cos\theta,\ y = r\sin\theta$

（4）复数 z 的共轭复数 $\bar z$：

$$\bar z = x - iy = r(\cos\theta - i\sin\theta) = re^{-i\theta}$$

则 $\qquad\qquad x = \dfrac{z + \bar z}{2},\quad y = \dfrac{z + \bar z}{2i}$

由此，复数的模亦可表示为 $|z| = \sqrt{z\bar z}$。

3. 复平面和复球面

（1）复平面：复数与 (x, y) 平面中的矢量可以类比，复数的模对应于矢量的长度，复数的辐角对应于矢量与 x 轴正方向的夹角。复数的加减运算也与矢量相同，即相同的分量相加减。利用这一点，可用复数计算矢量和，反之亦然。

（2）复球面：复数可用复球面上的点表示。复球面告诉我们复数域中 ∞ 点是真实存在的一个点。

无穷远点复数 ∞：$|\infty| = +\infty$，其实部、虚部与辐角的概念均无意义。

扩充复平面：含 ∞ 点的复平面。

注意：（1）$z = 0 \Leftrightarrow |z| = 0$，零的辐角不确定；

（2）辐角 $\mathrm{Arg}z$ 的多值性：$\theta = \mathrm{Arg}z = \arg z + 2k\pi$（$k = 0,\ \pm 1,\ \pm 2,\ \cdots$），具有无穷多值。它是复数多值性的来源；

（3）辐角 $\arg z$ 的单值性及计算公式；

（4）复数的加、减运算与相应向量的加、减运算一致。

（二）复数的乘幂与方根

1. 积与商

设 $z_1 = r_1 e^{i\theta_1}$，$z_2 = r_2 e^{i\theta_2}$，则

$$z_1 z_2 = r_1 e^{i\theta_1} r_2 e^{i\theta_2} = r_1 r_2 e^{i(\theta_1 + \theta_2)}, \quad \frac{z_1}{z_2} = \frac{r_1 e^{i\theta_1}}{r_2 e^{i\theta_2}} = \frac{r_1}{r_2} e^{i(\theta_1 - \theta_2)} \quad (|z_2| \neq 0)$$

即

$$|z_1 z_2| = |z_1||z_2|, \quad \mathrm{Arg}(z_1 z_2) = \theta_1 + \theta_2 = \mathrm{Arg} z_1 + \mathrm{Arg} z_2 \tag{1}$$

$$\left|\frac{z_1}{z_2}\right| = \frac{|z_1|}{|z_2|} \ (z_2 \neq 0), \quad \mathrm{Arg}\left(\frac{z_1}{z_2}\right) = \theta_1 - \theta_2 = \mathrm{Arg} z_1 - \mathrm{Arg} z_2 \tag{2}$$

注意：（1）正确理解等式（1）、式（2）的含义，等式两边是集合相等，有 $\mathrm{Arg}(zz) = \mathrm{Arg} z + \mathrm{Arg} z \neq 2\mathrm{Arg} z$；

（2）乘积与商的几何解释。

2. 乘幂

设 $z = r e^{i\theta}$，则

$$z^n = r^n e^{in\theta} = r^n(\cos n\theta + i\sin n\theta)$$

注意：德莫弗（De Moivre）公式 $(\cos\theta + i\sin\theta)^n = \cos n\theta + i\sin n\theta$ 及其应用。

3. 方根

设 $z = r e^{i\theta}$，则

$$w = z^{\frac{1}{n}} = \sqrt[n]{z} = r^{\frac{1}{n}} e^{i\frac{\theta + 2k\pi}{n}} = |z|^{\frac{1}{n}} e^{i\frac{\arg z + 2k\pi}{n}} \quad (k = 0, 1, 2, \cdots, n-1)$$

这样，任意一个不为 0 的复数的 n 次方根，在复平面上是以原点为中心的正 n 边形的顶点，它们与原点的距离是 $|z|^{\frac{1}{n}} = r^{\frac{1}{n}}$；也即将半径为 $r^{\frac{1}{n}}$ 的圆 n 等分。

注意：（1）$\sqrt[n]{z}$ 的多值性及几何意义；

（2）一般情况下 θ 取主辐角，即 $\theta = \arg z$。

（三）复平面上的区域

1. 基本概念

掌握邻域、去心邻域、内点、开集、连通集、区域、边界点、边界、闭区域、有界区域、无界区域等概念。

2. 平面曲线方程的复数形式

把平面上曲线方程写成参数形式：$x = x(t)$，$y = y(t)$（$\alpha \leqslant t \leqslant \beta$）。通常令 $z = x + iy$，

$z(t) = x(t) + iy(t)$，即得到此曲线方程的复数形式：$z = z(t) (\alpha \leq t \leq \beta)$。也可以将 x，y 满足的关系式中的 x 换为 $x = \dfrac{z + \bar{z}}{2}$，$y$ 换为 $y = \dfrac{z - \bar{z}}{2i}$ 后，转化为 z 与 $\bar{z}$ 满足的关系式，而得其复数形式；反之，给定复数形式的方程，按此方法可确定它表示平面上何种曲线。

平面图形 $\Leftrightarrow$ 复数形式的方程(或不等式)

$$f(x, y) = 0 \underset{z = x + iy, \ \bar{z} = x - iy}{\overset{x = \frac{z + \bar{z}}{2}, \ y = \frac{z - \bar{z}}{2i}}{\Longleftrightarrow}} F(z, \bar{z}) = 0$$

3. 简单曲线、光滑曲线的概念

(1)简单曲线：自身不相交的曲线。

(2)光滑曲线：曲线 $\Gamma = \{z | z = z(t) = x(t) + iy(t), \ t \in (\alpha, \beta), \ t \text{ 为实数}\}$ 上的任一点 z 都有 $x'(t)$，$y'(t)$ 在 (α, β) 上存在且连续，且满足 $x^2(t) + y^2(t) \neq 0$，$t \in (\alpha, \beta)$，则称 Γ 为光滑曲线。

(3)简单闭曲线：除起点终点重合外，无重点的按段光滑闭曲线。

任一条简单闭曲线 C，它把复平面唯一地分成三个互不相交的部分：一个是有界区域，称为 C 的内部；一个是无界区域，称为 C 的外部；还有一个是它们的公共边界。

4. 单连通域与多连通域概念

(1)单连通域：复平面上的区域 E，如果 E 中的任意简单闭曲线的内部全含在 E 中，则称 E 为单连通区域。

(2)多连通域：不是单连通的区域就叫多连通区域，也称为复连通区域。

注意：可用复数表达式表示一些常见的区域，或根据给定的复数表达式指出它所表示的何种区域。

(四) 复变函数

1. 复变函数的定义

设 D 为一个非空复数集，若对 D 中的每个复数 $z = x + iy$，按照某种规则，至少有一个复数 $w = u + iv$ 与之对应．则称 w 为 z 定义在集合 D 上的复变函数 $w = f(z)$，$z \in D$。

如果对每一个 $z \in D$，其像 w 是唯一的，称函数 $f(z)$ 为单值函数，如 $w = z^n$；否则，称函数 $f(z)$ 为多值函数，如 $w = \sqrt[n]{z}$。

2. 反函数

设函数 $w = f(z)$ 的定义域为 D，值域为 G，那么对 G 中每一点 w 一定对应 D 中的一个或者几个点 z，使得 $w = f(z)$，则这种对应确定了 G 上的一个函数，称为函数 $f(z)$ 的反函数，记作 $z = f^{-1}(w)$。

3. 复变函数与二元实函数的关系

复变函数的值一般也为复数，可表示为

$$w = f(z) = u(x, y) + iv(x, y) = \rho e^{i\varphi}$$

则一个复变函数与一对二元实变函数对应。与 (u, v) 对应的复平面称为 w 平面。

4. 映射

复变函数 $f(z)$ 的定义域是 z 平面中的一个区域，其值域则是 w 平面中的一个区域，故复变函数 $f(z)$ 代表从 z 平面向 w 平面的一种映射。

注意：（1）复变函数的概念，在形式上与实变函数中相应概念完全一样；

（2）复变函数在几何上具有映射（或变换）的意义。

（五）复变函数的极限与连续

1. 复变函数的极限

（1）定义：极限 $\lim\limits_{z \to z_0} f(z) = A$；

（2）复变函数极限的概念以及与实变函数极限概念的区别；

（3）设 $f(z) = u(x, y) + iv(x, y)$，$A = u_0 + iv_0$，$z_0 = x_0 + iy_0$，则

$$\lim_{z \to z_0} f(z) = A \Leftrightarrow \lim_{\substack{x \to x_0 \\ y \to y_0}} u(x, y) = u_0, \quad \lim_{\substack{x \to x_0 \\ y \to y_0}} v(x, y) = v_0$$

此结论把复变函数 $f(z) = u(x, y) + iv(x, y)$ 的极限问题转化为两个二元实函数 $u(x, y)$ 和 $v(x, y)$ 的二重极限问题。因此，高等数学中有关二重极限的许多性质（如运算法则等）对于复变函数也成立。

注意：（1）函数 $f(z)$ 在 z_0 点可以没有定义；

（2）$z \to z_0$ 的方式是任意的。由于是平面上趋向某一点，因此极限存在的要求很高，因而有许多特殊的性质。

2. 复变函数的连续性

定义：设函数 $w = f(z)$ 在点 z_0 及其邻域内有定义，若 $\lim\limits_{z \to z_0} f(z) = f(z_0)$，则称函数 $w = f(z)$ 在点 z_0 处是连续的；若 $w = f(z)$ 在区域 D 内处处连续，则称 $w = f(z)$ 是区域 D 的连续函数。

注意：（1）函数 $f(z)$ 在 z_0 点有定义；

（2）$z \to z_0$ 的方式是任意的。

定理一：函数 $w = f(z) = u(x, y) + iv(x, y)$ 在点 $z_0 = x_0 + iy_0$ 处连续的充要条件是：实部 $u(x, y)$ 和虚部 $v(x, y)$ 都在点 (x_0, y_0) 处连续。

定理二：连续函数的和、差、积、商（分母不为零）仍为连续函数，连续函数的复合

函数仍为连续函数。即：函数 $h = g(z)$ 在 z_0 处连续，函数 $w = f(h)$ 在 $h_0 = g(z_0)$ 处连续，则复合函数 $w = f(g(z))$ 在 z_0 处连续。

二、教学基本要求

(1)掌握复数的各种表示形式，复数的运算规律；

(2)掌握复数方程、不等式的几何意义；

(3)掌握复变函数的性质和几何意义。

三、问 题 解 答

(1)简述辐角的作用。

答：辐角指正实轴与复数所形成的夹角，因此这是一个多值的量。我们常常考虑 $(-\pi, \pi]$ 范围的角度，即主辐角。由于用角度去描述一个范围很方便，因此当我们不必具体知道一个复数，而只要描述其所在的范围时，可以借助辐角来描述。

(2) $\arg z = \theta$ 表示的几何图形是什么？

答：只有辐角没有模长不能刻画一个复数的位置，$\arg z = \theta$ 表示模长任意，主辐角为 θ 的复数集合，从几何上看，它表示一条去掉原点从原点出发的射线。由于原点 $z = 0$ 时，$\arg z$ 没有定义，因此 z 不能取到原点。

(3)关于主辐角 $\arg z$ 的取值范围不超过 2π，$(-\pi, \pi]$ 和 $[0, 2\pi)$ 两种方式都可以，为什么比较而言 $(-\pi, \pi]$ 更方便？

答：主辐角 $\arg z$ 的范围取为 $(-\pi, \pi]$ 时，z 平面割开负实轴；主辐角 $\arg z$ 的范围取为 $[0, 2\pi)$ 时，z 平面割开正实轴。两种取值范围的方式都可以结合模长准确定位复平面上任一复数的位置，只是两种取值方式对多值函数划分其单值区域的影响不一样。

四、解 题 示 例

类型一 复数表达式的变换

例题 1.1 写出 $z = \dfrac{1 - \sqrt{3}\,\mathrm{i}}{1 + \sqrt{3}\,\mathrm{i}}$ 的实部和虚部，并将 z 表示为三角形式和指数形式。

解题分析：一般而言，由 $z = x + \mathrm{i}y$ 求 $z = r(\cos\theta + \mathrm{i}\sin\theta)$ 和 $z = re^{\mathrm{i}\theta}$ 之间的转换是求出模 r 和主辐角 $\arg z$。本题首先将分式化为复数的代数形式，其方法为分子和分母同时乘以分母的共轭复数。

解：$z = \dfrac{(1 - \sqrt{3}\,\mathrm{i})\overline{(1 + \sqrt{3}\,\mathrm{i})}}{(1 + \sqrt{3}\,\mathrm{i})\overline{(1 + \sqrt{3}\,\mathrm{i})}} = \dfrac{(1 - \sqrt{3}\,\mathrm{i})^2}{(1 + \sqrt{3}\,\mathrm{i})(1 - \sqrt{3}\,\mathrm{i})} = \dfrac{1 - 2\sqrt{3}\,\mathrm{i} - 3}{1 + 3} = -\dfrac{1}{2}(1 + \sqrt{3}\,\mathrm{i})$,

故 $\mathrm{Re}z = -\dfrac{1}{2}$, $\mathrm{Im}z = -\dfrac{\sqrt{3}}{2}$。

为了求出指数形式和三角形式，需要求出模 r 和主辐角 $\arg z$：

$$r = |z| = \sqrt{x^2 + y^2} = \sqrt{\frac{1}{4} + \frac{3}{4}} = 1, \quad \arg z = \arctan\frac{-\sqrt{3}}{-1} - \pi = -\frac{2\pi}{3},$$

于是有 $z = \mathrm{e}^{\mathrm{i}\frac{-2\pi}{3}} = \cos\left(-\dfrac{2\pi}{3}\right) + \mathrm{i}\sin\left(-\dfrac{2\pi}{3}\right)$。

注意：本题也可以利用式（2）计算。

例题 1.2 将复数 $z = 1 - \cos\theta + \mathrm{i}\sin\theta (0 \leqslant \theta \leqslant \pi)$ 写成三角表达式和指数表达式。

解：方法一：因 $x = 1 - \cos\theta \geqslant 0$，$y = \sin\theta \geqslant 0 (0 \leqslant \theta \leqslant \pi)$，所以 $z = 1 - \cos\theta + \mathrm{i}\sin\theta$ 在第一象限。故

$$|z| = |1 - \cos\theta + \mathrm{i}\sin\theta| = \sqrt{(1 - \cos\theta)^2 + \sin^2\theta} = \sqrt{2 - 2\cos\theta} = 2\sin\frac{\theta}{2}$$

$$\frac{y}{x} = \frac{\sin\theta}{1 - \cos\theta} = \frac{2\sin\dfrac{\theta}{2}\cos\dfrac{\theta}{2}}{2\sin^2\dfrac{\theta}{2}} = \frac{\cos\dfrac{\theta}{2}}{\sin\dfrac{\theta}{2}} = \cot\frac{\theta}{2} = \tan\left(\frac{\pi}{2} - \frac{\theta}{2}\right)$$

$$\arg z = \arctan\frac{y}{x} = \frac{\pi}{2} - \frac{\theta}{2}$$

所以

$$z = 1 - \cos\theta + \mathrm{i}\sin\theta = 2\sin\frac{\theta}{2}\mathrm{e}^{\frac{\pi-\theta}{2}\mathrm{i}}$$

方法二：直接利用三角关系化简。

$$z = 1 - \cos\theta + \mathrm{i}\sin\theta = 2\sin^2\frac{\theta}{2} + \mathrm{i}2\sin\frac{\theta}{2}\cos\frac{\theta}{2}$$

$$= 2\sin\frac{\theta}{2}\left(\sin\frac{\theta}{2} + \mathrm{i}\cos\frac{\theta}{2}\right) = 2\sin\frac{\theta}{2}\left[\left(\cos\frac{\pi - \theta}{2} + \mathrm{i}\sin\frac{\pi - \theta}{2}\right)\right]$$

$$= 2\sin\frac{\theta}{2}\mathrm{e}^{\frac{\pi-\theta}{2}\mathrm{i}}$$

另外，用同样方法，可以得到：

$$z = 1 + \cos\theta + \mathrm{i}\sin\theta = 2\cos^2\frac{\theta}{2} + \mathrm{i}2\sin\frac{\theta}{2}\cos\frac{\theta}{2} = 2\cos\frac{\theta}{2}\mathrm{e}^{\mathrm{i}\frac{\theta}{2}}$$

例题 1.3 若 $z = r\mathrm{e}^{\mathrm{i}\theta}$，试计算 $\mathrm{Re}\left[\dfrac{z + 1}{z - 1}\right]$。

解题分析：将复数化为代数形式，若为复数的除法，将分母化为实数即可，一般的方法是分子和分母同乘以分母的共轭。

解：$\dfrac{z + 1}{z - 1} = \dfrac{(z + 1)\overline{(z - 1)}}{(z - 1)\overline{(z - 1)}} = \dfrac{(z + 1)(\bar{z} - 1)}{(z - 1)(\bar{z} - 1)} = \dfrac{z\bar{z} - (z - \bar{z}) + 1}{z\bar{z} - (z + \bar{z}) + 1} = \dfrac{r^2 - \mathrm{i}2r\sin\theta + 1}{r^2 - 2r\cos\theta + 1}$,

故
$$\mathrm{Re}\left[\frac{z+1}{z-1}\right] = \frac{r^2+1}{r^2-2r\cos\theta+1}$$

类型二　复数的计算和证明

例 1.4　计算下列复数的值：(1) $\sqrt[3]{i}$；(2) $\sqrt[4]{1+i}$。

解题分析：复数的方根的计算，首先求出模 r 和主辐角 $\arg z$，再利用公式 $w_k = \sqrt[n]{z} = r^{\frac{1}{n}} e^{i\frac{\arg z + 2k\pi}{n}}$ ($k = 0, 1, 2, \cdots, n-1$) 计算。

解：(1) $\sqrt[3]{i} = 1 \cdot e^{i\frac{\frac{\pi}{2}+2k\pi}{3}}$ ($k = 0, 1, 2$)，$\sqrt[3]{i} = \begin{cases} e^{i\frac{\pi}{6}}, & k=0 \\ e^{i\frac{5\pi}{6}}, & k=1 \\ e^{i\frac{3\pi}{2}}, & k=2 \end{cases}$

(2) 因为 $1 + i = \sqrt{2} \cdot e^{i\frac{\pi}{4}}$，故

$$\sqrt[4]{1+i} = 2^{\frac{1}{8}} \cdot e^{i\frac{\frac{\pi}{4}+2k\pi}{4}}, \quad k = 0, 1, 2, 3$$

即
$$\sqrt[4]{1+i} = \begin{cases} e^{i\frac{\pi}{16}}, & k=0 \\ e^{i\frac{9\pi}{16}}, & k=1 \\ e^{i\frac{17\pi}{16}}, & k=2 \\ e^{i\frac{25\pi}{16}}, & k=3 \end{cases}$$

例 1.5　解方程 $\bar{z} = z^{n-1}$ (n 为正整数)。

解题分析：如果令 $z = re^{i\theta}$，方程变为 $re^{-i\theta} = r^{n-1}e^{i(n-1)\theta}$，可以化为两个实方程，但求解比较困难。但给方程两边取绝对值可知 $|\bar{z}| = |z^{n-1}|$，注意到 $|\bar{z}| = |z|$，我们可以先求出 $|z|$，再利用 $\bar{z} = |z|^2/z$ 代入方程解出 z。另外，这里需要对 n 的取值加以讨论。

解：(1) 当 $n = 1$ 时，方程变为 $\bar{z} = 1$，此时解为 $z = 1$。

(2) 当 $n = 2$ 时，方程变为 $\bar{z} = z$，此时 z 为全体实数。

(3) 当 $n \geq 3$ 时，由 $\bar{z} = z^{n-1}$ 得到 $|\bar{z}| = |z^{n-1}|$ 或者 $|z| = |z|^{n-1}$。于是有 $|z| = 0$ 或者 $|z| = 1$。

显然，当 $|z| = 0$ 时，得到 $z = 0$，此解也包含在了当 $n = 2$ 时的解中；

当 $|z| \neq 0$，$|z| = 1$ 时，由 $\bar{z} = z^{n-1}$ 两边乘以 z 得到 $\bar{z}z = z^n$ 或者 $z^n = 1$，故

$$z_k = \sqrt[n]{1} = e^{i\frac{2k\pi}{n}}, \quad k = 0, 1, \cdots n-1$$

显然，当 $k = 0$ 时，此解也包含了当 $n = 1$ 时的解。

故方程的解为：当 $n = 2$ 时为全体实数；当 $n \neq 2$ 时为 $z = 0$，$z_k = e^{i\frac{2k\pi}{n}}$ ($k = 0, 1, 2, \cdots, n-1$)。

例 1.6　试证明：$z_1\bar{z}_2 - \bar{z}_1z_2 = i2\mathrm{Im}(z_1\bar{z}_2) = -i2\mathrm{Im}(\bar{z}_1z_2)$。

解题分析：一般此类证明可以利用复数的性质即可。

证明：由 $z + \bar{z} = 2\mathrm{Re}z$，$z - \bar{z} = i2\mathrm{Im}z$，

若 $z = z_1\bar{z}_2$，则 $\bar{z} = \overline{z_1\bar{z}_2} = \bar{z}_1 z_2$，故 $z_1\bar{z}_2 - \bar{z}_1 z_2 = \mathrm{i}2\mathrm{Im}(z_1\bar{z}_2)$，

若 $z = \bar{z}_1 z_2$，则 $\bar{z} = \overline{\bar{z}_1 z_2} = z_1\bar{z}_2$，故 $(z_1\bar{z}_2 - \bar{z}_1 z_2) = -(\bar{z}_1 z_2 - z_1\bar{z}_2) = -\mathrm{i}2\mathrm{Im}(\bar{z}_1 z_2)$。
证毕。

类型三　利用复数解实数问题

例 1.7　试将 $\cos3\theta$ 和 $\sin3\theta$ 展开为 $\cos\theta$ 和 $\sin\theta$ 的多项式。

解题思路：一般此类问题可以利用德莫弗（De Moivre）公式 $(\cos\theta + \mathrm{i}\sin\theta)^n = \cos n\theta + \mathrm{i}\sin n\theta$ 计算和证明。

解：由 $\mathrm{e}^{\mathrm{i}\theta} = \cos\theta + \mathrm{i}\sin\theta$ 和 $(\cos\theta + \mathrm{i}\sin\theta)^n = \cos n\theta + \mathrm{i}\sin n\theta$，取 $n = 3$，得到

$$\cos3\theta + \mathrm{i}\sin3\theta = (\cos\theta + \mathrm{i}\sin\theta)^3 = \cos^3\theta - 3\cos\theta\sin^2\theta + 3\mathrm{i}\cos^2\theta\sin\theta - \mathrm{i}\sin^3\theta$$

因为两边的实部和虚部应分别相等，故得到

$$\cos3\theta = \cos^3\theta - 3\cos\theta\sin^2\theta$$

$$\sin3\theta = 3\cos^2\theta\sin\theta - \sin^3\theta$$

例 1.8　证明以下两个公式：

$$\sum_{k=1}^{n}\cos k\varphi = \frac{\sin\left(n + \frac{1}{2}\right)\varphi - \sin\frac{\varphi}{2}}{2\sin\frac{\varphi}{2}}, \quad \sum_{k=1}^{n}\sin k\varphi = \frac{\cos\frac{\varphi}{2} - \cos\left(n + \frac{1}{2}\right)\varphi}{2\sin\frac{\varphi}{2}}$$

证明：注意到 $\sum_{k=1}^{n}\mathrm{e}^{\mathrm{i}k\varphi} = \sum_{k=1}^{n}\cos k\varphi + \mathrm{i}\sum_{k=1}^{n}\sin k\varphi$。故先考虑 $\sum_{k=1}^{n}\mathrm{e}^{\mathrm{i}k\varphi}$，这是一个等比级数，利用公比为 q 的等比级数求和公式 $\sum_{k=1}^{n}a_k = \frac{a_1(1 - q^n)}{1 - q}$，其和为

$$\sum_{k=1}^{n}\mathrm{e}^{\mathrm{i}k\varphi} = \frac{\mathrm{e}^{\mathrm{i}\varphi}(1 - \mathrm{e}^{\mathrm{i}n\varphi})}{1 - \mathrm{e}^{\mathrm{i}\varphi}}$$

分子与分母同时乘以 $\mathrm{e}^{-\mathrm{i}\varphi/2}$，化简后得到

$$\sum_{k=1}^{n}\mathrm{e}^{\mathrm{i}k\varphi} = \frac{\mathrm{e}^{\mathrm{i}\varphi}(1 - \mathrm{e}^{\mathrm{i}n\varphi})}{1 - \mathrm{e}^{\mathrm{i}\varphi}} = \frac{\mathrm{e}^{\mathrm{i}\varphi/2}(1 - \mathrm{e}^{\mathrm{i}n\varphi})}{\mathrm{e}^{-\mathrm{i}\varphi/2} - \mathrm{e}^{\mathrm{i}\varphi/2}} = \frac{\mathrm{e}^{\mathrm{i}\varphi/2} - \mathrm{e}^{\mathrm{i}(n+1/2)\varphi}}{-2\mathrm{i}\sin\frac{\varphi}{2}}$$

$$= \frac{\mathrm{i}}{2\sin\frac{\varphi}{2}}\left[\cos\frac{\varphi}{2} + \mathrm{i}\sin\frac{\varphi}{2} - \cos\left(n + \frac{1}{2}\right)\varphi - \mathrm{i}\sin\left(n + \frac{1}{2}\right)\varphi\right]$$

$$= \frac{1}{2\sin\frac{\varphi}{2}}\left[\sin\left(n + \frac{1}{2}\right)\varphi - \sin\frac{\varphi}{2} + \mathrm{i}\cos\frac{\varphi}{2} - \mathrm{i}\cos\left(n + \frac{1}{2}\right)\varphi\right]$$

注意到 $\sum_{k=1}^{n}\mathrm{e}^{\mathrm{i}k\varphi} = \sum_{k=1}^{n}\cos k\varphi + \mathrm{i}\sum_{k=1}^{n}\sin k\varphi$，分别比较实部与虚部，因此有

$$\sum_{k=1}^{n}\cos k\varphi=\frac{\sin\left(n+\frac{1}{2}\right)\varphi-\sin\frac{\varphi}{2}}{2\sin\frac{\varphi}{2}},\quad\sum_{k=1}^{n}\sin k\varphi=\frac{\cos\frac{\varphi}{2}-\cos\left(n+\frac{1}{2}\right)\varphi}{2\sin\frac{\varphi}{2}}$$

证毕。

例 1.9　设有 n 个长度皆为 A 的二维矢量 $\boldsymbol{A}_k(k=1,2,\cdots,n)$，它们与 x 轴的夹角依次为 $0,\alpha,2\alpha,\cdots,(n-1)\alpha$。求这些矢量的和。

解题分析：利用二维矢量和复数之间的关系。

解：由题设，可写出 $\boldsymbol{A}_k=A[\boldsymbol{i}\cos(k-1)\alpha+\boldsymbol{j}\sin(k-1)\alpha](k=1,2,\cdots,n)$，这里 $\boldsymbol{i},\boldsymbol{j}$ 分别为 x,y 方向的单位矢量。

本题所求的是 $\sum_{k=1}^{n}\boldsymbol{A}_k$。注意到矢量求和是各矢量的 x,y 分量分别相加，而复数求和是各复数的实部、虚部分别相加，两者的运算法则相同，故二维矢量的求和可利用复数的求和得到。因此来计算 n 个复数的和 $\sum_{k=1}^{n}A_k$，其中

$$A_k=A[\cos(k-1)\alpha+\mathrm{i}\sin(k-1)\alpha]=A\mathrm{e}^{\mathrm{i}(k-1)\alpha}$$

由等比级数的求和公式[见例 1.8 中的公式]，可得

$$\sum_{k=1}^{n}A_k=A\mathrm{e}^{-\mathrm{i}\alpha}\sum_{k=1}^{n}\mathrm{e}^{\mathrm{i}k\alpha}=A\frac{1-\mathrm{e}^{\mathrm{i}n\alpha}}{1-\mathrm{e}^{\mathrm{i}\alpha}}=A\frac{\mathrm{e}^{\mathrm{i}\frac{n\alpha}{2}}(\mathrm{e}^{\mathrm{i}\frac{n\alpha}{2}}-\mathrm{e}^{-\mathrm{i}\frac{n\alpha}{2}})}{\mathrm{e}^{\mathrm{i}\frac{\alpha}{2}}(\mathrm{e}^{-\mathrm{i}\frac{\alpha}{2}}-\mathrm{e}^{\mathrm{i}\frac{\alpha}{2}})}=A\mathrm{e}^{\frac{(n-1)\alpha}{2}\mathrm{i}}\frac{\sin\frac{n\alpha}{2}}{\sin\frac{\alpha}{2}}$$

由此，根据二维矢量与复数间的对应关系，可知矢量 $\sum_{k=1}^{n}\boldsymbol{A}_k$ 的长度为复数 $\sum_{k=1}^{n}A_k$ 的模。注意到 $\left|\mathrm{e}^{\mathrm{i}\frac{(n-1)\alpha}{2}}\right|=1$，即有

$$\left|\sum_{k=1}^{n}\boldsymbol{A}_k\right|=\left|\sum_{k=1}^{n}A_k\right|=A\left|\frac{\sin\frac{n\alpha}{2}}{\sin\frac{\alpha}{2}}\right|$$

矢量 $\sum_{k=1}^{n}\boldsymbol{A}_k$ 与 x 轴的夹角为复数 $\sum_{k=1}^{n}A_k$ 的辐角，即 $\frac{(n-1)\alpha}{2}$。于是得到合矢量为

$$\sum_{k=1}^{n}\boldsymbol{A}_k=A\left|\frac{\sin\frac{n\alpha}{2}}{\sin\frac{\alpha}{2}}\right|\left[\boldsymbol{i}\cos\frac{(n-1)\alpha}{2}+\boldsymbol{j}\sin\frac{(n-1)\alpha}{2}\right]$$

类型四　确定复数表达式所描述的区域

例 1.10　确定 $\frac{\pi}{4}<\arg(z-1)<\frac{\pi}{2}$ 在复平面上所代表的区域。

解：将 $z-1$ 看成是复平面中起点在 $z=1$ 处的矢量，则 $\arg(z-1)$ 即该矢量与 x 轴之间

的夹角。因此，所说的区域如图 1-1 阴影部分所示。

例 1.11 确定 $\mathrm{Re}z^2 > a\,(a > 0)$ 在复平面上所代表的区域。

解： 因为 $\mathrm{Re}z^2 = \mathrm{Re}(x^2 - y^2 + 2ixy) = x^2 - y^2$，故区域应该满足：

$$x^2 - y^2 > a \text{ 或者 } x^2 > y^2 + a$$

但另一方面，因为 $z = re^{i\theta}$，有 $\mathrm{Re}z^2 = \mathrm{Re}(r^2 e^{i2\theta}) = r^2\cos2\theta$，故 $\mathrm{Re}z^2 > a > 0$，还要求

$\cos2\theta > 0$，即满足 $-\dfrac{\pi}{4} < \theta < \dfrac{\pi}{4}$。于是，所限定的区域为双曲线 $x^2 - y^2 = a$ 的右边一支

的外侧，即 $x > \sqrt{y^2 + a}$，如图 1-2 所示阴影部分。

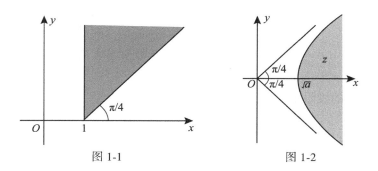

图 1-1　　　　　　　　　图 1-2

例 1.12 求以 z_1，z_2，z_3 为顶点的三角形的面积 S。

解题分析： 利用三角形的面积计算公式。三角形的面积 $S = \dfrac{1}{2}\,|z_2 - z_3|\,d$，$d$ 是 z_1 到连

接 z_2，z_3 的直线的距离。

解： 连接 z_2，z_3 的直线方程为 $\dfrac{x - x_2}{x_3 - x_2} = \dfrac{y - y_2}{y_3 - y_2}$，即

$$(y_3 - y_3)(x - x_2) - (x_3 - x_2)(y - y_2) = 0$$

而点 $z_1 = (x_1，y_1)$ 到直线 $Ax + By + C = 0$ 的距离为 $d = \dfrac{Ax_1 + By_1 + C}{\sqrt{A^2 + B^2}}$，因此有

$$d = \frac{(y_3 - y_2)(x_1 - x_2) - (x_3 - x_2)(y_1 - y_2)}{\sqrt{(y_3 - y_2)^2 + (x_3 - x_2)^2}} = \frac{\mathrm{Im}(z_3 - z_2)\,\overline{(z_1 - z_2)}}{|z_2 - z_3|}$$

$$= \frac{\mathrm{Im}\,\overline{(z_3 - z_2)}(z_1 - z_2)}{|z_2 - z_3|} = |z_2 - z_3|\,\frac{\mathrm{Im}\,\overline{(z_3 - z_2)}(z_1 - z_2)}{(z_2 - z_3)\,\overline{(z_2 - z_3)}}$$

$$= |z_2 - z_3|\,\mathrm{Im}\,\frac{\overline{(z_3 - z_2)}(z_1 - z_2)}{(z_2 - z_3)\,\overline{(z_2 - z_3)}} = -|z_2 - z_3|\,\mathrm{Im}\,\frac{z_1 - z_2}{z_2 - z_3}$$

故面积为 $\dfrac{1}{2}\,|z_2 - z_3|^2\,\mathrm{Im}\,\dfrac{z_1 - z_3}{z_2 - z_3}$ 的绝对值。

类型五 复变函数的极限与连续的判定

例 1.13 讨论函数 $f(z) = \dfrac{\bar{z}}{z}$ 当 $z \to 0$ 时的极限。

解题分析：一般有两种方法：①分别讨论实部 $u(x, y)$ 和虚部 $v(x, y)$ 在点 (x_0, y_0) 处的极限和连续性，把问题转化为两个二元实函数的极限和连续性问题；②利用定义讨论极限和连续性。

解：**方法一**：函数 $f(z) = \dfrac{\bar{z}}{z} = \dfrac{\bar{z}\bar{z}}{z\bar{z}} = \dfrac{x^2 - y^2 - \mathrm{i}2xy}{x^2 + y^2}$，其实部和虚部分别为

$$u(x, y) = \frac{x^2 - y^2}{x^2 + y^2}, \quad v(x, y) = -\frac{2xy}{x^2 + y^2}$$

而 $\lim\limits_{\substack{x \to 0 \\ y \to 0}} \dfrac{x^2 - y^2}{x^2 + y^2} = \lim\limits_{\substack{y = kx \\ x \to 0}} \dfrac{x^2 - (kx)^2}{x^2 + (kx)^2} = \dfrac{1 - k^2}{1 + k^2}$，此极限值与 k 有关，故不存在。所以函数 $f(z) = \dfrac{\bar{z}}{z}$ 当 $z \to 0$ 时的极限不存在。

用同样的方法可以得到 $\lim\limits_{\substack{x \to 0 \\ y \to 0}} \dfrac{2xy}{x^2 + y^2}$ 也不存在。

方法二：设 $z = r\mathrm{e}^{\mathrm{i}\theta}$，则 $\lim\limits_{z \to 0} f(z) = \lim\limits_{z \to 0} \dfrac{\bar{z}}{z} \xlongequal{z = r\mathrm{e}^{\mathrm{i}\theta}} \lim\limits_{r \to 0} \dfrac{r\mathrm{e}^{-\mathrm{i}\theta}}{r\mathrm{e}^{\mathrm{i}\theta}} = \mathrm{e}^{-\mathrm{i}2\theta}$，此极限值与 θ 有关，故不存在。所以，函数 $f(z) = \dfrac{\bar{z}}{z}$ 当 $z \to 0$ 时的极限不存在。

类型六 一些应用

例 1.14 (1)证明：实系数的多项式 $P(z) = a_n z^n + a_{n-1} z^{n-1} + \cdots + a_1 z + a_0$，其中 a_i $(i = 0, 1, 2, \cdots, n)$ 是实数，其复根共轭出现。

(2)证明：$a_n z^n + a_{n-1} z^{n-1} + \cdots + a_1 z + a_0 = 0 (a_n \neq 0)$ 的所有根的和及积分别是 $-\dfrac{a_{n-1}}{a_n}$

及 $(-1)^n \dfrac{a_0}{a_n}$。

(3)证明：方程 $P(z) = a_n z^n + a_{n-1} z^{n-1} + \cdots + a_1 z + a_0 (a_n \neq 0)$ 的虚根出现共轭对的充要条件是所有系数 $a_n, a_{n-1}, \cdots, a_1, a_0$ 位置在复平面上一条过原点的直线上。

证明：(1)一般地，若 z_0 是 $P(z)$ 的零点，即

$$P(z_0) = a_n z_0^n + a_{n-1} z_0^{n-1} + \cdots + a_1 z_0 + a_0 = 0$$

而 $\overline{P(z_0)} = \overline{a_n z_0^n + a_{n-1} z_0^{n-1} + \cdots + a_1 z_0^1 + a_0} = a_n \bar{z}_0^n + a_{n-1} \bar{z}_0^{n-1} + \cdots + a_1 \bar{z}_0 + a_0 = 0$

即 $P(\bar{z}_0) = 0$，则 $\bar{z}_0$ 也是 $P(z)$ 的零点。

(2)若 $z_1, z_2, \cdots, z_n$ 为此 n 个根，则方程式可写成

$$a_n(z - z_1)(z - z_2) \cdots (z - z_n) = 0$$

展开得到 $a_n[z^n - (z_1 + z_2 + \cdots + z_n)z^{n-1} + \cdots + (-1)^n z_1 z_2 \cdots z_n] = 0$

因此有 $-a_n(z_1 + z_2 + \cdots + z_n) = a_{n-1}$ 且 $(-1)^n a_n z_1 z_2 \cdots z_n = a_0$，所以

$$z_1 + z_2 + \cdots + z_n = -\frac{a_{n-1}}{a_n}, \quad z_1 z_2 \cdots z_n = (-1)^n \frac{a_0}{a_n}$$

（3）证明：设系数位置在一条过原点的公共直线 $\theta = \theta_1$ 上，则系数在极坐标形式写法下产生一个因子 $e^{i\theta_1}$，消去这个因子后，方程的系数全为实的，因而虚根必出现共轭对。

设虚根出现共轭对，则某一实系数方程能以这些数为其根，而任何另外的方程以同样的数为其根者，必仅与之相差一常数因子，这些新系数必位于一过原点的公共直线上。

五、习题参考解答和提示

1.1 指出下列复数的实部和虚部，模和辐角，辐角的主值，并将它们写成三角表达式和指数表达式。

（1）$(1 + \sqrt{3}i)(1 + i)$；　　　（2）$\dfrac{2i}{-1 + i}$；　　　（3）$z = (\sqrt{3} + i)^3$；

（4）$(1 + i)^{100} + (1 - i)^{100}$；　　（5）$\dfrac{(1 + i)^n}{(1 - i)^{n-2}}$，$n$ 为整数；

（6）$z = 1 - \cos\theta + i\sin\theta$，$0 \leqslant \theta \leqslant \pi$；　　（7）$\dfrac{(\cos 5\theta + i\sin 5\theta)^2}{(\cos 3\theta - i\sin 3\theta)^3}$。

解：（1）一般而言，多个复数的乘积，化为三角函数形式和指数形式，计算较容易。

三角函数形式　　$z = 2\left(\dfrac{1}{2} + \dfrac{\sqrt{3}}{2}i\right) \cdot \sqrt{2}\left(\dfrac{\sqrt{2}}{2} + \dfrac{\sqrt{2}}{2}i\right)$

$$= 2\left(\cos\frac{\pi}{3} + i\sin\frac{\pi}{3}\right) \cdot \sqrt{2}\left(\cos\frac{\pi}{4} + i\sin\frac{\pi}{4}\right)$$

$$= 2\sqrt{2}\left(\cos\frac{7\pi}{12} + i\sin\frac{7\pi}{12}\right)$$

或者利用指数形式　　$z = 2\left(\dfrac{1}{2} + \dfrac{\sqrt{3}}{2}i\right) \cdot \sqrt{2}\left(\dfrac{\sqrt{2}}{2} + \dfrac{\sqrt{2}}{2}i\right)$

$$= 2\sqrt{2}e^{i\frac{\pi}{3}}e^{i\frac{\pi}{4}} = 2\sqrt{2}e^{i\frac{7\pi}{12}} = 2\sqrt{2}\left(\cos\frac{7\pi}{12} + i\sin\frac{7\pi}{12}\right)$$

代数运算直接计算　　$z = (1 + \sqrt{3}i)(1 + i) = 1 + \sqrt{3}i + i - \sqrt{3} = (1 - \sqrt{3}) + (1 + \sqrt{3})i$

注意：利用复数的乘法或者除法，可以得到一些特殊角度的三角函数值。

这里，比较三角函数形式和代数形式的实部和虚部，得到

$$2\sqrt{2}\cos\frac{7\pi}{12} = 1 - \sqrt{3} \Rightarrow \cos\left(\frac{\pi}{2} + \frac{\pi}{12}\right) = \frac{1 - \sqrt{3}}{2\sqrt{2}} \Rightarrow \sin\frac{\pi}{12} = \frac{\sqrt{6} - \sqrt{2}}{4}$$

同样可以得到 $\cos\dfrac{\pi}{12} = \dfrac{\sqrt{6} + \sqrt{2}}{4}$。

（2）$z = \dfrac{2i(-1-i)}{2} = \sqrt{2}\left(\dfrac{\sqrt{2}}{2} - \dfrac{\sqrt{2}}{2}i\right) = \sqrt{2}e^{-\frac{\pi}{4}i}$

或者，由 $-1 + i = \sqrt{2}e^{\frac{3\pi}{4}i}$，$i = e^{\frac{\pi}{2}i}$，得到

$$z = \dfrac{2i}{-1+i} = \dfrac{2e^{\frac{\pi}{2}i}}{\sqrt{2}e^{\frac{3\pi}{4}i}} = \sqrt{2}e^{-\frac{\pi}{4}i}$$

（3）$z = (\sqrt{3}+i)^3 = 8\left(\dfrac{\sqrt{3}}{2} + \dfrac{1}{2}i\right)^3 = 8\left(\cos\dfrac{\pi}{6} + i\sin\dfrac{\pi}{6}\right)^3 = 8\left(\cos\dfrac{\pi}{2} + i\sin\dfrac{\pi}{2}\right) = 8e^{i\frac{\pi}{2}}$

$\qquad = 8i$

（4）**方法一**：因为 $1+i = \sqrt{2}e^{\frac{\pi}{4}i}$，$1-i = \sqrt{2}e^{-\frac{\pi}{4}i}$，所以

$$(1+i)^{100} = (\sqrt{2}e^{\frac{\pi}{4}i})^{100} = 2^{50}e^{25\pi i} = 2^{50}e^{12\times 2\pi i + \pi i} = -2^{50}$$

$$(1-i)^{100} = (\sqrt{2}e^{-\frac{\pi}{4}i})^{100} = 2^{50}e^{25\pi i} = 2^{50}e^{-12\times 2\pi i - \pi i} = -2^{50}$$

$$(1+i)^{100} + (1-i)^{100} = -2^{51}$$

方法二：因为 $(1+i)^2 = 2i$，有 $(1+i)^4 = -2^2$，同样 $(1-i)^2 = -2i$，有 $(1-i)^4 = -2^2$，所以有

$$(1+i)^{100} + (1-i)^{100} = -2^{51}$$

注意：一般而言，当 n 为整数时，有

$$(1+i)^n + (1-i)^n = \left[\sqrt{2}\left(\dfrac{\sqrt{2}}{2} + \dfrac{\sqrt{2}}{2}i\right)\right]^n + \left[\sqrt{2}\left(\dfrac{\sqrt{2}}{2} - \dfrac{\sqrt{2}}{2}i\right)\right]^n$$

$$= 2^{\frac{n}{2}}\left(\cos\dfrac{\pi}{4} + i\sin\dfrac{\pi}{4}\right)^n + 2^{\frac{n}{2}}\left(\cos\dfrac{\pi}{4} - i\sin\dfrac{\pi}{4}\right)^n = 2^{\frac{n}{2}+1}\cos\dfrac{n\pi}{4}$$

（5）$\dfrac{(1+i)^n}{(1-i)^{n-2}} = \dfrac{(1+i)^n}{(1-i)^n}(1-i)^2 = \left(\dfrac{2i}{2}\right)^n(-2i) = -2i^{n+1} = 2i^{n-1}$。

（6）参见例 1.2。

1.2　试证明：任何复数 z 只要不等于 -1，而其模为 1，则必可表示成 $z = \dfrac{1+ti}{1-ti}$ 之形式，此处 t 为实数。

证明：因 $|z| = 1$，故可设 $z = \cos\theta + i\sin\theta$。由于 $z \neq -1$，故 $\theta \neq (2n+1)\pi$ $(n = 0, \pm 1, \pm 2, \cdots)$，于是

$$z = \cos\theta + i\sin\theta = \dfrac{1 - \tan^2\dfrac{\theta}{2}}{1 + \tan^2\dfrac{\theta}{2}} + i\dfrac{2\tan\dfrac{\theta}{2}}{1 + \tan^2\dfrac{\theta}{2}}$$

此时，可令 $t = \tan\dfrac{\theta}{2}$（有限实数，因 $\theta \neq (2n+1)\pi$），故

$$z = \dfrac{1-t^2}{1+t^2} + i\dfrac{2t}{1+t^2} = \dfrac{(1-t^2) + 2ti}{1+t^2} = \dfrac{(1+ti)^2}{(1+ti)(1-ti)} = \dfrac{1+ti}{1-ti}$$

1.3 设 $z = x + iy$, 则：

(1)若 $\dfrac{z}{\bar{z}} = a + ib$, 试证明：$a^2 + b^2 = 1$（$a$, b 为常数）；

(2)若 $y \neq 0$, $z \neq \pm i$, 试证明：当 $x^2 + y^2 = 1$ 时 $\dfrac{z}{1 + z^2}$ 为实数；

(3)若 $|x| \neq |y|$, 试证明：只有当 $xy = 0$ 时, z^4 才为实数。

解：（1）**方法一**：因为 $\dfrac{x + iy}{x - iy} = \dfrac{(x + iy)^2}{x^2 + y^2} = \dfrac{(x^2 - y^2)}{x^2 + y^2} + i\dfrac{2xy}{x^2 + y^2}$, 有

$$a^2 + b^2 = \dfrac{(x^2 - y^2)^2}{[x^2 + y^2]^2} + \dfrac{(2xy)^2}{[x^2 + y^2]^2} = 1$$

方法二：$\left|\dfrac{z}{\bar{z}}\right| = \dfrac{|z|}{|\bar{z}|} = 1 \Rightarrow |a + ib| = 1 \Rightarrow a^2 + b^2 = 1$

方法三：因 $\dfrac{x + iy}{x - iy} = a + ib$, 有

$$x + iy = (a + ib)(x - iy) = (ax + by) + i(bx - ay)$$

比较得到
$$\begin{cases} x = (ax + by) \\ y = (bx - ay) \end{cases}$$

$$\Rightarrow \begin{cases} yx = y(ax + by) \\ xy = x(bx - ay) \end{cases} \Rightarrow b = \dfrac{2xy}{x^2 + y^2}$$

$$\Rightarrow \begin{cases} xx = x(ax + by) \\ yy = y(bx - ay) \end{cases} \Rightarrow a = \dfrac{x^2 - y^2}{x^2 + y^2}$$

（2）**方法一**：因为 $\dfrac{z}{1 + z^2}$ 为实数, 故有

$$\dfrac{z}{1 + z^2} = \overline{\left(\dfrac{z}{1 + z^2}\right)} = \dfrac{\bar{z}}{1 + \bar{z}^2}$$

即
$$z + z\bar{z}^2 = \bar{z} + \bar{z}z^2 \Leftrightarrow (z - \bar{z})(1 - z\bar{z}) = 0$$

因为 $y \neq 0$, 故 $z - \bar{z} \neq 0$, 所以有 $1 - z\bar{z} = 0 \Leftrightarrow x^2 + y^2 = 1$。

方法二：因为 $\dfrac{z}{1 + z^2} = \dfrac{z\overline{(1 + z^2)}}{(1 + z^2)\overline{(1 + z^2)}} = \dfrac{z(1 + \overline{zz})}{(1 + z^2)\overline{(1 + z^2)}} = \dfrac{z + \bar{z}|z|^2}{(1 + z^2)\overline{(1 + z^2)}}$, 为实

数, 所以有 $\text{Im}(z + \bar{z}|z|^2) = 0$, 即 $y - y|z|^2 = 0$, 因为 $y \neq 0$, 故有 $1 - |z|^2 = 0$, 即 $x^2 + y^2 = 1$。

（3）**方法一**：$z^4 = $ 实数 $\Leftrightarrow z^4 = \overline{z^4} \Leftrightarrow z^4 - \bar{z}^4 = 0 \Leftrightarrow (z^2 - \bar{z}^2)(z^2 + \bar{z}^2) = 0$

$$\Leftrightarrow \begin{cases} (z^2 - \bar{z})^2 = 0 \\ (z^2 + \bar{z}^2) = 0 \end{cases} \Leftrightarrow \begin{cases} (z + \bar{z})(z - \bar{z}) = 0 \\ (z + i\bar{z})(z - i\bar{z}) = 0 \end{cases} \Leftrightarrow \begin{cases} x = 0 \text{ 或者 } y = 0 \\ (x + y) = 0 \text{ 或者 } (x - y) = 0 \end{cases}$$

因为 $|x| \neq |y|$, 故只有当 $xy = 0$ 时, z^4 才为实数。

方法二：因为 $z^4 = (x + iy)^4 = (x^2 - y^2 - i2xy)^2 = (x^2 - y^2)^2 - (2xy)^2 + i(2xy)(x^2 - $

y^2），为实数，所以有 $(2xy)(x^2-y^2)=0$，因为 $|x|\neq|y|$，故只有当 $xy=0$ 时，z^4 才为实数。

1.4 设 $x_n+iy_n=(1-i\sqrt{3})^n$（x_n，y_n 为实数，n 为正整数），试证：$x_ny_{n-1}-x_{n-1}y_n=4^{n-1}\sqrt{3}$。

证明：方法一： 由 $x_n+iy_n=(1-i\sqrt{3})^n=2^n\left(\dfrac{1}{2}-i\dfrac{\sqrt{3}}{2}\right)^n$

$$=2^n\left[\cos\left(-\dfrac{\pi}{3}\right)+i\sin\left(-\dfrac{\pi}{3}\right)\right]^n$$

$$=2^n\left[\cos\left(-n\dfrac{\pi}{3}\right)+i\sin\left(-n\dfrac{\pi}{3}\right)\right]$$

得到 $\quad x_{n-1}=2^{n-1}\cos\left[-(n-1)\dfrac{\pi}{3}\right]$，$y_{n-1}=2^{n-1}\sin\left[-(n-1)\dfrac{\pi}{3}\right]$

所以 $x_ny_{n-1}-x_{n-1}y_n=2^n\cos\left(-n\dfrac{\pi}{3}\right)2^{n-1}\sin\left[-(n-1)\dfrac{\pi}{3}\right]$

$$-2^{n-1}\cos\left[-(n-1)\dfrac{\pi}{3}\right]2^n\sin\left(-n\dfrac{\pi}{3}\right)$$

$$=2^{2n-1}\sin\left[-(n-1)\dfrac{\pi}{3}+n\dfrac{\pi}{3}\right]=2^{2n-1}\sin\left(\dfrac{\pi}{3}\right)=2^{2n-1}\dfrac{\sqrt{3}}{2}=4^{n-1}\sqrt{3}$$

方法二： 设 $z_n=x_n+iy_n=(1-i\sqrt{3})^n$，则 $\overline{z_n}=\overline{x_n+iy_n}=(1+i\sqrt{3})^n$，因为

$(x_n+iy_n)\overline{(x_{n-1}+iy_{n-1})}=(x_n+iy_n)(x_{n-1}-iy_{n-1})$
$$=(x_nx_{n-1}-y_ny_{n-1})+i(x_ny_{n-1}+x_ny_{n-1})$$

$\overline{(x_n+iy_n)}(x_{n-1}+iy_{n-1})=(x_n-iy_n)(x_{n-1}+iy_{n-1})=(x_nx_{n-1}+y_ny_{n-1})+i(x_ny_{n-1}-x_{n-1}y_n)$

所以有 $(x_ny_{n-1}-x_{n-1}y_n)=\mathrm{Im}\left[\overline{(x_n+iy_n)}(x_{n-1}+iy_{n-1})\right]$

$$=\mathrm{Im}\left[(1+i\sqrt{3})^n(1-i\sqrt{3})^{n-1}\right]$$

$$=\mathrm{Im}\left[(1+i\sqrt{3})(1+i\sqrt{3})^{n-1}(1-i\sqrt{3})^{n-1}\right]$$

$$=\mathrm{Im}\left[(1+i\sqrt{3})4^{n-1}\right]=4^{n-1}\sqrt{3}$$

1.5 计算 $(2+i)(3+i)$，并利用它证明：$\arctan\dfrac{1}{2}+\arctan\dfrac{1}{3}=\dfrac{\pi}{4}$。

解： 利用复数的乘法，有 $(2+i)(3+i)=5+5i$，因

$$\arg(2+i)=\arctan\dfrac{1}{2},\quad \arg(3+i)=\arctan\dfrac{1}{3},\quad \arg(5+5i)=\arctan 1=\dfrac{\pi}{4}$$

由 $\mathrm{Arg}(z_1z_2)=\mathrm{Arg}z_1+\mathrm{Arg}z_2$，得到 $\arctan\dfrac{1}{2}+\arctan\dfrac{1}{3}=\dfrac{\pi}{4}$。

1.6 证明：复平面的直线方程可以写成 $a\bar{z}+\bar{a}z=c$，a 是非零复常数，c 是实常数。并证明 a 是与此直线垂直的一个向量。

说明： 直线方程的一般表达式为 $\quad Ax+By+C=0$，其中 A、B 不同时为零。

将 $x = \dfrac{z + \bar{z}}{2}$，$y = \dfrac{z - \bar{z}}{2i}$ 代入，得到 $A\left(\dfrac{z + \bar{z}}{2}\right) + B\left(\dfrac{z - \bar{z}}{2i}\right) + C = 0$，

整理得到 $\left(\dfrac{A}{2} + i\,\dfrac{B}{2}\right)\bar{z} + \left(\dfrac{A}{2} - i\,\dfrac{B}{2}\right)z + C = 0$，

可以写为 $a\bar{z} + \bar{a}z = c$，其中 $a = \dfrac{A}{2} + i\,\dfrac{B}{2}$，$c = -C$。

因直线方程的斜率为 $k_1 = -\dfrac{A}{B}$，而向量 $a = \dfrac{A}{2} + i\,\dfrac{B}{2}$ 的斜率为 $k_2 = \dfrac{B}{A}$，有 $k_1 k_2 = -1$，故两直线垂直。

注意：若 z_1、z_2 关于直线方程 $a\bar{z} + \bar{a}z = c$（a 是非零复常数，c 是实常数）对称，则有 $a\bar{z_1} + \bar{a}z_2 = c$。

1.7 若点 P_1 和 P_2 分别用 z_1 及 z_2 表示，且 $|z_1 + z_2| = |z_1 - z_2|$。证明：(1) $\dfrac{z_1}{z_2}$ 为一纯虚数；

(2) $\angle P_1 O P_2 = 90°$。

解：(1)**方法一**：因 $|z_1 + z_2| = |z_1 - z_2|$，有 $(z_1 + z_2)\overline{(z_1 + z_2)} = (z_1 - z_2)\overline{(z_1 - z_2)}$，

即 $2(\bar{z_1}z_2 + z_1\bar{z_2}) = 0$，$\dfrac{z_1}{z_2} = -\dfrac{\bar{z_1}}{\bar{z_2}}$，则 $\dfrac{z_1}{z_2}$ 为一纯虚数。

方法二：$|z_1 + z_2| = |z_1 - z_2|$，$\left|\dfrac{z_1}{z_2} + 1\right| = \left|\dfrac{z_1}{z_2} - 1\right|$，显然 $\dfrac{z_1}{z_2}$ 位于 -1 和 1 的垂直平分线上，为 y 轴，是一纯虚数。

(2)**方法一**：直线 $\overline{OP_1}$ 和 $\overline{OP_2}$ 的夹角为 $\arg z_2 - \arg z_1 = \arg\left(\dfrac{z_1}{z_2}\right)$。

因为 $\dfrac{z_1}{z_2}$ 为一纯虚数，所以有 $\arg z_2 - \arg z_1 = \arg\left(\dfrac{z_1}{z_2}\right) = \pm\dfrac{\pi}{2}$，故 $\angle P_1 O P_2 = 90°$。

方法二：由直线方程 $Ax + By + C = 0$，得到 $\bar{\alpha}z + \alpha\bar{z} + c = 0$（参见习题 1.6），其中 $\alpha = \dfrac{A}{2} + \dfrac{B}{2}i$，$\bar{\alpha} = \dfrac{A}{2} - \dfrac{B}{2}i$。

若直线过原点，则方程为 $Ax + By = 0$ 或者 $\bar{\alpha}z + \alpha\bar{z} = 0$，其斜率为 $k = -\dfrac{A}{B}$，即 $k = -\dfrac{A}{B} = -\dfrac{(\alpha + \bar{\alpha})}{(\alpha - \bar{\alpha})/i}$。

设直线 $\overline{OP_1}$ 和 $\overline{OP_2}$ 的斜率分别为 k_1 和 k_2，若两直线垂直，有 $k_1 k_2 = -1$，即

$$k_1 k_2 = \dfrac{(\alpha_1 + \bar{\alpha_1})}{(\alpha_1 - \bar{\alpha_1})/i} \cdot \dfrac{(\alpha_2 + \bar{\alpha_2})}{(\alpha_2 + \bar{\alpha_2})/i} = -\dfrac{1 + \bar{\alpha_1}/\alpha_1}{1 - \bar{\alpha_1}/\alpha_1} \cdot \dfrac{1 + \bar{\alpha_2}/\alpha_2}{1 - \bar{\alpha_2}/\alpha_2}$$

$$\overset{\bar{\alpha}/\alpha = -\bar{z}/z}{=\!=\!=\!=\!=} -\dfrac{1 - \bar{z_1}/z_1}{1 + \bar{z_1}/z_1} \cdot \dfrac{1 - \bar{z_2}/z_2}{1 + \bar{z_2}/z_2} = -1$$

这里利用了 $\dfrac{z_1}{z_2} = -\dfrac{\overline{z_1}}{\overline{z_2}}$，即 $\dfrac{\overline{z_2}}{z_2} = -\dfrac{\overline{z_1}}{z_1}$ 的结论。

1.8 试证：$|z_1 + z_2|^2 + |z_1 - z_2|^2 = 2(|z_1|^2 + |z_2|^2)$，并说明其几何意义。

证明： 因 $|z_1 + z_2|^2 = (z_1 + z_2)(\overline{z_1 + z_2}) = z_1\overline{z_1} + z_2\overline{z_2} + z_1\overline{z_2} + \overline{z_1}z_2$

$$= |z_1|^2 + |z_2|^2 + z_1\overline{z_2} + \overline{z_1\overline{z_2}} = |z_1|^2 + |z_2|^2 + 2\mathrm{Re}(z_1\overline{z_2})$$

同样 $|z_1 - z_2|^2 = (z_1 - z_2)(\overline{z_1 - z_2}) = z_1\overline{z_1} + z_2\overline{z_2} - z_1\overline{z_2} - \overline{z_1}z_2$

$$= |z_1|^2 + |z_2|^2 - (z_1\overline{z_2} + \overline{z_1\overline{z_2}}) = |z_1|^2 + |z_2|^2 - 2\mathrm{Re}(z_1\overline{z_2})$$

所以有 $$|z_1 + z_2|^2 + |z_1 - z_2|^2 = 2(|z_1|^2 + |z_2|^2)$$

几何意义：平行四边形两对角线的平方和等于各边的平方和。上式也称为三角形的中线定理。

1.9 证明不等式：(1) $|z_1 + z_2| \leqslant |z_1| + |z_2|$；(2) $|z_1 - z_2| \geqslant |z_1| - |z_2|$。

证明： (1) **方法一：** 由几何意义可得到结论。

方法二： 因 $|z_1 + z_2|^2 = |z_1|^2 + |z_2|^2 + z_1\overline{z_2} + \overline{z_1\overline{z_2}} = |z_1|^2 + |z_2|^2 + 2\mathrm{Re}(z_1\overline{z_2})$

$$\leqslant |z_1|^2 + |z_2|^2 + 2|z_1\overline{z_2}| = (|z_1| + |z_2|)^2$$

这里利用了 $|z| \geqslant \mathrm{Re}(z)$，$|z_1\overline{z_2}| \geqslant \mathrm{Re}(z_1\overline{z_2})$。

1.10 (1) 设 z_1、z_2、z_3 三点满足条件：$z_1 + z_2 + z_3 = 0$，且 $|z_1| = |z_2| = |z_3| = 1$。证明：$z_1$、$z_2$、$z_3$ 是一个内接单位圆周 $|z| = 1$ 的正三角形的顶点。

(2) 若 z_1、z_2、z_3 为一等边三角形的顶点，试证明：$z_1^2 + z_2^2 + z_3^2 = z_1z_2 + z_2z_3 + z_3z_1$。

证明： (1) **方法一：** 因 $|z_1| = |z_2| = |z_3| = 1$，故 z_1、z_2、z_3 是位于单位圆周 $|z| = 1$ 的 3 个点，现证明是正三角形的顶点。不失一般性，设 $z_1 = 1$，则 $z_2 = \mathrm{e}^{\mathrm{i}\theta_2}$，$z_3 = \mathrm{e}^{\mathrm{i}\theta_3}$，由 $z_1 + z_2 + z_3 = 0$，有

$$1 + \mathrm{e}^{\mathrm{i}\theta_2} + \mathrm{e}^{\mathrm{i}\theta_3} = 0, \quad \mathrm{e}^{\mathrm{i}\frac{\theta_2}{2}}(\mathrm{e}^{-\mathrm{i}\frac{\theta_2}{2}} + \mathrm{e}^{\mathrm{i}\frac{\theta_2}{2}}) + \mathrm{e}^{\mathrm{i}\theta_3} = 0$$

$$2\cos\left(\frac{\theta_2}{2}\right)\mathrm{e}^{\mathrm{i}\frac{\theta_2}{2}} = -\mathrm{e}^{\mathrm{i}\theta_3} = \mathrm{e}^{-\mathrm{i}\pi}\mathrm{e}^{\mathrm{i}\theta_3} = \mathrm{e}^{\mathrm{i}(\theta_3 - \pi)}$$

得到 $2\cos\left(\dfrac{\theta_2}{2}\right) = 1$，$\dfrac{\theta_2}{2} = \theta_3 - \pi$，解之得到 $\dfrac{\theta_2}{2} = \dfrac{\pi}{3}$，$\theta_2 = \dfrac{2\pi}{3}$，$\theta_3 = \pi + \dfrac{\theta_2}{2} = \dfrac{4\pi}{3}$。

方法二： 因 $|z_1| = |z_2| = |z_3| = 1$，故 z_1、z_2、z_3 是位于单位圆周 $|z| = 1$ 的 3 个点，现证明 z_1、z_2、z_3 为顶点的三角形是等边三角形，即证明：

$$|z_1 - z_2| = |z_2 - z_3| = |z_3 - z_1| = \sqrt{3}$$

因为 $|z_1 - z_2|^2 = (z_1 - z_2)(\overline{z_1} - \overline{z_2}) = z_1\overline{z_1} + z_2\overline{z_2} - z_1\overline{z_2} - z_2\overline{z_1} = 2 - z_1\overline{z_2} - z_2\overline{z_1}$

又由 $z_1 + z_2 + z_3 = 0$，即 $|z_1 + z_2| = |-z_3| = 1$，所以

$|z_1 + z_2|^2 = (z_1 + z_2)(\overline{z_1} + \overline{z_2}) = z_1\overline{z_1} + z_2\overline{z_2} + z_1\overline{z_2} + z_2\overline{z_1} = 2 + z_1\overline{z_2} + z_2\overline{z_1} = 1$

得到 $z_1\overline{z_2} + z_2\overline{z_1} = -1$，所以有 $|z_1 - z_2|^2 = 2 - z_1\overline{z_2} - z_2\overline{z_1} = 3$。

得证。

方法三：因为 $|z_1 + z_2|^2 + |z_1 - z_2|^2 = 2(|z_1|^2 + |z_2|^2)$，

又由 $z_1 + z_2 + z_3 = 0$，得到 $|z_1 + z_2| = |-z_3| = 1$，

因此有 $|z_1 - z_2|^2 = 2(|z_1|^2 + |z_2|^2) - |z_1 + z_2|^2 = 2(1 + 1) - 1 = 3$。

同理，可以证明 $|z_2 - z_3|^2 = |z_3 - z_1|^2 = 3$。

得证。

（2）因 $(z_2 - z_1) = e^{\pi i/3}(z_3 - z_1)$，$(z_1 - z_3) = e^{\pi i/3}(z_2 - z_3)$，所以有 $\dfrac{z_2 - z_1}{z_1 - z_3} = \dfrac{z_3 - z_1}{z_2 - z_3}$，

即 $z_1^2 + z_2^2 + z_3^2 = z_1 z_2 + z_2 z_3 + z_3 z_1$。

1.11 求出下列关系式在复平面上表示的曲线：

（1）$|z - a| = |z - b|$，a 和 b 是复常数；

（2）$\left| z - \dfrac{a}{2} \right| + \left| z + \dfrac{a}{2} \right| = c\,(a > 0,\ c > 0)$；

（3）$|z - a| = \mathrm{Re}(z - b)$，$a$ 和 b 是实常数；

（4）$\mathrm{Im}\,\dfrac{z - a}{z - b} = 0$，$\mathrm{Re}\,\dfrac{z - a}{z - b} = 0$，$a$ 和 b 是实常数。

解：（1）直线，点 a 和 b 连线的垂直平分线。

$$|z - a| = |z - b| \Rightarrow (z - a)\,\overline{(z - a)} = (z - b)\,\overline{(z - b)}$$
$$\Rightarrow (z\bar{z} - \bar{a}z - a\bar{z} + a\bar{a}) = (z\bar{z} - \bar{b}z - b\bar{z} + b\bar{b})$$
$$\Rightarrow (\bar{a} - \bar{b})z + (a - b)\bar{z} + (b\bar{b} - a\bar{a}) = 0, \quad 为直线方程$$

（2）**方法一**：由等式的几何意义知道，曲线上的任意一点到 $\left(\dfrac{a}{2},\ 0 \right)$ 和

$\left(-\dfrac{a}{2},\ 0 \right)$ 两点距离之和不变，根据定义，则曲线是椭圆。

方法二：由 $\left| z - \dfrac{a}{2} \right| + \left| z + \dfrac{a}{2} \right| = c$，得到 $\sqrt{\left(x - \dfrac{a}{2} \right)^2 + y^2} + \sqrt{\left(x + \dfrac{a}{2} \right)^2 + y^2} = c$，

即

$$\left(x - \dfrac{a}{2} \right)^2 + y^2 = \left(c - \sqrt{\left(x + \dfrac{a}{2} \right)^2 + y^2} \right)^2 = c^2 - 2c\sqrt{\left(x + \dfrac{a}{2} \right)^2 + y^2} + \left(x + \dfrac{a}{2} \right)^2 + y^2$$

化简即为 $2ax + c^2 = 2c\sqrt{\left(x + \dfrac{a}{2} \right)^2 + y^2}$，两边平方，化简得到 $(4c^2 - 4a^2)x^2 + 4c^2 y^2 = c^4 - a^2 c^2$，即

$$\frac{x^2}{\dfrac{c^2}{4}} + \frac{y^2}{\dfrac{c^2 - a^2}{4}} = 1$$

为椭圆方程，其中 $c^2 - a^2 > 0$。

（3）由 $|z - a| = \mathrm{Re}(z - b)$，得到

$$(z - a)\overline{(z - a)} = (x - b)^2 \Rightarrow (z\bar{z} - a\bar{z} - \bar{a}z + a\bar{a}) = (x - b)^2$$

$$\Rightarrow x^2 + y^2 - 2ax + a^2 = x^2 - 2bx + b^2,$$

$$\Rightarrow y^2 = (2a - 2b)x + b^2 - a^2, \quad \text{为一抛物线(开口向右)}$$

(4)因为 $\dfrac{z - a}{z - b} = \dfrac{(z - a)\overline{(z - b)}}{(z - b)\overline{(z - b)}} = \dfrac{(z\bar{z} - a\bar{z} - \bar{b}z + a\bar{b})}{(z - b)\overline{(z - b)}}$,

由 $\operatorname{Im}\dfrac{z - a}{z - b} = 0$ 知道, $\operatorname{Im}(z\bar{z} - a\bar{z} - \bar{b}z + a\bar{b}) = 0$, 即

$$\operatorname{Im}(a\bar{z} + bz) = 0 \Rightarrow -ay + by = 0 \Rightarrow y = 0, \quad \text{为实轴}$$

由 $\operatorname{Re}\dfrac{z - a}{z - b} = 0$ 知道, $\operatorname{Re}(z\bar{z} - a\bar{z} - \bar{b}z + a\bar{b}) = 0$, 即

$$x^2 + y^2 - ax - bx + ab = 0$$

$$\left(x - \frac{a + b}{2}\right)^2 + y^2 = \frac{(a + b)^2 - 4ab}{4} = \frac{(a - b)^2}{4}$$

为圆的方程。

1.12 在复平面上画出下列关系式所表示的区域, 指明它们是有界区域还是无界区域。

(1) $2 \leqslant |z| \leqslant 3$;　　(2) $\left|\dfrac{z - 1}{z + 1}\right| \leqslant 1$;　　(3) $|z - 1| < 4|z + 1|$;

(4) $|z - 1| + |z + 1| \leqslant 4$;　　(5) $\operatorname{Re}z^2 \leqslant 1$;　　(6) $\operatorname{Re}z \leqslant a^2$;

(7) $-3 < \operatorname{Im}z < -\dfrac{1}{4}$;　　(8) $0 < \arg z < \dfrac{\pi}{4}$;　　(9) $0 < \arg\dfrac{z - i}{z + i} < \dfrac{\pi}{4}$。

解:(1)圆环区域, 有界。

(2) $\left|\dfrac{z - 1}{z + 1}\right| \leqslant 1 \Rightarrow |z - 1| \leqslant |z + 1| \Rightarrow (z - 1)\overline{(z - 1)} \leqslant (z + 1)\overline{(z + 1)}$

$$\Rightarrow (z\bar{z} - z - \bar{z} + 1) \leqslant (z\bar{z} + z + \bar{z} + 1) \Rightarrow 2(z + \bar{z}) \geqslant 0$$

$$\Rightarrow x \geqslant 0, \quad \text{右半平面, 无界}$$

(3) $|z - 1| < 4|z + 1| \Rightarrow (z - 1)\overline{(z - 1)} \leqslant 4(z + 1)\overline{(z + 1)}$

$$\Rightarrow (z\bar{z} - z - \bar{z} + 1) \leqslant 4(z\bar{z} + z + \bar{z} + 1) \Rightarrow 3z\bar{z} + 5(z + \bar{z}) + 3 \geqslant 0$$

$$\Rightarrow x^2 + y^2 + \frac{10}{3}x + 1 \geqslant 0$$

$$\Rightarrow \left(x + \frac{5}{3}\right)^2 + y^2 - \frac{25}{9} + 1 \geqslant 0 \Rightarrow \left(x + \frac{5}{3}\right)^2 + y^2 \geqslant \left(\frac{4}{3}\right)^2$$

圆心在 $\left(-\dfrac{5}{3},\ 0\right)$ 点, 半径为 $\dfrac{4}{3}$ 圆的外部, 无界。

(4)由习题 1.11(2)可知, 为椭圆及内部, 即 $\dfrac{x^2}{4} + \dfrac{y^2}{3} \leqslant 1$。有界。

(5) $\operatorname{Re}z^2 \leqslant 1 \Rightarrow (x^2 + y^2) \leqslant 1$, 圆心在原点的单位圆的内部, 有界。

（6）$\mathrm{Re}z \le a^2 \Rightarrow x \le a^2$，带形区域，无界。

（7）带形区域，无界。

（8）角形区域，无界。

（9）因 $\dfrac{z-\mathrm{i}}{z+\mathrm{i}} = \dfrac{(z-\mathrm{i})(\bar{z}-\mathrm{i})}{(z+\mathrm{i})(\bar{z}-\mathrm{i})} = \dfrac{z\bar{z}-\mathrm{i}(z+\bar{z})-1}{z\bar{z}-\mathrm{i}(z-\bar{z})+1} = \dfrac{x^2+y^2-1-2x\mathrm{i}}{x^2+(y+1)^2}$，

又因 $0 < \arg\dfrac{z-\mathrm{i}}{z+\mathrm{i}} < \dfrac{\pi}{4}$，位于第一象限，所以有

$$\begin{cases} x^2+y^2-1 > 0 \\ -2x > 0 \\ 0 < \dfrac{-2x}{x^2+y^2-1} < \tan\dfrac{\pi}{4} = 1 \end{cases} \Rightarrow \begin{cases} x^2+y^2 > 1 \\ x < 0 \\ (x+1)^2+y^2 > 2 \end{cases} \Rightarrow \begin{cases} x < 0 \\ (x+1)^2+y^2 > 2 \end{cases} \text{无界。}$$

练习题 若 $0 < \arg\left(\dfrac{z-1}{z+1}\right) < \dfrac{\pi}{6}$，在复平面上所表示的区域。

（答：$y > 0$，$x^2+(y-\sqrt{3})^2 > 4$）。

1.13 若 $(1+\mathrm{i})^n = (1-\mathrm{i})^n$，试求 n 的值。

解：方法一：$\left(\dfrac{1+\mathrm{i}}{1-\mathrm{i}}\right)^n = 1$，$\left[\dfrac{(1+\mathrm{i})^2}{2}\right]^n = 1$，$\mathrm{i}^n = 1$，$n = 4k$。

方法二：$(1+\mathrm{i})^n - (1-\mathrm{i})^n = \left[\sqrt{2}\left(\dfrac{\sqrt{2}}{2}+\dfrac{\sqrt{2}}{2}\mathrm{i}\right)\right]^n - \left[\sqrt{2}\left(\dfrac{\sqrt{2}}{2}-\dfrac{\sqrt{2}}{2}\mathrm{i}\right)\right]^n$

$$= 2^{\frac{n}{2}}\left(\cos\dfrac{\pi}{4}+\mathrm{i}\sin\dfrac{\pi}{4}\right)^n - 2^{\frac{n}{2}}\left(\cos\dfrac{\pi}{4}-\mathrm{i}\sin\dfrac{\pi}{4}\right)^n$$

$$= \mathrm{i}2^{\frac{n}{2}+1}\sin\dfrac{n\pi}{4} = 0$$

即 $\dfrac{n\pi}{4} = k\pi$，$n = 4k$。

1.14 若 $z = \mathrm{e}^{\mathrm{i}\theta} = \cos\theta + \mathrm{i}\sin\theta$（$0 \le \theta < 2\pi$），则 $z + \dfrac{1}{z} = 2\cos\theta$，$z^n + \dfrac{1}{z^n} = 2\cos n\theta$。

解：因为 $\dfrac{1}{z} = \mathrm{e}^{-\mathrm{i}\theta} = \cos\theta - \mathrm{i}\sin\theta$，$\dfrac{1}{z^n} = \mathrm{e}^{-\mathrm{i}n\theta} = \cos n\theta - \mathrm{i}\sin n\theta$，则

$$z + \dfrac{1}{z} = 2\cos\theta, \quad z^n + \dfrac{1}{z^n} = 2\cos n\theta$$

1.15 若 $z = \cos\theta + \mathrm{i}\sin\theta$，计算 $f(z) = \dfrac{1+z}{1-z}$ 和 $[f(z)]^n = \left(\dfrac{1+z}{1-z}\right)^n$ 的实部、虚部，并写出其指数表达式。

解：方法一：$f(z) = \dfrac{1+z}{1-z} = \dfrac{1+\cos\theta+\mathrm{i}\sin\theta}{1-\cos\theta-\mathrm{i}\sin\theta} = \dfrac{(1+\cos\theta+\mathrm{i}\sin\theta)(1-\cos\theta+\mathrm{i}\sin\theta)}{(1-\cos\theta)^2+\sin^2\theta}$

$$= \frac{(1 + \mathrm{i}\sin\theta)^2 - \cos^2\theta}{2 - 2\cos\theta} = \frac{\mathrm{i}2\sin\theta}{2 - 2\cos\theta} = \mathrm{i}\frac{\cos\dfrac{\theta}{2}}{\sin\dfrac{\theta}{2}}$$

而 $[f(z)]^n = \left(\dfrac{1 + z}{1 - z}\right)^n = \left(\mathrm{i}\dfrac{\cos\dfrac{\theta}{2}}{\sin\dfrac{\theta}{2}}\right)^n$。

方法二：因 $1 + z = 1 + \cos\theta + \mathrm{i}\sin\theta = 2\cos^2\dfrac{\theta}{2} + \mathrm{i}2\sin\dfrac{\theta}{2}\cos\dfrac{\theta}{2}$

$$= 2\cos\dfrac{\theta}{2}\left(\cos\dfrac{\theta}{2} + \mathrm{i}\sin\dfrac{\theta}{2}\right) = 2\cos\dfrac{\theta}{2}\mathrm{e}^{\mathrm{i}\frac{\theta}{2}}$$

$$1 - z = 1 - \cos\theta - \mathrm{i}\sin\theta = 2\sin^2\dfrac{\theta}{2} - \mathrm{i}2\sin\dfrac{\theta}{2}\cos\dfrac{\theta}{2}$$

$$= 2\sin\dfrac{\theta}{2}\left(\sin\dfrac{\theta}{2} - \mathrm{i}\cos\dfrac{\theta}{2}\right) = 2\sin\dfrac{\theta}{2}\left[\cos\left(\dfrac{\pi}{2} - \dfrac{\theta}{2}\right) - \mathrm{i}\sin\left(\dfrac{\pi}{2} - \dfrac{\theta}{2}\right)\right]$$

$$= 2\sin\dfrac{\theta}{2}\mathrm{e}^{-\mathrm{i}\left(\frac{\pi}{2} - \frac{\theta}{2}\right)}$$

故 $f(z) = \dfrac{1 + z}{1 - z} = \dfrac{2\cos\dfrac{\theta}{2}\mathrm{e}^{\mathrm{i}\frac{\theta}{2}}}{2\sin\dfrac{\theta}{2}\mathrm{e}^{-\mathrm{i}\left(\frac{\pi}{2} - \frac{\theta}{2}\right)}} = \mathrm{i}\dfrac{\cos\dfrac{\theta}{2}}{\sin\dfrac{\theta}{2}}$，$[f(z)]^n = \left(\dfrac{1 + z}{1 - z}\right)^n = \left(\mathrm{i}\dfrac{\cos\dfrac{\theta}{2}}{\sin\dfrac{\theta}{2}}\right)^n$。

1.16 求下列方程的所有解：

(1) $z^3 + 8 = 0$；　　(2) $z^3 = -1 + \sqrt{3}\,\mathrm{i}$；　　(3) $z^4 + 1 = 0$；

(4) $z^2 - (3 - 2\mathrm{i})z + (1 - 3\mathrm{i}) = 0$；　　(5) $z^2 - 4\mathrm{i}z - (4 - 9\mathrm{i}) = 0$；

(6) $(1 + z)^5 = z^5$，$(1 - z)^5 = z^5$，它们的根数一样吗？

解：(1) $z = \sqrt[3]{-8} = 2\mathrm{e}^{\mathrm{i}\frac{\pi + 2k\pi}{3}}(k = 0,\ 1,\ 2)$

$$= \begin{cases} 2, & k = 0 \\ 2\mathrm{e}^{\mathrm{i}\frac{2\pi}{3}}, & k = 1 \\ 2\mathrm{e}^{\mathrm{i}\frac{4\pi}{3}}, & k = 2 \end{cases}$$

(2) 因 $-1 + \sqrt{3}\,\mathrm{i} = 2\mathrm{e}^{\mathrm{i}\frac{2\pi}{3}}$，所以 $z = \sqrt[3]{-1 + \sqrt{3}\,\mathrm{i}} = \sqrt[3]{2}\,\mathrm{e}^{\mathrm{i}\frac{\frac{2\pi}{3} + 2k\pi}{3}}(k = 0,\ 1,\ 2)$，即

$$z = \begin{cases} \sqrt[3]{2}\,\mathrm{e}^{\mathrm{i}\frac{2\pi}{9}}, & k = 0 \\ \sqrt[3]{2}\,\mathrm{e}^{\mathrm{i}\frac{8\pi}{9}}, & k = 1 \\ \sqrt[3]{2}\,\mathrm{e}^{\mathrm{i}\frac{14\pi}{9}}, & k = 2 \end{cases}$$

$$(3)\ z = \sqrt[4]{-1} = e^{i\frac{\pi+2k\pi}{4}} = \begin{cases} e^{i\frac{2\pi}{4}}, & k=0 \\ e^{i\frac{3\pi}{4}}, & k=1 \\ e^{i\frac{5\pi}{4}}, & k=2 \\ e^{i\frac{7\pi}{4}}, & k=3 \end{cases}$$

（4）由 $z^2 - (3-2i)z + (1-3i) = 0$，得到 $\left(z - \dfrac{3-2i}{2}\right)^2 = \dfrac{1}{4}$，所以

$$z - \frac{3-2i}{2} = \sqrt{\frac{1}{4}} = \frac{1}{2}e^{i\frac{2k\pi}{2}}(k=0,\ 1)\ \text{即}$$

$$z = \begin{cases} \dfrac{3-2i}{2} + \dfrac{1}{2} = 2-i, & k=0 \\ \dfrac{3-2i}{2} + \dfrac{1}{2}e^{i\pi} = 1-i, & k=1 \end{cases}$$

（5）由 $z^2 - 4i - (4-9i) = 0$，得到 $(z-2i)^2 = -9i$，所以有

$$z - 2i = \sqrt{-9i} = 3e^{i\frac{-\frac{\pi}{2}+2k\pi}{2}}(k=0,\ 1),\ \text{即}$$

$$z = \begin{cases} 2i + 3e^{i\left(-\frac{\pi}{4}\right)}, & k=0 \\ 2i + 3e^{i\left(\frac{3\pi}{4}\right)}, & k=1 \end{cases}$$

（6）由 $(1+z)^5 = z^5$，可知 $z \neq 0$，所以有 $\left(\dfrac{1+z}{z}\right)^5 = 1$，即

$$\frac{1+z}{z} = \sqrt[5]{1} = e^{i\frac{2k\pi}{5}}, \quad k=0,\ 1,\ 2,\ 3,\ 4$$

解得 $z = \dfrac{1}{e^{i\frac{2k\pi}{5}} - 1}(k=1,\ 2,\ 3,\ 4)$。

注意到这里 k 不能取 0，所以只有 4 个根。这与方程展开后是 4 次多项式的结论一致。

同样，由 $(1-z)^5 = z^5$，可知 $z \neq 0$，所以有 $\left(\dfrac{1-z}{z}\right)^5 = 1$，即

$$\frac{1-z}{z} = \sqrt[5]{1} = e^{i\frac{2k\pi}{5}}, \quad k=0,\ 1,\ 2,\ 3,\ 4$$

解得 $$z = \frac{1}{e^{i\frac{2k\pi}{5}} + 1}, \quad k=0,\ 1,\ 2,\ 3,\ 4$$

所以有 5 个根。这与方程展开后是 5 次多项式的结论一致。

1.17 试证下列函数在 $z=0$ 的极限 $\lim\limits_{z\to0}f(z)$ 不存在：

（1）$f(z) = \dfrac{\text{Re}z}{z},\ z \neq 0$；　　（2）$f(z) = \dfrac{1}{2i}\left(\dfrac{z}{\bar{z}} - \dfrac{\bar{z}}{z}\right),\ z \neq 0$。

证明：（1）**方法一：**设 $z = x + iy$，因

$$\lim_{z\to0}f(z)=\lim_{z\to0}\frac{\text{Re}z}{z}=\lim_{\substack{x\to0\\y\to0}}\frac{x}{x+\mathrm{i}y}=\lim_{\substack{x\to0\\y\to0}}\frac{x(x-\mathrm{i}y)}{x^2+y^2}=\lim_{\substack{x\to0\\y\to0}}\frac{x^2}{x^2+y^2}+\lim_{\substack{x\to0\\y\to0}}\frac{-\mathrm{i}xy}{x^2+y^2}$$

若极限 $\lim_{z\to0}f(z)$ 存在，则必须极限 $\lim_{\substack{x\to0\\y\to0}}\frac{x^2}{x^2+y^2}$，$\lim_{\substack{x\to0\\y\to0}}\frac{-\mathrm{i}xy}{x^2+y^2}$ 都存在，而 $\lim_{\substack{x\to0\\y\to0}}\frac{x^2}{x^2+y^2}=$

$\lim_{\substack{x\to0\\y=kx\to0}}\frac{x^2}{x^2+(kx)^2}=\frac{1}{1+k^2}$，与 k 有关，极限不存在。

同样，$\lim_{\substack{x\to0\\y\to0}}\frac{xy}{x^2+y^2}=\lim_{\substack{x\to0\\y=kx\to0}}\frac{x(kx)}{x^2+(kx)^2}=\frac{k}{1+k^2}$，与 k 有关，极限也不存在，

所以极限 $\lim_{z\to0}f(z)$ 不存在。

方法二：设 $z=r\mathrm{e}^{\mathrm{i}\theta}=r(\cos\theta+\mathrm{i}\sin\theta)$，因

$$\lim_{z\to0}f(z)=\lim_{z\to0}\frac{\text{Re}z}{z}=\lim_{r\to0}\frac{r\cos\theta}{r(\cos\theta+\mathrm{i}\sin\theta)}=\frac{\cos\theta}{\cos\theta+\mathrm{i}\sin\theta}$$

其极限值与 θ 有关，极限不存在。

（2）**方法一**：因 $f(z)=\frac{1}{2\mathrm{i}}\left(\frac{z}{\bar z}-\frac{\bar z}{z}\right)=\frac{1}{2\mathrm{i}}\left(\frac{z^2-\bar z^2}{z\bar z}\right)=\frac{2xy}{x^2+y^2}$，所以

$$\lim_{z\to0}f(z)=\lim_{z\to0}\frac{1}{2\mathrm{i}}\left(\frac{z}{\bar z}-\frac{\bar z}{z}\right)=\lim_{\substack{x\to0\\y\to0}}\frac{2xy}{x^2+y^2}=\lim_{\substack{x\to0\\y=kx\to0}}\frac{2kx^2}{x^2+(kx)^2}=\frac{2k}{1+k^2}$$

其极限值与 k 有关，极限不存在。

方法二：设 $z=r\mathrm{e}^{\mathrm{i}\theta}=r(\cos\theta+\mathrm{i}\sin\theta)$，因

$$\lim_{z\to0}f(z)=\lim_{r\to0}\frac{1}{2\mathrm{i}}\left(\frac{r\mathrm{e}^{\mathrm{i}\theta}}{r\mathrm{e}^{-\mathrm{i}\theta}}-\frac{r\mathrm{e}^{-\mathrm{i}\theta}}{r\mathrm{e}^{\mathrm{i}\theta}}\right)=\frac{1}{2\mathrm{i}}(\mathrm{e}^{\mathrm{i}2\theta}-\mathrm{e}^{-\mathrm{i}2\theta})=\sin2\theta$$

其极限值与 θ 有关，极限不存在。

1.18 证明：（1）连续函数 $f(z)$ 的模 $|f(z)|$ 也是连续的；（2）主辐角 $\arg z$ 在原点和负实轴上不连续。

证明：（1）利用连续函数的定义证明。

因为 $f(z)$ 为连续函数，则有，对于任意 $\varepsilon>0$，存在 $\delta(\varepsilon,z)>0$，当 $|z-z_0|<\delta$ $(0<\delta\le\rho)$ 时，恒有 $|f(z)-f(z_0)|<\varepsilon$。

又因为 $||f(z)|-|f(z_0)||\le|f(z)-f(z_0)|<\varepsilon$，所以，对于任意 $\varepsilon>0$，存在 $\delta(\varepsilon,z)>0$，当 $|z-z_0|<\delta$ $(0<\delta\le\rho)$ 时，恒有 $||f(z)|-|f(z_0)||<\varepsilon$，得证 $|f(z)|$ 为连续函数。

（2）见教材例题 1.5。

1.19 下列函数在原点连续吗?

（1）$f(z)=\begin{cases}0,&z=0,\\\dfrac{\text{Re }z}{|z|},&z\ne0;\end{cases}$ （2）$f(z)=\begin{cases}0,&z=0,\\\dfrac{\text{Im }z}{1+|z|},&z\ne0。\end{cases}$

解：（1）设 $z=x+\mathrm{i}y$，因为

$$\lim_{z \to 0} \frac{\mathrm{Re}z}{|z|} = \lim_{\substack{x \to 0 \\ y = kx \to 0}} \frac{x}{|x + ikx|} = \frac{1}{\sqrt{1 + k^2}}$$

其极限值与 k 有关，原点的极限不存在，故函数在原点不连续。

（2）设 $z = re^{i\theta} = r(\cos\theta + i\sin\theta)$，因

$$\lim_{z \to 0} \frac{\mathrm{Im}z}{1 + |z|} = \lim_{r \to 0} \frac{r\sin\theta}{1 + r} = 0$$

其原点极限值存在，且等于函数在原点的值，故函数在原点连续。

1.20 设 A，C 是实数，α 为复数，试证方程 $Az\bar{z} + \bar{\alpha}z + \alpha\bar{z} + C = 0$ 表示圆或直线，当且仅当 $|\alpha|^2 > AC$。试求出圆心和半径。

解：（1）圆的方程为 $A(x^2 + y^2) + bx + cy + d = 0$，即

$$\left(x + \frac{b}{2A}\right)^2 + \left(y + \frac{c}{2A}\right)^2 = \left(\frac{b}{2A}\right)^2 + \left(\frac{c}{2A}\right)^2 - \frac{d}{A}$$

这里要求半径 $\left(\frac{b}{2A}\right)^2 + \left(\frac{c}{2A}\right)^2 - \frac{d}{A} > 0$。

将 $x = \frac{z + \bar{z}}{2}$，$y = \frac{z - \bar{z}}{2i}$ 代入方程，得到

$$Az\bar{z} + \left(\frac{b}{2} - \frac{c}{2}i\right)z + \left(\frac{b}{2} + \frac{c}{2i}\right)\bar{z} + d = 0$$

即
$$Az\bar{z} + \bar{\alpha}z + \alpha\bar{z} + C = 0$$

其中，$\alpha = \left(\frac{b}{2} + \frac{c}{2}i\right)$，$\bar{\alpha} = \left(\frac{b}{2} - \frac{c}{2}i\right)$，$C = d$。

由 $\left(\frac{b}{2A}\right)^2 + \left(\frac{c}{2A}\right)^2 - \frac{d}{A} > 0$，得到 $\left(\frac{|\alpha|}{A}\right)^2 - \frac{C}{A} > 0$，即 $\quad |\alpha|^2 > AC$。

注意：这种形式的特点：① $z\bar{z}$ 项的系数和常数项是实数；② 而 z 和 $\bar{z}$ 的系数彼此共轭。

圆的另外几种复数表示形式为：

$|z - z_0| = R$，表示圆心在 z_0，半径为 R 的圆；

$\left|\dfrac{z - z_1}{z - z_2}\right| = k(0 < k \neq 1, z_1 \neq z_2)$，表示圆心在 $z_0 = \dfrac{z_1 - k^2 z_2}{1 - k^2}$，半径为 $R = \dfrac{k|z_1 - z_2|}{|1 - k^2|}$ 的圆。

（2）计算圆心和半径。

方法一：由 $Az\bar{z} + \bar{\alpha}z + \alpha\bar{z} + z_0\bar{z}_0 + C = 0$，得到

$$z\bar{z} + \frac{\bar{\alpha}}{A}z + \frac{\alpha}{A}\bar{z} + \frac{C}{A} = 0,\quad z\bar{z} + \frac{\bar{\alpha}}{A}z + \frac{\alpha}{A}\bar{z} + \frac{\alpha\bar{\alpha}}{A^2} - \frac{\alpha\bar{\alpha}}{A^2} + \frac{C}{A} = 0$$

即 $\left(z + \dfrac{\alpha}{A}\right)\left(\bar{z} + \dfrac{\bar{\alpha}}{A}\right) = \dfrac{\alpha\bar{\alpha}}{A^2} - \dfrac{C}{A}$，

故圆心为 $-\dfrac{\alpha}{A}$，半径为 $\dfrac{\sqrt{\alpha\bar{\alpha} - AC}}{A}$

方法二：对比实变数方程和复变数方程，有

圆心为 $\left(-\dfrac{b}{2A},\ -\dfrac{c}{2A}\right)=-\dfrac{\alpha}{A}$

半径为 $\sqrt{\left(\dfrac{b}{2A}\right)^2+\left(\dfrac{c}{2A}\right)^2-\dfrac{d}{A}}=\dfrac{1}{A}\sqrt{\left(\dfrac{b}{2}\right)^2+\left(\dfrac{c}{2}\right)^2-AC}=\dfrac{1}{A}\sqrt{|\alpha|^2-AC}$

1.21 写出复平面上圆 $z\bar{z}-(2+\mathrm{i})z-(2-\mathrm{i})\bar{z}=4$ 的圆心和半径。

解：因圆心为 z_0，半径为 r 的圆为 $\quad |z-z_0|=r,\quad$ 即

$$(z-z_0)\overline{(z-z_0)}=r^2,\quad (z-z_0)(\bar{z}-\bar{z}_0)=r^2,\quad z\bar{z}-\bar{z}_0z-z_0\bar{z}+z_0\bar{z}_0=r^2$$

对 $\quad z\bar{z}-\overline{(2-\mathrm{i})}z-(2-\mathrm{i})\bar{z}+(2-\mathrm{i})(2+\mathrm{i})-(2-\mathrm{i})(2+\mathrm{i})=4$

$$|z-(2-\mathrm{i})|=3$$

所以，圆心为 $(2-\mathrm{i})$，半径为 3。

1.22 试证：$\left|\dfrac{z-a}{1-\bar{a}z}\right|=r$ 表示圆周，并求其圆心和半径。

证明：因为 $|z-a|=r|1-\bar{a}z|$，$\quad$ 则有 $(z-a)\overline{(z-a)}=r^2(1-\bar{a}z)\overline{(1-\bar{a}z)}$，化简得到

$$z\bar{z}-\frac{\bar{a}(r^2-1)}{(r^2|a|^2-1)}z-\frac{a(r^2-1)}{(r^2|a|^2-1)}\bar{z}+\frac{r^2-|a|^2}{(r^2|a|^2-1)}=0$$

所以圆心为 $\dfrac{a(r^2-1)}{(r^2|a|^2-1)}$。

半径的平方为 $\dfrac{\bar{a}(r^2-1)}{(r^2|a|^2-1)}\dfrac{a(r^2-1)}{(r^2|a|^2-1)}-\dfrac{r^2-|a|^2}{(r^2|a|^2-1)}$

$$=\frac{1}{r^2|a|^2-1}\left[\frac{|a|^2(r^2-1)^2}{r^2|a|^2-1}-(r^2-|a|^2)\right]=\left[\frac{|a|^2-1}{r^2|a|^2-1}\right]^2 r^2。$$

1.23 函数 $w=\dfrac{1}{z}$ 把下列 z 平面上的曲线映射成 w 平面上怎样的曲线？

（1）$x^2+y^2=4$；$\quad$（2）$y=x$；$\quad$（3）$x=1$；$\quad$（4）$(x-1)^2+y^2=1$。

解：（1）因为 $z\bar{z}=x^2+y^2=4$，由 $w=\dfrac{1}{z}$ 得到 $\bar{w}=\dfrac{1}{\bar{z}}$，有 $w\bar{w}=\dfrac{1}{z}\dfrac{1}{\bar{z}}=\dfrac{1}{4}$，故为 w 平面上半径为 $\dfrac{1}{2}$ 的圆。

（2）**方法一**：由 $x=\dfrac{z+\bar{z}}{2}$，$y=\dfrac{z-\bar{z}}{2\mathrm{i}}$，因为 $y=x$，所以有

$$\frac{z+\bar{z}}{2}=\frac{z-\bar{z}}{2\mathrm{i}}\Rightarrow(z+\bar{z})\mathrm{i}=z-\bar{z}\Rightarrow(1-\mathrm{i})z=(1+\mathrm{i})\bar{z}\Rightarrow z=\mathrm{i}\bar{z}$$

得到 $\dfrac{1}{w}=\mathrm{i}\dfrac{1}{\bar{w}}\Rightarrow\bar{w}=\mathrm{i}w\Rightarrow u-\mathrm{i}v=\mathrm{i}(u+\mathrm{i}v)=-v+\mathrm{i}u\Rightarrow u=-v$，直线方程。

方法二：因为 $w=\dfrac{1}{z}$，即 $\quad z=\dfrac{1}{w}=\dfrac{u-\mathrm{i}v}{u^2+v^2}$，由 $y=x$ 得到 $\dfrac{u}{u^2+v^2}=-\dfrac{v}{u^2+v^2}$，即 $u=-v$。

(3)**方法一**：由 $x = \dfrac{z + \bar{z}}{2} = 1$，得到 $z + \bar{z} = 2$，所以有

$$\dfrac{1}{w} + \dfrac{1}{\bar{w}} = 2 \Rightarrow 2w\bar{w} - w - \bar{w} = 0, \quad 2(u^2 + v^2) - 2u = 0, \quad \left(u - \dfrac{1}{2}\right)^2 + v^2 = \dfrac{1}{4}, \quad 圆的方程。$$

方法二：因为 $w = \dfrac{1}{z}$，即 $z = \dfrac{1}{w} = \dfrac{u - iv}{u^2 + v^2}$，由 $x = 1$，得到 $\dfrac{u}{u^2 + v^2} = 1$，即 $u^2 + v^2 - u = 0$。

(4) 由 $(x - 1)^2 + y^2 = 1$，我们得到 $x^2 + y^2 - 2x + 1 = 1$，即 $z\bar{z} - (z + \bar{z}) = 0$，

得到
$$\dfrac{1}{w\bar{w}} - \left(\dfrac{1}{w} + \dfrac{1}{\bar{w}}\right) = 0 \Rightarrow w\bar{w} - (w + \bar{w}) = 0$$

$$(u^2 + v^2) - 2u = 0, \quad (u - 1)^2 + v^2 = 1, \quad 圆的方程$$

1.24 设 $|z| < 1$，试证：$\left|\dfrac{z - a}{1 - \bar{a}z}\right| \begin{cases} < 1, & |a| < 1, \\ = 1, & |a| = 1, \\ > 1, & |a| > 1。 \end{cases}$

解：由 $|z - a|^2 = |z|^2 + |a|^2 - 2\mathrm{Re}(\bar{a}z)$，$|1 - \bar{a}z|^2 = 1 + |az|^2 - 2\mathrm{Re}(\bar{a}z)$，

得到 $\left|\dfrac{z - a}{1 - \bar{a}z}\right|^2 = \dfrac{|z|^2 + |a|^2 - 2\mathrm{Re}(\bar{a}z)}{1 + |az|^2 - 2\mathrm{Re}(\bar{a}z)}$。

(1) 当 $|a| < 1$ 时，由于 $|z| < 1$，所以有 $(1 - |z|^2)|a|^2 < (1 - |z|^2)$，即 $|a|^2 + |z|^2 < 1 + |az|^2$，故 $\left|\dfrac{z - a}{1 - \bar{a}z}\right| < 1$，当 $|a| < 1$。

(2) 当 $|a| > 1$ 时，由于 $|z| < 1$，所以有 $(1 - |z|^2)|a|^2 > (1 - |z|^2)$，即 $|a|^2 + |z|^2 > 1 + |az|^2$，故 $\left|\dfrac{z - a}{1 - \bar{a}z}\right| > 1(|a| > 1)$。

3) 当 $|a| = 1$ 时，有 $(1 - |z|^2)|a|^2 = (1 - |z|^2)$，即 $|a|^2 + |z|^2 = 1 + |az|^2$，故 $\left|\dfrac{z - a}{1 - \bar{a}z}\right| = 1(|a| = 1)$。

1.25 试证下列等式：

(1) $\displaystyle\sum_{n=0}^{\infty} r^n \cos n\theta = \dfrac{1 - r\cos\theta}{1 - 2r\cos\theta + r^2}(0 < r < 1)$；

(2) $\displaystyle\sum_{n=0}^{\infty} r^n \sin n\theta = \dfrac{r\sin\theta}{1 - 2r\cos\theta + r^2}(0 < r < 1)$；

(3) $\displaystyle\sum_{n=1}^{N} \cos n\theta = \dfrac{\sin\left(N + \dfrac{1}{2}\right)\theta - \sin\dfrac{1}{2}\theta}{2\sin\dfrac{1}{2}\theta}$；

(4) $\displaystyle\sum_{n=1}^{N} \sin n\theta = \dfrac{\cos\dfrac{1}{2}\theta - \cos\left(N + \dfrac{1}{2}\right)\theta}{2\sin\dfrac{1}{2}\theta}$；

(5) $\left(\dfrac{1 + \mathrm{i}\tan\theta}{1 - \mathrm{i}\tan\theta}\right)^{n} = \dfrac{1 + \mathrm{i}\tan n\theta}{1 - \mathrm{i}\tan n\theta}$;

(6) $\left(\dfrac{1 + \sin\theta + \mathrm{i}\cos\theta}{1 + \sin\theta - \mathrm{i}\cos\theta}\right)^{n} = \cos n\left(\dfrac{\pi}{2} - \theta\right) + \mathrm{i}\sin n\left(\dfrac{\pi}{2} - \theta\right)$。

证明： （1）（2）由 $\mathrm{e}^{\mathrm{i}n\theta} = \cos n\theta + \mathrm{i}\sin n\theta = (\cos\theta + \mathrm{i}\sin\theta)^{n}$，有 $r^{n}\mathrm{e}^{\mathrm{i}n\theta} = r^{n}(\cos\theta + \mathrm{i}\sin\theta)^{n}$，则

$$
\sum_{n=0}^{\infty} r^{n}\mathrm{e}^{\mathrm{i}n\theta} = \sum_{n=0}^{\infty} (r\mathrm{e}^{\mathrm{i}\theta})^{n} = \frac{1}{1 - r\mathrm{e}^{\mathrm{i}\theta}} = \frac{1}{1 - r(\cos\theta + \mathrm{i}\sin\theta)} \quad (0 < r < 1)
$$

$$
= \frac{1 - r\overline{(\cos\theta + \mathrm{i}\sin\theta)}}{[1 - r(\cos\theta + \mathrm{i}\sin\theta)][1 - r\overline{(\cos\theta + \mathrm{i}\sin\theta)}]}
$$

$$
= \frac{(1 - r\cos\theta) + \mathrm{i}r\sin\theta}{(1 - r\cos\theta)^{2} + r^{2}\sin^{2}\theta} = \frac{(1 - r\cos\theta) + \mathrm{i}r\sin\theta}{1 - 2r\cos\theta + r^{2}}
$$

（3）（4）由 $\mathrm{e}^{\mathrm{i}n\theta} = \cos n\theta + \mathrm{i}\sin n\theta = (\cos\theta + \mathrm{i}\sin\theta)^{n}$，有

$$
\sum_{n=1}^{N} \mathrm{e}^{\mathrm{i}n\theta} = \mathrm{e}^{\mathrm{i}\theta}\frac{1 - \mathrm{e}^{\mathrm{i}N\theta}}{1 - \mathrm{e}^{\mathrm{i}\theta}} = \mathrm{e}^{\mathrm{i}\theta}\frac{(1 - \mathrm{e}^{\mathrm{i}N\theta})(1 - \mathrm{e}^{-\mathrm{i}\theta})}{(1 - \mathrm{e}^{\mathrm{i}\theta})(1 - \mathrm{e}^{-\mathrm{i}\theta})}
$$

$$
= \mathrm{e}^{\mathrm{i}\theta}\frac{\mathrm{e}^{\mathrm{i}\frac{N}{2}\theta}(\mathrm{e}^{-\mathrm{i}\frac{N}{2}\theta} - \mathrm{e}^{\mathrm{i}\frac{N}{2}\theta})\mathrm{e}^{-\mathrm{i}\frac{1}{2}\theta}(\mathrm{e}^{\mathrm{i}\frac{1}{2}\theta} - \mathrm{e}^{-\mathrm{i}\frac{1}{2}\theta})}{2 - 2\cos\theta}
$$

$$
= \mathrm{e}^{\mathrm{i}\theta}\frac{\mathrm{e}^{\mathrm{i}\frac{N}{2}\theta}\left[-2\mathrm{i}\sin\left(\dfrac{N}{2}\theta\right)\right]\mathrm{e}^{-\mathrm{i}\frac{1}{2}\theta}\left[2\mathrm{i}\sin\dfrac{1}{2}\theta\right]}{2 - 2\cos\theta}
$$

$$
= \frac{4\mathrm{e}^{\mathrm{i}\frac{N+1}{2}\theta}\sin\dfrac{N}{2}\theta\sin\dfrac{1}{2}\theta}{4\sin^{2}\dfrac{\theta}{2}} = \frac{\mathrm{e}^{\mathrm{i}\frac{N+1}{2}\theta}\sin\left(\dfrac{N}{2}\theta\right)}{\sin\dfrac{\theta}{2}}
$$

$$
= \frac{\left(\cos\dfrac{N+1}{2}\theta + \mathrm{i}\sin\dfrac{N+1}{2}\theta\right)\sin\left(\dfrac{N}{2}\theta\right)}{\sin\dfrac{\theta}{2}}
$$

$$
= \frac{\left[\sin\left(N + \dfrac{1}{2}\right)\theta - \sin\dfrac{1}{2}\theta\right] + \mathrm{i}\left[\cos\left(\dfrac{1}{2}\theta\right) - \cos\left(N + \dfrac{1}{2}\right)\theta\right]}{2\sin\dfrac{\theta}{2}}
$$

（5）$\left(\dfrac{1 + \mathrm{i}\tan\theta}{1 - \mathrm{i}\tan\theta}\right)^{n} = \left(\dfrac{1 + \mathrm{i}\dfrac{\sin\theta}{\cos\theta}}{1 - \mathrm{i}\dfrac{\sin\theta}{\cos\theta}}\right)^{n} = \left(\dfrac{\cos\theta + \mathrm{i}\sin\theta}{\cos\theta - \mathrm{i}\sin\theta}\right)^{n} = \dfrac{\cos n\theta + \mathrm{i}\sin n\theta}{\cos n\theta - \mathrm{i}\sin n\theta} = \dfrac{1 + \mathrm{i}\tan n\theta}{1 - \mathrm{i}\tan n\theta}$

（6）$\dfrac{1 + \sin\theta + \mathrm{i}\cos\theta}{1 + \sin\theta - \mathrm{i}\cos\theta} = \dfrac{1 + \cos\left(\dfrac{\pi}{2} - \theta\right) + \mathrm{i}\sin\left(\dfrac{\pi}{2} - \theta\right)}{1 + \cos\left(\dfrac{\pi}{2} - \theta\right) - \mathrm{i}\sin\left(\dfrac{\pi}{2} - \theta\right)}$

$$= \frac{2\cos^2\frac{1}{2}\left(\frac{\pi}{2}-\theta\right) + \mathrm{i}2\sin\frac{1}{2}\left(\frac{\pi}{2}-\theta\right)\cos\frac{1}{2}\left(\frac{\pi}{2}-\theta\right)}{2\cos^2\frac{1}{2}\left(\frac{\pi}{2}-\theta\right) - \mathrm{i}2\sin\frac{1}{2}\left(\frac{\pi}{2}-\theta\right)\cos\frac{1}{2}\left(\frac{\pi}{2}-\theta\right)}$$

$$= \frac{\cos\frac{1}{2}\left(\frac{\pi}{2}-\theta\right) + \mathrm{i}\sin\frac{1}{2}\left(\frac{\pi}{2}-\theta\right)}{\cos\frac{1}{2}\left(\frac{\pi}{2}-\theta\right) - \mathrm{i}\sin\frac{1}{2}\left(\frac{\pi}{2}-\theta\right)} = \frac{\mathrm{e}^{\mathrm{i}\frac{1}{2}\left(\frac{\pi}{2}-\theta\right)}}{\mathrm{e}^{-\mathrm{i}\frac{1}{2}\left(\frac{\pi}{2}-\theta\right)}} = \mathrm{e}^{\mathrm{i}\left(\frac{\pi}{2}-\theta\right)}$$

$$= \cos\left(\frac{\pi}{2}-\theta\right) + \mathrm{i}\sin\left(\frac{\pi}{2}-\theta\right)$$

1.26 当 $|z| \leqslant 1$ 时，求 $|z^n + a|$ 的最大值和最小值，其中 n 为正整数，a 为复数。

解：（1）$|z^n + a| \leqslant |z^n| + |a| = 1 + |a|$；

（2）$|z^n + a| \geqslant |a| - |z^n| = |a| - |z|^n = |a| - 1$，$|a| > 1$；

$|z^n + a| \geqslant |z^n| - |a| = |z|^n - |a| = 1 - |a| \overset{\min}{=\!=\!=} 0$，$|a| \leqslant 1$。

1.27 解方程 $\bar{z} = z^{n-1}$（n 为自然数）。

解： 参见例 1.5。

1.28 若以 1，ω_1，ω_2，$\cdots$，ω_{n-1} 表示 1 的 n 个 n 次方根，试从 $z^{n-1} + z^{n-2} + \cdots + z + 1 = (z - \omega_1)(z - \omega_2)\cdots(z - \omega_{n-1})$，两端令 $z \to 1$，证明：

$$2^{n-1}\sin\frac{\pi}{n}\sin\frac{2\pi}{n}\cdots\sin\frac{(n-1)\pi}{n} = n$$

证明： 因为 $z^n - 1 = (z - 1)(z^{n-1} + z^{n-2} + \cdots + 1)$，

而 $\omega_k = \sqrt[n]{1} = \mathrm{e}^{\frac{2k\pi}{n}\mathrm{i}}$（$k = 0$，$1$，$\cdots$，$n-1$）是 $z^n - 1 = 0$ 的 n 个根。

$$(1 - \omega_k) = 1 - \mathrm{e}^{\frac{k\pi}{n}\mathrm{i}} = 2\mathrm{i}\frac{\left(\mathrm{e}^{-\frac{k\pi}{n}\mathrm{i}} - \mathrm{e}^{\frac{k\pi}{n}\mathrm{i}}\right)}{2\mathrm{i}}\mathrm{e}^{\frac{k\pi}{n}\mathrm{i}} = -2\mathrm{i}\mathrm{e}^{\frac{k\pi}{n}\mathrm{i}}\sin\frac{k\pi}{n}, \quad k = 0, 1, \cdots, n-1$$

$$(1 - \omega_1)(1 - \omega_2)\cdots(1 - \omega_{n-1}) = (-2\mathrm{i})^{n-1}\left[\mathrm{e}^{\frac{\pi}{n}\mathrm{i}}\cdots\mathrm{e}^{\frac{(n-1)\pi}{n}\mathrm{i}}\right]\sin\frac{\pi}{n}\cdots\sin\frac{(n-1)\pi}{n}$$

$$= (2)^{n-1}(-\mathrm{i})^{n-1}\mathrm{e}^{\frac{\pi}{n}[1+2+\cdots+(n-1)]\mathrm{i}}\sin\frac{\pi}{n}\cdots\sin\frac{(n-1)\pi}{n}$$

$$= (2)^{n-1}(\mathrm{e}^{\frac{\pi}{2}\mathrm{i}})^{n-1}\mathrm{e}^{\frac{\pi}{2}(n-1)\mathrm{i}}\sin\frac{\pi}{n}\cdots\sin\frac{(n-1)\pi}{n}$$

$$= (2)^{n-1}\sin\frac{\pi}{n}\cdots\sin\frac{(n-1)\pi}{n} = n$$

1.29 若 $n = 2, 3, 4, \cdots$，证明：

（1）$\cos\frac{2\pi}{n} + \cos\frac{4\pi}{n} + \cos\frac{6\pi}{n} + \cdots + \cos\frac{2(n-1)\pi}{n} = -1$；

（2）$\sin\frac{2\pi}{n} + \sin\frac{4\pi}{n} + \sin\frac{6\pi}{n} + \cdots + \sin\frac{2(n-1)\pi}{n} = 0$。

证明： 考虑方程式 $z^n - 1 = 0$，其解为 1 的 n 次方根，为 $\omega_k = \mathrm{e}^{\frac{2k\pi}{n}\mathrm{i}}$（$k = 0$，$1$，$2$，$\cdots$，

$n-1$)，这些根的和为 0(参见例 $1.14(2)$)，则

$$1 + e^{\frac{2\pi i}{n}} + e^{\frac{4\pi i}{n}} + \cdots + e^{\frac{2(n-1)\pi i}{n}} = 0$$

即 $\left(1 + \cos\dfrac{2\pi}{n} + \cos\dfrac{4\pi}{n} + \cdots + \cos\dfrac{2(n-1)\pi}{n}\right) + i\left(\sin\dfrac{2\pi}{n} + \sin\dfrac{4\pi}{n} + \cdots + \sin\dfrac{2(n-1)\pi}{n}\right) = 0$

实部和虚部分别等于 0，即得证结果。

1.30 证明：对任一整数 $m > 1$，有

$$\cot\frac{\pi}{2m}\cot\frac{2\pi}{2m}\cot\frac{3\pi}{2m}\cdots\cot\frac{(m-1)\pi}{2m} = 1$$

证明：考虑方程 $z^{2m} - 1 = 0$，其根为 $\omega_k = e^{\frac{2k\pi i}{2m}}$($k = 0,\ 1,\ 2\cdots m-1,\ \cdots,\ 2m-1$)，注意到实系数的多项式的根总是共轭出现的，除了实根 $z = \pm 1$，方程的复根分别为 $\omega_k = e^{\frac{2k\pi i}{m}}$ ($k = 1,\ 2,\ \cdots,\ m-1$) 和 $\overline{\omega_k} = e^{-\frac{2k\pi i}{2m}} = e^{\frac{(4m-2k)\pi i}{2m}}$ ($k = 1,\ 2,\ \cdots,\ m-1$)，则

$$z^{2m} - 1 = (z^2 - 1)(z - \omega_1)(z - \overline{\omega_1})\cdots(z - \omega_{m-1})(z - \overline{\omega_{m-1}})$$

而 $(z - \omega_k)(z - \overline{\omega_k}) = (z - e^{\frac{k\pi i}{m}})(z - e^{-\frac{k\pi i}{m}}) = z^2 - 2z\cos\left(\dfrac{k\pi}{m}\right) + 1$，所以有

$$z^{2m} - 1 = (z^2 - 1)(z - \omega_1)(z - \overline{\omega_1})\cdots(z - \omega_{m-1})(z - \overline{\omega_{m-1}})$$

$$= (z^2 - 1)\prod_{k=1}^{m-1}\left[z^2 - 2z\cos\left(\frac{k\pi}{m}\right) + 1\right],$$

于是 $\displaystyle\prod_{k=1}^{m-1}\left[z^2 - 2z\cos\left(\frac{k\pi}{m}\right) + 1\right] = \frac{z^{2m} - 1}{z^2 - 1} = z^{2m-2} + z^{2m-4} + \cdots + z^2 + 1$

令 $z = 1$，得到

$$\prod_{k=1}^{m-1}\left[2 - 2\cos\left(\frac{k\pi}{m}\right)\right] = m,\ \text{即}\prod_{k=1}^{m-1}\left[4\sin^2\left(\frac{k\pi}{2m}\right)\right] = m$$

$$2^{2(m-1)}\left[\prod_{k=1}^{m-1}\sin\left(\frac{k\pi}{2m}\right)\right]^2 = m$$

所以 $\displaystyle\prod_{k=1}^{m-1}\sin\left(\frac{k\pi}{2m}\right) = \frac{\sqrt{m}}{2^{m-1}}$

同样，令 $z = -1$，得到

$$\prod_{k=1}^{m-1}\left[2 + 2\cos\left(\frac{k\pi}{m}\right)\right] = m,\ \text{即}\prod_{k=1}^{m-1}\left[4\cos^2\left(\frac{k\pi}{2m}\right)\right] = m$$

所以 $\displaystyle\prod_{k=1}^{m-1}\cos\left(\frac{k\pi}{2m}\right) = \frac{\sqrt{m}}{2^{m-1}}$

就证明了 $\cot\dfrac{\pi}{2m}\cot\dfrac{2\pi}{2m}\cot\dfrac{3\pi}{2m}\cdots\cot\dfrac{(m-1)\pi}{2m} = 1$

第二章 解 析 函 数

解析函数是复变函数研究的主要对象，它在理论和实际问题中有着广泛的应用。复变函数解析的充分必要条件是满足 Cauchy-Riemann 方程，它是用函数的实部和虚部所具有的微分性质来表达的。我们把在实数域上熟知的初等函数推广到复数域上来，并分析其性质。

一、知 识 要 点

（一）复变函数的导数与解析的概念

1. 复变函数的导数与微分

设 $w = f(z)$ 在 z_0 的邻域内有定义，若 $z_0 + \Delta z$ 位于邻域内，如果极限

$$\lim_{\Delta z \to 0} \frac{f(z_0 + \Delta z) - f(z_0)}{\Delta z}$$

存在，则称 $w = f(z)$ 在 z_0 处可导，称该极限值为 $f(z)$ 在 z_0 处的导数，记为

$$f'(z_0) = \frac{\mathrm{d}f(z)}{\mathrm{d}z}\bigg|_{z=z_0} = \frac{\mathrm{d}w}{\mathrm{d}z}\bigg|_{z=z_0} = \lim_{\Delta z \to 0} \frac{f(z_0 + \Delta z) - f(z_0)}{\Delta z}$$

注意：$\Delta z \to 0$ 的方式是任意的。

复变函数的导数与微分的概念与一元实函数中相应概念在形式上完全相同，从而它们的一些求导公式、求导法则、可导与连续的关系、可导与可微等的关系也一样。但两者之间也存在着显著的差别，主要在于定义中一个要求 $\Delta z = \Delta x + \mathrm{i}\Delta y \to 0$，这是在一个区域上趋向一点；而另一个要求 $\Delta x \to 0$，是数轴上趋向一点。复变函数在一点可导的条件要比实函数可导的条件严苛得多，因此复变量可导函数具有许多独特的性质和应用.

2. 求导法则

（1）$[f(z) \pm g(z)]' = f'(z) \pm g'(z)$；

（2）$[f(z)g(z)]' = f'(z)g(z) + f(z)g'(z)$；

（3）$\left[\dfrac{f(z)}{g(z)}\right]' = \dfrac{f'(z)g(z) - f(z)g'(z)}{g^2(z)}$，其中 $g(z) \neq 0$；

31

(4) $\{f[g(z)]\}' = f'(w)g'(z)$，其中 $w = g(z)$；

(5) $f'(z) = \dfrac{1}{\varphi'(w)}$，其中 $w = f(z)$ 与 $z = \varphi(w)$ 是两个互为反函数的单值函数，且 $\varphi'(w) \neq 0$。

3. 解析函数的概念

如果 $f(z)$ 在点 z 及其邻域内处处可导，那么称 $f(z)$ 在 z 点解析。如果 $f(z)$ 在区域 D 内每一点解析，那么称 $w = f(z)$ 在 D 内解析；或称 $f(z)$ 是 D 内的一个解析函数。如果 $f(z)$ 在 z 不解析，那么称 z 为 $f(z)$ 的奇点。

两个解析函数的和、差、积、商（除去分母为零的点）都是解析函数；解析函数的复合函数仍是解析函数。

4. 复变函数连续、可导、解析之间的关系

$f(z)$ 在 z_0 点解析，则 $f(z)$ 在 z_0 点可导；反之则不然。

$f(z)$ 在区域 D 内解析 $\Leftrightarrow f(z)$ 在区域 D 内可导，两者是等价的。

（二）函数可导与解析的充要条件

1. 函数可导与解析的充要条件

定理一：设函数 $f(z) = u(x, y) + iv(x, y)$ 定义在区域 D 内，则 $f(z)$ 在 D 内一点 $z = x + iy$ 可导的充要条件是：$u(x, y)$ 与 $v(x, y)$ 在点 (x, y) 可微，并且在该点满足 Cauchy-Riemann（柯西-黎曼）方程：

$$\frac{\partial u}{\partial x} = \frac{\partial v}{\partial y}, \quad \frac{\partial u}{\partial y} = -\frac{\partial v}{\partial x}$$

且

$$f'(z) = \frac{\partial u}{\partial x} + i\frac{\partial v}{\partial x} = \frac{\partial v}{\partial y} - i\frac{\partial u}{\partial y}$$

意义：可导函数的虚部与实部不是独立的，而是相互紧密联系的。

定理二：函数 $f(z) = u(x, y) + iv(x, y)$ 在其定义域 D 内解析的充要条件是：$u(x, y)$ 与 $v(x, y)$ 在 D 内可微，并且满足 Cauchy-Riemann（柯西-黎曼）方程：

$$\frac{\partial u}{\partial x} = \frac{\partial v}{\partial y}, \quad \frac{\partial u}{\partial y} = -\frac{\partial v}{\partial x}$$

2. 复变函数可导与解析的判别方法

（1）利用可导与解析的定义以及运算法则；

（2）利用可导与解析充要条件，即上述定理一与定理二。

重点：（1）掌握利用 C-R 方程 $\begin{cases} \dfrac{\partial u}{\partial x} = \dfrac{\partial v}{\partial y} \\[2mm] \dfrac{\partial u}{\partial y} = -\dfrac{\partial v}{\partial x} \end{cases}$ 判别复变函数的可导性与解析性。

（2）掌握复变函数的导数计算方法：

$$f'(z) = \frac{\partial f}{\partial x} = u_x + iv_x = \frac{1}{i}\frac{\partial f}{\partial y} = -iu_y + v_y$$

$$= u_x - iu_y = \cdots = iv_x + v_y$$

3. 柯西-黎曼方程的极坐标形式

$$\frac{\partial u}{\partial \rho} = \frac{1}{\rho}\frac{\partial v}{\partial \varphi}, \ \frac{1}{\rho}\frac{\partial u}{\partial \varphi} = -\frac{\partial v}{\partial \rho}$$

导数公式：$f'(z) = \dfrac{\rho}{z}\left(\dfrac{\partial u}{\partial \rho} + i\dfrac{\partial v}{\partial \rho}\right) = \dfrac{1}{z}\left(\dfrac{\partial v}{\partial \varphi} - i\dfrac{\partial u}{\partial \varphi}\right) = \dfrac{1}{iz}\left(\dfrac{\partial u}{\partial \varphi} + i\dfrac{\partial v}{\partial \varphi}\right)$

其中，$z = \rho e^{i\varphi}$。当函数为 z 的幂次形式时，用极坐标形式将 $f(z)$ 改写为 $f(\rho, \varphi)$ 的形式来求导会简单很多。

（三）多值函数

1. 多值函数

复变量 z 由模和辐角两部分组成。对于复平面上的一个确定点 z 而言，其模是唯一的，但辐角可以有任意多值：

$$\mathrm{Arg}z = \mathrm{arg}z + 2k\pi, \ k = 0, \pm 1, \pm 2, \cdots; -\pi < \mathrm{arg}z \leqslant \pi$$

故若运算涉及辐角（如开方、取对数等），就可能得到多个不同的运算结果。这就是复变函数多值性的来源。

2. 支点

对于函数 $w = f(z)$，若当自变量 z 沿任意路径环绕某点一周，又回到出发点时，得到了与出发点不同的函数值，则该点称为 $f(z)$ 的支点。若环绕 n 周后函数值复原，则称此支点是 $n-1$ 阶的。

3. 割线与黎曼面

复变函数的定义域在复平面上。对多值函数而言，其定义域中分为若干单值区，一个单值区也称一个黎曼面。相邻黎曼面的分界线称为割线。割线的两端都是支点（若无穷远点也是支点，则割线延伸到无穷远）。当点 z 在复平面上移动时，只要不穿越割线，则函数在复平面上的各点都有唯一的值；而当穿越割线后，动点 z 就进入下一个单值区。

（四）初等函数

1. 幂函数与根式函数

幂函数 $w = z^n = r^n(\cos\theta + i\sin\theta)^n = r^n(\cos n\theta + i\sin n\theta) = r^n e^{in\theta}$（$n$ 为整数）。

性质：单值函数；复平面上处处解析，且 $\dfrac{d(z^n)}{dz} = nz^{n-1}$。

变换性质：将 z 平面上的角形区域 $\arg z = \alpha/n$ 映射成 w 平面上角形区域 $\arg w = \alpha$。

根式函数 $w = \sqrt[n]{z} = r^{\frac{1}{n}} e^{i\frac{\arg z + 2k\pi}{n}}$（$k = 0, 1, 2, \cdots, n-1$）为 n 多值函数。

性质：n 多值函数，在每个单值分支内（对应每个 k 值）处处解析，且 $\dfrac{d(\sqrt[n]{z})_k}{dz} =$

$\dfrac{1}{n} z^{\frac{1}{n}-1} = \dfrac{1}{n} \dfrac{(\sqrt[n]{z})_k}{z}$。

变换性质：将 z 平面上的角形区域 $\arg w = \alpha$ 映射成 w 平面上角形区域 $\arg z = \alpha/n$。

2. 指数函数

$$w = e^z = e^x(\cos y + i\sin y)$$

性质：①单值函数；②复平面上处处解析，且 $(e^z)' = e^z$；③周期函数，以 $2\pi i$ 为周期；④ $\lim\limits_{z \to \infty} e^z$ 不存在，$z = \infty$ 是奇点；⑤指数函数相等的充要条件：$e^{z_1} = e^{z_2} \Leftrightarrow z_1 = z_2 + 2k\pi i$。

变换性质：将 z 平面上的水平直线映射成 w 平面上去掉原点的射线。因此也将介于 $(0, 2\pi)$ 的水平带状区域映射成 w 平面上的角形区域。

注意：e^z 可能取负值，如 $e^{\pi i} + 1 = 0$（Euler 公式）。

3. 对数函数

$$w = \mathrm{Ln} z = \ln|z| + i(\arg z + 2k\pi) = \ln z + i2k\pi, \quad k = 0, \pm 1, \pm 2, \cdots$$

$\mathrm{Ln} z$ 为一多值函数，其中 $\ln z = \ln|z| + i\arg z$，称为 $\mathrm{Ln} z$ 的主值，对应为 k 取 0 的值。

性质：①多值函数；②在每个单值分支上，除原点及负实轴外处处解析；③在单值解析分支上：$(\ln z)'_k = \dfrac{1}{z_k}$。

变换性质：对数函数的单值分支总是将 z 平面上的去掉原点与负实轴的角形区域映射成 w 平面上的虚部在 $-\pi$ 到 π 之间的水平带状区域。

注意：区分 $\mathrm{Ln} z$ 与实对数函数运算性质的差异。有

$$\mathrm{Ln}(z_1 z_2) = \mathrm{Ln} z_1 + \mathrm{Ln} z_2, \quad \mathrm{Ln} \frac{z_1}{z_2} = \mathrm{Ln} z_1 - \mathrm{Ln} z_2$$

但没有 $\ln(z_1 z_2) = \ln z_1 + \ln z_2$，$\ln \dfrac{z_1}{z_2} = \ln z_1 - \ln z_2$。

而 $\mathrm{Ln}z^n = n\mathrm{Ln}z$，$\mathrm{Ln}\sqrt[n]{z} = \dfrac{1}{n}\mathrm{Ln}z$ 也不再成立，因为等式两边是集合相等。

4. 三角函数

复数 z 的正弦函数 $\qquad\qquad\qquad \sin z = \dfrac{\mathrm{e}^{\mathrm{i}z} - \mathrm{e}^{-\mathrm{i}z}}{2\mathrm{i}}$

复数 z 的余弦函数 $\qquad\qquad\qquad \cos z = \dfrac{\mathrm{e}^{\mathrm{i}z} + \mathrm{e}^{-\mathrm{i}z}}{2}$

性质：①单值函数；②复平面上处处解析，且 $(\sin z)' = \cos z$，$(\cos z)' = -\sin z$；③周期性：以 2π 为周期；④无界函数：$|\sin z| \leqslant 1$ 与 $|\cos z| \leqslant 1$ 不成立；⑤零点：$\sin z = 0$，$z = k\pi$，$\cos z = 0$，$z = \left(k + \dfrac{1}{2}\right)\pi$。

由定义可知其性质依赖于指数函数的性质。

5. 反三角函数

反正弦函数 $\qquad\qquad w = \mathrm{Arcsin}z = \dfrac{1}{\mathrm{i}}\mathrm{Ln}(\mathrm{i}z + \sqrt{1 - z^2})$

反余弦函数 $\qquad\qquad w = \mathrm{Arcsin}z = \dfrac{1}{\mathrm{i}}\mathrm{Ln}(z + \sqrt{z^2 - 1})$

反正切函数 $\qquad\qquad w = \mathrm{Arctan}z = \dfrac{1}{2\mathrm{i}}\mathrm{Ln}\dfrac{1 + \mathrm{i}z}{1 - \mathrm{i}z}$

反余切函数 $\qquad\qquad w = \mathrm{Arccot}z = \dfrac{\mathrm{i}}{2}\mathrm{Ln}\dfrac{z - \mathrm{i}}{z + \mathrm{i}}$

并且有关系式 $\qquad\qquad\qquad \mathrm{arcsin}z = \dfrac{\pi}{2} - \mathrm{arccos}z$

反三角函数的性质与对数函数的性质相同。

6. 一般幂函数

$$z^s = \mathrm{e}^{s\mathrm{Ln}z} = \mathrm{e}^{s(\ln|z| + \mathrm{i}\arg z + \mathrm{i}2k\pi)}, \qquad k = 0, \pm1, \pm2, \cdots$$

其中，$z \neq 0$，s 为复常数。

特别地，当 $s = n$（n 为正整数）时，$w = z^s = z^n$ 为 z 的 n 次乘幂，它是单值函数。当 $s = 1/n$（n 为正整数）时，$w = z^{1/n} = \sqrt[n]{z}$ 为根式函数，是 n 多值函数。当 s 是无理数或一般复数（$\mathrm{Im}s \neq 0$）时，z^s 具有无穷多值。

在单值分支内一般幂函数是单值函数，且各个分支在除去原点和负实轴的复平面内解析，由复变函数求导知 $\dfrac{\mathrm{d}}{\mathrm{d}z}(z^s) = sz^{s-1}$。

（五）调和函数、共轭调和函数及与解析函数

1. 调和函数

二元函数 $u(x, y)$ 有连续的二阶偏导数，且满足 Laplace 方程 $\nabla^2 u(x, y) = 0$。

2. 调和函数与解析函数的关系

若 $f(z) = u(x, y) + \mathrm{i} v(x, y)$ 在区域 D 中解析，则 $u(x, y)$，$v(x, y)$ 都是调和函数，即

$$\frac{\partial^2 u}{\partial x^2} + \frac{\partial^2 u}{\partial y^2} = 0, \; \frac{\partial^2 v}{\partial x^2} + \frac{\partial^2 v}{\partial y^2} = 0$$

3. 共轭调和函数

定义：设 $f(z) = u + \mathrm{i}v$ 为解析函数，则称 v 为 u 的共轭调和函数。

解析函数的实部和虚部是调和函数，但是任何二个调和函数并不一定能组成解析函数，能够组成解析函数的二个调和函数其虚部称为实部的共轭调和函数。

4. 解析函数的实部和虚部的相互计算

解析函数的实部和虚部以 C-R 条件相联系，故可由实部求虚部，或由虚部求实部：

$$v(z) = v(z_0) + \int_{z_0}^z \mathrm{d}v = v(z_0) + \int_{z_0}^z \left(-\frac{\partial u}{\partial y}\mathrm{d}x + \frac{\partial u}{\partial x}\mathrm{d}y \right)$$

$$u(z) = u(z_0) + \int_{z_0}^z \mathrm{d}u = u(z_0) + \int_{z_0}^z \left(\frac{\partial v}{\partial y}\mathrm{d}x - \frac{\partial v}{\partial x}\mathrm{d}y \right)$$

已知解析函数的实部（虚部），求其虚部（实部），有三种方法：全微分法；利用 C-R 方程计算；不定积分法（参见例 2.14）。

二、教学基本要求

（1）复变函数可导与解析性判别；

（2）初等函数及其导数的计算；

（3）求解复数方程；

（4）已知解析函数的实部（或者虚部），求其虚部（或者实部）和解析函数，并计算解析函数的导数。

三、问题解答

（1）复变函数的连续、可导、解析的关系。

答：复变函数的连续性可以用其实部与虚部的两个二元函数的连续性来描述，可导则用其实部和虚部的满足关系来刻画。当且仅当实部和虚部可微，且它们的偏导数满足 C-R 条件时，函数才可导。解析则是在一点处及该点的邻域内都可导才能保证在这点处解析。因此，函数在一点处解析时，一定在该点可导且连续，反过来处处连续的函数可以处处不可导，如 $f(z) = \bar{z}$。但是处处可导的函数一定处处解析。因此，在区域上，可导与解析等价。在复变函数中，我们很容易找到处处连续，但处处不解析的函数。

（2）在复三角函数中，为什么 sinz 和 cosz 满足 $\sin^2 z + \cos^2 z = 1$，但得不出 $|\sin z| \leqslant 1$ 和 $|\cos z| \leqslant 1$ 的有界性的结论？

答：由 sinz 和 cosz 的定义，我们会得到 $\sin^2 z + \cos^2 z = 1$ 的结果。但由于 $\sin^2 z$ 和 $\cos^2 z$ 不一定为非负数。事实上，只要 $z = x + iy$ 中的虚部 $y \to \infty$，sinz，cosz 的模长就可以任意大。

如：$|\sin z| = \left| \dfrac{1}{2i} \left[e^{i(x+iy)} - e^{-i(x+iy)} \right] \right| = \dfrac{1}{2} |e^{ix-y} - e^{-ix+y}| \to \infty \begin{pmatrix} y \to +\infty \\ y \to -\infty \end{pmatrix}$

（3）复变函数中的基本函数类有哪些？

答：在复变函数中只有指数函数及其反函数——对数函数称为基本函数，其他的一切函数均由这两类函数经过有限次四则运算和复合运算得到。因此，研究函数的变换性质的时候，我们只需要研究这两类函数就可以了。

（4）指数函数 $w = e^z$ 的值何时为实数？

答：由 $w = e^z = e^x(\cos y + i\sin y)$ 知，要使 $w = e^z$ 为实数，即要 $e^x \sin y = 0$。故要 $\sin y = 0$，即当 $y = k\pi (k = 0, \pm 1, \cdots)$ 时，e^z 的虚部为 0。因此，当 z 的虚部取在与实轴平行且相距 $k\pi$ 的这些平行线上时，$w = e^z$ 为实数。

（5）关于极坐标下的 C-R 条件的证明：

$$\frac{\partial u}{\partial \rho} = \frac{1}{\rho} \frac{\partial v}{\partial \varphi}, \quad \frac{1}{\rho} \frac{\partial u}{\partial \varphi} = -\frac{\partial v}{\partial \rho}$$

并试证：$f'(z) = \dfrac{\rho}{z} \left(\dfrac{\partial u}{\partial \rho} + i \dfrac{\partial v}{\partial \rho} \right) = \dfrac{1}{z} \left(\dfrac{\partial v}{\partial \varphi} - i \dfrac{\partial u}{\partial \varphi} \right) = \dfrac{1}{iz} \left(\dfrac{\partial u}{\partial \varphi} + i \dfrac{\partial v}{\partial \varphi} \right)$，其中 $z = \rho e^{i\varphi}$。

证明：**方法一**：利用复合函数求导的规则。由于坐标 (x, y) 在极坐标 (ρ, φ) 的形式为 $x = \rho\cos\varphi$，$y = \rho\sin\varphi$，则有

$$\frac{\partial x}{\partial \rho} = \cos\varphi, \quad \frac{\partial y}{\partial \rho} = \sin\varphi, \quad \frac{\partial x}{\partial \varphi} = -\rho\sin\varphi, \quad \frac{\partial y}{\partial \varphi} = \rho\cos\varphi$$

由 $\quad \dfrac{\partial u}{\partial \rho} = \dfrac{\partial u}{\partial x}\dfrac{\partial x}{\partial \rho} + \dfrac{\partial u}{\partial y}\dfrac{\partial y}{\partial \rho} = \dfrac{\partial u}{\partial x}\cos\varphi + \dfrac{\partial u}{\partial y}\sin\varphi \xlongequal{\text{C-R 方程}} \dfrac{\partial v}{\partial y}\cos\varphi - \dfrac{\partial v}{\partial x}\sin\varphi$

$$\frac{\partial v}{\partial \varphi} = \frac{\partial v}{\partial x}\frac{\partial x}{\partial \varphi} + \frac{\partial v}{\partial y}\frac{\partial y}{\partial \varphi} = -\frac{\partial v}{\partial x}\rho\sin\varphi + \frac{\partial v}{\partial y}\rho\cos\varphi$$

故有 $\quad\quad\quad\quad\quad\quad\quad \dfrac{\partial u}{\partial \rho} = \dfrac{1}{\rho} \dfrac{\partial v}{\partial \varphi}$

用同样方法可以得到

$$\frac{\partial v}{\partial \rho} = \frac{\partial v}{\partial x}\frac{\partial x}{\partial \rho} + \frac{\partial v}{\partial y}\frac{\partial y}{\partial \rho} = \frac{\partial v}{\partial x}\cos\varphi + \frac{\partial v}{\partial y}\sin\varphi \xlongequal{\text{C-R 方程}} -\frac{\partial u}{\partial y}\cos\varphi + \frac{\partial u}{\partial x}\sin\varphi$$

$$\frac{\partial u}{\partial \varphi} = \frac{\partial u}{\partial x}\frac{\partial x}{\partial \varphi} + \frac{\partial u}{\partial y}\frac{\partial y}{\partial \varphi} = -\frac{\partial u}{\partial x}\rho\sin\varphi + \frac{\partial u}{\partial y}\rho\cos\varphi = -\rho\left(-\frac{\partial u}{\partial y}\cos\varphi + \frac{\partial u}{\partial x}\sin\varphi\right)$$

故有
$$\frac{1}{\rho}\frac{\partial u}{\partial \varphi} = -\frac{\partial v}{\partial \rho}$$

由于极坐标 (ρ, φ) 与直角坐标 (x, y) 的关系为 $\rho = \sqrt{x^2+y^2}$, $\sin\varphi = y/\sqrt{x^2+y^2}$, 则

$$\frac{\partial \rho}{\partial x} = \frac{x}{\rho} = \cos\varphi, \quad \frac{\partial \rho}{\partial y} = \frac{y}{\rho} = \sin\varphi$$

$$\frac{\partial \varphi}{\partial x} = -\frac{\sin\varphi}{\rho}, \quad \frac{\partial \varphi}{\partial y} = \frac{\cos\varphi}{\rho}$$

由复数的导数公式, 有

$$f'(z) = \frac{\partial u}{\partial x} + \mathrm{i}\frac{\partial v}{\partial x} \xlongequal{\text{复合函数的导数}} \left(\frac{\partial u}{\partial \rho}\frac{\partial \rho}{\partial x} + \frac{\partial u}{\partial \varphi}\frac{\partial \varphi}{\partial x}\right) + \mathrm{i}\left(\frac{\partial v}{\partial \rho}\frac{\partial \rho}{\partial x} + \frac{\partial v}{\partial \varphi}\frac{\partial \varphi}{\partial x}\right)$$

$$= \left[\frac{\partial u}{\partial \rho}\cos\varphi + \frac{\partial u}{\partial \varphi}\left(-\frac{\sin\varphi}{\rho}\right)\right] + \mathrm{i}\left[\frac{\partial v}{\partial \rho}\cos\varphi + \frac{\partial v}{\partial \varphi}\left(-\frac{\sin\varphi}{\rho}\right)\right]$$

$$\xlongequal{\text{极坐标 C-R 方程}} \left(\frac{\partial u}{\partial \rho}\cos\varphi + \frac{\partial v}{\partial \rho}\sin\varphi\right) + \mathrm{i}\left(\frac{\partial v}{\partial \rho}\cos\varphi - \frac{\partial u}{\partial \rho}\sin\varphi\right)$$

$$= \left(\frac{\partial u}{\partial \rho}\cos\varphi - \mathrm{i}\frac{\partial u}{\partial \rho}\sin\varphi\right) + \left(\frac{\partial v}{\partial \rho}\sin\varphi + \mathrm{i}\frac{\partial v}{\partial \rho}\cos\varphi\right)$$

$$= \frac{\partial u}{\partial \rho}(\cos\varphi - \mathrm{i}\sin\varphi) + \mathrm{i}\frac{\partial v}{\partial \rho}\left(\frac{\sin\varphi}{\mathrm{i}} + \cos\varphi\right)$$

$$= (\cos\varphi - \mathrm{i}\sin\varphi)\left(\frac{\partial u}{\partial \rho} + \mathrm{i}\frac{\partial v}{\partial \rho}\right)$$

$$= \frac{1}{\cos\varphi + \mathrm{i}\sin\varphi}\left(\frac{\partial u}{\partial \rho} + \mathrm{i}\frac{\partial v}{\partial \rho}\right)$$

$$= \frac{\rho}{z}\left(\frac{\partial u}{\partial \rho} + \mathrm{i}\frac{\partial v}{\partial \rho}\right)$$

利用极坐标的 C-R 方程, 可以得到导数表达式后面两种形式。

方法二: 利用求导的定义。

$$\lim_{\Delta z \to 0}\frac{\Delta w}{\Delta z} = \lim_{\Delta z \to 0}\frac{f(z+\Delta z) - f(z)}{\Delta z}$$

注意: 由 $z = \rho\mathrm{e}^{\mathrm{i}\varphi}$, 知 $\Delta z = \mathrm{e}^{\mathrm{i}\varphi}\Delta\rho + \rho\mathrm{e}^{\mathrm{i}\varphi}\mathrm{i}\Delta\varphi$,

$$f'(z) = \lim_{\Delta z \to 0}\frac{f(z+\Delta z) - f(z)}{\Delta z} = \lim_{\Delta z \to 0}\frac{\Delta u + \mathrm{i}\Delta v}{\mathrm{e}^{\mathrm{i}\varphi}\Delta\rho + \rho\mathrm{e}^{\mathrm{i}\varphi}\mathrm{i}\Delta\varphi}$$

分别选择 $\Delta\rho \to 0$ 和 $\Delta\varphi \to 0$ 来求它的导数。

由 $\Delta\varphi = 0$, $\Delta\rho \to 0$, 得到

$$f'(z) = \lim_{\Delta z \to 0} \frac{\Delta u + i\Delta v}{e^{i\varphi}\Delta\rho} = \frac{1}{e^{i\varphi}}\left(\frac{\partial u}{\partial\rho} + i\frac{\partial v}{\partial\rho}\right) = \frac{\rho}{z}\left(\frac{\partial u}{\partial\rho} + i\frac{\partial v}{\partial\rho}\right)$$

由 $\Delta\rho = 0$, $\Delta\varphi \to 0$, 得到

$$f'(z) = \lim_{\Delta z \to 0} \frac{\Delta u + i\Delta v}{\rho e^{i\varphi} i\Delta\varphi} = \frac{1}{i\rho e^{i\varphi}}\left(\frac{\partial u}{\partial\varphi} + i\frac{\partial v}{\partial\varphi}\right) = \frac{1}{e^{i\varphi}}\left(\frac{1}{\rho}\frac{\partial v}{\partial\varphi} - i\frac{1}{\rho}\frac{\partial u}{\partial\varphi}\right)$$

比较两式的实部和虚部, 得到

$$\frac{\partial u}{\partial\rho} = \frac{1}{\rho}\frac{\partial v}{\partial\varphi}, \quad \frac{1}{\rho}\frac{\partial u}{\partial\varphi} = -\frac{\partial v}{\partial\rho}$$

方法三: 由函数 $w = f(z) = u(\rho, \varphi) + iv(\rho, \varphi)$, 其中 $z = \rho e^{i\varphi}$, 对函数求 ρ 和 φ 的偏导数, 得到

$$\frac{\partial f(z)}{\partial\rho} = f'(z)\frac{\partial z}{\partial\rho} = f'(z)e^{i\varphi} = \frac{\partial u(\rho, \varphi)}{\partial\rho} + i\frac{\partial v(\rho, \varphi)}{\partial\rho}$$

$$\frac{\partial f(z)}{\partial\varphi} = f'(z)\frac{\partial z}{\partial\varphi} = f'(z)\rho i e^{i\varphi} = \frac{\partial u(\rho, \varphi)}{\partial\varphi} + i\frac{\partial v(\rho, \varphi)}{\partial\varphi}$$

比较两式 $f'(z)$ 的实部和虚部, 得到

$$\frac{\partial u}{\partial\rho} = \frac{1}{\rho}\frac{\partial v}{\partial\varphi}, \quad \frac{1}{\rho}\frac{\partial u}{\partial\varphi} = -\frac{\partial v}{\partial\rho}$$

四、解 题 示 例

类型一　判断函数的可导性和解析性

例 2.1　下列函数在何处可导? 何处解析?

(1) $f(z) = 2x^3 + 3y^3 i$; (2) $f(z) = \sin x \cosh y + i\cos x \sinh y$。

解题分析: 利用函数可导与解析的充要条件, 注意可导与解析之间的关系, 常记 $z = x + iy$, $f(z) = u(x, y) + iv(x, y)$。

解: (1) 因 $u = 2x^3$, $v = 3y^3$ 在复平面上可微, 且

$$\frac{\partial u}{\partial x} = 6x^2, \quad \frac{\partial u}{\partial y} = 0, \quad \frac{\partial v}{\partial x} = 0, \quad \frac{\partial v}{\partial y} = 9y^2$$

从而, 当且仅当 $6x^2 = 9y^2$ 或 $\sqrt{2}x \pm \sqrt{3}y = 0$ 时, C-R 方程 $\frac{\partial u}{\partial x} = \frac{\partial v}{\partial y}$, $\frac{\partial u}{\partial y} = -\frac{\partial v}{\partial x}$ 成立。故函数 $f(z) = 2x^3 + 3y^3 i$ 在直线 $\sqrt{2}x \pm \sqrt{3}y = 0$ 上每一点都可导, 但在复平面上处处不解析。

(2) 由于 $u = \sin x \cosh y$, $v = \cos x \sinh y$, 并且 $\frac{\partial u}{\partial x} = \cos x \cosh y$, $\frac{\partial u}{\partial y} = \sin x \sinh y$,

$\frac{\partial v}{\partial x} = -\sin x \sinh y$, $\frac{\partial v}{\partial y} = \cos x \cosh y$ 均为连续函数, 所以 u, v 可微, 而且不难看出 C-R 方程

$\frac{\partial u}{\partial x} = \frac{\partial v}{\partial y}$, $\frac{\partial u}{\partial y} = -\frac{\partial v}{\partial x}$ 在复平面上处处成立。故函数 $f(z) = \sin x \cosh y + i\cos x \sinh y$ 在复平面上

处处可导，处处解析。

例 2.2 证明函数 $f(z) = z\mathrm{Re}(z)$ 仅在点 $z = 0$ 可导，并求 $f'(0)$。

证明：方法一：利用函数可导的充要条件。

由于 $f(z) = z\mathrm{Re}(z) = (x + \mathrm{i}y)x = x^2 + xy\mathrm{i}$，于是 $u = x^2$，$v = xy$，并且

$$\frac{\partial u}{\partial x} = 2x, \ \frac{\partial u}{\partial y} = 0, \ \frac{\partial v}{\partial x} = y, \ \frac{\partial v}{\partial y} = x$$

由此易知，u，v 在复平面上处处可微，但仅在点 $z = 0$ 处柯西-黎曼方程成立，所以 $f(z) = z\mathrm{Re}(z)$ 仅在点 $z = 0$ 可导。

再由导数的计算公式 $f'(z) = \frac{\partial f(z)}{\partial x} = \frac{\partial u(x, y)}{\partial x} + \mathrm{i}\frac{\partial v(x, y)}{\partial x}$，可知 $f'(0) = 0$。

方法二：利用定义证明。当 $z_0 = 0$ 时，因 $\lim\limits_{z\to 0}\frac{f(z) - f(0)}{z - 0} = \lim\limits_{z\to 0}\frac{z\mathrm{Re}(z)}{z} = \lim\limits_{z\to 0}\mathrm{Re}(z) = 0$，所以 $f(z) = z\mathrm{Re}(z)$ 在点 $z = 0$ 可导并且 $f'(0) = 0$。

但当 $z_0 \neq 0$ 时，$\frac{f(z) - f(z_0)}{z - z_0} = \frac{z\mathrm{Re}(z) - z_0\mathrm{Re}(z_0)}{z - z_0} = \mathrm{Re}(z) + z_0\frac{\mathrm{Re}(z) - \mathrm{Re}(z_0)}{z - z_0}$，

而 $\lim\limits_{z\to z_0}\frac{\mathrm{Re}(z) - \mathrm{Re}(z_0)}{z - z_0}$ 不存在（因为当 z 沿直线 $\mathrm{Re}(z) - \mathrm{Re}(z_0)$ 与 $\mathrm{Im}(z) = \mathrm{Im}(z_0)$ 趋于 z_0 时，相应的极限值分别为 0 和 1），所以当 $z \to z_0$ 时 $\frac{f(z) - f(z_0)}{z - z_0}$ 的极限不存在。这说明 $f(z) = z\mathrm{Re}(z)$ 仅在点 $z = 0$ 可导。

类型二 证明解析函数的性质

例 2.3 若函数 $f(z)$ 在区域 D 内解析且 $|f(z)|$ 在 D 内为常数，试证 $f(z)$ 在 D 内必为常数。

解题分析：设 $f(z) = u + iv$，由题设条件 $|f(z)|^2 = u^2 + v^2 =$ 常数出发，应用 C-R 方程证明 u 是常数，v 也是常数。

证明：设 $f(z) = u(x, y) + iv(x, y)$，则 $f(z)$ 在 D 内解析 $\Leftrightarrow u$，v 在 D 内可微且满足 C-R 方程 $\frac{\partial u}{\partial x} = \frac{\partial v}{\partial y}$，$\frac{\partial u}{\partial y} = -\frac{\partial v}{\partial x}$。再若 $|f(z)| = C$（常数）（$z \in D$），则有 $u^2 + v^2 = C^2$，两边分别对 x，y 求偏导得

$$\begin{cases} u\dfrac{\partial u}{\partial x} + v\dfrac{\partial v}{\partial x} = 0 \\ u\dfrac{\partial u}{\partial y} + v\dfrac{\partial v}{\partial y} = 0 \end{cases}$$

结合 C-R 方程知

$$\begin{cases} u\dfrac{\partial u}{\partial x} + v\dfrac{\partial v}{\partial x} = 0 \\ -u\dfrac{\partial v}{\partial x} + v\dfrac{\partial u}{\partial x} = 0 \end{cases}$$

此方程组的系数行列式为 $\begin{vmatrix} u & v \\ v & -u \end{vmatrix} = -(u^2 + v^2)$。

若 $u^2 + v^2 = C^2 = 0$，则 $u = v \equiv 0$，即 $f(z) \equiv 0 (z \in D)$；

若 $u^2 + v^2 = C^2 \neq 0$，则上面方程组只有零解，即 $\dfrac{\partial u}{\partial x} = \dfrac{\partial v}{\partial x} = 0$。再结合 C-R 方程得 $\dfrac{\partial u}{\partial x} = \dfrac{\partial u}{\partial y} = \dfrac{\partial v}{\partial x} = \dfrac{\partial v}{\partial y} = 0$。又因 u，v 在 D 内可微，故在 D 内有

$$\mathrm{d}u = \frac{\partial u}{\partial x}\mathrm{d}x + \frac{\partial u}{\partial y}\mathrm{d}y = 0$$

$$\mathrm{d}v = \frac{\partial v}{\partial x}\mathrm{d}x + \frac{\partial v}{\partial y}\mathrm{d}y = 0$$

从而在 D 内 u 与 v 均为常数，这样 $f(z)$ 在 D 内也必为常数。

例 2.4 试证明，若函数 $f_1(x, y)$ 和 $f_2(x, y)$ 都是解析函数，则 $F = f_1(x, y)f_2(x, y)$ 也是解析函数。

解题分析：利用函数解析的充要条件证明。

证明：设 $f_1 = u_1 + \mathrm{i}v_1$，$f_2 = u_2 + \mathrm{i}v_2$，则有

$$F = (u_1 + \mathrm{i}v_1)(u_2 + \mathrm{i}v_2) = u + \mathrm{i}v$$

这里

$$u = u_1u_2 - v_1v_2, \quad v = u_1v_2 + u_2v_1 \tag{1}$$

由此有

$$\frac{\partial u}{\partial x} = \frac{\partial u_1}{\partial x}u_2 + u_1\frac{\partial u_2}{\partial x} - \frac{\partial v_1}{\partial x}v_2 - v_1\frac{\partial v_2}{\partial x} \tag{2}$$

$$\frac{\partial u}{\partial y} = \frac{\partial u_1}{\partial y}v_2 + u_1\frac{\partial v_2}{\partial y} - \frac{\partial u_2}{\partial y}v_1 + u_2\frac{\partial v_1}{\partial y} \tag{3}$$

因为 f_1，f_2 皆解析，有

$$\frac{\partial u_j}{\partial x} = \frac{\partial v_j}{\partial y}, \quad \frac{\partial v_j}{\partial x} = \frac{\partial u_j}{\partial y}, \quad j = 1, 2 \tag{4}$$

故 (3) 式可写为 $\quad \dfrac{\partial v}{\partial y} = -\dfrac{\partial v_1}{\partial x}v_2 + u_1\dfrac{\partial u_2}{\partial x} - \dfrac{\partial v_2}{\partial x}v_1 + u_2\dfrac{\partial u_1}{\partial x}$

与 (2) 式对照，就有 $\dfrac{\partial u}{\partial x} = \dfrac{\partial v}{\partial y}$。

同样，由 (1)、(4) 式又可导出 $\dfrac{\partial u}{\partial y} = -\dfrac{\partial v}{\partial x}$（过程从略），故 u，v 满足 C-R 条件。这就证明了 $F = f_1 f_2$ 是解析函数。

例 2.5 如果 $f(z) = u + \mathrm{i}v$ 是 z 的解析函数，证明：

$$\left(\frac{\partial |f(z)|}{\partial x}\right)^2 + \left(\frac{\partial |f(z)|}{\partial y}\right)^2 = |f'(z)|^2$$

证明：因 $f(z) = u + \mathrm{i}v$ 是解析函数，所以 u，v 可微，且 $u_x = v_y$，$u_y = -v_x$，$f'(z) = u_x +$

$iv_x = u_x - iu_y = v_y + iv_x$。

由 $|f(z)| = \sqrt{u^2 + v^2}$ 得

$$\frac{\partial |f(z)|}{\partial x} = \frac{uu_x + vv_x}{\sqrt{u^2 + v^2}}, \quad \frac{\partial |f(z)|}{\partial y} = \frac{uu_y + vv_y}{\sqrt{u^2 + v^2}}$$

于是 $$\left(\frac{\partial |f(z)|}{\partial x}\right)^2 + \left(\frac{\partial |f(z)|}{\partial y}\right)^2 = \frac{u^2(u_x^2 + u_y^2) + v^2(v_x^2 + v_y^2) + 2uv(u_xv_x + u_yv_y)}{u^2 + v^2}$$

$$= \frac{u^2(u_x^2 + u_y^2) + v^2(v_x^2 + v_y^2)}{u^2 + v^2} = u_x^2 + u_y^2 = |f'(z)|^2$$

类型三 初等函数的计算和证明：函数值的计算，导数的计算，求解复数方程，等式的证明

例 2.6 求出下列复数的辐角主值：

（1）e^{2+i}；（2）e^{2-3i}；（3）e^{3+4i}；（4）e^{-3-4i}；（5）$e^{i\alpha} - e^{i\beta}(0 \leqslant \beta < \alpha \leqslant 2\pi)$。

解题分析： 指数函数 $e^z = e^{x+iy} = e^x(\cos y + i\sin y)$ 的辐角为 $\text{Arg}e^z = y + 2k\pi$（$k$ 为整数），其辐角主值 $\text{arg}e^z$ 为区间 $(-\pi, \pi]$ 内的一个辐角。

解：（1）$\text{Arg}e^{2+i} = 1 + 2k\pi$，$\text{arg}e^{2+i} = 1$

（2）$\text{Arg}e^{2-3i} = -3 + 2k\pi$，$\text{arg}e^{2-3i} = -3$

（3）$\text{Arg}e^{3+4i} = 4 + 2k\pi$，$\text{arg}e^{3+4i} = 4 - 2\pi$

（4）$\text{Arg}e^{-3-4i} = -4 + 2k\pi$，$\text{arg}e^{-3-4i} = 2\pi - 4$

（5）由于 $e^{i\alpha} - e^{i\beta} = \cos\alpha + i\sin\alpha - (\cos\beta + i\sin\beta)$

$$= (\cos\alpha - \cos\beta) + i(\sin\alpha - \sin\beta)$$

$$= -2\sin\frac{\alpha-\beta}{2}\sin\frac{\alpha-\beta}{2} + 2i\cos\frac{\alpha+\beta}{2}\sin\frac{\alpha-\beta}{2}$$

$$= 2\sin\frac{\alpha-\beta}{2}\left(-\sin\frac{\alpha+\beta}{2} + i\cos\frac{\alpha+\beta}{2}\right)$$

$$= 2\sin\frac{\alpha-\beta}{2}\left(\cos\frac{\pi+\alpha+\beta}{2} + i\sin\frac{\pi+\alpha+\beta}{2}\right)$$

并且 $0 \leqslant \beta < \alpha \leqslant 2\pi$，$\sin\frac{\alpha-\beta}{2} > 0$，上式就是复数 $e^{i\alpha} - e^{i\beta}$ 的三角表示式，所以

$$\text{arg}(e^{i\alpha} - e^{i\beta}) = \frac{\pi+\alpha+\beta}{2} + 2k\pi$$

当 $\alpha + \beta \leqslant \pi$ 时，$\text{arg}(e^{i\alpha} - e^{i\beta}) = \frac{\pi+\alpha+\beta}{2}$；

当 $\alpha + \beta > \pi$ 时，$\text{arg}(e^{i\alpha} - e^{i\beta}) = \frac{\pi+\alpha+\beta}{2} - 2\pi = \frac{\alpha+\beta-3\pi}{2}$。

例 2.7 设 $z = x + iy$，试求（1）$|e^{i-2z}|$；（2）$|e^{z^2}|$；（3）$\text{Re}(e^{\frac{1}{z}})$。

解题分析： 由指数函数的定义 $e^z = e^{x+iy} = e^x(\cos y + i\sin y)$，其模 $|e^z| = e^x$，实部

$Re(e^z) = e^x cosy$。

解：（1）由 $e^{i-2z} = e^{i-2(x+iy)} = e^{-2x+i(1-2y)}$，得 $|e^{i-2x}| = e^{-2x}$；

（2）由 $e^{z^2} = e^{(x+iy)^2} = e^{x^2-y^2+2xyi}$，得 $|e^{z^2}| = e^{x^2-y^2}$；

（3）由 $e^{1/z} = e^{\frac{1}{x+iy}} = e^{\frac{x}{x^2+y^2}+i\frac{-y}{x^2+y^2}}$，得 $Re(e^{\frac{1}{z}}) = e^{\frac{x}{x^2+y^2}}\cos\frac{y}{x^2+y^2}$。

例 2.8 求下列各式的值：（1）Lni；（2）$Ln(e^i)$。

解：（1）$Lni = \ln|i| + i(\arg i + 2k\pi) = i\left(\frac{\pi}{2} + 2k\pi\right)$；

（2）$Ln(e^i) = \ln|e^i| + i(\arg e^i + 2k\pi) = i(1 + 2k\pi)$。

或者 设 $w = Ln(e^i)$，则有 $e^w = e^i$，由指数函数的性质得到 $w = i + 2k\pi i$。

例 2.9 求下列各式的值：（1）1^i；（2）$(-2)^{\sqrt{2}+i}$；（3）$(1-i)^{1+i}$；（4）i^{Lni}。

解题分析：按照一般的幂函数 a^b 值的计算公式 $a^b = e^{blna} = e^{b[\ln|a|+i(\arg u + 2k\pi)]}$（$k = 0$, ± 1, ± 2, $\cdots$）求出。这个公式是由乘幂的定义与对数函数的表达式得到的。

解：（1）$1^i = e^{iLn1} = e^{i[\ln1+i(0+2k\pi)]} = e^{i(2k\pi i)} = e^{-2k\pi}$；

（2）$(-2)^{\sqrt{2}+i} = e^{(\sqrt{2}+i)Ln(-2)} = e^{(\sqrt{2}+i)[\ln2+i(\pi+2k\pi)]}$

$\qquad = e^{\sqrt{2}\ln2-(2k+1)\pi+i[\ln2+\sqrt{2}(2k+1)\pi]}$

$\qquad = e^{\sqrt{2}\ln2-(2k+1)\pi}\{\cos[\ln2+\sqrt{2}(2k+1)\pi] + i\sin[\ln2+\sqrt{2}(2k+1)\pi]\}$；

（3）$(1-i)^{1+i} = e^{(1+i)Ln(1-i)} = e^{(1-i)\left[\ln\sqrt{2}+i\left(-\frac{\pi}{4}+2k\pi\right)\right]}$

$\qquad = e^{Ln\sqrt{2}+\frac{\pi}{4}-2k\pi-i\left[\ln\sqrt{2}+2k\pi-\frac{\pi}{4}\right]}$

$\qquad = e^{\ln\sqrt{2}+\frac{\pi}{4}-2k\pi}\left\{\cos\left(\ln\sqrt{2}-\frac{\pi}{4}\right) + i\sin\left(\ln\sqrt{2}-\frac{\pi}{4}\right)\right\}$

（4）$i^{Lni} = e^{Lni\cdot Lni} = e^{[\ln|i|+i(\arg i+2k\pi)][\ln|i|+i(\arg i+2m\pi)]} = e^{\left[i\left(\frac{\pi}{2}+2k\pi\right)\right]\left[i\left(\frac{\pi}{2}+2m\pi\right)\right]}$

$\qquad = e^{-\left(\frac{\pi}{2}+2k\pi\right)\left(\frac{\pi}{2}+2m\pi\right)}$，$k = 0$, ± 1, ± 2,$\cdots$; $m = 0$, ± 1, ± 2,$\cdots$

例 2.10 解下列方程：

（1）$\sin z - \cos z = 2$；（2）$\sinh z = i$；（3）$|\tanh z| = 1$；（4）$(1+z)^n = (1-z)^n$。

解：（1）由于 $\sin z - \cos z = \sqrt{2}\left(\sin z\cos\frac{\pi}{4} - \cos z\sin\frac{\pi}{4}\right) = \sqrt{2}\sin\left(z-\frac{\pi}{4}\right)$，

所以方程 $\sin z - \cos z = 2$ 等价于 $\sin\left(z-\frac{\pi}{4}\right) = \sqrt{2}$ 或 $z - \frac{\pi}{4} = Arc\sin\sqrt{2}$，

再由 $Arc\sin z = -iLn\left(iz + \sqrt{1-z^2}\right)$ 可知

$$z = \frac{\pi}{4} + Arc\sin\sqrt{2} = \frac{\pi}{4} - iLn(\sqrt{2}i \pm i) = \frac{\pi}{4} - i\left[\ln(\sqrt{2}\pm1) + i\left(\frac{\pi}{2}+2k\pi\right)\right]$$

$$= \frac{3\pi}{4} + 2k\pi - i\ln(\sqrt{2}\pm1),\ k = 0, \pm1, \pm2,\cdots$$

故方程 $\sin z - \cos z = 2$ 的解为 $z = \frac{3\pi}{4} + 2k\pi - i\ln(\sqrt{2}\pm1)$，$k = 0$, ±1, ±2,$\cdots$

（2）方程 $\sinh z = \mathrm{i}$ 等价于 $\dfrac{\mathrm{e}^z - \mathrm{e}^{-z}}{2} = \mathrm{i}$ 或 $(\mathrm{e}^z)^2 - 2\mathrm{i}\mathrm{e}^z - 1 = 0$，它的二重根为 $\mathrm{e}^z = \mathrm{i}$ 或

$z = \mathrm{Ln}\,\mathrm{i} = \left(\dfrac{\pi}{2} + 2k\pi\right)\mathrm{i}$, $k = 0$, ± 1, ± 2, $\cdots$

故方程 $\sinh z = \mathrm{i}$ 的解为 $z = \left(\dfrac{\pi}{2} + 2k\pi\right)\mathrm{i}$, $k = 0$, ± 1, ± 2, $\cdots$

（3）由双曲正切函数的定义

$$\tanh z = \frac{\sinh z}{\cosh z} = \frac{\mathrm{e}^z - \mathrm{e}^{-z}}{\mathrm{e}^z + \mathrm{e}^{-z}} = \frac{\mathrm{e}^{2z} - 1}{\mathrm{e}^{2z} + 1}$$

于是，方程 $|\tanh z| = 1$ 等价于 $|\mathrm{e}^{2z} - 1| = |\mathrm{e}^{2z} + 1|$，两边平方并令 $\mathrm{e}^{2z} = u + \mathrm{i}v$，可知

$$(u - 1)^2 + v^2 = (u + 1)^2 + v^2 \quad \text{即} \quad u = 0$$

因 $u = \mathrm{Re}(\mathrm{e}^{2z}) = \mathrm{e}^{2\mathrm{Re}(z)}\cos[2\mathrm{Im}(z)]$，所以

$$u = 0 \Leftrightarrow \cos[2\mathrm{Im}(z)] = 0 \Leftrightarrow \mathrm{Im}(z) = \frac{\pi}{4} + \frac{k\pi}{2}$$

其中，$k = 0$, ± 1, ± 2, $\cdots$。

故方程 $|\tanh z| = 1$ 的解为 $\mathrm{Im}(z) = \dfrac{\pi}{4} + \dfrac{k\pi}{2}$ $(k = 0$, ± 1, ± 2, $\cdots)$ 的所有复数 z。

（4）显然，$z \neq \pm 1$，有 $\left(\dfrac{1 + z}{1 - z}\right)^n = 1$，

$$\frac{1 + z}{1 - z} = \sqrt[n]{1} = \mathrm{e}^{\mathrm{i}\frac{\arg 1 + 2k\pi}{n}} = \mathrm{e}^{\mathrm{i}\frac{2k\pi}{n}}, \quad k = 0, 1, 2, \cdots, n - 1$$

解得

$$z = \frac{\mathrm{e}^{\mathrm{i}\frac{2k\pi}{n}} - 1}{\mathrm{e}^{\mathrm{i}\frac{2k\pi}{n}} + 1} = \frac{\mathrm{e}^{\mathrm{i}\frac{k\pi}{n}} - \mathrm{e}^{-\mathrm{i}\frac{k\pi}{n}}}{\mathrm{e}^{\mathrm{i}\frac{k\pi}{n}} + \mathrm{e}^{-\mathrm{i}\frac{k\pi}{n}}} = \mathrm{i}\frac{\sin\left(\dfrac{k\pi}{n}\right)}{\cos\left(\dfrac{k\pi}{n}\right)} = \mathrm{i}\tan\left(\frac{k\pi}{n}\right), \quad k = 0, 1, 2\cdots, n - 1$$

这里要求 $\cos\left(\dfrac{k\pi}{n}\right) \neq 0$，即 $\dfrac{k\pi}{n} \neq \dfrac{\pi}{2}$，$k \neq \dfrac{n}{2}$（当 n 为偶数时）。

例 2.11 求下列公式成立的条件：

（1）$\exp\bar{z} = \overline{\exp z}$，$\mathrm{e}^{\bar{z}} = \overline{\mathrm{e}^z}$；（2）$\exp \mathrm{i}\bar{z} = \overline{\exp(\mathrm{i}z)}$，$\mathrm{e}^{\mathrm{i}\bar{z}} = \overline{\mathrm{e}^{\mathrm{i}z}}$；（3）$\overline{\sin \mathrm{i}z} = \sin \overline{\mathrm{i}z}$。

解：（1）设 $z = x + \mathrm{i}y$，则 $\bar{z} = x - \mathrm{i}y$，所以

$$\mathrm{e}^{\bar{z}} = \mathrm{e}^{x - \mathrm{i}y} = \mathrm{e}^x[\cos(-y) + \mathrm{i}\sin(-y)] = \mathrm{e}^x(\cos y - \mathrm{i}\sin y)$$

$$= \mathrm{e}^x \overline{(\cos y + \mathrm{i}\sin y)} = \overline{\mathrm{e}^x(\cos y + \mathrm{i}\sin y)} = \overline{\mathrm{e}^x \mathrm{e}^{\mathrm{i}y}} = \overline{\mathrm{e}^{x + \mathrm{i}y}} = \overline{\mathrm{e}^z}$$

故等式处处成立。

（2）$\mathrm{e}^{\mathrm{i}\bar{z}} = \mathrm{e}^{\mathrm{i}(x - \mathrm{i}y)} = \mathrm{e}^y(\cos x + \mathrm{i}\sin x)$

而 $\overline{\mathrm{e}^{\mathrm{i}z}} = \overline{\mathrm{e}^{\mathrm{i}(x + \mathrm{i}y)}} = \overline{\mathrm{e}^{-y}(\cos x + \mathrm{i}\sin x)} = \mathrm{e}^{-y}(\cos x - \mathrm{i}\sin x)$

$\mathrm{e}^{\mathrm{i}\bar{z}} = \overline{\mathrm{e}^{\mathrm{i}z}}$ 成立的条件为 $\begin{cases} \mathrm{e}^y = \mathrm{e}^{-y} \\ \sin x = 0 \end{cases}$，即 $\begin{cases} x = n\pi \\ y = 0 \end{cases}$，即 $z = n\pi$。

（3）因 $\overline{\sin iz} = \overline{\left(\dfrac{e^{iiz} - e^{-iiz}}{2i}\right)} = \overline{\left(\dfrac{e^{-z} - e^{z}}{2i}\right)} = \dfrac{e^{-\bar{z}} - e^{\bar{z}}}{-2i} = \dfrac{e^{\bar{z}} - e^{-\bar{z}}}{2i}$

而 $\overline{\sin iz} = \dfrac{e^{iiz} - e^{-iiz}}{2i} = \dfrac{e^{\bar{z}} - e^{-\bar{z}}}{2i}$

故等式 $\overline{\sin iz} = \sin i\bar{z}$ 处处成立。

类型四 多值函数的计算：由多值函数的值确定单值分支，再计算多值函数的值和求导数等

例 2.12 （1）设 $f(z) = \sqrt[3]{z}$ 为一单值分支，若 $f(-1) = -1$，求 $f(i)$ 和 $f'(1)$。

（2）设 $f(z) = \mathrm{Ln}(1 - z^2)$，若 $f(0) = 0$，求 $f(2i)$ 和 $f'(2)$。

解题分析：利用已知条件确定函数的单值分支，再在单值分支中计算。

解：（1）由 $f(-1) = \sqrt[3]{-1} = e^{i\frac{\pi + 2k\pi}{3}}(k = 0,1,2)$，得到 $f(-1) = \sqrt[3]{-1} = \begin{cases} e^{i\frac{\pi}{3}}, & k = 0, \\ e^{i\frac{3\pi}{3}}, & k = 1, \\ e^{i\frac{5\pi}{3}}, & k = 2。 \end{cases}$

因为 $f(-1) = -1$，所以为 $k = 1$ 单值分支。

$$f(i) = \sqrt[3]{i} = e^{i\frac{\arg i + 2k\pi}{3}} \xlongequal{k=1} e^{i\frac{\frac{\pi}{2} + 2\pi}{3}} = e^{i\frac{5}{6}\pi}, \qquad k = 1$$

$$f(1) = \sqrt[3]{1} = e^{i\frac{2k\pi}{3}} = e^{i\frac{2\pi}{3}}, \qquad k = 1$$

而 $f'(z) = \dfrac{1}{3}z^{\frac{1}{3}-1} = \dfrac{1}{3}\dfrac{\sqrt[3]{z}}{z}$，有 $f'(1) = \dfrac{1}{3}\dfrac{e^{i\frac{2\pi}{3}}}{1} = \dfrac{1}{3}e^{i\frac{2\pi}{3}}$。

（2）因 $f(0) = \mathrm{Ln}1 = 2k\pi i(k = 0, \pm1, \cdots)$，若 $f(0) = 0$，则为 $k = 0$ 的单值解析分支。

$$f(2i) = \mathrm{Ln}(1+4) = \ln 5 + 2k\pi i \xlongequal{k=0} \ln 5$$

$f(z) = \mathrm{Ln}(1 - z^2)$ 在 $k = 0$ 的分支中单值解析，则 $f'(2) = \dfrac{-2z}{1-z^2}\bigg|_{z=2} = \dfrac{4}{3}$

类型五 由解析函数的实部（或虚部）求解析函数

例 2.13 设 $f(z) = my^3 + nx^2y + i(x^3 + lxy^2)$ 为解析函数，试确定 l，m，n 的值。

解题分析：利用解析函数的实部和虚部满足 Laplace 方程（通常对一个未知数有效），或者 C-R 方程。

解：利用函数解析的充要条件。由于 $u = my^3 + nx^2y$，$v = x^3 + lxy^2$ 在复平面上可微，且

$\dfrac{\partial u}{\partial x} = 2nxy$，$\dfrac{\partial u}{\partial y} = 3my^2 + nx^2$，$\dfrac{\partial v}{\partial x} = 3x^2 + ly^2$，$\dfrac{\partial v}{\partial y} = 2lxy$。从而，要使 C-R 方程 $\dfrac{\partial u}{\partial x} = \dfrac{\partial v}{\partial y}$，

$\dfrac{\partial u}{\partial y} = \dfrac{\partial v}{\partial x}$ 成立，需要

$$2nxy = 2lxy, \quad 3my^2 + nx^2 = -3x^2 - ly^2$$

因此，当 $n = l$，$n = -3$，$3m = -l$，或 $l = n = -3$，$m = 1$ 时，$f(z)$ 为解析函数。

注意：本题的函数 $f(z) = y^3 - 3x^2y + i(x^3 - 3xy^2) = iz^3$。

例 2.14 已知解析函数 $f(z) = u + iv$ 的实部 $u(x, y) = y^3 - 3x^2y$，求函数 $f(z) = u + iv$ 的表达式，并使 $f(0) = 0$。

解题分析：已知解析函数的实部（或者虚部），求解析函数，一般有三个方法：（1）利用 C-R 条件进行积分；（2）利用全微分进行积分；（3）利用不定积分方法。

解：方法一：因为 $\dfrac{\partial u}{\partial x} = -6xy$，$\dfrac{\partial u}{\partial y} = 3y^2 - 3x^2$。由 C-R 条件 $\dfrac{\partial v}{\partial y} = \dfrac{\partial u}{\partial x}$，可以得到

$$v = \int \frac{\partial u}{\partial x} \mathrm{d}y + C(x) = -3xy^2 + C(x)$$

因为是偏导数，所以常数应该是 x 的函数。

利用另一个 C-R 条件 $\dfrac{\partial v}{\partial x} = -\dfrac{\partial u}{\partial y}$，来求 $C(x)$。

$$-3y^2 + C'(x) = -3y^2 + 3x^2, \quad C(x) = x^3 + c$$

得到
$$v = -3xy^2 + x^3 + c$$

它和 u 构成的解析函数是
$$w = y^3 - 3x^2y + i(x^3 - 3xy^2) + c = iz^3 + c$$

由 $f(0) = 0$，得到 $c = 0$。

说明：（1）如果已知调和函数 v，也可以求得调和函数 u，构成解析函数 $f(z) = u + iv$。

（2）只要是解析函数，$\dfrac{\partial f}{\partial \bar{z}} = 0$，就一定可以将解析函数 $w = u + iv$ 写成 $w = f(z)$ 的形式。

（3）若 $f(z) = u(x, y) + iv(x, y)$ 为解析函数，则 $f(z)$ 可以表示成（参见例 2.22）

$$f(z) = u(z, 0) + iv(z, 0) = u\left(0, \frac{z}{i}\right) + iv\left(0, \frac{z}{i}\right)$$

方法二：要求的调和函数一定是可微的，它的全微分是

$$\mathrm{d}v = \frac{\partial v}{\partial x}\mathrm{d}x + \frac{\partial v}{\partial y}\mathrm{d}y$$

根据 C-R 条件，全微分又可以写成

$$\mathrm{d}v = -\frac{\partial u}{\partial y}\mathrm{d}x + \frac{\partial u}{\partial x}\mathrm{d}y = (3x^2 - 3y^2)\mathrm{d}x - 6xy\mathrm{d}y$$

全微分积分和积分路径无关，仅和起点和终点有关。

选择如图 2.1 所示的积分路径进行积分

$$v = \int_0^x 3x^2\mathrm{d}x + \int_0^y (-6xy)\mathrm{d}y = x^3 - 3xy^2$$

所组成的解析函数
$$w = y^3 - 3x^2y + i(x^3 - 3xy^2) = iz^3$$

全微分积分路径起点是原点，如果是一般的定点
$$w = y^3 - 3x^2y + i(x^3 - 3xy^2) + c = iz^3 + c$$

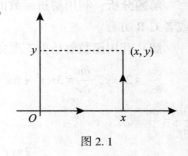

图 2.1

方法三：解题分析： 由解析函数导数公式知道，解析函数 $w = f(z)$ 的导数仍然是解析函数，且解析函数就一定能写成 z 的形式，通过积分 $f(z) = \int f'(z)\mathrm{d}z$，找出它的原函数。其中 $f'(z)$ 可以通过公式 $f'(z) = \dfrac{\partial u}{\partial x} + \mathrm{i}\dfrac{\partial v}{\partial x} = \dfrac{\partial u}{\partial x} - \mathrm{i}\dfrac{\partial u}{\partial y}$ [已知 $u(x, y)$]，$f'(z) = \dfrac{\partial u}{\partial x} + \mathrm{i}\dfrac{\partial v}{\partial x} = \dfrac{\partial v}{\partial y} + \mathrm{i}\dfrac{\partial v}{\partial x}$ [已知 $v(x, y)$] 来计算。

解： 由
$$f'(z) = \frac{\partial u}{\partial x} + \mathrm{i}\frac{\partial v}{\partial x} = \frac{\partial u}{\partial x} - \mathrm{i}\frac{\partial u}{\partial y} = -6xy - \mathrm{i}(3y^2 - 3x^2) = 3\mathrm{i}(x^2 - y^2 + \mathrm{i}2xy)$$
$$= 3\mathrm{i}(x + \mathrm{i}y)^2 = 3\mathrm{i}z^2$$

所以
$$f(z) = \int 3\mathrm{i}z^2\mathrm{d}z + c = \mathrm{i}z^3 + c$$

若要确定常数 c，需要初始条件。若 $f(0) = 0$，则 $c = 0$。

练习题： （1）已知解析函数 $f(z) = u + \mathrm{i}v$ 的实部 $u(x, y) = x^3 - 3xy^2$，求函数 $f(z) = u + \mathrm{i}v$ 的表达式，并使 $f(0) = 0$。（答：$u(x, y) = x^3 - 3xy^2 + \mathrm{i}(3x^2y - y^3) = z^3$）

（2）已知解析函数 $f(z) = u + \mathrm{i}v$ 的虚部 $v(x, y) = \dfrac{y}{x^2 + y^2}$，求解析函数 $f(z) = u + \mathrm{i}v$ 并使 $f(1) = 2$。（答：$f(z) = 3 - \dfrac{1}{z}$ ）

（3）已知 $f(z) = \ln(x^2 + y^2) + \mathrm{i}v$ 为解析函数，并且 $f(1) = -\mathrm{i}$，求函数 $f(z) = u + \mathrm{i}v$。

（答：$f(z) = \ln(x^2 + y^2) + \mathrm{i}(2\arctan\dfrac{y}{x} - 1) = 2\ln z - \mathrm{i}$。或者利用极坐标：$f(z) = 2\ln\rho + \mathrm{i}\theta$ ）

例 2.15 已知 $u - v = x^2 - y^2$，求解析函数 $f(z) = u + \mathrm{i}v$ 的表达式，并使 $f(0) = 0$。

解题分析： 本题没有直接给出 u，v 的表达式，而是给出了两者之间的关系。由于 u，v 之间满足 C-R 关系，故可以求出 u_x，u_y，v_x，v_y，再利用复变函数积分方法，求出 $f(z) = u + \mathrm{i}v$。

解： 将方程 $u - v = x^2 - y^2$ 对 x，y 分别求偏导数，得到
$$\begin{cases} u_x - v_x = 2x \\ u_y - v_y = -2y \end{cases}$$

将两式相减，再利用 C-R 方程 $u_x = v_y$，$v_x = -u_y$，得到 $u_x = x + y$；

将两式相加，再利用 C-R 方程 $u_x = v_y$，$v_x = -u_y$，得到 $v_x = -(x - y)$。

由
$$f'(z) = u_x + \mathrm{i}v_x = (x + y) - \mathrm{i}(x - y) = (1 - \mathrm{i})z$$

故
$$f(z) = \int(1 - \mathrm{i})z\mathrm{d}z = \frac{1}{2}(1 - \mathrm{i})z^2 + c$$

若 $f(0) = 0$，则 $c = 0$。

练习题： 已知 $u - v = (x - y)(x^2 + 4xy + y^2) - 2(x + y)$，求解析函数 $f(z) = u + \mathrm{i}v$ 的表达式，并使 $f(0) = 0$。（答：$f(z) = (x^3 - 3xy^2 - 2x) + \mathrm{i}(3x^2y - y^3 - 2y) = z^3 - 2z$）

例 2.16 设 $u = u(x, y)$ 是调和函数, 并且不是常数, 证明 u^2 不是调和函数。

证明: 因为 $u = u(x, y)$ 是调和函数, 所以 $\dfrac{\partial^2 u}{\partial^2 x} + \dfrac{\partial^2 u}{\partial^2 y} = 0$。

而

$$\frac{\partial(u^2)}{\partial x} = 2u\frac{\partial u}{\partial x}, \quad \frac{\partial(u^2)}{\partial x^2} = 2\left(\frac{\partial u}{\partial x}\right)^2 + 2u\frac{\partial^2 u}{\partial x^2}$$

$$\frac{\partial(u^2)}{\partial y} = 2u\frac{\partial u}{\partial y}, \quad \frac{\partial(u^2)}{\partial y^2} = 2\left(\frac{\partial u}{\partial y}\right)^2 + 2u\frac{\partial^2 u}{\partial y^2}$$

$$\frac{\partial(u^2)}{\partial x^2} + \frac{\partial(u^2)}{\partial y^2} = 2\left(\frac{\partial u}{\partial x}\right)^2 + 2u\frac{\partial^2 u}{\partial x^2} + 2\left(\frac{\partial u}{\partial y}\right)^2 + 2u\frac{\partial^2 u}{\partial y^2} = 2\left(\frac{\partial u}{\partial x}\right)^2 + 2\left(\frac{\partial u}{\partial y}\right)^2 \neq 0$$

所以 u^2 不是调和函数。

例 2.17 若 $u = u(x^2 - y^2)$, 试求解析函数 $f(z) = u + iv$。

解题分析: 利用调和函数的性质, 求出 $u = u(x^2 - y^2)$ 的表达式; 再求解出解析函数 $f(z) = u + iv$。

解: 由

$$\frac{\partial u}{\partial x} = u'(x^2 - y^2)(2x)$$

$$\frac{\partial^2 u}{\partial x^2} = \frac{\partial}{\partial x}\left[u'(x^2 - y^2)(2x)\right] = u''(x^2 - y^2)(4x^2) + u'(x^2 - y^2)2$$

$$\frac{\partial u}{\partial y} = u'(x^2 - y^2)(-2y)$$

$$\frac{\partial^2 u}{\partial y^2} = \frac{\partial}{\partial y}\left[u'(x^2 - y^2)(-2y)\right] = u''(x^2 - y^2)(4y^2) - u'(x^2 - y^2)2$$

因为 $u = u(x^2 - y^2)$ 为调和函数, 所以有 $\dfrac{\partial^2 u}{\partial x^2} + \dfrac{\partial^2 u}{\partial y^2} = 0$,

得到 $u''(x^2 - y^2)4x^2 + u''(x^2 - y^2)4y^2 = 0$, 即 $u''(x^2 - y^2) = 0$

解得 $\qquad\qquad u(x^2 - y^2) = c_1(x^2 - y^2) + c_2$,

由解析函数的实部, 可以得到

$$f'(z) = \frac{\partial u}{\partial x} + i\frac{\partial v}{\partial x} = \frac{\partial u}{\partial x} - i\frac{\partial u}{\partial y} = 2c_1 x + i2c_1 y = 2c_1 z$$

故 $\qquad\qquad\qquad\qquad f(z) = c_1 z^2 + c_2$

例 2.18 利用例 2.17 的方法可以求具有下列形式的所有调和函数 $u(x, y)$。

(1) $u(x, y) = u(xy)$; $\qquad$ (2) $u(x, y) = u(x^2 + y^2)$;

(3) $u(x, y) = u\left(\dfrac{x^2 + y^2}{x}\right)$; $\qquad$ (4) $u(x, y) = u(\sqrt{x^2 + y^2} + x)$

解: 参见习题解答 2.31。(答案: (1) $u = c_1 xy + c_2$; (2) $u = c_1\ln(x^2 + y^2) + c_2$; (3) $u = \dfrac{c_1 x}{x^2 + y^2} + c_2$; (4) $u = c_1\sqrt{x + \sqrt{x^2 + y^2}} + c_2$)

例 2.19 设 $u = u(x, y)$ 为调和函数, 试问: 对于什么函数 $f(u)$, $f[u(x, y)]$ 也为调和函数?

解：由 $\dfrac{\partial f(u(x,\ y))}{\partial x}=f'(u)\dfrac{\partial u}{\partial x}$, $\dfrac{\partial^2 f(u)}{\partial x^2}=\dfrac{\partial}{\partial x}\left[f'(u)\dfrac{\partial u}{\partial x}\right]=f''(u)\left(\dfrac{\partial u}{\partial x}\right)^2+f'(u)\dfrac{\partial^2 u}{\partial x^2}$,

同理 $\dfrac{\partial f(u(x,\ y))}{\partial y}=f'(u)\dfrac{\partial u}{\partial y}$, $\dfrac{\partial^2 f(u)}{\partial y^2}=\dfrac{\partial}{\partial y}\left[f'(u)\dfrac{\partial u}{\partial y}\right]=f''(u)\left(\dfrac{\partial u}{\partial y}\right)^2+f'(u)\dfrac{\partial^2 u}{\partial y^2}$,

若 $f[u(x,\ y)]$ 是调和函数，则有 $\dfrac{\partial^2 f(u)}{\partial x^2}+\dfrac{\partial^2 f(u)}{\partial y^2}=0$, 需要

$$\left[f''(u)\left(\dfrac{\partial u}{\partial x}\right)^2+f'(u)\dfrac{\partial^2 u}{\partial x^2}\right]+\left[f''(u)\left(\dfrac{\partial u}{\partial y}\right)^2+f'(u)\dfrac{\partial^2 u}{\partial y^2}\right]=0$$

由于 $u=u(x,\ y)$ 为调和函数，即得到 $f''(u)\left[\left(\dfrac{\partial u}{\partial x}\right)^2+\left(\dfrac{\partial u}{\partial y}\right)^2\right]=0$, 故有 $f''(u)=0$,

解得 $$f(u)=c_1 u+c_2$$

例 2.20 如果函数 $w=u(x,\ y)+\mathrm{i}v(x,\ y)$ 为解析函数，那么它一定能单独用 z 来表示 (即 $w=f(z)$)，而与 $\bar{z}$ 无关，即 $\dfrac{\partial f}{\partial \bar{z}}=0$。

证明：因 $$w=f(z)=u(x,\ y)+\mathrm{i}v(x,\ y)=u(z,\ \bar{z})+\mathrm{i}v(z,\ \bar{z})$$

形式上把 $u(x,\ y)$ 和 $v(x,\ y)$ 看成 z 和 $\bar{z}$ 的变量 (实际上不是，是共轭关系)，$f(z)$ 关于 z 和 $\bar{z}$ 的导数，利用复合函数的导数，有

$$\dfrac{\partial f(z)}{\partial z}=\dfrac{\partial f(z)}{\partial x}\dfrac{\partial x}{\partial z}+\dfrac{\partial f(z)}{\partial y}\dfrac{\partial y}{\partial z}=\dfrac{1}{2}\dfrac{\partial f(z)}{\partial x}-\dfrac{\mathrm{i}}{2}\dfrac{\partial f(z)}{\partial y}$$

同理

$$\dfrac{\partial f(z)}{\partial \bar{z}}=\dfrac{\partial f(z)}{\partial x}\dfrac{\partial x}{\partial \bar{z}}+\dfrac{\partial f(z)}{\partial y}\dfrac{\partial y}{\partial \bar{z}}=\dfrac{1}{2}\dfrac{\partial f(z)}{\partial x}+\dfrac{\mathrm{i}}{2}\dfrac{\partial f(z)}{\partial y}$$

由于 $f(z)$ 解析，则 $$f'(z)=\dfrac{\partial f(z)}{\partial x}=\dfrac{\partial f(z)}{\mathrm{i}\partial y}=-\mathrm{i}\dfrac{\partial f(z)}{\partial y}$$

故 $$\dfrac{\partial f(z)}{\partial \bar{z}}=0$$

或者，利用以下方法证明：

$$\dfrac{\partial f}{\partial \bar{z}}=\dfrac{\partial u}{\partial \bar{z}}+\mathrm{i}\dfrac{\partial v}{\partial \bar{z}}=\left(\dfrac{\partial u}{\partial x}\dfrac{\partial x}{\partial \bar{z}}+\dfrac{\partial u}{\partial y}\dfrac{\partial y}{\partial \bar{z}}\right)+\mathrm{i}\left(\dfrac{\partial v}{\partial x}\dfrac{\partial x}{\partial \bar{z}}+\dfrac{\partial v}{\partial y}\dfrac{\partial y}{\partial \bar{z}}\right)$$

$$=\left(\dfrac{1}{2}\dfrac{\partial u}{\partial x}+\dfrac{\mathrm{i}}{2}\dfrac{\partial u}{\partial y}\right)+\mathrm{i}\left(\dfrac{1}{2}\dfrac{\partial v}{\partial x}+\dfrac{\mathrm{i}}{2}\dfrac{\partial v}{\partial y}\right)$$

$$=\left(\dfrac{1}{2}\dfrac{\partial u}{\partial x}-\dfrac{1}{2}\dfrac{\partial v}{\partial y}\right)+\mathrm{i}\left(\dfrac{1}{2}\dfrac{\partial v}{\partial x}+\dfrac{\mathrm{i}}{2}\dfrac{\partial u}{\partial y}\right)\xrightarrow{\text{C-R 方程}}0$$

例 2.21 若实部为已知的调和函数 $u(x,\ y)$, 则对应的解析函数为

$$f(z)=2u\left(\dfrac{z}{2},\ \dfrac{z}{2\mathrm{i}}\right)-u(0,\ 0)$$

解：由于 $f(z)=u(x,\ y)+\mathrm{i}v(x,\ y)=u\left(\dfrac{z+\bar{z}}{2},\ \dfrac{z-\bar{z}}{2\mathrm{i}}\right)+\mathrm{i}v\left(\dfrac{z+\bar{z}}{2},\ \dfrac{z-\bar{z}}{2\mathrm{i}}\right)$

而 $$\overline{f(z)} = u(x, y) - \mathrm{i}v(x, y) = u\left(\frac{z + \bar{z}}{2}, \frac{z - \bar{z}}{2\mathrm{i}}\right) - \mathrm{i}v\left(\frac{z + \bar{z}}{2}, \frac{z - \bar{z}}{2\mathrm{i}}\right)$$

于是 $\overline{f(z)}$ 关于 z 的导数形式为

$$\frac{\partial \overline{f(z)}}{\partial z} = \frac{\partial u(x, y)}{\partial z} - \mathrm{i}\frac{\partial v(x, y)}{\partial z} = \left(\frac{\partial u}{\partial x}\frac{\partial x}{\partial z} + \frac{\partial u}{\partial y}\frac{\partial y}{\partial z}\right) - \mathrm{i}\left(\frac{\partial v}{\partial x}\frac{\partial x}{\partial z} + \frac{\partial v}{\partial y}\frac{\partial y}{\partial z}\right)$$

$$= \left(\frac{1}{2}\frac{\partial u}{\partial x} + \frac{1}{2\mathrm{i}}\frac{\partial u}{\partial y}\right) - \mathrm{i}\left(\frac{1}{2}\frac{\partial v}{\partial x} + \frac{1}{2\mathrm{i}}\frac{\partial v}{\partial y}\right)$$

$$= \left(\frac{1}{2}\frac{\partial u}{\partial x} - \frac{1}{2}\frac{\partial v}{\partial y}\right) - \mathrm{i}\left(\frac{1}{2}\frac{\partial v}{\partial x} + \frac{1}{2}\frac{\partial u}{\partial y}\right) \xrightarrow{\text{C-R 方程}} 0$$

故 $\overline{f(z)}$ 与 z 无关，它只是 $\bar{z}$ 的函数，记为 $\overline{f(\bar{z})} = \overline{f(x - \mathrm{i}y)}$，有

$$u(x, y) = \frac{f(z) + \overline{f(z)}}{2} = \frac{1}{2}\left[f(x + \mathrm{i}y) + \overline{f(x - \mathrm{i}y)}\right]$$

这是一个形式的恒等式。

用 $x = \dfrac{z}{2}$，$y = \dfrac{z}{2\mathrm{i}}$ 代入得到

$$u\left(\frac{z}{2}, \frac{z}{2\mathrm{i}}\right) = \frac{1}{2}\left[f(z) + \overline{f(0)}\right]$$

由于我们主要是求解析函数的表达式，即 $f(z)$ 的表达式，而 $\overline{f(0)}$ 是一个常数(可为复数)。现假设 $\overline{f(0)} = u(0, 0)$，则有

$$f(z) = 2u\left(\frac{z}{2}, \frac{z}{2\mathrm{i}}\right) - u(0, 0)$$

注意： (1) 在上面的表达式中还可以加上任意一个纯虚数的常数。

(2) 应用上面的公式，能很快得出答案，故可以用来检验所得答案的正确性。

(3) 用同样方法可以计算，若虚部为已知的调和函数 $v(x, y)$，则对应的解析函数为

$$f(z) = \mathrm{i}2v\left(\frac{z}{2}, \frac{z}{2\mathrm{i}}\right) - v(0, 0)$$

例 2.22 若 u，v 都是 x，y 的有理函数，且 $f(z) = u(x, y) + \mathrm{i}v(x, y)$ 为解析函数，则 $f(z)$ 可以表示成

$$f(z) = u(z, 0) + \mathrm{i}v(z, 0) = u\left(0, \frac{z}{\mathrm{i}}\right) + \mathrm{i}v\left(0, \frac{z}{\mathrm{i}}\right)$$

解： 设 $f(z) = u(x, y) + \mathrm{i}v(x, y) = F(x, y)$，$F(x, y)$ 是有理函数。因 $y = \dfrac{z - x}{\mathrm{i}} = \mathrm{i}(x - z)$，那么

$$F(x, y) = F[x, \mathrm{i}(x - z)] \equiv \phi(x, z)$$

且 $$\frac{\partial \phi(x, z)}{\partial x} = \frac{\partial F}{\partial x} + \frac{\partial F}{\partial y}\frac{\partial y}{\partial x} = \left(\frac{\partial u}{\partial x} + \mathrm{i}\frac{\partial v}{\partial x}\right) + \left(\frac{\partial u}{\partial y} + \mathrm{i}\frac{\partial v}{\partial y}\right)\mathrm{i}$$

$$= \left(\frac{\partial u}{\partial x} - \frac{\partial v}{\partial y} \right) + \mathrm{i} \left(\frac{\partial v}{\partial x} + \frac{\partial u}{\partial y} \right) \xlongequal{\text{C-R 方程}} 0$$

因此，$\phi(x, z)$ 不含 x，仅是 z 的有理函数。由于 $\phi(x, z) = F(x, y) = F[x, \mathrm{i}(x-z)]$ 中不含 x，所以在 $F(x, y) = F[x, \mathrm{i}(x-z)]$ 中令 $x = z$，y 换为 0，F 不变；或者令 $x = 0$，y 换为 $-\mathrm{i}z = \dfrac{z}{\mathrm{i}}$，$F$ 也不变，即

$$f(z) = u(z, 0) + \mathrm{i}v(z, 0) = u\left(0, \frac{z}{\mathrm{i}} \right) + \mathrm{i}v\left(0, \frac{z}{\mathrm{i}} \right)$$

例 2.23 调和函数解析变换不变性。

设 $f(z) = u(x, y) + \mathrm{i}v(x, y)$ 为解析函数，且 $f'(z) \neq 0$，$\varPhi(x, y)$ 连续可导，证明：

(1) $\left(\dfrac{\partial \varPhi}{\partial x} \right)^2 + \left(\dfrac{\partial \varPhi}{\partial y} \right)^2 = |f'(z)|^2 \left[\left(\dfrac{\partial \varPhi}{\partial u} \right)^2 + \left(\dfrac{\partial \varPhi}{\partial v} \right)^2 \right]$；

(2) $\dfrac{\partial^2 \varPhi}{\partial x^2} + \dfrac{\partial^2 \varPhi}{\partial y^2} = |f'(z)|^2 \left(\dfrac{\partial^2 \varPhi}{\partial u^2} + \dfrac{\partial^2 \varPhi}{\partial v^2} \right)$

证明： 因为 $f(z)$ 解析，由 C-R 方程 $\dfrac{\partial u}{\partial x} = \dfrac{\partial v}{\partial y}$，$\dfrac{\partial v}{\partial x} = -\dfrac{\partial u}{\partial y}$，得到

$$|f'(z)|^2 = \left| \frac{\partial u}{\partial x} + \mathrm{i} \frac{\partial v}{\partial x} \right|^2 = \left(\frac{\partial u}{\partial x} \right)^2 + \left(\frac{\partial v}{\partial x} \right)^2 = \left(\frac{\partial u}{\partial x} \right)^2 + \left(\frac{\partial u}{\partial y} \right)^2 = \left(\frac{\partial v}{\partial y} \right)^2 + \left(\frac{\partial v}{\partial x} \right)^2 \qquad (1)$$

$$\frac{\partial v}{\partial x} \frac{\partial u}{\partial x} + \frac{\partial v}{\partial y} \frac{\partial u}{\partial y} = 0 \qquad (2)$$

经过 $w = f(z)$ 变换后，函数 $\varPhi(x, y)$ 变换为 $\varPhi[u(x, y), y(x, y)]$。利用微分运算，有

$$\frac{\partial \varPhi}{\partial x} = \frac{\partial \varPhi}{\partial u} \frac{\partial u}{\partial x} + \frac{\partial \varPhi}{\partial v} \frac{\partial v}{\partial x}, \quad \frac{\partial \varPhi}{\partial y} = \frac{\partial \varPhi}{\partial u} \frac{\partial u}{\partial y} + \frac{\partial \varPhi}{\partial v} \frac{\partial v}{\partial y}$$

$$
\begin{aligned}
(1) \quad \left(\frac{\partial \varPhi}{\partial x} \right)^2 + \left(\frac{\partial \varPhi}{\partial y} \right)^2 &= \left(\frac{\partial \varPhi}{\partial u} \frac{\partial u}{\partial x} + \frac{\partial \varPhi}{\partial v} \frac{\partial v}{\partial x} \right)^2 + \left(\frac{\partial \varPhi}{\partial u} \frac{\partial u}{\partial y} + \frac{\partial \varPhi}{\partial v} \frac{\partial v}{\partial y} \right)^2 \\
&= \left(\frac{\partial \varPhi}{\partial u} \right)^2 \left[\left(\frac{\partial u}{\partial x} \right)^2 + \left(\frac{\partial u}{\partial y} \right)^2 \right] + 2 \frac{\partial \varPhi}{\partial u} \frac{\partial \varPhi}{\partial v} \left[\frac{\partial u}{\partial x} \frac{\partial v}{\partial x} + \frac{\partial u}{\partial y} \frac{\partial v}{\partial y} \right] \\
&\quad + \left(\frac{\partial \varPhi}{\partial v} \right)^2 \left[\left(\frac{\partial v}{\partial x} \right)^2 + \left(\frac{\partial v}{\partial y} \right)^2 \right]
\end{aligned}
$$

利用式(1)和式(2)，得到

$$\left(\frac{\partial \varPhi}{\partial x} \right)^2 + \left(\frac{\partial \varPhi}{\partial y} \right)^2 = |f'(z)|^2 \left[\left(\frac{\partial \varPhi}{\partial u} \right)^2 + \left(\frac{\partial \varPhi}{\partial v} \right)^2 \right]$$

$$
\begin{aligned}
(2) \quad \frac{\partial^2 \varPhi}{\partial x^2} &= \frac{\partial}{\partial x} \left[\frac{\partial \varPhi}{\partial u} \frac{\partial u}{\partial x} + \frac{\partial \varPhi}{\partial v} \frac{\partial v}{\partial x} \right] = \frac{\partial \varPhi}{\partial u} \frac{\partial^2 u}{\partial x^2} + \frac{\partial^2 \varPhi}{\partial u^2} \left(\frac{\partial u}{\partial x} \right)^2 \\
&\quad + 2 \frac{\partial^2 \varPhi}{\partial v \partial u} \frac{\partial v}{\partial x} \frac{\partial u}{\partial x} + \frac{\partial \varPhi}{\partial v} \frac{\partial^2 v}{\partial x^2} + \frac{\partial^2 \varPhi}{\partial v^2} \left(\frac{\partial v}{\partial x} \right)^2
\end{aligned}
$$

同理

$$\frac{\partial^2 \varPhi}{\partial y^2} = \frac{\partial}{\partial y} \left[\frac{\partial \varPhi}{\partial u} \frac{\partial u}{\partial y} + \frac{\partial \varPhi}{\partial v} \frac{\partial v}{\partial y} \right] = \frac{\partial \varPhi}{\partial u} \frac{\partial^2 u}{\partial y^2} + \frac{\partial^2 \varPhi}{\partial u^2} \left(\frac{\partial u}{\partial y} \right)^2$$

$$+ 2\frac{\partial^2\Phi}{\partial v\partial u}\frac{\partial v}{\partial y}\frac{\partial u}{\partial y} + \frac{\partial\Phi}{\partial v}\frac{\partial^2 v}{\partial y^2} + \frac{\partial^2\Phi}{\partial v^2}\left(\frac{\partial v}{\partial y}\right)^2$$

则

$$\frac{\partial^2\Phi}{\partial x^2} + \frac{\partial^2\Phi}{\partial y^2} = \left\{\frac{\partial\Phi}{\partial u}\frac{\partial^2 u}{\partial x^2} + \frac{\partial^2\Phi}{\partial u^2}\left(\frac{\partial u}{\partial x}\right)^2 + 2\frac{\partial^2\Phi}{\partial v\partial u}\frac{\partial v}{\partial x}\frac{\partial u}{\partial x} + \frac{\partial\Phi}{\partial v}\frac{\partial^2 v}{\partial x^2} + \frac{\partial^2\Phi}{\partial v^2}\left(\frac{\partial v}{\partial x}\right)^2\right\}$$

$$+ \left\{\frac{\partial\Phi}{\partial u}\frac{\partial^2 u}{\partial y^2} + \frac{\partial^2\Phi}{\partial u^2}\left(\frac{\partial u}{\partial y}\right)^2 + 2\frac{\partial^2\Phi}{\partial v\partial u}\frac{\partial v}{\partial y}\frac{\partial u}{\partial y} + \frac{\partial\Phi}{\partial v}\frac{\partial^2 v}{\partial y^2} + \frac{\partial^2\Phi}{\partial v^2}\left(\frac{\partial v}{\partial y}\right)^2\right\}$$

由于 u 和 v 是调和函数，有 $\dfrac{\partial^2 u}{\partial x^2} + \dfrac{\partial^2 u}{\partial y^2} = 0$，$\dfrac{\partial^2 v}{\partial x^2} + \dfrac{\partial^2 v}{\partial y^2} = 0$，所以有

$$\frac{\partial^2\Phi}{\partial x^2} + \frac{\partial^2\Phi}{\partial y^2} = \left\{\frac{\partial^2\Phi}{\partial u^2}\left(\frac{\partial u}{\partial x}\right)^2 + 2\frac{\partial^2\Phi}{\partial v\partial u}\frac{\partial v}{\partial x}\frac{\partial u}{\partial x} + \frac{\partial^2\Phi}{\partial v^2}\left(\frac{\partial v}{\partial x}\right)^2\right\}$$

$$+ \left\{\frac{\partial^2\Phi}{\partial u^2}\left(\frac{\partial u}{\partial y}\right)^2 + 2\frac{\partial^2\Phi}{\partial v\partial u}\frac{\partial v}{\partial y}\frac{\partial u}{\partial y} + \frac{\partial^2\Phi}{\partial v^2}\left(\frac{\partial v}{\partial y}\right)^2\right\}$$

利用式（1）和式（2），得到

$$\frac{\partial^2\Phi}{\partial x^2} + \frac{\partial^2\Phi}{\partial y^2} = |f'(z)|^2\left(\frac{\partial^2\Phi}{\partial u^2} + \frac{\partial^2\Phi}{\partial v^2}\right)$$

如果 $\Phi(x, y)$ 是调和函数，在经过变换 $f(z) = u(x, y) + \mathrm{i}v(x, y)$ 后仍为调和函数。

五、习题参考解答和提示

2.1　讨论下列函数的连续性，并利用导数的定义讨论可导性。

（1）$w = z^n$；　　　（2）$w = z\mathrm{Re}z$；　　　（3）$w = x - \mathrm{i}y$。

解：（1）由导数的定义

$$\frac{\mathrm{d}w}{\mathrm{d}z} = \lim_{\Delta z \to 0}\frac{f(z + \Delta z) - f(z)}{\Delta z} = \lim_{\Delta z \to 0}\frac{(z + \Delta z)^n - z^n}{\Delta z} = \lim_{\Delta z \to 0}\left[nz^{n-1} + O(\Delta z)\right] = nz^{n-1}$$

故函数 $w = z^2$ 处处连续，处处可导。

（2）因 $w = z\mathrm{Re}z = x^2 + \mathrm{i}xy$，函数处处连续。

由导数的定义

$$\frac{\mathrm{d}w}{\mathrm{d}z} = \lim_{\Delta z \to 0}\frac{f(z + \Delta z) - f(z)}{\Delta z} = \lim_{\Delta z \to 0}\frac{(z + \Delta z)\mathrm{Re}(z + \Delta z) - z\mathrm{Re}z}{\Delta z}$$

$$= \lim_{\Delta z \to 0}\frac{z\mathrm{Re}(z + \Delta z) + \Delta z\mathrm{Re}(z + \Delta z) - z\mathrm{Re}z}{\Delta z} = \lim_{\Delta z \to 0}\left[\frac{z\mathrm{Re}\Delta z}{\Delta z} + \mathrm{Re}(z + \Delta z)\right]$$

因为 $\lim\limits_{\Delta z \to 0}\left[\dfrac{\mathrm{Re}\Delta z}{\Delta z}\right]$ 不存在，故只有在 $z = 0$ 时 $\lim\limits_{\Delta z \to 0}\left[\dfrac{z\mathrm{Re}\Delta z}{\Delta z}\right]$ 存在，故函数 $w = z\mathrm{Re}z$ 在 $z = 0$ 时可导，导数值为 0，其余的均不可导。

（3）由导数的定义

$$\frac{\mathrm{d}w}{\mathrm{d}z} = \lim_{\Delta z \to 0}\frac{f(z + \Delta z) - f(z)}{\Delta z}$$

$$= \lim_{\Delta z \to 0} \frac{\left[u(x + \Delta x, y + \Delta y) - u(x, y)\right] + \mathrm{i}\left[v(x + \Delta x, y + \Delta y) - v(x, y)\right]}{\Delta x + \mathrm{i}\Delta y}$$

$$= \lim_{\Delta z \to 0} \frac{\left[(x + \Delta x) - x\right] - \mathrm{i}\left[(y + \Delta y) - y\right]}{\Delta x + \mathrm{i}\Delta y} = \lim_{\Delta z \to 0} \frac{\Delta x - \mathrm{i}\Delta y}{\Delta x + \mathrm{i}\Delta y}$$

$$= \lim_{\substack{\Delta x \to 0 \\ \Delta y = k\Delta x \to 0}} \frac{\Delta x - \mathrm{i}k\Delta x}{\Delta x + \mathrm{i}k\Delta x} = \frac{1 - \mathrm{i}k}{1 + \mathrm{i}k}$$

极限与 k 有关，不存在，故函数处处不可导，但函数处处连续。

2.2 利用 C-R 条件讨论下列函数的可导性和解析性，若可导则求其导数。

（1）$f(z) = 2x^3 + \mathrm{i}3y^3$；   （2）$f(z) = xy^2 + \mathrm{i}x^2 y$；

（3）$f(z) = \sin x\, \mathrm{ch} y + \mathrm{i}\cos x\, \mathrm{sh} y$；   （4）$f(z) = x^2 + \mathrm{i}y^2$；

（5）$f(z) = x^3 - 3xy^2 + \mathrm{i}(3x^2 y - y^3)$；   （6）$f(z) = x^3 - y^3 + 2x^2 y^2 \mathrm{i}$。

解：（1）函数 $f(z) = 2x^3 + \mathrm{i}3y^3$ 的实部与虚部分别为 $u(x, y) = 2x^3$，$v(x, y) = 3y^3$，连续可导。

由 C-R 方程 $\dfrac{\partial u}{\partial x} = \dfrac{\partial v}{\partial y}$，$\dfrac{\partial u}{\partial y} = -\dfrac{\partial v}{\partial x}$，得到

$$\begin{cases} \dfrac{\partial u}{\partial x} = \dfrac{\partial v}{\partial y} \\ \dfrac{\partial u}{\partial y} = -\dfrac{\partial v}{\partial x} \end{cases} \Rightarrow \begin{cases} 6x^2 = 9y^2 \\ 0 = -0 \end{cases}$$

函数处处连续，函数在直线 $\sqrt{3}y \pm \sqrt{2}x = 0$ 上可导，处处不解析。

（2）函数 $f(z) = xy^2 + \mathrm{i}x^2 y$ 的实部与虚部为 $u(x, y) = xy^2$，$v(x, y) = x^2 y$，连续可导。

由 C-R 方程 $\dfrac{\partial u}{\partial x} = \dfrac{\partial v}{\partial y}$，$\dfrac{\partial u}{\partial y} = -\dfrac{\partial v}{\partial x}$，得到

$$\begin{cases} \dfrac{\partial u}{\partial x} = \dfrac{\partial v}{\partial y} \\ \dfrac{\partial u}{\partial y} = -\dfrac{\partial v}{\partial x} \end{cases} \Rightarrow \begin{cases} y^2 = x^2 \\ 2xy = -2xy \end{cases} \Rightarrow \begin{cases} x = 0 \\ y = 0 \end{cases}$$

函数处处连续，函数在 $z = 0$ 点可导，处处不解析。

（3）函数 $f(z) = \sin x\, \mathrm{ch} y + \mathrm{i}\cos x\, \mathrm{sh} y$ 的实部与虚部为 $u(x, y) = \sin x\, \mathrm{ch} y$，$v(x, y) = \cos x\, \mathrm{sh} y$，其处处连续可导。

由 C-R 方程 $\dfrac{\partial u}{\partial x} = \dfrac{\partial v}{\partial y}$，$\dfrac{\partial u}{\partial y} = -\dfrac{\partial v}{\partial x}$，得到

$$\begin{cases} \dfrac{\partial u}{\partial x} = \dfrac{\partial v}{\partial y} \\ \dfrac{\partial u}{\partial y} = -\dfrac{\partial v}{\partial x} \end{cases} \Rightarrow \begin{cases} \cos x\, \mathrm{ch} y = \cos x\, \mathrm{ch} y \\ \sin x\, \mathrm{sh} y = \cos x\, \mathrm{sh} y \end{cases}$$

函数处处连续，函数处处可导，处处解析。

（4）函数 $f(z) = x^2 + \mathrm{i}y^2$ 的实部与虚部为 $u(x, y) = x^2$，$v(x, y) = y^2$，连续可导。

由 C-R 方程 $\dfrac{\partial u}{\partial x} = \dfrac{\partial v}{\partial y}$, $\dfrac{\partial u}{\partial y} = -\dfrac{\partial v}{\partial x}$, 得到

$$\begin{cases} \dfrac{\partial u}{\partial x} = \dfrac{\partial v}{\partial y} \\ \dfrac{\partial u}{\partial y} = -\dfrac{\partial v}{\partial x} \end{cases} \Rightarrow \begin{cases} 2x = 2y \\ 0 = -0 \end{cases}$$

函数处处连续, 函数在直线 $y - x = 0$ 上可导, 处处不解析。

（5）函数 $f(z) = x^3 - 3xy^2 + \mathrm{i}(3x^2y - y^3)$ 的实部与虚部分别为 $u(x, y) = x^3 - 3xy^2$, $v(x, y) = 3x^2y - y^3$, 连续可导。

由 C-R 方程 $\dfrac{\partial u}{\partial x} = \dfrac{\partial v}{\partial y}$, $\dfrac{\partial u}{\partial y} = -\dfrac{\partial v}{\partial x}$, 得到

$$\begin{cases} \dfrac{\partial u}{\partial x} = \dfrac{\partial v}{\partial y} \\ \dfrac{\partial u}{\partial y} = -\dfrac{\partial v}{\partial x} \end{cases} \Rightarrow \begin{cases} 3x^2 - y^2 = 3x^2 - y^2 \\ -6xy = -6xy \end{cases}$$

函数处处连续, 处处可导, 处处解析。

（6）函数 $f(z) = x^3 - y^3 + 2x^2y^2\mathrm{i}$ 的实部与虚部为 $u(x, y) = x^3 - y^3$, $v(x, y) = 2x^2y^2$, 连续可导。

由 C-R 方程 $\dfrac{\partial u}{\partial x} = \dfrac{\partial v}{\partial y}$, $\dfrac{\partial u}{\partial y} = -\dfrac{\partial v}{\partial x}$, 得到

$$\begin{cases} \dfrac{\partial u}{\partial x} = \dfrac{\partial v}{\partial y} \\ \dfrac{\partial u}{\partial y} = -\dfrac{\partial v}{\partial x} \end{cases} \Rightarrow \begin{cases} 3x^2 = 4x^2y \\ -3y^2 = -4xy^2 \end{cases} \Rightarrow \begin{cases} x = 0 \\ y = 0 \end{cases} \text{和} \begin{cases} x = \dfrac{3}{4} \\ y = \dfrac{3}{4} \end{cases}$$

函数处处连续, 函数点 $(0, 0)$ 和 $\left(\dfrac{3}{4}, \dfrac{3}{4}\right)$ 可导, 处处不解析。

$$f'(z) = \frac{\partial f(z)}{\partial x} = \frac{\partial u(x, y)}{\partial x} + \mathrm{i}\frac{\partial v(x, y)}{\partial x}$$

$$f'(0) = \frac{\partial f(z)}{\partial x}\bigg|_{(0, 0)} = (3x^2 + \mathrm{i}4xy^2)\big|_{(0, 0)} = 0$$

$$f'\left(\frac{3}{4} + \mathrm{i}\frac{3}{4}\right) = \frac{\partial f(z)}{\partial x}\bigg|_{\left(\frac{3}{4}, \frac{3}{4}\right)} = (3x^2 + \mathrm{i}4xy^2)\big|_{\left(\frac{3}{4}, \frac{3}{4}\right)} = \frac{27}{16}(1 + \mathrm{i})$$

2.3 试证: $f(z) = \sqrt{|xy|}$ 在 $z = 0$ 处满足 Cauchy-Riemann 条件, 但不可导。

证明: 因 $u(x, y) = \sqrt{|xy|}$, $v(x, y) = 0$, 在 $z = 0$ 点,

$$\frac{\partial u(x, y)}{\partial x} = \lim_{\Delta x \to 0} \frac{u(\Delta x, 0) - u(0, 0)}{\Delta x} = \lim_{\Delta x \to 0} \frac{0}{\Delta x} = 0$$

$$\frac{\partial u(x, y)}{\partial y} = \lim_{\Delta y \to 0} \frac{u(0, \Delta y) - u(0, 0)}{\Delta y} = \lim_{\Delta y \to 0} \frac{0}{\Delta y} = 0$$

同样，在 $z = 0$ 点，显然也有 $\dfrac{\partial v(x, y)}{\partial x} = \dfrac{\partial v(x, y)}{\partial y} = 0$。

在 $z = 0$ 处满足 C-R 方程。令 $\Delta z = \Delta \rho \mathrm{e}^{\mathrm{i}\theta}$，在 $z = 0$ 处的导数，有

$$\frac{\mathrm{d}f(z)}{\mathrm{d}z} = \lim_{\Delta z \to 0} \frac{f(\Delta z) - f(0)}{\Delta z} = \lim_{\Delta \rho \to 0} \frac{\sqrt{|\Delta \rho \cos\theta \cdot \Delta \rho \sin\theta|}}{\Delta \rho \mathrm{e}^{\mathrm{i}\theta}} = \frac{\sqrt{|\cos\theta \cdot \sin\theta|}}{\mathrm{e}^{\mathrm{i}\theta}}$$

其极限值与 θ 值有关，故函数在 $z = 0$ 处不可导。

2.4 求下列函数的奇点。

（1）$\dfrac{z + 1}{z(z^2 + 1)}$；　　　　　　（2）$\dfrac{z - 2}{(z + 1)^2(z^2 + 1)}$。

解：（1）$z(z^2 + 1) = 0$，$z = 0$，$z = \pm\mathrm{i}$。

（2）$(z + 1)^2(z^2 + 1) = 0$，$z = -1$，$z = \pm\mathrm{i}$。

2.5 找出下列方程的解。

（1）$1 + \mathrm{e}^z = 0$；　　（2）$\mathrm{e}^z = 1 + \sqrt{3}\mathrm{i}$；　　（3）$\ln z = \dfrac{\pi}{2}\mathrm{i}$；　　（4）$\mathrm{e}^z = \mathrm{i}^{-\mathrm{i}}$；

（5）$\cos z + \sin z = 0$；　　（6）$\cos z = 0$；　　（7）$(1 + z)^n = (1 - z)^n$，n 为整数。

解：（1）$\mathrm{e}^z = -1 \Rightarrow z = \mathrm{Ln}(-1) = \ln|-1| + \mathrm{i}[\arg(-1) + 2k\pi] = (\pi + 2k\pi)\mathrm{i}$。

（2）$z = \mathrm{Ln}(1 + \sqrt{3}\mathrm{i}) = \ln|1 + \sqrt{3}\mathrm{i}| + \mathrm{i}[\arg(1 + \sqrt{3}\mathrm{i}) + 2k\pi] = \ln 2 + \mathrm{i}\left[\dfrac{\pi}{3} + 2k\pi\right]$。

（3）因为 $\ln z = \ln|z| + \mathrm{i}\arg z$，由 $\ln z = \dfrac{\pi}{2}\mathrm{i}$，可以知道 $z = \mathrm{e}^{\frac{\pi}{2}\mathrm{i}} = \mathrm{i}$。

（4）因 $\mathrm{i}^{-\mathrm{i}} = \mathrm{e}^{-\mathrm{i}\mathrm{Ln}\mathrm{i}} = \mathrm{e}^{-\mathrm{i}[\ln|\mathrm{i}| + \mathrm{i}(\arg\mathrm{i} + 2k\pi)]} = \mathrm{e}^{\frac{\pi}{2} + 2k\pi}(k = 0, \pm 1, \pm 2, \cdots)$，故由 $\mathrm{e}^z = \mathrm{i}^{-\mathrm{i}}$，得到 $z = \left(\dfrac{\pi}{2} + 2k\pi\right) + 2k'\pi\mathrm{i}(k, k' = 0, \pm 1, \pm 2, \cdots)$。

（5）因 $\cos z + \sin z = \sqrt{2}\left(\dfrac{\sqrt{2}}{2}\cos z + \dfrac{\sqrt{2}}{2}\sin z\right) = \sqrt{2}\sin\left(z + \dfrac{\pi}{4}\right)$，由 $\cos z + \sin z = 0$，即 $\sqrt{2}\sin\left(z + \dfrac{\pi}{4}\right) = 0$，得到 $z + \dfrac{\pi}{4} = k\pi$，$z = k\pi - \dfrac{\pi}{4}(k = 0, \pm 1, \pm 2, \cdots)$，或者

$$\frac{\mathrm{e}^{\mathrm{i}z} + \mathrm{e}^{-\mathrm{i}z}}{2} + \frac{\mathrm{e}^{\mathrm{i}z} - \mathrm{e}^{-\mathrm{i}z}}{2\mathrm{i}} = 0 \Rightarrow \mathrm{i}(\mathrm{e}^{\mathrm{i}z} + \mathrm{e}^{-\mathrm{i}z}) + (\mathrm{e}^{\mathrm{i}z} - \mathrm{e}^{-\mathrm{i}z}) = 0$$

$$\Rightarrow (1 + \mathrm{i})\mathrm{e}^{\mathrm{i}z} = (1 - \mathrm{i})\mathrm{e}^{-\mathrm{i}z} \Rightarrow \sqrt{2}\mathrm{e}^{\frac{\pi}{4}\mathrm{i}}\mathrm{e}^{\mathrm{i}z} = \sqrt{2}\mathrm{e}^{-\frac{\pi}{4}\mathrm{i}}\mathrm{e}^{-\mathrm{i}z}$$

$$\Rightarrow \mathrm{i}z + \frac{\pi}{4}\mathrm{i} = -\mathrm{i}z - \frac{\pi}{4}\mathrm{i} + 2k\pi\mathrm{i} \Rightarrow z = k\pi - \frac{\pi}{4}$$

（6）由 $\cos z = 0$，得到

$$\frac{\mathrm{e}^{\mathrm{i}z} + \mathrm{e}^{-\mathrm{i}z}}{2} = 0 \Rightarrow \mathrm{e}^{\mathrm{i}2z} = -1 \Rightarrow \mathrm{i}2z = \mathrm{Ln}(-1) = (2k + 1)\pi\mathrm{i}$$

即 $$z = \left(k + \frac{1}{2}\right)\pi, \quad k = 0, \pm 1, \pm 2, \cdots$$

（7）参见例 2.10（4）。

2.6　如果我们将函数限制 $f(z) = \sqrt{z^2 + 3}$ 在 $f(0) = \sqrt{3}$ 的分支上，证明：

$$\lim_{z \to 1} \frac{\sqrt{z^2 + 3} - 2}{z - 1} = \frac{1}{2}$$

解：

$$f(0) = \sqrt{3} = \sqrt{3}\, \mathrm{e}^{\frac{2k\pi \mathrm{i}}{2}} (k = 0,\ 1) = \begin{cases} \sqrt{3} \\ -\sqrt{3} \end{cases}$$

$$\lim_{z \to 1} \frac{\sqrt{z^2 + 3} - 2}{z - 1} \xlongequal{\text{洛必达法则}} \lim_{z \to 1} \frac{(z/\sqrt{z^2 + 3})}{1} = \frac{1}{\sqrt{4}} = \frac{1}{2}$$

2.7　证明：$f(z) = \sin z$ 满足关系式：$|f(x + \mathrm{i}y)| = |f(x) + f(\mathrm{i}y)|$。

证明： 因为 $|f(x + \mathrm{i}y)| = |\sin(x + \mathrm{i}y)| = \left| \dfrac{\mathrm{e}^{\mathrm{i}(x+\mathrm{i}y)} - \mathrm{e}^{-\mathrm{i}(x+\mathrm{i}y)}}{2\mathrm{i}} \right|$

$$= \left| \frac{\mathrm{e}^{-y}(\cos x + \mathrm{i}\sin x) - \mathrm{e}^{y}(\cos x - \mathrm{i}\sin x)}{2\mathrm{i}} \right|$$

$$= \left| \frac{(\mathrm{e}^{-y} - \mathrm{e}^{y})\cos x + \mathrm{i}(\mathrm{e}^{-y} + \mathrm{e}^{y})\sin x}{2\mathrm{i}} \right|$$

$$= \frac{1}{2} \left\{ [\cos x(\mathrm{e}^{-y} - \mathrm{e}^{y})]^2 + [\sin x(\mathrm{e}^{-y} + \mathrm{e}^{y})]^2 \right\}^{\frac{1}{2}}$$

$$= \frac{1}{2} \left\{ (\mathrm{e}^{-y} - \mathrm{e}^{y})^2 + 4\sin^2 x \right\}^{\frac{1}{2}}$$

而　　　$|f(x) + f(\mathrm{i}y)| = |\sin(x) + \sin(\mathrm{i}y)| = \left| \sin x + \dfrac{\mathrm{e}^{\mathrm{i}(\mathrm{i}y)} - \mathrm{e}^{-\mathrm{i}(\mathrm{i}y)}}{2\mathrm{i}} \right|$

$$= \left| \frac{\mathrm{e}^{-y} - \mathrm{e}^{y} + \mathrm{i}2\sin x}{2\mathrm{i}} \right| = \frac{1}{2} \left\{ (\mathrm{e}^{-y} - \mathrm{e}^{y})^2 + 4\sin^2 x \right\}^{\frac{1}{2}}$$

证毕。

2.8　证明：$\left| \tanh \dfrac{\pi(1 + \mathrm{i})}{4} \right| = 1$。

证明：　　　$\tanh \dfrac{\pi(1 + \mathrm{i})}{4} = \dfrac{\mathrm{e}^{\frac{\pi(1+\mathrm{i})}{4}} - \mathrm{e}^{-\frac{\pi(1+\mathrm{i})}{4}}}{\mathrm{e}^{\frac{\pi(1+\mathrm{i})}{4}} + \mathrm{e}^{-\frac{\pi(1+\mathrm{i})}{4}}}$

因为　　　$\mathrm{e}^{\frac{\pi(1+\mathrm{i})}{4}} = \mathrm{e}^{\frac{\pi}{4}} \left(\cos \dfrac{\pi}{4} + \mathrm{i}\sin \dfrac{\pi}{4} \right) = \dfrac{\sqrt{2}}{2} \mathrm{e}^{\frac{\pi}{4}} (1 + \mathrm{i})$

$$\mathrm{e}^{-\frac{\pi(1+\mathrm{i})}{4}} = \mathrm{e}^{-\frac{\pi}{4}} \left[\cos\left(-\frac{\pi}{4} \right) + \mathrm{i}\sin\left(-\frac{\pi}{4} \right) \right] = \frac{\sqrt{2}}{2} \mathrm{e}^{\frac{\pi}{4}} (1 - \mathrm{i})$$

所以，有　　　$\tanh \dfrac{\pi(1 + \mathrm{i})}{4} = \dfrac{\mathrm{e}^{\frac{\pi(1+\mathrm{i})}{4}} - \mathrm{e}^{-\frac{\pi(1+\mathrm{i})}{4}}}{\mathrm{e}^{\frac{\pi(1+\mathrm{i})}{4}} + \mathrm{e}^{-\frac{\pi(1+\mathrm{i})}{4}}} = \dfrac{\sqrt{2}\mathrm{e}^{\frac{\pi}{4}}\mathrm{i}}{\sqrt{2}\mathrm{e}^{\frac{\pi}{4}}} = \mathrm{i}$

故　　　$\left| \tanh \dfrac{\pi(1 + \mathrm{i})}{4} \right| = 1$

2.9 (1)证明:$(1-i)^{\sqrt{2}i}$ 的所有值均在一直线上。

(2)一般幂函数 a^b 的所有值均在一直线上的条件。

证明: (1) $(1-i)^{\sqrt{2}i} = e^{\sqrt{2}iLn(1-i)} = e^{\sqrt{2}i\left\{\ln|1-i|+i\left(-\frac{\pi}{4}+2k\pi\right)\right\}} = e^{i\sqrt{2}\ln\sqrt{2}-\sqrt{2}\left(-\frac{\pi}{4}+2k\pi\right)} = e^{\sqrt{2}\left(\frac{\pi}{4}-2k\pi\right)}(\cos\sqrt{2}\ln\sqrt{2} + i\sin\sqrt{2}\ln\sqrt{2})$，$k = 0,\pm1,\pm2,\cdots$

$$x = e^{\sqrt{2}\left(\frac{\pi}{4}-2k\pi\right)}\cos(\sqrt{2}\ln\sqrt{2}),\quad y = e^{\sqrt{2}\left(\frac{\pi}{4}-2k\pi\right)}\sin(\sqrt{2}\ln\sqrt{2}),\quad k = 0,\pm1,\pm2,\cdots$$

位于直线 $\dfrac{y}{x} = \dfrac{\sin(\sqrt{2}\ln\sqrt{2})}{\cos(\sqrt{2}\ln\sqrt{2})} = \tan(\sqrt{2}\ln\sqrt{2})$ 上。

(2)一般地，a^b 的所有值均在一直线上的条件:

$$a^b = e^{bLna} = e^{b[\ln|a|+i(\arg a+2k\pi)]},\quad k = 0,\pm1,\pm2,\cdots$$

设 $a = a_1 + ia_2$，$b = b_1 + ib_2$，则有

$$a^b = e^{bLna} = e^{b[\ln|a|+i(\arg a+2k\pi)]} = e^{(b_1+ib_2)[\ln|a|+i(\arg a+2k\pi)]}$$

$$= e^{[b_1\ln|a|-b_2(\arg a+2k\pi)]+i[b_2\ln|a|+b_1(\arg a+2k\pi)]}$$

$$= e^{[b_1\ln|a|-b_2(\arg a+2k\pi)]}\{\cos[b_2\ln|a|+b_1(\arg a+2k\pi)] + i\sin[b_2\ln|a|+b_1(\arg a+2k\pi)]\}$$

从上面可以看出，只要 b_1 为整数即可(正整数、零、负整数)。

2.10 求下列函数的反函数。

(1) $z = \tan w$；$w = \text{Arctan}z$；   (2) $z = \text{sh}w$，$w = \text{Arcsh}z$。

解: (1)利用 $w = \text{Arctan}z$，$z = \tan w = \dfrac{e^{iw} - e^{-iw}}{i(e^{iw} + e^{-iw})}$，解出 e^{iw}，$\text{Arctg}z = -\dfrac{i}{2}Ln\dfrac{1+iz}{1-iz}$，$z \neq \pm i$。

(2) $\text{Arcsh}z = Ln\left(z + \sqrt{z^2 + 1}\right)$。

2.11 验证下列关系式。

(1) $\sin iz = i\text{sh}z$；   (2) $\cos iz = \text{ch}z$；   (3) $\sin z = \sin x\text{ch}y + i\cos x\text{sh}y$；

(4) $\cos z = \cos x\text{ch}y - i\sin x\text{sh}y$。

解: (1) $\sin iz = \dfrac{e^{i(iz)} - e^{-i(iz)}}{2i} = \dfrac{e^{-z} - e^z}{2i} = i\dfrac{e^z - e^{-z}}{2} = i\text{sh}z$；

(2) $\cos iz = \dfrac{e^{i(iz)} + e^{-i(iz)}}{2} = \dfrac{e^{-z} + e^z}{2} = \text{ch}z$；

(3) $\sin z = \dfrac{e^{iz} - e^{-iz}}{2i} = \dfrac{e^{i(x+iy)} - e^{-i(x+iy)}}{2i} = \dfrac{e^{ix-y} - e^{-ix+y}}{2i}$

$$= \frac{1}{2i}[e^{-y}(\cos x + i\sin x) - e^y(\cos x - i\sin x)]$$

$$= \frac{1}{2}[\sin x(e^{-y} + e^y) + i\cos x(e^y - e^{-y})]$$

$$= \sin x\text{ch}y + i\cos x\text{sh}y；$$

(4) $\cos z = \dfrac{1}{2}[e^{i(x+iy)} + e^{-i(x+iy)}] = \dfrac{1}{2}[e^{ix-y} + e^{-ix+y}]$

$$= \frac{1}{2}\left[\mathrm{e}^{-y}(\cos x + \mathrm{i}\sin x) + \mathrm{e}^{y}(\cos x - \mathrm{i}\sin x)\right]$$

$$= \frac{1}{2}\left[\cos x(\mathrm{e}^{-y} + \mathrm{e}^{y}) + \mathrm{i}\sin x(\mathrm{e}^{-y} - \mathrm{e}^{y})\right] = \cos x\mathrm{chy} - \mathrm{i}\sin x\mathrm{shy}。$$

2.12 证明下列关系式:

(1) $\overline{\mathrm{e}^{z}} = \mathrm{e}^{\bar{z}}$;　　　　(2) $\exp\mathrm{i}(\bar{z}) \neq \overline{\exp\mathrm{i}z}$, 除非 $z = n\pi$, n 为整数;

(3) $\overline{\cos z} = \cos\bar{z}$;　　　　(4) $\cos(\mathrm{i}\bar{z}) = \overline{\cos(\mathrm{i}z)}$;

(5) $\sin\bar{z} = \overline{\sin z}$;　　　　(6) $\sin\mathrm{i}\bar{z} \neq \overline{\sin\mathrm{i}z}$, 除非 $z = n\pi\mathrm{i}$, n 为整数;

(7) $\tan\bar{z} = \overline{\tan z}$。

解: (1) 由指数函数的定义 $\mathrm{e}^{z} = \mathrm{e}^{x}(\cos y + \mathrm{i}\sin y)$, 得到

$$\overline{\mathrm{e}^{z}} = \mathrm{e}^{x}\overline{(\cos y + \mathrm{i}\sin y)} = \mathrm{e}^{x}(\cos y - \mathrm{i}\sin y)$$

及　　　　$$\mathrm{e}^{\bar{z}} = \mathrm{e}^{x-\mathrm{i}y} = \mathrm{e}^{x}[\cos(-y) + \mathrm{i}\sin(-y)] = \mathrm{e}^{x}[\cos y - \mathrm{i}\sin y]$$

关系正确。

(2) 由指数函数的定义 $\mathrm{e}^{z} = \mathrm{e}^{x}(\cos y + \mathrm{i}\sin y)$, 得到

$$\mathrm{e}^{\mathrm{i}\bar{z}} = \mathrm{e}^{\mathrm{i}(x-\mathrm{i}y)} = \mathrm{e}^{y+\mathrm{i}x} = \mathrm{e}^{y}(\cos x + \mathrm{i}\sin x)$$

而　　　　$$\overline{\mathrm{e}^{\mathrm{i}z}} = \overline{\mathrm{e}^{\mathrm{i}(x+\mathrm{i}y)}} = \overline{\mathrm{e}^{-y+\mathrm{i}x}} = \mathrm{e}^{-y}(\cos x - \mathrm{i}\sin x)$$

若要 $\exp\mathrm{i}(\bar{z}) = \overline{\exp\mathrm{i}z}$, 则有　　$\begin{cases} \mathrm{e}^{y} = \mathrm{e}^{-y} \\ \sin x = 0 \end{cases} \Rightarrow \begin{cases} y = 0 \\ x = n\pi \end{cases}$

即 $z = n\pi$, n 为整数。

另解: 因为 $\mathrm{e}^{\mathrm{i}\bar{z}} = \mathrm{e}^{-\mathrm{i}z} = \overline{\mathrm{e}^{-\mathrm{i}z}}$, 若要 $\exp\mathrm{i}(\bar{z}) = \overline{\exp\mathrm{i}z}$, 则有

$$\overline{\mathrm{e}^{-\mathrm{i}z}} = \overline{\mathrm{e}^{\mathrm{i}z}} \Rightarrow \mathrm{e}^{-\mathrm{i}z+2n\pi\mathrm{i}} = \mathrm{e}^{\mathrm{i}z} \Rightarrow z = n\pi$$

(3) 由三角函数的定义, 有

$$\overline{\cos z} = \overline{\frac{\mathrm{e}^{\mathrm{i}z} + \mathrm{e}^{-\mathrm{i}z}}{2}} = \frac{\overline{\mathrm{e}^{\mathrm{i}z}} + \overline{\mathrm{e}^{-\mathrm{i}z}}}{2} = \frac{\mathrm{e}^{-\mathrm{i}\bar{z}} + \mathrm{e}^{\mathrm{i}\bar{z}}}{2} = \cos\bar{z}$$

(4) 由三角函数的定义, 有

$$\overline{\cos(\mathrm{i}z)} = \overline{\frac{\mathrm{e}^{\mathrm{i}(\mathrm{i}z)} + \mathrm{e}^{-\mathrm{i}(\mathrm{i}z)}}{2}} = \frac{\overline{\mathrm{e}^{\mathrm{i}(\mathrm{i}z)}} + \overline{\mathrm{e}^{-\mathrm{i}(\mathrm{i}z)}}}{2} = \frac{\mathrm{e}^{-\bar{z}} + \mathrm{e}^{\bar{z}}}{2}$$

而　　　　$$\cos(\mathrm{i}\bar{z}) = \frac{\mathrm{e}^{\mathrm{i}(\mathrm{i}\bar{z})} + \mathrm{e}^{-\mathrm{i}(\mathrm{i}\bar{z})}}{2} = \frac{\mathrm{e}^{-\bar{z}} + \mathrm{e}^{\bar{z}}}{2}$$

所以有　　　　$$\overline{\cos(\mathrm{i}z)} = \cos(\mathrm{i}\bar{z})$$

(5) 由三角函数的定义:

$$\sin\bar{z} = \frac{\mathrm{e}^{\mathrm{i}\bar{z}} - \mathrm{e}^{-\mathrm{i}\bar{z}}}{2\mathrm{i}} = \frac{\overline{\mathrm{e}^{-\mathrm{i}z}} - \overline{\mathrm{e}^{\mathrm{i}z}}}{2\mathrm{i}} = \frac{\overline{\mathrm{e}^{-\mathrm{i}z} - \mathrm{e}^{\mathrm{i}z}}}{-2\mathrm{i}} = \overline{\sin z}$$

或者 $\quad \overline{\sin z} = \overline{\dfrac{e^{iz} - e^{-iz}}{2i}} = \dfrac{\overline{e^{iz}} - \overline{e^{-iz}}}{\overline{2i}} = \dfrac{e^{-i\bar z} - e^{i\bar z}}{-2i} = \dfrac{e^{i\bar z} - e^{-i\bar z}}{2i} = \sin\bar z$

（6） $\quad \overline{\sin i\bar z} = \overline{\dfrac{e^{ii\bar z} - e^{-ii\bar z}}{2i}} = \overline{\dfrac{e^{-i(i\bar z)} - e^{i(i\bar z)}}{2i}} = \dfrac{\overline{e^{i(iz)}} - \overline{e^{-i(iz)}}}{-2i} = -\overline{\sin iz}$

若要 $\sin i\bar z = \overline{\sin iz}$，则需要

$$-\overline{\sin iz} = \overline{\sin iz} \Rightarrow \overline{\sin iz} = 0 \Rightarrow \sin iz = 0 \Rightarrow iz = n\pi$$

即 $z = n\pi i$，n 为整数。

（7）因为 $\quad \overline{\sin z} = \overline{\dfrac{e^{iz} - e^{-iz}}{2i}} = \dfrac{\overline{e^{iz}} - \overline{e^{-iz}}}{\overline{2i}} = \dfrac{e^{-i\bar z} - e^{i\bar z}}{-2i} = \dfrac{e^{i\bar z} - e^{-i\bar z}}{2i} = \sin\bar z$

$$\overline{\cos z} = \overline{\dfrac{e^{iz} + e^{-iz}}{2}} = \dfrac{\overline{e^{iz}} + \overline{e^{-iz}}}{2} = \dfrac{e^{-i\bar z} + e^{i\bar z}}{2} = \cos\bar z$$

所以 $\quad \overline{\tan z} = \overline{\dfrac{\sin z}{\cos z}} = \dfrac{\overline{\sin z}}{\overline{\cos z}} = \dfrac{\sin\bar z}{\cos\bar z} = \tan\bar z$

2.13 求下列各式的值。

（1）$\sqrt[n]{-i}$；　　（2）$\sqrt[5]{-2+2i}$；　　（3）$\mathrm{Ln}(-3+4i)$；

（4）$\mathrm{Ln}(-i)$；　（5）$(3-4i)^{1+i}$，　（6）$(1+i)^{i}$；　　（7）3^{i}。

解：（1）$\sqrt[n]{-i} = e^{i\frac{-\frac{\pi}{2}+2k\pi}{n}}$，$k = 0,1,\cdots,n-1$。

（2）因为 $-2+2i = 2\sqrt 2 e^{i\frac{3\pi}{4}}$，

所以 $\sqrt[5]{-2+2i} = 8^{\frac{1}{10}} e^{i\frac{\frac{3\pi}{4}+2k\pi}{5}}$，$k = 0,1,\cdots,4$。

（3）$\mathrm{Ln}(-3+4i) = \ln 5 + i\left(\pi - \mathrm{argtan}\dfrac{4}{3} + 2k\pi\right)$，$k = 0,\pm 1,\pm 2,\cdots$。

（4）$\mathrm{Ln}(-i) = \ln|-i| + i[\arg(-i) + 2k\pi] = i\left(-\dfrac{\pi}{2} + 2k\pi\right)$，$k = 0,\pm 1,\pm 2,\cdots$。

（5）$(3-4i)^{1+i} = e^{(1+i)\mathrm{Ln}(3-4i)} = e^{(1+i)\left[\ln 5 + i\left(-\arctan\frac{4}{3}+2k\pi\right)\right]}$

$$= e^{\left(\ln 5 + \arctan\frac{4}{3} - 2k\pi\right) + i\left(\ln 5 - \arctan\frac{4}{3} + 2k\pi\right)}$$

$$= e^{\left(\ln 5 + \arctan\frac{3}{4} - 2k\pi\right)}\left[\cos\left(\ln 5 - \arctan\dfrac{3}{4} + 2k\pi\right)\right.$$

$$\left. + i\sin\left(\ln 5 - \arctan\dfrac{3}{4} + 2k\pi\right)\right]。$$

（6）$(1+i)^{i} = e^{i\mathrm{Ln}(1+i)} = e^{i\left[\frac{1}{2}\ln 2 + i\left(\frac{\pi}{4}+2k\pi\right)\right]} = e^{-\left(\frac{\pi}{4}+2k\pi\right) + i\left(\frac{1}{2}\ln 2\right)}$

$$= e^{-\left(\frac{\pi}{4}+2k\pi\right)}\left(\cos\ln\sqrt 2 + i\sin\ln\sqrt 2\right)，\ k = 0,\pm 1,\pm 2,\cdots。$$

(7) $3^i = e^{iLn(3)} = e^{i(\ln3 + i2k\pi)} = e^{-2k\pi + i\ln3}$

$= e^{-2k\pi}(\cos\ln3 + i\sin\ln3)$, $k = 0,\ \pm1,\ \pm2,\cdots$。

2.14 计算：(1) $|e^{i-2z}|$；　　　(2) $|e^{z^2}|$；　　　(3) $\mathrm{Re}(e^{\frac{1}{z}})$；

(4)设 $\cos z = 3$，求 $\mathrm{Im}z$；　　　(5)设 $\sin z + \cos z = 2$，求 $\mathrm{Im}z$。

解：(1) $|e^{i-2z}| = |e^{i-2x-i2y}| = |e^{-2x+i(1-2y)}| = e^{-2x}$。

(2) $|e^{z^2}| = |e^{(x^2-y^2)+i(2xy)}| = e^{(x^2-y^2)}$。

(3) $\mathrm{Re}(e^{\frac{1}{z}}) = \mathrm{Re}(e^{\frac{\bar{z}}{z\bar{z}}}) = \mathrm{Re}(e^{\frac{x-iy}{x^2+y^2}}) = \mathrm{Re}\left\{e^{\frac{x}{x^2+y^2}}\left[\cos\frac{-y}{x^2+y^2} + i\sin\left(\frac{-y}{x^2+y^2}\right)\right]\right\}$

$= e^{\frac{x}{x^2+y^2}}\cos\left(\frac{y}{x^2+y^2}\right)$。

(4) 因 $\mathrm{Arccos}z = \frac{1}{i}\mathrm{Ln}(z + \sqrt{z^2-1})$，故

$$z = \mathrm{Arccos}3 = \frac{1}{i}\mathrm{Ln}(3 + \sqrt{3^2-1}) = \frac{1}{i}\ln(3 \pm 2\sqrt{2}) + 2k\pi$$

(5)因 $\cos z + \sin z = \sqrt{2}\left(\frac{\sqrt{2}}{2}\cos z + \frac{\sqrt{2}}{2}\sin z\right) = \sqrt{2}\sin\left(z + \frac{\pi}{4}\right)$，

由 $\cos z + \sin z = 2$，即 $\sin\left(z + \frac{\pi}{4}\right) = \sqrt{2}$，得到

$$z + \frac{\pi}{4} = \mathrm{Arcsin}\sqrt{2} = \frac{1}{i}\mathrm{Ln}(i\sqrt{2} + \sqrt{1-2}) = \frac{1}{i}\mathrm{Ln}[(\sqrt{2} \pm 1)i]$$

$$= \frac{1}{i}\{\ln|(\sqrt{2} \pm 1)i| + i\{\arg[(\sqrt{2} \pm 1)i] + 2k\pi\}$$

$$= \frac{1}{i}\ln(\sqrt{2} \pm 1) + \left(2k\pi + \frac{\pi}{2}\right),\ k = 0,\ \pm1,\ \pm2,\cdots$$

故　　　　　　　　$\mathrm{Im}z = -\ln(\sqrt{2} \pm 1) = \pm\ln(\sqrt{2} + 1)$

2.15 (1)证明：$u = x^2 - y^2$ 和 $v = \frac{y}{x^2+y^2}$ 都是调和函数，但是 $u + iv$ 不是解析函数。

(2)证明：解析函数的实部与虚部的乘积仍是调和函数。

(3)设 $f(z) = u + iv$ 为解析函数，试证 $i\overline{f(z)}$ 为解析函数。

证明：(1) 因为 $\nabla^2(x^2 - y^2) = 2 - 2 = 0$，故 $u = x^2 - y^2$ 是调和函数。

又因　　　　　　$\frac{\partial}{\partial x}\left(\frac{y}{x^2+y^2}\right) = -\frac{2xy}{(x^2+y^2)^2}$

$$\frac{\partial^2}{\partial x^2}\left(\frac{y}{x^2+y^2}\right) = -\frac{\partial}{\partial x}\left[\frac{2xy}{(x^2+y^2)^2}\right] = -\frac{2y}{(x^2+y^2)^2} + \frac{8x^2y}{(x^2+y^2)^3}$$

同样　　　　　　$\frac{\partial}{\partial y}\left(\frac{y}{x^2+y^2}\right) = \frac{1}{x^2+y^2} - \frac{2y^2}{(x^2+y^2)^2}$

$$\frac{\partial^2}{\partial y^2}\left(\frac{y}{x^2+y^2}\right) = -\frac{2y}{(x^2+y^2)^2} - \frac{4y}{(x^2+y^2)^2} + \frac{8y^3}{(x^2+y^2)^3}$$

得到

$$\nabla^2\left(\frac{y}{x^2+y^2}\right) = \frac{\partial^2}{\partial x^2}\left(\frac{y}{x^2+y^2}\right) + \frac{\partial^2}{\partial y^2}\left(\frac{y}{x^2+y^2}\right) = 0$$

故 $v = \dfrac{y}{x^2+y^2}$ 是调和函数。

但 $u_x = 2x \neq v_y = \left[\dfrac{1}{x^2+y^2} - \dfrac{2y^2}{(x^2+y^2)^2}\right]$，不满足 C-R 方程，故 $u+\mathrm{i}v$ 不是解析函数。

（2）设函数 $f(z) = u + \mathrm{i}v$ 解析，则 u、v 是调和函数，考虑 $\nabla^2(uv) \overset{?}{=} 0$。

因

$$\frac{\partial(uv)}{\partial x} = \frac{\partial u}{\partial x}v + u\frac{\partial v}{\partial x}$$

$$\frac{\partial^2(uv)}{\partial x^2} = \frac{\partial}{\partial x}\left[\frac{\partial u}{\partial x}v + u\frac{\partial v}{\partial x}\right] = v\frac{\partial^2 u}{\partial x^2} + \frac{\partial u}{\partial x}\frac{\partial v}{\partial x} + \frac{\partial u}{\partial x}\frac{\partial v}{\partial x} + u\frac{\partial^2 v}{\partial x^2}$$

同样可以得到

$$\frac{\partial(uv)}{\partial y} = \frac{\partial u}{\partial y}v + u\frac{\partial v}{\partial y}$$

$$\frac{\partial^2(uv)}{\partial y^2} = \frac{\partial}{\partial y}\left[\frac{\partial u}{\partial y}v + u\frac{\partial v}{\partial y}\right] = v\frac{\partial^2 u}{\partial y^2} + \frac{\partial u}{\partial y}\frac{\partial v}{\partial y} + \frac{\partial u}{\partial y}\frac{\partial v}{\partial y} + u\frac{\partial^2 v}{\partial y^2}$$

因 u、v 是调和函数，故有 $\dfrac{\partial^2 u}{\partial x^2} + \dfrac{\partial^2 u}{\partial y^2} = 0$，$\dfrac{\partial^2 v}{\partial x^2} + \dfrac{\partial^2 v}{\partial y^2} = 0$，则

$$\nabla^2(uv) = \frac{\partial^2(uv)}{\partial x^2} + \frac{\partial^2(uv)}{\partial y^2} = \left[v\frac{\partial^2 u}{\partial x^2} + 2\frac{\partial u}{\partial x}\frac{\partial v}{\partial x} + u\frac{\partial^2 v}{\partial x^2}\right] + \left[v\frac{\partial^2 u}{\partial y^2} + 2\frac{\partial u}{\partial y}\frac{\partial v}{\partial y} + u\frac{\partial^2 v}{\partial y^2}\right]$$

$$= 2\frac{\partial u}{\partial x}\frac{\partial v}{\partial x} + 2\frac{\partial u}{\partial y}\frac{\partial v}{\partial y}$$

因为函数 $f(z) = u + \mathrm{i}v$ 解析，故 $\dfrac{\partial u}{\partial x} = \dfrac{\partial v}{\partial y}$，$\dfrac{\partial v}{\partial x} = -\dfrac{\partial u}{\partial y}$，有

$$\frac{\partial^2(uv)}{\partial x^2} + \frac{\partial^2(uv)}{\partial y^2} = 2\frac{\partial u}{\partial x}\left(-\frac{\partial u}{\partial y}\right) + 2\frac{\partial u}{\partial y}\left(\frac{\partial u}{\partial x}\right) = 0$$

故解析函数的实部与虚部的乘积仍是调和函数。

（3）因 $\overline{f(z)} = u - \mathrm{i}v$，有

$$\mathrm{i}\overline{f(z)} = \mathrm{i}(u - \mathrm{i}v) = \mathrm{i}u + v, \quad \overline{\mathrm{i}\overline{f(z)}} = -\mathrm{i}u + v = -\mathrm{i}(u + \mathrm{i}v) = -\mathrm{i}f(z)$$

因 $f(z) = u + \mathrm{i}v$ 为解析函数，所以 $\overline{\mathrm{i}\overline{f(z)}}$ 为解析函数。

或者，由 $\mathrm{i}\overline{f(z)} = -\mathrm{i}u + v$，由 C-R 方程 $\begin{cases}\dfrac{\partial u}{\partial x} = \dfrac{\partial v}{\partial y} \\[2mm] \dfrac{\partial u}{\partial y} = -\dfrac{\partial v}{\partial x}\end{cases} \Rightarrow \begin{cases}\dfrac{\partial v}{\partial x} = \dfrac{\partial(-u)}{\partial y} \\[2mm] \dfrac{\partial v}{\partial y} = -\dfrac{\partial(-u)}{\partial x}\end{cases}$ 可知 $\mathrm{i}\overline{f(z)}$ 为解析

函数。

2.16 计算：

（1）设 $u(x, y) = ax^2 + 2bxy + cy^2$ 为调和函数，求 a，b，c 的值；

（2）假设 $f(z) = my^3 + nx^2y + i(x^3 + lxy^2)$ 为解析函数，求 l，m，n 的值。

解：（1）因为是调和函数，故 $\nabla^2 u(x, y) = 0$，得到 $2a + 2c = 0$，b 为任意值。

（2）函数为解析函数，满足 C-R 方程 $\dfrac{\partial u}{\partial x} = \dfrac{\partial v}{\partial y}$，$\dfrac{\partial u}{\partial y} = -\dfrac{\partial v}{\partial x}$，即

$$\begin{cases} \dfrac{\partial u}{\partial x} = \dfrac{\partial v}{\partial y} \\ \dfrac{\partial u}{\partial y} = -\dfrac{\partial v}{\partial x} \end{cases} \Rightarrow \begin{cases} 2nxy = 2lxy \\ 3my^2 + nx^2 = -(3x^2 + ly^2) \end{cases}$$

$$\begin{cases} n = l \\ 3my^2 + nx^2 = -(3x^2 + ly^2) \Rightarrow n = -3, \ 3m = -l \end{cases}$$

得到 $m = 1$，$n = -3$，$l = -3$。

2.17 证明下列函数是调和函数，如果它们是某一解析函数 $f(z)$ 的实部，求 $f'(z)$。

（1）$u = x^2 - y^2 + xy$；　　　　（2）$u = 2(x - 1)y$。

证明：（1）$\nabla^2 u(x, y) = 2 - 2 = 0$ 为调和函数。

$$f'(z) = \frac{\partial f(z)}{\partial x} = \frac{\partial u(x, y)}{\partial x} + i\frac{\partial v(x, y)}{\partial x} \xlongequal[\frac{\partial u}{\partial y} = -\frac{\partial v}{\partial x}]{\frac{\partial u}{\partial x} = \frac{\partial v}{\partial y}} \frac{\partial u(x, y)}{\partial x} - i\frac{\partial u(x, y)}{\partial y}$$

$$= (2x + y) - i(-2y + x) = 2(x + iy) + (y - ix) = 2z - iz$$

（2）$\nabla^2 u(x, y) = 0 - 0 = 0$

$$f'(z) = \frac{\partial f(z)}{\partial x} = \frac{\partial u(x, y)}{\partial x} + i\frac{\partial v(x, y)}{\partial x} = \frac{\partial u(x, y)}{\partial x} - i\frac{\partial u(x, y)}{\partial y}$$

$$= 2y - i2(x - 1) = -2i(x + iy) + 2i = 2i(1 - z)$$

2.18 用两种方法求下列函数的共轭调和函数，并求符合条件的解析函数

（1）$u = x^2 - y^2 + xy$，$f(i) = -1 + i$；　　（2）$u = 2(x - 1)y$，$f(2) = -i$；

（3）$u = \dfrac{y}{x^2 + y^2}$，$f(1) = 0$；　　　　　　（4）$u = e^x(x\cos y - y\sin y)$，$f(0) = 0$。

解：（1）**方法一**：利用 C-R 方程。因为 $\dfrac{\partial v}{\partial y} = \dfrac{\partial u}{\partial x} = 2x + y$，所以

$$v = \int (2x + y)\,dy = 2xy + \frac{1}{2}y^2 + c(x)$$

现在确定待定常数 $c(x)$。

又 $\dfrac{\partial v}{\partial x} = -\dfrac{\partial u}{\partial y}$，即 $2y + c'(x) = -(-2y + x)$，故

$$c(x) = \int (-x)\,dx = -\frac{1}{2}x^2 + c$$

所以
$$f(z) = u(x, y) + iv(x, y)$$

$$= (x^2 - y^2 + xy) + i(2xy + \frac{1}{2}y^2 - \frac{1}{2}x^2) + c$$

$$= \left(1 - \frac{i}{2}\right)z^2 + c$$

由 $f(i) = -1 + i$，即 $-\left(1 - \frac{i}{2}\right) + c = -1 + i \Rightarrow c = \frac{i}{2}$。

方法二：不定积分方法。由解析函数的导数（参见 2.17(1)）

$$f'(z) = \frac{\partial f(z)}{\partial x} = u_x + iv_x \xrightarrow{\text{C-R 方程}} u_x + i(-u_y) = (2x + y) + i(2y - x) = 2z - iz$$

$$f(z) = \int(2z - iz)dz = z^2 - \frac{1}{2}iz^2 + c$$

（2）**方法一**：利用 C-R 方程。因为 $\dfrac{\partial v}{\partial y} = \dfrac{\partial u}{\partial x} = 2y$，所以

$$v = \int 2y dy = y^2 + c(x)$$

现在确定待定常数 $c(x)$。

又 $\dfrac{\partial v}{\partial x} = -\dfrac{\partial u}{\partial y}$，即 $c'(x) = -2(x - 1)$，故

$$c(x) = -\int 2(x - 1)dx = -(x - 1)^2 + c$$

所以
$$f(z) = u(x, y) + iv(x, y) = 2(x - 1)y + i[y^2 - (x - 1)^2] + c$$

$$= -i\{[(x - 1)^2 - y^2] + 2(x - 1)y\} + c$$

$$= -i[(x - 1 + iy)^2] + c = -i(z - 1)^2 + c$$

由 $f(2) = -i$，即 $-i + c = -i \Rightarrow c = 0$。

得到 $f(z) = -i(1 - z)^2$。

方法二：利用全微分积分方法。积分路径参见图 2.1。

$$dv = \frac{\partial v}{\partial x}dx + \frac{\partial v}{\partial y}dy = -\frac{\partial u}{\partial y}dx + \frac{\partial u}{\partial x}dy = -2(x - 1)dx + 2ydy$$

$$v = \int_{(0, 0)}^{(x, y)} \frac{\partial v}{\partial x}dx + \frac{\partial v}{\partial y}dy + c = \int_{(0, 0)}^{(x, y)} -2(x - 1)dx + 2ydy + c$$

$$= \int_0^x -2(x - 1)dx + \int_0^y 2ydy + c = -(x - 1)^2 + y^2 + c$$

所以 $f(z) = u + iv = 2(x - 1)y + i[-(x - 1)^2 + y^2 + c] = -i(z - 1)^2 + ic$，

由 $f(2) = -i$，得到 $c = 0$，所以 $f(z) = -i(z - 1)^2$。

（3）**方法一**：利用 C-R 方程。因为 $\dfrac{\partial v}{\partial y} = \dfrac{\partial u}{\partial x} = -\dfrac{2xy}{(x^2 + y^2)^2}$，所以

$$v = -\int \frac{2xy}{(x^2 + y^2)^2}dy = \frac{x}{x^2 + y^2} + c(x)$$

现在确定待定常数 $c(x)$。

又 $\dfrac{\partial v}{\partial x} = -\dfrac{\partial u}{\partial y}$，即 $\dfrac{(x^2 + y^2) - 2x^2}{(x^2 + y^2)^2} + c'(x) = -\dfrac{(x^2 + y^2) - 2y^2}{(x^2 + y^2)^2}$，故 $c(x) = c$。

所以
$$f(z) = u(x, y) + iv(x, y) = \frac{y}{x^2 + y^2} + i\frac{x}{x^2 + y^2} + c$$

$$= i\left[\frac{x}{x^2 + y^2} - i\frac{y}{x^2 + y^2}\right] + c$$

$$= i\left[\frac{x - iy}{(x + iy)(x + iy)}\right] + c = i\frac{1}{z} + c$$

由 $f(1) = 0$，即 $i + c = 0 \Rightarrow c = -i$，得到 $f(z) = i\left(\dfrac{1}{z} - 1\right)$。

方法二：利用全微分积分方法。我们改为较为方便的极坐标 $x = \rho\cos\varphi$，$y = \rho\sin\varphi$，因为 $u = \dfrac{y}{x^2 + y^2} = \dfrac{\sin\varphi}{\rho}$，并利用极坐标的 C-R 方程 $\dfrac{\partial u}{\partial \rho} = \dfrac{1}{\rho}\dfrac{\partial v}{\partial \varphi}$，$\dfrac{1}{\rho}\dfrac{\partial u}{\partial \varphi} = -\dfrac{\partial v}{\partial \rho}$（参见 2.19 或问题解答 5），有

$$dv = \frac{\partial v}{\partial \rho}d\rho + \frac{\partial v}{\partial \varphi}d\varphi = -\frac{1}{\rho}\frac{\partial u}{\partial \varphi}d\rho + \rho\frac{\partial u}{\partial \rho}d\varphi = -\frac{\cos\varphi}{\rho^2}d\rho - \frac{\sin\varphi}{\rho}d\varphi$$

$$v = \int_{(1, 0)}^{(\rho, \varphi)} \frac{\partial v}{\partial \rho}d\rho + \frac{\partial v}{\partial \varphi}d\varphi + c = \int_{(1, 0)}^{(\rho, \varphi)} -\frac{\cos\varphi}{\rho^2}d\rho - \frac{\sin\varphi}{\rho}d\varphi + c$$

$$= \int_1^\rho \left(-\frac{\cos\varphi}{\rho^2}\right)\bigg|_{\varphi=0} d\rho + \int_0^\varphi \left(-\frac{\sin\varphi}{\rho}\right)d\varphi + c = \left(\frac{1}{\rho} - 1\right) + \left(\frac{\cos\varphi}{\rho} - \frac{1}{\rho}\right) + c$$

$$= \frac{\cos\varphi}{\rho} - 1 + c$$

注意：这里不能取 $z_0 = 0$，即不能同时取 x，y 为 0，因为 $\dfrac{1}{z}$ 在 $z = 0$ 点不解析，取 $\rho = 1$。积分路径为 $(1, 0)$ 到 $(\rho, 0)$ 的直线和 $(\rho, 0)$ 到 (ρ, φ) 的圆弧。

所以
$$f(z) = u + iv = \frac{\sin\varphi}{\rho} + i\left(\frac{\cos\varphi}{\rho} - 1 + c\right) = \frac{\sin\varphi + i\cos\varphi}{\rho} + i(c - 1)$$

$$= \frac{1}{\rho(\sin\varphi - i\cos\varphi)} + i(c - 1) = i\frac{1}{z} + i(c - 1)$$

由 $f(1) = 0$，得到 $c = 0$，故 $f(z) = i\left(\dfrac{1}{z} - 1\right)$。

(4) 利用 C-R 方程。因为 $\dfrac{\partial v}{\partial y} = \dfrac{\partial u}{\partial x} = e^x(x\cos y - y\sin y) + e^x\cos y$，所以

$$v = \int [e^x(x\cos y - y\sin y) + e^x\cos y]dy$$

$$= e^x\left(x\sin y - \int y\sin y dy\right) + e^x\sin y + c(x)$$

$$= e^x[x\sin y - (\sin y - y\cos y)] + e^x\sin y + c(x)$$

$$= e^x [x\sin y + y\cos y] + c(x)$$

现在确定待定常数 $c(x)$。

又 $\dfrac{\partial v}{\partial x} = -\dfrac{\partial u}{\partial y}$，即 $e^x[x\sin y + y\cos y] + e^x\sin y + c'(x) = -e^x(-x\sin y - y\cos y - \sin y)$，

故 $c'(x) = 0$，$c(x) = c$。所以

$$\begin{aligned}
f(z) = u(x, y) + iv(x, y) &= e^x(x\cos y - y\sin y) + ie^x(x\sin y + y\cos y) + c \\
&= e^x(x\cos y + ix\sin y - y\sin y + iy\cos y) + c \\
&= e^x(xe^{iy} + iye^{iy}) + c \\
&= ze^z + c
\end{aligned}$$

由 $f(0) = 0$，即 $c = 0$，得到 $f(z) = ze^z$。

2.19 证明极坐标下的 C-R 条件：

$$\frac{\partial u}{\partial \rho} = \frac{1}{\rho}\frac{\partial v}{\partial \varphi}, \quad \frac{1}{\rho}\frac{\partial u}{\partial \varphi} = -\frac{\partial v}{\partial \rho}$$

并试证：

$$f'(z) = \frac{\rho}{z}\left(\frac{\partial u}{\partial \rho} + i\frac{\partial v}{\partial \rho}\right) = \frac{1}{z}\left(\frac{\partial v}{\partial \varphi} - i\frac{\partial u}{\partial \varphi}\right) = \frac{1}{iz}\left(\frac{\partial u}{\partial \varphi} + i\frac{\partial v}{\partial \varphi}\right), \quad \text{其中 } z = \rho e^{i\varphi}$$

证明：参见问题解答 5。

2.20 定义算子：

$$\frac{\partial}{\partial z} = \frac{1}{2}\left(\frac{\partial}{\partial x} - i\frac{\partial}{\partial y}\right), \quad \frac{\partial}{\partial \bar{z}} = \frac{1}{2}\left(\frac{\partial}{\partial x} + i\frac{\partial}{\partial y}\right)$$

(1) 试证：若 $f(z)$ 解析，则 $\dfrac{\partial}{\partial z}f(z) = f'(z)$，$\dfrac{\partial}{\partial \bar{z}}f(z) = 0$；

(2) 若 $u(x, y)$ 为调和函数，则 $\dfrac{\partial}{\partial z}u(x, y)$ 是一个解析函数 $g(z)$，且 $\dfrac{\partial}{\partial \bar{z}}u(x, y) = \overline{g(z)}$。

证明：(1) 因为函数 $f(z) = u + iv$ 解析，所以

$$\begin{aligned}
\frac{\partial}{\partial z}f(z) &= \frac{1}{2}\left(\frac{\partial}{\partial x} - i\frac{\partial}{\partial y}\right)f(z) = \frac{1}{2}\left[\left(\frac{\partial u}{\partial x} + i\frac{\partial v}{\partial x}\right) - i\left(\frac{\partial u}{\partial y} + i\frac{\partial v}{\partial y}\right)\right] \\
&= \frac{1}{2}\left[\left(\frac{\partial u}{\partial x} + i\frac{\partial v}{\partial x}\right) - i\left(-\frac{\partial v}{\partial x} + i\frac{\partial u}{\partial x}\right)\right] \\
&= \frac{1}{2}\left[\left(\frac{\partial u}{\partial x} + i\frac{\partial v}{\partial x}\right) + \left(i\frac{\partial v}{\partial x} + \frac{\partial u}{\partial x}\right)\right] = \left(\frac{\partial u}{\partial x} + i\frac{\partial v}{\partial x}\right) = f'(z)
\end{aligned}$$

$$\begin{aligned}
\frac{\partial}{\partial \bar{z}}f(z) &= \frac{1}{2}\left(\frac{\partial}{\partial x} + i\frac{\partial}{\partial y}\right)f(z) = \frac{1}{2}\left[\left(\frac{\partial u}{\partial x} + i\frac{\partial v}{\partial x}\right) + i\left(\frac{\partial u}{\partial y} + i\frac{\partial v}{\partial y}\right)\right] \\
&= \frac{1}{2}\left[\left(\frac{\partial u}{\partial x} + i\frac{\partial v}{\partial x}\right) + i\left(-\frac{\partial v}{\partial x} + i\frac{\partial u}{\partial x}\right)\right] \\
&= \frac{1}{2}\left[\left(\frac{\partial u}{\partial x} + i\frac{\partial v}{\partial x}\right) + \left(-i\frac{\partial v}{\partial x} - \frac{\partial u}{\partial x}\right)\right] = 0
\end{aligned}$$

（2）
$$\frac{\partial}{\partial z}u(x,\ y)=\frac{1}{2}\left(\frac{\partial}{\partial x}-\mathrm{i}\frac{\partial}{\partial y}\right)u(x,\ y)=\frac{1}{2}\left(\frac{\partial u}{\partial x}+\mathrm{i}\frac{\partial(-u)}{\partial y}\right)$$

$$=p(x,\ y)+\mathrm{i}q(x,\ y)=g(z)$$

这里 $p(x,\ y)=\frac{1}{2}\frac{\partial u}{\partial x}$，$q(x,\ y)=-\frac{1}{2}\frac{\partial u}{\partial y}$。

因为 $u(x,\ y)$ 为调和函数，有

$$\frac{\partial^2 u(x,\ y)}{\partial x^2}+\frac{\partial^2 u(x,\ y)}{\partial y^2}=0\Rightarrow\frac{\partial}{\partial x}\left[\frac{\partial u(x,\ y)}{\partial x}\right]=\frac{\partial}{\partial y}\left[-\frac{\partial u(x,\ y)}{\partial y}\right]$$

即
$$\frac{\partial p(x,\ y)}{\partial x}=\frac{\partial q(x,\ y)}{\partial y}$$

又因为 $u(x,\ y)$ 存在连续的二阶偏导数，有

$$-\frac{\partial^2 u}{\partial y\partial x}=-\frac{\partial^2 u}{\partial x\partial y}\Rightarrow\frac{\partial q(x,\ y)}{\partial x}=-\frac{\partial p(x,\ y)}{\partial y}$$

故函数 $g(z)=p(x,\ y)+\mathrm{i}q(x,\ y)$ 的实部和虚部满足 C-R 方程，函数 $g(z)$ 解析。

而 $\frac{\partial}{\partial\bar{z}}u(x,\ y)=\frac{1}{2}\left(\frac{\partial}{\partial x}+\mathrm{i}\frac{\partial}{\partial y}\right)u(x,\ y)=\frac{1}{2}(\overline{\frac{\partial u}{\partial x}-\mathrm{i}\frac{\partial u}{\partial y}})=\overline{g(z)}$。

2.21 考察 n 为复数时的 De Moivre 公式 $(\cos\theta+\mathrm{i}\sin\theta)^n=\cos n\theta+\mathrm{i}\sin n\theta$ 成立的条件。

解：由一般幂函数的定义

$$(\cos\theta+\mathrm{i}\sin\theta)^n=\mathrm{e}^{n\mathrm{Ln}(\cos\theta+\mathrm{i}\sin\theta)}=\mathrm{e}^{n\mathrm{i}(\theta+2p\pi)}\quad(p\text{ 为整数})\tag{1}$$

由正、余弦定义知：

$$\cos n\theta+\mathrm{i}\sin n\theta=\frac{\mathrm{e}^{\mathrm{i}n\theta}+\mathrm{e}^{-\mathrm{i}n\theta}}{2}+\frac{\mathrm{e}^{\mathrm{i}n\theta}-\mathrm{e}^{-\mathrm{i}n\theta}}{2}=\mathrm{e}^{\mathrm{i}n\theta}\tag{2}$$

故对 n 为任意复数，De Moivre 公式若成立，则式（1）与式（2）应相等，因而

$$\mathrm{i}n(\theta+2p\pi)=\mathrm{i}n\theta+2q\pi\mathrm{i}\quad(q\text{ 为整数})$$

即 $np=q$。

但此式对任意复数 n 成立，必有 $p=q=0$；反之，$p=0$ 时式（1）与式（2）显然相等。

故得结论：若限定 $\mathrm{Ln}(\cos\theta+\mathrm{i}\sin\theta)$ 的值只取 $\mathrm{i}\theta$ 时，De Moivre 公式对复数 n 成立。

2.22 计算：

（1）函数 $w=\sqrt[3]{z}$ 确定在从原点起沿负实轴割破了的 z 平面上，并且 $w(-2)=-\sqrt[3]{2}$（这是割线上岸点对应的函数值），试求 $w(\mathrm{i})$ 的值；

（2）多值函数 $w(z)=\sqrt{z^2-1}$ 确定在从原点起沿负实轴割破了的 z 平面上，当 $z=0$ 时 $w(0)=\mathrm{i}$，求 $w(\mathrm{i})$。

解：（1）因 $w(-2)=\sqrt[3]{-2}=\sqrt[3]{2}\,\mathrm{e}^{\mathrm{i}\frac{(\pi+2k\pi)}{3}}(k=0,\ 1,\ 2)$，

由 $w(-2)=-\sqrt[3]{2}$，得到 $k=1$，函数 $w=\sqrt[3]{z}$ 定义在 $k=1$ 的单值分支上。

所以 $w(\mathrm{i})=\sqrt[3]{\mathrm{i}}=\mathrm{e}^{\mathrm{i}\frac{\frac{\pi}{2}+2k\pi}{3}}\underset{k=1}{=\!=\!=}\mathrm{e}^{\mathrm{i}\frac{5\pi}{6}}$。

同样可以计算函数 $w=\sqrt[3]{z}$ 在各单值分支上的导数值。

因为 $\dfrac{\mathrm{d}w}{\mathrm{d}z} = \dfrac{1}{3}\dfrac{\sqrt[3]{z}}{z}$, 故

$$\frac{\mathrm{d}w(\mathrm{i})}{\mathrm{d}z} = \frac{1}{3}\frac{\sqrt[3]{z}}{z}\bigg|_{z=\mathrm{i}} = \frac{1}{3}\frac{\sqrt[3]{\mathrm{i}}}{\mathrm{i}} \xrightarrow{k=1} \frac{1}{3}\frac{\mathrm{e}^{\mathrm{i}\frac{5\pi}{6}}}{\mathrm{i}} = \frac{1}{3}\mathrm{e}^{\mathrm{i}\frac{\pi}{3}}$$

(2) 因 $w(0) = \sqrt{-1} = \mathrm{e}^{\mathrm{i}\frac{(\pi+2k\pi)}{2}}(k=0,\ 1)$,

由 $w(0) = \mathrm{i}$, 得到 $k=0$, 函数 $w(z) = \sqrt{z^2-1}$ 定义在 $k=0$ 的单值分支上。

所以 $w(\mathrm{i}) = \sqrt{-2} = \sqrt{2}\,\mathrm{e}^{\mathrm{i}\frac{(\pi+2k\pi)}{2}} \xrightarrow{k=0} \sqrt{2}\,\mathrm{e}^{\mathrm{i}\frac{\pi}{2}}$。

2.23 若 $f(z) = u + \mathrm{i}v$ 在区域 D 内解析, 并满足下列条件之一, 那么 $f(z)$ 是常数:

(1) $\overline{f(z)}$ 在 D 内解析; (2) $|f(z)|$ 在 D 内是一个常数;

(3) $\mathrm{Re}\{f(z)\}$ 或者 $\mathrm{Im}\{f(z)\}$ 在 D 内是一个常数; (4) $\arg f(z)$ 在 D 内是一个常数;

(5) $au + bv = c$, 其中 a, b 与 c 为不等于零的实常数; (6) $u = v^2$。

证明: (1) 因 $f(z) = u + \mathrm{i}v$ 解析, 满足 C-R 方程 $\begin{cases} u_x = v_y \\ u_y = -v_x \end{cases}$

又 $\overline{f(z)} = u - \mathrm{i}v = u + \mathrm{i}(-v)$ 解析, 则有 $\begin{cases} u_x = (-v)_y \\ u_y = -(-v)_x \end{cases}$

所以有 $u_x = u_y = 0$, $v_x = v_y = 0$,

故 $f(z) = u(x,\ y) + \mathrm{i}v(x,\ y)$ 为常数。

(2)(参见例 2.3)因 $|f(z)|$ 是常数, 即 $|f(z)| = \sqrt{u^2+v^2} = c$(常数), 故

$$\frac{\partial}{\partial x}|f(z)| = \frac{\partial}{\partial u}\sqrt{u^2+v^2}\cdot\frac{\partial u}{\partial x} + \frac{\partial}{\partial v}\sqrt{u^2+v^2}\cdot\frac{\partial v}{\partial x} = \frac{1}{\sqrt{u^2+v^2}}\left(u\frac{\partial u}{\partial x} + v\frac{\partial v}{\partial x}\right) = 0$$

$$\frac{\partial}{\partial y}|f(z)| = \frac{\partial}{\partial u}\sqrt{u^2+v^2}\cdot\frac{\partial u}{\partial y} + \frac{\partial}{\partial v}\sqrt{u^2+v^2}\cdot\frac{\partial v}{\partial y} = \frac{1}{\sqrt{u^2+v^2}}\left(u\frac{\partial u}{\partial y} + v\frac{\partial v}{\partial y}\right) = 0$$

再由 C-R 方程 $\begin{cases} u_x = v_y \\ u_y = -v_x \end{cases}$, 代入上两式得到

$$u\frac{\partial v}{\partial y} + v\frac{\partial v}{\partial x} = 0,\quad u\left(-\frac{\partial v}{\partial x}\right) + v\frac{\partial v}{\partial y} = 0$$

得到 $v_x = 0$, $v_y = 0$, 即 v 为常数, 同样 u 也为常数,

故 $f(z) = u(x,\ y) + \mathrm{i}v(x,\ y)$ 为常数。

(3)以 $\mathrm{Re}f(z)$ 取常数为例, 即 u 为常数,

由 $\begin{cases} \dfrac{\partial u}{\partial x} = \dfrac{\partial v}{\partial y} \\ \dfrac{\partial u}{\partial y} = \dfrac{\partial v}{\partial x} \end{cases} \Rightarrow \begin{cases} \dfrac{\partial v}{\partial y} = 0 \\ \dfrac{\partial v}{\partial x} = 0 \end{cases}$ 得到 v 为常数,

即证得 $f(z)$ 为常数。

同样方法可证 $\mathrm{Im}f(z)$ 为常数的情况。

(4)当 $\mathrm{arg}f(z)$ 在 D 内是常数时，则必然有 $\dfrac{u}{v} = k$ 为一常数。

显然，$v=0$ 时，由 C-R 方程，u 为常数，则 $f(z)$ 为常数。

当 $v \neq 0$ 时，由 C-R 方程，得到

$$\begin{cases} \dfrac{\partial u}{\partial x} = \dfrac{\partial v}{\partial y} \\ \dfrac{\partial u}{\partial y} = -\dfrac{\partial v}{\partial x} \end{cases} \Rightarrow \begin{cases} \dfrac{\partial v}{\partial y} = k\dfrac{\partial v}{\partial x} \\ -\dfrac{\partial v}{\partial x} = k\dfrac{\partial v}{\partial y} \end{cases} \Rightarrow \begin{cases} \dfrac{\partial v}{\partial y} = \dfrac{\partial v}{\partial x} = 0 \\ \dfrac{\partial u}{\partial x} = \dfrac{\partial u}{\partial y} = 0 \end{cases}$$

即证得 $f(z)$ 为常数。

(5) 对 $au(x, y) + bv(x, y) = c$ 两边分别对 x 和 y 进行偏微分运算，得到

$$au_x + bv_x = 0, \quad au_y + bv_y = 0$$

再由 C-R 方程 $\begin{cases} u_x = v_y \\ u_y = -v_x \end{cases}$，代入上两式得到

$$av_y + bv_x = 0, \quad a(-v_x) + bv_y = 0$$

得到 $v_x = 0$，$v_y = 0$，即 v 为常数，同样方法得到 u 也为常数，

故 $f(z) = u(x, y) + iv(x, y)$ 为常数。

(6)**方法一**：对 $u(x, y) - v^2(x, y) = 0$ 两边分别对 x 和 y 进行偏微分运算，得到

$$u_x - 2vv_x = 0, \quad u_y - 2vv_y = 0$$

再由 C-R 方程 $\begin{cases} u_x = v_y \\ u_y = -v_x \end{cases}$，代入上两式得到

$$v_y - 2vv_x = 0, \quad v_x + 2vv_y = 0$$

解得 $\quad v_y[1 + (2v)^2] = 0 \Rightarrow v_y = 0$，$v_x[1 + (2v)^2] = 0 \Rightarrow v_x = 0$

即 v 为常数，同样方法得到 u 也为常数，故 $f(z) = u(x, y) + iv(x, y)$ 为常数。

方法二：由 C-R 方程 $\begin{cases} u_x = v_y \\ u_y = -v_x \end{cases}$，将 $u(x, y) = v^2(x, y)$ 代入得到

$$2vv_x = v_y, \quad 2vv_y = -v_x$$

解得 $\quad\begin{cases} (1 + 4v^2)\dfrac{\partial v}{\partial x} = 0 \\ (1 + 4v^2)\dfrac{\partial v}{\partial y} = 0 \end{cases}$

所以 v 为常数，由 C-R 方程可知，u 也为常数，故 $f(z) = u(x, y) + iv(x, y)$ 为常数。

2.24 如果 $f(z) = u + iv$ 是解析函数，证明：

(1) $\left(\dfrac{\partial}{\partial x}|f(z)|\right)^2 + \left(\dfrac{\partial}{\partial y}|f(z)|\right)^2 = |f'(z)|^2$；

(2) $\left(\dfrac{\partial^2}{\partial x^2} + \dfrac{\partial^2}{\partial y^2}\right)|f(z)| = \dfrac{|f'(z)|^2}{|f(z)|}$；

(3) $\left(\dfrac{\partial^2}{\partial x^2} + \dfrac{\partial^2}{\partial y^2}\right)|f(z)|^2 = 4|f'(z)|^2$；

$(4)\left(\dfrac{\partial^2}{\partial x^2}+\dfrac{\partial^2}{\partial y^2}\right)\left\{\ln\left(1+\left|f(z)\right|^2\right)\right\}=\dfrac{4\left|f'(z)\right|^2}{\left[1+\left|f(z)\right|^2\right]^2}\,。$

证明：（1）（参见例 2.5）因 $\left|f(z)\right|=\left|u+\mathrm{i}v\right|=\sqrt{u^2+v^2}$，故

$$\frac{\partial}{\partial x}\left|f(z)\right|=\frac{\partial}{\partial u}\sqrt{u^2+v^2}\cdot\frac{\partial u}{\partial x}+\frac{\partial}{\partial v}\sqrt{u^2+v^2}\cdot\frac{\partial v}{\partial x}=\frac{1}{\sqrt{u^2+v^2}}\left(u\frac{\partial u}{\partial x}+v\frac{\partial v}{\partial x}\right)$$

$$\frac{\partial}{\partial y}\left|f(z)\right|=\frac{\partial}{\partial u}\sqrt{u^2+v^2}\cdot\frac{\partial u}{\partial y}+\frac{\partial}{\partial v}\sqrt{u^2+v^2}\cdot\frac{\partial v}{\partial y}=\frac{1}{\sqrt{u^2+v^2}}\left(u\frac{\partial u}{\partial y}+v\frac{\partial v}{\partial y}\right)$$

所以

$$\left(\frac{\partial}{\partial x}\left|f(z)\right|\right)^2+\left(\frac{\partial}{\partial y}\left|f(z)\right|\right)^2=\frac{1}{u^2+v^2}\left(u\frac{\partial u}{\partial x}+v\frac{\partial v}{\partial x}\right)^2+\frac{1}{u^2+v^2}\left(u\frac{\partial u}{\partial y}+v\frac{\partial v}{\partial y}\right)^2$$

$$=\frac{1}{u^2+v^2}\left\{u^2\left[\left(\frac{\partial u}{\partial x}\right)^2+\left(\frac{\partial u}{\partial y}\right)^2\right]+v^2\left[\left(\frac{\partial v}{\partial x}\right)^2+\left(v\frac{\partial v}{\partial y}\right)^2\right]+2uv\left(\frac{\partial u}{\partial x}\frac{\partial v}{\partial x}+\frac{\partial u}{\partial y}\frac{\partial v}{\partial y}\right)\right\}\qquad(1)$$

利用 C-R 方程 $\dfrac{\partial u}{\partial x}=\dfrac{\partial v}{\partial y}$，$\dfrac{\partial v}{\partial x}=-\dfrac{\partial u}{\partial y}$，得到

$$\frac{\partial v}{\partial x}\frac{\partial u}{\partial x}+\frac{\partial v}{\partial y}\frac{\partial u}{\partial y}=0\qquad(2)$$

利用解析函数的导数和调和性质，得到

$$\left(\frac{\partial u}{\partial x}\right)^2+\left(\frac{\partial u}{\partial y}\right)^2=\left(\frac{\partial v}{\partial y}\right)^2+\left(\frac{\partial v}{\partial x}\right)^2=\left(\frac{\partial u}{\partial x}\right)^2+\left(\frac{\partial v}{\partial x}\right)^2=\left|\frac{\partial u}{\partial x}+\mathrm{i}\frac{\partial v}{\partial x}\right|^2=\left|f'(z)\right|^2\qquad(3)$$

将式(2)和式(3)代入式(1)化简得到

$$\left(\frac{\partial}{\partial x}\left|f(z)\right|\right)^2+\left(\frac{\partial}{\partial y}\left|f(z)\right|\right)^2=\left|f'(z)\right|^2$$

（2）**方法一：**因 $\left|f(z)\right|=\left|u+\mathrm{i}v\right|=\sqrt{u^2+v^2}$，故

$$\frac{\partial}{\partial x}\left|f(z)\right|=\frac{1}{\sqrt{u^2+v^2}}\left(u\frac{\partial u}{\partial x}+v\frac{\partial v}{\partial x}\right),\quad\frac{\partial}{\partial y}\left|f(z)\right|=\frac{1}{\sqrt{u^2+v^2}}\left(u\frac{\partial u}{\partial y}+v\frac{\partial v}{\partial y}\right)$$

则 $\dfrac{\partial^2}{\partial x^2}\left|f(z)\right|=\dfrac{\partial}{\partial x}\left[\dfrac{1}{\sqrt{u^2+v^2}}\left(u\dfrac{\partial u}{\partial x}+v\dfrac{\partial v}{\partial x}\right)\right]$

$$=-\left(u^2+v^2\right)^{-3/2}\left(u\frac{\partial u}{\partial x}+v\frac{\partial v}{\partial x}\right)^2$$

$$+\left(u^2+v^2\right)^{-1/2}\left(\frac{\partial u}{\partial x}\frac{\partial u}{\partial x}+u\frac{\partial^2 u}{\partial x^2}+\frac{\partial v}{\partial x}\frac{\partial v}{\partial x}+v\frac{\partial^2 v}{\partial x^2}\right)\qquad(1)$$

$$\frac{\partial^2}{\partial y^2}\left|f(z)\right|=\frac{\partial}{\partial y}\left[\frac{1}{\sqrt{u^2+v^2}}\left(u\frac{\partial u}{\partial y}+v\frac{\partial v}{\partial y}\right)\right]$$

$$=-\left(u^2+v^2\right)^{-3/2}\left(u\frac{\partial u}{\partial y}+v\frac{\partial v}{\partial y}\right)^2$$

$$+\left(u^2+v^2\right)^{-1/2}\left(\frac{\partial u}{\partial y}\frac{\partial u}{\partial y}+u\frac{\partial^2 u}{\partial y^2}+\frac{\partial v}{\partial y}\frac{\partial v}{\partial y}+v\frac{\partial^2 v}{\partial y^2}\right)\qquad(2)$$

式(1)+式(2)，注意到 $\dfrac{\partial^2 u}{\partial x^2} + \dfrac{\partial^2 u}{\partial y^2} = 0$，$\dfrac{\partial^2 v}{\partial x^2} + \dfrac{\partial^2 v}{\partial y^2} = 0$，并利用 C-R 方程

$\dfrac{\partial u}{\partial x} = \dfrac{\partial v}{\partial y}$，$\dfrac{\partial v}{\partial x} = -\dfrac{\partial u}{\partial y}$，以及 $\left(\dfrac{\partial u}{\partial x}\right)^2 + \left(\dfrac{\partial u}{\partial y}\right)^2 = \left(\dfrac{\partial v}{\partial x}\right)^2 + \left(\dfrac{\partial v}{\partial y}\right)^2 = \left(\dfrac{\partial u}{\partial x}\right)^2 + \left(\dfrac{\partial v}{\partial x}\right)^2 = |f'(z)|^2$，得到，

$$\nabla^2 |f(z)| = \frac{\partial^2}{\partial x^2}(u^2 + v^2)^{1/2} + \frac{\partial^2}{\partial y^2}(u^2 + v^2)^{1/2}$$

$$= -(u^2 + v^2)^{-3/2}\left[\left(u\frac{\partial u}{\partial x} + v\frac{\partial v}{\partial x}\right)^2 + \left(u\frac{\partial u}{\partial y} + v\frac{\partial v}{\partial y}\right)^2\right]$$

$$+ (u^2 + v^2)^{-1/2}\left(\frac{\partial u}{\partial y}\frac{\partial u}{\partial y} + \frac{\partial u}{\partial x}\frac{\partial u}{\partial x} + \frac{\partial v}{\partial y}\frac{\partial v}{\partial y} + \frac{\partial v}{\partial x}\frac{\partial v}{\partial x}\right)$$

$$= -(u^2 + v^2)^{-3/2}\left[\left(u\frac{\partial u}{\partial x}\right)^2 + \left(v\frac{\partial v}{\partial x}\right)^2 + \left(u\frac{\partial u}{\partial y}\right)^2 + \left(v\frac{\partial v}{\partial y}\right)^2\right]$$

$$+ (u^2 + v^2)^{-1/2}\left(2\frac{\partial u}{\partial x}\frac{\partial u}{\partial x} + 2\frac{\partial v}{\partial x}\frac{\partial v}{\partial x}\right)$$

$$= -(u^2 + v^2)^{-3/2}(u^2|f'(z)|^2 + v^2|f'(z)|^2) + 2(u^2 + v^2)^{-1/2}|f'(z)|^2$$

$$= (u^2 + v^2)^{-1/2}|f'(z)|^2 = \frac{|f'(z)|^2}{|f(z)|}$$

得证。

方法二：我们利用关系式 $\dfrac{\partial^2 \Phi}{\partial x^2} + \dfrac{\partial^2 \Phi}{\partial y^2} = |f'(z)|^2\left(\dfrac{\partial^2 \Phi}{\partial u^2} + \dfrac{\partial^2 \Phi}{\partial v^2}\right)$，参见例 2.23。

这里 $\Phi(u, v) = |f(z)| = (u^2 + v^2)^{1/2}$，有

$$\frac{\partial^2 \Phi}{\partial u^2} + \frac{\partial^2 \Phi}{\partial v^2} = \frac{\partial^2 (u^2 + v^2)^{1/2}}{\partial u^2} + \frac{\partial^2 (u^2 + v^2)^{1/2}}{\partial v^2} = \frac{\partial}{\partial u}\left[\frac{u}{(u^2 + v^2)^{1/2}}\right] + \frac{\partial}{\partial v}\left[\frac{v}{(u^2 + v^2)^{1/2}}\right]$$

$$= \frac{(u^2 + v^2)^{1/2} - u\dfrac{u}{(u^2 + v^2)^{1/2}}}{u^2 + v^2} + \frac{(u^2 + v^2)^{1/2} - v\dfrac{v}{(u^2 + v^2)^{1/2}}}{u^2 + v^2}$$

$$= \frac{1}{(u^2 + v^2)^{1/2}} = \frac{1}{|f(z)|}$$

所以有 $\left(\dfrac{\partial^2}{\partial x^2} + \dfrac{\partial^2}{\partial y^2}\right)|f(z)| = \dfrac{|f'(z)|^2}{|f(z)|}$。

(3)**方法一**：设 $f(z) = u + iv$，则 $|f(z)|^2 = u^2 + v^2$，

$$\nabla^2 |f(z)|^2 = \frac{\partial^2}{\partial x^2}(u^2 + v^2) + \frac{\partial^2}{\partial y^2}(u^2 + v^2)$$

因为 $\dfrac{\partial^2}{\partial x^2}u^2 = \dfrac{\partial}{\partial x}\left(\dfrac{\partial(u^2)}{\partial x}\right) = \dfrac{\partial}{\partial x}\left(2u\dfrac{\partial u}{\partial x}\right) = 2\dfrac{\partial u}{\partial x}\cdot\dfrac{\partial u}{\partial x} + 2u\dfrac{\partial^2 u}{\partial x^2}$，对其他变量形式相同，

并注意到 $\dfrac{\partial^2}{\partial x^2}u + \dfrac{\partial^2}{\partial y^2}u = 0$，$\dfrac{\partial^2}{\partial x^2}v + \dfrac{\partial^2}{\partial y^2}v = 0$，所以有

$$\frac{\partial^2}{\partial x^2}u^2 + \frac{\partial^2}{\partial y^2}u^2 = \left(2\frac{\partial u}{\partial x}\cdot\frac{\partial u}{\partial x} + 2u\frac{\partial^2 u}{\partial x^2}\right) + \left(2\frac{\partial u}{\partial y}\cdot\frac{\partial u}{\partial y} + 2u\frac{\partial^2 u}{\partial y^2}\right)$$

$$= 2\frac{\partial u}{\partial x}\cdot\frac{\partial u}{\partial x} + 2\frac{\partial u}{\partial y}\cdot\frac{\partial u}{\partial y} \tag{1}$$

$$\frac{\partial^2}{\partial x^2}v^2 + \frac{\partial^2}{\partial y^2}v^2 = \left(2\frac{\partial v}{\partial x}\cdot\frac{\partial v}{\partial x} + 2v\frac{\partial^2 v}{\partial x^2}\right) + \left(2\frac{\partial v}{\partial y}\cdot\frac{\partial v}{\partial y} + 2v\frac{\partial^2 v}{\partial y^2}\right)$$

$$= 2\frac{\partial v}{\partial x}\cdot\frac{\partial v}{\partial x} + 2\frac{\partial v}{\partial y}\cdot\frac{\partial v}{\partial y} \tag{2}$$

式(1)+式(2)，并利用 C-R 方程 $\dfrac{\partial u}{\partial x} = \dfrac{\partial v}{\partial y}$，$\dfrac{\partial v}{\partial x} = -\dfrac{\partial u}{\partial y}$，得到

$$\nabla^2|f(z)|^2 = \frac{\partial^2}{\partial x^2}(u^2 + v^2) + \frac{\partial^2}{\partial y^2}(u^2 + v^2) = 4\frac{\partial u}{\partial x}\cdot\frac{\partial u}{\partial x} + 4\frac{\partial v}{\partial x}\cdot\frac{\partial v}{\partial x}$$

又因为

$$|f'(z)|^2 = \left|\frac{\partial u}{\partial x} + i\frac{\partial v}{\partial x}\right|^2 = \left(\frac{\partial u}{\partial x}\right)^2 + \left(\frac{\partial v}{\partial x}\right)^2$$

所以有

$$\left(\frac{\partial^2}{\partial x^2} + \frac{\partial^2}{\partial y^2}\right)|f(z)|^2 = 4|f'(z)|^2$$

方法二：我们利用关系式 $\dfrac{\partial^2\Phi}{\partial x^2} + \dfrac{\partial^2\Phi}{\partial y^2} = |f'(z)|^2\left(\dfrac{\partial^2\Phi}{\partial u^2} + \dfrac{\partial^2\Phi}{\partial v^2}\right)$，

这里 $\Phi(u, v) = |f(z)|^2 = u^2 + v^2$，有

$$\frac{\partial^2\Phi}{\partial u^2} + \frac{\partial^2\Phi}{\partial v^2} = \frac{\partial^2(u^2 + v^2)}{\partial u^2} + \frac{\partial^2(u^2 + v^2)}{\partial v^2} = 4$$

所以有

$$\left(\frac{\partial^2}{\partial x^2} + \frac{\partial^2}{\partial y^2}\right)|f(z)|^2 = 4|f'(z)|^2$$

(4)我们利用关系式 $\dfrac{\partial^2\Phi}{\partial x^2} + \dfrac{\partial^2\Phi}{\partial y^2} = |f'(z)|^2\left(\dfrac{\partial^2\Phi}{\partial u^2} + \dfrac{\partial^2\Phi}{\partial v^2}\right)$

这里 $\Phi(u, v) = \ln(1 + |f(z)|^2) = \ln(1 + u^2 + v^2)$，有

$$\left(\frac{\partial^2}{\partial x^2} + \frac{\partial^2}{\partial y^2}\right)\{\ln(1 + |f(z)|^2)\} = |f'(z)|^2\left(\frac{\partial^2}{\partial u^2} + \frac{\partial^2}{\partial v^2}\right)\{\ln(1 + u^2 + v^2)\}$$

而

$$\frac{\partial^2}{\partial u^2}\{\ln(1 + u^2 + v^2)\} = \frac{\partial}{\partial u}\left\{\frac{2u}{(1 + u^2 + v^2)}\right\} = \frac{2(1 - u^2 + v^2)}{(1 + u^2 + v^2)^2}$$

$$\frac{\partial^2}{\partial v^2}\{\ln(1 + u^2 + v^2)\} = \frac{\partial}{\partial v}\left\{\frac{2v}{(1 + u^2 + v^2)}\right\} = \frac{2(1 + u^2 - v^2)}{(1 + u^2 + v^2)^2}$$

所以有 $\left(\dfrac{\partial^2}{\partial u^2} + \dfrac{\partial^2}{\partial v^2}\right)\{\ln(1 + u^2 + v^2)\} = \dfrac{4}{(1 + u^2 + v^2)^2} = \dfrac{4}{(1 + |f(z)|^2)^2}$

这样就证明了 $\left(\dfrac{\partial^2}{\partial x^2} + \dfrac{\partial^2}{\partial y^2}\right)\{\ln(1 + |f(z)|^2)\} = \dfrac{4|f'(z)|^2}{[1 + |f(z)|^2]^2}$

2.25 若 $f(z) = u + \mathrm{i}v$ 为解析函数，证明：

(1) $\left(\dfrac{\partial^2}{\partial x^2} + \dfrac{\partial^2}{\partial y^2}\right) |f(z)|^n = n^2 |f(z)|^{n-2} |f'(z)|^2$；

(2) $\left(\dfrac{\partial^2}{\partial x^2} + \dfrac{\partial^2}{\partial y^2}\right) |u|^n = n(n-1) |u|^{n-2} |f'(z)|^2$。

证明：方法一： 设 $f(z) = u + \mathrm{i}v$，则 $|f(z)|^n = (u^2 + v^2)^{n/2}$，

$$\nabla^2 |f(z)|^n = \frac{\partial^2}{\partial x^2} (u^2 + v^2)^{n/2} + \frac{\partial^2}{\partial y^2} (u^2 + v^2)^{n/2}$$

因为

$$\frac{\partial^2}{\partial x^2}(u^2+v^2)^{n/2} = \frac{\partial}{\partial x}\left(\frac{\partial(u^2+v^2)^{n/2}}{\partial x}\right) = \frac{\partial}{\partial x}\left[\frac{n}{2}(u^2+v^2)^{n/2-1}\left(2u\frac{\partial u}{\partial x}+2v\frac{\partial v}{\partial x}\right)\right]$$

$$= \frac{n}{2}\left(\frac{n}{2}-1\right)(u^2+v^2)^{n/2-2}\left(2u\frac{\partial u}{\partial x}+2v\frac{\partial v}{\partial x}\right)^2$$

$$\qquad + \frac{n}{2}(u^2+v^2)^{n/2-1}\left(2\frac{\partial u}{\partial x}\frac{\partial u}{\partial x}+2u\frac{\partial^2 u}{\partial x^2}+2\frac{\partial v}{\partial x}\frac{\partial v}{\partial x}+2v\frac{\partial^2 v}{\partial x^2}\right) \qquad (1)$$

$$\frac{\partial^2}{\partial y^2}(u^2+v^2)^{n/2} = \frac{n}{2}\left(\frac{n}{2}-1\right)(u^2+v^2)^{n/2-2}\left(2u\frac{\partial u}{\partial y}+2v\frac{\partial v}{\partial y}\right)^2$$

$$\qquad + \frac{n}{2}(u^2+v^2)^{n/2-1}\left(2\frac{\partial u}{\partial y}\frac{\partial u}{\partial y}+2u\frac{\partial^2 u}{\partial y^2}+2\frac{\partial v}{\partial y}\frac{\partial v}{\partial y}+2v\frac{\partial^2 v}{\partial y^2}\right) \qquad (2)$$

两式相加，注意到 $\dfrac{\partial^2}{\partial x^2}u + \dfrac{\partial^2}{\partial y^2}u = 0$，$\dfrac{\partial^2}{\partial x^2}v + \dfrac{\partial^2}{\partial y^2}v = 0$，并利用 C-R 方程

$$\frac{\partial u}{\partial x} = \frac{\partial v}{\partial y}, \frac{\partial v}{\partial x} = -\frac{\partial u}{\partial y}, \left(\frac{\partial u}{\partial x}\right)^2 + \left(\frac{\partial u}{\partial y}\right)^2 = \left(\frac{\partial v}{\partial x}\right)^2 + \left(\frac{\partial v}{\partial y}\right)^2 = \left(\frac{\partial u}{\partial x}\right)^2 + \left(\frac{\partial v}{\partial x}\right)^2 = |f'(z)|^2,$$

得到 $\nabla^2 |f(z)|^n = \dfrac{\partial^2}{\partial x^2}(u^2+v^2)^{n/2} + \dfrac{\partial^2}{\partial y^2}(u^2+v^2)^{n/2}$

$$= \frac{n}{2}\left(\frac{n}{2}-1\right)(u^2+v^2)^{n/2-2}\left[\left(2u\frac{\partial u}{\partial x}+2v\frac{\partial v}{\partial x}\right)^2 + \left(2u\frac{\partial u}{\partial y}+2v\frac{\partial v}{\partial y}\right)^2\right]$$

$$\qquad + \frac{n}{2}(u^2+v^2)^{n/2-1}\left(2\frac{\partial u}{\partial y}\frac{\partial u}{\partial y}+2\frac{\partial u}{\partial x}\frac{\partial u}{\partial x}+2\frac{\partial v}{\partial y}\frac{\partial v}{\partial y}+2\frac{\partial v}{\partial x}\frac{\partial v}{\partial x}\right)$$

$$= n(n-2)(u^2+v^2)^{\frac{n}{2}-2}\left[\left(u\frac{\partial u}{\partial x}\right)^2 + \left(v\frac{\partial v}{\partial x}\right)^2 + \left(u\frac{\partial u}{\partial y}\right)^2 + \left(v\frac{\partial v}{\partial y}\right)^2\right]$$

$$\qquad + 2n(u^2+v^2)^{\frac{n}{2}-1}\left(\frac{\partial u}{\partial x}\frac{\partial u}{\partial x}+\frac{\partial v}{\partial x}\frac{\partial v}{\partial x}\right)$$

$$= n(n-2)(u^2+v^2)^{\frac{n}{2}-2}(u^2+v^2)|f'(z)|^2$$

$$\qquad + 2n(u^2+v^2)^{\frac{n}{2}-1}|f'(z)|^2$$

$$= n^2(u^2+v^2)^{\frac{n}{2}-1}|f'(z)|^2 = n^2|f(z)|^{n-2}|f'(z)|^2$$

得证。

2

方法二： 利用关系式 $\dfrac{\partial^2 \Phi}{\partial x^2} + \dfrac{\partial^2 \Phi}{\partial y^2} = |f'(z)|^2 \left(\dfrac{\partial^2 \Phi}{\partial u^2} + \dfrac{\partial^2 \Phi}{\partial v^2} \right)$

这里 $\Phi(u, v) = |f(z)|^n = (u^2 + v^2)^{n/2}$，有

$$\left(\frac{\partial^2}{\partial x^2} + \frac{\partial^2}{\partial y^2} \right) |f(z)|^n = |f'(z)|^2 \left(\frac{\partial^2}{\partial u^2} + \frac{\partial^2}{\partial v^2} \right) (u^2 + v^2)^{n/2}$$

而
$$\frac{\partial^2}{\partial u^2} (u^2 + v^2)^{n/2} = \frac{\partial}{\partial u} \{ nu (u^2 + v^2)^{n/2-1} \}$$
$$= n (u^2 + v^2)^{n/2-1} + n(n-2) u^2 (u^2 + v^2)^{n/2-2}$$
$$\frac{\partial^2}{\partial v^2} (u^2 + v^2)^{n/2} = \frac{\partial}{\partial v} \{ nv (u^2 + v^2)^{n/2-1} \}$$
$$= n (u^2 + v^2)^{n/2-1} + n(n-2) v^2 (u^2 + v^2)^{n/2-2}$$

所以有 $\left(\dfrac{\partial^2}{\partial u^2} + \dfrac{\partial^2}{\partial v^2} \right) (u^2 + v^2)^{n/2} = 2n (u^2 + v^2)^{n/2-1} + n(n-2)(u^2 + v^2)(u^2 + v^2)^{n/2-2}$

$$= n^2 (u^2 + v^2)^{n/2-1} = n^2 |f'(z)|^{n-2}$$

这样我们就证明了 $\left(\dfrac{\partial^2}{\partial x^2} + \dfrac{\partial^2}{\partial y^2} \right) |f(z)|^n = n^2 |f(z)|^{n-2} |f'(z)|^2$

（2）**方法一：** 因 $\dfrac{\partial u^p}{\partial x} = pu^{p-1} \dfrac{\partial u}{\partial x}$，$\dfrac{\partial^2 (u^p)}{\partial x^2} = p(p-1) u^{p-2} \left(\dfrac{\partial u}{\partial x} \right)^2 + pu^{p-1} \dfrac{\partial^2 u}{\partial x^2}$

同理：
$$\frac{\partial^2 (u^p)}{\partial y^2} = p(p-1) u^{p-2} \left(\frac{\partial u}{\partial y} \right)^2 + pu^{p-1} \frac{\partial^2 u}{\partial y^2}$$

注意到 $\dfrac{\partial^2 u}{\partial x^2} + \dfrac{\partial^2 u}{\partial y^2} = 0$，则

$$\frac{\partial^2 (u^p)}{\partial x^2} + \frac{\partial^2 (u^p)}{\partial x^2} = p(p-1) u^{p-2} \left(\frac{\partial u}{\partial x} \right)^2 + pu^{p-1} \frac{\partial^2 u}{\partial x^2} + p(p-1) u^{p-2} \left(\frac{\partial u}{\partial y} \right)^2 + pu^{p-1} \frac{\partial^2 u}{\partial y^2}$$

$$= p(p-1) u^{p-2} \left[\left(\frac{\partial u}{\partial x} \right)^2 + \left(\frac{\partial u}{\partial y} \right)^2 \right] + pu^{p-1} \left(\frac{\partial^2 u}{\partial x^2} + \frac{\partial^2 u}{\partial y^2} \right)$$

$$= p(p-1) u^{p-2} \left[\left(\frac{\partial u}{\partial x} \right)^2 + \left(\frac{\partial u}{\partial y} \right)^2 \right]$$

$f(z)$ 是解析函数，则 $f'(z) = \dfrac{\partial u}{\partial x} + i \dfrac{\partial v}{\partial x} = \dfrac{\partial u}{\partial x} - i \dfrac{\partial u}{\partial y}$，$|f'(z)|^2 = \left(\dfrac{\partial u}{\partial x} \right)^2 + \left(\dfrac{\partial u}{\partial y} \right)^2$，

所以 $\left(\dfrac{\partial^2}{\partial x^2} + \dfrac{\partial^2}{\partial x^2} \right) |u|^n = n(n-1) |u|^{n-2} |f'(z)|^2$。

方法二： 利用关系式 $\dfrac{\partial^2 \Phi}{\partial x^2} + \dfrac{\partial^2 \Phi}{\partial y^2} = |f'(z)|^2 \left(\dfrac{\partial^2 \Phi}{\partial u^2} + \dfrac{\partial^2 \Phi}{\partial v^2} \right)$，

这里 $\Phi(u, v) = |u|^n$，有 $\left(\dfrac{\partial^2}{\partial x^2} + \dfrac{\partial^2}{\partial y^2} \right) |u|^n = |f'(z)|^2 \left(\dfrac{\partial^2}{\partial u^2} + \dfrac{\partial^2}{\partial v^2} \right) |u|^n$，

而 $\dfrac{\partial^2}{\partial u^2} |u|^n = \dfrac{\partial}{\partial u} (n |u|^{n-1}) = n(n-1) |u|^{n-2}$，$\dfrac{\partial^2}{\partial v^2} |u|^n = 0$，

所以有 $\left(\dfrac{\partial^2}{\partial x^2}+\dfrac{\partial^2}{\partial y^2}\right)|u|^n=|f'(z)|^2\left(\dfrac{\partial^2}{\partial u^2}+\dfrac{\partial^2}{\partial v^2}\right)|u|^n=n(n-1)|u|^{n-2}|f'(z)|^2$。

2.26 函数 $U(x,y)$ 存在高阶偏导数，证明：

（1） $\dfrac{\partial^2 U}{\partial x^2}+\dfrac{\partial^2 U}{\partial y^2}=\nabla^2 U=4\dfrac{\partial^2 U}{\partial z\partial\bar z}$，故一个调和函数 $u(x,y)$ 必满足形式微分方程：$\dfrac{\partial^2 u}{\partial z\partial\bar z}=0$；

（2） $\nabla^4 U=\nabla^2(\nabla^2 U)=\dfrac{\partial^4 U}{\partial x^4}+2\dfrac{\partial^4 U}{\partial x^2\partial y^2}+\dfrac{\partial^4 U}{\partial y^4}=16\dfrac{\partial^4 U}{\partial z^2\partial\bar z^2}$。

证明：（1）设 $z=x+iy$，有 $\bar z=x-iy$，$x=\dfrac{z+\bar z}{2}$，$y=\dfrac{z-\bar z}{2i}$，从而

$$\frac{\partial U}{\partial z}=\frac12\left(\frac{\partial U}{\partial x}-i\frac{\partial U}{\partial y}\right),\quad \frac{\partial U}{\partial\bar z}=\frac12\left(\frac{\partial U}{\partial x}+i\frac{\partial U}{\partial y}\right)$$

所以 $\dfrac{\partial^2 U}{\partial z\partial\bar z}=\dfrac12\left[\dfrac{\partial}{\partial x}\left(\dfrac{\partial U}{\partial x}+i\dfrac{\partial U}{\partial y}\right)-i\dfrac{\partial}{\partial y}\left(\dfrac{\partial U}{\partial x}+i\dfrac{\partial U}{\partial y}\right)\right]=\dfrac14\left(\dfrac{\partial^2 U}{\partial x^2}+\dfrac{\partial^2 U}{\partial y^2}\right)$

（2）由 $\dfrac{\partial U}{\partial\bar z}=\dfrac12\left(\dfrac{\partial U}{\partial x}+i\dfrac{\partial U}{\partial y}\right)$，得到

$$\frac{\partial^2 U}{\partial\bar z^2}=\frac{\partial}{\partial\bar z}\left[\frac12\left(\frac{\partial U}{\partial x}+i\frac{\partial U}{\partial y}\right)\right]$$
$$=\frac12\left\{\frac{\partial}{\partial x}\left[\frac12\left(\frac{\partial U}{\partial x}+i\frac{\partial U}{\partial y}\right)\right]+i\frac{\partial}{\partial y}\left[\frac12\left(\frac{\partial U}{\partial x}+i\frac{\partial U}{\partial y}\right)\right]\right\}$$
$$=\frac14\left(\frac{\partial^2 U}{\partial x^2}+i2\frac{\partial^2 U}{\partial x\partial y}-\frac{\partial^2 U}{\partial y^2}\right)$$

同样，由 $\dfrac{\partial}{\partial z}=\dfrac12\left(\dfrac{\partial}{\partial x}-i\dfrac{\partial}{\partial y}\right)$，可以得到

$$\frac{\partial^2}{\partial z^2}=\frac12\left\{\frac{\partial}{\partial x}\left[\frac12\left(\frac{\partial}{\partial x}-i\frac{\partial}{\partial y}\right)\right]-i\frac{\partial}{\partial y}\left[\frac12\left(\frac{\partial}{\partial x}-i\frac{\partial}{\partial y}\right)\right]\right\}$$
$$=\frac14\left(\frac{\partial^2}{\partial x^2}-i2\frac{\partial^2}{\partial x\partial y}-\frac{\partial^2}{\partial y^2}\right)$$

所以 $\dfrac{\partial^4 U}{\partial z^2\partial\bar z^2}=\dfrac14\left(\dfrac{\partial^2}{\partial x^2}-i2\dfrac{\partial^2}{\partial x\partial y}-\dfrac{\partial^2}{\partial y^2}\right)\left[\dfrac14\left(\dfrac{\partial^2 U}{\partial x^2}+i2\dfrac{\partial^2 U}{\partial x\partial y}-\dfrac{\partial^2 U}{\partial y^2}\right)\right]$

$$=\frac1{16}\left(\frac{\partial^4}{\partial x^4}+2\frac{\partial^4}{\partial x^2\partial y^2}+\frac{\partial^4}{\partial y^4}\right)U$$

得证。

2.27 函数 $f(z)$ 为解析函数，若 $\mathrm{Im}\{f'(z)\}=6x(2y-1)$ 且 $f(0)=3-2i$，$f(1)=6-5i$，求 $f(1+i)$。

解： 因解析函数的导数仍然是解析函数，故 $f'(z)$ 解析，设

$$f'(z)=g(z)=u+iv$$

$$f''(z) = g'(z) = \frac{\partial g(z)}{\partial x} = \frac{\partial u}{\partial x} + \mathrm{i}\frac{\partial v}{\partial x} = \frac{\partial v}{\partial y} + \mathrm{i}\frac{\partial v}{\partial x} = 12x + \mathrm{i}(12y - 6) = 12z - 6\mathrm{i}$$

积分得到 $\qquad\qquad\qquad f'(z) = 6z^2 - 6\mathrm{i}z + c_1$

（**注意**：c_1 为实数，因为 $\operatorname{Im}\{f'(z)\} = 6x(2y - 1)$，没有常数。）

$$f(z) = 2z^3 - 3\mathrm{i}z^2 + c_1 z + c_2$$

由 $\qquad\qquad\qquad\qquad f(0) = c_2 = 3 - 2\mathrm{i}$

$$f(1) = 2 - 3\mathrm{i} + c_1 + (3 - 2\mathrm{i}) = 6 - 5\mathrm{i}, \quad c_1 = 1$$

所以，有 $\qquad\qquad\quad f(z) = 2z^3 - 3\mathrm{i}z^2 + z + (3 - 2\mathrm{i})$

$$= z^2(2z - 3\mathrm{i}) + z + (3 - 2\mathrm{i})$$

$$f(1 + \mathrm{i}) = (1 + \mathrm{i})^2(2 - \mathrm{i}) + (1 + \mathrm{i}) + (3 - 2\mathrm{i}) = 2\mathrm{i}(2 - \mathrm{i}) + (1 + \mathrm{i}) + (3 - 2\mathrm{i}) = 6 + 3\mathrm{i}$$

练习题：求解析函数 $f(z)$，使得 $\operatorname{Re}\{f'(z)\} = 3x^2 - 4y - 3y^2$，且 $f(1 + \mathrm{i}) = 0$。（答：$f(z) = z^3 + 2\mathrm{i}z^2 + 6 - 2\mathrm{i}$）

2.28 若 $f(z) = u + \mathrm{i}v$ 解析函数，且 $u - v = (x - y)(x^2 + 4xy + y^2)$，试求 $u(x, y)$ 和 $v(x, y)$。

解：函数 $f(z) = u + \mathrm{i}v$ 解析函数，则有 $\dfrac{\partial u}{\partial x} = \dfrac{\partial v}{\partial y}$，$\dfrac{\partial u}{\partial y} = -\dfrac{\partial v}{\partial x}$。

由 $u - v = (x - y)(x^2 + 4xy + y^2)$，对 x 和 y 求偏导数，得到

$$u_x - v_x = (x^2 + 4xy + y^2) + (x - y)(2x + 4y) \qquad\qquad (1)$$

$$u_y - v_y = -(x^2 + 4xy + y^2) + (x - y)(4x + 2y) \qquad\qquad (2)$$

两式相加，并利用 $u_x = v_y$ 得到

$$u_y - v_x = -2v_x = 2u_y = (x - y)(4x + 2y) + (x - y)(2x + 4y) = 6(x^2 - y^2)$$

两式相减，并利用 $u_y = -v_x$ 得到

$$u_x + v_y = 2u_x = 2v_y = 2(x^2 + 4xy + y^2) + (x - y)(2x + 4y) - (x - y)(4x + 2y)$$

$$= 2(x^2 + 4xy + y^2) + (x - y)(-2x + 2y) = 12xy$$

即 $\qquad\qquad \begin{cases} u_x = 6xy \\ u_y = 3(x^2 - y^2) \\ v_x = -3(x^2 - y^2) \\ v_y = 6xy \end{cases}$

$$f'(z) = \frac{\partial u}{\partial x} + \mathrm{i}\frac{\partial v}{\partial x} = 6xy - 3\mathrm{i}(x^2 - y^2) = -3\mathrm{i}(x^2 - y^2 + 2\mathrm{i}xy) = -3\mathrm{i}z^2$$

$$f(z) = -\mathrm{i}z^3 + c$$

2.29 设 $u(x, y)$ 是调和函数，问：

(1) $[u(x, y)]^2$ 是否为调和函数？

(2) 对于什么函数 $f(u)$，$f[u(x, y)]$ 也为调和函数？

解：(1) 否，例如 $u(x, y) = x$ 是调和函数，而 $[u(x, y)]^2 = x^2$ 不是调和函数。

证明：若 $[u(x, y)]^2$ 是调和函数，故有 $\dfrac{\partial^2[u(x, y)]^2}{\partial x^2} + \dfrac{\partial^2[u(x, y)]^2}{\partial y^2} = 0$，

因 $\dfrac{\partial^2 [u(x, y)]^2}{\partial x^2} = \dfrac{\partial}{\partial x}\left[2u\dfrac{\partial u(x, y)}{\partial x}\right] = 2\left[\dfrac{\partial u(x, y)}{\partial x}\right]^2 + 2u\dfrac{\partial^2 u(x, y)}{\partial x^2}$,

同样可得到 $\dfrac{\partial^2 [u(x, y)]^2}{\partial y^2} = \dfrac{\partial}{\partial y}\left[2u\dfrac{\partial u(x, y)}{\partial y}\right] = 2\left[\dfrac{\partial u(x, y)}{\partial y}\right]^2 + 2u\dfrac{\partial^2 u(x, y)}{\partial y^2}$,

所以有 $\quad \dfrac{\partial^2 [u(x, y)]^2}{\partial x^2} + \dfrac{\partial^2 [u(x, y)]^2}{\partial y^2}$

$$= \left\{2\left[\dfrac{\partial u(x, y)}{\partial x}\right]^2 + 2u\dfrac{\partial^2 u(x, y)}{\partial x^2}\right\} + \left\{2\left[\dfrac{\partial u(x, y)}{\partial y}\right]^2 + 2u\dfrac{\partial^2 u(x, y)}{\partial y^2}\right\}$$

$$= 2\left[\dfrac{\partial u(x, y)}{\partial x}\right]^2 + 2\left[\dfrac{\partial u(x, y)}{\partial y}\right]^2 \neq 0$$

故 $[u(x, y)]^2$ 不是调和函数。

(2)若 $f[u(x, y)]$ 是调和函数，故有 $\dfrac{\partial^2 f}{\partial x^2} + \dfrac{\partial^2 f}{\partial y^2} = 0$, 因

$$\dfrac{\partial^2 f}{\partial x^2} = \dfrac{\partial}{\partial x}\left[\dfrac{\partial f}{\partial u}\dfrac{\partial u}{\partial x}\right] = \left(\dfrac{\partial^2 f}{\partial u^2}\dfrac{\partial u}{\partial x}\right)\dfrac{\partial u}{\partial x} + \dfrac{\partial f}{\partial u}\cdot\dfrac{\partial^2 u}{\partial x^2} = \dfrac{\partial^2 f}{\partial u^2}\cdot\left(\dfrac{\partial u}{\partial x}\right)^2 + \dfrac{\partial f}{\partial u}\cdot\dfrac{\partial^2 u}{\partial x^2}$$

$$\dfrac{\partial^2 f}{\partial y^2} = \dfrac{\partial}{\partial y}\left[\dfrac{\partial f}{\partial u}\dfrac{\partial u}{\partial y}\right] = \left(\dfrac{\partial^2 f}{\partial u^2}\dfrac{\partial u}{\partial y}\right)\dfrac{\partial u}{\partial y} + \dfrac{\partial f}{\partial u}\cdot\dfrac{\partial^2 u}{\partial y^2} = \dfrac{\partial^2 f}{\partial u^2}\cdot\left(\dfrac{\partial u}{\partial y}\right)^2 + \dfrac{\partial f}{\partial u}\cdot\dfrac{\partial^2 u}{\partial y^2}$$

所以有

$$\dfrac{\partial^2 f}{\partial x^2} + \dfrac{\partial^2 f}{\partial y^2} = \dfrac{\partial^2 f}{\partial u^2}\cdot\left(\dfrac{\partial u}{\partial x}\right)^2 + \dfrac{\partial f}{\partial u}\cdot\dfrac{\partial^2 u}{\partial x^2} + \dfrac{\partial^2 f}{\partial u^2}\cdot\left(\dfrac{\partial u}{\partial y}\right)^2 + \dfrac{\partial f}{\partial u}\cdot\dfrac{\partial^2 u}{\partial y^2}$$

$$= \dfrac{\partial^2 f}{\partial u^2}\left[\left(\dfrac{\partial u}{\partial x}\right)^2 + \left(\dfrac{\partial u}{\partial y}\right)^2\right] + \dfrac{\partial f}{\partial u}\left[\dfrac{\partial^2 u}{\partial x^2} + \dfrac{\partial^2 u}{\partial y^2}\right] = 0$$

因为 $u(x, y)$ 是调和函数，故有 $\dfrac{\partial^2 u}{\partial x^2} + \dfrac{\partial^2 u}{\partial y^2} = 0$, 得到 $\dfrac{\partial^2 f}{\partial u^2}\left[\left(\dfrac{\partial u}{\partial x}\right)^2 + \left(\dfrac{\partial u}{\partial y}\right)^2\right] = 0$,

即 $\dfrac{\partial^2 f(u)}{\partial u^2} = 0$, 解得到 $f(u) = au + b$。

2.30　求具有形式 $u(x, y) = u\left(\dfrac{x^2 + y^2}{x}\right)$ 的所有调和函数。

解: 因 $u(x, y) = u\left(\dfrac{x^2 + y^2}{x}\right)$ 是调和函数，故满足 $\dfrac{\partial^2 u(x, y)}{\partial x^2} + \dfrac{\partial^2 u(x, y)}{\partial y^2} = 0$。

由 $\qquad \dfrac{\partial u(x, y)}{\partial x} = \dfrac{\partial u\left(\dfrac{x^2 + y^2}{x}\right)}{\partial x} = u'\left(\dfrac{x^2 + y^2}{x}\right)\cdot\left(1 - \dfrac{y^2}{x^2}\right)$

$$\dfrac{\partial^2 u(x, y)}{\partial x^2} = \dfrac{\partial}{\partial x}\left[u'\left(\dfrac{x^2 + y^2}{x}\right)\cdot\left(1 - \dfrac{y^2}{x^2}\right)\right]$$

$$= u''\left(\dfrac{x^2 + y^2}{x}\right)\cdot\left(1 - \dfrac{y^2}{x^2}\right)^2 + u'\left(\dfrac{x^2 + y^2}{x}\right)\cdot\left(2\dfrac{y^2}{x^3}\right)$$

$$\frac{\partial u(x,\ y)}{\partial y} = \frac{\partial u\left(\dfrac{x^2 + y^2}{x}\right)}{\partial y} = u'\left(\frac{x^2 + y^2}{x}\right) \cdot \left(\frac{2y}{x}\right)$$

$$\frac{\partial^2 u(x,\ y)}{\partial y^2} = \frac{\partial}{\partial x}\left[u'\left(\frac{x^2 + y^2}{x}\right) \cdot \left(\frac{2y}{x}\right)\right] = u''\left(\frac{x^2 + y^2}{x}\right) \cdot \left(\frac{2y}{x}\right)^2 + u'\left(\frac{x^2 + y^2}{x}\right) \cdot \left(\frac{2}{x}\right)$$

代入得到

$$\frac{\partial^2 u(x,\ y)}{\partial x^2} + \frac{\partial^2 u(x,\ y)}{\partial y^2}$$

$$= \left[u''\left(\frac{x^2 + y^2}{x}\right) \cdot \left(1 - \frac{y^2}{x^2}\right)^2 + u'\left(\frac{x^2 + y^2}{x}\right) \cdot \left(2\frac{y^2}{x^3}\right)\right]$$

$$+ \left[u''\left(\frac{x^2 + y^2}{x}\right) \cdot \left(\frac{2y}{x}\right)^2 + u'\left(\frac{x^2 + y^2}{x}\right) \cdot \left(\frac{2}{x}\right)\right]$$

$$= u''\left(\frac{x^2 + y^2}{x}\right) \cdot \left[\frac{(x^2 - y^2)^2 + 4x^2 y^2}{x^4}\right] + 2u'\left(\frac{x^2 + y^2}{x}\right) \cdot \left(\frac{x^2 + y^2}{x^3}\right)$$

$$= u''\left(\frac{x^2 + y^2}{x}\right) \cdot \left(\frac{x^2 + y^2}{x^2}\right)^2 + 2u'\left(\frac{x^2 + y^2}{x}\right) \cdot \left(\frac{x^2 + y^2}{x^3}\right) = 0$$

化简得到

$$\frac{u''\left(\dfrac{x^2 + y^2}{x}\right)}{u'\left(\dfrac{x^2 + y^2}{x}\right)} = -2\frac{x}{x^2 + y^2} \xRightarrow{t = \frac{x^2+y^2}{x}} \frac{u''(t)}{u'(t)} = -\frac{2}{t}$$

解得

$$\int \frac{\mathrm{d}u'(t)}{u'(t)} = -\int \frac{2}{t}\mathrm{d}t, \quad \ln u'(t) = -2\ln t + c, \quad u'(t) = \frac{c'}{t^2}$$

$$u(t) = \int \frac{c'}{t^2}\mathrm{d}t = -\frac{c'}{t} + c_2$$

故

$$u\left(\frac{x^2 + y^2}{x}\right) = \frac{c_1 x}{x^2 + y^2} + c_2$$

练习题：求具有形式 $u(x,y) = u\left(\dfrac{y}{x}\right)$ 的所有调和函数。$\left(\text{答}: u(x,y) = C_1 \arctan\left(\dfrac{y}{x}\right) + C_2\right)$

2.31 一个解析函数 $f(z) = u(x,\ y) + iv(x,\ y)$ 的实部和虚部是调和函数，若 $u(x,\ y)$ 满足下列条件，求解析函数 $f(z) = u + iv$。

（1）$u(x,\ y) = u(xy)$；　　　　　（2）$u(x,\ y) = u(x^2 - y^2)$；

（3）$u(x,\ y) = u(x^2 + y^2)$；　　　（4）$u(x,\ y) = u(\sqrt{x^2 + y^2} + x)$。

解：（1）因 $u(x,\ y) = u(xy)$ 是调和函数，故满足 $\dfrac{\partial^2 u(x,\ y)}{\partial x^2} + \dfrac{\partial^2 u(x,\ y)}{\partial y^2} = 0$。

由

$$\frac{\partial u(x,\ y)}{\partial x} = \frac{\partial u(xy)}{\partial x} = u'(xy) \cdot y$$

$$\frac{\partial^2 u(x,\ y)}{\partial x^2} = \frac{\partial}{\partial x}\left[u'(xy) \cdot y\right] = u''(xy) \cdot y^2$$

$$\frac{\partial u(x, y)}{\partial y} = \frac{\partial u(xy)}{\partial y} = u'(xy) \cdot x$$

$$\frac{\partial^2 u(x, y)}{\partial y^2} = \frac{\partial}{\partial y}[u'(xy) \cdot x] = u''(xy) \cdot x^2$$

代入得到

$$\frac{\partial^2 u(x, y)}{\partial x^2} + \frac{\partial^2 u(x, y)}{\partial y^2} = u''(xy) \cdot x^2 + u''(xy) \cdot y^2$$

$$= u''(xy)[x^2 + y^2] = 0$$

即 $u''(xy) = 0$, 所以 $u(x, y) = u(xy) = c_1(xy) + c_2$。

因函数 $f(z) = u + \mathrm{i}v$ 解析, 故

$$f'(z) = \frac{\partial u}{\partial x} + \mathrm{i}\frac{\partial v}{\partial x} = \frac{\partial u}{\partial x} + \mathrm{i}\left(-\frac{\partial u}{\partial y}\right) = c_1 y + \mathrm{i}(-c_1 x) = -c_1 \mathrm{i}z$$

$$f(z) = -c_1 \mathrm{i}\frac{z^2}{2} + c_2$$

(2) 因 $u(x, y) = u(x^2 - y^2)$ 是调和函数, 故满足 $\dfrac{\partial^2 u(x, y)}{\partial x^2} + \dfrac{\partial^2 u(x, y)}{\partial y^2} = 0$。

由

$$\frac{\partial u(x, y)}{\partial x} = \frac{\partial u(x^2 - y^2)}{\partial x} = u'(x^2 - y^2) \cdot 2x$$

$$\frac{\partial^2 u(x, y)}{\partial x^2} = \frac{\partial}{\partial x}[u'(x^2 - y^2) \cdot 2x] = u''(x^2 - y^2) \cdot 4x^2 + u'(x^2 - y^2) \cdot 2$$

$$\frac{\partial u(x, y)}{\partial y} = \frac{\partial u(x^2 - y^2)}{\partial y} = u'(x^2 - y^2) \cdot (-2y)$$

$$\frac{\partial^2 u(x, y)}{\partial y^2} = \frac{\partial}{\partial y}[u'(x^2 - y^2) \cdot (-2y)] = u''(x^2 - y^2) \cdot 4y^2 + u'(x^2 - y^2) \cdot (-2)$$

代入得到 $\dfrac{\partial^2 u(x, y)}{\partial x^2} + \dfrac{\partial^2 u(x, y)}{\partial y^2} = u''(x^2 - y^2) \cdot 4x^2 + u''(x^2 - y^2) \cdot 4y^2$

$$= u''(x^2 - y^2)[4x^2 + 4y^2] = 0$$

即 $u''(x^2 - y^2) = 0$, 所以 $u(x, y) = u(x^2 - y^2) = c_1(x^2 - y^2) + c_2$。

因函数 $f(z) = u + \mathrm{i}v$ 解析, 故

$$f'(z) = \frac{\partial u}{\partial x} + \mathrm{i}\frac{\partial v}{\partial x} = \frac{\partial u}{\partial x} + \mathrm{i}\left(-\frac{\partial u}{\partial y}\right) = 2c_1 x + \mathrm{i}(2c_1 y) = 2c_1 z$$

$$f(z) = c_1 z^2 + c_2$$

(3) 因 $u(x, y) = u(x^2 + y^2)$ 是调和函数, 故满足 $\dfrac{\partial^2 u(x, y)}{\partial x^2} + \dfrac{\partial^2 u(x, y)}{\partial y^2} = 0$。

由

$$\frac{\partial u(x, y)}{\partial x} = \frac{\partial u(x^2 + y^2)}{\partial x} = u'(x^2 + y^2) \cdot (2x)$$

$$\frac{\partial^2 u(x, y)}{\partial x^2} = \frac{\partial}{\partial x}[u'(x^2 + y^2) \cdot (2x)] = u''(x^2 + y^2) \cdot 4x^2 + u'(x^2 + y^2) \cdot 2$$

$$\frac{\partial u(x, y)}{\partial y} = \frac{\partial u(x^2 + y^2)}{\partial y} = u'(x^2 + y^2) \cdot (2y)$$

$$\frac{\partial^2 u(x, y)}{\partial y^2} = \frac{\partial}{\partial y}[u'(x^2 + y^2) \cdot (2y)] = u''(x^2 + y^2) \cdot 4y^2 + u'(x^2 + y^2) \cdot 2$$

代入得到
$$\frac{\partial^2 u(x, y)}{\partial x^2} + \frac{\partial^2 u(x, y)}{\partial y^2}$$

$$= u''(x^2 + y^2) \cdot 4x^2 + u''(x^2 + y^2) \cdot 4y^2 + u'(x^2 + y^2) \cdot 4$$

$$= u''(x^2 + y^2)[4x^2 + 4y^2] + 4u'(x^2 + y^2) = 0$$

即 $\xi u''(\xi) + u'(\xi) = 0$，$\xi = x^2 + y^2$，所以

$$\frac{\mathrm{d}u'(\xi)}{\mathrm{d}\xi} = -\frac{u'(\xi)}{\xi}$$

$$\frac{\mathrm{d}u'(\xi)}{u'(\xi)} = -\frac{\mathrm{d}\xi}{\xi} \Rightarrow \ln u'(\xi) = -\ln\xi + c \Rightarrow u'(\xi) = \mathrm{e}^c \frac{1}{\xi} = c_1 \frac{1}{\xi}$$

$$u(\xi) = c_1\ln\xi + c_2, \quad u(x^2 + y^2) = c_1\ln(x^2 + y^2) + c_2$$

因函数 $f(z) = u + \mathrm{i}v$ 解析，故

$$f'(z) = \frac{\partial u}{\partial x} + \mathrm{i}\frac{\partial v}{\partial x} = \frac{\partial u}{\partial x} + \mathrm{i}\left(-\frac{\partial u}{\partial y}\right) = c_1 \frac{2x}{x^2 + y^2} + \mathrm{i}\left(-c_1 \frac{2y}{x^2 + y^2}\right) = 2c_1 \frac{\bar{z}}{z\bar{z}} = 2c_1 \frac{1}{z}$$

$$f(z) = c_1\ln z + c_2$$

（4）**方法一**：因 $u(x, y) = u(\sqrt{x^2 + y^2} + x)$ 是调和函数，故满足 $\dfrac{\partial^2 u(x, y)}{\partial x^2} + \dfrac{\partial^2 u(x, y)}{\partial y^2} = 0$。

由
$$\frac{\partial u(x, y)}{\partial x} = \frac{\partial u(\sqrt{x^2 + y^2} + x)}{\partial x} = u'(\sqrt{x^2 + y^2} + x) \cdot \left(\frac{x}{\sqrt{x^2 + y^2}} + 1\right)$$

$$\frac{\partial^2 u(x, y)}{\partial x^2} = \frac{\partial}{\partial x}\left[u'(\sqrt{x^2 + y^2} + x) \cdot \left(\frac{x}{\sqrt{x^2 + y^2}} + 1\right)\right]$$

$$= u''(\sqrt{x^2 + y^2} + x) \cdot \left(\frac{x}{\sqrt{x^2 + y^2}} + 1\right)^2 + u'(\sqrt{x^2 + y^2} + x) \cdot \left(\frac{1}{\sqrt{x^2 + y^2}} - \frac{x^2}{\sqrt{(x^2 + y^2)^3}}\right)$$

$$= u''(\sqrt{x^2 + y^2} + x) \cdot \left(\frac{x}{\sqrt{x^2 + y^2}} + 1\right)^2 + u'(\sqrt{x^2 + y^2} + x) \cdot \frac{y^2}{\sqrt{(x^2 + y^2)^3}}$$

$$\frac{\partial u(x, y)}{\partial y} = \frac{\partial u(\sqrt{x^2 + y^2} + x)}{\partial y} = u'(\sqrt{x^2 + y^2} + x) \cdot \frac{y}{\sqrt{x^2 + y^2}}$$

$$\frac{\partial^2 u(x, y)}{\partial y^2} = \frac{\partial}{\partial y}\left[u'(\sqrt{x^2 + y^2} + x) \cdot \left(\frac{y}{\sqrt{x^2 + y^2}}\right)\right]$$

$$= u''(\sqrt{x^2 + y^2} + x) \cdot \left(\frac{y}{\sqrt{x^2 + y^2}}\right)^2 + u'(\sqrt{x^2 + y^2} + x)$$

$$\cdot \left(\frac{1}{\sqrt{x^2+y^2}} - \frac{y^2}{\sqrt{(x^2+y^2)^3}} \right)$$

$$= u''(\sqrt{x^2+y^2}+x) \cdot \left(\frac{y}{\sqrt{x^2+y^2}} \right)^2 + u'(\sqrt{x^2+y^2}+x) \cdot \frac{x^2}{\sqrt{(x^2+y^2)^3}}$$

代入得到 $\quad \dfrac{\partial^2 u(x,\ y)}{\partial x^2} + \dfrac{\partial^2 u(x,\ y)}{\partial y^2}$

$$= u''(\sqrt{x^2+y^2}+x) \cdot \left(\frac{x}{\sqrt{x^2+y^2}} + 1 \right)^2 + u'(\sqrt{x^2+y^2}+x) \cdot \frac{y^2}{\sqrt{(x^2+y^2)^3}}$$

$$+ u''(\sqrt{x^2+y^2}+x) \cdot \left(\frac{y}{\sqrt{x^2+y^2}} \right)^2 + u'(\sqrt{x^2+y^2}+x) \cdot \frac{x^2}{\sqrt{(x^2+y^2)^3}}$$

即 $\quad u''(\sqrt{x^2+y^2}+x) \cdot \left[\left(\frac{x}{\sqrt{x^2+y^2}} + 1 \right)^2 + \left(\frac{y}{\sqrt{x^2+y^2}} \right)^2 \right]$

$$+ u'(\sqrt{x^2+y^2}+x) \cdot \left(\frac{x^2}{\sqrt{(x^2+y^2)^3}} + \frac{y^2}{\sqrt{(x^2+y^2)^3}} \right) = 0$$

$$u''(\sqrt{x^2+y^2}+x) \cdot \left(\frac{2x}{\sqrt{x^2+y^2}} + 2 \right) + u'(\sqrt{x^2+y^2}+x) \cdot \frac{1}{\sqrt{(x^2+y^2)}} = 0$$

$$u''(\sqrt{x^2+y^2}+x) \cdot (2x+2\sqrt{x^2+y^2}) + u'(\sqrt{x^2+y^2}+x) = 0$$

$$2\xi u''(\xi) + u'(\xi) = 0, \quad \xi = \sqrt{x^2+y^2}+x$$

$$\frac{\mathrm{d}u'(\xi)}{u'(\xi)} = - \frac{\mathrm{d}\xi}{2\xi}, \quad \ln u'(\xi) = - \frac{\ln\xi}{2} + c$$

$$u'(\xi) = c_1 \frac{1}{\sqrt{\xi}}, \quad u(\xi) = 2c_1\sqrt{\xi} + c_2, \quad u(\sqrt{x^2+y^2}+x) = c_1\sqrt{\sqrt{x^2+y^2}+x} + c_2$$

所以 $\qquad u(\sqrt{x^2+y^2}+x) = c_1\sqrt{\sqrt{x^2+y^2}+x} + c_2$

因函数 $f(z) = u + iv$ 解析，故

$$f'(z) = \frac{\partial u}{\partial x} + i\frac{\partial v}{\partial x} = \frac{\partial u}{\partial x} + i\left(-\frac{\partial u}{\partial y} \right)$$

$$= c_1 \frac{1}{2} \frac{1}{\sqrt{\sqrt{x^2+y^2}+x}} \left(\frac{x}{\sqrt{x^2+y^2}} + 1 \right) + ic_1 \frac{1}{2} \frac{1}{\sqrt{\sqrt{x^2+y^2}+x}} \left(-\frac{y}{\sqrt{x^2+y^2}} \right)$$

$$= c_1 \frac{1}{2} \frac{1}{\sqrt{\sqrt{x^2+y^2}+x}} \left(\frac{x}{\sqrt{x^2+y^2}} + 1 \right) + ic_1 \frac{1}{2} \frac{1}{\sqrt{\sqrt{x^2+y^2}+x}} \left(-\frac{y}{\sqrt{x^2+y^2}} \right)$$

$$= c_1 \frac{1}{\sqrt{2z}}$$

故 $\qquad\qquad f(z) = c_1 \int \frac{1}{\sqrt{2z}} \mathrm{d}z = c_1\sqrt{2z} + c_2$

方法二：改用极坐标，则 $u(x, y) = u(\sqrt{x^2 + y^2} + x) = u(\rho + \rho\cos\theta)$，因 $u(\rho, \theta) = u(\rho + \rho\cos\theta)$ 是调和函数，故满足极坐标形式的 Laplace 方程：

$$\nabla^2 u(\rho, \theta) = \frac{1}{\rho}\frac{\partial}{\partial\rho}\left[\rho\frac{\partial u(\rho, \theta)}{\partial\rho}\right] + \frac{1}{\rho^2}\frac{\partial^2 u(\rho, \theta)}{\partial\theta^2} = 0$$

因为 $\dfrac{\partial u(\rho, \theta)}{\partial\rho} = (1 + \cos\theta)u'_\xi$，这里 $\xi = \rho(1 + \cos\theta)$，

$$\frac{\partial}{\partial\rho}\left[\rho\frac{\partial u(\rho, \theta)}{\partial\rho}\right] = \frac{\partial}{\partial\rho}\left[\rho(1 + \cos\theta)u'_\xi\right] = (1 + \cos\theta)u'_\xi + \rho(1 + \cos\theta)^2 u''_{\xi\xi}$$

$$\frac{\partial^2 u(\rho, \theta)}{\partial\theta^2} = \frac{\partial}{\partial\theta}\left[-\rho\sin\theta u'_\xi\right] = \left[-\rho\cos\theta u'_\xi + (\rho\sin\theta)^2 u''_{\xi\xi}\right]$$

所以有

$$(1 + \cos\theta)^2 u''_{\xi\xi} + \frac{1}{\rho}(1 + \cos\theta)u'_\xi + \frac{1}{\rho^2}\left[-\rho\cos\theta u'_\xi + (\rho\sin\theta)^2 u''_{\xi\xi}\right] = 0$$

化简得到 $2\xi u''_{\xi\xi} + u'_\xi = 0$，分离变量有 $\dfrac{\mathrm{d}u'_\xi}{u'_\xi} = -\dfrac{\mathrm{d}\xi}{2\xi}$，

积分得到 $\ln u'_\xi = -\dfrac{1}{2}\ln\xi + c$，$u'_\xi = c'\dfrac{1}{\sqrt{\xi}}$，再次积分有

$$u(\rho + \rho\cos\theta) = \int c'\frac{1}{\sqrt{\xi}}\mathrm{d}\xi = 2c'\sqrt{\xi} + c_2 = c_1\sqrt{\rho + \rho\cos\theta} + c_2$$

即
$$u(\sqrt{x^2 + y^2} + x) = c_1\sqrt{\sqrt{x^2 + y^2} + x} + c_2$$

利用习题 2.19 的结论，有

$$f'(z) = \frac{\rho}{z}\left(\frac{\partial u}{\partial\rho} - \mathrm{i}\frac{1}{\rho}\frac{\partial u}{\partial\theta}\right) = \frac{\rho}{z}\left(c_1\frac{1}{2}\frac{1 + \cos\theta}{\sqrt{\rho + \rho\cos\theta}} - \mathrm{i}c_1\frac{1}{\rho}\frac{1}{2}\frac{-\rho\sin\theta}{\sqrt{\rho + \rho\cos\theta}}\right)$$

$$= \frac{\rho}{z}c_1\frac{1}{2}\left(\frac{1 + \cos\theta + \mathrm{i}\sin\theta}{\sqrt{\rho + \rho\cos\theta}}\right) = \frac{\rho}{z}c_1\frac{1}{2}\left(\frac{2\cos^2\dfrac{\theta}{2} + \mathrm{i}2\sin\dfrac{\theta}{2}\cos\dfrac{\theta}{2}}{\sqrt{\rho 2\cos^2\dfrac{\theta}{2}}}\right)$$

$$= \frac{\rho}{z}c_1\left(\frac{\cos\dfrac{\theta}{2} + \mathrm{i}\sin\dfrac{\theta}{2}}{\sqrt{2\rho}}\right) = \frac{c_1}{\sqrt{2z}}$$

故
$$f(z) = c_1\int\frac{1}{\sqrt{2z}}\mathrm{d}z = c_1\sqrt{2z} + c_2$$

2.32 已知解析函数 $f(z) = u(x, y) + \mathrm{i}v(x, y)$ 的虚部 $v(x, y) = \sqrt{-x + \sqrt{x^2 + y^2}}$，求 $f(z)$。

解：改为极坐标形式 $v(x, y) = \sqrt{-\rho\cos\theta + \rho} = \sqrt{\rho(1 - \cos\theta)} = \sqrt{2\rho}\sin\dfrac{\theta}{2}$，

则
$$\frac{\partial v}{\partial \rho} = \sqrt{\frac{1}{2\rho}} \sin \frac{\theta}{2}, \quad \frac{\partial v}{\partial \theta} = \sqrt{\frac{\rho}{2}} \cos \frac{\theta}{2}$$

由 C-R 方程得：
$$\frac{\partial u}{\partial \rho} = \sqrt{\frac{1}{2\rho}} \cos \frac{\theta}{2}, \quad \frac{\partial u}{\partial \theta} = - \sqrt{\frac{\rho}{2}} \sin \frac{\theta}{2}$$

故
$$\mathrm{d}u = \frac{\partial u}{\partial \rho}\mathrm{d}\rho + \frac{\partial u}{\partial \theta}\mathrm{d}\theta = \sqrt{\frac{1}{2\rho}} \cos \frac{\theta}{2}\mathrm{d}\rho - \sqrt{\frac{\rho}{2}} \sin \frac{\theta}{2}\mathrm{d}\theta$$
$$= \sqrt{2} \cos \frac{\theta}{2}\mathrm{d}\sqrt{\rho} + \sqrt{2\rho}\,\mathrm{d}\left(\cos \frac{\theta}{2}\right) = \mathrm{d}\left(\sqrt{2\rho} \cos \frac{\theta}{2}\right)$$

由此 $u = \sqrt{2\rho} \cos \dfrac{\theta}{2} + c = \sqrt{x + \sqrt{x^2 + y^2}} + c$,

$$f(z) = \sqrt{2\rho} \cos \frac{\theta}{2} + c + \mathrm{i}\sqrt{2\rho} \sin \frac{\theta}{2} = \sqrt{2\rho}\left(\cos \frac{\theta}{2} + c + \mathrm{i}\sin \frac{\theta}{2}\right) + c$$
$$= \sqrt{2z} + c$$

第三章　复变函数的积分

复变函数的积分(简称复积分)是深入研究解析函数的重要工具,解析函数的许多重要的性质都是通过复积分证明的。解析函数具有原函数,解析函数在某点的值,是由该点周围的值决定的,如果复变函数在某点解析,那么它在该点存在任意阶导数。本章的重点是掌握柯西积分定理和柯西积分公式,它们是复变函数论的基本定理和基本公式,后面各章都会直接地或者间接地应用到它们。

一、知 识 要 点

(一)复变函数的积分

复变函数的积分是定义在光滑或者分段光滑的有向曲线 l 上的积分。

1. 定义

复变函数在有向曲线 l ($l = AB$) 上有定义,沿从 A 到 B 的方向在 l 上依次取分点:$A = z_0,\ z_1,\ z_2,\ \cdots,\ z_{n-1},\ z_n = B$,则积分为

$$\int_l f(z)\,\mathrm{d}z = \lim_{\lambda \to 0} \sum_{k=1}^n f(\xi_k)\,\Delta z_k$$

其中,$\Delta z_k = z_k - z_{k-1}$ 为路径 l 上的一个微元,$\lambda = \max\limits_{1 \leqslant k \leqslant n} |\Delta z_k|$,当 $n \to \infty$ 时 $\lambda \to 0$,ξ_k 为 Δz_k 中的一点。

当 l 为封闭曲线时,记作 $\oint_l f(z)\,\mathrm{d}z$。

注意:(1) $f(z)$ 在 l 上可积,则必在 l 上有界;

(2) 一般不能把复变函数的积分写成 $\int_A^B f(z)\,\mathrm{d}z$ 的形式。

2. 复变函数积分的性质

设 l 是简单逐段光滑曲线,f,g 在 l 上连续,则

(1)方向性:$\qquad\qquad \int_l f(z)\,\mathrm{d}z = -\int_{l^-} f(z)\,\mathrm{d}z$

(2)线性性:$\qquad \int_l \left[k_1 f(z) \pm k_2 g(z) \right]\mathrm{d}z = k_1 \int_l f(z)\,\mathrm{d}z \pm k_2 \int_l g(z)\,\mathrm{d}z$

(3)路径叠加性：$\displaystyle\int_l f(z)\,\mathrm{d}z = \int_{l_1} f(z)\,\mathrm{d}z + \int_{l_2} f(z)\,\mathrm{d}z + \cdots + \int_{l_n} f(z)\,\mathrm{d}z$

其中，l 是由 l_1，$l_2 \cdots l_n$ 组成的，即 $l = l_1 + l_2 + \cdots + l_n$。

(4)积分不等式：$\displaystyle\left|\int_l f(z)\,\mathrm{d}z\right| \leqslant \int_l |f(z)|\,|\mathrm{d}z| = \int_l |f(z)|\,\mathrm{d}s$

其中，$\mathrm{d}s = |\mathrm{d}z| = \sqrt{(\mathrm{d}x)^2 + (\mathrm{d}y)^2}$ 为曲线 l 的微弧长。

(5)积分估值定理：设曲线 l 的长度为 L，若函数在 l 上有 $|f(z)| \leqslant M$，则

$$\left|\int_l f(z)\,\mathrm{d}z\right| \leqslant ML$$

3. 与实积分的关系

若函数 $f(z) = u + iv$ 沿曲线 l 连续，则 $f(z)$ 沿 l 可积，且

$$\int_l f(z)\,\mathrm{d}z = \int_l (u + iv)(\mathrm{d}x + i\mathrm{d}y) = \int_l (u\mathrm{d}x - v\mathrm{d}y) + i\int_l (v\mathrm{d}x + u\mathrm{d}y)$$

（从记忆上，利用 $f(z) = u + iv$，$\mathrm{d}z = \mathrm{d}x + i\mathrm{d}y$，则得到结果）

故复积分归结为两个二元实函数的积分。

4. 复变函数的积分存在的条件

积分 $\displaystyle\int_l f(z)\,\mathrm{d}z = \int_l u\mathrm{d}x - v\mathrm{d}y + i\int_l v\mathrm{d}x + u\mathrm{d}y$ 存在的条件：①积分路径 l 连续或者分段连续；②被积函数 $f(z)$ 在积分路径 l 上连续。

(二)复变函数积分的计算方法

1. 沿路径积分：$\displaystyle\int_l f(z)\,\mathrm{d}z$

方法一：利用二元函数的积分：$\displaystyle\int_l f(z)\,\mathrm{d}z = \int_l u\mathrm{d}x - v\mathrm{d}y + i\int_l v\mathrm{d}x + u\mathrm{d}y$

方法二：利用参数方程法积分，关键是写出路径的参数方程。

若曲线 l 的参数方程为 $z(t) = x(t) + iy(t)$，$\alpha \leqslant t \leqslant \beta$，则

$$\int_l f(z)\,\mathrm{d}z = \int_\alpha^\beta f[z(t)]z'(t)\,\mathrm{d}t$$

2. 闭路积分：$\displaystyle\oint_l f(z)\,\mathrm{d}z$

(1) $\displaystyle\oint_l [u(x, y) + iv(x, y)]\,\mathrm{d}z$，若 $f(z) = u(x, y) + iv(x, y)$ 为非解析函数，则利用参数方程法积分。

(2) $\displaystyle\oint_l f(z)\,\mathrm{d}z$，若 $f(z)$ 为初等函数，可以利用单连通域上的柯西-古萨定理、多连通域上的柯西-古萨定理、原函数的积分公式、柯西积分公式，高阶导数公式，以及第五章的留数定理。

（三）柯西-古萨定理及推论

1. 柯西-古萨定理

定理：若 $f(z)$ 在单连通区域 D 内解析，l 为该闭区域内的任意回路，则有

$$\oint_l f(z)\,\mathrm{d}z = 0$$

由此可知，在解析域中，积分路径在保持两端不动的前提下可连续变形。

注意：（1）定理中的曲线 l 可以不是简单曲线。

（2）从积分的角度来看，只要在积分回路 l 内被积函数 $f(z)$ 解析，则仍然有（不要求单连通域）$\oint_l f(z)\,\mathrm{d}z = 0$。

2. 柯西-古萨定理的推论

推论1：积分与路径无关。

$$\int_l f(z)\,\mathrm{d}z = \int_{z_1}^{z_2} f(z)\,\mathrm{d}z$$

解析函数 $f(z)$ 在单连通域 D 内的积分只与起点 z_1 及终点 z_2 有关。

推论2：利用原函数计算积分。

$$\int_{z_1}^{z_2} f(z)\,\mathrm{d}z = F(z_2) - F(z_1)$$

其中，$F(z)$ 为 $f(z)$ 的原函数，z_1，z_2 为单连通域 D 内的两点。

推论3：二连通区域上的柯西积分定理：有两条简单光滑封闭曲线 l_1，l_2，其中 l_1 包含在 l_2 内部，若 l_1 和 l_2 所围的区域含于 D，则

$$\oint_{l_1} f(z)\,\mathrm{d}z = \oint_{l_2} f(z)\,\mathrm{d}z$$

此定理也称为闭路变形原理，即当积分回路连续变形时，其积分值不变。所谓连续变形是指其回路变形时扫过的面积是解析区域。

意义：在区域内的一个解析函数沿闭合曲线的积分，不因闭曲线在区域内作连续变形而改变它的值，只要在变形过程中曲线不经过函数 $f(z)$ 不解析的点，这亦称为闭路变形原理。

推论4：多连通区域上的柯西积分定理（多连域柯西定理）：设 l 是多连通区域 D 内的一条简单闭曲线，l_1，l_2，$\cdots$，l_n 是 l 内部简单闭曲线，它们互不相交，也不包含，并且以 l，l_1，l_2，$\cdots$，l_n 为边界的区域全部含于 D 内。如果 $f(z)$ 在 D 的边界上连续，在 D 内解析，则有

$$\oint_l f(z)\,\mathrm{d}z = \oint_{l_1} f(z)\,\mathrm{d}z + \oint_{l_2} f(z)\,\mathrm{d}z + \cdots + \oint_{l_n} f(z)\,\mathrm{d}z = \sum_{k=1}^{n} \oint_{l_k} f(z)\,\mathrm{d}z$$

或者

$$\oint_{\Gamma} f(z)\,\mathrm{d}z = 0$$

其中，$\Gamma = l + l_1^- + \cdots + l_n^-$。由柯西定理又可推知，在复连通的闭区域内解析的函数，其沿全体内外边界线的积分之和为 0。

(四)柯西积分公式

定理(柯西积分公式)：如果 $f(z)$ 在区域 D 内处处解析，l 为 D 内任何一条正向简单闭曲线，它的内部完全含于 D，z_0 为 l 内的任一点，那么

$$f(z_0) = \frac{1}{2\pi i} \oint_l \frac{f(z)}{z - z_0} dz$$

此公式说明：解析函数 $f(z)$ 在 l 内任一点的函数值可以用它在边界 l 上的函数值的积分表示。

注意：如果 $f(z)$ 在简单闭曲线 l 所围成的区域内解析及 l 上连续，那么公式依然成立。

当 l 为圆周 $z = z_0 + Re^{i\theta} (0 \leq \theta \leq 2\pi)$ 时，易知

$$f(z_0) = \frac{1}{2\pi} \int_0^{2\pi} f(z_0 + Re^{i\theta}) d\theta \quad (\text{平均值公式})$$

即一个解析函数在圆心处的值等于它在圆周上的平均值。

对复连通域，则只要将 l 视为区域的外边界和全体内边界的总和，z_0 在内外边界之间，上式就仍然成立。此时要注意积分沿边界的正方向，即总使区域位于行进方向的左侧。

意义：柯西积分公式是复变函数理论中的一个重要的公式，它是研究复变函数论的一个基本工具。

(1)对解析函数，只要知道它在区域边界上的值，区域内部任一点的值可知。或者说，解析函数 $f(z)$ 在区域内部的任意一点的值可以通过边界上的积分值表示出来。

(2)给出了解析函数的一种表示方法——积分表示方法。

(3)给出了一种计算积分的方法。

(五)高阶导数公式

解析函数 $f(z)$ 的导数仍为解析函数，它的 n 阶导数为

$$f^{(n)}(z_0) = \frac{n!}{2\pi i} \oint_l \frac{f(z)}{(z - z_0)^{n+1}} dz, \quad n = 1, 2, 3, \cdots$$

其中，l 为函数 $f(z)$ 的解析区域 D 内围绕 z 的任何一条正向简单闭曲线，而且它的内部全含于 D。

一个解析函数不仅有一阶导数，而且有高阶导数，它的值也可用函数在边界上的积分值来表示。这一点和实变函数完全不同。一个实变函数在某一区间上可导，它的导数在这区间上是否连续也不一定，更不要说它有高阶导数存在了。

高阶导数公式也是计算沿闭合路径积分的主要工具之一。

注意：(1)解析函数的导数仍然是解析函数。

（2）可以这样记忆公式：把柯西积分公式的两边对 z_0 求 n 阶导数，右边求导在积分号下进行，求导时把被积函数看作 z_0 的函数，而把 z 作为常数。

（3）高阶导数公式的应用不在于通过积分来求导，而在于通过求导来计算积分。

由柯西积分公式和高阶导数公式知道解析函数的两个重要性质：

①解析函数 $f(z)$ 在任一点 z 的值可以通过函数沿包围点 z 的任一简单闭合回路的积分表示。

②解析函数有任意阶导数。

二、教学基本要求

（1）理解复变函数积分的概念，掌握其性质。

（2）理解柯西积分定理，掌握柯西积分公式和高阶导数公式及应用。

重点：掌握复变函数积分的计算方法。

沿路径积分 $\int_l f(z)\,\mathrm{d}z$：利用参数法积分；利用原函数计算积分。

沿闭路积分 $\oint_l f(z)\,\mathrm{d}z$：利用参数法积分；柯西积分公式和高阶导数公式。

三、问 题 解 答

（1）参数积分时，为什么要强调起点和终点的参数对应？

答：当利用参数积分法积分时，由于积分的有向性，我们需要强调积分曲线的方向，对于封闭曲线用逆时针绕向定义为正方向。对于沿不闭合曲线的路径积分，规定起点到终点的方向为正方向，由于正向积分与负向积分在数值上相等，但符号相反。因此应用参数法计算复积分时，一定要将起点和终点的参数对应起来。

（2）区域上的解析函数一定存在原函数，这个命题对吗？

答：不对。我们应该说单连通区域上的解析函数一定存在原函数。此时函数沿曲线的积分与路径无关，只依赖于曲线的起点和终点。因此计算的时候可以应用牛顿-莱布尼茨公式简化计算过程。

对于复连通区域上的解析函数，则不存在原函数，计算时切不可用牛顿-莱布尼茨公式。必须在单值解析区域内运用牛顿-莱布尼茨公式。

（3）由于解析函数的实部和虚部是一对共轭调和函数，即 (u, v) 为共轭对，问 (v, u) 还是共轭对吗？

答：虽然解析函数的实部和虚部是一对共轭调和函数，但不能交换实部和虚部的位置。例如 $f(z) = z^2 = x^2 - y^2 + \mathrm{i}2xy$ 处处解析，但 $f(z) = 2xy + \mathrm{i}(x^2 - y^2)$ 除零点外处处不可导，处处不解析。因此还需要验证 C-R 条件。可以证明 $(-v, u)$ 为共轭对。

四、解题示例

类型一　非闭合路径上的复积分，复变函数沿路径 $\int_c f(z)\mathrm{d}z$ 的积分方法

①参数方程法；②化成两个二元实函数积分；③利用原函数计算积分（注意积分满足的条件）。

例题 3.1　计算积分：$\int_c \bar{z}\mathrm{d}z$。其中 c 为：（1）从原点 $z = 0$，到 $z = 1 + i$ 的直线段；（2）从原点 $z = 0$，到 $z = 1$，再到 $z = 1 + i$ 的折线；（3）c 为 $|z| = r > 0$。

解题分析：若被积函数 $f(z) = u(x, y) + iv(x, y)$ 不解析，则一般利用参数方程法计算积分。如果积分路径是分段连续的，则分段积分。

解：（1）积分路径 c 的参数方程为：$z = z(t) = x(t) + iy(t) = t + it,\ 0 \leqslant t \leqslant 1$。

$$\int_c \bar{z}\mathrm{d}z = \int_0^1 (t - it)\mathrm{d}(t + it) = \int_0^1 (1 - i)t(1 + i)\mathrm{d}t = t^2 \big|_0^1 = 1$$

（2）由于积分路径是分段的，故对每段路径积分，即

$$\int_c f(z)\mathrm{d}z = \int_{c_1} f(z)\mathrm{d}z + \int_{c_2} f(z)\mathrm{d}z \quad (c \text{ 是由 } c_1 \text{ 和 } c_2 \text{ 组成的})$$

其中，积分路径 c_1 的参数方程为：$z = z(t) = x(t) = t,\ 0 \leqslant t \leqslant 1$

积分路径 c_2 的参数方程为：$z = z(t) = x(t) + iy(t) = 1 + it,\ 0 \leqslant t \leqslant 1$

$$\int_c \bar{z}\mathrm{d}z = \int_{c_1} \bar{z}\mathrm{d}z + \int_{c_2} \bar{z}\mathrm{d}z = \int_0^1 t\mathrm{d}t + \int_0^1 (1 - it)\mathrm{d}(1 + it)$$

$$= \frac{1}{2}t^2 \bigg|_0^1 + i\left(t - \frac{1}{2}it^2\right)\bigg|_0^1 = 1 + i$$

由于被积函数不是解析函数，积分和路径有关。

（3）积分路径参数方程 c：$z = re^{i\theta},\ 0 \leqslant \theta \leqslant 2\pi$，$\mathrm{d}z = ire^{i\theta}\mathrm{d}\theta$，则有

$$\int_c \bar{z}\mathrm{d}z = \int_0^{2\pi} re^{-i\theta}ire^{i\theta}\mathrm{d}\theta = 2\pi r^2 i$$

或者利用 $|z| = r$，$z\bar{z} = r^2$，$\bar{z} = \dfrac{r^2}{z}$，则有 $\int_c \bar{z}\mathrm{d}z = \oint_{|z| = r} \dfrac{r^2}{z}\mathrm{d}z = 2\pi r^2 i$。

例 3.2　计算下列积分：

（1）$\int_0^i ze^z\mathrm{d}z$ 积分路径为直线；

（2）$\int_1^i \dfrac{\ln(z + 1)}{z + 1}\mathrm{d}z$，试沿区域 $\mathrm{Im}(z) \geqslant 0$，$\mathrm{Re}(z) \geqslant 0$ 内的圆弧 $|z| = 1$，计算积分；

（3）$\int_1^i \dfrac{1}{z^2}\mathrm{d}z$，试沿区域 $\mathrm{Im}(z) \geqslant 0$，$\mathrm{Re}(z) \geqslant 0$，$|z| > 1/2$ 内的圆弧 $|z| = 1$，计算积分。

解：（1）被积函数单值解析，在单连通区域解析的函数存在原函数。利用分部积分法

$$\int_0^i ze^z\mathrm{d}z = \int_0^i z\mathrm{d}e^z = ze^z \big|_0^i - \int_0^i e^z\mathrm{d}z = ie^i - e^z \bigg|_0^i = ie^i - e^i + 1$$

（2）多值函数在单值分支里是一个解析函数，如果它在单值分支内的一个单连通区域内解析，在这个区域内就可以利用原函数定理。

函数 $\dfrac{\ln(z+1)}{z+1}$ 在所设区域内解析，它的一个原函数为 $\dfrac{1}{2}\ln^2(z+1)$，所以

$$\int_1^i \frac{\ln(z+1)}{z+1}dz = \frac{1}{2}\ln^2(z+1)\Big|_1^i = \frac{1}{2}\big[\ln^2(1+i) - \ln^2(2)\big] = \frac{1}{2}\left[\left(\frac{1}{2}\ln 2 + \frac{\pi}{4}i\right)^2 - \ln^2 2\right]$$

$$= -\frac{\pi^2}{32} - \frac{3}{8}\ln^2 2 + \frac{\pi\ln 2}{8}i$$

（3）被积函数的定义域为多连通域，而积分区域为单连通域，被积函数解析，在这个区域内就可以利用原函数定理。

函数 $\dfrac{1}{z^2}$ 定义在单连通区域内，且解析，它的一个原函数为 $-\dfrac{1}{z}$，所以

$$\int_1^i \frac{1}{z^2}dz = -\frac{1}{z}\Big|_1^i = 1 + i$$

例 3.3 关于多值函数的积分。

（1）计算积分 $\displaystyle\int_c \sqrt{z}\,dz$，其中积分路径 c 是连接 -1 和 1 的：

①直线段；②单位圆的上半周；③单位圆的下半周。

解题分析： 若积分 $\displaystyle\int_c f(z)\,dz$ 中，被积函数 $f(z)$ 是多值函数，则积分是指在单值解析分支中的积分，若被积函数 $f(z)$ 在单值解析分支中是解析函数，则可以利用原函数计算积分。

解：方法一： 利用参数方程法。

① $$\sqrt{z} = |z|^{1/2}e^{\frac{i(\arg z + 2k\pi)}{2}}, \quad k = 0, 1$$

由于 $\arg z$ 在原点和负实轴不连续，故积分 $\displaystyle\int_c \sqrt{z}\,dz$ 沿直线段 $[-1, 1]$ 不存在。

②对单位圆，积分路径 c 的参数方程为 $\sqrt{z} = e^{\frac{i(\arg z + 2k\pi)}{2}}$，$k = 0, 1$

对 $k=0$ 分支，单位圆的上半周，积分路径 c 的参数方程为 $z = e^{i\theta}$，$\theta: \pi \to 0$，$\sqrt{z} = e^{\frac{i\theta}{2}}$，则

$$\int_c \sqrt{z}\,dz = \int_\pi^0 e^{\frac{i\theta}{2}}de^{i\theta} = \int_\pi^0 e^{i\frac{3}{2}\theta}id\theta = \frac{2}{3}e^{i\frac{3}{2}\theta}\Big|_\pi^0 = \frac{2}{3}(1+i)$$

对 $k=1$ 分支，$z = e^{i\theta}$，$\theta: \pi \to 0$，$\sqrt{z} = e^{\frac{i(\theta+2\pi)}{2}}$，则

$$\int_c \sqrt{z}\,dz = \int_\pi^0 e^{\frac{i\theta}{2}+\pi i}de^{i\theta} = -\int_\pi^0 e^{i\frac{3}{2}\theta}d\theta = -\frac{2}{3}e^{i\frac{3}{2}\theta}\Big|_\pi^0 = -\frac{2}{3}(1+i)$$

③对 $k=0$ 分支，单位圆的下半周，积分路径 c 的参数方程为 $z = e^{i\theta}$，$\theta: -\pi \to 0$，$\sqrt{z} = e^{\frac{i\theta}{2}}$，则

$$\int_c \sqrt{z}\,dz = \int_{-\pi}^0 e^{\frac{i\theta}{2}}de^{i\theta} = \int_{-\pi}^0 e^{i\frac{3}{2}\theta}id\theta = \frac{2}{3}e^{i\frac{3}{2}\theta}\Big|_{=\pi}^0 = \frac{2}{3}(1-i)$$

对 $k=1$ 分支，$z=\mathrm{e}^{\mathrm{i}\theta}$，$\theta: -\pi \to 0$，$\sqrt{z}=\mathrm{e}^{\frac{\mathrm{i}(\theta+2\pi)}{2}}$，则

$$\int_c \sqrt{z}\,\mathrm{d}z = \int_{-\pi}^0 \mathrm{e}^{\mathrm{i}\frac{\theta}{2}+\pi\mathrm{i}}\mathrm{d}\mathrm{e}^{\mathrm{i}\theta} = -\int_{-\pi}^0 \mathrm{e}^{\mathrm{i}\frac{3}{2}\theta}\mathrm{d}\mathrm{i}\theta = -\frac{2}{3}\mathrm{e}^{\mathrm{i}\frac{3}{2}\theta}\bigg|_{-\pi}^0 = -\frac{2}{3}(1-\mathrm{i})$$

方法二：参数方程法。

①单位圆的上半周，积分路径 c 的参数方程为 $z=\mathrm{e}^{\mathrm{i}\theta}$，$\theta: \pi \to 0$（对 $k=0$ 分支）。

$$\int_c \sqrt{z}\,\mathrm{d}z = \int_{\pi}^0 \mathrm{e}^{\mathrm{i}\frac{\theta}{2}}\mathrm{d}\mathrm{e}^{\mathrm{i}\theta} = \int_{\pi}^0 \mathrm{e}^{\mathrm{i}\frac{3}{2}\theta}\mathrm{d}\mathrm{i}\theta = \frac{2}{3}\mathrm{e}^{\mathrm{i}\frac{3}{2}\theta}\bigg|_{\pi}^0 = \frac{2}{3}(1+\mathrm{i})$$

对 $k=1$ 分支，积分路径 c 的参数方程为 $z=\mathrm{e}^{\mathrm{i}\theta}$，$\theta: 3\pi \to 2\pi$。

$$\int_c \sqrt{z}\,\mathrm{d}z = \int_{3\pi}^{2\pi} \mathrm{e}^{\mathrm{i}\frac{\theta}{2}}\mathrm{d}\mathrm{e}^{\mathrm{i}\theta} = \int_{3\pi}^{2\pi} \mathrm{e}^{\mathrm{i}\frac{3}{2}\theta}\mathrm{d}\mathrm{i}\theta = \frac{2}{3}\mathrm{e}^{\mathrm{i}\frac{3}{2}\theta}\bigg|_{3\pi}^{2\pi} = \frac{2}{3}(-1-\mathrm{i})$$

②单位圆的下半周，积分路径 c 的参数方程为 $z=\mathrm{e}^{\mathrm{i}\theta}$，$\theta: -\pi \to 0$（对 $k=0$ 分支）。

$$\int_c \sqrt{z}\,\mathrm{d}z = \int_{-\pi}^0 \mathrm{e}^{\mathrm{i}\frac{\theta}{2}}\mathrm{d}\mathrm{e}^{\mathrm{i}\theta} = \int_{-\pi}^0 \mathrm{e}^{\mathrm{i}\frac{3}{2}\theta}\mathrm{d}\mathrm{i}\theta = \frac{2}{3}\mathrm{e}^{\mathrm{i}\frac{3}{2}\theta}\bigg|_{=\pi}^0 = \frac{2}{3}(1-\mathrm{i})$$

对 $k=1$ 分支，积分路径 c 的参数方程为 $z=\mathrm{e}^{\mathrm{i}\theta}$，$\theta: \pi \to 2\pi$（对 $k=1$ 分支）。

$$\int_c \sqrt{z}\,\mathrm{d}z = \int_{\pi}^{2\pi} \mathrm{e}^{\mathrm{i}\frac{\theta}{2}}\mathrm{d}\mathrm{e}^{\mathrm{i}\theta} = \int_{\pi}^{2\pi} \mathrm{e}^{\mathrm{i}\frac{3}{2}\theta}\mathrm{d}\mathrm{i}\theta = \frac{2}{3}\mathrm{e}^{\mathrm{i}\frac{3}{2}\theta}\bigg|_{\pi}^{2\pi} = \frac{2}{3}(-1+\mathrm{i})$$

方法三：利用原函数法。

在各个解析分支中，$\sqrt{z}$ 是解析函数，故积分 $\int_c \sqrt{z}\,\mathrm{d}z$ 可以利用原函数积分，得到

$$\int_c \sqrt{z}\,\mathrm{d}z = \frac{2}{3}z^{3/2}\bigg|_{-1}^1$$

注意，起点 -1 沿不同的路径，其值不同，分别对应割线的上沿和下沿。

$$z^{3/2}\bigg|_{-1}^1 = z\sqrt{z}\bigg|_{-1}^1 = \mathrm{e}^{\frac{\mathrm{i}(\arg z+2k\pi)}{2}} - \left[-1\cdot\mathrm{e}^{\frac{\mathrm{i}(\arg z+2k\pi)}{2}}\right], \quad k=0,1$$

$k=0$ 分支：单位圆的上半周，当 $z=-1$ 时，$\arg z=\pi$，则

$$z^{3/2}\bigg|_{-1}^1 = 1 - \left[-1\cdot\mathrm{e}^{\frac{\mathrm{i}\arg(-1)}{2}}\right] = 1+\mathrm{e}^{\frac{\pi}{2}\mathrm{i}} = 1+\mathrm{i}$$

单位圆的下半周，当 $z=-1$，$\arg z=-\pi$，则

$$z^{3/2}\bigg|_{-1}^1 = 1 - \left[-1\cdot\mathrm{e}^{\frac{\mathrm{i}\arg(-1)}{2}}\right] = 1+\mathrm{e}^{-\frac{\pi}{2}\mathrm{i}} = 1-\mathrm{i}$$

$k=1$ 分支：单位圆的上半周 $\arg z=\pi$，则

$$z^{3/2}\bigg|_{-1}^1 = z\sqrt{z}\bigg|_{-1}^1 = \mathrm{e}^{\frac{\mathrm{i}(\arg 1+2\pi)}{2}} - \left[-1\cdot\mathrm{e}^{\frac{\mathrm{i}(\arg-1+2\pi)}{2}}\right] = -(1+\mathrm{i})$$

单位圆的下半周 $\arg z=-\pi$，则

$$z^{3/2}\bigg|_{-1}^1 = z\sqrt{z}\bigg|_{-1}^1 = \mathrm{e}^{\frac{\mathrm{i}(\arg 1+2\pi)}{2}} - \left[-1\cdot\mathrm{e}^{\frac{\mathrm{i}(\arg-1+2\pi)}{2}}\right] = -(1-\mathrm{i})$$

（2）计算积分 $\oint_{|z|=1} z^n \mathrm{Ln}z\,\mathrm{d}z$，其中 n 为整数。① $\ln 1=0$；② $\ln(-1)=\pi\mathrm{i}$。

解题分析：被积函数为多值函数，其单值分支由积分路径上某点的值来给出。若积分路径是闭合的，则给定被积函数值的点，就当作积分路径的起点（当然，积分值可能依赖于这个挑选的起点）。

解： 对数函数的表达式为 $\mathrm{Ln}z = \ln|z| + \mathrm{i}(\arg z + 2k\pi)$，$\arg z$ 为主辐角。

① 因为 $\mathrm{Ln}1 = \ln 1 + \mathrm{i}(\arg 1 + 2k\pi) = 2k\pi\mathrm{i} = 0$，故取 $k = 0$。

由于 $|z| = 1$，积分路径的参数方程为 $z = \mathrm{e}^{\mathrm{i}\theta}$，$0 \leqslant \theta \leqslant 2\pi$，有 $\mathrm{Ln}z = \mathrm{i}\arg z = \mathrm{i}\theta$，

所以
$$\oint_{|z|=1} z^n \mathrm{Ln}z\,\mathrm{d}z = \int_0^{2\pi} (\mathrm{e}^{\mathrm{i}n\theta})(\mathrm{i}\theta)\mathrm{i}\mathrm{e}^{\mathrm{i}\theta}\,\mathrm{d}\theta = -\int_0^{2\pi} \theta \mathrm{e}^{\mathrm{i}(n+1)\theta}\,\mathrm{d}\theta$$

当 $n \neq -1$ 时，有

$$-\int_0^{2\pi} \theta \mathrm{e}^{\mathrm{i}(n+1)\theta}\,\mathrm{d}\theta = -\frac{1}{\mathrm{i}(n+1)} \int_0^{2\pi} \theta\,\mathrm{d}\mathrm{e}^{\mathrm{i}(n+1)\theta}$$

$$= -\frac{1}{\mathrm{i}(n+1)} \left(\theta \mathrm{e}^{\mathrm{i}(n+1)\theta} \right) \Big|_0^{2\pi} + \frac{1}{\mathrm{i}(n+1)} \int_0^{2\pi} \mathrm{e}^{\mathrm{i}(n+1)\theta}\,\mathrm{d}\theta$$

$$= -\frac{2\pi}{\mathrm{i}(n+1)} - \frac{1}{(n+1)^2} \mathrm{e}^{\mathrm{i}(n+1)\theta} \Big|_0^{2\pi} = -\frac{2\pi}{\mathrm{i}(n+1)} - 0 = \frac{2\pi\mathrm{i}}{n+1}$$

当 $n = -1$ 时，有

$$-\int_0^{2\pi} \theta \mathrm{e}^{\mathrm{i}(n+1)\theta}\,\mathrm{d}\theta = -\int_0^{2\pi} \theta\,\mathrm{d}\theta = -\frac{1}{2}\theta^2 \Big|_0^{2\pi} = -2\pi^2$$

② 因为 $\mathrm{Ln}(-1) = \ln|-1| + \mathrm{i}[\arg(-1) + 2k\pi] = (2k+1)\pi\mathrm{i} = \pi\mathrm{i}$，故取 $k = 0$。

积分路径的参数方程为 $z = \mathrm{e}^{\mathrm{i}\theta}$，$\pi \leqslant \theta \leqslant 3\pi$，有 $\mathrm{Ln}z = \mathrm{i}\arg z = \mathrm{i}\theta$，所以

$$\oint_{|z|=1} z^n \mathrm{Ln}z\,\mathrm{d}z = \int_\pi^{3\pi} (\mathrm{e}^{\mathrm{i}n\theta})(\mathrm{i}\theta)\mathrm{i}\mathrm{e}^{\mathrm{i}\theta}\,\mathrm{d}\theta = -\int_\pi^{3\pi} \theta \mathrm{e}^{\mathrm{i}(n+1)\theta}\,\mathrm{d}\theta$$

当 $n \neq -1$ 时，有

$$-\int_\pi^{3\pi} \theta \mathrm{e}^{\mathrm{i}(n+1)\theta}\,\mathrm{d}\theta = -\frac{1}{\mathrm{i}(n+1)} \int_\pi^{3\pi} \theta\,\mathrm{d}\mathrm{e}^{\mathrm{i}(n+1)\theta}$$

$$= -\frac{1}{\mathrm{i}(n+1)} \left[\theta \mathrm{e}^{\mathrm{i}(n+1)\theta} \right] \Big|_\pi^{3\pi} + \frac{1}{\mathrm{i}(n+1)} \int_\pi^{3\pi} \mathrm{e}^{\mathrm{i}(n+1)\theta}\,\mathrm{d}\theta$$

$$= (-1)^n \frac{2\pi}{\mathrm{i}(n+1)} - \frac{1}{(n+1)^2} \mathrm{e}^{\mathrm{i}(n+1)\theta} \Big|_\pi^{3\pi}$$

$$= (-1)^n \frac{2\pi}{\mathrm{i}(n+1)} - 0 = (-1)^{n+1} \frac{2\pi\mathrm{i}}{n+1}$$

当 $n = -1$ 时，有 $\quad -\int_\pi^{3\pi} \theta \mathrm{e}^{\mathrm{i}(n+1)\theta}\,\mathrm{d}\theta = -\int_\pi^{3\pi} \theta\,\mathrm{d}\theta = -\frac{1}{2}\theta^2 \Big|_\pi^{3\pi} = -4\pi^2$

类型二　闭路积分，复变函数沿闭合路径 $\oint_C f(z)\,\mathrm{d}z$ 的积分方法

①参数方程法；②Cauchy 积分定理，Cauchy 积分公式和高阶导数公式；③利用留数定理计算积分(第五章内容)。

例 3.4 计算积分 $I = \oint_C \dfrac{\bar{z} + z}{|z|}\,\mathrm{d}z$ 的值，其中 C 为正向圆周 $|z| = 2$。

解：方法一： 圆周 C 的参数方程为 $z = 2\mathrm{e}^{\mathrm{i}\theta}$，$0 \leqslant \theta \leqslant 2\pi$(或者 $-\pi \leqslant \theta \leqslant \pi$)。

积分
$$I = \oint_{|z|=2} \frac{\bar{z}+z}{|z|}dz = \int_0^{2\pi} \frac{2e^{-i\theta} + 2e^{i\theta}}{2} 2ie^{i\theta}d\theta = 4\pi i$$

或者
$$\oint_{|z|=2} \frac{\bar{z}+z}{|z|}dz = \oint_{|z|=2} \frac{2\mathrm{Re}(z)}{2}dz = \int_{-\pi}^{\pi} 2\cos\theta \cdot 2i(\cos\theta + i\sin\theta)d\theta$$

$$= 8i\int_0^{\pi} \cos^2\theta d\theta = 4i\int_0^{\pi} (1 + \cos 2\theta)d\theta = 4\pi i$$

方法二：因为 $|z| = 2$，$\bar{z}z = |z|^2 = 4$，有 $\bar{z} = \dfrac{4}{z}$，所以

$$I = \oint_{|z|=2} \frac{\bar{z}+z}{|z|}dz = \oint_{|z|=2} \frac{\frac{4}{z}+z}{2}dz = \oint_{|z|=2} \frac{2}{z}dz = 4\pi i$$

例 3.5　计算积分：(1) $\oint_{|z-1|=1} \dfrac{ze^z}{z^2-1}dz$（积分沿正向圆周进行）；(2) $\oint_{|z|=2} \dfrac{ze^z}{z^2-1}dz$ （积分沿正向圆周进行）。

解题分析：利用 Cauchy 积分公式计算时，需要注意满足的条件和形式。主要的问题是积分路径内有多个奇点，以及被积函数不是 $\dfrac{f(z)}{z-z_0}$ 的形式。解决方法是利用多连通域的 Cauchy 积分定理，以及通过对被积函数的变换使积分满足 Cauchy 积分公式的条件。

解：(1) 被积函数 $\dfrac{ze^z}{z^2-1}$ 在积分路径 $|z-1|=1$ 内只有一个奇点 $z=1$，由于被积函数不满足 Cauchy 积分公式的形式，但被积函数可以写成 $\dfrac{ze^z/(z+1)}{z-1}$，而 $\dfrac{ze^z}{z+1}$ 在 $|z-1|=1$ 内解析，此积分满足 Cauchy 积分公式的条件。

$$\oint_{|z-1|=1} \frac{ze^z}{z^2-1}dz = \oint_{|z-1|=1} \frac{ze^z/(z+1)}{z-1}dz = 2\pi i \left.\frac{ze^z}{z+1}\right|_{z=1} = \pi ei$$

(2) 被积函数 $\dfrac{ze^z}{z^2-1}$ 在积分路径 $|z|=2$ 内有两个奇点 $z=\pm 1$，不满足 Cauchy 积分公式，但通过变换可以使积分变成满足 Cauchy 积分公式的条件。

$$\oint_{|z|=2} \frac{ze^z}{z^2-1}dz = \oint_{|z|=2} \frac{1}{2}\left(\frac{1}{z-1}+\frac{1}{z+1}\right)e^z dz = \frac{1}{2}(e^z|_{z=1} + e^z|_{z=-1}) \cdot 2\pi i = 2\pi ich1$$

或者利用多连通域的 Cauchy 积分定理，取包围 $z=\pm 1$ 的两个小回路 c_1 和 c_2，$|z|=2$ 包围 c_1 和 c_2，有

$$\oint_{|z|=2} \frac{ze^z}{z^2-1}dz = \oint_{c_1} \frac{ze^z}{z^2-1}dz + \oint_{c_2} \frac{ze^z}{z^2-1}dz = \oint_{c_1} \frac{ze^z/(z+1)}{z-1}dz + \oint_{c_2} \frac{ze^z/(z-1)}{z+1}dz$$

$$= 2\pi i\left[\left.\frac{ze^z}{z+1}\right|_{z=1} + \left.\frac{ze^z}{z-1}\right|_{z=-1}\right] = 2\pi ich1$$

注意：若被积函数 $f(z) = \dfrac{P(z)}{Q(z)}$ 为一有理函数 [$P(z)$ 和 $Q(z)$ 为多项式]，则必可分解

为形如 $\dfrac{A_l}{(z-a_k)^l}$ 的分式之和，则可以通过 Cauchy 积分公式和高阶导数公式计算。若

$Q(z)$ 为 n 阶多项式，也可以通过将被积函数化为 $f(z)=\dfrac{P(z)}{(z-a_1)\cdots(z-a_n)}$，利用多连通

域 Cauchy 积分定理和 Cauchy 积分公式计算。即 $\oint_l f(z)\mathrm{d}z = \sum_{k=1}^{n}\oint_{l_k}\dfrac{\left[P(z)/\prod\limits_{m=1,\,m\neq k}^{n}(z-a_m)\right]}{z-a_k}$，

其中 l_k 是只包围奇点 a_k 的闭合回路。若分母为高次幂，为 $\dfrac{P(z)/\prod\limits_{m=1,\,m\neq k}^{n}(z-a_m)}{(z-a_k)^l}$，则利

用高阶导数公式计算。

例 3.6 计算下列积分：

（1）$\displaystyle\int_C \dfrac{\sin z}{z^3}\mathrm{d}z$，其中 C 为正向圆周 $|z|=1$；

（2）$\displaystyle\int_C (|z|-\mathrm{e}^z\sin z)\mathrm{d}z$，其中 C 为正向圆周 $|z|=a\,(a>0)$。

解：（1）直接利用高阶导数公式，

$$\int_C \dfrac{\sin z}{z^3}\mathrm{d}z = \dfrac{2\pi i}{2!}(\sin z)''\big|_{z=0}=0$$

（2）由于 $|z|=a$，$\mathrm{e}^z\sin z$ 在复平面上处处解析，有

$$\int_C (|z|-\mathrm{e}^z\sin z)\mathrm{d}z = \int_C |z|\mathrm{d}z - \int_C \mathrm{e}^z\sin z\mathrm{d}z = \int_C a\mathrm{d}z = 0$$

类型三　利用积分计算、证明等式和不等式。

例 3.7 试求积分 $\displaystyle\int_l (x^2+iy^2)\mathrm{d}z$ 绝对值的上界，其中 l 是：①从 $-i$ 到 i 的直线段；②从 $-i$ 到 i 的半圆周。

解题分析：利用积分估值公式 $\left|\displaystyle\int_l f(z)\mathrm{d}z\right| \leqslant \int_l |f(z)|\mathrm{d}s \leqslant M\int_l \mathrm{d}s = ML$。

解：（1）积分路径 l 的参数方程为 $z=it$，$-1\leqslant t\leqslant 1$。在积分路径 l 上，有

$$x^2+iy^2=iy^2=it^2,\ \mathrm{d}z=i\mathrm{d}y=i\mathrm{d}t,\ -1\leqslant t\leqslant 1$$
$$|x^2+iy^2|=|it^2|\leqslant 1$$

由积分估值公式得到

$$\left|\int_l (x^2+iy^2)\mathrm{d}z\right| \leqslant \int_l |x^2+iy^2|\mathrm{d}s \leqslant 1\cdot\int_l \mathrm{d}s = 2$$

（2）在圆周 $x^2+y^2=1$ 上，$|x^2+iy^2|=\sqrt{x^4+y^4}\leqslant x^2+y^2$，而 l 的长度为 π。

由积分估值公式得到

$$\left|\int_l (x^2+iy^2)\mathrm{d}z\right| \leqslant \int_l |x^2+iy^2|\mathrm{d}s \leqslant 1\cdot\int_l \mathrm{d}s = \pi$$

例 3.8 设 C 为正向圆周 $|z| = 1$，且 $|a| \neq 1$。证明：

$$\oint_{|z|=1} \frac{|\mathrm{d}z|}{|z-a|^2} = \begin{cases} \dfrac{2\pi}{1-|a|^2}, & |a| < 1 \\[2mm] \dfrac{2\pi}{|a|^2-1}, & |a| < 1 \end{cases}$$

证明： 设 $z = e^{i\theta}$，则 $\mathrm{d}z = ie^{i\theta}\mathrm{d}\theta$，$|\mathrm{d}z| = |ie^{i\theta}\mathrm{d}\theta| = \mathrm{d}\theta = \dfrac{\mathrm{d}z}{iz}$，$\bar{z} = \dfrac{1}{z}$ 代入积分式，有

$$I = \oint_{|z|=1} \frac{|\mathrm{d}z|}{|z-a|^2} = \int_0^{2\pi} \frac{\mathrm{d}\theta}{|z-a|^2} = \oint_{|z|=1} \frac{1}{(z-a)(\bar{z}-\bar{a})} \frac{\mathrm{d}z}{iz}$$

$$= \oint_{|z|=1} \frac{1}{(z-a)\left(\dfrac{1}{z}-\bar{a}\right)} \frac{\mathrm{d}z}{iz} = \frac{1}{i}\oint_{|z|=1} \frac{\mathrm{d}z}{(z-a)(1-\bar{a}z)}$$

若 $|a| < 1$，则

$$I = \frac{1}{i}\oint_{|z|=1} \frac{\mathrm{d}z}{(z-a)(1-\bar{a}z)} = \frac{1}{i}\oint_{|z|=1} \frac{1/(1-\bar{a}z)}{z-a}\mathrm{d}z = 2\pi \frac{1}{1-\bar{a}z}\Big|_{z=a} = \frac{2\pi}{1-|a|^2}$$

若 $|a| > 1$，则

$$I = \frac{1}{i}\oint_{|z|=1} \frac{\mathrm{d}z}{(z-a)(1-\bar{a}z)} = \frac{1}{i}\oint_{|z|=1} \frac{1/(z-a)}{(-\bar{a})\left(z-\dfrac{1}{\bar{a}}\right)}\mathrm{d}z = 2\pi\left(-\frac{1}{\bar{a}}\right)\frac{1}{z-a}\Big|_{z=\frac{1}{\bar{a}}}$$

$$= \frac{2\pi}{|a|^2-1}$$

注意： 复变函数模的积分 $\left(\text{如} \oint_{|z|=R} \dfrac{|\mathrm{d}z|}{|z-a|^2}\right)$ 的计算方法，取模后该积分与二元实函数的环路积分类似，故为高等数学中的环路实积分提供了新的计算方法。

例 3.9 若 $f(z)$ 在 $|z| \leq 1$ 上解析，试证明：

$$\frac{1}{2\pi i}\oint_{|\xi|=1} \frac{f(\xi)}{\xi-z}\mathrm{d}\xi = \begin{cases} f(0), & |z| < 1 \\[2mm] \overline{f(0)} - \overline{f\left(\dfrac{1}{\bar{z}}\right)}, & |z| > 1 \end{cases}$$

解题分析： 当 $|\xi| = 1$ 时，$\xi = e^{i\theta}$，$0 \leq \theta \leq 2\pi$，于是就有 $\bar{\xi} = e^{-i\theta}$，$\mathrm{d}\xi = ie^{i\theta}\mathrm{d}\theta$，$\mathrm{d}\bar{\xi} = -ie^{-i\theta}\mathrm{d}\theta = \overline{\mathrm{d}\xi}$，且 $\mathrm{d}\xi = ie^{i\theta}\mathrm{d}\theta = \dfrac{ie^{-i\theta}\mathrm{d}\theta}{e^{-2i\theta}} = \dfrac{-1}{\bar{\xi}^2}(\overline{\mathrm{d}\xi})$。又注意到 $\xi\bar{\xi} = |\xi|^2 = 1$，我们可把被积函数中的共轭符号移至积分号外，使得

$$\frac{1}{2\pi i}\oint_{|\xi|=1} \frac{\overline{f(\xi)}}{\xi-z}\mathrm{d}\xi = \frac{1}{2\pi i}\oint_{|\xi|=1} \frac{\overline{f(\xi)}}{\bar{\xi}-\bar{z}} \cdot \frac{-1}{(\bar{\xi})^2}\overline{\mathrm{d}\xi} = \frac{1}{2\pi i}\oint_{|\xi|=1} \frac{\overline{f(\xi)}}{(\bar{\xi}-\bar{z})\xi^2}\mathrm{d}\xi$$

$$= \overline{\frac{1}{2\pi i}\oint_{|\xi|=1} \frac{f(\xi)}{\xi(1-\bar{z}\xi)}\mathrm{d}\xi} \tag{1}$$

然后用柯西积分公式计算积分 $\dfrac{1}{2\pi i}\oint_{|\xi|=1}\dfrac{f(\xi)}{\xi(1-\bar z\xi)}d\xi$，验证结论。

证明： 当 $|z|<1$ 时，$\left|\dfrac{1}{z}\right|>1$，则式(1)右端被积函数的奇点 $\xi=0$ 在圆周 $|\xi|=1$ 的内部，奇点 $\xi=\dfrac{1}{\bar z}$ 在其外部，由柯西积分公式得

$$\frac{1}{2\pi i}\oint_{|\xi|=1}\frac{f(\xi)}{\xi(1-\bar z\xi)}d\xi=\frac{1}{2\pi i}\oint_{|\xi|=1}\frac{\dfrac{f(\xi)}{1-\bar z\xi}}{\xi-0}d\xi=\frac{f(\xi)}{1-\bar z\xi}\bigg|_{\xi=0}=f(0)$$

所以，由式(1)，得

$$\frac{1}{2\pi i}\oint_{|\xi|=1}\frac{\overline{f(\xi)}}{z-\xi}d\xi=\overline{f(0)}\quad(|z|<1)$$

当 $|z|>1$ 时，$\left|\dfrac{1}{z}\right|<1$，则式(1)右端被积函数的两个奇点 0 及 $\dfrac{1}{\bar z}$ 都在圆周 $|\xi|=1$ 的内部，为此，我们将被积函数分成两项，再应用柯西积分公式

$$\frac{1}{2\pi i}\oint_{|\xi|=1}\frac{f(\xi)}{(1-\bar z\xi)\xi}d\xi=\frac{1}{2\pi i}\oint_{|\xi|=1}\left[\frac{1}{\xi}-\frac{1}{\left(\xi-\dfrac{1}{\bar z}\right)}\right]f(\xi)d\xi=f(0)-f\left(\frac{1}{\bar z}\right)$$

所以，由式(1)得

$$\frac{1}{2\pi i}\oint_{|\xi|=1}\frac{\overline{f(\xi)}}{\xi-z}d\xi=\overline{f(0)-f\left(\frac{1}{\bar z}\right)}$$

例 3.10 试证明关于无界区域的柯西积分公式。设 C 为一条正向简单闭曲线，它所包围的有限区域为 G。若函数 $f(z)$ 在 G 的外部及 C 上解析，并且 $\lim_{z\to\infty}f(z)=A\neq\infty$，则

$$\frac{1}{2\pi i}\oint_C\frac{f(\xi)}{\xi-z}d\xi=\begin{cases}-f(z)+A,&z\in\bar G\\A,&z\in G\end{cases}$$

解题分析： 无界区域的柯西积分公式，可由有界区域的相应公式通过取极限的方式得到，例如就给定的点 $z\notin\bar G$ 来说，以 z 为圆心作充分大的圆周 $\Gamma_z:|\xi-z|=R$，使 C 及其内部 G 都含于 Γ_z 的内部。于是，Γ_z+C^- 围成一有界多连通区域，应用有界区域的柯西积分公式可知

$$f(z)=\frac{1}{2\pi i}\oint_{\Gamma_z}\frac{f(\xi)}{\xi-z}d\xi-\frac{1}{2\pi i}\oint_C\frac{f(\xi)}{\xi-z}d\xi$$

然后结合 $\lim_{\xi\to\infty}f(\xi)=A$，考虑上式当 $R\to+\infty$ 时的极限即可。

证明： 当 $z\notin\bar G$ 时，作圆周 $\Gamma_z:|\xi-z|=R$，使 C 及其区域 G 均在 Γ_z 的内部(图 3-1)。则由多连通区域上的柯西积分公式可知

$$f(z)=\frac{1}{2\pi i}\oint_{\Gamma_z+C^-}\frac{f(\xi)}{\xi-z}d\xi=\frac{1}{2\pi i}\oint_{\Gamma_z}\frac{f(\xi)}{\xi-z}d\xi-\frac{1}{2\pi i}\oint_C\frac{f(\xi)}{\xi-z}d\xi\tag{1}$$

因 $\lim\limits_{\xi\to\infty}f(\xi)=A$，所以当 R 充分大时有

$$|f(\xi)-A|<\varepsilon$$

其中，$\xi=z+Re^{i\theta}$，ε 为任意给定的正数。

于是

$$\left|\frac{1}{2\pi i}\oint_{\Gamma_z}\frac{f(\xi)}{\xi-z}d\xi-A\right|=\left|\frac{1}{2\pi i}\oint_{\Gamma_z}\frac{f(\xi)-A}{\xi-z}d\xi\right|$$

$$\le\frac{1}{2\pi}\oint_{\Gamma_z}\frac{|f(\xi)-A|}{R}|d\xi|\le\frac{\varepsilon}{2\pi R}\oint_{\Gamma_z}|d\xi|=\varepsilon$$

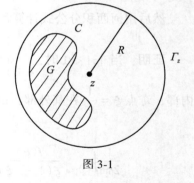

图 3-1

所以

$$\lim_{\xi\to+\infty}\frac{1}{2\pi i}\oint_{\Gamma_z}\frac{f(\xi)}{\xi-z}d\xi=A$$

故由式(1)两边令 $R\to+\infty$ 可得

$$f(z)=A-\frac{1}{2\pi i}\oint_C\frac{f(\xi)}{\xi-z}d\xi$$

或

$$\frac{1}{2\pi i}\oint_C\frac{f(\xi)}{\xi-z}d\xi=-f(z)+A$$

当 $z\in G$ 时，函数 $\dfrac{f(\xi)}{\xi-z}$ 在 Γ_z+C^- 所围成的有界多连通区域及其边界上解析。由积分基本定理可知

$$\frac{1}{2\pi i}\oint_{\Gamma_z+C^-}\frac{f(\xi)}{\xi-z}d\xi=\frac{1}{2\pi i}\oint_{\Gamma_z}\frac{f(\xi)}{\xi-z}d\xi-\frac{1}{2\pi i}\oint_C\frac{f(\xi)}{\xi-z}d\xi=0$$

同样，令 $R\to+\infty$，上式两边取极限得

$$A-\frac{1}{2\pi i}\oint_C\frac{f(\xi)}{\xi-z}d\xi=0\quad\text{或}\quad\frac{1}{2\pi i}\oint_C\frac{f(\xi)}{\xi-z}d\xi=A$$

这样就完成了结论的证明。

例3.11　设 $f(z)$ 与 $g(z)$ 在区域 D 内处处解析，C 为 D 内的任一条简单闭曲线，它的内部全含于 D，如果 $f(z)=g(z)$ 在 C 上所有的点处成立，试证在 C 内所有的点处 $f(z)=g(z)$ 也成立。

解题分析：解析函数在 C 内部任一点的值可以用它在边界 C 上的值来表示，这是柯西积分公式的一个重要应用。函数在边界 C 上值相等必然导致在 C 内部的函数值也相等的结论可用柯西积分公式证明之。

证明：设 a 为 C 内任一点，由柯西积分公式

$$f(a)=\frac{1}{2\pi i}\oint_C\frac{f(z)}{z-a}dz,\quad g(a)=\frac{1}{2\pi i}\oint_C\frac{g(z)}{z-a}dz$$

由题设，当 $z\in C$ 时，$f(z)=g(z)$，所以

$$\frac{1}{2\pi i}\oint_C\frac{f(z)}{z-a}dz=\frac{1}{2\pi i}\oint_C\frac{g(z)}{z-a}dz$$

即有 $f(a)=g(a)$。再由 a 的任意性可知结论成立。

例 3.12 若 $f(z)$ 在 $|z-a| < R$ 内解析，试证明：对任一 $r(0 < r < R)$ 都有

$$f'(a) = \frac{1}{\pi r} \int_0^{2\pi} \mathrm{Re}\{f(a + re^{i\theta})\} e^{-i\theta} d\theta$$

解题分析： 高阶导数的柯西积分公式表明，$f^{(n)}(z)$ 在 $|z-a| < r$ 内任一点 z_0 处的函数值可以用 $f(z)$ 在边界 $|z-a| = r$ 上的函数值 $f(a+re^{i\theta})$ 的积分来表示。这里所需要的是 $n=1$ 与 $z_0 = a$，以及复积分的基本定理。

证明： 令 $f(a + re^{i\theta}) = u(r, \theta) + iv(r, \theta)$，$z = a + re^{i\theta}$，由柯西积分公式

$$f'(a) = \frac{1}{2\pi i} \oint_{|z-a|=r} \frac{f(z)}{(z-a)^2} dz \text{（利用复积分参数计算公式）}$$

$$= \frac{1}{2\pi r} \int_0^{2\pi} f(a + re^{i\theta}) e^{-i\theta} d\theta = \frac{1}{2\pi r} \int_0^{2\pi} [u(r, \theta) + iv(r, \theta)] e^{-i\theta} d\theta \qquad (1)$$

由柯西积分定理

$$0 = \frac{1}{2\pi i r^2} \oint_{|z-a|=r} f(z) dz = \frac{1}{2\pi r} \int_0^{2\pi} f(a + re^{i\theta}) e^{i\theta} d\theta$$

$$= \frac{1}{2\pi r} \int_0^{2\pi} [u(r, \theta) + iv(r, \theta)] e^{i\theta} d\theta$$

取两端的共轭复数得

$$0 = \frac{1}{2\pi r} \int_0^{2\pi} [u(r, \theta) - iv(r, \theta)] e^{-i\theta} d\theta \qquad (2)$$

由式(1)+式(2)可知

$$f'(a) = \frac{1}{\pi r} \int_0^{2\pi} u(r, \theta) e^{-i\theta} d\theta = \frac{1}{\pi r} \int_0^{2\pi} \mathrm{Re}\{f(a + re^{i\theta})\} e^{-i\theta} d\theta$$

结论得证。

例 3.13 设 $f(z)$ 当 $|z| < 1$ 时解析，且 $|f(z)| \leq \frac{1}{1-|z|}$，则

$$|f^{(n)}(0)| \leq (n+1)! \left(1 + \frac{1}{n}\right)^n < e(n+1)!, \ n = 1, 2, \cdots$$

证明： 设 $l: |z| = r = \frac{n}{n+1}$，则 $f(z)$ 在 l 上及其内解析，故

$$f^{(n)}(0) = \frac{n!}{2\pi i} \int_l \frac{f(z)}{z^{n+1}} dz$$

所以，由柯西不等式得到

$$|f^{(n)}(0)| \leq \left|\frac{n!}{2\pi i}\right| \left|\oint_l \left|\frac{f(z)}{z^{n+1}}\right|\right| |dz| \leq \frac{n!}{2\pi} \oint_{|z|=\frac{n}{n+1}} \frac{1}{|z|^{n+1}} \frac{1}{1-|z|} |dz|$$

$$= \frac{n!}{r^n(1-r)} = \frac{n!}{\left(\frac{n}{n+1}\right)^n \left(1 - \frac{n}{n+1}\right)}$$

$$= \frac{n! \ (n+1)^{n+1}}{n^n} = (n+1)! \left(1 + \frac{1}{n}\right)^n < e(n+1)!$$

类型四 利用复积分计算实积分

例3.14 求积分 $\oint_{|z|=1} \dfrac{e^z}{z} dz$，并计算实积分 $\int_0^{2\pi} e^{\cos\theta} \cos(\sin\theta) d\theta$ 和 $\int_0^{2\pi} e^{\cos\theta} \sin(\sin\theta) d\theta$。

解题分析：一般而言，此类问题是首先计算复变函数的积分值，再将积分化为参数方程的积分形式，比较实部和虚部即得到结果。

解：因 $\oint_{|z|=1} \dfrac{e^z}{z} dz = 2\pi i\, e^z \big|_{z=0} = 2\pi i$，另外，由参数方程积分，有

$$\oint_{|z|=1} \frac{e^z}{z} dz \xlongequal{z=e^{i\theta}} \int_0^{2\pi} \frac{e^{e^{i\theta}}}{e^{i\theta}} i e^{i\theta} d\theta = i \int_0^{2\pi} e^{\cos\theta + i\sin\theta} d\theta$$

$$= i \int_0^{2\pi} e^{\cos\theta} \left[\cos(\sin\theta) + i\sin(\sin\theta) \right] d\theta$$

$$= -\int_0^{2\pi} e^{\cos\theta} \sin(\sin\theta) d\theta + i \int_0^{2\pi} e^{\cos\theta} \cos(\sin\theta) d\theta = 2\pi i$$

所以得到 $\qquad \int_0^{2\pi} e^{\cos\theta} \cos(\sin\theta) d\theta = 2\pi, \qquad \int_0^{2\pi} e^{\cos\theta} \sin(\sin\theta) d\theta = 0$

例3.15 计算积分 $I = \int_0^{\pi} e^{\cos\theta} \sin n\theta \sin(\sin\theta) d\theta$，$n$ 为正整数。

解题分析：一般而言，此类积分的计算是将被积函数构造成复变函数，方法一般利用欧拉方程。这里我们考虑函数 $e^{\cos\theta} \sin(n\theta)\cos(\sin\theta)$，则有

$$e^{\cos\theta} \sin(n\theta)\cos(\sin\theta) + i e^{\cos\theta} \sin(n\theta)\sin(\sin\theta)$$

$$= e^{\cos\theta} \sin n\theta \left[\cos(\sin\theta) + i\sin(\sin\theta) \right] = e^{\cos\theta + i\sin\theta} \sin n\theta = e^z \sin n\theta$$

解：对 $z = \cos\theta + i\sin\theta$，有

$$\mathrm{Im}\, e^z = \mathrm{Im} \sum_{k=0}^{\infty} \frac{z^k}{k!} = \mathrm{Im} \sum_{k=0}^{\infty} \frac{(\cos\theta + i\sin\theta)^k}{k!} = \mathrm{Im} \sum_{k=0}^{\infty} \frac{(\cos k\theta + i\sin k\theta)}{k!} = \sum_{k=0}^{\infty} \frac{\sin k\theta}{k!}$$

等式两边乘以 $\sin n\theta$，并对于 θ 从 0 到 π 积分，则左边的值即为积分 I，而右边等于

$$\frac{1}{n!} \int_0^{\pi} \sin^2(n\theta) d\theta = \frac{\pi}{2n!}$$

故 $\qquad I = \int_0^{\pi} e^{\cos\theta} \sin(n\theta)\sin(\sin\theta) d\theta = \frac{\pi}{2n!}$

五、习题参考解答和提示

3.1 计算积分 $\int_0^{1+i} (x - y + ix^2) dz$，积分路径是连接 0 和 $1 + i$ 的直线段。

解：积分路径 C 的参数方程为 $z = t + it$，$0 \leqslant t \leqslant 1$，有 $x = t$，$y = t$，$dz = (1 + i) dt$，则

$$\int_0^{1+i} (x - y + ix^2) dz = \int_0^1 (t - t + it^2)(1 + i) dt = \frac{1}{3} (1 + i) it^3 \Big|_0^1 = \frac{1}{3} (-1 + i)$$

3.2 分别沿 $y = x$ 与 $y = x^2$ 计算积分 $\int_0^{1+i} (x^2 + iy) \mathrm{d}z$ 的值。

解：（1）积分路径 $y = x$ 的参数方程为 $z = t + it$，$0 \leq t \leq 1$。

$$\int_0^{1+i} (x^2 + iy) \mathrm{d}z = \int_0^1 (t^2 + it)(1 + i) \mathrm{d}t = (1 + i)\left(\frac{1}{3}t^3 + i\frac{1}{2}t^2\right)\bigg|_0^1$$

$$= (1 + i)\left(\frac{1}{3} + \frac{1}{2}i\right) = -\frac{1}{6} + \frac{5}{6}i$$

（2）积分路径 $y = x^2$ 的参数方程为 $z = t + it^2$，$0 \leq t \leq 1$。

$$\int_0^{1+i} (x^2 + iy) \mathrm{d}z = \int_0^1 (t^2 + it^2) \mathrm{d}(t + it^2) = \int_0^1 (1 + i) t^2 (1 + i2t) \mathrm{d}t$$

$$= (1 + i)\left(\frac{1}{3}t^3 + i\frac{1}{2}t^4\right)\bigg|_0^1$$

$$= (1 + i)\left(\frac{1}{3} + \frac{1}{2}i\right) = -\frac{1}{6} + \frac{5}{6}i$$

另解： 直接将 $y = x^2$ 代入计算，这时 x 作为参数，注意积分的上下限。

$$\int_0^{1+i} (x^2 + iy) \mathrm{d}z = \int_0^1 (x^2 + ix^2) \mathrm{d}(x + ix^2)$$

$$= \int_0^1 (1 + i) x^2 (1 + i2x) \mathrm{d}x = (1 + i)\left(\frac{1}{3}x^3 + i\frac{1}{2}x^4\right)\bigg|_0^1$$

$$= (1 + i)\left(\frac{1}{3} + \frac{1}{2}i\right) = -\frac{1}{6} + \frac{5}{6}i$$

3.3 证明 $\int_C \frac{\mathrm{d}z}{z^2 + 4} = \frac{\pi}{2}$，其中，积分路径 C 为沿着直线 $x + y = 1$ 在 x 增大的方向。

证明： 被积函数的原函数为 $\frac{1}{2}\arctan\frac{z}{2}$，且在积分路径上解析，则

$$I = \int_C \frac{\mathrm{d}z}{z^2 + 4} = \frac{1}{2}\arctan\frac{z}{2}\bigg|_{-\infty}^{+\infty} = \frac{\pi}{2}$$

3.4 如果我们选择 $1^{1/2} = 1$ 分支，计算积分 $\int_{-2-2\sqrt{3}i}^{-2+2\sqrt{3}i} z^{1/2} \mathrm{d}z$ 沿一直线路径之值。

解： 由 $1^{1/2} = \mathrm{e}^{\frac{2k\pi}{2}} = \begin{cases} 1, & k = 0 \\ -1, & k-1 \end{cases}$ 知道多值函数 $z^{1/2}$ 取主值分支。

$$\int_{-2-2\sqrt{3}i}^{-2+2\sqrt{3}i} z^{1/2} \mathrm{d}z = \frac{2}{3}z^{\frac{3}{2}}\bigg|_{4\mathrm{e}^{-\frac{2\pi}{3}i}}^{4\mathrm{e}^{\frac{2\pi}{3}i}} = \frac{2}{3}\left[4\mathrm{e}^{\frac{2\pi}{3}i}\sqrt{-2+2\sqrt{3}i} - 4\mathrm{e}^{\frac{2\pi}{3}i}\sqrt{-2-2\sqrt{3}i}\right]$$

这里 $\sqrt{-2 + 2\sqrt{3}i} = |-2 + 2\sqrt{3}i|^{\frac{1}{4}}\mathrm{e}^{\frac{\arg(-2+2\sqrt{3}i) + 2k\pi}{2}i} = 2\mathrm{e}^{\frac{\frac{2}{3}\pi + 2k\pi}{2}i} = \begin{cases} 2\mathrm{e}^{\frac{\pi}{3}i}, & k = 0 \\ 2\mathrm{e}^{\frac{4\pi}{3}i}, & k = 1 \end{cases}$

$$\sqrt{-2 - 2\sqrt{3}i} = |-2 - 2\sqrt{3}i|^{\frac{1}{4}}\mathrm{e}^{\frac{\arg(-2-2\sqrt{3}i) + 2k\pi}{2}i} = 2\mathrm{e}^{\frac{-\frac{2}{3}\pi + 2k\pi}{2}i} = \begin{cases} 2\mathrm{e}^{\frac{\pi}{3}i}, & k = 0 \\ 2\mathrm{e}^{\frac{2\pi}{3}i}, & k = 1 \end{cases}$$

因为取 $1^{1/2} = 1$ 分支，即 $k = 0$ 的主值分支，故

$$\int_{-2-2\sqrt{3}i}^{-2+2\sqrt{3}i} z^{1/2}\mathrm{d}z = \frac{2}{3}\Big[4\mathrm{e}^{\frac{2\pi}{3}i}\sqrt{-2+2\sqrt{3}i} - 4\mathrm{e}^{-\frac{2\pi}{3}i}\sqrt{-2-2\sqrt{3}i}\Big]$$

$$= \frac{2}{3}\Big[4\mathrm{e}^{\frac{2\pi}{3}i}\cdot2\mathrm{e}^{\frac{\pi}{3}i} - 4\mathrm{e}^{-\frac{2\pi}{3}i}\cdot2\mathrm{e}^{-\frac{\pi}{3}i}\Big] = \frac{16}{3}\big[\mathrm{e}^{\pi i} - \mathrm{e}^{-\pi i}\big] = 0$$

3.5 计算积分 $\int_{-1}^{1}|z|\mathrm{d}z$，积分路径是连接 -1 和 1 的：(1)直线段；(2)单位圆的上半周；(3)单位圆的下半周。

对积分 $\int_{-1}^{1}\sqrt{z}\,\mathrm{d}z$，则结果如何？

解：(1) 积分路径 -1 到 1 的直线段参数方程为 $z = t$，$-1 \le t \le 1$，所以

$$\int_{-1}^{1}|z|\mathrm{d}z = \int_{-1}^{1}|t|\mathrm{d}t = \int_{-1}^{0}(-t)\mathrm{d}t + \int_{0}^{1}t\mathrm{d}t = 1$$

(2)积分路径 -1 到 1 的单位圆的上半周参数方程为 $z = \mathrm{e}^{i\theta}$，$0 \le \theta \le \pi$，$\theta = [\pi, 0]$，所以

$$\int_{-1}^{1}|z|\mathrm{d}z = \int_{\pi}^{0}1\cdot\mathrm{d}(\mathrm{e}^{i\theta}) = \mathrm{e}^{i\theta}\Big|_{\pi}^{0} = 2$$

(3)积分路径 -1 到 1 的单位圆的下半周参数方程为 $z = \mathrm{e}^{i\theta}$，$-\pi \le \theta \le 0$，$\theta = [-\pi, 0]$，所以

$$\int_{-1}^{1}|z|\mathrm{d}z = \int_{-\pi}^{0}1\cdot\mathrm{d}(\mathrm{e}^{i\theta}) = \mathrm{e}^{i\theta}\Big|_{-\pi}^{0} = 2$$

对积分 $\int_{-1}^{1}\sqrt{z}\,\mathrm{d}z$，参见例 3.3。

3.6 计算 $\oint_{l}\dfrac{\mathrm{d}z}{z^2-1}$。(1) l 是圆周 $|z| = a$，$a > 2$；(2) l 是圆周 $|z-1| = 1$。

解：
$$\oint_{l}\frac{\mathrm{d}z}{z^2-1} = \frac{1}{2}\oint_{l}\Big(\frac{1}{z-1} - \frac{1}{z+1}\Big)\mathrm{d}z$$

(1)积分路径包括被积函数的两个奇点，则有

$$\oint_{l}\frac{\mathrm{d}z}{z^2-1} = \frac{1}{2}\oint_{l}\Big(\frac{1}{z-1} - \frac{1}{z+1}\Big)\mathrm{d}z = \frac{1}{2}\Big(\oint_{l}\frac{1}{z-1}\mathrm{d}z - \oint_{l}\frac{1}{z+1}\mathrm{d}z\Big) = 0$$

(2)积分路径包括被积函数的奇点 $z = 1$，则有

$$\oint_{l}\frac{\mathrm{d}z}{z^2-1} = \frac{1}{2}\oint_{l}\Big(\frac{1}{z-1} - \frac{1}{z+1}\Big)\mathrm{d}z = \frac{1}{2}(i2\pi - 0) = i\pi$$

3.7 计算下列积分。

(1) $\int_{-2}^{-2+i}(z+2)^2\mathrm{d}z$；　　(2) $\int_{0}^{\pi+2i}\cos\frac{z}{2}\mathrm{d}z$；　　(3) $\int_{1}^{1+\frac{\pi}{2}i}z\mathrm{e}^z\mathrm{d}z$；

(4) $\int_{0}^{i}(z-i)\mathrm{e}^{-z}\mathrm{d}z$；　　(5) $\int_{-1}^{i}(1+4iz^3)\mathrm{d}z$；　　(6) $\int_{0}^{\frac{\pi}{2}i}\mathrm{e}^{-z}\mathrm{d}z$。

解：(1) $\int_{-2}^{-2+i}(z+2)^2\mathrm{d}z = \frac{1}{3}(z+2)^3\Big|_{-2}^{-2+i} = -\frac{i}{3}$；

（2）$\int_0^{\pi+2i}\cos\dfrac{z}{2}\mathrm{d}z = 2\sin\dfrac{z}{2}\Big|_0^{\pi+2i} = 2\cos i$；

（3）$\int_1^{1+\frac{\pi}{2}i}z\mathrm{e}^z\mathrm{d}z = \int_1^{1+\frac{\pi}{2}i}z\mathrm{d}\mathrm{e}^z = z\mathrm{e}^z\Big|_1^{1+\frac{\pi}{2}i} - \mathrm{e}^z\Big|_1^{1+\frac{\pi}{2}i} = -\dfrac{\pi}{2}\mathrm{e}$；

（4）$\int_0^i(z-i)\mathrm{e}^{-z}\mathrm{d}z = -(z-i)\mathrm{e}^{-z}\Big|_0^i + \int_0^i\mathrm{e}^{-z}\mathrm{d}z = -i - \mathrm{e}^{-z}\Big|_0^i = 1-i-\mathrm{e}^{-i} = 1-i-\cos1-i\sin1$；

（5）$\int_{-1}^i(1+4iz^3)\mathrm{d}z = (z+iz^4)\Big|_{-1}^i = (i+i) - (-1+i) = 1+i$；

（6）$\int_0^{\frac{\pi}{2}i}\mathrm{e}^{-z}\mathrm{d}z = -\mathrm{e}^{-z}\Big|_0^{\frac{\pi}{2}i} = -\mathrm{e}^{-\frac{\pi}{2}i} + 1 = 1+i$。

3.8 计算积分 $\oint_l\dfrac{\mathrm{d}z}{(z-a)(z-b)}$，$l$ 是包围 a，b 两点的围线。

解： $I = \oint_l\dfrac{\mathrm{d}z}{(z-a)(z-b)} = \dfrac{1}{a-b}\oint_l\left(\dfrac{1}{(z-a)} - \dfrac{1}{(z-b)}\right)\mathrm{d}z$

$\qquad = \dfrac{1}{a-b}\oint_{l_1}\left(\dfrac{1}{(z-a)} - \dfrac{1}{(z-b)}\right)\mathrm{d}z + \dfrac{1}{a-b}\oint_{l_2}\left(\dfrac{1}{(z-a)} - \dfrac{1}{(z-b)}\right)\mathrm{d}z$

其中，l_1 包含 a 点、l_2 包括 b 点的积分回路，则

$$I = \dfrac{1}{a-b}\oint_{l_1}\dfrac{1}{z-a}\mathrm{d}z - \dfrac{1}{a-b}\oint_{l_2}\dfrac{1}{z-b}\mathrm{d}z = \dfrac{1}{a-b}(i2\pi - i2\pi) = 0$$

3.9 计算下列积分值。

（1）$\oint_l\dfrac{2z^2-z+1}{z-1}\mathrm{d}z$，$l$：$|z|=2$；　　（2）$\oint_l\dfrac{\sin\frac{\pi}{4}z}{z^2-1}\mathrm{d}z$，$l$：$|z|=2$；

（3）$\oint_l\dfrac{\mathrm{e}^z}{z-2}\mathrm{d}z$，$l$：$|z-2|=2$；　　（4）$\oint_l\dfrac{\mathrm{d}z}{z^2-a^2}$，$l$：$|z-a|=a$；

（5）$\oint_l\dfrac{\mathrm{e}^z\sin z}{z^2+4}\mathrm{d}z$，$l$：$|z|=3$。

解：（1）$\oint_l\dfrac{2z^2-z+1}{z-1}\mathrm{d}z = 2\pi i(2z^2-z+1)\Big|_{z=1} = 4\pi i$；

（2）$\oint_l\dfrac{\sin\frac{\pi}{4}z}{z^2-1}\mathrm{d}z = \dfrac{1}{2}\oint_l\left(\dfrac{\sin\frac{\pi}{4}z}{z-1} - \dfrac{\sin\frac{\pi}{4}z}{z+1}\right)\mathrm{d}z = \dfrac{1}{2}2\pi i\left(\sin\dfrac{\pi}{4}z\Big|_{z=1} - \sin\dfrac{\pi}{4}z\Big|_{z=-1}\right)$

$\qquad = 2\pi i\sin\dfrac{\pi}{4}$；

（3）$\oint_l\dfrac{\mathrm{e}^z}{z-2}\mathrm{d}z = 2\pi i\,\mathrm{e}^z\Big|_{z=2} = 2\pi i\mathrm{e}^2$；

（4）$\oint_l\dfrac{\mathrm{d}z}{z^2-a^2} = \oint_{|z-a|=a}\dfrac{\frac{1}{z+a}\mathrm{d}z}{z-a} = 2\pi i\dfrac{1}{z+a}\Big|_{z=a} = \dfrac{\pi i}{a}$；

(5) $\oint_l \dfrac{e^z \sin z}{z^2 + 4} dz = \oint_{l_1} \dfrac{e^z \sin z}{z^2 + 4} dz + \oint_{l_2} \dfrac{e^z \sin z}{z^2 + 4} dz$

$\qquad\qquad = 2\pi i \left(\dfrac{e^z \sin z}{z + 2i} \bigg|_{z = 2i} + \dfrac{e^z \sin z}{z - 2i} \bigg|_{z = -2i} \right)$

$\qquad\qquad = 2\pi i \left(\dfrac{e^{2i} \sin 2i}{4i} + \dfrac{e^{-2i} \sin(-2i)}{-4i} \right)$

$\qquad\qquad = \pi \sin(2i) \dfrac{e^{2i} + e^{-2i}}{2} = \pi i \sin(2i) \cos 2_\circ$

3.10 计算下列积分值。

(1) $\oint_l \dfrac{\cos \pi z}{(z-1)^5} dz$, l: $|z| = a$, $a > 1$; $\qquad$ (2) $\oint_l \dfrac{e^z}{(z^2 + 1)^2} dz$, l: $|z| = a$, $a > 1$;

(3) $\oint_l \dfrac{\sin z}{\left(z - \dfrac{\pi}{2}\right)^2} dz$, l: $|z| = 2$; $\qquad$ (4) $\oint_l \dfrac{\sin \pi z}{(z + 2)(2z - 1)^2} dz$, l: $|z| = 1_\circ$

解: (1) $\oint_l \dfrac{\cos \pi z}{(z-1)^5} dz = \dfrac{i2\pi}{4!} (\cos \pi z)'''' \bigg|_{z=1} = -\dfrac{i\pi^5}{12}$;

(2) $\oint_l \dfrac{e^z}{(z^2 + 1)^2} dz = \oint_l \dfrac{e^z}{(z - i)^2 (z + i)^2} dz = \oint_{l_1} \dfrac{\dfrac{1}{(z-i)^2} e^z}{(z+i)^2} dz + \oint_{l_2} \dfrac{\dfrac{1}{(z+i)^2} e^z}{(z-i)^2} dz$

$\qquad\qquad = \dfrac{i2\pi}{1!} \left(\dfrac{e^z}{(z - i)^2} \right)' \bigg|_{z = -i} + \dfrac{i2\pi}{1!} \left(\dfrac{e^z}{(z + i)^2} \right)' \bigg|_{z = i}$

$\qquad\qquad = i\pi(\sin 1 - \cos 1)$;

(这里 l_1: $|z + i| = r(0 < r < 1)$, l_2: $|z - i| = r(0 < r < 1)$)

(3) $\oint_l \dfrac{\sin z}{\left(z - \dfrac{\pi}{2}\right)^2} dz = \dfrac{i2\pi}{1!} (\sin z)' \bigg|_{z = \frac{\pi}{2}} = 0$;

(4) $\oint_l \dfrac{\sin \pi z}{(z + 2)(2z - 1)^2} dz = \dfrac{1}{4} \oint_l \dfrac{\sin \pi z}{(z + 2)\left(z - \dfrac{1}{2}\right)^2} dz = \dfrac{1}{4} \dfrac{i2\pi}{1!} \left(\dfrac{\sin \pi z}{(z + 2)} \right)' \bigg|_{z = \frac{1}{2}}$

$\qquad\qquad\qquad = \dfrac{-2\pi i}{25}_\circ$

3.11 计算 $\dfrac{1}{2\pi i} \oint_{|\zeta| = 1} \dfrac{\zeta}{\zeta - z} d\zeta$。

解: 因为积分路径为单位圆,对被积函数,若 $|z| > 1$,被积函数在单位圆内解析;而若 $|z| < 1$,被积函数在单位圆内有奇点,故

$$\dfrac{1}{2\pi i} \oint_{|\zeta| = 1} \dfrac{\zeta}{\zeta - z} d\zeta = \begin{cases} 0, & |z| > 1 \\ z, & |z| < 1 \end{cases}$$

3.12 设 $f(z) = \oint_C \dfrac{3\xi^2 + 7\xi + 1}{\xi - z} d\xi$,其中 C: $|\xi| = 3$,$f'(1 + i)$。

解：因为积分路径为圆 C：$|\xi| = 3$，若 $|z| < 3$，即对圆 $|\xi| = 3$ 内的点，有

$$f(z) = \oint_C \frac{3\xi^2 + 7\xi + 1}{\xi - z}\,\mathrm{d}\xi \xlongequal{|z|<3} 2\pi\mathrm{i}(3\xi^2 + 7\xi + 1)\big|_{\xi = z}$$

和

$$f'(z) = 2\pi\mathrm{i}(3\xi^2 + 7\xi + 1)'\big|_{\xi = z} = 2\pi\mathrm{i}(6\xi + 7)\big|_{\xi = z}$$

因 $z = 1 + \mathrm{i}$ 是圆 $|\xi| = 3$ 内的点，所以有

$$f'(z) = 2\pi\mathrm{i}(6\xi + 7)\big|_{\xi = 1+\mathrm{i}} = 2\pi\mathrm{i}(6\mathrm{i} + 13)$$

3.13 利用不定积分方法将题 2.18 再解一次。

解：(1)不定积分方法。由解析函数的导数

$$f'(z) = \frac{\partial f(z)}{\partial x} = \frac{\partial u}{\partial x} + \mathrm{i}\frac{\partial v}{\partial x} = \frac{\partial u}{\partial x} + \mathrm{i}\left(-\frac{\partial u}{\partial y}\right) = (2x + y) + \mathrm{i}(2y - x) = 2z - \mathrm{i}z$$

故

$$f(z) = \int(2z - \mathrm{i}z)\,\mathrm{d}z = z^2 - \frac{1}{2}\mathrm{i}z^2 + c$$

(2)不定积分方法。由解析函数的导数

$$f'(z) = \frac{\partial f(z)}{\partial x} = \frac{\partial u}{\partial x} + \mathrm{i}\frac{\partial v}{\partial x} = \frac{\partial u}{\partial x} + \mathrm{i}\left(-\frac{\partial u}{\partial y}\right) = 2y - 2\mathrm{i}(x - 1) = -\mathrm{i}2z + 2\mathrm{i}$$

故

$$f(z) = \int(2\mathrm{i} - \mathrm{i}2z)\,\mathrm{d}z = 2\mathrm{i}z - \mathrm{i}z^2 + c$$

由 $f(2) = -\mathrm{i}$ 得到 $c = -\mathrm{i}$，所以有 $f(z) = -\mathrm{i}(1 - z)^2$。

(3)不定积分方法。改用较为方便的极坐标 $x = \rho\cos\varphi$，$y = \rho\sin\varphi$，因为 $u = \dfrac{y}{x^2 + y^2} = \dfrac{\sin\varphi}{\rho}$，由极坐标的复变函数导数公式，得到

$$f'(z) = \frac{\rho}{z}\left(\frac{\partial u}{\partial\rho} + \mathrm{i}\frac{\partial v}{\partial\rho}\right) = \frac{\rho}{z}\left(\frac{\partial u}{\partial\rho} - \mathrm{i}\frac{1}{\rho}\frac{\partial u}{\partial\varphi}\right)$$

$$= \frac{\rho}{z}\left(-\frac{\sin\varphi}{\rho^2} - \mathrm{i}\frac{\cos\varphi}{\rho^2}\right) = -\frac{1}{z}\frac{\sin\varphi + \mathrm{i}\cos\varphi}{\rho} = -\frac{1}{z}\frac{1}{\rho(\sin\varphi - \mathrm{i}\cos\varphi)}$$

$$= \frac{1}{z}\frac{1}{\mathrm{i}\rho(\cos\varphi + \mathrm{i}\sin\varphi)} = -\mathrm{i}\frac{1}{z^2}$$

所以

$$f(z) = \int -\mathrm{i}\frac{1}{z^2}\,\mathrm{d}z = \mathrm{i}\frac{1}{z} + c$$

再由 $f(1) = 0$，得到 $c = -\mathrm{i}$，故 $f(z) = \mathrm{i}\left(\dfrac{1}{z} - 1\right)$。

(4)不定积分方法。由解析函数的导数

$$f'(z) = \frac{\partial f(z)}{\partial x} = \frac{\partial u}{\partial x} + \mathrm{i}\frac{\partial v}{\partial x} = \frac{\partial u}{\partial x} + \mathrm{i}\left(-\frac{\partial u}{\partial y}\right)$$

$$= [\mathrm{e}^x(x\cos y - y\sin y) + \mathrm{e}^x\cos y] - \mathrm{i}[\mathrm{e}^x(-x\sin y - \sin y - y\cos y)]$$

$$= \mathrm{e}^z(z + 1)\ (\text{这里可以利用例 2.22 的结论})$$

故 $f(z) = \int\mathrm{e}^z(z + 1)\,\mathrm{d}z = z\mathrm{e}^z + c$。

由 $f(0) = 0$，即 $c = 0$，得到 $f(z) = ze^z$。

3.14 设 $v = e^{px}\sin y$，求 p 的值使 v 为调和函数，并求出解析函数 $f(z) = u + iv$。

解：若 $v = e^{px}\sin y$ 为调和函数，则有

$$\frac{\partial^2 v}{\partial x^2} + \frac{\partial^2 v}{\partial y^2} = 0 \Rightarrow p^2 e^{px}\sin y - e^{px}\sin y = 0 \Rightarrow p^2 - 1 = 0$$

得 $p = \pm 1$。

由解析函数的导数公式，$f'(z) = \dfrac{\partial f(z)}{\partial x} = u_x + iv_x \xrightarrow{\text{C-R 方程}} v_y + iv_x$，有

$$f'(z) = \frac{\partial f(z)}{\partial x} = v_y + iv_x = e^{px}\cos y + ipe^{px}\sin y = e^{\pm x}\cos y \pm ie^{\pm x}\sin y$$

$$= \begin{cases} e^x\cos y + ie^x\sin y \\ e^{-x}\cos y - ie^{-x}\sin y \end{cases} = \begin{cases} e^z \\ e^{-z} \end{cases}$$

故
$$f(z) = \begin{cases} e^z + c, & p = 1 \\ -e^{-z} + c, & p = -1 \end{cases}$$

3.15 若 C 为一简单闭曲线，其所包围的区域面积为 A，证明其面积可以写成下列形式：(1) $A = \dfrac{1}{2}\oint_C x\mathrm{d}y - y\mathrm{d}x$；(2) $A = \dfrac{1}{2i}\oint_C \bar{z}\mathrm{d}z$；(3) $A = \dfrac{1}{4i}\oint_C \bar{z}\mathrm{d}z - z\mathrm{d}\bar{z}$。

证明：(1) 利用 Green 公式 $\oint_C P\mathrm{d}x + Q\mathrm{d}y = \iint_D \left(\dfrac{\partial Q}{\partial x} - \dfrac{\partial P}{\partial y}\right)\mathrm{d}x\mathrm{d}y$，有

$$\frac{1}{2}\oint_C x\mathrm{d}y - y\mathrm{d}x = \frac{1}{2}\iint_D \left[\frac{\partial x}{\partial x} - \frac{\partial(-y)}{\partial y}\right]\mathrm{d}x\mathrm{d}y = \iint_D \mathrm{d}x\mathrm{d}y = A$$

(2) $\dfrac{1}{2i}\oint_C \bar{z}\mathrm{d}z = \dfrac{1}{2i}\oint_C (x - iy)\mathrm{d}(x + iy) = \dfrac{1}{2i}\oint_C (x - iy)(\mathrm{d}x + i\mathrm{d}y)$

$$= \frac{1}{2i}\oint_C (x\mathrm{d}x + y\mathrm{d}y) + i(x\mathrm{d}y - y\mathrm{d}x) = \frac{1}{2i}\oint_C (x\mathrm{d}x + y\mathrm{d}y) + \frac{1}{2}\oint_C (x\mathrm{d}y - y\mathrm{d}x)$$

$$= 0 + \frac{1}{2}\iint_D \left(\frac{\partial x}{\partial x} - \frac{\partial(-y)}{\partial y}\right)\mathrm{d}x\mathrm{d}y = \iint_D \mathrm{d}x\mathrm{d}y = A$$

(3) **方法一**：
$$\oint_C z\mathrm{d}\bar{z} = \oint_C (x + iy)\mathrm{d}(x - iy) = \oint_C (x + iy)(\mathrm{d}x - i\mathrm{d}y)$$

$$= \oint_C (x\mathrm{d}x + y\mathrm{d}y) + i(y\mathrm{d}x - x\mathrm{d}y)$$

$$\frac{1}{4i}\oint_C \bar{z}\mathrm{d}z - z\mathrm{d}\bar{z} = \frac{1}{2}\oint_C (x\mathrm{d}y - y\mathrm{d}x) = A$$

方法二：$\oint_C \bar{z}\mathrm{d}z - z\mathrm{d}\bar{z} = \oint_C \bar{z}\mathrm{d}z - \overline{\bar{z}\mathrm{d}z} = 2i\oint_C \mathrm{Im}(\bar{z}\mathrm{d}z) = 2i\oint_C (x\mathrm{d}y - y\mathrm{d}x) = 4iA$

3.16 计算下列积分：

(1) $\displaystyle\int_C z^n\mathrm{d}z$，其中 n 是整数，$C = e^{it}(0 \leqslant t \leqslant 2m\pi)$，$m$ 是正整数；

(2) $\displaystyle\oint_C |z - 1| \cdot |\mathrm{d}z|$，其中 C 为正向圆周 $|z| = 1$；

（3）$\oint_C \dfrac{|\,\mathrm{d}z\,|}{|z-a|^2}$，其中 C：$|z|=1$，$a\neq 0$，$|a|\neq 1$。

解：（1）当 $n\geqslant 0$ 时，被积函数在复平面处处解析，故积分为 0。

当 $n<0$ 时，$z=0$ 是被积函数的奇点，对绕 $z=0$ 点的闭合回路积分，只有 $n=-1$ 时积分值不为 0，其余积分值为 0，且 $\int_{|z|=1} z^{-1}\mathrm{d}z=2\pi\mathrm{i}$，则绕 $z=0$ 点的 m 圈的闭合回路积分值为

$$\int_C z^n\mathrm{d}z=\begin{cases}2m\pi\mathrm{i}, & n=-1\\ 0, & n\neq-1\end{cases}$$

（2）因为积分路径 C 为正向圆周 $|z|=1$，设 $z=\mathrm{e}^{\mathrm{i}\theta}(-\pi<\theta\leqslant\pi)$，则有 $|\,\mathrm{d}z\,|=\mathrm{d}\theta$。

$$|z-1|=|\cos\theta+\mathrm{i}\sin\theta-1|=\left|-2\sin^2\frac{\theta}{2}+\mathrm{i}2\sin\frac{\theta}{2}\cos\frac{\theta}{2}\right|$$

$$=\left|2\sin\frac{\theta}{2}\right|\left|-\sin\frac{\theta}{2}+\mathrm{i}\cos\frac{\theta}{2}\right|=\begin{cases}2\sin\dfrac{\theta}{2}, & \pi\leqslant\theta\leqslant0\\ -2\sin\dfrac{\theta}{2}, & -\pi<\theta<0\end{cases}$$

所以 $\qquad I=\int_{-\pi}^{\pi}\left|2\sin\frac{\theta}{2}\right|\mathrm{d}\theta=\int_{-\pi}^{0}\left(-2\sin\frac{\theta}{2}\right)\mathrm{d}\theta+\int_0^\pi 2\sin\frac{\theta}{2}\mathrm{d}\theta$

$$=4\cos\left(\frac{\theta}{2}\right)\Big|_{-\pi}^0-4\cos\left(\frac{\theta}{2}\right)\Big|_0^\pi=8$$

（3）参见例 3.8。

3.17 利用积分不等式证明：

（1）$\left|\int_{-\mathrm{i}}^{\mathrm{i}}(x^2+\mathrm{i}y^2)\mathrm{d}z\right|\leqslant2$，积分路径是直线段；

（2）$\left|\int_{-\mathrm{i}}^{\mathrm{i}}(x^2+\mathrm{i}y^2)\mathrm{d}z\right|\leqslant\pi$，积分路径是连续 $-\mathrm{i}$ 到 i 的右半圆周；

（3）$\left|\int_{\mathrm{i}}^{2+\mathrm{i}}\dfrac{\mathrm{d}z}{z^2}\right|\leqslant2$，积分路径是直线段。

解：（1）参见例 3.7。

（2）在圆周 $x^2+y^2=1$ 上，$|x^2+\mathrm{i}y^2|=\sqrt{x^4+y^4}\leqslant x^2+y^2$，而 l 的长度为 π。由积分估值公式得到

$$\left|\int_l(x^2+\mathrm{i}y^2)\mathrm{d}z\right|\leqslant\int_l|x^2+\mathrm{i}y^2|\mathrm{d}s\leqslant1\cdot\int_l\mathrm{d}s=\pi$$

（3）积分路径 l 的参数方程为 $z=t+\mathrm{i}$，$0\leqslant t\leqslant2$。在积分路径 l 上，有

$$\left|\frac{1}{z}\right|^2=\frac{1}{t^2+1}\leqslant1$$

由积分估值公式，得到

$$\left|\int_{\mathrm{i}}^{2+\mathrm{i}}\frac{\mathrm{d}z}{z^2}\right|\leqslant\int_{\mathrm{i}}^{2+\mathrm{i}}\left|\frac{\mathrm{d}z}{z^2}\right|=\int_{\mathrm{i}}^{2+\mathrm{i}}\left|\frac{1}{z^2}\right|\mathrm{d}s\leqslant\int_{\mathrm{i}}^{2+\mathrm{i}}\mathrm{d}s=2$$

3.18 求积分 $\oint_{|z|=1} \dfrac{\mathrm{d}z}{z+2}$ 的值，并证明

$$\int_0^{2\pi} \frac{1+2\cos\theta}{5+4\cos\theta}\mathrm{d}\theta = 0$$

证明： 因为被积函数在积分路径内解析，故 $\oint_{|z|=1} \dfrac{\mathrm{d}z}{z+2} = 0$。

因积分路径为单位圆，其参数方程为：$z = \mathrm{e}^{\mathrm{i}\theta} = \cos\theta + \mathrm{i}\sin\theta\,(0 \leqslant \theta \leqslant 2\pi)$，则我们有 $\mathrm{d}z = \mathrm{e}^{\mathrm{i}\theta}\mathrm{i}\mathrm{d}\theta = \mathrm{i}(\cos\theta + \mathrm{i}\sin\theta)\mathrm{d}\theta$，代入积分式

$$
\begin{aligned}
\oint_{|z|=1} \frac{\mathrm{d}z}{z+2} &= \int_0^{2\pi} \frac{1}{\cos\theta + \mathrm{i}\sin\theta + 2}\mathrm{i}(\cos\theta + \mathrm{i}\sin\theta)\mathrm{d}\theta \\
&= \int_0^{2\pi} \frac{\cos\theta + 2 - \mathrm{i}\sin\theta}{(\cos\theta + 2 + \mathrm{i}\sin\theta)(\cos\theta + 2 - \mathrm{i}\sin\theta)}\mathrm{i}(\cos\theta + \mathrm{i}\sin\theta)\mathrm{d}\theta \\
&= \int_0^{2\pi} \frac{\cos\theta + 2 - \mathrm{i}\sin\theta}{5 + 4\cos\theta}(\mathrm{i}\cos\theta - \sin\theta)\mathrm{d}\theta \\
&= \int_0^{2\pi} \frac{-2\sin\theta + \mathrm{i}(1 + 2\cos\theta)}{5 + 4\cos\theta}\mathrm{d}\theta = 0
\end{aligned}
$$

得到 $\displaystyle\int_0^{2\pi} \frac{1+2\cos\theta}{5+4\cos\theta}\mathrm{d}\theta = 0$，$\displaystyle\int_0^{2\pi} \frac{2\sin\theta}{5+4\cos\theta}\mathrm{d}\theta = 0$。

3.19 求积分 $\oint_{|z|=1} \dfrac{\mathrm{e}^z}{z}\mathrm{d}z$ 的值，并证明 $\displaystyle\int_0^{\pi} \mathrm{e}^{\cos\theta}\cos(\sin\theta)\mathrm{d}\theta = \pi$。

解： 根据 Cauchy 积分公式，有　$\oint_{|z|=1} \dfrac{\mathrm{e}^z}{z}\mathrm{d}z = 2\pi\mathrm{i}\,\mathrm{e}^z\big|_{z=0} = 2\pi\mathrm{i}$。

令 $z = \mathrm{e}^{\mathrm{i}\theta} = \cos\theta + \mathrm{i}\sin\theta\,(0 \leqslant \theta \leqslant 2\pi)$，$\mathrm{d}z = \mathrm{e}^{\mathrm{i}\theta}\mathrm{i}\mathrm{d}\theta = \mathrm{i}z\mathrm{d}\theta$，有

$$\oint_{|z|=1} \frac{\mathrm{e}^z}{z}\mathrm{d}z = \int_0^{2\pi} \frac{\mathrm{e}^{\cos\theta+\mathrm{i}\sin\theta}}{\mathrm{e}^{\mathrm{i}\theta}}\mathrm{i}\mathrm{e}^{\mathrm{i}\theta}\mathrm{d}\theta = \mathrm{i}\int_0^{2\pi} \mathrm{e}^{\cos\theta}[\cos(\sin\theta) + \mathrm{i}\sin(\sin\theta)]\mathrm{d}\theta = 2\pi\mathrm{i}$$

由实部虚部分别对应相等，得到

$$\int_0^{2\pi} \mathrm{e}^{\cos\theta}\cos(\sin\theta)\mathrm{d}\theta = 2\pi, \qquad \int_0^{2\pi} \mathrm{e}^{\cos\theta}\sin(\sin\theta)\mathrm{d}\theta = 0$$

3.20 (1)若 n 为正整数，证明：

$$\int_0^{2\pi} \mathrm{e}^{\sin n\theta}\cos(\theta - \cos n\theta)\mathrm{d}\theta = \int_0^{2\pi} \mathrm{e}^{\sin n\theta}\sin(\theta - \cos n\theta)\mathrm{d}\theta = 0$$

(2)若 n 为自然数，证明：

$$\int_0^{2\pi} \mathrm{e}^{r\cos\theta}\cos(r\sin\theta - n\theta)\mathrm{d}\theta = \frac{2\pi}{n!}r^n, \qquad \int_0^{2\pi} \mathrm{e}^{r\cos\theta}\sin(r\sin\theta - n\theta)\mathrm{d}\theta = 0$$

证明： (1)考虑积分 $I = \displaystyle\int_0^{2\pi} \mathrm{e}^{\sin n\theta}\cos(\theta - \cos n\theta)\mathrm{d}\theta + \mathrm{i}\int_0^{2\pi} \mathrm{e}^{\sin n\theta}\sin(\theta - \cos n\theta)\mathrm{d}\theta$

$$
\begin{aligned}
&= \int_0^{2\pi} \mathrm{e}^{\sin n\theta}[\cos(\theta - \cos n\theta) + \mathrm{i}\sin(\theta - \cos n\theta)]\mathrm{d}\theta \\
&= \int_0^{2\pi} \mathrm{e}^{\sin n\theta + \mathrm{i}(\theta - \cos n\theta)}\mathrm{d}\theta = \int_0^{2\pi} \mathrm{e}^{\mathrm{i}\theta}\mathrm{e}^{-\mathrm{i}(\cos n\theta + \mathrm{i}\sin n\theta)}\mathrm{d}\theta \qquad (1)
\end{aligned}
$$

令 $z = e^{i\theta} = \cos\theta + i\sin\theta$，则 $dz = e^{i\theta}id\theta = izd\theta$，$z^n = e^{in\theta} = \cos n\theta + i\sin n\theta$，代入式（1）得到

$$I = \int_0^{2\pi} e^{i\theta} e^{-i(\cos n\theta + i\sin n\theta)} d\theta = \int_0^{2\pi} e^{i\theta} e^{-ie^{in\theta}} d\theta = \oint_{|z|=1} e^{-iz^n} \frac{dz}{i} = 0 \tag{2}$$

比较式（1）和式（2），即得到所要证明的结果。

（2）设 $I_1 = \int_0^{2\pi} e^{r\cos\theta}\cos(r\sin\theta - n\theta)d\theta$，$I_2 = \int_0^{2\pi} e^{r\cos\theta}\sin(r\sin\theta - n\theta)d\theta$，则有

$$I = I_1 + iI_2 = \int_0^{2\pi} \left[e^{r\cos\theta}\cos(r\sin\theta - n\theta) + ie^{r\cos\theta}\sin(r\sin\theta - n\theta) \right] d\theta$$

$$= \oint_{|z|=1} \frac{e^{rz}}{z^n} \frac{dz}{iz} = \frac{2\pi}{n!} = \frac{d^n}{dz^n}(e^{rz}) \bigg|_{z=0} = \frac{2\pi}{n!} r^n$$

结论得证。

3.21 计算积分 $\oint_{|z|=1} \left(z + \dfrac{1}{z}\right)^n \dfrac{dz}{z}$，并证明：

$$\int_0^{2\pi} \cos^n\theta d\theta = \begin{cases} 2\pi \dfrac{1 \cdot 3 \cdot 5 \cdot \cdots \cdot (2k-1)}{2 \cdot 4 \cdot 6 \cdot \cdots \cdot 2k}, & n = 2k \\ 0, & n = 2k+1 \end{cases}$$

解： 因为 $\oint_{|z|=1} \left(z + \dfrac{1}{z}\right)^n \dfrac{dz}{z} = \oint_{|z|=1} \dfrac{(z^2+1)^n}{z^{n+1}} dz$，函数 $f(z) = (z^2+1)^n$ 在复平面上处处解析。由柯西积分公式

$$\oint_{|z|=1} \left(z + \frac{1}{z}\right)^n \frac{dz}{z} = \oint_{|z|=1} \frac{(z^2+1)^n}{z^{n+1}} dz = \frac{2\pi i}{n!} f^{(n)}(0)$$

而二项式公式给出

$$f(z) = (z^2+1)^n = \sum_{m=0}^{n} \frac{n!}{k!(n-m)!} z^{2m}$$

$$= 1 + \frac{n}{1!}z^2 + \frac{n(n-1)}{2!}z^4 + \cdots + \frac{n!}{m!(n-m)!}z^{2m} + \cdots + z^{2n}$$

注意到，只有当 n 为偶数时，函数 $f(z) = (z^2+1)^n$ 的 n 次导数 $f^{(n)}(z)$ 存在常数项，即 $n = 2k$ 时积分不为零，且

$$f^{(n)}(0) = \frac{(2k)!}{(k)!(k)!}(2k)! = \frac{2k(2k-1)\cdots[2k-(k-1)]}{k!}(2k)!$$

当 $n = 2k+1$ 时，$f^{(n)}(0) = 0$。所以有

$$\oint_{|z|=1} \left(z + \frac{1}{z}\right)^n \frac{dz}{z} = \oint_{|z|=1} \frac{(z^2+1)^n}{z^{n+1}} dz = \frac{2\pi i}{n!}\left((z^2+1)^n\right)^{(n)} \bigg|_{z=0}$$

$$= \begin{cases} \dfrac{2\pi i}{n!} \dfrac{2k(2k-1)\cdots[2k-(k-1)]}{k!}(2k)!, & n = 2k \\ 0, & n = 2k+1 \end{cases}$$

$$= \begin{cases} 2\pi\mathrm{i}\dfrac{2k(2k-1)\cdots[2k-(k-1)]}{k!}, & n=2k \\ 0, & n=2k+1 \end{cases}$$

证明：令 $z=\mathrm{e}^{\mathrm{i}\theta}=\cos\theta+\mathrm{i}\sin\theta$，$\mathrm{d}z=\mathrm{e}^{\mathrm{i}\theta}\mathrm{i}\mathrm{d}\theta=\mathrm{i}z\mathrm{d}\theta$，$\dfrac{\mathrm{d}z}{z}=\mathrm{i}\mathrm{d}\theta$，有

$$\oint_{|z|=1}\left(z+\frac{1}{z}\right)^n\frac{\mathrm{d}z}{z}=\mathrm{i}\int_0^{2\pi}(2\cos\theta)^n\mathrm{d}\theta=2^n\mathrm{i}\int_0^{2\pi}\cos^n\theta\mathrm{d}\theta$$

$$= \begin{cases} 2\pi\mathrm{i}\dfrac{2k(2k-1)\cdots[2k(2k-1)]}{k!}, & n=2k \\ 0, & n=2k+1 \end{cases}$$

所以有
$$\int_0^{2\pi}\cos^{2k}\theta\mathrm{d}\theta=2\pi\frac{2k(2k-1)\cdots[2k-(n-1)]}{2^{2k}k!}$$

$$=2\pi\frac{(2k)!}{k!\ 2^{2k}k!}=2\pi\frac{(2k)!}{(2^kk!)(2^kk!)}$$

$$=2\pi\frac{(2n-1)!!}{(2n)!!}=\frac{1\cdot3\cdot5\cdots\cdot(2n-1)}{2\cdot4\cdot6\cdots\cdot(2n)}2\pi$$

得证。

3.22 无界区域上的 Cauchy 积分定理：设 $f(z)$ 在简单闭曲线 Γ 以及 Γ 的外部除去 $z=\infty$ 外解析，且 $\lim\limits_{z\to\infty}zf(z)=A(\neq\infty)$，则

$$\frac{1}{2\pi\mathrm{i}}\int_\Gamma f(z)\mathrm{d}z=A$$

证明：取足够大的圆 $|z|=R_0$，使其包围简单闭曲线 Γ。因为 $\lim\limits_{z\to\infty}zf(z)=A(\neq\infty)$，所以对任给 $\varepsilon>0$，存在 $R^*\geqslant R_0$，当 $|z|>R^*$ 时，有

$$|zf(z)-A|<\varepsilon$$

即
$$\left|f(z)-\frac{A}{z}\right|<\frac{\varepsilon}{|z|}$$

于是，当 $R>R^*$ 时，Γ_R 为圆周 $|z|=R$，

$$\left|\int_{\Gamma_R}f(z)\mathrm{d}z-\int_{\Gamma_R}\frac{A}{z}\mathrm{d}z\right|<\varepsilon\int_{\Gamma_R}\frac{|\mathrm{d}z|}{|z|}=\varepsilon\int_0^{2\pi}\frac{R\mathrm{d}\theta}{R}=2\pi\varepsilon$$

而
$$\int_{\Gamma_R}\frac{A}{z}\mathrm{d}z \xlongequal{z=R\mathrm{e}^{\mathrm{i}\theta}} \int_0^{2\pi}A\mathrm{i}\mathrm{d}\theta=2\pi\mathrm{i}A$$
与 R 无关，所以有

$$\frac{1}{2\pi\mathrm{i}}\int_{\Gamma_R}f(z)\mathrm{d}z=A$$

因 $f(z)$ 在简单闭曲线 Γ 及 Γ 的外部除去 $z=\infty$ 外解析，所以

$$\frac{1}{2\pi\mathrm{i}}\int_\Gamma f(z)\mathrm{d}z=A$$

3.23 无界区域上的 Cauchy 积分公式：设 $f(z)$ 在简单闭曲线 Γ 及 Γ 的外部解析，其中在 $Z=\infty$ 处解析是指 $\lim\limits_{z\to\infty}f(z)=f(\infty)(\neq\infty)$，则

$$\frac{1}{2\pi i}\oint_\Gamma \frac{f(\xi)}{\xi - z}d\xi = \begin{cases} f(\infty), & z \text{ 在 } \Gamma \text{ 的内部} \\ -f(z) + f(\infty), & z \text{ 在 } \Gamma \text{ 的外部} \end{cases}$$

解：参见例 3.10。

3.24 设 $f(z)$ 在 $|z| \le 1$ 上解析，试证：

$$\frac{1}{2\pi i}\int_{|\zeta|=1} \frac{\overline{f(\xi)}}{\xi - z}d\xi = \begin{cases} \overline{f(0)}, & |z| < 1 \\ \overline{f(0)} - \overline{f(1/\bar{z})}, & |z| > 1 \end{cases}$$

解：参见例 3.9。

3.25 设曲线 l 是正向单位圆周 $|z| = 1$，求函数 $F(z) = \oint_l \frac{e^\xi}{(\xi + 2)(\xi - z)^2}d\xi$ 当 $|z| \ne 1$ 时的表达式。

解：当 $|z| > 1$ 时，被积函数在积分路径内解析，故

$$F(z) = \oint_l \frac{e^\xi}{(\xi + 2)(\xi - z)^2}d\xi = 0$$

当 $|z| < 1$ 时，被积函数在积分路径内奇点 z，故

$$F(z) = \oint_l \frac{e^\xi}{(\xi + 2)(\xi - z)^2}d\xi = 2\pi i \frac{d}{dz}\left(\frac{e^\xi}{\xi + 2}\right)\bigg|_{\xi = z} = 2\pi i \frac{e^\xi(\xi + 2) - e^\xi}{(\xi + 2)^2}\bigg|_{\xi = z}$$

$$= 2\pi i \frac{ze^z + e^z}{(z + 2)^2}$$

3.26 试用调和函数的均值定理，证明：

$$\int_0^\pi \ln(1 - 2a\cos x + a^2)dx = 0, \quad -1 < a < 1$$

证明：当 $0 \le a < 1$ 时，考虑函数 $\text{Ln}(1 - z)$ 在 $|z| < 1$ 内的一个解析分支 $\ln(1 - z)$，显然 $u(z) = \text{Re}\{\ln(1 - z)\}$ 在 $|z| < 1$ 内调和，且有 $u(0) = \text{Re}\ln(1) = 0$。

在 $|z| = a < 1$ 上，有

$$u(ae^{i\theta}) = \text{Re}\{\ln(1 - ae^{i\theta})\} = \ln|1 - ae^{i\theta}| = \frac{1}{2}\ln(1 - 2a\cos\theta + a^2)$$

应用调和函数的均值定理，可以得到

$$u(0) = \frac{1}{2\pi}\int_0^{2\pi} u(ae^{i\theta})d\theta$$

即

$$0 = \frac{1}{4\pi}\int_0^{2\pi}\ln(1 - 2a\cos\theta + a^2)d\theta = \frac{2}{4\pi}\int_0^\pi \ln(1 - 2a\cos\theta + a^2)d\theta$$

于是，当 $0 \le a < 1$ 时，$\int_0^\pi \ln(1 - 2a\cos\theta + a^2)d\theta = 0$。

当 $-1 < a < 0$ 时，考虑函数 $\text{Ln}(1 + z)$ 在 $|z| < 1$ 内的一个解析分支 $\ln(1 + z)$，在 $|z| = a' < 1$ 上作类似于上述的讨论，可以得到

$$\int_0^\pi \ln(1 + 2a'\cos\theta + a'^2)d\theta = 0, \quad 0 \le a' < 1$$

于是，当 $-1 < a < 0$ 时，有

$$\int_0^\pi \ln(1 - 2a\cos\theta + a^2)\mathrm{d}\theta = \int_0^\pi \ln(1 + 2(-a)\cos\theta + (-a)^2)\mathrm{d}\theta$$

3.27 设函数 $f(z)$ 在 $|z| < R(R > 1)$ 内解析，且 $f(0) = 1$，试计算：

$$\frac{1}{2\pi\mathrm{i}}\oint_C [2 \pm (z + z^{-1})]\frac{f(z)}{z}\mathrm{d}z$$

其中，C 为正向单位圆周 $|z| = 1$。并由此证明：

(1) $\dfrac{2}{\pi}\displaystyle\int_0^{2\pi} f(\mathrm{e}^{\mathrm{i}\theta})\cos^2\dfrac{\theta}{2}\mathrm{d}\theta = 2 + f'(0)$；

(2) $\dfrac{2}{\pi}\displaystyle\int_0^{2\pi} f(\mathrm{e}^{\mathrm{i}\theta})\sin^2\dfrac{\theta}{2}\mathrm{d}\theta = 2 - f'(0)$；

(3) 再若 $\mathrm{Re}f(z) \geqslant 0$，则 $|\mathrm{Re}f'(0)| \leqslant 2$。

解：积分可以利用柯西积分公式和高阶导数公式计算，再把积分化为参数积分形式来证明。

由柯西积分公式和高阶导数公式可以得到

$$\frac{1}{2\pi\mathrm{i}}\oint_C [2 \pm (z + z^{-1})]\frac{f(z)}{z}\mathrm{d}z = 2f(0) \pm f'(0) = 2 \pm f'(0)$$

利用此结果，可以证明(1)(2)(3)的结果。

证明：(1)(2) 由复积分参数方程的计算公式，令 $z = \mathrm{e}^{\mathrm{i}\theta}$，$\theta: 0 \to 2\pi$，则有

$$\frac{1}{2\pi\mathrm{i}}\oint_C [2 \pm (z + z^{-1})]\frac{f(z)}{z}\mathrm{d}z = \frac{1}{2\pi\mathrm{i}}\int_0^{2\pi}[2 \pm (\mathrm{e}^{\mathrm{i}\theta} + \mathrm{e}^{-\mathrm{i}\theta})]\frac{f(\mathrm{e}^{\mathrm{i}\theta})}{\mathrm{e}^{\mathrm{i}\theta}}\mathrm{e}^{\mathrm{i}\theta}\mathrm{i}\mathrm{d}\theta$$

$$= \frac{1}{2\pi}\int_0^{2\pi}[2 \pm (2\cos\theta)]f(\mathrm{e}^{\mathrm{i}\theta})\mathrm{d}\theta$$

$$= \frac{1}{\pi}\int_0^{2\pi}[1 \pm \cos\theta]f(\mathrm{e}^{\mathrm{i}\theta})\mathrm{d}\theta$$

即有 $$\frac{1}{\pi}\int_0^{2\pi}[1 \pm \cos\theta]f(\mathrm{e}^{\mathrm{i}\theta})\mathrm{d}\theta = 2 \pm f'(0)$$

注意到 $1 + \cos\theta = 2\cos^2\dfrac{\theta}{2}$，$1 - \cos\theta = 2\sin^2\dfrac{\theta}{2}$，得到结论(1)(2)。

(3) 再若 $\mathrm{Re}f(z) \geqslant 0$，对结论(1)和(2)式两边取实部，可知

$$2 + \mathrm{Re}[f'(0)] = \frac{2}{\pi}\int_0^{2\pi}\mathrm{Re}[f(\mathrm{e}^{\mathrm{i}\theta})]\cos^2\frac{\theta}{2}\mathrm{d}\theta \geqslant 0$$

$$2 - \mathrm{Re}[f'(0)] = \frac{2}{\pi}\int_0^{2\pi}\mathrm{Re}[f(\mathrm{e}^{\mathrm{i}\theta})]\sin^2\frac{\theta}{2}\mathrm{d}\theta \geqslant 0$$

此即 $-2 \leqslant \mathrm{Re}[f'(0)] \leqslant 2$，即 $|\mathrm{Re}f'(0)| \leqslant 2$。

3.28 如果在 $|z| < 1$ 内函数 $f(z)$ 解析，并且 $|f(z)| \leqslant \dfrac{1}{1 - |z|}$，证明：

$$f^{(n)}(0) \leqslant (n + 1)!\left(1 + \frac{1}{n}\right)^n < e(n + 1)!,\quad n = 1, 2, \cdots$$

证明：参见例3.13。

3.29 若 $f(z)$ 解析，且 $|f(z)| \leq M$，设 a，b 为任意二数，计算

$$\oint_{|z|=R} \frac{f(z)}{(z-a)(z-b)} dz, \quad |a| < R, \quad |b| < R$$

的积分值，并求其当 $R \to \infty$ 时的极限值，依此来说明 Liouville 定理。

解： 因

$$\oint_{|z|=R} \frac{f(z)}{(z-a)(z-b)} dz = \frac{1}{a-b} \oint_{|z|=R} \left[\frac{f(z)}{(z-a)} - \frac{f(z)}{(z-b)} \right] dz$$

$$= \frac{2\pi i}{a-b} [f(a) - f(b)]$$

又

$$\left| \oint_{|z|=R} \frac{f(z)}{(z-a)(z-b)} dz \right| \leq \oint_{|z|=R} \frac{|f(z)|}{|(z-a)(z-b)|} |dz|$$

$$\leq \oint_{|z|=R} \frac{M}{R^2} ds = \frac{M}{R^2} 2\pi R \xrightarrow{R \to \infty} 0$$

于是便得 $f(a) = f(b)$。

但 a，b 为任意复数，从而 $f(z)$ 必为常数。

第四章 级 数

级数是研究解析函数的另一个重要的工具，不仅可以利用 Taylor 级数来研究函数在解析点的性质，还可以利用 Laurent 级数来研究函数在奇点的性质，在复变函数中奇点和解析点的性质同样重要。复变函数的幂级数在应用上比实函数的幂级数丰富得多，在学习本章内容时，可结合高等数学中的级数部分对比学习。

一、知 识 要 点

(一) 复变函数级数的一般性质

1. 复变函数级数的收敛

若 $f_n(z) = u_n(x, y) + v_n(x, y)$，级数 $\sum_{n=1}^{\infty} f_n(z)$ 收敛的充分必要条件是级数 $\sum_{n=1}^{\infty} u_n(x, y)$ 和 $\sum_{n=1}^{\infty} v_n(x, y)$ 都收敛。

问题归结为研究两个实级数收敛问题。

定理：复数项级数 $\sum_{n=1}^{\infty} f_n(z)$ 收敛的必要条件是 $\lim_{n \to \infty} f_n(z) = 0$。

2. 绝对收敛和条件收敛、一致收敛

定义：如果 $\sum_{n=1}^{\infty} |f_n(z)|$ 在区域 D 内收敛，则称 $\sum_{n=1}^{\infty} f_n(z)$ 在 D 内绝对收敛。

如果 $\sum_{n=1}^{\infty} f_n(z)$ 在区域 D 内收敛，而 $\sum_{n=1}^{\infty} |f_n(z)|$ 发散，则称 $\sum_{n=1}^{\infty} f_n(z)$ 在 D 内条件收敛。

定理(级数收敛的充分条件)：若级数绝对收敛，则级数也收敛。

定义(一致收敛)：对于任意 $\varepsilon > 0$，存在与 z 无关的正整数 $N(\varepsilon)$，当 $n > N(\varepsilon)$ 时，有 $|F_n(z) - F(z)| < \varepsilon$，称级数 $\sum_{n=0}^{\infty} f_n(z)$ 在区域 D 内一致收敛于 $F(z)$。

一致收敛判别法：如果在区域 D 内，$|f_n(z)| \leqslant M_n$（M_n 是常数），且 $\sum_{n=0}^{\infty} M_n$ 收敛，则

$\sum\limits_{n=0}^{\infty} f_n(z)$ 在 D 内一致收敛。

3. 和函数的性质

若 $\sum\limits_{n=0}^{\infty} f_n(z) \xrightarrow{\text{一致收敛}} F(z)$，则

（1）在收敛域内其和函数是解析函数；

（2）逐项积分。若 $f_n(z)$ 在 l 上可积，则 $F(z)$ 在 l 上也可积，且

$$\int_l F(z)\,\mathrm{d}z = \int_l \Big[\sum_{n=0}^{\infty} f_n(z) \Big]\,\mathrm{d}z = \sum_{n=0}^{\infty} \Big(\int_l f_n(z)\,\mathrm{d}z \Big)$$

（3）逐项求导。若 $f_n(z)$ 在 D 内解析，则 $F(z)$ 在 D 内解析，且

$$\frac{\mathrm{d}F(z)}{\mathrm{d}z} = \frac{\mathrm{d}}{\mathrm{d}z}\Big(\sum_{n=0}^{\infty} f_n(z) \Big) = \sum_{n=0}^{\infty} \frac{\mathrm{d}f_n(z)}{\mathrm{d}z}$$

（二）幂级数及收敛半径

1. 幂级数及收敛域

若 $f_n(z) = C_n (z-b)^n$，其中 C_n 为复常数，则级数

$$\sum_{n=0}^{\infty} C_n (z-b)^n = C_0 + C_1(z-b) + \cdots + C_n (z-b)^n + \cdots$$

称为幂级数。

或者 $\tilde{z} = (z-b)$，则有

$$\sum_{n=0}^{\infty} C_n \tilde{z}^n = C_0 + C_1 \tilde{z} + C_2 \tilde{z}^2 + \cdots + C_n \tilde{z}^n + \cdots$$

幂级数的收敛区域是圆域，圆的半径 R 称为收敛半径。幂级数在圆域 $|z-b| < R$ 内处处收敛，级数在圆域 $|z-z_0| > R$ 外处处发散。在圆周 $|z-b| = R$ 上则需要具体分析，其敛散性有三种情况：①在圆周上处处收敛；②在圆周上处处发散；③在圆周上某些点收敛，某些点发散。

2. 收敛半径的计算方法

（1）比值法（D'Alembert 公式）：$R = \lim\limits_{n\to\infty} \left| \dfrac{C_n}{C_{n+1}} \right|$

（2）根值法（Cauchy 公式）：$R = \dfrac{1}{\lim\limits_{n\to\infty} \sqrt[n]{|C_n|}}$

注意：此式仅对 $z-b$ 的幂次逐一递增时成立，若幂次的递增间隔不是 1，则收敛半径需另行推导。

收敛半径及其求法：

方法一：$\lim\limits_{n \to \infty} \left| \dfrac{C_{n+1} \, (z-b)^{n+1}}{C_n \, (z-b)^n} \right| < 1$，从而解出 $|z-b| < R$。

方法二：$\lim\limits_{n \to \infty} \sqrt[n]{|C_n \, (z-b)^n|} < 1$，解出 $|z-b| < R$。

则 R 称为收敛半径。这两种方法的实质，均是由判定正项级数 $\sum\limits_{n=0}^{\infty} |C_n (z-z_0)^n|$ 的收敛性而得到的。

3. 和函数的性质

一个收敛半径为 $R(\neq 0)$ 的幂级数，在收敛圆内的和函数 $f(z)$（即 $\sum\limits_{n=0}^{\infty} C_n (z-b)^n = f(z)$）是解析函数，在这个收敛圆内，这个展开式可以逐项积分和逐项求导，即有

$$f'(z) = \sum_{n=1}^{\infty} n C_n (z-b)^{n-1}, \quad |z-b| < R$$

$$\int_0^z f(z)\,\mathrm{d}z = \sum_{n=0}^{\infty} \int_0^z C_n (z-b)^n \mathrm{d}z = \sum_{n=0}^{\infty} \frac{C_n}{n+1} (z-b)^{n+1}, \quad |z-b| < R$$

(三) 泰勒(Taylor)级数

1. 泰勒(Taylor)定理

如函数 $f(z)$ 在圆域 $|z-b| < R$ 内解析，那么在此圆域内 $f(z)$ 可以展开成 Taylor 级数

$$f(z) = \sum_{n=0}^{\infty} c_n (z-b)^n = \sum_{n=0}^{\infty} \frac{f^{(n)}(b)}{n!} (z-b)^n$$

称为函数 $f(z)$ 在 b 点的 Taylor 展开。

(1)展开式的系数可以利用微分公式计算：$c_n = \dfrac{f^n(b)}{n!}$

(2)收敛半径是展开点到 $f(z)$ 的所有奇点的最短距离。

(3)展开式是唯一的，将函数在解析点的邻域中展开成幂级数一定是 Taylor 级数。故可用任何方便的方法实现对解析函数的展开，而不一定要利用公式 $c_n = \dfrac{f^{(n)}(b)}{n!}$ 求各阶导数。常用的方法有：利用几何级数公式，或利用已知函数的展开式等。

(4)Taylor 级数是复变函数在解析点的幂级数展开式，复变函数在解析点可以用 Taylor 级数表示。

2. 展开方法

任何解析函数展开成幂级数的结果就是泰勒级数，是唯一的。

(1)利用泰勒展开式，我们可以直接通过计算系数：

$$c_n = \frac{1}{n!} f^{(n)}(b), \quad n = 0, 1, 2, \cdots$$

把 $f(z)$ 在 b 展开成幂级数，这被称作直接展开法。

（2）由一些已知函数的展开式，利用泰勒展开式的唯一性及幂级数的运算和性质（级数在其收敛圆内可以逐项求导，可以逐项积分）以及变量代换运算来把函数展开成泰勒级数，此方法称为间接展开法。对变量代换运算，经常是利用关系式 $\dfrac{1}{1-z}=\sum\limits_{n=0}^{\infty}z^n$，若 $w=g(z)$，且 $g(z)$ 是 $(z-b)$ 的幂的形式，则 $\dfrac{1}{1-g(z)}=\sum\limits_{n=0}^{\infty}\left[g(z)\right]^n$，其中要求 $|g(z)|<1$。

3. 一些重要的 Taylor 级数

（1）$\dfrac{1}{1-z}=\sum\limits_{n=0}^{\infty}z^n$，$|z|<1$；

（2）$\mathrm{e}^z=\sum\limits_{n=0}^{\infty}\dfrac{z^n}{n!}$，$|z|<+\infty$；

（3）$\sin z=\sum\limits_{n=0}^{\infty}(-1)^n\dfrac{z^{2n+1}}{(2n+1)!}$，$|z|<+\infty$；

（4）$\cos z=\sum\limits_{n=0}^{\infty}(-1)^n\dfrac{z^{2n}}{(2n)!}$，$|z|<+\infty$；

（5）$\ln(1-z)=-\left(z+\dfrac{z^2}{2}+\dfrac{z^3}{3}\cdots+\dfrac{z^n}{n}+\cdots\right)$，$|z|<1$；

（6）$(1+z)^{\alpha}=1+\alpha z+\dfrac{\alpha(\alpha-1)}{2!}z^2+\cdots+\dfrac{\alpha(\alpha-1)\cdots(\alpha-n+1)}{n!}z^n+\cdots$

根据幂级数展开的唯一性，可以利用这些已知函数的展开式，通过变量代换、四则运算和分析运算（逐项求导、逐项积分等）求出所给函数的 Taylor 级数。

3. 泰勒（Taylor）定理的一些推论

推论 1：函数 $f(z)$ 在 b 解析 $\Leftrightarrow f(z)$ 在 b 的领域内可展开为 $z-b$ 的幂级数。

函数 $f(z)$ 在区域 D 解析 $\Leftrightarrow f(z)$ 在 D 内任一点处可展开为 $z-b$ 的幂级数。

推论 2：泰勒级数的和函数在其收敛圆周上至少有一个奇点（即使幂级数在其收敛圆周上处处收敛）。

推论 3：设函数 $f(z)$ 在 b 解析，其 Taylor 展开式为

$$f(z)=\sum\limits_{n=0}^{\infty}C_n(z-b)^n$$

若 z_0 为 $f(z)$ 距 b 最近的奇点，则收敛半径 $R=|z_0-b|$。

（四）罗兰（Laurent）级数

1. 双边幂级数

$$\sum\limits_{n=-\infty}^{\infty}c_n(z-z_0)^n=\cdots+c_{-n}(z-z_0)^{-n}+\cdots+c_{-1}(z-z_0)^{-1}+c_0+c_1(z-z_0)+\cdots+c_n(z-z_0)^n+\cdots$$

只有在 $R_1 < |z - z_0| < R_2$ 的圆环域，双边幂级数才收敛。其内外半径分别由幂级数

$\sum\limits_{n=0}^{\infty} c_n (z - z_0)^n = c_0 + c_1(z - z_0) + \cdots + c_n (z - z_0)^n + \cdots$（正幂项部分）和 $\sum\limits_{n=1}^{\infty} c_{-n} (z - z_0)^{-n} =$

$c_{-1} (z - z_0)^{-1} + \cdots + c_{-n} (z - z_0)^{-n} + \cdots$（负幂项部分）的收敛半径来确定。

在收敛圆环域内，双边幂级数具有与幂级数一样的运算和性质，即：①在收敛域内其和函数是解析函数；②逐项积分；③逐项求导。

2. 罗兰(Laurent)级数

如果函数 $f(z)$ 在圆环域 $R_1 < |z - b| < R_2$ 内解析，则有如下 Laurent 展开式：

$$f(z) = \sum_{n=-\infty}^{\infty} c_n (z - b)^n$$

其中，$c_n = \dfrac{1}{2\pi \mathrm{i}} \oint_l \dfrac{f(z)}{(z - b)^{n+1}} \mathrm{d}z$（$n = 0, \pm 1, \pm 2, \cdots$），$l$ 是在圆环域内绕 b 的任何一条正向简单闭曲线。

（1）展开式是唯一的，即只要把函数在圆环域内展开为幂级数即为 Laurent 级数。级数中正幂次部分称为罗兰级数的解析部分，负幂次部分称为主要部分。

（2）因在闭合积分路径之内，$f(z)$ 一般不解析，故展开系数不能像泰勒级数那样写成 $c_n = \dfrac{f^n(b)}{n!}$，展开式的系数一般不能利用积分计算。故我们求函数的 Laurent 展开式一般很少采用直接法，常常采用间接法。由于罗兰展开式也具有唯一性，故可以利用已知的幂级数（特别是 $\dfrac{1}{1 - z} = \sum\limits_{n=0}^{\infty} z^n$ 等），通过代数运算把函数展开成 Laurent 级数。

（3）在收敛域内，可以对 Laurent 级数逐项微分或积分。

（4）注意展开的区域，将函数 $f(z)$ 在某点展开为 Laurent 级数时，要在展开点的所有解析区域（圆环域内）展开。

注意：（1）函数 $f(z)$ 在以 b 为中心的圆环域内中展开为罗兰级数，尽管含有 $z-b$ 的负幂项，b 是这些项的奇点，但是 b 可能是函数 $f(z)$ 的奇点，也可能不是 $f(z)$ 的奇点。

（2）负幂项可能是有限项，也可能有无限项。

（3）函数在以 b 为中心的不同圆环域内（由奇点隔开的）展开为不同的罗兰级数（泰勒展开式是特例）。但在给定的圆环域内的罗兰级数是唯一的。

（4）在展开式的收敛圆环域的内、外圆周上有 $f(z)$ 的奇点，或者外圆周的半径为无穷大。

若 $R_1 < |z - b| < R_2$ 是罗兰展开式为 $f(z) = \sum\limits_{n=-\infty}^{+\infty} c_n (z - b)^n$ 的最大公共收敛圆环，则在圆环域的内外边界 $|z - b| = R_1$ 和 $|z - b| = R_2$ 上都有 $f(z)$ 的奇点。

(五) 孤立奇点

1. 定义

若函数 $f(z)$ 在点 b 处不解析，但在 b 的去心邻域 $0 < |z - b| < \delta$ 内解析，则称点 b 为 $f(z)$ 的孤立奇点。

在孤立奇点函数 $f(z)$ 可展开为罗兰级数

$$f(z) = \sum_{n=-\infty}^{\infty} c_n (z - b)^n = \sum_{n=\infty}^{-1} c_n (z - b)^n + \sum_{n=0}^{\infty} c_n (z - b)^n$$

2. 孤立奇点分类

根据罗兰展开式的负幂项来分类。孤立奇点可分为三类：可去奇点，无负幂项；极点，有限负幂项；本性奇点，无穷多负幂项。

3. 孤立奇点的性质

(1) b 是 $f(z)$ 的可去奇点的充要条件是 $\lim_{z \to b} f(z) = c_0$。

(2) b 是 $f(z)$ 的 m 阶极点的充要条件是 $\lim_{z \to b} f(z) = \infty$，或者 $\lim_{z \to b} (z - b)^m f(z) = c_{-m} \neq 0$。

(3) b 是 $f(z)$ 的本性奇点的充要条件是 $\lim_{z \to b} f(z)$ 不存在。

4. 零点与极点的关系，极点阶次的判定

(1) 定义：考虑函数 $f(z)$，若 $f(b) = 0$，且 $f(z)$ 在 b 解析，称 b 为 $f(z)$ 的零点。若 $f(b) = f'(b) = \cdots = f^{(m-1)}(b) = 0$，但 $f^{(m)}(b) \neq 0$，则称 b 为 $f(z)$ 的 m 阶(级)零点。

特别地，若函数 $f(z) = (z - b)^m Q(z)$（m 为正整数）在 b 的邻域解析，且 $Q(b) \neq 0$，则称 b 为 $f(z)$ 的 m 阶(级)零点。

若 b 点是 $g(z)$ 的一个 m 阶零点，即 $g(z)$ 可以表示为 $g(z) = (z - b)^m \varphi(z)$，其中 $\varphi(x)$ 在 b 点解析，且 $\varphi(b) \neq 0$，则 b 点就是 $f(z) = \dfrac{1}{g(z)}$ 的 m 阶极点。

(2) b 是 $f(z)$ 的 m 级零点的充要条件是

$$f(b) = f'(b) = \cdots = f^{(m-1)}(b) = 0, \quad f^{(m)}(b) \neq 0$$

如果 $f(z)$ 在 b 解析，在 b 的邻域展开为泰勒级数 $f(z) = \sum_{n=0}^{\infty} C_n (z - b)^n$，若 b 是 $f(z)$ 的 m 级零点的充要条件是前 m 项系数 $C_0 = C_1 = \cdots = C_{m-1} = 0$，$C_m \neq 0$，即

$$f(z) = C_m (z - b)^m + C_{m+1} (z - b)^{m+1} + \cdots$$

这等价于 $f^{(n)}(b) = 0 (n = 0, 1, 2, \cdots, m-1)$，$f^{(m)}(b) \neq 0$。

(3) 如果 b 是 $f(z)$ 的 m 级零点，则 b 是 $\dfrac{1}{f(z)}$ 的 m 级极点。如果 b 是 $f(z)$ 的 m 级极

点，则 b 是 $\dfrac{1}{f(z)}$ 的 m 级零点。

(4) 设 $f(z) = \dfrac{Q(z)}{P(z)}$，$b$ 是 $Q(z)$ 的 m 级零点，b 是 $P(z)$ 的 n 级零点。

①$m<n$，则 b 是 $f(z)$ 的 $n-m$ 级极点；

②$m=n$，则 $f(z)$ 在 b 解析，且 $f(b) \neq 0$，可去奇点；

③$m>n$，则 $f(z)$ 在 b 解析，且 b 是 $f(z)$ 的 $m-n$ 极零点。

5. 本性奇点的特征

孤立奇点 $b(\neq \infty)$ 为 $f(z)$ 的本性奇点 $\Leftrightarrow f(z)$ 在 b 的去心邻域内的罗兰展开式中含有无穷多个 $z-b$ 的负幂项 $\Leftrightarrow \lim\limits_{z \to b} f(z)$ 不存在且不为无穷大。

6. 函数在无穷远点的性态

(1) 定义：如果函数 $f(z)$ 在无穷远点 $z = \infty$ 的去心邻域 $R < |z| < \infty$ 内解析，称点 ∞ 为 $f(z)$ 的孤立奇点。

(2) 无界区域 Laurent 定理：如果 $w = f(z)$ 在 $R < |z| < \infty$ 解析，那么在此区域内的函数值可以用一个收敛、绝对收敛和一致收敛的级数表示

$$f(z) = \sum_{n=-\infty}^{\infty} c_n z^n$$

其中，$c_n = \dfrac{1}{2\pi i} \oint_l \dfrac{f(\xi)}{\xi^{n+1}} d\xi$。$l$ 是在圆环域 $R < |z| < +\infty$ 内绕原点的任何一条正向简单闭曲线。称此式是 $f(z)$ 在 $z = \infty$ 展开的 Laurent 级数。

(3) 孤立奇点（∞ 点）的分类：若点 $z = \infty$ 是 $f(z)$ 的孤立奇点，则罗兰展开式为

$$f(z) = \sum_{n=-\infty}^{\infty} c_n z^n = \cdots + c_{-n} z^{-n} + \cdots + c_{-1} z^{-1} + c_0 + \cdots + c_n z^n + \cdots$$

点 $z = \infty$ 的孤立奇点的分类是根据罗兰展开式的正幂项来分类的。根据正幂项可分为：可去奇点，无正幂项；极点，有限正幂项；本性奇点，无穷多正幂项（见表 4.1）。

对 $f(z)$ 作变量代换 $t = \dfrac{1}{z}$，记 $f(z) = f\left(\dfrac{1}{t}\right) \equiv \varphi(t)$，则 $f(z)$ 在 $z = \infty$ 处的解析性等同于 $\varphi(t)$ 在 $t = 0$ 处的解析性。

表 4.1

	可去奇点	m 级极点	本性奇点
$t=0$ 的特性	不含负幂项	含有限的负幂项，且 t^{-m} 为最高幂	含有无穷多的负幂项
$z=\infty$ 的特性	不含正幂项	含有限的正幂项，且 z^m 为最高幂	含有无穷多的正幂项

二、教学基本要求

（1）理解复变函数级数的收敛与发散的概念，掌握复变函数级数的敛散判别法。

（2）理解幂级数的概念，理解阿贝尔定理；掌握求复变函数级数的收敛半径的方法，掌握和函数的性质。

（3）理解解析函数的 Taylor 展开定理，掌握求解析函数展开成 Taylor 级数的方法，并能写出收敛半径。

（4）理解 Laurent 级数的概念，掌握函数在解析圆环域内展开成 Laurent 级数的方法。

（5）理解解析函数在零点的性质；理解奇点、孤立奇点的概念，掌握孤立奇点（包含 $z = \infty$ 点）的判定。

三、问 题 解 答

（1）幂级数 $\sum_{n=0}^{\infty} C_n (z - i)^n$ 能否在 $z = -2i$ 处收敛而在 $z = 2 + 3i$ 处发散？

答：不能。

由于级数在 $z = -2i$ 处收敛，有阿贝尔定理可知对一切满足 $|z - i| < |-2i - i| = 3$ 的复数 z，级数 $\sum_{n=0}^{\infty} C_n (z - i)^n$ 都应该收敛。而 $|2i + 3 - i| = 2\sqrt{2} < 3$，因此级数在 $z = 2 + 3i$ 处只能收敛，不可能发散（即 $z = 2 + 3i$ 在 $|z - i| < 3$ 的收敛圆域内。）

（2）圆环内的解析函数在各个不同的圆环内对应一个不同的罗兰级数，试问这与展开式的唯一性矛盾吗？

答：对于圆域内的解析函数，对应唯一的泰勒展开式，其系数由系数公式唯一确定。但对于圆环内的解析函数，对应唯一的罗兰级数，其系数由公式 $c_n = \frac{1}{2\pi i} \oint_C \frac{f(z)}{(z - b)^{n+1}} dz$（$n = 0, \pm 1, \pm 2, \cdots$）唯一确定。其中 C 是绕 b 一周的简单封闭曲线。在不同的圆环区域内，有不同的曲线 C，有不同的罗兰级数。但罗兰级数是唯一对应一个确定的圆环区域，因此，我们在说到罗兰级数时，必须指出在哪个圆环区域内，否则毫无意义。

（3）关于本性奇点的性质。在复变函数中，对于解析函数的孤立奇点，本性奇点（Essential Singularity）是奇点中的"严谨"的一类。函数在本性奇点附近会有"极端"的行为。本性奇点附近的行为可以用魏尔斯特拉斯（Weierstrass）定理或更为强大的皮卡（Picard）定理描述。

魏尔斯特拉斯（Weierstrass）定理：如果 z_0 是 $f(z)$ 的本性奇点，则对任何复数 A（可为 ∞），存在一个收敛于 z_0 的点列 $\{z_n\}$ 使得 $\lim_{n \to \infty} f(z_n) = A$（即 $z_0 \to \{z_n\}$，$f(z_n) \to A$）。

魏尔斯特拉斯（Weierstrass）定理的几何意义：解析函数在本性奇点处发散到 z 平面上任意一点值。

皮卡(Picard)定理：如果 z_0 是 $f(z)$ 的本性奇点，则对每一个复数 $A(A \neq \infty)$，除掉可能一个值 $A = A_0$ 外，必有趋于 z_0 的无穷点列 $\{z_n\}$，$f(z_n) = A$($n = 1$，2，3，$\cdots$)。

如果点 z_0 是 $f(z)$ 的本性奇点，那么在任何含有 z_0 的开集中，$f(z)$ 都将取得所有可能的复数值，最多只有一个例外。

例如，$z = 0$ 是函数 $f(z) = \mathrm{e}^{\frac{1}{z}}$ 的本性奇点，研究其性质。

魏尔施特拉斯定理：

(1)设 $A = \infty$，取 $z_k = \dfrac{1}{n}$，我们有 $f(z_n) = \mathrm{e}^n \to \infty$(当 $n \to \infty$ 时)，即 $A = \infty$，点列 $\left\{\dfrac{1}{n}\right\}$ 适合魏尔斯特拉斯定理中的论断。

(2)设 $A = 0$，取 $z_k = -\dfrac{1}{n}$，我们有 $f(z_n) = \mathrm{e}^{-n} \to 0$(当 $n \to \infty$ 时)，即 $A = 0$，点列 $\left\{-\dfrac{1}{n}\right\}$ 适合魏尔斯特拉斯定理中的论断。

(3)设 $A \neq 0$，$A \neq \infty$，由方程 $\mathrm{e}^{\frac{1}{z}} = A$ 来求相应的 z_n。我们得到 $z = \dfrac{1}{\mathrm{Ln}A}$，于是 $z_n = \dfrac{1}{\ln A + 2n\pi \mathrm{i}}$($n = 0$，$\pm 1$，$\pm 2, \cdots$)，若取 $z_n = \dfrac{1}{\ln A + 2n\pi \mathrm{i}}$($n = 0$，$1$，$2$，$\cdots$)，

就得到收敛于 0 且满足条件 $f(z_n) = A$ 的点列 $\{z_n\}$。于是 $\lim\limits_{n \to \infty} f(z_n) = A$。

皮卡定理：除 $A = 0$ 外，点列 $\{z_n\}$ 不但满足极限等式 $\lim\limits_{n \to \infty} f(z_n) = A$，而且满足准确等式 $f(z_n) = A$。因为指数函数 e^z 永远不能是零，$\mathrm{e}^{\frac{1}{z}}$ 在 0 处具有本性奇点，但仍然不能取得零。

另外，也用下面的方法讨论：

设 $\mathrm{e}^{\frac{1}{z}} = w_0 = R_0 \mathrm{e}^{\mathrm{i}\varphi_0}$(一个给定的任意复数)，及 $z = r\mathrm{e}^{\mathrm{i}\theta}$，得到

$$\mathrm{e}^{\frac{1}{z}} = \mathrm{e}^{\frac{1}{r}\mathrm{e}^{-\mathrm{i}\theta}} = \mathrm{e}^{\frac{1}{r}\cos\theta}\,\mathrm{e}^{-\mathrm{i}\frac{1}{r}\sin\theta} = w_0 = R_0 \mathrm{e}^{\mathrm{i}\varphi_0} \Rightarrow \cos\theta = r\ln R_0, \ \sin\theta = -r(\varphi_0 + 2n\pi)$$

由 $\cos^2\theta + \sin^2\theta = 1$，得到 $r^2[(\ln R_0)^2 + (\varphi_0 + 2n\pi)^2] = 1$，因此

$$r = \frac{1}{\sqrt{(\ln R_0)^2 + (\varphi_0 + 2n\pi)^2}} \xrightarrow{n \to \infty} 0, \quad \theta = \arctan\left[\frac{-(\varphi_0 + 2n\pi)}{\ln R_0}\right] \xrightarrow{n \to \infty} -\frac{\pi}{2}$$

n 的任意值都给出了一个有效的解。一个例外是 $w_0 = 0(R_0 = 0)$。如图 4.1 所示。

用同样的方法可以研究函数 $f(z) = \sin\left(\dfrac{1}{z}\right)$ 等。

(4)关于黎曼 ζ 函数。

定义：黎曼 ζ 函数 $\zeta(s) = \sum\limits_{n=1}^{\infty} n^{-s}$(Res > 1)，它亦可用积分定义

$$\zeta(s) = \sum_{n=1}^{\infty} n^{-s} = \frac{1}{\Gamma(s)} \int_0^{+\infty} \frac{x^{s-1}}{\mathrm{e}^x - 1}\mathrm{d}x (\text{Res} > 1)$$

(第一积分表示)

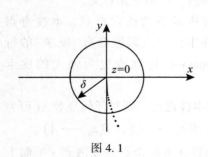

图 4.1

解析延拓后在全局具有积分表达式

$$\zeta(s) = -\frac{1}{2\pi\mathrm{i}}\Gamma(1-s)\oint_{\gamma}\frac{(-z)^{s-1}}{\mathrm{e}^z-1}\mathrm{d}z$$

例 1 证明黎曼 ζ 函数 $\zeta(z) = \sum\limits_{n=1}^{\infty}n^{-z}$ 在区域 $A = \{z \mid \mathrm{Re}z > 1\}$ 内解析，并求 $\zeta'(z)$。

证明： 在 A 中任取一圆域 B，并设 B 与直线 $\mathrm{Re}z = 1$ 距离为 δ，如图 4.2 所示。

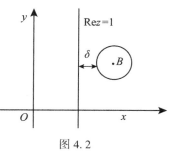

图 4.2

因 $|n^{-z}| = |\mathrm{e}^{-z\mathrm{Ln}n}| \underline{\underline{k=0\text{分支}}} |\mathrm{e}^{-z\ln n}| = \mathrm{e}^{-x\ln n} = n^{-x}$

当 $x \geqslant 1 + \delta$ 时，$|n^{-z}| = n^{-x} \leqslant n^{-(1+\delta)}$，对所有 $z \in B$，

令 $M_n \geqslant n^{-(1+\delta)}$，则 $\sum\limits_{n=1}^{\infty}M_n$ 收敛。故 $\zeta(z) = \sum\limits_{n=1}^{\infty}n^{-z}$ 在 B 内一致收敛，由于 B 为任取的区域，故 $\zeta(z)$ 在区域 A 内解析。

此时 $\zeta'(z) = -\sum\limits_{n=1}^{\infty}(\ln n)n^{-z}$。

例 2 试将黎曼 ζ 函数 $\zeta(z) = \sum\limits_{n=1}^{\infty}n^{-z} = \sum\limits_{n=1}^{\infty}\mathrm{e}^{-z\ln n}(\ln n > 0)$ 在点 $z = 2$ 的邻域内展为泰勒级数，并求出收敛半径。

解： 因为 $|\mathrm{e}^{-z\ln n}| = \dfrac{1}{n^x}$，故级数 $\sum\limits_{n=1}^{\infty}\mathrm{e}^{-z\ln n}$ 在 $\mathrm{Re}z = x > 1$ 时收敛。$\zeta(z)$ 在半平面 $\mathrm{Re}z > 1$ 内解析，故在 $z = 2$ 的邻域内可展开为泰勒级数，即

$$\zeta(z) = \sum_{n=0}^{\infty}\frac{\zeta^{(n)}(2)}{n!}(z-2)^n$$

其中，

$$\zeta^{(n)}(z) = \left(\sum_{k=1}^{\infty}\mathrm{e}^{-z\ln k}\right)^{(n)} = \sum_{k=1}^{\infty}(-1)^n\ln^n k\,\mathrm{e}^{-z\ln k}$$

于是，

$$\zeta^{(n)}(2) = \sum_{k=1}^{\infty}(-1)^n\ln^n k\,\mathrm{e}^{-2\ln k} = (-1)^n\sum_{k=1}^{\infty}\frac{(\ln k)^n}{k^2}$$

所以，

$$\zeta(z) = \sum_{n=0}^{\infty}\frac{\zeta^{(n)}(2)}{n!}(z-2)^n = \sum_{n=0}^{\infty}(-1)^n\left(\sum_{k=1}^{\infty}\frac{(\ln k)^n}{k^2}\right)(z-2)^2$$

因 $z = 1$ 是 $\zeta(z)$ 的奇点，故收敛半径为 $R = 1$。

例 3 黎曼 ζ 函数的积分表达式为 $\zeta(s) = \dfrac{1}{\Gamma(s)}\displaystyle\int_0^{+\infty}\frac{u^{s-1}}{\mathrm{e}^u-1}\mathrm{d}u(\mathrm{Re}s > 1)$，其中 $\Gamma(s)$ 是 Γ 函数，$\Gamma(s) = \displaystyle\int_0^{+\infty}t^{s-1}\mathrm{e}^{-t}\mathrm{d}t$。如果 s 为整数 n，则

$$\frac{u^{n-1}}{\mathrm{e}^u-1} = \frac{u^{n-1}\mathrm{e}^{-u}}{1-\mathrm{e}^{-u}} = u^{n-1}\mathrm{e}^{-u}\sum_{k=0}^{\infty}\mathrm{e}^{-ku} = \sum_{k=1}^{\infty}u^{n-1}\mathrm{e}^{-ku}$$

所以

$$\int_0^{+\infty}\frac{u^{n-1}}{\mathrm{e}^u-1}\mathrm{d}u = \sum_{k=1}^{\infty}\int_0^{+\infty}u^{n-1}\mathrm{e}^{-ku}\mathrm{d}u\xlongequal{y=ku}\sum_{k=1}^{\infty}\int_0^{+\infty}\left(\frac{y}{k}\right)^{n-1}\mathrm{e}^{-y}\mathrm{d}\left(\frac{y}{k}\right)$$

$$= \sum_{k=1}^{\infty} \left(\frac{1}{k}\right)^n \int_0^{+\infty} y^{n-1} e^{-y} dy$$

得到

$$\zeta(n) = \frac{1}{\Gamma(n)} \int_0^{+\infty} \frac{u^{s-1}}{e^u - 1} du = \frac{1}{\Gamma(n)} \sum_{k=1}^{\infty} \left(\frac{1}{k}\right)^n \int_0^{+\infty} y^{n-1} e^{-y} dy = \sum_{k=1}^{\infty} \left(\frac{1}{k}\right)^n$$

四、解 题 示 例

类型一 求幂级数的收敛半径

例 4.1 求下列幂级数的收敛半径。

(1) $\sum_{n=1}^{\infty} \frac{n!}{n^n} z^n$；　　(2) $\sum_{n=1}^{\infty} \frac{z^n}{a^n + ib^n} (a > 0, \ b > 0)$；　　(3) $\sum_{n=1}^{\infty} 2^n z^{2n}$。

解题分析：本题已知 c_n，用公式 $R = \lim_{n \to \infty} \left| \frac{c_n}{c_{n+1}} \right|$ 或 $\frac{1}{R} = \lim_{n \to \infty} \sqrt[n]{|c_n|}$ 求收敛半径。

解：(1) 因 $c_n = n!/n^n$，故收敛半径为

$$R = \lim_{n \to \infty} \left| \frac{c_n}{c_{n+1}} \right| = \lim_{n \to \infty} \left| \frac{n!/n^n}{(n+1)!/(n+1)^{(n+1)}} \right| = \lim_{n \to \infty} \left| \frac{(n+1)^n}{n^n} \right| = \lim_{n \to \infty} \left| \left(1 + \frac{1}{n}\right)^n \right| = e$$

(2) 利用公式 $\frac{1}{R} = \lim_{n \to \infty} \sqrt[n]{|a_n|}$ 可知

$$R = \lim_{n \to \infty} \sqrt[n]{|a_n + ib^n|} = \lim_{n \to \infty} (a^{2n} + b^{2n})^{\frac{1}{2n}}$$

因 $$\max\{a, \ b\} \leqslant (a^{2n} + b^{2n})^{\frac{1}{2n}} \leqslant 2^{\frac{1}{2n}} \max\{a, \ b\}$$

故 $\lim_{n \to \infty} (a^{2n} + b^{2n})^{\frac{1}{2n}} = \max\{a, \ b\}$。该级数的收敛半径 $R = \max\{a, \ b\}$。

(3) 本题其系数幂次与变量的幂次不一致，不是逐一增加的，因此不能用公式 $R = \lim_{n \to \infty} \left| \frac{c_n}{c_{n+1}} \right|$，为了能够利用上述公式，作变换 $\xi = z^2$，级数可以写为 $\sum_{n=1}^{\infty} 2^n \xi^n$。对该级数，$C_n = 2^n$，故在 ξ 平面上的收敛半径为

$$R_\xi = \lim_{n \to \infty} \left| \frac{c_n}{c_{n+1}} \right| = \lim_{n \to \infty} \left| \frac{2^n}{2^{n+1}} \right| = \frac{1}{2}$$

再按 $z = \sqrt{\xi}$，就得到 z 平面上的收敛半径为 $R = \sqrt{R_\xi} = \frac{1}{\sqrt{2}}$。

例 4.2 求下列幂级数的收敛半径：

(1) $\sum_{n=1}^{\infty} (-i)^{n-1} \frac{2n-1}{2^n} z^{2n-1}$；　　(2) $\sum_{n=1}^{\infty} \left(\frac{i}{n}\right)^n (z-1)^{n(n+1)}$

解题分析：本题有 $C_n = 0$ 的情形，不能套用公式 $R = \lim_{n \to \infty} \left| \frac{c_n}{c_{n+1}} \right|$ 或 $\frac{1}{R} = \lim_{n \to \infty} \sqrt[n]{|c_n|}$。但

仍可用比值收敛法或根值收敛法求收敛半径。

解：（1）记 $f_n(z) = (-i)^{n-1} \dfrac{2n-1}{2^n} z^{2n-1}$，则

$$\lim_{n \to \infty} \left| \frac{f_{n+1}(z)}{f_n(z)} \right| = \lim_{n \to \infty} \frac{(2n+1)2^n |z|^{2n+1}}{(2n-1)2^{n+1} |z|^{2n-1}} = \frac{1}{2} |z|^2$$

当 $\dfrac{1}{2} |z|^2 < 1$ 即 $|z| < \sqrt{2}$ 时，原级数绝对收敛；当 $\dfrac{1}{2} |z|^2 > 1$ 即 $|z| > \sqrt{2}$ 时，原级数发散，故原级数的收敛半径为 $R = \sqrt{2}$。

（2）记 $f_n(z) = \left(\dfrac{i}{n} \right)^n (z-1)^{n(n+1)}$，则

$$\lim_{n \to \infty} \sqrt[n]{|f_n(z)|} = \lim_{n \to \infty} \sqrt[n]{\left| \frac{(z-1)^{n(n+1)}}{n^n} \right|} = \lim_{n \to \infty} \frac{|z-1|^{n+1}}{n} = \begin{cases} 0, & |z-1| \leqslant 1 \\ \infty, & |z-1| > 1 \end{cases}$$

所以，当且仅当 $|z-1| \leqslant 1$ 时级数绝对收敛，故该级数的收敛半径 $R = 1$。

注意： 在第（1）小题中，若套用公式 $R = \lim\limits_{n \to \infty} \left| \dfrac{c_n}{c_{n+1}} \right|$，将会得到 $R = 2$ 的错误结果。

求形如 $\sum\limits_{n=0}^{\infty} c_n z^{2n}$ 或 $\sum\limits_{n=0}^{\infty} c_n z^{2n+1} (c_n \neq 0)$ 缺项级数的收敛半径时，若先求出极限 $\lim\limits_{n \to \infty} \left| \dfrac{c_n}{c_{n+1}} \right| = r$，则它们的收敛半径 $R = \sqrt{r}$，一般地，对于级数 $\sum\limits_{n=0}^{\infty} c_n z^{kn+l} (c_n \neq 0, k, l$ 均为正整数$)$，若 $\lim\limits_{n \to \infty} \left| \dfrac{c_n}{c_{n+1}} \right| = r$，则此级数的收敛半径 $R = \sqrt[k]{r}$。

级数 $\sum\limits_{n=0}^{\infty} c_n z^{n(n+1)}$ 或类似形式的缺项级数的收敛半径也可用公式 $\dfrac{1}{R} = \lim\limits_{n \to \infty} |c_n|^{\frac{1}{n(n+1)}}$ 或相应的公式确定。

例 4.3 求幂级数 $\sum\limits_{n=1}^{\infty} (-i)^n \left(1 + \sin \dfrac{1}{n} \right)^{-n^2} z^n$ 的收敛半径。

解题分析： 此题应用公式 $R = \lim\limits_{n \to \infty} \left| \dfrac{c_n}{c_{n+1}} \right|$ 求收敛半径比较困难，而 c_n 具有 $(b_n)^n$ 的形式，所以应考虑用公式：$\dfrac{1}{R} = \lim\limits_{n \to \infty} \sqrt[n]{|c_n|}$。

解： 因 $\lim\limits_{n \to \infty} \sqrt[n]{(-i)^n \left(1 + \sin \dfrac{1}{n} \right)^{-n^2}} = \lim\limits_{n \to \infty} \left(1 + \sin \dfrac{1}{n} \right)^{-n} = \lim\limits_{n \to \infty} \left[\left(1 + \sin \dfrac{1}{n} \right)^{\frac{1}{\sin \frac{1}{n}}} \right]^{-\frac{\sin \frac{1}{n}}{\frac{1}{n}}} = e^{-1}$

故所求的收敛半径为 $R = e$。

例 4.4 求罗兰级数 $\sum\limits_{n=-\infty}^{\infty} c_n (z-2)^n$ 的收敛圆环，其中

$$c_0 = 1, \quad c_n = \frac{n!}{n^n}, \quad c_{-n} = 1 + \frac{1}{2} + \cdots + \frac{1}{n} \quad n = 1, 2, \cdots$$

解题分析：罗朗级数 $\sum\limits_{n=-\infty}^{\infty} c_n (z-a)^n$ 的收敛区域是圆环：$r < |z-a| < R$。其内、外半径 r, R 分别由幂级数 $\sum\limits_{n=1}^{\infty} c_{-n} \xi^n$（其中 $\xi = \frac{1}{z-a}$）与 $\sum\limits_{n=0}^{\infty} c_n (z-a)^n$ 的收敛半径来确定。

解：对于罗兰级数

$$\sum_{n=-\infty}^{\infty} c_n (z-2)^n = \sum_{n=1}^{\infty} \left(1 + \frac{1}{2} + \cdots + \frac{1}{n}\right) \frac{1}{(z-2)^n} + 1 + \sum_{n=1}^{\infty} \frac{n!}{n^n} (z-2)^n$$

幂级数 $\sum\limits_{n=1}^{\infty} \left(1 + \frac{1}{2} + \cdots + \frac{1}{n}\right) \xi^n$ 的系数 $c_n = 1 + \frac{1}{2} + \cdots + \frac{1}{n}$，因 $\left|\dfrac{c_{n+1}}{c_n}\right| = \dfrac{1 + \dfrac{1}{n+1}}{1 + \dfrac{1}{2} + \cdots + \dfrac{1}{n}}$，$1 \leqslant \left|\dfrac{c_{n+1}}{c_n}\right| \leqslant 1 + \dfrac{1}{n+1}$，当 $n \to \infty$ 时，$\left|\dfrac{c_{n+1}}{c_n}\right| \to 1$，收敛半径 $R_1 = 1$。

幂级数 $\sum\limits_{n=1}^{\infty} \dfrac{n!}{n^n} (z-2)^n$ 的系数 $c_n = \dfrac{n!}{n^n}$，因 $\left|\dfrac{c_n}{c_{n+1}}\right| = \left(1 + \dfrac{1}{n}\right)^n \xrightarrow{n \to \infty} \mathrm{e}$（参见例 4.1 (1)），收敛半径 $R_2 = \mathrm{e}$。故所求的收敛圆环为 $1 = \dfrac{1}{R_1} < |z-2| < R_2 = \mathrm{e}$，即 $1 < |z-2| < \mathrm{e}$。

类型二 将给定函数展开为幂级数、幂级数求和

例 4.5 将函数 $f(z) = \dfrac{z\cos\theta - z^2}{1 - 2z\cos\theta + z^2}$ 展开为 z 的幂级数。

解：$f(z) = \dfrac{z\cos\theta - z^2}{1 - 2z\cos\theta + z^2} = -1 + \dfrac{1 - z\cos\theta}{1 - 2z\cos\theta + z^2} = -1 + \dfrac{1 - z\cos\theta}{(z-\cos\theta)^2 + \sin^2\theta}$

$= -1 - \dfrac{1}{2}\left[\dfrac{\cos\theta + \mathrm{i}\sin\theta}{z - (\cos\theta + \mathrm{i}\sin\theta)} + \dfrac{\cos\theta - \mathrm{i}\sin\theta}{z - (\cos\theta - \mathrm{i}\sin\theta)}\right]$

$= -1 + \dfrac{1}{2}\left(\dfrac{1}{1 - \mathrm{e}^{-\mathrm{i}\theta}z} + \dfrac{1}{1 - \mathrm{e}^{\mathrm{i}\theta}z}\right) = -1 + \dfrac{1}{2}\left(\sum\limits_{n=0}^{\infty} \mathrm{e}^{-\mathrm{i}n\theta}z^n + \sum\limits_{n=0}^{\infty} \mathrm{e}^{\mathrm{i}n\theta}z^n\right)$

$= \sum\limits_{n=1}^{\infty} \cos n\theta \, z^n \quad (|z| < 1)$

例 4.6 求级数 $\sum\limits_{n=1}^{\infty} \dfrac{z^n}{(1-z^n)(1-z^{n+1})}$ 的和函数。

解：因为 $S_n(z) = \sum\limits_{k=1}^{n} \dfrac{z^k}{(1-z^k)(1-z^{k+1})} = \sum\limits_{k=1}^{n} \dfrac{1}{1-z}\left(\dfrac{1}{1-z^k} - \dfrac{1}{1-z^{k+1}}\right)$

$= \dfrac{1}{1-z}\left(\dfrac{1}{1-z} - \dfrac{1}{1-z^{n+1}}\right) \quad (|z| \neq 1)$

所以 $f(z) = \lim_{n\to\infty} S_n(z) = \lim_{n\to\infty}\left[\frac{1}{1-z}\left(\frac{1}{1-z} - \frac{1}{1-z^{n+1}}\right)\right] = \begin{cases} \dfrac{z}{(1-z)^2}, & |z| < 1 \\ \dfrac{1}{(1-z)^2}, & |z| > 1 \end{cases}$

例 4.7 求级数 $1 + z(1 - z(1 + z(1 - z(1 + \cdots))))$ 的和函数，对 $|z| < 1$。

解：移去括号，给出 $1 + z - z^2 - z^3 + z^4 + z^5 - \cdots$，此级数对 $|z| < 1$ 为绝对收敛。我们重新组项，得到 $(1 + z)(1 - z^2 + z^4 - z^6 + \cdots)$。

对 $|z| < 1$，此级数和为 $\dfrac{1+z}{1+z^2}$。

另解：对 $|z| < 1$，级数绝对收敛，设和函数为 $S(z)$，且满足 $S(z) = 1 + z[1 - zS(z)]$，因此 $S(z) = \dfrac{1+z}{1+z^2}$。

类型三　将函数展开为 Taylor 级数

Taylor 级数展开方法有直接展开法和间接展开法。直接展开法利用 $c_n = f^{(n)}(b)/n!$ 计算展开式的系数：①若函数简单，系数有一般表达式；②若函数复杂，则系数可能没有一般表达式，只要求写出前几项。间接展开法有：①利用已知函数的幂级数，通过代换运算；②利用已知函数的幂级数，通过代数运算；③利用已知函数的幂级数，通过解析运算。

例 4.8 将函数 $f(z) = e^z\cos z$ 在 $z=0$ 点展开为 Taylor 级数。

解：函数 $f(z) = e^z\cos z$ 在复平面上处处解析，故收敛半径为 ∞。

可以分别利用 e^z 和 $\cos z$ 的 Taylor 级数，再计算它们的乘积，得到 $f(z) = e^z\cos z$ 的 Taylor 级数。

由于 e^z 和 $\cos z$ 的关系，我们可以利用 Euler 公式

$$e^z(\cos z + i\sin z) = e^z \cdot e^{iz} = e^{(1+i)z}$$

所以
$$e^z(\cos z + i\sin z) = e^{(1+i)z} = \sum_{n=0}^{\infty}\frac{(1+i)^n}{n!}z^n$$

同样
$$e^z(\cos z - i\sin z) = e^z \cdot e^{-iz} = e^{(1-i)z} = \sum_{n=0}^{\infty}\frac{(1-i)^n}{n!}z^n$$

因为
$$(1+i)^n + (1-i)^n = (\sqrt{2})^n e^{in\frac{\pi}{4}} + (\sqrt{2})^n e^{-in\frac{\pi}{4}} = 2(\sqrt{2})^n\cos\frac{n\pi}{4}$$

所以有
$$f(z) = e^z\cos z = \frac{1}{2}\sum_{n=0}^{\infty}\frac{(1+i)^n + (1-i)^n}{n!}z^n = \sum_{n=0}^{\infty}\frac{(\sqrt{2})^n\cos\left(\frac{n\pi}{4}\right)}{n!}z^n$$

同样可以得到
$$e^z\sin z = \sum_{n=0}^{\infty}\frac{(\sqrt{2})^n\sin\left(\frac{n\pi}{4}\right)}{n!}z^n$$

例 4.9 写出函数 $\dfrac{\mathrm{e}^{z^2}}{\cos z}$ 与 $\sin\dfrac{z}{1-z}$ 的幂级数展开式至含 z^4 项为止，并指明其收敛范围。

解：（1）函数 $\dfrac{\mathrm{e}^{z^2}}{\cos z}$ 距原点最近的奇点是 $\pm\dfrac{\pi}{2}$，其距离就是函数在原点处幂级数展式的收敛半径，即 $R=\dfrac{\pi}{2}$，收敛范围为 $|z|<\dfrac{\pi}{2}$。

由

$$\mathrm{e}^{z^2}=1+z^2+\frac{1}{2!}z^4+\cdots+\frac{1}{n!}z^{2n}+\cdots,\qquad |z|<+\infty$$

$$\cos z=1-\frac{1}{2!}z^2+\frac{1}{4!}z^2\cdots+\frac{1}{n!}z^4-\cdots+\frac{(-1)^n}{2(n)!}z^{2n}+\cdots,\qquad |z|<+\infty$$

以及幂级数的除法，可设

$$\frac{\mathrm{e}^{z^2}}{\cos z}=c_0+c_1z+c_2z^2+\cdots+c_nz^n+\cdots,\qquad |z|<\frac{\pi}{2}$$

注意到 e^{z^2} 与 $\cos z$ 均为偶函数，其展开式中不含 z^{2n+1} 项，可知 $c_1=c_3=c_5=\cdots=0$，于是

$$\left(1+z^2+\frac{1}{2!}z^4+\cdots\right)=(c_0+c_2z^2+c_4z^4+\cdots)\times\left(1-\frac{1}{2!}z^2+\frac{1}{4!}z^4-\cdots\right)$$

$$=c_0+\left(c_2-\frac{c_0}{2}\right)z^2+\left(c_4-\frac{c_2}{2!}+\frac{c_0}{4!}\right)z^4+\cdots$$

比较同幂项系数得 $\qquad c_0=1,\ c_2=\dfrac{3}{2},\ c_4=\dfrac{29}{24},\ \cdots$

故 $\qquad\dfrac{\mathrm{e}^{z^2}}{\cos z}=1+\dfrac{3}{2}z^2+\dfrac{29}{24}z^4+\cdots,\qquad |z|<\dfrac{\pi}{2}$

（2）将函数 $\sin z$ 与 $\dfrac{z}{1-z}$ 的展开式作复合运算并利用幂级数的乘法运算可知，当 $|z|<1$ 时，

$$\sin\frac{z}{1-z}=\sum_{n=0}^{\infty}\frac{(-1)^n}{(2n+1)!}\left(\frac{z}{1-z}\right)^{2n+1}=\frac{z}{1-z}-\frac{1}{3!}\left(\frac{z}{1-z}\right)^3+\cdots$$

$$=(z+z^2+z^3+\cdots)-\frac{1}{3!}(z+z^2+z^3+\cdots)^3-\cdots$$

$$=z+z^2+\left(1-\frac{1}{3!}\right)z^3+\left(1-3\frac{1}{3!}\right)z^4+\cdots$$

$$=z+z^2+\frac{5}{6}z^3+\frac{1}{2}z^4+\cdots$$

故 $\qquad\sin\dfrac{z}{1-z}=z+z^2+\dfrac{5}{6}z^3+\dfrac{1}{2}z^4+\cdots,\qquad |z|<1$

也可以利用 $c_n=\dfrac{f^n(b)}{n!}$ 计算，这里 $b=0$。

例 4.10　设解析函数 $f(z)$ 在圆 $|z| < R$ 内的泰勒展开式为 $\sum\limits_{n=1}^{\infty} a_n z^n$，且 $S_n(z) = \sum\limits_{k=0}^{n} a_k z^k$，试证明：

$$S_n(z) = \frac{1}{2\pi i} \int_{|\xi| = r} f(\xi) \frac{\xi^{n+1} - z^{n+1}}{\xi - z} \frac{d\xi}{\xi^{n+1}} \quad (|z| < r < R)$$

解题分析： 利用泰勒系数的计算公式，将 $a_k = \frac{1}{2\pi i} \int_{|\xi| = r} \frac{f(\xi)}{\xi^{k+1}} d\xi (k = 0, 1, 2, \cdots)$ 代入 $S_n(z) = \sum\limits_{k=1}^{n} a_k z^k$ 即可。另外，注意到

$$\frac{1}{\xi^n} \frac{\xi^{n+1} - z^{n+1}}{\xi - z} = \sum\limits_{k=0}^{n} \left(\frac{z}{\xi}\right)^k$$

我们也可以从要证等式的右边出发，证明结论。

证明： 因 $\dfrac{1}{2\pi i} \int_{|\xi| = r} f(\xi) \dfrac{\xi^{n+1} - z^{n+1}}{\xi - z} \dfrac{d\xi}{\xi^{n+1}} = \dfrac{1}{2\pi i} \int_{|\xi| = r} \dfrac{f(\xi)}{\xi} \sum\limits_{k=0}^{n} \left(\dfrac{z}{\xi}\right)^k d\xi$

$$= \sum\limits_{k=0}^{n} \left(\frac{1}{2\pi i} \int_{|\xi| = r} \frac{f(\xi)}{\xi^{k+1}} d\xi\right) z^k \text{（由泰勒系数公式）}$$

$$= \sum\limits_{k=0}^{n} a_k z^k = S_n(z)$$

类型四　将函数展开为 Laurent 级数

例 4.11　将函数 $f(z) = \dfrac{1}{z(1-z)^2}$ 在下列指定区域内展开成 Laurent 级数：

(1) $0 < |z| < 1$;　　　(2) $0 < |z-1| < 1$。

解： (1) 因 $\dfrac{1}{1-z} = \sum\limits_{n=0}^{\infty} z^n$, $0 < |z| < 1$。

两边逐项求导，$\dfrac{1}{(1-z)^2} = \left(\dfrac{1}{1-z}\right)' = \sum\limits_{n=0}^{\infty} (n+1) z^n$, $0 < |z| < 1$。

故 $f(z) = \dfrac{1}{z(1-z)^2} = \sum\limits_{n=0}^{\infty} (n+1) z^{n-1}$, $0 < |z| < 1$。

(2) 因为 $\dfrac{1}{z} = \dfrac{1}{1+(z-1)} = \sum\limits_{n=0}^{\infty} (-1)^n (z-1)^n$, $0 < |z-1| < 1$。

故 $f(z) = \dfrac{1}{z(1-z)^2} = \dfrac{1}{(z-1)^2} \sum\limits_{n=0}^{\infty} (-1)^n (z-1)^n = \sum\limits_{n=0}^{\infty} (-1)^n (z-1)^{n-2}$, $0 < |z-1| < 1$。

例 4.12　把函数 $f(z) = z^3 e^{\frac{1}{z}}$ 在 $0 < |z| < +\infty$ 内展开成 Laurent 级数。

解： 因有

$$e^z = 1 + z + \frac{z^2}{2!} + \frac{z^3}{3!} + \cdots + \frac{z^n}{n!} + \cdots$$

$$z^3 \mathrm{e}^{\frac{1}{z}} = z^3\left(1 + \frac{1}{z} + \frac{1}{2!}\frac{1}{z^2} + \frac{1}{3!}\frac{1}{z^3} + \frac{1}{4!}\frac{1}{z^4} + \cdots\right) = z^3 + z^2 + \frac{z}{2!} + \frac{1}{3!} + \frac{1}{4!}\frac{1}{z} + \cdots$$

例 4.13 设函数 $f(z)$ 在 $0 < \rho \leqslant |z| \leqslant 1$ 上解析，且 $\operatorname{Re}\{f(z)\} \geqslant 0$，而且在圆环域内的 Laurent 展开式是

$$f(z) = \sum_{n=1}^{\infty} \frac{a_{-n}}{z^n} + 1 + \sum_{n=1}^{\infty} a_n z^n$$

试证明：(1) $2 - a_n - a_{-n} = \dfrac{2}{\pi}\displaystyle\int_0^{2\pi} f(\mathrm{e}^{\mathrm{i}\theta})\sin^2\left(\dfrac{n\theta}{2}\right)\mathrm{d}\theta$；

(2) $2\rho^n + a_{-n} + a_n\rho^{2n} = \dfrac{2\rho^n}{\pi}\displaystyle\int_0^{2\pi} f(\rho\mathrm{e}^{\mathrm{i}\theta})\cos^2\left(\dfrac{n\theta}{2}\right)\mathrm{d}\theta$；

(3) $|\operatorname{Re}\{a_n\}| \leqslant \dfrac{2}{1-\rho^n}$，$|\operatorname{Re}\{a_{-n}\}| \leqslant \dfrac{2\rho^n}{1-\rho^n}$，其中 $n = 1, 2, 3, \cdots$

解题分析：根据 Laurent 展开式系数的计算公式，

$$a_n = \frac{1}{2\pi\mathrm{i}}\oint_{|z|=r} \frac{f(z)}{z^{n+1}}\mathrm{d}z, \quad n = 0, \pm 1, \pm 2, \cdots; \ \rho < r < 1$$

注意到函数 $f(z)$ 在圆环域 $0 < \rho \leqslant |z| \leqslant 1$ 上解析以及其展开式常数项为1，由积分基本定理(闭路变形原理)：

$$a_n = \frac{1}{2\pi\mathrm{i}}\oint_{|z|=\rho} \frac{f(z)}{z^{n+1}}\mathrm{d}z = \frac{1}{2\pi\mathrm{i}}\oint_{|z|=1} \frac{f(z)}{z^{n+1}}\mathrm{d}z, \quad n = 0, \pm 1, \pm 2, \cdots; \ \rho < r < 1$$

并且

$$a_0 = \frac{1}{2\pi\mathrm{i}}\oint_{|z|=\rho} \frac{f(z)}{z}\mathrm{d}z = \frac{1}{2\pi\mathrm{i}}\oint_{|z|=1} \frac{f(z)}{z}\mathrm{d}z = 1$$

然后再逐个验证。

证明：(1) 由 $a_n = \dfrac{1}{2\pi\mathrm{i}}\oint_{|z|=1} \dfrac{f(z)}{z^{n+1}}\mathrm{d}z$，令 $z = \mathrm{e}^{\mathrm{i}\theta}(0 \leqslant \theta \leqslant 2\pi)$，由复积分的计算公式，得到

$$a_n = \frac{1}{2\pi}\int_0^{2\pi} f(\mathrm{e}^{\mathrm{i}\theta})\mathrm{e}^{-\mathrm{i}n\theta}\mathrm{d}\theta$$

并且

$$a_0 = \frac{1}{2\pi}\int_0^{2\pi} f(\mathrm{e}^{\mathrm{i}\theta})\mathrm{d}\theta = 1$$

于是

$$\begin{aligned}
2 - a_n - a_{-n} &= 2 - \frac{1}{2\pi}\int_0^{2\pi} f(\mathrm{e}^{\mathrm{i}\theta})\mathrm{e}^{-\mathrm{i}n\theta}\mathrm{d}\theta - \frac{1}{2\pi}\int_0^{2\pi} f(\mathrm{e}^{\mathrm{i}\theta})\mathrm{e}^{\mathrm{i}n\theta}\mathrm{d}\theta \\
&= 2\left[1 - \frac{1}{2\pi}\int_0^{2\pi} f(\mathrm{e}^{\mathrm{i}\theta})\cos n\theta\,\mathrm{d}\theta\right] \\
&= 2\left[\frac{1}{2\pi}\int_0^{2\pi} f(\mathrm{e}^{\mathrm{i}\theta})(1 - \cos n\theta)\mathrm{d}\theta\right] \\
&= \frac{2}{\pi}\int_0^{2\pi} f(\mathrm{e}^{\mathrm{i}\theta})\sin^2\left(\frac{n\theta}{2}\right)\mathrm{d}\theta
\end{aligned}$$

(2) 由 $a_n = \dfrac{1}{2\pi\mathrm{i}}\oint_{|z|=\rho} \dfrac{f(z)}{z^{n+1}}\mathrm{d}z$ 及复积分的计算公式(令 $z = \rho\mathrm{e}^{\mathrm{i}\theta}$，$0 \leqslant \theta \leqslant 2\pi$)

$$a_n = \frac{1}{2\pi\rho^n} \int_0^{2\pi} f(\rho e^{i\theta}) e^{-in\theta} d\theta$$

并且

$$a_0 = \frac{1}{2\pi} \int_0^{2\pi} f(\rho e^{i\theta}) d\theta = 1$$

于是

$$2\rho^n + a_{-n} + a_n \rho^{2n} = 2\rho^n + \frac{\rho^n}{2\pi} \int_0^{2\pi} f(\rho e^{i\theta}) e^{-in\theta} d\theta + \rho^{2n} \frac{1}{2\pi\rho^n} \int_0^{2\pi} f(\rho e^{i\theta}) e^{-in\theta} d\theta$$

$$= 2\rho^n \left[1 + \frac{1}{2\pi} \int_0^{2\pi} f(\rho e^{i\theta}) \cos n\theta d\theta \right]$$

$$= 2\rho^n \left[\frac{1}{2\pi} \int_0^{2\pi} f(e^{i\theta})(1 + \cos n\theta) d\theta \right]$$

$$= \frac{2\rho^n}{\pi} \int_0^{2\pi} f(\rho e^{i\theta}) \cos^2\left(\frac{n\theta}{2}\right) d\theta$$

（3）在结论（1）（2）的两边分别取实部，有

$$2 - \text{Re}\{a_n\} - \text{Re}\{a_{-n}\} = \frac{2}{\pi} \int_0^{2\pi} \text{Re}\{f(e^{i\theta})\} \sin^2\left(\frac{n\theta}{2}\right) d\theta$$

$$2\rho^n + \text{Re}\{a_{-n}\} + \text{Re}\{a_n\}\rho^{2n} = \frac{2\rho^n}{\pi} \int_0^{2\pi} \text{Re}\{f(\rho e^{i\theta})\} \cos^2\left(\frac{n\theta}{2}\right) d\theta$$

在 $a_0 = \frac{1}{2\pi} \int_0^{2\pi} f(e^{i\theta}) d\theta = \frac{1}{2\pi} \int_0^{2\pi} f(\rho e^{i\theta}) d\theta = 1$ 两边分别取实部，有

$$\frac{1}{2\pi} \int_0^{2\pi} \text{Re}\{f(e^{i\theta})\} d\theta = \frac{1}{2\pi} \int_0^{2\pi} \text{Re}\{f(\rho e^{i\theta})\} d\theta = 1$$

利用 $\text{Re}\{f(z)\} \geqslant 0$，$\sin^2\left(\frac{n\theta}{2}\right) \leqslant 1$，$\cos^2\left(\frac{n\theta}{2}\right) \leqslant 1$，可知

$$0 \leqslant 2 - \text{Re}\{a_n\} - \text{Re}\{a_{-n}\} \leqslant \frac{2}{\pi} \int_0^{2\pi} \text{Re}\{f(e^{i\theta})\} d\theta = 4 \tag{1}$$

$$0 \leqslant 2\rho^n + \text{Re}\{a_{-n}\} + \text{Re}\{a_n\}\rho^{2n} \leqslant \frac{2\rho^n}{\pi} \int_0^{2\pi} \text{Re}\{f(\rho e^{i\theta})\} d\theta = 4\rho^n \tag{2}$$

式（1）和式（2）相加，得到

$$0 \leqslant 2(1 + \rho^n) + \text{Re}\{a_n\}(\rho^{2n} - 1) \leqslant 4(1 + \rho^n)$$

或者

$$\frac{-2}{1 - \rho^n} \leqslant \text{Re}\{a_n\} \leqslant \frac{2}{1 - \rho^n} \Rightarrow |\text{Re}\{a_n\}| \leqslant \frac{2}{1 - \rho^n}$$

用 ρ^{2n} 乘以式（1），再与式（2）相加，得到

$$0 \leqslant 2\rho^n(1 + \rho^n) + \text{Re}\{a_{-n}\}(1 - \rho^{2n}) \leqslant 4\rho^n(1 + \rho^n)$$

或者

$$\frac{-2\rho^n}{1 - \rho^n} \leqslant \text{Re}\{a_{-n}\} \leqslant \frac{2}{1 - \rho^n} \Rightarrow |\text{Re}\{a_n\}| \leqslant \frac{2\rho^n}{1 - \rho^n}$$

故　　　　　$|\mathrm{Re}\{a_n\}| \leqslant \dfrac{2}{1-\rho^n}$，$|\mathrm{Re}\{a_{-n}\}| \leqslant \dfrac{2\rho^n}{1-\rho^n}$，$n = 1,\ 2,\ 3\cdots$

类型五　孤立奇点的类型的判断、极点阶次的判定、对无穷远点奇异性的判定

例 4.14　指出下列函数在零点 $z = 0$ 的阶次：

(1) $z^2(\mathrm{e}^{z^2} - 1)$；　　　　(2) $6\sin z^3 + z^3(z^6 - 6)$

解：(1)用求导数验证：记 $f(z) = z^2(\mathrm{e}^{z^2} - 1)$，$f(0) = 0$，不难计算

$$f'(z) = -2z + 2(z^3 + z)\mathrm{e}^{z^2},\ f'(0) = 0$$
$$f''(z) = (4z^4 + 10z^2 + 2)\mathrm{e}^{z^2} - 2,\ f''(0) = 0$$
$$f'''(z) = (8z^5 + 36z^3 + 24z)\mathrm{e}^{z^2},\ f'''(0) = 0$$
$$f^{(4)}(z) = (16z^6 + 112z^4 + 156z^2 + 24)\mathrm{e}^{z^2},\ f^{(4)}(0) = 24$$

即 $f(0) = f'(0) = f''(0) = f'''(0) = 0$，$f^{(4)}(0) \neq 0$，故 $z = 0$ 为函数 $z^2(\mathrm{e}^{z^2} - 1)$ 的 4 级零点。

用泰勒展开式：由展开式

$$\mathrm{e}^{z^2} = 1 + z^2 + \frac{1}{2!}z^4 + \cdots + \frac{1}{n!}z^{2n} + \cdots,\qquad |z| < +\infty$$

可知　　　　　$z^2(\mathrm{e}^{z^2} - 1) = z^2\left(z^2 + \frac{1}{2!}z^4 + \cdots\right) = z^4\varphi(z)$

其中，$\varphi(z) = 1 + \frac{1}{2!}z^2 + \cdots + \frac{1}{n!}z^{2n-2} + \cdots$ 在 $|z| < +\infty$ 内解析，$\varphi(0) = 1$，故 $z = 0$ 为函数 $z^2(\mathrm{e}^{z^2} - 1)$ 的 4 级零点。

(2)由展开式

$$\sin z^3 = z^3 - \frac{1}{3!}z^9 + \frac{1}{5!}z^{15} - \cdots + (-1)^n\frac{z^{6n+3}}{(2n+1)!} + \cdots,\qquad |z| < +\infty$$

可知

$$6\sin z^3 + z^3(z^6 - 6) = 6\left[z^3 - \frac{1}{3!}z^9 + \frac{1}{5!}z^{15} - \cdots + (-1)^n\frac{z^{6n+3}}{(2n+1)!} + \cdots\right] + z^9 - 6z^3 = z^{15}\varphi(z)$$

其中，$\varphi(z) = 6\left[\frac{1}{5!} - \frac{1}{7!}z^6 + \cdots + (-1)^n\frac{z^{6n-12}}{(2n+1)!} + \cdots\right]$ 在 $|z| < +\infty$ 内解析，$\varphi(0) = \dfrac{6}{5!}$ $\neq 0$，故 $z = 0$ 是函数 $6\sin z^3 + z^3(z^6 - 6)$ 的 15 级零点。

例 4.15　函数 $f(z) = \dfrac{(\mathrm{e}^z - 1)^3(z - 3)^4}{(\sin\pi z)^4}$ 在扩充复平面内有些什么类型的奇点？如果是极点，指出它的级次。

解题分析：考察函数的奇点类型，一般先求出函数的奇点(不解析点)，然后根据每一类孤立奇点的特征来判定类型。

解：易知函数 $f(z)$ 除使分母为零的点 $\sin\pi z = 0$，即 $z = 0,\ \pm 1,\ \pm 2,\cdots$ 外，在 $|z| < +\infty$ 内解析，由于 $(\sin\pi z)' = \pi\cos\pi z$ 在 $z = 0,\ \pm 1,\ \pm 2,\cdots$ 处均不为零，因此这些点都是 $\sin\pi z$ 的一级零点。从而是 $(\sin\pi z)^4$ 的四级零点，所以这些点中除去 0，3 外(因 0，3 也是分子的零点)都是 $f(z)$ 的四级极点。

因 $z = 0$ 是 $e^z - 1$ 的一级零点，从而是 $(e^z - 1)^3$ 的三级零点。所以 $z = 0$ 是 $f(z)$ 的一级极点。

至于 $z = 3$，因为

$$\lim_{z \to 3} f(z) = \lim_{z \to 3} (e^2 - 1)^3 \left(\frac{z - 3}{\sin \pi z} \right)^4 = (e^3 - 1)^3 \lim_{z \to 3} \left(\frac{z - 3}{\sin \pi z} \right)^4$$

$$\xlongequal{\text{令} \, \varepsilon = z - 3} (e^3 - 1)^3 \lim_{\varepsilon \to 0} \left(\frac{\pi \varepsilon}{\sin \pi \varepsilon} \right)^4 \frac{1}{\pi^4} = \frac{(e^3 - 1)^3}{\pi^4}$$

所以 $z = 3$ 是 $f(z)$ 的可去奇点。

关于 $z = \infty$，因为 $f(z)$ 的四级极点 $\pm k (k = 4, 5, \cdots)$ 以 ∞ 为极限（当 $k \to \infty$ 时），所以 ∞ 不是 $f(z)$ 的孤立奇点。也可通过考察 $f\left(\frac{1}{t} \right)$ 在 $t = 0$ 点的性态得到 $f(z)$ 在 ∞ 的性态。

综上所述，函数 $f(z)$ 有如下类型的奇点：

0（1级极点），3（可去奇点），± 1，± 2，-3，± 4，$\pm 5, \cdots$（均为 4 级极点），∞（非孤立奇点）。

五、习题参考解答和提示

4.1 试讨论下列各级数的收敛性质，是否绝对收敛？

（1）$\displaystyle\sum_{n=0}^{\infty} \frac{(2i)^n}{n!}$；　　（2）$\displaystyle\sum_{n=0}^{\infty} \frac{\cos in}{2^n}$；　　（3）$\displaystyle\sum_{n=2}^{\infty} \frac{i^n}{\ln n}$；　　（4）$\displaystyle\sum_{n=0}^{\infty} e^{in\frac{\pi}{2}}$。

解：（1）因 $\displaystyle\sum_{n=0}^{\infty} \left| \frac{(2i)^n}{n!} \right| = \sum_{n=0}^{\infty} \frac{2^n}{n!}$，利用比值法，得到

$$\lim_{n \to \infty} \frac{2^{(n+1)}/(n+1)!}{2^n/n!} = \lim_{n \to \infty} \frac{2}{n+1} = 0 < 1$$

所以原级数绝对收敛。

（2）因 $\displaystyle\sum_{n=0}^{\infty} \frac{\cos in}{2^n} = \sum_{n=0}^{\infty} \frac{e^n + e^{-n}}{2^{n+1}} > \frac{1}{2} \sum_{n=0}^{\infty} \frac{e^n}{2^n}$，

显然，级数 $\displaystyle\frac{1}{2} \sum_{n=0}^{\infty} \frac{e^n}{2^n}$ 不收敛，所以级数发散。

（3）因 $\displaystyle\sum_{n=2}^{\infty} \left| \frac{i^n}{\ln n} \right| = \sum_{n=2}^{\infty} \frac{1}{\ln n} > \sum_{n=2}^{\infty} \frac{1}{n}$，因调和级数发散，原级数不绝对收敛。

当 $n = 2k$，$\displaystyle\sum_{k=1}^{\infty} \frac{(-1)^k}{\ln 2k}$；当 $n = 2k+1$，$\displaystyle i \sum_{k=1}^{\infty} \frac{(-1)^k}{\ln(2k+1)}$。根据莱布尼茨审敛法，两者都是交错级数，满足交错级数收敛的条件，所以原级数收敛。

因此，原级数条件收敛。

（4）因 $\displaystyle\sum_{n=0}^{\infty} e^{in\frac{\pi}{2}} = \sum_{n=0}^{\infty} \left(\cos n \frac{\pi}{2} + i \sin n \frac{\pi}{2} \right)$，当 n 趋近于无穷大时，实部和虚部的级数和的极限不存在，所以原函数的级数是发散的。

4.2 试求幂级数的收敛半径：

(1) $\sum\limits_{n=1}^{\infty}\dfrac{z^n}{n^2}$; (2) $\sum\limits_{n=1}^{\infty}2^n z^n$; (3) $\sum\limits_{n=1}^{\infty}\left[3+(-1)^n\right]^n z^n$;

(4) $\sum\limits_{n=1}^{\infty}\sin(in)z^n$; (5) $\sum\limits_{n=1}^{\infty}\left[n+a^n\right]z^n$; (6) $\sum\limits_{n=1}^{\infty}n^{\ln n}z^n$。

解：（1）由比值法（达朗贝尔公式）得到

$$R=\lim_{n\to\infty}\left|\frac{C_n}{C_{n+1}}\right|=\lim_{n\to\infty}\left|\frac{\dfrac{1}{n^2}}{\dfrac{1}{(n+1)^2}}\right|=\lim_{n\to\infty}\left|\frac{(n+1)^2}{n^2}\right|=1$$

（2）由达朗贝尔公式得到

$$R=\lim_{n\to\infty}\left|\frac{C_n}{C_{n+1}}\right|=\lim_{n\to\infty}\left|\frac{2^n}{2^{n+1}}\right|=\frac{1}{2}$$

（3）由根值法（柯西公式）得到

$$R=\frac{1}{\lim\limits_{n\to\infty}\sqrt[n]{|C_n|}}=\frac{1}{\lim\limits_{n\to\infty}\sqrt[n]{\left|\left[3+(-1)^n\right]^n\right|}}=\begin{cases}\dfrac{1}{2},& n\text{ 为奇数}\\[2mm]\dfrac{1}{4},& n\text{ 为偶数}\end{cases}$$

取两者的公共区域，则收敛半径为 $R=\dfrac{1}{4}$。

（4）因 $\sin(in)=\dfrac{e^{i(in)}-e^{-i(in)}}{2i}=\dfrac{e^{-n}-e^n}{2i}$，所以由比值法（达朗贝尔公式），得到

$$R=\lim_{n\to\infty}\left|\frac{C_n}{C_{n+1}}\right|=\lim_{n\to\infty}\left|\frac{\sin(in)}{\sin i(n+1)}\right|=\lim_{n\to\infty}\left|\frac{\dfrac{e^{-n}-e^n}{2i}}{\dfrac{e^{-(n+1)}-e^{(n+1)}}{2i}}\right|=\frac{1}{e}$$

（5）由比值法（达朗贝尔公式），因为

$$\lambda=\lim_{n\to\infty}\left|\frac{C_{n+1}}{C_n}\right|=\lim_{n\to\infty}\left|\frac{n+1+a^{n+1}}{n+a^n}\right|=\begin{cases}\lim\limits_{n\to\infty}\left|\dfrac{n+1}{n}\right|=1,& |a|\leqslant 1\\[4mm]\lim\limits_{n\to\infty}\left|\dfrac{\dfrac{n}{a^n}+\dfrac{1}{a^n}+a}{\dfrac{n}{a^n}+1}\right|=|a|,& |a|>1\end{cases}$$

所以有 $$R=\frac{1}{\lambda}=\lim_{n\to\infty}\left|\frac{C_n}{C_{n+1}}\right|=\begin{cases}1,& |a|\leqslant 1\\[2mm]\dfrac{1}{|a|},& |a|>1\end{cases}$$

（6）由比值法（达朗贝尔公式），因为

$$\lambda=\lim_{n\to\infty}\left|\frac{C_{n+1}}{C_n}\right|=\lim_{n\to\infty}\left|\frac{(n+1)^{\ln(n+1)}}{n^{\ln n}}\right|=\lim_{n\to\infty}\left|\frac{e^{\ln(n+1)\ln(n+1)}}{e^{\ln n\ln n}}\right|$$

利用 $\ln(1+x) = x - \dfrac{x^2}{2} + \dfrac{x^3}{3} + \cdots + (-1)^{n-1}\dfrac{x^n}{n} + \cdots$，有

$$\frac{\mathrm{e}^{\ln(n+1)\ln(n+1)}}{\mathrm{e}^{\ln n \ln n}} = \frac{\mathrm{e}^{\left(\ln n + \frac{1}{n}\right)\left(\ln n + \frac{1}{n}\right)}}{\mathrm{e}^{\ln n \ln n}} = \mathrm{e}^{2\frac{1}{n}\ln n + \left(\frac{1}{n}\right)^2} \xrightarrow{\;n \to \infty\;} 1$$

故

$$R = \frac{1}{\lambda} = \lim_{n \to \infty}\left|\frac{C_n}{C_{n+1}}\right| = 1$$

另外，也可由下式得到：

$$\left|\frac{(n+1)^{\ln(n+1)}}{n^{\ln n}}\right| = \left|\frac{\left[n\left(1+\frac{1}{n}\right)\right]^{\ln(n+1)}}{n^{\ln n}}\right| = \left|\frac{n^{\left(\ln n + \frac{1}{n}\right)}\left(1+\frac{1}{n}\right)^{\ln(n+1)}}{n^{\ln n}}\right|$$

$$= \left|n^{\frac{1}{n}}\left(1+\frac{1}{n}\right)^{\ln(n+1)}\right| \xrightarrow{\;n \to \infty\;} 1$$

另解： $\quad R = \dfrac{1}{\lim\limits_{n \to \infty} \sqrt[n]{|C_n|}} = \lim\limits_{n \to \infty}\dfrac{1}{\sqrt[n]{n^{\ln n}}} = \lim\limits_{n \to \infty} n^{-\frac{\ln n}{n}} = \lim\limits_{n \to \infty} \mathrm{e}^{-\frac{\ln n}{n}\ln n} = \mathrm{e}^0 = 1$

4.3 将下列函数在 $z = 0$ 展开成 Taylor 级数，并指出收敛半径。

（1）$\dfrac{1}{az+b}$（a，b 是不为零的复数）；　（2）$\dfrac{1}{1+z^3}$；　（3）$\dfrac{1}{(1-z)^2}$；

（4）$\dfrac{1}{(1+z^2)^2}$；　（5）$\dfrac{z}{z^2-4z+13}$；　（6）$\cos z^2$；　（7）$\sin^2 z$；　（8）$\mathrm{e}^z \cos z$。

解： （1）$\dfrac{1}{az+b} = \dfrac{1}{b}\dfrac{1}{1+\frac{a}{b}z} = \dfrac{1}{b}\sum\limits_{n=0}^{\infty}\left(-\dfrac{a}{b}z\right)^n = \sum\limits_{n=0}^{\infty}(-1)^n\dfrac{a^n}{b^{n+1}}z^n$，

收敛区域为 $\left|\dfrac{a}{b}z\right| < 1$，即 $|z| < \left|\dfrac{b}{a}\right|$，收敛半径为 $R = \left|\dfrac{b}{a}\right|$。

（2）$\dfrac{1}{1+z^3} = \sum\limits_{n=0}^{\infty}(-z^3)^n = \sum\limits_{n=0}^{\infty}(-1)^n z^{3n}$，收敛半径为 $R = 1$。

（3）因 $\dfrac{1}{1-z} = \sum\limits_{n=0}^{\infty} z^n = 1 + z + z^2 + \cdots + z^n + \cdots$，两边求导，得到

$$\frac{1}{(1-z)^2} = 1 + 2z + \cdots + nz^{n-1} + \cdots = \sum_{n=0}^{\infty}(n+1)z^n = \sum_{n=1}^{\infty} nz^{n-1}$$

收敛半径为 $R = 1$。

（4）利用上题的结论，将上题中的 z 用 $-z^2$ 替代，有

$$\frac{1}{(1+z^2)^2} = \sum_{n=0}^{\infty}(n+1)(-1)^n z^{2n}$$

收敛半径为 $R = 1$。

（5）$\dfrac{z}{z^2-4z+13} = \dfrac{z}{(z-2)^2+9} = \dfrac{z}{[(z-2)-3\mathrm{i}][(z-2)+3\mathrm{i}]}$

$$= \frac{z}{6\mathrm{i}} \left[\frac{1}{(z-2)-3\mathrm{i}} - \frac{1}{(z-2)+3\mathrm{i}} \right]$$

$$= \frac{z}{6\mathrm{i}} \left[\frac{1}{2+3\mathrm{i}} \frac{1}{\dfrac{z}{2+3\mathrm{i}}-1} - \frac{1}{2-3\mathrm{i}} \frac{1}{\dfrac{z}{2-3\mathrm{i}}-1} \right]$$

$$= \frac{z}{6\mathrm{i}} \left[-\frac{1}{2+3\mathrm{i}} \sum_{n=0}^{\infty} \frac{1}{(2+3\mathrm{i})^n} z^n + \frac{1}{2-3\mathrm{i}} \sum_{n=0}^{\infty} \frac{1}{(2-3\mathrm{i})^n} z^n \right]$$

$$= \frac{1}{6\mathrm{i}} \left[\sum_{n=0}^{\infty} \frac{1}{(2-3\mathrm{i})^{n+1}} z^{n+1} - \sum_{n=0}^{\infty} \frac{1}{(2+3\mathrm{i})^{n+1}} z^{n+1} \right]$$

因为函数 $\dfrac{z}{z^2-4z+13}$ 有奇点 $z = 2 \pm 3\mathrm{i}$，展开点 $z = 0$ 到奇点的距离为 $|2 \pm 3\mathrm{i}|$，所以收敛半径为 $R = |2 \pm 3\mathrm{i}| = \sqrt{13}$。

(6) $\cos z^2 = \displaystyle\sum_{n=0}^{\infty} (-1)^n \frac{(z^2)^{2n}}{(2n)!} = \sum_{n=0}^{\infty} (-1)^n \frac{z^{4n}}{(2n)!}$，收敛半径为 $R = \infty$。

(7) 因 $\sin^2 z = \dfrac{1-\cos 2z}{2} = \dfrac{1}{2} - \dfrac{1}{2} \displaystyle\sum_{n=0}^{\infty} (-1)^n \frac{(2z)^{2n}}{(2n)!}$，收敛半径为 $R = \infty$。

(8) 参见例 4.8。

4.4 将下列各函数在指定点 z_0 处展开成 Taylor 级数，并指出它的收敛半径。

(1) $\dfrac{z-1}{z+1}$，$z_0 = 1$；　　(2) $\dfrac{1}{4-3z}$，$z_0 = 1+\mathrm{i}$；　　(3) $\cos z$，$z_0 = \dfrac{\pi}{4}$；

(4) $\sin(2z-z^2)$，$z_0 = 1$；　　(5) $\dfrac{1}{z^2}$，$z_0 = 1+2\mathrm{i}$。

解：(1) $\dfrac{z-1}{z+1} = \dfrac{z-1}{2+z-1} = \dfrac{z-1}{2} \dfrac{1}{1+\dfrac{z-1}{2}} = \displaystyle\sum_{n=0}^{\infty} (-1)^n \left(\frac{z-1}{2} \right)^{n+1}$，收敛半径 $R=2$。

(2) $\dfrac{1}{4-3z} = \dfrac{1}{4-3[z-(1+\mathrm{i})]-3(1+\mathrm{i})} = \dfrac{1}{1-3\mathrm{i}} \dfrac{1}{1-\dfrac{3}{1-3\mathrm{i}}[z-(1+\mathrm{i})]}$

$$= \frac{1}{1-3\mathrm{i}} \sum_{n=0}^{\infty} \left(\frac{3}{1-3\mathrm{i}}(z-(1+\mathrm{i})) \right)^n = \sum_{n=0}^{\infty} \frac{3^n}{(1-3\mathrm{i})^{n+1}} [z-(1+\mathrm{i})]^n$$

收敛半径 $\left| \dfrac{3}{1-3\mathrm{i}}[z-(1+\mathrm{i})] \right| < 1 \Rightarrow |[z-(1+\mathrm{i})]| < \left| \dfrac{1-3\mathrm{i}}{3} \right| \Rightarrow R = \dfrac{\sqrt{10}}{3}$。

(3) $\cos z = \cos\left(z - \dfrac{\pi}{4} + \dfrac{\pi}{4} \right) = \cos\left(z - \dfrac{\pi}{4} \right) \cos\left(\dfrac{\pi}{4} \right) - \sin\left(z - \dfrac{\pi}{4} \right) \sin\left(\dfrac{\pi}{4} \right)$

$$= \frac{\sqrt{2}}{2} \left[\cos\left(z - \frac{\pi}{4} \right) - \sin\left(z - \frac{\pi}{4} \right) \right]$$

$$= \frac{\sqrt{2}}{2} \sum_{n=0}^{\infty} (-1)^n \left[\frac{\left(z - \dfrac{\pi}{4} \right)^{2n+1}}{(2n+1)!} + \frac{\left(z - \dfrac{\pi}{4} \right)^{2n}}{(2n)!} \right]$$

收敛半径 $R = \infty$ 。

(4) $\sin(2z - z^2) = \sin(1 - (z-1)^2) = \sin 1 \cos(z-1)^2 - \cos 1 \sin(z-1)^2$

$$= \sin 1 \sum_{n=0}^{\infty} (-1)^n \left[\frac{(z-1)^{4n}}{(2n)!} \right] + \cos 1 \sum_{n=0}^{\infty} (-1)^n \left[\frac{(z-1)^{4n+2}}{(2n+1)!} \right]$$

收敛半径 $R = \infty$ 。

(5) 因 $\quad \dfrac{1}{z} = \dfrac{1}{1+2i} \dfrac{1}{1 + \dfrac{z-(1+2i)}{1+2i}} = \dfrac{1}{1+2i} \sum_{n=0}^{\infty} (-1)^n \left[\dfrac{z-(1+2i)}{1+2i} \right]^n$

$$= \sum_{n=0}^{\infty} (-1)^n \frac{[z-(1+2i)]^n}{(1+2i)^{n+1}}$$

所以 $\quad \dfrac{1}{z^2} = -\left(\dfrac{1}{z} \right)' = \sum_{n=0}^{\infty} (-1)^{n+2} \dfrac{(n+1)[z-(1+2i)]^n}{(1+2i)^{n+2}}$

由 $\left| \dfrac{z-(1+2i)}{1+2i} \right| < 1 \Rightarrow |z-(1+2i)| < |1+2i| = \sqrt{5}$,得到收敛半径 $R = \sqrt{5}$ 。

4.5 将下列函数在指定的区域内展开成 Laurent 级数。

(1) $\dfrac{1}{(z-2)(z-3)}$, $|z| > 3$;

(2) $\dfrac{1}{(z+1)(z-2)}$, $1 < |z| < 2$ 及 $|z| > 2$;

(3) $\dfrac{z+1}{z^2(z-1)}$, $0 < |z| < 1$, $1 < |z| < \infty$;

(4) $\dfrac{1}{z(1-z)}$, $|z+1| < 1$, $1 < |z+1| < 2$, $|z+1| > 2$;

(5) $\dfrac{1}{(z-i)^3}$, $0 < |z| < 1$, $1 < |z| < \infty$;

(6) $f(z) = z^3 e^{\frac{1}{z}}$, $0 < |z| < \infty$;

(7) $e^{z+\frac{1}{z}}$, $0 < |z| < \infty$;

(8) $e^{\frac{1}{1-z}}$, $1 < |z| < \infty$.

解: (1) 由于 $|z| > 3$,有

$$\frac{1}{(z-2)(z-3)} = \frac{1}{z-3} - \frac{1}{z-2} = \frac{1}{z} \frac{1}{1 - \dfrac{3}{z}} - \frac{1}{z} \frac{1}{1 - \dfrac{2}{z}}$$

$$= \frac{1}{z} \sum_{n=0}^{\infty} \left(\frac{3}{z} \right)^n - \frac{1}{z} \sum_{n=0}^{\infty} \left(\frac{2}{z} \right)^n = \sum_{n=0}^{\infty} \left(\frac{3^n}{z^{n+1}} \right) - \sum_{n=0}^{\infty} \left(\frac{2^n}{z^{n+1}} \right)$$

(2) 对 $1 < |z| < 2$,有

$$\frac{1}{(z+1)(z-2)} = \frac{1}{3}\left(\frac{1}{z-2} - \frac{1}{z+1} \right) = \frac{1}{3}\left(-\frac{1}{2} \frac{1}{1-\dfrac{z}{2}} - \frac{1}{z} \frac{1}{1+\dfrac{1}{z}} \right)$$

$$= \frac{1}{3}\left[-\frac{1}{2}\sum_{n=0}^{\infty}\left(\frac{z}{2}\right)^n - \frac{1}{z}\sum_{n=0}^{\infty}(-1)^n\left(\frac{1}{z}\right)^n \right]$$

$$= -\frac{1}{6}\sum_{n=0}^{\infty}\left(\frac{z}{2}\right)^n - \frac{1}{3}\sum_{n=0}^{\infty}\left[\frac{(-1)^n}{z^{n+1}}\right]$$

对 $|z| > 2$，有

$$\frac{1}{(z+1)(z-2)} = \frac{1}{3}\left(\frac{1}{z-2} - \frac{1}{z+1}\right) = \frac{1}{3}\left(\frac{1}{z}\frac{1}{1-\frac{2}{z}} - \frac{1}{z}\frac{1}{1+\frac{1}{z}}\right)$$

$$= \frac{1}{3}\left[\frac{1}{z}\sum_{n=0}^{\infty}\left(\frac{2}{z}\right)^n - \frac{1}{z}\sum_{n=0}^{\infty}(-1)^n\left(\frac{1}{z}\right)^n\right]$$

$$= \frac{1}{3}\sum_{n=0}^{\infty}\frac{2^n}{z^{n+1}} - \frac{1}{3}\sum_{n=0}^{\infty}\frac{(-1)^n}{z^{n+1}}$$

(3) $\dfrac{z+1}{z^2(z-1)} = \left(\dfrac{1}{z} + \dfrac{1}{z^2}\right)\left(\dfrac{1}{z-1}\right) = \left(\dfrac{1}{z} + \dfrac{1}{z^2}\right)\left(-\sum_{n=0}^{\infty}z^n\right)$, $0 < |z| < 1$

$\dfrac{z+1}{z^2(z-1)} = \left(\dfrac{1}{z} + \dfrac{1}{z^2}\right)\left(\dfrac{1}{z-1}\right) = \left(\dfrac{1}{z} + \dfrac{1}{z^2}\right)\sum_{n=0}^{\infty}\dfrac{1}{z^{n+1}}$, $1 < |z| < \infty$

(4) $\dfrac{1}{z(1-z)} = \dfrac{1}{(z+1)-1} + \dfrac{1}{2-(z+1)} = -\sum_{n=0}^{\infty}(z+1)^n + \dfrac{1}{2}\sum_{n=0}^{\infty}\left(\dfrac{z+1}{2}\right)^n$, $|z+1| < 1$

$\dfrac{1}{z(1-z)} = \dfrac{1}{(z+1)-1} + \dfrac{1}{2-(z+1)} = \sum_{n=0}^{\infty}\dfrac{1}{(z+1)^{n+1}} + \dfrac{1}{2}\sum_{n=0}^{\infty}\left(\dfrac{z+1}{2}\right)^n$, $1 < |z+1| < 2$

$\dfrac{1}{z(1-z)} = \dfrac{1}{(z+1)-1} + \dfrac{1}{2-(z+1)} = \sum_{n=0}^{\infty}\dfrac{1}{(z+1)^{n+1}} - \sum_{n=0}^{\infty}\left(\dfrac{2^n}{(z+1)^{n+1}}\right)$, $|z+1| > 2$

(5) 因为 $\dfrac{1}{(z-i)^3} = \dfrac{1}{2}\left[\dfrac{1}{(z-i)}\right]''$, 由

$$\frac{1}{z-i} = i\frac{1}{1-\frac{z}{i}} = i\sum_{n=0}^{\infty}\left(\frac{z}{i}\right)^n , \quad \frac{1}{(z-i)^3} = \frac{1}{2}\sum_{n=0}^{\infty}(n+2)(n+1)\left(\frac{z^n}{i^{n+2}}\right) , 0 < |z| < 1$$

得到

$$\frac{1}{(z-i)^3} = \frac{1}{2}\sum_{n=0}^{\infty}(n+2)(n+1)\left(\frac{i^n}{z^{n+3}}\right) , 1 < |z| < \infty$$

(6) 因 $e^z = \sum_{n=0}^{\infty}\dfrac{z^n}{n!}$, 有 $z^3 e^{\frac{1}{z}} = z^3\sum_{n=0}^{\infty}\dfrac{1}{n!}\left(\dfrac{1}{z}\right)^n$, $0 < |z| < \infty$

(7) $e^{z+\frac{1}{z}} = e^z e^{\frac{1}{z}} = \sum_{n=0}^{\infty}\dfrac{1}{n!}\left(\dfrac{1}{z}\right)^n \cdot \sum_{n=0}^{\infty}\dfrac{1}{n!}(z)^n$, $0 < |z| < \infty$

(8) $e^{\frac{1}{1-z}} = e^{-\frac{1}{z}\frac{1}{1-1/z}} = e^{-\frac{1}{z}\sum_{n=0}^{\infty}(\frac{1}{z})^n} = \sum_{n=0}^{\infty}\dfrac{1}{n!}\left[-\dfrac{1}{z}\sum_{n=0}^{\infty}\left(\dfrac{1}{z}\right)^n\right]^n$

$$= 1 - \frac{1}{z} - \frac{1}{2z^2} - \frac{1}{6z^3} + \frac{1}{24z^4} + \cdots , 1 < |z| < \infty$$

4.6 将 $f(z) = \dfrac{1}{(z-1)(z-2)}$ 在 $z = 0$ 点展开成级数。

解: 函数有两个奇点,$z = 1$ 和 $z = 2$,在 $z = 0$ 点函数的解析区域有:

(1) $|z| < 1$;(2) $1 < |z| < 2$;(3) $|z| > 2$。

对 $|z| < 1$,有

$$f(z) = \frac{1}{z-2} - \frac{1}{z-1} = \frac{1}{1-z} - \frac{1}{2}\frac{1}{1-\dfrac{z}{2}} = \sum_{n=0}^{\infty} z^n - \frac{1}{2}\sum_{n=0}^{\infty}\left(\frac{z}{2}\right)^n$$

对 $1 < |z| < 2$,有

$$f(z) = \frac{1}{z-2} - \frac{1}{z-1} = -\frac{1}{2}\frac{1}{1-\dfrac{z}{2}} - \frac{1}{z}\frac{1}{1-\dfrac{1}{z}}$$

$$= -\frac{1}{2}\sum_{n=0}^{\infty}\left(\frac{z}{2}\right)^n - \frac{1}{z}\sum_{n=0}^{\infty}\left(\frac{1}{z}\right)^n$$

对 $|z| > 2$,有

$$f(z) = \frac{1}{z-2} - \frac{1}{z-1} = \frac{1}{z}\frac{1}{1-\dfrac{2}{z}} - \frac{1}{z}\frac{1}{1-\dfrac{1}{z}} = \frac{1}{z}\sum_{n=0}^{\infty}\left(\frac{2}{z}\right)^n - \frac{1}{z}\sum_{n=0}^{\infty}\left(\frac{1}{z}\right)^n$$

4.7 求下列函数的零点,并指出它们的阶数。

(1) $w = \cos z - 1$;　(2) $w = \sin z$;　(3) $w = e^z - 1$。

解:(1) 由 $w = \cos z - 1 = 0$,得到零点为 $z = 2k\pi(k = 0, \pm 1, \pm 2, \cdots)$,

且 $(w)' = -\sin z|_{z=2k\pi} = 0$,$(w)'' = -\cos z|_{z=2k\pi} = -1 \neq 0$,

所以 $z = 2k\pi(k = 0, \pm 1, \pm 2, \cdots)$ 是 $w = \cos z - 1$ 的 2 阶零点。

(2)由 $w = \sin z = 0$,得到零点为 $z = k\pi(k = 0, \pm 1, \pm 2, \cdots)$,

且 $(w)' = \cos z|_{z=k\pi} = (-1)^k \neq 0$,

所以 $z = k\pi(k = 0, \pm 1, \pm 2, \cdots)$ 是 $w = \sin z$ 的 1 阶零点。

(3)由 $w = e^z - 1$,得到零点为 $z = \mathrm{Ln}1 = 2k\pi i(k = 0, \pm 1, \pm 2, \cdots)$,

且 $(w)' = e^z|_{z=2k\pi i} = 1 \neq 0$,

所以 $z = 2k\pi i(k = 0, \pm 1, \pm 2, \cdots)$ 是 $w = e^z - 1$ 的 1 阶零点。

4.8 求出下列函数的奇点,确定奇点的性质。

(1) $\dfrac{z+1}{(z-1)(z^2+1)^2}$;　(2) $\dfrac{z^4}{1+z^4}$;　(3) $\dfrac{e^z-1}{z^2}$;　(4) $\dfrac{1-e^z}{1+e^z}$;　(5) $\dfrac{e^{\frac{1}{z-1}}}{e^z-1}$;

(6) $\dfrac{1}{e^z-1} - \dfrac{1}{z}$;　(7) $\sin\left(\dfrac{1}{\sin\dfrac{1}{z}}\right)$;　(8) $\dfrac{1}{\sin z + \cos z}$;　(9) $e^{-z}\cos\dfrac{1}{z}$。

解:(1)$z = 1$ 是一阶极点,$z = \pm i$ 是二阶极点。

(2) $z = \sqrt[4]{-1} = e^{i\frac{\pi+2k\pi}{4}}$,$k = 0, 1, 2, 3$ 是一阶极点。

(3)$z = 0$ 是一阶极点(利用零点判别法,分子是一阶零点,分子是二阶零点)。

（4）由 $1 + e^z = 0$，$z = \text{Ln}(-1) = \ln(|-1|) + i\arg(-1) + i2k\pi = i(2k+1)\pi$（$k = 0$, ± 1, ± 2, $\cdots$）。

$z = i(2k+1)\pi$ 是一阶极点，$z = \infty$ 是非孤立奇点。

（5）函数的奇点为 $z - 1 = 0$ 和 $e^z - 1 = 0$，即 $z = 1$，是本性奇点，$z = 2k\pi i$（$k = 0$, ± 1, ± 2, $\cdots$）是 1 阶极点。

（6）因 $f(z) = \dfrac{1}{e^z - 1} - \dfrac{1}{z} = \dfrac{z - (e^z - 1)}{z(e^z - 1)}$，

所以 $z = 0$ 和 $e^z - 1 = 0 \Rightarrow z = 2k\pi i$（$k = 0$, ± 1, ± 2, $\cdots$）是函数的奇点。

$z = 2k\pi i$（$k = 0$, ± 1, ± 2, $\cdots$）是 1 阶极点，

而 $z = 0$ 是函数分子和分母的 2 阶零点，所以为可去奇点，

$z = \infty$ 是非孤立奇点。

（7）奇点为 $z = 0$ 和 $\sin\dfrac{1}{z} = 0$，即 $z = \dfrac{1}{k\pi}$，

而 $z = \infty$，$z = \dfrac{1}{k\pi}$，$k = \pm 1$，$\pm 2 \cdots$. 是本性奇点，$z = 0$ 是非孤立奇点。

（8）$\sin z + \cos z = 0$，$\tan z = -1$，$z = k\pi - \dfrac{\pi}{4}$（$k = 0$, ± 1, ± 2, $\cdots$）是一阶极点，

由指数函数可知，$z = \infty$ 该函数的是奇点，但是是非孤立奇点。

（9）奇点为 $z = 0$，$z = \infty$，是本性奇点。

4.9　试证：函数 $f(z) = \sin\left(z + \dfrac{1}{z}\right)$ 的 Laurent 展开式 $\displaystyle\sum_{n=-\infty}^{\infty} c_n z^n$ 的系数为

$$c_n = \frac{1}{2\pi}\int_0^{2\pi} \cos n\theta \sin(2\cos\theta)\,d\theta$$

证明：由 Laurent 展开式的系数 $C_n = \dfrac{1}{2\pi i}\displaystyle\oint_c \dfrac{f(z)}{z^{n+1}}dz$，$c$ 包围 0 点的简单闭曲线。

取 c：$|z| = 1$，设 $z = e^{i\theta}$，$0 \leqslant \theta \leqslant 2\pi$，有

$$C_n = \frac{1}{2\pi i}\oint_c \frac{\sin\left(z + \dfrac{1}{z}\right)}{z^{n+1}}dz = \frac{1}{2\pi i}\int_0^{2\pi} \frac{\sin(e^{i\theta} + e^{-i\theta})}{e^{(n+1)i\theta}}ie^{i\theta}d\theta$$

$$= \frac{1}{2\pi}\int_0^{2\pi} \frac{\sin(2\cos\theta)}{e^{in\theta}}d\theta = \frac{1}{2\pi}\int_0^{2\pi}(\cos n\theta - i\sin n\theta)\sin(2\cos\theta)d\theta$$

$$= \frac{1}{2\pi}\int_0^{2\pi}\cos n\theta \sin(2\cos\theta)d\theta$$

这里虚部的积分为 0。

4.10　设函数 $f(z) = \dfrac{1}{1 - z - z^2}$ 的幂级数展开式为 $f(z) = \displaystyle\sum_{n=0}^{\infty} c_n z^n$。

（1）证明系数满足关系式 $c_0 = 1$，$c_1 = 1$，$c_n = c_{n-1} + c_{n-2}$（$n = 2$, 3, 4, $\cdots$）；

（2）求该幂级数的收敛半径 R；

（3）证明：$\dfrac{1}{2\pi\mathrm{i}}\oint_{|\xi|=r}\dfrac{1+\xi^2 f(\xi)}{(\xi-z)^{n+1}(1-\xi)}\mathrm{d}\xi=\dfrac{f^{(n)}(z)}{n!}$，$\quad |z|<r<R;\quad n=0,1,2,\cdots$

解：（1）由 $\dfrac{1}{1-z-z^2}=\displaystyle\sum_{n=0}^{\infty}c_n z^n$，得到 $1=\displaystyle\sum_{n=0}^{\infty}c_n z^n-\displaystyle\sum_{n=0}^{\infty}c_n z^{n+1}-\displaystyle\sum_{n=0}^{\infty}c_n z^{n+2}$，即

$$\sum_{n=0}^{\infty}c_n z^n-\sum_{n=1}^{\infty}c_{n-1}z^n-\sum_{n=2}^{\infty}c_{n-2}z^n=1$$

于是 $\qquad\qquad c_0+(c_1-c_0)z+\displaystyle\sum_{n=2}^{\infty}(c_n-c_{n-1}-c_{n-2})z^n=1$

所以 $\qquad\qquad c_0=1,\ (c_1-c_0)=0,\ (c_n-c_{n-1}-c_{n-2})=0$

故 $c_0=1,\ c_1=1,\ c_n=c_{n-1}+c_{n-2}$。

（2）由 $1-z-z^2=0$，$R=\dfrac{\sqrt{5}-1}{2}$。

（3）由高阶导数公式，有 $\qquad\dfrac{f^{(n)}(z)}{n!}=\dfrac{1}{2\pi\mathrm{i}}\oint_{c}\dfrac{f(\xi)}{(\xi-z)^{n+1}}\mathrm{d}\xi$

因为 $\qquad\quad 1+\xi^2 f(\xi)=1+\xi^2\dfrac{1}{1-\xi-\xi^2}=\dfrac{1-\xi}{1-\xi-\xi^2}=(1-\xi)f(\xi)$

故有 $\quad\dfrac{f^{(n)}(z)}{n!}=\dfrac{1}{2\pi\mathrm{i}}\oint_{c}\dfrac{f(\xi)}{(\xi-z)^{n+1}}\mathrm{d}\xi=\dfrac{1}{2\pi\mathrm{i}}\oint_{|\xi|=r}\dfrac{1+\xi^2 f(\xi)}{(\xi-z)^{n+1}(1-\xi)}\mathrm{d}\xi$

4.11 求下列函数的零点，并指明零点的阶数

（1）$w=z^2(\mathrm{e}^{z^2}-1)$；

（2）$w=6\sin z^3+z^3(z^6-6)$。

解：（1）函数 $w=z^2(\mathrm{e}^{z^2}-1)$ 的零点为 $\begin{cases}z^2=0\\ \mathrm{e}^{z^2}-1=0\end{cases}$

其中，$z=0$ 是 4 阶零点（参考例 4.13）。

而由 $\mathrm{e}^{z^2}-1=0$，得到 $z^2=\mathrm{Ln}1=2k\pi\mathrm{i}(k=\pm1,\pm2,\cdots)$ 是 1 阶零点。

$$z=\sqrt{2k\pi\mathrm{i}}=\begin{cases}\sqrt{2|k|\pi}\,\mathrm{e}^{(\pi/2+2n\pi)/2}\\ \sqrt{2|k|\pi}\,\mathrm{e}^{(\pi/2+2n\pi)/2}\end{cases}\quad(n=0,1;k=\pm1,\pm2,\cdots)$$

$$=\begin{cases}\sqrt{2|k|\pi}\,\mathrm{e}^{(\pi/2+2n\pi)/2}\\ \sqrt{2|k|\pi}\,\mathrm{e}^{(\pi/2+2n\pi)/2}\end{cases}\quad(n=0,1;k=1,2,\cdots)$$

$$=\sqrt{2|k|\pi}\,\mathrm{e}^{(\pi/2+2n\pi)/2}\quad(n=0,1,2,3;k=1,2,\cdots)$$

（2）参考例 4.13。

4.12 将下列函数在指定点展开成 Taylor 级数，并指明收敛半径

（1）$\arctan z$，$z=0$；　　（2）$\dfrac{1}{1+z+z^2}$，$z=0$；　　（3）$\dfrac{2z-1}{(z+2)(3z-1)}$，$z=-1$；

（4）$\sin^2 z$，$z=\dfrac{1}{2}$。

解：（1）因为 $(\arctan z)' = \dfrac{1}{1 + z^2} = \sum\limits_{n=0}^{\infty} (-1)^n z^{2n}$，所以

$$\arctan z = \int_0^z \left(\sum_{n=0}^{\infty} (-1)^n z^{2n} \right) \mathrm{d}z = \sum_{n=0}^{\infty} (-1)^n \frac{z^{2n+1}}{2n+1}$$

（2）$\dfrac{1}{1 + z + z^2} = \dfrac{1}{\left(z + \dfrac{1}{2}\right)^2 + \dfrac{3}{4}} = \dfrac{1}{\sqrt{3}\,\mathrm{i}} \left[\dfrac{1}{\left(z + \dfrac{1}{2}\right) - \dfrac{\sqrt{3}}{2}\mathrm{i}} - \dfrac{1}{\left(z + \dfrac{1}{2}\right) + \dfrac{\sqrt{3}}{2}\mathrm{i}} \right]$

$$= \frac{1}{\sqrt{3}\,\mathrm{i}} \left[\frac{2}{1 - \sqrt{3}\,\mathrm{i}} \frac{1}{\left(1 + \dfrac{2z}{1 - \sqrt{3}\,\mathrm{i}}\right)} - \frac{2}{1 + \sqrt{3}\,\mathrm{i}} \frac{1}{\left(1 + \dfrac{2z}{1 + \sqrt{3}\,\mathrm{i}}\right)} \right]$$

$$= \frac{2}{3 + \sqrt{3}\,\mathrm{i}} \sum_{n=0}^{\infty} (-1)^n \left(\frac{2z}{1 - \sqrt{3}\,\mathrm{i}} \right)^n + \frac{2}{3 - \sqrt{3}\,\mathrm{i}} \sum_{n=0}^{\infty} (-1)^n \left(\frac{2z}{1 + \sqrt{3}\,\mathrm{i}} \right)^n$$

另：$\dfrac{1}{1 + z + z^2} = \dfrac{1}{\dfrac{z^3 - 1}{z - 1}} = \dfrac{1 - z}{1 - z^3} = (1 - z) \sum\limits_{n=0}^{\infty} z^{3n}$

（3）$\dfrac{2z - 1}{(z + 2)(3z - 1)} = \dfrac{5}{7} \dfrac{1}{z + 2} - \dfrac{1}{7} \dfrac{1}{3z - 1}$

$$= \frac{5}{7} \frac{1}{1 + (z + 1)} - \frac{1}{7} \frac{1}{3(z + 1) - 4}$$

$$= \frac{5}{7} \sum_{n=0}^{\infty} (-1)^n (z + 1)^n + \frac{1}{28} \sum_{n=0}^{\infty} \left(\frac{3}{4} \right)^n (z + 1)^n$$

（4）$\sin^2 z = \dfrac{1}{2}(1 - \cos 2z) = \dfrac{1}{2} - \dfrac{1}{2}\cos[2(z + 1) - 2]$

$$= \frac{1}{2} - \frac{1}{2}\cos 2 \cos[2(z + 1)] + \frac{1}{2}\sin 2 \sin[2(z + 1)]$$

$$= \frac{1}{2} - \frac{1}{2}\cos 2 \sum_{n=0}^{\infty} (-1)^n \frac{2^{2n} (z + 1)^{2n}}{(2n)!} + \frac{1}{2}\sin 2 \sum_{n=0}^{\infty} (-1)^n \frac{2^{2n+1} (z + 1)^{2n+1}}{(2n + 1)!}$$

4.13　如果 $\sqrt{1} = -1$，将 $w = (1 + z)^{1/2}$ 在 $z = 0$ 展开成 Taylor 级数。

解：**方法一**：由 $w = (1 + z)^{1/2} = \sum\limits_{n=0}^{\infty} c_n z^n$，$c_n = \dfrac{f^{(n)}(b)}{n!}$ 计算系数，这里 $b = 0$。

$$c_0 = f(0) = \sqrt{1} = -1, \quad c_1 = [(1 + z)^{1/2}]' \big|_{z=0} = \frac{1}{2} \frac{1}{\sqrt{1}} = -\frac{1}{2}$$

$$\cdots\cdots$$

$$c_n = [(1 + z)^{1/2}]^{(n)} \big|_{z=0} = \frac{\dfrac{1}{2}\left(\dfrac{1}{2} - 1\right) \cdots \left(\dfrac{1}{2} - n + 1\right)}{n!} \frac{1}{\sqrt{1}}$$

$$= -\frac{\dfrac{1}{2}\left(\dfrac{1}{2} - 1\right) \cdots \left(\dfrac{1}{2} - n + 1\right)}{n!}$$

故 $(1 + z)^{\frac{1}{2}} = -1 - \dfrac{1}{2}z - \dfrac{\dfrac{1}{2}\left(\dfrac{1}{2} - 1\right)}{2!}z^2 + \cdots - \dfrac{\dfrac{1}{2}\left(\dfrac{1}{2} - 1\right)\cdots\left(\dfrac{1}{2} - n + 1\right)}{n!}z^n + \cdots$

方法二：直接利用公式：

$$(1 + z)^{\alpha} = 1 + \alpha z + \frac{\alpha(\alpha - 1)}{2!}z^2 + \cdots + \frac{\alpha(\alpha - 1)\cdots(\alpha - n + 1)}{n!}z^n + \cdots$$

取 $\sqrt{1} = -1$ 的分支。

4.14 将 $w = \dfrac{(z - 1)(z - 2)}{(z - 3)(z - 4)}$ 在 $3 < |z| < 4$ 以及在 $4 < |z| < \infty$ 展开成 Laurent 级数。

解：在 $3 < |z| < 4$ 圆环区域，有

$$\begin{aligned}
w &= \frac{(z - 1)(z - 2)}{(z - 3)(z - 4)} = (z^2 - 3z + 2)\left(\frac{1}{z - 4} - \frac{1}{z - 3}\right) \\
&= (z^2 - 3z + 2)\left(-\frac{1}{4}\frac{1}{1 - \dfrac{z}{4}} - \frac{1}{z}\frac{1}{1 - \dfrac{3}{z}}\right) \\
&= (z^2 - 3z + 2)\left[-\frac{1}{4}\sum_{n=0}^{\infty}\left(\frac{z}{4}\right)^n - \frac{1}{z}\sum_{n=0}^{\infty}\left(\frac{3}{z}\right)^n\right]
\end{aligned}$$

在 $4 < |z| < \infty$ 圆环区域，有

$$w = (z^2 - 3z + 2)\left(\frac{1}{z - 4} - \frac{1}{z - 3}\right) = (z^2 - 3z + 2)\left(\frac{1}{z}\frac{1}{1 - \dfrac{4}{z}} - \frac{1}{z}\frac{1}{1 - \dfrac{3}{z}}\right)$$

$$= (z^2 - 3z + 2)\left[\frac{1}{z}\sum_{n=0}^{\infty}\left(\frac{4}{z}\right)^n - \frac{1}{z}\sum_{n=0}^{\infty}\left(\frac{3}{z}\right)^n\right]$$

4.15 将 $w = \dfrac{1}{(z - a)^k}$ $(a \neq 0$，k 为自然数$)$ 在 $z = 0$ 点展开成级数。

解：因为 $w = \dfrac{1}{(z - a)^k} = \dfrac{1}{(-a)^k\left(1 - \dfrac{z}{a}\right)^k}$

利用 $(1 + z)^{\alpha} = 1 + \alpha z + \dfrac{\alpha(\alpha - 1)}{2!}z^2 + \cdots + \dfrac{\alpha(\alpha - 1)\cdots(\alpha - n + 1)}{n!}z^n + \cdots$，

有 $w = \dfrac{1}{(z - a)^k} = \dfrac{1}{(-a)^k\left(1 - \dfrac{z}{a}\right)^k}$

$$= \frac{1}{(-a)^k}\left[1 + (-k)\left(-\frac{z}{a}\right) + \frac{(-k)(-k - 1)}{2!}\left(-\frac{z}{a}\right)^2 + \cdots \right.$$

$$\left. + \frac{(-k)(-k - 1)\cdots(-k - n + 1)}{n!}\left(-\frac{z}{a}\right)^n + \cdots\right]$$

4.16 求出下列函数的奇点，并指出它们的性质。

$$(1) \, f(z) = \frac{z^7}{(z^2 - 4)^2 \cos \dfrac{1}{z - 2}}; \qquad (2) \, f(z) = \frac{(z^2 - 1)(z - 2)^3}{(\sin \pi z)^3}。$$

解：（1）函数的奇点为：$z - 2 = 0$，$z^2 - 4 = 0$，$\cos \dfrac{1}{z - 2} = 0$。

由 $\cos \dfrac{1}{z - 2} = 0$ 解得到 $\dfrac{1}{z - 2} = \left(k + \dfrac{1}{2}\right)\pi$，即 $z = 2 + \dfrac{1}{\left(k + \dfrac{1}{2}\right)\pi}(k = 0, \pm 1, \pm 2, \cdots)$

是函数 $f(z)$ 的 1 阶极点。

由 $(z^2 - 4)^2 = 0$ 知道，$z = -2$ 是函数的 2 阶极点。

尽管 $z = 2$ 是 $\cos \dfrac{1}{z - 2}$ 的本性奇点，但由 $z = 2 + \dfrac{1}{\left(k + \dfrac{1}{2}\right)\pi}(k = 0, \pm 1, \pm 2, \cdots)$ 知道，

$z = 2$ 不是孤立奇点。

（2）函数 $f(z)$ 使分母为零的点 $\sin \pi z = 0$，$\pi z = k\pi(k = 0, \pm 1, \pm 2 \cdots)$，即 $z = 0, \pm 1$，$\pm 2, \cdots$

由于 $(\sin \pi z)' = \pi \cos \pi z$ 在 $z = 0$，± 1，± 2，$\cdots$ 处均不为零，因此这些点都是 $\sin \pi z$ 的一级零点。从而是 $(\sin \pi z)^3$ 的 3 级零点，所以这些点中除去 $z = \pm 1$ 和 $z = 2$ 外（因 ± 1，2 也是分子的零点）都是 $f(z)$ 的 3 阶极点。

因 $z = \pm 1$，是 $z^2 - 1$ 的 1 级零点，所以 $z = \pm 1$ 是 $f(z)$ 的 2 阶极点。

而 $z = 2$，因为

$$\lim_{z \to 2} f(z) = \lim_{z \to 2}(z^2 - 1)\left(\frac{z - 2}{\sin \pi z}\right)^3 = 3\left(\lim_{z \to 2} \frac{z - 2}{\sin \pi z}\right)^3 = \frac{3}{\pi^3}$$

所以 $z = 2$ 是 $f(z)$ 的可去奇点。

关于 $z = \infty$，因为 $f(z)$ 的 3 阶极点 $\pm k(k = 4, 5, \cdots)$ 以 ∞ 为极限（当 $k \to \infty$ 时），所以 ∞ 不是 $f(z)$ 的孤立奇点。也可通过考察 $f\left(\dfrac{1}{t}\right)$ 在 $t = 0$ 点的性态得到 $f(z)$ 在 ∞ 的性态。

综上所述，函数 $f(z)$ 有如下类型的奇点：

$z = \pm 1(2$ 阶极点$)$，2（可去奇点），$0, -2, \pm 3, \pm 4, \pm 5, \cdots$（均为 3 阶极点），$\infty$（非孤立奇点）。

4.17 设 $t(-1 \leqslant t \leqslant 1)$ 是参数，求函数 $f(z) = \dfrac{4 - z^2}{4 - 4zt + z^2}$ 在 $z = 0$ 点的泰勒展开式。

分析： 令 $t = \cos\varphi$，并将 $f(z)$ 展为最简分式。

解： $f(z) = \dfrac{4 - z^2}{4 - 4zt + z^2} \xrightarrow{t = \cos\varphi} \dfrac{4 - z^2}{4 - 4z\cos\varphi + z^2}$

$$= -1 + \frac{1}{1 - \dfrac{z}{2}e^{-i\varphi}} + \frac{1}{1 - \dfrac{z}{2}e^{i\varphi}} = -1 + \sum_{n=0}^{\infty}\left(\frac{z}{2}e^{-i\varphi}\right)^n + \sum_{n=0}^{\infty}\left(\frac{z}{2}e^{i\varphi}\right)^n$$

$$= 1 + \sum_{n=1}^{\infty} \frac{\cos n\varphi}{2^{n-1}} z^n = -1 + \sum_{n=0}^{\infty} \frac{\cos(n\arccos t)}{2^{n-1}} z^n , \qquad |z| < 2$$

注意：由三角学知识得知，所求得的幂级数系数

$$T_n(t) = \frac{1}{2^{n-1}} \cos(n\arccos t), \quad n = 0, 1, 2, \cdots$$

是一个 t 的 n 次多项式，它被称为切比雪夫多项式。

4.18 将函数 $\tan z = \dfrac{\sin z}{\cos z}$ 在 $z = 0$ 点展开成 Taylor 级数至 z^5 项，并指出其收敛半径。

解：方法一：级数展开法。函数 $\tan z = \dfrac{\sin z}{\cos z}$ 的奇点为 $\cos z = 0$，$z = \dfrac{\pi}{2} + k\pi$（$k = 0, \pm 1, \pm 2, \cdots$），

故收敛区域为 $|z| < \dfrac{\pi}{2}$，$z = 0$ 为解析点。

$$\cos z = 1 - \frac{1}{2!} z^2 + \cdots + \frac{(-1)^n}{(2n)!} z^{2n} + \cdots$$

$$\sin z = z - \frac{1}{3!} z^3 + \cdots + \frac{(-1)^n}{(2n+1)!} z^{2n+1} + \cdots$$

$$\frac{1}{\cos z} = \frac{1}{1 - \dfrac{1}{2!} z^2 + \cdots + \dfrac{(-1)^n}{(2n)!} z^{2n} + \cdots}$$

$$= 1 + \left[\frac{1}{2!} z^2 - \frac{1}{4!} z^4 + \cdots - \frac{(-1)^n}{(2n)!} z^{2n} + \cdots \right]$$

$$+ \left[\frac{1}{2!} z^2 - \frac{1}{4!} z^4 \cdots + \frac{(-1)^n}{(2n)!} z^{2n} + \cdots \right]^2 + \cdots$$

$$= 1 + \frac{1}{2!} z^2 + \left[-\frac{1}{4!} + \left(\frac{1}{2!} \right)^2 \right] z^4 - \cdots$$

$$= 1 + \frac{1}{2!} z^2 + \frac{5}{24} z^4 - \cdots$$

$$\tan z = \frac{\sin z}{\cos z} = \left[z - \frac{1}{3!} z^3 + \cdots + \frac{(-1)^n}{(2n+1)!} z^{2n+1} + \cdots \right] \cdot \left[1 + \frac{1}{2} z^2 + \frac{5}{24} z^4 + \cdots \right]$$

$$= \left[z - \frac{1}{6} z^3 + \frac{1}{120} z^5 + \cdots \right] \cdot \left[1 + \frac{1}{2} z^2 + \frac{5}{24} z^4 + \cdots \right]$$

$$= z + \left(\frac{1}{2} - \frac{1}{6} \right) z^3 + \left(\frac{1}{120} - \frac{1}{12} + \frac{5}{24} \right) z^5 - + \cdots$$

$$= z + \frac{1}{3} z^3 + \frac{2}{15} z^5 + \cdots$$

也可以利用 $\tan z = \displaystyle\sum_{n=0}^{\infty} c_n z^n$，$c_n = \dfrac{f^{(n)}(b)}{n!}$ 计算系数，这里 $b = 0$。

方法二：比较系数法。因 $z = 0$ 为解析点，是一阶零点，收敛区域为 $|z| < \dfrac{\pi}{2}$，函数 $\tan z = \dfrac{\sin z}{\cos z}$ 可写为

$$\tan z = \frac{\sin z}{\cos z} = c_1 z + c_2 z^2 + c_3 z^3 + \cdots$$

将 $\cos z = 1 - \dfrac{1}{2!}z^2 + \cdots + \dfrac{(-1)^n}{(2n)!}z^{2n} + \cdots$，$\sin z = z - \dfrac{1}{3!}z^3 + \cdots + \dfrac{(-1)^n}{(2n+1)!}z^{2n+1} + \cdots$ 代入，有

$$\frac{\sin z}{\cos z} = \frac{z - \dfrac{1}{3!}z^3 + \dfrac{1}{5!}z^5 \cdots + \dfrac{(-1)^n}{(2n+1)!}z^{2n+1} + \cdots}{1 - \dfrac{1}{2!}z^2 + \cdots + \dfrac{(-1)^n}{(2n)!}z^{2n} + \cdots} = c_1 z + c_2 z^2 + c_3 z^3 + \cdots$$

整理得到

$$z - \frac{1}{3!}z^3 + \frac{1}{5!}z^5 + \cdots = (c_1 z + c_2 z^2 + c_3 z^3 + \cdots)\left(1 - \frac{1}{2!}z^2 + \frac{1}{4!}z^4 + \cdots\right)$$

即

$$z - \frac{1}{3!}z^3 + \frac{1}{5!}z^5 + \cdots = c_1 z + c_2 z^2 + \left(c_3 - \frac{1}{2!}c_1\right)z^3 + \left(c_4 - \frac{1}{2!}c_2\right)z^4 + \left(c_5 - \frac{1}{2!}c_3 + \frac{1}{4!}c_1\right)z^5 + \cdots$$

比较系数有

$$c_1 = 1, \quad c_2 = 0, \quad c_3 - c_1 \frac{1}{2!} = -\frac{1}{3!}, \quad c_4 - c_2 \frac{1}{2!} = 0, \quad c_5 - c_3 \frac{1}{2!} + c_1 \frac{1}{4!} = \frac{1}{5!}$$

得到 $\quad c_1 = 1, \quad c_2 = 0, \quad c_3 = \dfrac{1}{2!} - \dfrac{1}{3!} = \dfrac{1}{3}, \quad c_4 = 0, \quad c_5 = \dfrac{1}{5!} + \dfrac{1}{2!} \cdot \dfrac{1}{3} - \dfrac{1}{4!} = \dfrac{2}{15}$

$$\tan z = \frac{\sin z}{\cos z} = z + \frac{1}{3}z^3 + \frac{2}{15}z^5 + \cdots$$

方法三：长除法。

$$
\begin{array}{r}
z + \dfrac{1}{3}z^3 + \dfrac{2}{15}z^4 \\[4pt]
\hline
\end{array}
$$

$$1 - \frac{1}{2!}z^2 + \cdots + \frac{(-1)^n}{(2n)!}z^{2n} + \cdots \,\Big)\; z - \frac{1}{3!}z^3 + \cdots + \frac{(-1)^n}{(2n+1)!}z^{2n+1} + \cdots$$

$$z - \frac{1}{2!}z^3 + \cdots + \frac{(-1)^n}{(2n+1)!}z^{2n+1} + \cdots$$

$$\rule{8cm}{0.4pt}$$

$$0 + \frac{1}{3}z^3 + \left(\frac{1}{5!} - \frac{1}{4!}\right)z^5 + \cdots$$

$$0 + \frac{1}{3}z^3 - \frac{1}{3} \cdot \frac{1}{2!}z^5 + \cdots$$

$$\rule{8cm}{0.4pt}$$

$$0 + 0 + \frac{2}{15}z^5 + \cdots$$

故
$$\tan z = \frac{\sin z}{\cos z} = z + \frac{1}{3}z^3 + \frac{2}{15}z^5 + \cdots$$

4.19 将函数 $\sin\dfrac{z}{1-z}$ 在 $z=0$ 展开成幂级数至 z^4 为止。

解：将函数 $\sin z$ 与 $\dfrac{z}{1-z}$ 的展开式作复合运算，并利用幂级数的乘法运算，可知，当 $|z|<1$ 时，

$$\sin\frac{z}{1-z} = \sum_{n=0}^{\infty}\frac{(-1)^n}{(2n+1)!}\left(\frac{z}{1-z}\right)^{2n+1} = \left(\frac{z}{1-z}\right) - \frac{1}{3!}\left(\frac{z}{1-z}\right)^3 + \cdots$$

$$= (z + z^2 + z^3 + \cdots) - \frac{1}{3!}(z + z^2 + z^3 + \cdots)^3 - \cdots$$

$$= z + z^2 + \left(1 - \frac{1}{3!}\right)z^3 + \left(1 - 3\frac{1}{3!}\right)z^4 + \cdots$$

$$= z + z^2 + \frac{5}{6}z^3 + \frac{1}{2}z^4 + \cdots$$

故
$$\sin\frac{z}{1-z} = z + z^2 + \frac{5}{6}z^3 + \frac{1}{2}z^4 + \cdots \quad (|z|<1)$$

也可以利用 $\sin\dfrac{z}{1-z} = \sum_{n=0}^{\infty}c_n z^n$，$c_n = \dfrac{f^{(n)}(b)}{n!}$ 计算，这里 $b=0$。

4.20 将函数 $\cot z$ 在 $0<|z|<\pi$ 内展开成 Laurent 级数至 z^3 项为止。

解：方法一：级数展开方法。函数 $\cot z = \dfrac{\cos z}{\sin z}$ 的奇点为 $\sin z=0$，$z=k\pi(k=0,\pm1,\pm2,\cdots)$，$z=0$ 为一阶极点，收敛区域为 $0<|z|<\pi$。

由 $\cos z = 1 - \dfrac{1}{2!}z^2 + \cdots + \dfrac{(-1)^n}{(2n)!}z^{2n} + \cdots$，$\sin z = z - \dfrac{1}{3!}z^3 + \cdots + \dfrac{(-1)^n}{(2n+1)!}z^{2n+1} + \cdots$ 得到

$$\frac{1}{\sin z} = \frac{1}{z - \frac{1}{3!}z^3 + \frac{1}{5!}z^5\cdots + \frac{(-1)^n}{(2n+1)!}z^{2n+1} + \cdots}$$

$$= \frac{1}{z\left(1 - \frac{1}{3!}z^2 + \frac{1}{5!}z^4\cdots + \frac{(-1)^n}{(2n+1)!}z^{2n} + \cdots\right)} = \frac{1}{z\left[1 - \left(\frac{1}{3!}z^2 - \frac{1}{5!}z^4 + \cdots\right)\right]}$$

$$= \frac{1}{z}\left[1 + \left(\frac{1}{3!}z^2 - \frac{1}{5!}z^4\cdots\right) + \left(\frac{1}{3!}z^2 - \frac{1}{5!}z^4 + \cdots\right)^2 + \cdots\right]$$

$$= \frac{1}{z}\left[1 + \left(\frac{1}{3!}z^2 - \frac{1}{5!}z^4\cdots\right) + \left(\frac{1}{3!}\right)^2 z^4 + \cdots\right]$$

$$= \frac{1}{z}\left(1 + \frac{1}{6}z^2 + \frac{7}{360}z^4 + \cdots\right)$$

故 $\cot z = \dfrac{\cos z}{\sin z} = \left[1 - \dfrac{1}{2!}z^2 + \dfrac{1}{4!}z^4 + \cdots + \dfrac{(-1)^n}{(2n)!}z^{2n} + \cdots\right] \cdot \dfrac{1}{z}\left[1 + \dfrac{1}{6}z^2 + \dfrac{7}{360}z^4 + \cdots\right]$

$\qquad = \left(1 - \dfrac{1}{2!}z^2 + \dfrac{1}{4!}z^4 + \cdots\right) \cdot \dfrac{1}{z}\left(1 + \dfrac{1}{6}z^2 + \dfrac{7}{360}z^4 + \cdots\right)$

$\qquad = \dfrac{1}{z}\left[1 + \dfrac{1}{6}z^2 + \dfrac{7}{360}z^4 - \dfrac{1}{2!}z^2\left(1 + \dfrac{1}{6}z^2\right) + \dfrac{1}{4!}z^4 + \cdots\right]$

$\qquad = \dfrac{1}{z}\left(1 - \dfrac{1}{3}z^2 - \dfrac{1}{45}z^4 + \cdots\right)$

方法二：比较系数方法。因 $z = 0$ 为一阶极点，故收敛区域为 $0 < |z| < \pi$ 函数 $\cot z = \dfrac{\cos z}{\sin z}$ 可写为

$$\cot z = \frac{\cos z}{\sin z} = \frac{c_{-1}}{z} + c_0 + c_1 z + c_2 z^2 + c_3 z^3 + \cdots$$

将 $\cos z = 1 - \dfrac{1}{2!}z^2 + \cdots + \dfrac{(-1)^n}{(2n)!}z^{2n} + \cdots$，$\sin z = z - \dfrac{1}{3!}z^3 + \cdots + \dfrac{(-1)^n}{(2n+1)!}z^{2n+1} + \cdots$

代入，有

$$\frac{\cos z}{\sin z} = \frac{1 - \dfrac{1}{2!}z^2 + \cdots + \dfrac{(-1)^n}{(2n)!}z^{2n} + \cdots}{z - \dfrac{1}{3!}z^3 + \dfrac{1}{5!}z^5 \cdots + \dfrac{(-1)^n}{(2n+1)!}z^{2n+1} + \cdots} = \frac{c_{-1}}{z} + c_0 + c_1 z + c_2 z^2 + c_3 z^3 + \cdots$$

化简得到

$$1 - \frac{1}{2!}z^2 + \frac{1}{4!}z^4 + \cdots = \left(\frac{c_{-1}}{z} + c_0 + c_1 z + c_2 z^2 + c_3 z^3 + \cdots\right)\left(z - \frac{1}{3!}z^3 + \frac{1}{5!}z^5 + \cdots\right)$$

即

$$1 - \frac{1}{2!}z^2 + \frac{1}{4!}z^4 + \cdots = c_{-1}\left(1 - \frac{1}{3!}z^2 + \frac{1}{5!}z^4\right) + c_0\left(z - \frac{1}{3!}z^3\right) + c_1\left(z^2 - \frac{1}{3!}z^4\right) + c_2 z^3$$
$$+ c_3 z^4 + \cdots$$

整理得到

$$1 - \frac{1}{2!}z^2 + \frac{1}{4!}z^4 + \cdots = c_{-1} + c_0 z + \left(-c_{-1}\frac{1}{3!}z^2 + c_1 z^2\right) + \left(-c_0\frac{1}{3!}z^3 + c_2 z^3\right)$$
$$+ \left(c_{-1}\frac{1}{5!}z^4 - c_1\frac{1}{3!}z^4 + c_3 z^4\right) + \cdots$$

比较系数有

$$c_{-1} = 1,\ c_0 = 0,\ -c_{-1}\frac{1}{3!} + c_1 = -\frac{1}{2!},\ -c_0\frac{1}{3!} + c_2 = 0,\ c_{-1}\frac{1}{5!} - c_1\frac{1}{3!} + c_3 = \frac{1}{4!}$$

解得

$$c_{-1} = 1,\ c_0 = 0,\ c_1 = -\frac{1}{3},\ c_2 = 0,\ c_3 = -\frac{1}{45}$$

所以有

$$f(z) = \frac{1}{z} - \frac{1}{3}z - \frac{1}{45}z^3 + \cdots$$

方法三：长除法。

$$1 - \frac{1}{3!}z^2 + \cdots + \frac{(-1)^n}{(2n+1)!}z^{2n} + \cdots \overline{\bigg)\, 1 - \frac{1}{2!}z^2 + \cdots + \frac{(-1)^n}{(2n)!}z^{2n} + \cdots}$$

$$\quad\quad\quad\quad 1 - \frac{1}{3}z^2 - \frac{1}{45}z^4$$

$$1 - \frac{1}{3!}z^2 + \cdots + \frac{(-1)^n}{(2n+1)!}z^{2n} + \cdots$$

$$\overline{\quad 0 - \frac{1}{3}z^2 + \left(\frac{1}{4!} - \frac{1}{5!}\right)z^4 + \cdots}$$

$$0 - \frac{1}{3}z^2 + \frac{1}{3}\cdot\frac{1}{3!}z^4 + \cdots$$

$$\overline{\quad 0 + 0 + \frac{1}{45}z^4 + \cdots}$$

4.21 若将 $\dfrac{z}{e^z - 1}$ 展开为如下级数：

$$\frac{z}{e^z - 1} = \sum_{n=0}^{\infty} \frac{B_n}{n!}z^n$$

其中，B_n 称为伯努利数（Bernoulli number），试证明 B_n 满足：

（1）$B_0 = 1$，$\dbinom{n+1}{0}B_0 + \dbinom{n+1}{1}B_1 + \dbinom{n+1}{2}B_2 + \cdots + \dbinom{n+1}{n}B_n = 0$；

（2）所有大于 1 的奇数下标的伯努利数为 0。

证明：（1）$z = 0$ 是函数 $\dfrac{z}{e^z - 1}$ 的可去奇点，因为 $e^z = \sum\limits_{n=0}^{\infty}\dfrac{1}{n!}z^n$，

故由 $\dfrac{z}{e^z - 1} = \sum\limits_{n=0}^{\infty}\dfrac{B_n}{n!}z^n$，得到

$$z = \left(\sum_{n=0}^{\infty}\frac{B_n}{n!}z^n\right)\cdot\left(\sum_{n=0}^{\infty}\frac{1}{n!}z^n - 1\right)$$

$$= \left(B_0 + B_1 z + \frac{B_2}{2!}z^2 + \cdots + \frac{B_n}{n!}z^n + \cdots\right)\cdot\left(z + \frac{1}{2!}z^2 + \cdots + \frac{1}{n!}z^n + \cdots\right)$$

$$= \left(B_0 + B_1 z + \frac{B_2}{2!}z^2 + \cdots + \frac{B_n}{n!}z^n + \cdots\right)\cdot z + \left(B_0 + B_1 z + \frac{B_2}{2!}z^2 + \cdots + \frac{B_n}{n!}z^n + \cdots\right)\cdot\frac{1}{2!}z^2$$

$$+ \cdots + \left(B_0 + B_1 z + \frac{B_2}{2!}z^2 + \cdots + \frac{B_n}{n!}z^n + \cdots\right)\cdot\frac{1}{n!}z^n + \cdots$$

$$= B_0 z + \left(B_1 + B_0\frac{1}{2!}\right)z^2 + \cdots\left[\frac{B_n}{n!} + \frac{B_{n-1}}{(n-1)!}\frac{1}{2!} + \frac{B_{n-2}}{(n-2)!}\frac{1}{3!}\cdots\right.$$

$$\left. + B_0\frac{1}{(n+1)!}\right]z^{n+1} + \cdots$$

故有

$$B_0 = 1, \quad \left(B_1 + B_0 \frac{1}{2!}\right) = 0, \quad \left(B_2 \frac{1}{2!} + B_1 \frac{1}{2!} + B_0 \frac{1}{3!}\right) = 0, \cdots$$

$$\left[\frac{B_n}{n!} + \frac{B_{n-1}}{(n-1)!}\frac{1}{2!} + \frac{B_{n-2}}{(n-2)!}\frac{1}{3!}\cdots + B_0 \frac{1}{(n+1)!}\right] = 0$$

即

$$B_0 = 1, \quad \binom{n+1}{0}B_0 + \binom{n+1}{1}B_1 + \binom{n+1}{2}B_2 + \cdots + \binom{n+1}{n}B_n = 0$$

（2）由

$$\frac{z}{e^z - 1} = \sum_{n=0}^{\infty} \frac{B_n}{n!}z^n = B_0 + \frac{B_1}{1!}z + \frac{B_2}{2!}z^2 + \cdots + \frac{B_n}{n!}z^n + \cdots$$

考虑

$$g(z) = \frac{z}{e^z - 1} - B_1 z = \frac{z}{e^z - 1} + \frac{1}{2}z = \frac{2z + z(e^z - 1)}{2(e^z - 1)} = \frac{z(e^z + 1)}{2(e^z - 1)}$$

$$= \frac{z(e^{z/2} + e^{-z/2})}{2(e^{z/2} - e^{-z/2})}$$

因为

$$g(-z) = \frac{-z(e^{-z/2} + e^{z/2})}{2(e^{-z/2} - e^{z/2})} = \frac{z(e^{z/2} + e^{-z/2})}{2(e^{z/2} - e^{-z/2})} = g(z)$$

故 $g(z)$ 是偶函数，$\frac{z}{e^z - 1} - B_1 z$ 没有奇次幂项，故有 $B_{2n+1} = 0$，$n \geq 1$。

或者，因 $\dfrac{z}{e^z - 1} - \dfrac{-z}{e^{-z} - 1} = -z$，而 $\dfrac{z}{e^z - 1} = f(z) = \sum\limits_{n=0}^{\infty} \dfrac{B_n}{n!}z^n$，即

$$f(-z) = \frac{-z}{e^{-z} - 1} = \sum_{n=0}^{\infty} (-1)^n \frac{B_n}{n!}z^n$$

所以

$$-z = \frac{z}{e^z - 1} - \frac{-z}{e^{-z} - 1} = f(z) - f(-z)$$

$$= \sum_{n=0}^{\infty} \frac{B_n}{n!}z^n - \sum_{n=0}^{\infty} (-1)^n \frac{B_n}{n!}z^n = \sum_{k=0}^{\infty} \frac{2B_{2k+1}}{(2k+1)!}z^{2k+1}$$

故得 $2B_1 = -1$，所以 $B_1 = -1/2 \neq 0$，而 $B_{2k+1} = 0(k = 1, 2, \cdots)$。

注意： 由于 $B_0 = 1$，$B_1 = -1/2$，$B_{2k+1} = 0(k = 1, 2, \cdots)$，所以

$$f(z) = \frac{z}{e^z - 1} = 1 - \frac{1}{2}z + \sum_{k=1}^{\infty} \frac{B_{2k}}{(2k)!}z^{2k}$$

其收敛半径为 $R = 2\pi$。

4.22 （1）试证明 $z\cot z = iz + \dfrac{2iz}{e^{2iz} - 1}$，并利用伯努利数求 $z\cot z$ 在 $z = 0$ 的泰勒级数，指出它的收敛半径。

（2）用此方法将函数 $\cot z$ 在 $0 < |z| < \pi$ 内展开成 Laurent 级数。

证明： （1）因为

$$\cot z = \frac{\cos z}{\sin z} = i\frac{e^{iz} + e^{-iz}}{e^{iz} - e^{-iz}} = i + i\frac{2e^{-iz}}{e^{iz} - e^{-iz}} = i + i \cdot \frac{2}{e^{2iz} - 1}$$

所以

$$z\cot z = iz + \frac{2iz}{e^{2iz} - 1}$$

由 $\dfrac{z}{\mathrm{e}^z - 1} = \sum\limits_{n=0}^{\infty} \dfrac{B_n}{n!} z^n$，有

$$z\cot z = \mathrm{i}z + \dfrac{2\mathrm{i}z}{\mathrm{e}^{2\mathrm{i}z} - 1} = \mathrm{i}z + \sum\limits_{n=0}^{\infty} \dfrac{B_n}{n!} (2\mathrm{i}z)^n$$

由 $\sin z = 0$，$z = k\pi\,(k = 0, \pm 1, \pm 2, \cdots)$，故收敛区域为 $|z| < \pi$，其收敛半径为 π。

或者　　 $\mathrm{e}^{2\mathrm{i}z} - 1 = 0 \Rightarrow 2\mathrm{i}z = \mathrm{Ln}1 = 2k\pi\mathrm{i} \Rightarrow z = k\pi$　$(k = 0, \pm 1, \pm 2, \cdots)$

（2）因　　　　 $\dfrac{z}{\mathrm{e}^z - 1} = \sum\limits_{n=0}^{\infty} \dfrac{B_n}{n!} z^n = B_0 + \dfrac{B_1}{1!}z + \dfrac{B_2}{2!}z^2 + \cdots + \dfrac{B_n}{n!}z^n + \cdots$

且　　　　　 $B_0 = 1,\ B_1 = -\dfrac{1}{2},\ B_2 = \dfrac{1}{6},\ B_4 = -\dfrac{1}{30},\ B_6 = \dfrac{1}{42},\ \cdots$

而 $\cot z = \dfrac{1}{z}\left[\mathrm{i}z + \dfrac{2\mathrm{i}z}{\mathrm{e}^{2\mathrm{i}z} - 1}\right] = \dfrac{1}{z}\left[\mathrm{i}z + \sum\limits_{n=0}^{\infty} \dfrac{B_n}{n!}(2\mathrm{i}z)^n\right]$

$$= \dfrac{1}{z}\left\{\mathrm{i}z + \left[B_0 + \dfrac{B_1}{1!}(2\mathrm{i}z) + \dfrac{B_2}{2!}(2\mathrm{i}z)^2 \cdots + \dfrac{B_n}{n!}(2\mathrm{i}z)^n + \cdots\right]\right\}$$

$$= B_0\dfrac{1}{z} + \left(\mathrm{i} + 2\mathrm{i}\dfrac{B_1}{1!}\right) + \dfrac{B_2}{2!}(2\mathrm{i})^2 z + \dfrac{B_4}{4!}(2\mathrm{i})^4 z^3 \cdots + \dfrac{B_n}{n!}(2\mathrm{i})^n z^{n-1} + \cdots$$

$$= \dfrac{1}{z} - \dfrac{1}{3}z - \dfrac{1}{45}z^3 + \cdots$$

4.23 用上题类似的方法，求下列各函数在 $z = 0$ 处的泰勒展开式，并指出收敛半径。

（1）$\ln\left(\dfrac{\sin z}{z}\right)$;　　　　 （2）$\ln\cos z$;　　　 （3）$\dfrac{z}{\sin z}$。

解：（1）求导数 $\left[\ln\left(\dfrac{\sin z}{z}\right)\right]' = \cot z - \dfrac{1}{z}$。

（2）求导数 $(\ln\cos z)' = -\dfrac{\sin z}{\cos z} = -\tan z$，再利用 $z\tan z = z(\cot z - 2\cot 2z)$，

或者　　　 $\tan z = \dfrac{\sin z}{\cos z} = -\mathrm{i}\dfrac{\mathrm{e}^{\mathrm{i}z} - \mathrm{e}^{-\mathrm{i}z}}{\mathrm{e}^{\mathrm{i}z} + \mathrm{e}^{-\mathrm{i}z}} = -\mathrm{i} + \dfrac{1}{z}\cdot\dfrac{2\mathrm{i}z}{\mathrm{e}^{2\mathrm{i}z} - 1} - \dfrac{1}{z}\cdot\dfrac{4\mathrm{i}z}{\mathrm{e}^{4\mathrm{i}z} - 1}$

（3）$\dfrac{z}{\sin z} = \dfrac{z}{\dfrac{\mathrm{e}^{\mathrm{i}z} - \mathrm{e}^{-\mathrm{i}z}}{2\mathrm{i}}} = \dfrac{2\mathrm{i}z\mathrm{e}^{\mathrm{i}z}}{\mathrm{e}^{2\mathrm{i}z} - 1} = 2\mathrm{i}z\left(\dfrac{1}{\mathrm{e}^{\mathrm{i}z} - 1} - \dfrac{1}{\mathrm{e}^{2\mathrm{i}z} - 1}\right)$

$$= 2\dfrac{\mathrm{i}z}{\mathrm{e}^{\mathrm{i}z} - 1} - \dfrac{2\mathrm{i}z}{\mathrm{e}^{2\mathrm{i}z} - 1} = 1 + \sum\limits_{n=1}^{\infty} \dfrac{2(2^{2n-1} - 1)B_{2n}}{(2n)!}z^{2n}\quad (|z| < \pi)$$

4.24 将函数 $w = \dfrac{z\cos\theta - z^2}{1 - 2z\cos\theta + z^2}$ 展开成 z 的幂级数。

解： 参见例 4.5。

4.25 设 a 为实数，且 $|a| < 1$，证明下列等式：

（1）$\dfrac{1 - a\cos\theta}{1 - 2a\cos\theta + a^2} = \sum\limits_{n=0}^{\infty} a^n\cos n\theta$;

(2) $\dfrac{a\sin\theta}{1 - 2a\cos\theta + a^2} = \displaystyle\sum_{n=1}^{\infty} a^n \sin n\theta$;

(3) $\ln(1 - 2a\cos\theta + a^2) = -2 \displaystyle\sum_{n=1}^{\infty} \dfrac{a^n}{n}\cos n\theta$。

证明：(1)(2) 令 $z = \cos\theta + i\sin\theta$，则 $\dfrac{1}{1 - az} = \dfrac{1 - a\bar{z}}{(1 - az)(1 - a\bar{z})} = \dfrac{1 - a\cos\theta + ia\sin\theta}{1 - 2a\cos\theta + a^2}$，

由于 $|az| < 1$，故

$$\frac{1}{1 - az} = \sum_{n=0}^{\infty} (az)^n = \sum_{n=0}^{\infty} a^n (\cos\theta + i\sin\theta)^n = \sum_{n=0}^{\infty} a^n (\cos n\theta + i\sin n\theta)$$

比较虚部与实部得到(1)(2)。

(3) 因为 $1 - 2a\cos\theta + a^2 = (1 - az)(1 - a\bar{z})$，所以

$$\ln(1 - 2a\cos\theta + a^2) = \ln(1 - az)(1 - a\bar{z}) = \ln(1 - az) + \ln(1 - a\bar{z})$$

$$= -\sum_{n=1}^{\infty} \frac{(az)^n}{n} - \sum_{n=1}^{\infty} \frac{(a\bar{z})^n}{n} = -2 \sum_{n=1}^{\infty} \frac{a^n}{n}\cos n\theta$$

4.26 试求下列幂级数的和函数：

(1) $\displaystyle\sum_{n=1}^{\infty} nz^n$; (2) $\displaystyle\sum_{n=1}^{\infty} \dfrac{z^n}{n}$; (3) $\displaystyle\sum_{n=1}^{\infty} (-1)^{n+1} \dfrac{z^n}{n}$; (4) $\displaystyle\sum_{n=1}^{\infty} \dfrac{z^{2n+1}}{2n+1}$。

解：(1) 由 $\displaystyle\sum_{n=0}^{\infty} z^n = 1 + z + \cdots + z^n + \cdots = \dfrac{1}{1-z}$，两边求导得

$$1 + 2z + \cdots + nz^{n-1} + \cdots = \left(\frac{1}{1-z}\right)^2$$

两边乘以 z 得 $\quad z + 2z^2 + \cdots + nz^n + \cdots = \dfrac{z}{(1-z)^2}$

故 $\quad \displaystyle\sum_{n=1}^{\infty} nz^n = z + 2z^2 + \cdots + nz^n + \cdots = \dfrac{z}{(1-z)^2}$

(2) 由 $\quad \displaystyle\sum_{n=0}^{\infty} z^n = 1 + z + z^2 + \cdots + z^n + \cdots = \dfrac{1}{1-z}$ $(|z| < 1)$

在 $|z| < 1$ 内，沿 $0 \to z$ 两边积分，有

$$-\ln(1 - z) = z + \frac{z^2}{2} + \frac{z^3}{3} \cdots + \frac{z^n}{n} + \cdots = \sum_{n=1}^{\infty} \frac{z^n}{n}$$

(3) 由 $\displaystyle\sum_{n=0}^{\infty} (-1)^n z^n = 1 - z + z^2 + \cdots + (-1)^n z^n + \cdots = \dfrac{1}{1+z}$ $(|z| < 1)$,

在 $|z| < 1$ 内，沿 $0 \to z$ 两边积分，有

$$\ln(1 + z) = z - \frac{z^2}{2} + \frac{z^3}{3} - \cdots + (-1)^n \frac{z^{n+1}}{n+1} + \cdots = \sum_{n=1}^{\infty} (-1)^{n+1} \frac{z^n}{n}$$

(4) $\displaystyle\sum_{n=0}^{\infty} \dfrac{z^{2n+1}}{2n+1} = z + \dfrac{z^3}{3} + \dfrac{z^5}{5} + \cdots + \dfrac{z^{2n+1}}{2n+1} + \cdots = \dfrac{1}{2}\big[\ln(1+z) - \ln(1-z)\big]$

$$= \frac{1}{2}\ln\frac{1+z}{1-z}。$$

4.27 证明：$\dfrac{\sin\theta}{2} + \dfrac{\sin2\theta}{2^2} + \dfrac{\sin3\theta}{2^3}\cdots + \dfrac{\sin n\theta}{2^n} + \cdots = \dfrac{2\sin\theta}{5 - 4\cos\theta}$。

证明： 设 $I_2 = \dfrac{\sin\theta}{2} + \dfrac{\sin2\theta}{2^2} + \dfrac{\sin3\theta}{2^2}\cdots + \dfrac{\sin n\theta}{2^n} + \cdots$

考虑 $I_1 = \dfrac{\cos\theta}{2} + \dfrac{\cos2\theta}{2^2} + \dfrac{\cos3\theta}{2^2}\cdots + \dfrac{\cos n\theta}{2^n} + \cdots$

则 $I = I_1 + iI_2 = \left(\dfrac{\cos\theta}{2} + \dfrac{\cos2\theta}{2^2}\cdots + \dfrac{\cos n\theta}{2^n} + \cdots\right) + i\left(\dfrac{\sin\theta}{2} + \dfrac{\sin2\theta}{2^2}\cdots + \dfrac{\sin n\theta}{2^n} + \cdots\right)$

$$= \dfrac{\cos\theta + i\sin\theta}{2} + \dfrac{\cos2\theta + i\sin2\theta}{2^2}\cdots + \dfrac{\cos n\theta + i\sin n\theta}{2^n} + \cdots$$

$$= \dfrac{\cos\theta + i\sin\theta}{2} + \left(\dfrac{\cos\theta + i\sin\theta}{2}\right)^2\cdots + \left(\dfrac{\cos\theta + i\sin\theta}{2}\right)^n + \cdots$$

$$= \dfrac{1}{1 - \dfrac{\cos\theta + i\sin\theta}{2}} - 1 = \dfrac{2}{(2 - \cos\theta) - i\sin\theta} - 1$$

$$= 2\dfrac{(2 - \cos\theta) + i\sin\theta}{(2 - \cos\theta)^2 + \sin^2\theta} - 1 = \dfrac{2\cos\theta - 1}{5 - 4\cos\theta} + i\dfrac{2\sin\theta}{5 - 4\cos\theta}$$

故 $\quad\dfrac{\sin\theta}{2} + \dfrac{\sin2\theta}{2^2} + \dfrac{\sin3\theta}{2^3}\cdots + \dfrac{\sin n\theta}{2^n} + \cdots = \dfrac{2\sin\theta}{5 - 4\cos\theta}$

4.28 试求下列各级数的和

（1）$C_1 = 1 - \dfrac{\cos2z}{2!} + \dfrac{\cos4z}{4!} + \cdots + (-1)^n\dfrac{\cos2nz}{(2n)!} + \cdots = \displaystyle\sum_{n=0}^{\infty}(-1)^n\dfrac{\cos2nz}{(2n)!}$

$S_1 = -\dfrac{\sin2z}{2!} + \dfrac{\sin4z}{4!} + \cdots + (-1)^n\dfrac{\sin2nz}{(2n)!} + \cdots = \displaystyle\sum_{n=0}^{\infty}(-1)^n\dfrac{\sin2nz}{(2n)!}$

（2）$C_2 = \dfrac{\cos z}{1!} - \dfrac{\cos3z}{3!} + \cdots + (-1)^n\dfrac{\cos(2n+1)z}{(2n+1)!} + \cdots = \displaystyle\sum_{n=0}^{\infty}(-1)^n\dfrac{\cos(2n+1)z}{(2n+1)!}$

$S_2 = \dfrac{\sin z}{1!} - \dfrac{\sin3z}{3!} + \cdots + (-1)^n\dfrac{\sin(2n+1)z}{(2n+1)!} + \cdots = \displaystyle\sum_{n=0}^{\infty}(-1)^n\dfrac{\sin(2n+1)z}{(2n+1)!}$

解：（1）利用 $\cos z = \dfrac{e^{iz} + e^{-iz}}{2}$，有

$$C_1 = 1 - \dfrac{\cos2z}{2!} + \dfrac{\cos4z}{4!} + \cdots + (-1)^n\dfrac{\cos2nz}{(2n)!} + \cdots = \displaystyle\sum_{n=0}^{\infty}(-1)^n\dfrac{\cos2nz}{(2n)!}$$

$$= \sum_{n=0}^{\infty}(-1)^n\dfrac{1}{(2n)!}\dfrac{e^{i2nz} + e^{-i2nz}}{2} = \dfrac{1}{2}\sum_{n=0}^{\infty}(-1)^n\dfrac{(e^{iz})^{2n}}{(2n)!} + \dfrac{1}{2}\sum_{n=0}^{\infty}(-1)^n\dfrac{(e^{-iz})^{2n}}{(2n)!}$$

$$= \dfrac{1}{2}\cos(e^{iz}) + \dfrac{1}{2}\cos(e^{-iz}) = \dfrac{1}{2}\cos(\cos z + i\sin z) + \dfrac{1}{2}\cos(\cos z - i\sin z)$$

$$= \cos(\cos z) \cdot \cos(i\sin z) = \cos(\cos z) \cdot \dfrac{e^{iisin z} + e^{-iisin z}}{2} = \cos(\cos z) \cdot \dfrac{e^{\sin z} + e^{-\sin z}}{2}$$

利用 $\sin z = \dfrac{e^{iz} - e^{-iz}}{2i}$，有

$$S_1 = -\frac{\sin 2z}{2!} + \frac{\sin 4z}{4!} + \cdots + (-1)^n \frac{\sin 2nz}{(2n)!} + \cdots = \sum_{n=0}^{\infty} (-1)^n \frac{\sin 2nz}{(2n)!}$$

$$= \sum_{n=0}^{\infty} (-1)^n \frac{1}{(2n)!} \frac{e^{i2nz} - e^{-i2nz}}{2i} = \frac{1}{2i} \sum_{n=0}^{\infty} (-1)^n \frac{(e^{iz})^{2n}}{(2n)!} - \frac{1}{2i} \sum_{n=0}^{\infty} (-1)^n \frac{(e^{-iz})^{2n}}{(2n)!}$$

$$= \frac{1}{2i} \cos(e^{iz}) - \frac{1}{2i} \cos(e^{-iz}) = \frac{1}{2i} \cos(\cos z + i\sin z) - \frac{1}{2i} \cos(\cos z - i\sin z)$$

$$= i\sin(\cos z) \cdot \sin(i\sin z) = i\sin(\cos z) \cdot \frac{e^{i i\sin z} - e^{-i i\sin z}}{2i} = \sin(\cos z) \cdot \frac{e^{-\sin z} - e^{\sin z}}{2}$$

(2) 利用 $\cos z = \dfrac{e^{iz} + e^{-iz}}{2}$，有

$$C_2 = \frac{\cos z}{1!} - \frac{\cos 3z}{3!} + \cdots + (-1)^n \frac{\cos(2n+1)z}{(2n+1)!} + \cdots = \sum_{n=0}^{\infty} (-1)^n \frac{\cos(2n+1)z}{(2n+1)!}$$

$$= \sum_{n=0}^{\infty} (-1)^n \frac{1}{(2n+1)!} \frac{e^{i(2n+1)z} + e^{-i(2n+1)z}}{2}$$

$$= \frac{1}{2} \sum_{n=0}^{\infty} (-1)^n \frac{(e^{iz})^{2n+1}}{(2n+1)!} + \frac{1}{2} \sum_{n=0}^{\infty} (-1)^n \frac{(e^{-iz})^{2n+1}}{(2n+1)!}$$

$$= \frac{1}{2} \sin(e^{iz}) + \frac{1}{2} \sin(e^{-iz}) = \frac{1}{2} \sin(\cos z + i\sin z) + \frac{1}{2} \sin(\cos z - i\sin z)$$

$$= \sin(\cos z) \cdot \cos(i\sin z) = \sin(\cos z) \cdot \frac{e^{i i\sin z} + e^{-i i\sin z}}{2} = \sin(\cos z) \cdot \frac{e^{\sin z} + e^{-\sin z}}{2}$$

利用 $\sin z = \dfrac{e^{iz} - e^{-iz}}{2i}$，有

$$S_2 = \frac{\sin z}{1!} - \frac{\sin 3z}{3!} + \cdots + (-1)^n \frac{\sin(2n+1)z}{(2n+1)!} + \cdots = \sum_{n=0}^{\infty} (-1)^n \frac{\sin(2n+1)z}{(2n+1)!}$$

$$= \sum_{n=0}^{\infty} (-1)^n \frac{1}{(2n+1)!} \frac{e^{i(2n+1)z} - e^{-i(2n+1)z}}{2i}$$

$$= \frac{1}{2i} \sum_{n=0}^{\infty} (-1)^n \frac{(e^{iz})^{2n+1}}{(2n+1)!} - \frac{1}{2i} \sum_{n=0}^{\infty} (-1)^n \frac{(e^{-iz})^{2n+1}}{(2n+1)!}$$

$$= \frac{1}{2i} \sin(e^{iz}) - \frac{1}{2i} \sin(e^{-iz}) = \frac{1}{2i} \sin(\cos z + i\sin z) - \frac{1}{2i} \sin(\cos z - i\sin z)$$

$$= \frac{1}{i} \cos(\cos z) \cdot \sin(i\sin z) = \frac{1}{i} \cos(\cos z) \cdot \frac{e^{i i\sin z} - e^{-i i\sin z}}{2i} = \cos(\cos z) \cdot \frac{e^{\sin z} - e^{-\sin z}}{2}$$

4.29 证明下列等式：

(1) $\displaystyle\sum_{n=1}^{\infty} \frac{\cos n\theta}{n} = -\ln\left|2\sin\frac{\theta}{2}\right|$ $\quad(0 < |\theta| \leqslant \pi)$；

$\displaystyle\sum_{n=1}^{\infty} \frac{\sin n\theta}{n} = \frac{\pi - \theta}{2}$ $\quad(0 < \theta < 2\pi)$；

(2) $\displaystyle\sum_{n=0}^{\infty} \frac{\cos(2n+1)\theta}{2n+1} = \frac{1}{2}\ln\left|\cot\frac{\theta}{2}\right|, \quad (0 < |\theta| < \pi)$,

$\displaystyle\sum_{n=0}^{\infty} \frac{\sin(2n+1)\theta}{2n+1} = \frac{\pi}{4}, \quad (0 < \theta < \pi)$;

(3) $\displaystyle\sum_{n=1}^{\infty} (-1)^{n+1} \frac{\cos n\theta}{n} = \ln\left(2\cos\frac{\theta}{2}\right) \quad (|\theta| < \pi)$;

$\displaystyle\sum_{n=1}^{\infty} (-1)^{n+1} \frac{\sin n\theta}{n} = \frac{\theta}{2} \quad (|\theta| < \pi)$。

证明： (1) 因 $f(z) = \ln(1-z) = -\displaystyle\sum_{n=0}^{\infty} \frac{z^{n+1}}{n+1} = -\sum_{n=1}^{\infty} \frac{z^n}{n}$, 这里 $|z| < 1$, 可以证明, 在收敛圆上, 除去 $z = 1$ 均收敛。当 $z = \cos\theta + i\sin\theta$, $-\pi < \theta \le \pi$, $\theta \ne 0$ 时, 也即 $0 < |\theta| < \pi$,

$-\displaystyle\sum_{n=1}^{\infty} \frac{z^n}{n} = -\sum_{n=1}^{\infty} \frac{(\cos\theta + i\sin\theta)^n}{n}$ 收敛。有

$$\sum_{n=1}^{\infty} \frac{(\cos\theta + i\sin\theta)^n}{n} = \sum_{n=1}^{\infty} \frac{(\cos n\theta + i\sin n\theta)}{n} = -\ln\left[1 - (\cos\theta + i\sin\theta)\right]$$

所以有

$$\sum_{n=1}^{\infty} \frac{\cos n\theta}{n} = \mathrm{Re}\left\{-\ln\left[1 - (\cos\theta + i\sin\theta)\right]\right\}$$

$$= -\ln|1 - (\cos\theta + i\sin\theta)| = -\ln\sqrt{(1-\cos\theta)^2 + \sin^2\theta}$$

$$= -\ln\sqrt{2 - 2\cos\theta} = -\ln\left|2\sin\frac{\theta}{2}\right|$$

因

$$1 - \cos\theta - i\sin\theta = 2\sin^2\frac{\theta}{2} - i2\sin\frac{\theta}{2}\cos\frac{\theta}{2}$$

$$= 2\sin\frac{\theta}{2}\left(\sin\frac{\theta}{2} - i\cos\frac{\theta}{2}\right) = -2\sin\frac{\theta}{2}\left(\cos\frac{\pi+\theta}{2} + i\sin\frac{\pi+\theta}{2}\right)]$$

$$= 2\sin\frac{\theta}{2} \cdot e^{\left(\frac{\pi+\theta}{2} - \pi\right)i} = 2\sin\frac{\theta}{2} \cdot e^{-\left(\frac{\pi-\theta}{2}\right)i}$$

所以

$$\sum_{n=1}^{\infty} \frac{\sin n\theta}{n} = \mathrm{Im}\left\{-\ln\left[1 - (\cos\theta + i\sin\theta)\right]\right\} = \frac{\pi-\theta}{2}$$

(2) 因

$$\ln(1-z) = -\sum_{n=0}^{\infty} \frac{z^{n+1}}{n+1} = -\sum_{n=1}^{\infty} \frac{z^n}{n}$$

$$\ln(1+z) = -\sum_{n=0}^{\infty} \frac{(-z)^{n+1}}{n+1} = -\sum_{n=1}^{\infty} (-1)^n \frac{z^n}{n}$$

故有 $\ln(1+z) - \ln(1-z) = -\displaystyle\sum_{n=1}^{\infty} (-1)^n \frac{z^n}{n} + \sum_{n=1}^{\infty} \frac{z^n}{n} = \sum_{n=1}^{\infty} \left[\frac{z^n}{n} - (-1)^n \frac{z^n}{n}\right]$

$$= 2\left(z + \frac{z^3}{3} + \frac{z^5}{5} + \cdots + \frac{z^{2n+1}}{2n+1} + \cdots\right)$$

有 $\displaystyle\sum_{n=0}^{\infty}\frac{z^{2n+1}}{2n+1}=\frac{1}{2}\ln\left(\frac{1+z}{1-z}\right)$ ，这里 $|z|<1$ ，可以证明，在收敛圆上，除去 $z=1$ 和

$z=-1$ 外均收敛。当 $z=\cos\theta+\mathrm{isin}\theta$ ，$0<\theta<\pi$ 时，$\displaystyle\sum_{n=0}^{\infty}\frac{z^{2n+1}}{2n+1}=\sum_{n=0}^{\infty}\frac{(\cos\theta+\mathrm{isin}\theta)^{2n+1}}{2n+1}$ 收

敛。有

$$\sum_{n=0}^{\infty}\frac{(\cos\theta+\mathrm{isin}\theta)^{2n+1}}{2n+1}=\sum_{n=0}^{\infty}\frac{[\cos(2n+1)\theta+\mathrm{isin}(2n+1)\theta]}{2n+1}=\frac{1}{2}\ln\left[\frac{1+(\cos\theta+\mathrm{isin}\theta)}{1-(\cos\theta+\mathrm{isin}\theta)}\right]$$

而 $\displaystyle\frac{1+(\cos\theta+\mathrm{isin}\theta)}{1-(\cos\theta+\mathrm{isin}\theta)}=\frac{2\cos\dfrac{\theta}{2}\mathrm{e}^{\mathrm{i}\frac{\theta}{2}}}{2\sin\dfrac{\theta}{2}\cdot\mathrm{e}^{-\left(\frac{\pi-\theta}{2}\right)\mathrm{i}}}=\cot\dfrac{\theta}{2}\mathrm{e}^{\mathrm{i}\frac{\pi}{2}}$ 。

或者，直接化简

$$\frac{1+(\cos\theta+\mathrm{isin}\theta)}{1-(\cos\theta+\mathrm{isin}\theta)}=\frac{(1+\cos\theta+\mathrm{isin}\theta)(1-\cos\theta+\mathrm{isin}\theta)}{(1-\cos\theta)^{2}+\sin^{2}\theta}$$

$$=\frac{(1+\mathrm{isin}\theta)^{2}-\cos^{2}\theta}{2-2\cos\theta}=\frac{2\mathrm{isin}\theta}{2-2\cos\theta}=\frac{\mathrm{i}2\sin\dfrac{\theta}{2}\cos\dfrac{\theta}{2}}{2\sin^{2}\dfrac{\theta}{2}}$$

$$=\mathrm{i}\frac{\cos\dfrac{\theta}{2}}{\sin\dfrac{\theta}{2}}=\mathrm{icot}\dfrac{\theta}{2}$$

故有 $\quad\displaystyle\frac{1}{2}\ln\left[\frac{1+(\cos\theta+\mathrm{isin}\theta)}{1-(\cos\theta+\mathrm{isin}\theta)}\right]=\frac{1}{2}\ln\left(\mathrm{icot}\frac{\theta}{2}\right)=\frac{1}{2}\ln\left(\cot\frac{\theta}{2}\mathrm{e}^{\mathrm{i}\frac{\pi}{2}}\right)$

当 $0<\theta<\pi$ 时，$\cot\dfrac{\theta}{2}>0$ ，所以有

$$\frac{1}{2}\ln\left[\frac{1+(\cos\theta+\mathrm{isin}\theta)}{1-(\cos\theta+\mathrm{isin}\theta)}\right]=\frac{1}{2}\ln\left(\cot\frac{\theta}{2}\mathrm{e}^{\mathrm{i}\frac{\pi}{2}}\right)=\frac{1}{2}\ln\left|\cot\frac{\theta}{2}\right|+\frac{\pi}{4}\mathrm{i}$$

当 $-\pi<\theta<0$ 时，$\cot\dfrac{\theta}{2}<0$ ，所以有

$$\frac{1}{2}\ln\left[\frac{1+(\cos\theta+\mathrm{isin}\theta)}{1-(\cos\theta+\mathrm{isin}\theta)}\right]=\frac{1}{2}\ln\left(\mathrm{icot}\frac{\theta}{2}\right)=\frac{1}{2}\ln\left|\cot\frac{\theta}{2}\right|-\frac{\pi}{4}\mathrm{i}$$

故得到

$$\sum_{n=0}^{\infty}\frac{\cos(2n+1)\theta}{2n+1}=\mathrm{Re}\left\{\frac{1}{2}\ln\left[\frac{1+(\cos\theta+\mathrm{isin}\theta)}{1-(\cos\theta+\mathrm{isin}\theta)}\right]\right\}=\frac{1}{2}\ln\left|\cot\frac{\theta}{2}\right|$$

$$\sum_{n=0}^{\infty}\frac{\sin(2n+1)\theta}{2n+1}=\mathrm{Im}\left\{\frac{1}{2}\ln\left[\frac{1+(\cos\theta+\mathrm{isin}\theta)}{1-(\cos\theta+\mathrm{isin}\theta)}\right]\right\}=\begin{cases}\dfrac{1}{2}\cdot\dfrac{\pi}{2}=\dfrac{\pi}{4},\ 0<\theta<\pi\\[3mm]\dfrac{1}{2}\cdot\left(-\dfrac{\pi}{2}\right)=-\dfrac{\pi}{4},\ -\pi<\theta<0\end{cases}$$

（3）因 $\ln(1+z) = -\sum\limits_{n=1}^{\infty} (-1)^n \dfrac{z^n}{n} = \sum\limits_{n=1}^{\infty} (-1)^{n+1} \dfrac{z^n}{n}$，这里 $|z| < 1$，可以证明，在收敛圆

上，除去 $z = -1$ 外均收敛。当 $z = \cos\theta + i\sin\theta$，$-\pi < \theta < \pi$，即 $|\theta| < \pi$ 时，$\sum\limits_{n=1}^{\infty} (-1)^{n+1} \dfrac{z^n}{n} =$

$\sum\limits_{n=0}^{\infty} (-1)^{n+1} \dfrac{(\cos\theta + i\sin\theta)^n}{n}$ 收敛，有

$$\sum_{n=1}^{\infty} (-1)^{n+1} \frac{(\cos\theta + i\sin\theta)^n}{n} = \sum_{n=1}^{\infty} (-1)^{n+1} \frac{\cos n\theta + i\sin n\theta}{n} = \ln[1 + (\cos\theta + i\sin\theta)]$$

而 $1 + (\cos\theta + i\sin\theta) = 2\cos\dfrac{\theta}{2} e^{i\frac{\theta}{2}}$，当 $|\theta| < \pi$ 时，$\cos\dfrac{\theta}{2} > 0$，所以有

$$\sum_{n=1}^{\infty} (-1)^{n+1} \frac{\cos n\theta}{n} = \mathrm{Re}\{\ln[1 + (\cos\theta + i\sin\theta)]\} = \ln\left(2\cos\frac{\theta}{2}\right)$$

$$\sum_{n=1}^{\infty} (-1)^{n+1} \frac{\sin n\theta}{n} = \mathrm{Im}\{\ln[1 + (\cos\theta + i\sin\theta)]\} = \frac{\theta}{2}$$

4.30 证明：级数 $\sin\theta + \dfrac{1}{3}\sin 3\theta + \dfrac{1}{5}\sin 5\theta + \cdots$ 在 $0 < \theta < \pi$ 时等于 $\dfrac{\pi}{4}$，在 $-\pi < \theta <$

0 时等于 $-\dfrac{\pi}{4}$。

证明： 参见 $4.29(2)$。

4.31 如果在 $|z| < 1$ 内函数 $f(z) = \sum\limits_{n=0}^{\infty} a_n z^n$ 解析，并且 $|f(z)| \leqslant \dfrac{1}{1 - |z|}$，证明：

$$|a_n| \leqslant (n+1)\left(1 + \frac{1}{n}\right)^n < e(n+1), \quad n = 1, 2, \cdots$$

证明： 因 $|a_n| = \dfrac{|f^{(n)}(0)|}{n!} = \left| \dfrac{1}{2\pi i} \oint_C \dfrac{f(z)}{z^{n+1}} dz \right| \leqslant \dfrac{1}{2\pi} \oint_C \dfrac{|f(z)|}{|z^{n+1}|} ds$

取积分路径 C：$|z| = r = \dfrac{n}{n+1}$，并由条件 $|f(z)| \leqslant \dfrac{1}{1 - |z|}$，由高阶导数公式，有

$$|a_n| = \frac{|f^{(n)}(0)|}{n!} = \left| \frac{1}{2\pi i} \oint_C \frac{f(z)}{z^{n+1}} dz \right| \leqslant \frac{1}{2\pi} \oint_C \frac{|f(z)|}{|z^{n+1}|} ds$$

$$\leqslant \frac{1}{2\pi} \frac{1}{1 - \dfrac{n}{n+1}} \left(\frac{n+1}{n}\right)^{n+1} \left(2\pi \frac{n}{n+1}\right) = (n+1)\left(1 + \frac{1}{n}\right)^n < e(n+1)$$

（参见习题 3.28）

4.32 设 $0 < |z| < 1$，试证：$\dfrac{1}{4}|z| < |e^z - 1| < \dfrac{7}{4}|z|$。

证明： $|e^z - 1| = \left| \left(1 + \dfrac{z}{1!} + \dfrac{z^2}{2!} + \cdots \right) - 1 \right| = \left| \dfrac{z}{1!} + \dfrac{z^2}{2!} + \cdots + \dfrac{z^n}{n!} + \cdots \right|$

$$= |z| \left| 1 + \frac{z}{2!} + \cdots + \frac{z^{n-1}}{n!} + \cdots \right| < |z| \left(1 + \frac{1}{2!} + \cdots + \frac{1}{n!} + \cdots \right)$$

$$= |z| \left[1 + \frac{1}{2} + \frac{1}{2}\left(\frac{1}{3} + \frac{1}{4 \cdot 3} + \cdots + \frac{1}{n(n-1)\cdots 4 \cdot 3} + \cdots \right) \right]$$

$$\leqslant |z| \left[1 + \frac{1}{2} + \frac{1}{2}\left(\frac{1}{3} + \frac{1}{3^2} + \cdots + \frac{1}{3^n} + \cdots \right) \right]$$

$$= |z| \left[1 + \frac{1}{2} + \frac{1}{2}\left(\frac{1}{3} \cdot \frac{1}{1 - \frac{1}{3}}\right) \right] = |z| \left(1 + \frac{1}{2} + \frac{1}{4} \right) = \frac{7}{4}|z|$$

又因 $\left| 1 + \dfrac{z}{2!} + \cdots + \dfrac{z^{n-1}}{n!} + \cdots \right| \geqslant 1 - \left| \dfrac{z}{2!} + \cdots + \dfrac{z^{n-1}}{n!} + \cdots \right|$

$$> 1 - \left(\frac{1}{2!} + \frac{1}{3!} + \cdots + \frac{1}{n!} + \cdots \right)$$

$$= 1 - \left[\frac{1}{2} + \frac{1}{2}\left(\frac{1}{3} + \cdots + \frac{1}{n(n-1)\cdots 4 \cdot 3} + \cdots \right) \right]$$

$$\geqslant 1 - \left[\frac{1}{2} + \frac{1}{2}\left(\frac{1}{3} + \frac{1}{3^2} \cdots + \frac{1}{3^n} + \cdots \right) \right]$$

$$= 1 - \left[\frac{1}{2} + \frac{1}{2} \cdot \frac{1}{3} \cdot \frac{1}{1 - \frac{1}{3}} \right] = 1 - \left[\frac{1}{2} + \frac{1}{4} \right] = \frac{1}{4}$$

所以有 $$\frac{1}{4}|z| < |e^z - 1| < \frac{7}{4}|z|$$

4.33 证明：对任何 z, $|e^z - 1| \leqslant e^{|z|} - 1 \leqslant |z|e^{|z|}$。

证明： $\left| e^z - 1 \right| = \left| \left(1 + \dfrac{z}{1!} + \dfrac{z^2}{2!} + \cdots \right) - 1 \right| = \left| \dfrac{z}{1!} + \dfrac{z^2}{2!} + \cdots + \dfrac{z^n}{n!} + \cdots \right|$

$$\leqslant \frac{|z|}{1!} + \frac{|z|^2}{2!} + \cdots + \frac{|z|^n}{n!} + \cdots = e^{|z|} - 1$$

又 $e^{|z|} - 1 = \dfrac{|z|}{1!} + \dfrac{|z|^2}{2!} + \cdots + \dfrac{|z|^n}{n!} + \cdots = |z|\left(1 + \dfrac{|z|}{2!} + \cdots + \dfrac{|z|^{n-1}}{n!} + \cdots \right)$

$$\leqslant |z|\left(1 + \frac{|z|}{1!} + \cdots + \frac{|z|^n}{n!} + \cdots \right) = |z|e^{|z|}$$

（因为 $n! \geqslant (n-1)!$, $n = 1, 2, \cdots$）

4.34 试证：$|y| \leqslant |\sin(x + iy)| \leqslant e^{|y|}$。

证明： $|\sin(x + iy)| = \left| \dfrac{e^{i(x+iy)} - e^{-i(x+iy)}}{2i} \right| = \left| \dfrac{e^{ix-y} - e^{-ix+y}}{2i} \right|$

$$\leqslant \frac{|e^{ix-y}| + |e^{-ix+y}|}{2} = \frac{e^{-y} + e^y}{2} \leqslant \frac{e^{|y|} + e^{|y|}}{2} = e^{|y|}$$

$|\sin(x + iy)| = \left| \dfrac{e^{i(x+iy)} - e^{-i(x+iy)}}{2i} \right| = \left| \dfrac{e^{ix-y} - e^{-ix+y}}{2i} \right| \geqslant \dfrac{|e^{-ix+y}| - |e^{ix-y}|}{2} \geqslant \dfrac{e^{|y|} - e^{-|y|}}{2}$

$$= \frac{1}{1!}|y| + \frac{1}{3!}|y|^3 + \cdots + \frac{1}{(2k+1)!}|y|^{2k+1} + \cdots \geqslant |y|$$

得证。

4.35 设函数 $f(z)$ 在圆 $|z| < R$ 内的展开式为

$$f(z) = \sum_{n=0}^{\infty} c_n z^n$$

(1)证明：$\dfrac{1}{2\pi}\displaystyle\int_0^{2\pi}|f(re^{i\theta})|^2\mathrm{d}\theta = \sum_{n=0}^{\infty}|c_n|^2 r^{2n}\,(0 \leqslant r < R)$。

(2)证明：若 $\max\limits_{|z|=r}|f(z)| = M(r)$，则系数 c_n 满足不等式(柯西不等式)：

$$|c_n| \leqslant \frac{M(r)}{r^n}, \qquad r < R$$

(3)令 $f(z) = \dfrac{1}{(1-z)^2}$，推出

$$\frac{1}{2\pi}\int_0^{2\pi}\frac{\mathrm{d}\theta}{(1-2r\cos\theta+r^2)^2} = \frac{1+r^2}{(1-r^2)^3}, \qquad r < 1$$

(4)令 $f(z) = 1 + z + \cdots + z^{n-1}$，推出

$$\int_0^{2\pi}\left[\frac{\sin(n\theta/2)}{\sin(\theta/2)}\right]^2\mathrm{d}\theta = 2n\pi$$

(1)**证明**：函数 $f(z)$ 在圆 $|z| < R$ 内解析，因为 $r < R$，设 $z = re^{i\theta}(0 \leqslant \theta \leqslant 2\pi)$，函数 $f(re^{i\theta})$ 在圆 $|z| < R$ 内解析，故

$$\frac{1}{2\pi}\int_0^{2\pi}|f(re^{i\varphi})|^2\mathrm{d}\varphi = \frac{1}{2\pi}\int_0^{2\pi}f(re^{i\varphi})\overline{f(re^{i\varphi})}\mathrm{d}\varphi = \frac{1}{2\pi}\oint_{|z|=r}f(z)\overline{f(z)}\frac{\mathrm{d}z}{iz}$$

$$= \frac{1}{2\pi}\oint_{|z|=r}\left(\sum_{n=0}^{\infty}c_n z^n \cdot \overline{\sum_{n=0}^{\infty}c_n z^n}\right)\frac{\mathrm{d}z}{iz}$$

$$= \frac{1}{2\pi i}\oint_{|z|=r}\left(\sum_{n=0}^{\infty}c_n z^n \cdot \sum_{n=0}^{\infty}\overline{c_n z^n}\right)\frac{\mathrm{d}z}{z} \tag{1}$$

因为 $c_n z^n \cdot \overline{c_m z^m} = c_n\,\overline{c_m} \cdot z^n\,(\bar z)^m = \begin{cases} c_n\,\overline{c_m} \cdot (z\bar z)^m z^{n-m} = (c_n\,\overline{c_m})(r^{2m}) \cdot z^{n-m} \\ c_n\,\overline{c_m} \cdot (z\bar z)^n\,(\bar z)^{m-n} = (c_n\,\overline{c_m})(r^{2n}) \cdot (\bar z)^{m-n} \end{cases}$

又因为 $z\bar z = r^2$，$\bar z = \dfrac{r^2}{z}$，所以

$$c_n z^n \cdot \overline{c_m z^m} = \begin{cases} (c_n\,\overline{c_m})(r^{2m}) \cdot z^{n-m}, & n > m \\ (c_n\,\overline{c_m})(r^{2n}) \cdot \left(\dfrac{r^2}{z}\right)^{m-n}, & n < m \end{cases}$$

式(1)的积分只有当 $n = m$ 时不为零，即

$$\frac{1}{2\pi i}\oint_{|z|=r}\left(\sum_{n=0}^{\infty}c_n z^n \cdot \sum_{n=0}^{\infty}\overline{c_n z^n}\right)\frac{\mathrm{d}z}{z} = \frac{1}{2\pi i}\oint_{|z|=r}\left[c_0\bar c_0 + (c_1 z)(\bar c_1 \bar z) + \cdots + (c_n z^n \bar c_n \bar z^n) + \cdots\right]\frac{\mathrm{d}z}{z}$$

$$= \frac{1}{2\pi i}\oint_{|z|=r}\left[|c_0|^2 + |c_1|^2 r^2 + \cdots + |c_n|^2 r^{2n} + \cdots\right]\frac{\mathrm{d}z}{z}$$

$$= \sum_{n=0}^{\infty} |c_n|^2 r^{2n}$$

（2）**证明**：因为 $\max_{|z|=r} |f(z)| = M(r)$。

$$\frac{1}{2\pi} \int_0^{2\pi} |f(re^{i\varphi})|^2 d\varphi = \frac{1}{2\pi} \int_0^{2\pi} f(re^{i\varphi}) \overline{f(re^{i\varphi})} d\varphi = \frac{1}{2\pi} \oint_{|z|=r} f(z) \overline{f(z)} \frac{dz}{iz}$$

$$\left| \frac{1}{2\pi} \oint_{|z|=r} f(z) \overline{f(z)} \frac{dz}{iz} \right| \leqslant \frac{1}{2\pi} \oint_{|z|=r} |f(z)|^2 \left| \frac{dz}{iz} \right| \leqslant \frac{M^2(r)}{2\pi} \oint_{|z|=r} \frac{ds}{r} = M^2(r)$$

即

$$\left| \sum_{n=0}^{\infty} |c_n|^2 r^{2n} \right| = \sum_{n=0}^{\infty} |c_n|^2 r^{2n} \leqslant M^2(r)$$

$$|c_n| \leqslant \frac{M(r)}{r^n}, \quad r < R$$

（3）**解**：由 $f(z) = \dfrac{1}{(1-z)^2} = \sum\limits_{n=0}^{\infty} (n+1)z^n$，代入 $\dfrac{1}{2\pi} \int_0^{2\pi} |f(re^{i\theta})|^2 d\theta = \sum\limits_{n=0}^{\infty} |c_n|^2 r^{2n}$，

得到

$$\frac{1}{2\pi} \int_0^{2\pi} \left| \frac{1}{(1-re^{i\theta})^2} \right|^2 d\theta = \sum_{n=0}^{\infty} |n+1|^2 r^{2n}$$

即

$$\frac{1}{2\pi} \int_0^{2\pi} \frac{d\theta}{(1 - 2r\cos\theta + r^2)^2} = \sum_{n=0}^{\infty} (n^2 + 2n + 1) r^{2n}$$

注意到

$$f(z) = \frac{1}{1-z} = \sum_{n=0}^{\infty} z^n, \quad f'(z) = \frac{1}{(1-z)^2} = \sum_{n=0}^{\infty} (n+1)z^n$$

$$zf'(z) = \frac{z}{(1-z)^2} = z(1 + 2z + 3z^2 + \cdots) = \sum_{n=0}^{\infty} nz^n$$

$$[zf'(z)]' = \left[\frac{z}{(1-z)^2} \right]' = \sum_{n=1}^{\infty} n^2 z^{n-1}, \quad z[zf'(z)]' = z\left[\frac{z}{(1-z)^2} \right]' = \sum_{n=1}^{\infty} n^2 z^n$$

且

$$\sum_{n=0}^{\infty} (n^2 + 2n + 1)z^n = z\left[\frac{z}{(1-z)^2} \right]' + 2\frac{z}{(1-z)^2} + \frac{1}{1-z}$$

$$= z\left[2\frac{1}{(1-z)^3} - \frac{1}{(1-z)^2} \right] + \frac{1}{(1-z)^2}(1+z)$$

$$= \frac{2z}{(1-z)^3} + \frac{1}{(1-z)^2} = \frac{1+z}{(1-z)^3}$$

所以有

$$\frac{1}{2\pi} \int_0^{2\pi} \frac{d\theta}{(1 - 2r\cos\theta + r^2)^2} = \frac{1+r^2}{(1-r^2)^3}, \quad r < 1$$

（4）**解**：由 $f(z) = 1 + z + \cdots + z^{n-1} = \dfrac{1-z^n}{1-z}$，代入

$$\frac{1}{2\pi}\int_0^{2\pi}\left|f(re^{i\theta})\right|^2\mathrm{d}\theta = \sum_{n=0}^{\infty}\left|c_n\right|^2 r^{2n}$$

取 $r=1$，得到

$$\frac{1}{2\pi}\int_0^{2\pi}\left|\frac{1-z^n}{1-z}\right|^2\mathrm{d}\theta = \sum_{n=0}^{n-1}1$$

即 $\quad\dfrac{1}{2\pi}\displaystyle\int_0^{2\pi}\left|\dfrac{1-\cos n\theta - i\sin n\theta}{1-\cos\theta - i\sin\theta}\right|^2\mathrm{d}\theta = n,\quad \dfrac{1}{2\pi}\displaystyle\int_0^{2\pi}\dfrac{(1-\cos n\theta)^2 + \sin^2 n\theta}{(1-\cos\theta)^2 + \sin^2\theta}\mathrm{d}\theta = n$

化简得到

$$\frac{1}{2\pi}\int_0^{2\pi}\frac{2-2\cos n\theta}{2-2\cos\theta}\mathrm{d}\theta = n$$

即

$$\int_0^{2\pi}\left[\frac{\sin(n\theta/2)}{\sin(\theta/2)}\right]^2\mathrm{d}\theta = 2n\pi$$

第五章   留 数 定 理

留数是复变函数论中重要的概念之一，它不仅在复变函数论中，而且在其他学科中都有着广泛的应用。本章重点掌握留数定理与留数的计算方法，以及将留数定理应用到实函数中，计算某些广义积分的方法，这些广义积分在高等数学中也是较难计算的。

一、知 识 要 点

(一) 留数及留数定理

1. 留数的定义

定义：若 $f(z)$ 在去心邻域 $0 < |z - b| < R$ 内解析，b 是 $f(z)$ 的孤立奇点，l 是 $0 < |z - b| < R$ 内包围 b 的任意一条正向简单闭曲线，定义积分

$$\frac{1}{2\pi i} \oint_l f(z)\,\mathrm{d}z$$

为函数 $f(z)$ 在 b 的留数(Residue)，记作 $\mathrm{Res}[f(z),\ b]$。

若把 $f(z)$ 在有限远孤立奇点 b 的邻域中展开式为罗兰级数 $f(z) = \sum\limits_{k=-\infty}^{\infty} c_k\,(z-b)^k$，则其中 c_{-1} 为 $f(z)$ 在 b 点的留数，即有

$$\mathrm{Res}[f(z),\ b] = \frac{1}{2\pi i} \oint_l f(z)\,\mathrm{d}z,\quad \mathrm{Res}[f(z),\ b] = c_{-1}$$

2. 留数定理

若 $f(z)$ 在 l 所围的闭区域内除各孤立奇点 $b_k(k = 1,\ 2,\ \cdots,\ n)$ 外处处解析，则沿逆时针方向积分时，有

$$\oint_l f(z)\,\mathrm{d}z = 2\pi i \sum_{k=1}^{n} \mathrm{Res}[f(z),\ b_k]$$

意义：把计算沿路径积分的整体问题化为计算各孤立奇点留数的局部问题。
讨论问题：柯西积分定理、柯西积分公式与留数定理的关系如何?

(二) 留数的计算

只有孤立奇点才有留数，若知道孤立奇点的类型，可以更加方便地计算留数。

(1)可去奇点：无负幂项，$\mathrm{Res}[f(z), b] = 0$。

(2)本性奇点：无穷多负幂项，把函数在奇点的去心邻域中展开为罗兰级数，求解 c_{-1}。

$$\mathrm{Res}[f(z), b] = c_{-1}$$

(3)极点留数计算：如果 b 是 $f(z)$ 的极点，则可以利用以下的规则：

规则 1：如果 b 是 $f(z)$ 的一阶极点，则 $\mathrm{Res}[f(z), b] = \lim\limits_{z \to b}(z - b)f(z)$。

规则 2：如果 b 是 $f(z)$ 的 m 阶极点，则

$$\mathrm{Res}[f(z), b] = \frac{1}{(m-1)!}\lim_{z \to b}\frac{\mathrm{d}^{m-1}}{\mathrm{d}z^{m-1}}\left[(z-b)^m f(z)\right]$$

注意：如果极点 b 的实际级数比 m 低时，上述规则仍然有效。

规则 3：如 b 是 $f(z) = \dfrac{P(z)}{Q(z)}$ 的一阶极点，且 $P(b)\neq 0$，$Q(b)=0$，$Q'(b)\neq 0$，那么

$$\mathrm{Res}[f(z), b] = \frac{P(b)}{Q'(b)}$$

注意：规则 3 的应用条件。

(三)无穷远点的留数及计算方法

1. 定义

设函数 $f(z)$ 在圆环域 $R<|z|<\infty$ 内解析，C 为圆环域内绕原点的任何一条简单闭曲线，则积分

$$\frac{1}{2\pi\mathrm{i}}\oint_{C^-}f(z)\,\mathrm{d}z$$

称为 $f(z)$ 在 ∞ 点的留数，记作 $\mathrm{Res}[f(z), \infty] = \dfrac{1}{2\pi\mathrm{i}}\oint_{C^-}f(z)\,\mathrm{d}z$。这里积分路径的方向是顺时针方向，这个方向很自然地可以看作是围绕无穷远点的正向。

在 $R<|z|<+\infty$ 内的罗兰展开式为 $f(z) = \cdots + c_{-n}z^{-n} + \cdots + c_{-1}z^{-1} + c_0 + \cdots + c_n z^n + \cdots$，则

$$\mathrm{Res}[f(z), \infty] = \frac{1}{2\pi\mathrm{i}}\oint_{C^-}f(z)\,\mathrm{d}z = \frac{1}{2\pi\mathrm{i}}\oint_{C^-}\left[\sum_{n=-\infty}^{\infty}c_n z^n\right]\mathrm{d}z = -c_{-1}$$

即 $f(z)$ 在 ∞ 点的留数等于函数 $f(z)$ 在 ∞ 点的罗兰级数中 z^{-1} 项的系数 c_{-1} 的变号。

注意：有限可去奇点的留数为 0，$z=\infty$ 即便是 $f(z)$ 的可去奇点，$f(z)$ 在 $z=\infty$ 的留数也未必是 0，为什么？

2. 无穷远点留数的计算方法

方法 1：如果 $f(z)$ 在 $R < |z| < +\infty$ 的罗兰展开式为 $f(z) = \sum\limits_{n=-\infty}^{+\infty}c_n z^n$，则有

$$\text{Res}[f(z), \ \infty] = -c_{-1}$$

方法 2：若 $z = \infty$ 是 $f(z)$ 的可去奇点，并且 $\lim\limits_{z \to \infty} f(z) = 0$，则

$$\text{Res}[f(z), \ \infty] = -c_{-1} = -\lim\limits_{z \to \infty} z f(z)$$

方法 3：
$$\text{Res}[f(z), \ \infty] = -\text{Res}\left[f\left(\frac{1}{z}\right) \cdot \frac{1}{z^2}, \ 0\right]$$

3. 扩充复平面上的留数定理

定理：如果函数 $f(z)$ 在扩充复平面内只有有限个孤立奇点，那么 $f(z)$ 在所有奇点（包括 ∞ 点）的留数总和必等于零.

若除有限个有限远奇点 b_k 和无穷远奇点外，$f(z)$ 在全平面解析，则

$$\sum_{k=1}^{n} \text{Res}[f(z), \ b_k] + \text{Res}[f(z), \ \infty] = 0$$

关系：全平面留数之和为零。

（四）留数定理在定积分计算中的应用

利用留数计算实积分的基本思路是，将实积分看成是复平面中沿实轴 $[a, b]$ 的积分，然后选取适当的辅助路径 l，构成闭合回路 $C = [a, b] + l$，则 $\oint_C f(z) \mathrm{d}z = \int_a^b f(x) \mathrm{d}x + \int_l f(z) \mathrm{d}z$，使原积分成为回路 C 积分的一部分。只要所选取的沿辅助路径 l 的积分可积，则原积分即可由 C 内部全体奇点的留数得到。

1. 形如 $I = \int_0^{2\pi} R(\cos\theta, \ \sin\theta) \mathrm{d}\theta$ 的积分

条件：（1）$R(\cos\theta, \ \sin\theta)$ 为 $\cos\theta$ 与 $\sin\theta$ 的有理函数；

（2）$R(\cos\theta, \ \sin\theta)$ 在 $[0, 2\pi]$ 或者 $[-\pi, \ \pi]$ 上连续。

令 $z = \mathrm{e}^{\mathrm{i}\theta}$，则有 $\sin\theta = \dfrac{1}{2\mathrm{i}}(\mathrm{e}^{\mathrm{i}\theta} - \mathrm{e}^{-\mathrm{i}\theta}) = \dfrac{z^2 - 1}{2\mathrm{i}z}$，$\cos\theta = \dfrac{1}{2}(\mathrm{e}^{\mathrm{i}\theta} + \mathrm{e}^{-\mathrm{i}\theta}) = \dfrac{z^2 + 1}{2z}$，$\mathrm{d}\theta = \dfrac{\mathrm{d}z}{\mathrm{i}z}$，

于是积分成为沿逆时针单位圆的积分

$$I = \int_0^{2\pi} R(\cos\theta, \ \sin\theta) \mathrm{d}\theta = \oint_{|z|=1} R\left[\frac{z^2+1}{2z}, \ \frac{z^2-1}{2\mathrm{i}z}\right] \frac{\mathrm{d}z}{\mathrm{i}z} = \oint_{|z|=1} f(z) \mathrm{d}z$$

应用留数定理，即得

$$I = 2\pi\mathrm{i} \sum_{k=1}^{n} \text{Res}[f(z), \ z_k], \quad |z_k| < 1$$

其中，$z_k (k = 1, 2, \cdots, n)$ 为包含在单位圆周 $|z| = 1$ 内的 $f(z)$ 的孤立奇点。

注意：（1）$f(z)$ 为 z 的有理函数；

（2）$R(\cos\theta, \sin\theta)$ 在 $[0, 2\pi]$ 上连续，则 $f(z)$ 在单位圆周 $|z| = 1$ 上无奇点；

（3）留数是计算单位圆内奇点的留数；

（4）积分限可以为 $[-\pi, \ \pi]$；

若 $R(\cos\theta, \ \sin\theta)$ 为偶函数，则 $\int_0^\pi R(\cos\theta, \ \sin\theta)\mathrm{d}\theta = \dfrac{1}{2}\int_{-\pi}^\pi R(\cos\theta, \ \sin\theta)\mathrm{d}\theta$。

2. 形如 $\int_{-\infty}^{+\infty} f(x)\mathrm{d}x$ 实函数 $f(x)$ 沿实轴的积分

对 $\int_{-\infty}^{+\infty} f(x)\mathrm{d}x$ 型积分，当被积函数满足一定条件时，可以利用留数定理计算，有下列定理。

定理 5.1： 设 $f(x) = \dfrac{P(x)}{Q(x)} = \dfrac{a_m x^m + a_{m-1}x^{m-1} + \cdots + a_1 x + a_0}{b_n x^n + b_{n-1}x^{n-1} + \cdots + b_1 x + b_0}(n - m \geqslant 2)$ 为有理分式函数，其中 $P(x)$、$Q(x)$ 是 x 的实系数多项式，且满足：（1）$Q(x)$ 比 $P(x)$ 的阶次至少高两次；（2）$Q(x)$ 在实轴上没有零点；则

$$\int_{-\infty}^{+\infty} f(x)\mathrm{d}x = 2\pi\mathrm{i}\sum_{k=1}^n \mathrm{Res}[f(z), \ z_k]$$

其中，z_k 是 $f(z)$ 在上半平面的奇点。

注意： 实数多项式 $Q(x)$ 没有实零点，则 $Q(x)$ 必为偶数次多项式。

说明： 若 $f(z)$ 在实轴上无奇点，在上半平面只有有限个孤立奇点，则可考虑复积分

$$\oint_C f(z)\mathrm{d}z = \int_{-R}^R f(x)\mathrm{d}x + \int_{C_R} f(z)\mathrm{d}z, \qquad R \to \infty$$

其中，C_R 如图 5-1 所示。只要当 $R \to \infty$ 时 $zf(z)$ 一致趋于零，由大圆弧引理，则圆弧 C_R 上的积分为 0。由留数定理，有

$$\int_{-\infty}^{+\infty} f(x)\mathrm{d}x = \lim_{R\to\infty}\int_{-R}^R f(x)\mathrm{d}x = \lim_{R\to\infty}\oint_C f(z)\mathrm{d}z = 2\pi\mathrm{i}\sum_{k=1}^n \mathrm{Res}[f(z), \ z_k], \quad \mathrm{Im}z_k > 0$$

其中，z_k 是 $f(z)$ 在上半平面的奇点。这里 C 为 C_R 与实轴围成的回路。

若 $f(x)$ 为偶函数，则有

$$\int_0^{+\infty} f(x)\mathrm{d}x = \frac{1}{2}\int_{-\infty}^{+\infty} f(x)\mathrm{d}x = \pi\mathrm{i}\sum_{k=1}^n \mathrm{Res}[f(z), \ z_k], \quad \mathrm{Im}z_k > 0$$

若 $f(x)$ 不是偶函数，则 $\int_0^{+\infty} f(x)\mathrm{d}x \neq \dfrac{1}{2}\int_{-\infty}^{+\infty} f(x)\mathrm{d}x$，不能利用定理 5.1 计算定积分，一般的教科书中都没有提到此类积分利用留数定理的计算方法。它的计算方法由定理 5.2 给出。

定理 5.2： 设 $f(z) = \dfrac{P(z)}{Q(z)} = \dfrac{a_m z^m + a_{m-1}z^{m-1} + \cdots + a_1 z + a_0}{b_n z^n + b_{n-1}z^{n-1} + \cdots + b_1 z + b_0}(n - m \geqslant 2)$ 为有理分式函数，且满足：（1）$Q(z)$ 比 $P(z)$ 的阶次至少高两次；（2）$Q(z)$ 在实轴上没有零点。

若 $f(z)$ 在复平面内的极点为 $z_k(k = 1, \ 2, \ \cdots, \ n)$，则

$$\int_0^{+\infty} \frac{P(x)}{Q(x)}\mathrm{d}x = -\sum_{k=1}^n \mathrm{Res}\left[\frac{P(z)}{Q(z)}\mathrm{Ln}z, \ z_k\right] \tag{1}$$

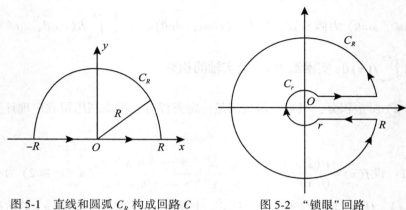

图 5-1　直线和圆弧 C_R 构成回路 C　　　　图 5-2　"锁眼"回路

证明： 把 $f(x)$ 推广到复数域，记为 $f(z)$，设 $F(z) = f(z) \mathrm{Ln} z = \dfrac{P(z)}{Q(z)} \mathrm{Ln} z$。构建如图 5-2所示的闭合回路，在图 5-2 中，以 O 为圆心，足够大的 R 为半径作圆 C_R，足够小的 r 为半径作圆 c_r，形成"锁眼"回路，使得 $f(z)$ 在复平面的奇点都在"锁眼"回路内，构成如图 5-2 所示的闭合回路 $l = C_R + [R, r] + c_r + [r, R]$。利用留数定理，可得

$$\oint_l F(z)\,\mathrm{d}z = \int_{C_R} F(z)\,\mathrm{d}z + \int_R^r F(z)\,\mathrm{d}z + \int_{C_r} F(z)\,\mathrm{d}z + \int_r^R F(z)\,\mathrm{d}z$$

$$= 2\pi\mathrm{i} \sum_{j=1}^n \mathrm{Res}\big[F(z),\, z_j\big] \tag{2}$$

下面考虑取 $R \to \infty$ 和 $r \to 0$ 的极限时，沿各个路径的积分，并注意到 $\lim\limits_{R \to \infty} zF(z) = 0$。沿大圆路径 C_R：（$z = R\mathrm{e}^{\mathrm{i}\theta}$，$\theta \in [0, 2\pi]$）的积分值为

$$\left| \int_{C_R} F(z)\,\mathrm{d}z \right| = \left| \int_{C_R} zF(z)\,\frac{\mathrm{d}z}{z} \right| \leqslant \int_{C_R} |zF(z)|\left|\frac{\mathrm{d}z}{z}\right|$$

$$= \int_0^{2\pi} \left| R\mathrm{e}^{\mathrm{i}\theta} F(R\mathrm{e}^{\mathrm{i}\theta}) \right|\,\mathrm{d}\theta = \int_0^{2\pi} \left| RF(R\mathrm{e}^{\mathrm{i}\theta}) \right|\,\mathrm{d}\theta \xrightarrow{R \to \infty} 0$$

所以

$$\int_{C_R} F(z)\,\mathrm{d}z \xrightarrow{R \to \infty} 0 \tag{3}$$

沿小圆路径 C_r（$z = r\mathrm{e}^{\mathrm{i}\theta}$，$\theta \in [2\pi, 0]$）的积分值为

$$\left| \int_{C_r} F(z)\,\mathrm{d}z \right| = \left| \int_{2\pi}^0 F(r\mathrm{e}^{\mathrm{i}\theta}) r\mathrm{e}^{\mathrm{i}\theta}\mathrm{i}\,\mathrm{d}\theta \right| \leqslant \int_0^{2\pi} \left| F(r\mathrm{e}^{\mathrm{i}\theta}) \right| r\,\mathrm{d}\theta \xrightarrow{r \to 0} 0$$

所以

$$\int_{C_r} F(z)\,\mathrm{d}z \xrightarrow{r \to 0} 0 \tag{4}$$

沿直线路径 $[r, R]$（$z = x\mathrm{e}^{0\mathrm{i}}$）的积分值为

$$\int_r^R F(z)\,\mathrm{d}z = \int_r^R \frac{P(x)}{Q(x)} \mathrm{Ln}(x)\,\mathrm{d}x = \int_r^R \frac{P(x)}{Q(x)}(\ln x + \mathrm{i}0)\,\mathrm{d}x = \int_0^{+\infty} \frac{P(x)}{Q(x)} \ln(x)\,\mathrm{d}x \tag{5}$$

沿直线路径 $[R, r]$（$z = x\mathrm{e}^{2\pi\mathrm{i}}$）的积分值为

$$\int_R^r F(z)\,\mathrm{d}z = \int_R^r \frac{P(x)}{Q(x)}\mathrm{Ln}(x)\,\mathrm{d}x = \int_R^r \frac{P(x)}{Q(x)}(\ln x + 2\pi\mathrm{i})\,\mathrm{d}x$$

$$= -\int_0^{+\infty} \frac{P(x)}{Q(x)}(\ln x + 2\pi\mathrm{i})\,\mathrm{d}x \qquad (6)$$

将沿各路径的积分值式(3)~式(6)代入式(2)，我们有

$$\oint_l F(z)\,\mathrm{d}z = 0 + \left[-\int_0^{+\infty} \frac{P(x)}{Q(x)}(\ln x + 2\pi\mathrm{i})\,\mathrm{d}x \right] + 0 + \int_0^{+\infty} \frac{P(x)}{Q(x)}\ln(x)\,\mathrm{d}x$$

$$= 2\pi\mathrm{i}\sum_{j=1}^n \mathrm{Res}\left[F(z),\ z_j \right]$$

化简得到式(1)，即 $\qquad \displaystyle\int_0^{+\infty} \frac{P(x)}{Q(x)}\mathrm{d}x = -\sum_{j=1}^n \mathrm{Res}\left[\frac{P(z)}{Q(z)}\ln z,\ z_j \right]$

3. 形如 $\displaystyle\int_{-\infty}^{+\infty} R(x)\,\mathrm{e}^{\mathrm{i}\alpha x}\,\mathrm{d}x\ (\alpha > 0)$ 实函数 $R(x)$ 沿实轴的积分

条件：(1) $R(x) = \dfrac{a_m x^m + a_{m-1}x^{m-1} + \cdots + a_0}{b_n x^n + b_{n-1}x^{n-1} + \cdots + b_0}$，且 $Q(x)$ 比 $P(x)$ 至少高一阶；

(2) $Q(x) \neq 0$；

(3) $\alpha > 0$。

$$I = \int_{-\infty}^{+\infty} R(x)\,\mathrm{e}^{\mathrm{i}\alpha x} = 2\pi\mathrm{i}\sum_{k=1}^n \mathrm{Res}\left[R(z)\,\mathrm{e}^{\mathrm{i}\alpha z},\ z_k \right],\quad \mathrm{Im}z_k > 0$$

其中，z_k 为 $R(z)$ 在复平面上半平面的奇点。

利用 $\mathrm{e}^{\mathrm{i}\alpha x} = \cos\alpha x + \mathrm{i}\sin\alpha x$，有

$$I = \int_{-\infty}^{+\infty} R(x)\,\mathrm{e}^{\mathrm{i}\alpha x} = \int_{-\infty}^{+\infty} R(x)\cos\alpha x\,\mathrm{d}x + \mathrm{i}\int_{-\infty}^{+\infty} R(x)\sin\alpha x\,\mathrm{d}x$$

$$= 2\pi\mathrm{i}\sum_{k=1}^n \mathrm{Res}\left[R(z)\,\mathrm{e}^{\mathrm{i}\alpha z},\ z_k \right],\quad \mathrm{Im}(z_k > 0)$$

则有

$$\int_{-\infty}^{+\infty} R(x)\cos\alpha x\,\mathrm{d}x = \mathrm{Re}\left\{ 2\pi\mathrm{i}\sum_{k=1}^n \mathrm{Res}\left[R(z)\,\mathrm{e}^{\mathrm{i}\alpha z},\ z_k \right] \right\},\quad \mathrm{Im}(z_k > 0)$$

$$\int_{-\infty}^{+\infty} R(x)\sin\alpha x\,\mathrm{d}x = \mathrm{Im}\left\{ 2\pi\mathrm{i}\sum_{k=1}^n \mathrm{Res}\left[R(z)\,\mathrm{e}^{\mathrm{i}\alpha z},\ z_k \right] \right\},\quad \mathrm{Im}(z_k > 0)$$

若 $R(x)\cos\alpha x$、$R(x)\sin\alpha x$ 为偶函数，则有

$$\int_0^{+\infty} R(x)\cos\alpha x\,\mathrm{d}x = \frac{1}{2}\int_{-\infty}^{+\infty} R(x)\cos\alpha x\,\mathrm{d}x$$

$$\int_0^{+\infty} R(x)\sin\alpha x\,\mathrm{d}x = \frac{1}{2}\int_{-\infty}^{+\infty} R(x)\sin\alpha x\,\mathrm{d}x$$

4. 被积函数在积分路径上存在无界点的积分——实轴上有一阶极点时的积分

若 $f(z)$（设其仍满足上述形式 3 条件）在实轴上虽有奇点，但都是一阶极点（注意，不是一阶极点则此法不成立），则可令回路从上方绕过奇点，如图 5-3 所示，其中 b 为奇点，

C_ε 为以 b 为心，半径为 ε 的顺时针半圆弧。因为

$$\lim_{R \to \infty} \int_{C_R} f(z)\, \mathrm{d}z = 0$$

$$\lim_{\varepsilon \to 0} \int_{c_\varepsilon} f(z)\, \mathrm{d}z = -\,\mathrm{i}\pi \operatorname{Res}[f(z),\, b]$$

故有

$$\int_{-\infty}^{+\infty} f(x)\, \mathrm{d}x \equiv \lim_{\substack{R \to \infty \\ \varepsilon \to 0}} \left[\int_{-R}^{b-\varepsilon} f(x)\, \mathrm{d}x + \int_{b+\varepsilon}^{R} f(x)\, \mathrm{d}x \right]$$

$$= 2\pi\mathrm{i} \sum_k \operatorname{Res}[f(z),\, z_k] + \mathrm{i}\pi \operatorname{Res}[f(z),\, b]$$

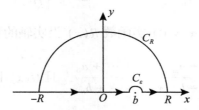

图 5-3　实轴上有极点时的积分路

推广到实轴上有若干个一阶极点 x_1，x_2，$\cdots$，x_m 的情况，则有

$$I = I_1 + \mathrm{i}I_2 = \int_{-\infty}^{+\infty} R(x)\, \mathrm{e}^{\mathrm{i}ax}\, \mathrm{d}x = 2\pi\mathrm{i} \sum_{k=1}^{n} \operatorname{Res}[R(z)\, \mathrm{e}^{\mathrm{i}az},\, z_k] + \pi\mathrm{i} \sum_{k=1}^{m} \operatorname{Res}[R(z)\, \mathrm{e}^{\mathrm{i}az},\, x_k]$$

其中，z_k 为 $R(z)$ 在复平面上半平面的奇点。

二、教学基本要求

(1)理解留数的定义和留数定理。

(2)掌握孤立奇点(有限点和无穷远点)处的留数的计算方法。

(3)掌握利用留数定理计算闭合路径上的复积分。

(4)掌握利用留数定理计算来计算三种类型的实函数的积分。

三、问 题 解 答

(1)计算本性奇点处的留数有哪些方法可用?

答：在本性孤立奇点处，若是有限的本性孤立奇点，可以将函数在此有限孤立点的去心邻城内展开为罗朗级数，然后找 -1 次幂的系数 C_{-1}。另外，若是只有一个有限的本性孤立奇点，可以利用扩充复平面上的留数定理，即全平面的留数之和为零，将其他点处的留数计算出来，然后求出本性奇点处的留数。

例 1 求 $f(z) = \dfrac{z}{(1 + z^2)\mathrm{e}^{1/z}}$ 在 $z = 0$ 点处的留数。

方法一：由于函数 $f(z)$ 的孤立奇点有 $z = 0$，$\pm\mathrm{i}$，∞，其中 $z = 0$ 是本性奇点，其展开式也不好获得。但 $f(z)$ 在其他点处的留数容易计算，且有

$$\mathrm{Res}[f(z),\ \pm\mathrm{i}] = \left\{\lim_{z \to \pm\mathrm{i}}[z - (\pm\mathrm{i})]\frac{z}{(1 + z^2)\mathrm{e}^{1/z}}\right\} = \frac{1}{2\mathrm{e}^{1/z}}\bigg|_{\pm\mathrm{i}} = \frac{1}{2}\mathrm{e}^{\pm\mathrm{i}}$$

$$\mathrm{Res}[f(z),\ \infty] = -1 \quad (参见问题解答 3)$$

由于 $$\mathrm{Res}[f(z),\ 0] + \mathrm{Res}[f(z),\ \pm\mathrm{i}] + \mathrm{Res}[f(z),\ \infty] = 0$$

因此 $$\mathrm{Res}[f(z),\ 0] = 1 - \mathrm{chi}$$

方法二：按孤立奇点的类型直接计算，由罗兰展开式，找 -1 次幂的系数 C_{-1}。因 $z = 0$ 是本性奇点，在 $0 < |z| < 1$ 中的罗兰展开式为

$$f(z) = \frac{z}{1 + z^2}\mathrm{e}^{-1/z} = \frac{1}{2\mathrm{i}}\left(\frac{1}{1 - \mathrm{i}z} - \frac{1}{1 + \mathrm{i}z}\right)\mathrm{e}^{-1/z}$$

$$= \frac{1}{2\mathrm{i}}\left[\sum_{n=0}^{\infty}(\mathrm{i})^n z^n - \sum_{n=0}^{\infty}(-\mathrm{i})^n z^{2n}\right]\cdot\sum_{n=0}^{\infty}\frac{1}{n!}\left(-\frac{1}{z}\right)^n$$

$$= \cdots + \left[\frac{1}{2\mathrm{i}}\sum_{n=0}^{\infty}(\mathrm{i})^n\frac{(-1)^{n+1}}{(n+1)!} - \frac{1}{2\mathrm{i}}\sum_{n=0}^{\infty}(-\mathrm{i})^n\cdot\frac{(-1)^{n+1}}{(n+1)!}\right]\frac{1}{z} + \cdots$$

$$= \cdots + \left[\frac{1}{2\mathrm{i}}\sum_{n=0}^{\infty}(-\mathrm{i})\frac{(-\mathrm{i})^{n+1}}{(n+1)!} - \frac{1}{2\mathrm{i}}\sum_{n=0}^{\infty}(\mathrm{i})\cdot\frac{(\mathrm{i})^{n+1}}{(n+1)!}\right]\frac{1}{z} + \cdots$$

$$= \cdots + \left[\frac{1}{2}\sum_{n=0}^{\infty}-\frac{(\mathrm{i})^{n+1}}{(n+1)!} - \frac{1}{2}\sum_{n=0}^{\infty}\frac{(-\mathrm{i})^{n+1}}{(n+1)!}\right]\frac{1}{z} + \cdots$$

$$= \cdots + \left[-\frac{1}{2}(\mathrm{e}^{\mathrm{i}} - 1) - \frac{1}{2}(\mathrm{e}^{-\mathrm{i}} - 1)\right]\frac{1}{z} + \cdots$$

故 $$c_{-1} = \left[-\frac{1}{2}(\mathrm{e}^{\mathrm{i}} - 1) - \frac{1}{2}(\mathrm{e}^{-\mathrm{i}} - 1)\right] = 1 - \mathrm{chi}$$

注意：由于只要找 -1 次幂的系数 C_{-1}，故可以不关心其它幂次的系数。

(2)试叙述 $z = 0$ 和 $z = \infty$ 作为函数的孤立奇点，其类型的对应关系。

答：$z = 0$ 是一个有限点，可以按定义去判定其类型，将函数展开为 z 的幂级数，根据负幂项的次数判定奇点的类型，也可以用求 $z \to 0$ 的过程中的极限的情况来判定其类型。

要判断 $z = \infty$ 是函数的什么类型的孤立奇点，可以通过求 $z \to \infty$ 的过程中的极限情况判定其相应的类型。也可以在无穷远的去心邻城内，将函数展开为罗兰级数，根据正幂项的阶次判定奇点的类型，即不出现正幂项时对应可去奇点，只出现有限个正幂项对应极点，出现无穷多个正幂项时为本性奇点。对于无穷远点，我们还可以利用 ∞ 与 0 的关系，对函数 $f(z)$ 的变量作代换 $\xi = \dfrac{1}{z}$，则有 $f\left(\dfrac{1}{z}\right) = \varphi(\xi)$。讨论 $\varphi(\xi)$ 在 $\xi = 0$ 处的奇点类型，此时 $\varphi(\xi)$ 在 $\xi = 0$ 处的奇点类型和 $f(z)$ 在 ∞ 处的奇点类型是对应的。

(3)试分析：为什么在计算 $z = \infty$ 作为函数 $f(z)$ 的孤立奇点处的留数时，不可以用计算 $f\left(\dfrac{1}{z}\right)$ 在 $z = 0$ 处的留数替代？

答：在考虑孤立奇点的分类这个问题上，可以将 $z = \infty$ 作为 $f(z)$ 孤立奇点的类型，与用 $f\left(\dfrac{1}{z}\right)$ 作为 $z = 0$ 孤立奇点类型对应。在考虑函数 $f(z)$ 在 $z = \infty$ 处的留数时，用

$$\mathrm{Res}[f(z),\ \infty] = -\mathrm{Res}\left[f\left(\frac{1}{z}\right) \cdot \frac{1}{z^2},\ 0\right]$$

来计算，从上等式两端的函数的差别可知

$$\varphi(\xi) = f\left(\frac{1}{\xi}\right) \cdot \frac{1}{\xi^2} \neq f\left(\frac{1}{\xi}\right)$$

因此，在计算函数 $f(z)$ 在孤立奇点 $z = \infty$ 点处的留数时，不可以用计算 $f\left(\dfrac{1}{z}\right)$ 在 $z = 0$ 处的留数替代。参见以下的证明。

证明：
$$\mathrm{Res}[f(z),\ \infty] = -\mathrm{Res}\left[f\left(\frac{1}{z}\right) \cdot \frac{1}{z^2},\ 0\right]$$

$$\mathrm{Res}[f(z),\ \infty] = -c_{-1} = \frac{1}{2\pi i}\oint_c f(z)\,\mathrm{d}z \xlongequal{z = \frac{1}{t}} \frac{1}{2\pi i}\oint_{c'} f\left(\frac{1}{t}\right)\left(-\frac{1}{t^2}\right)\mathrm{d}t$$

$$= -\frac{1}{2\pi i}\oint_{c'} f\left(\frac{1}{t}\right)\frac{1}{t^2}\mathrm{d}t = -\mathrm{Res}\left[f\left(\frac{1}{z}\right)\frac{1}{z^2},\ 0\right]$$

将此方法应用于例 1 的 ∞ 点的留数求解。

$$\mathrm{Res}[f(z),\ \infty] = -\mathrm{Res}\left[f\left(\frac{1}{z}\right)\frac{1}{z^2},\ 0\right] = -\mathrm{Res}\left[\frac{\frac{1}{z}\mathrm{e}^{-z}}{[1 + (1/z)]^2}\frac{1}{z^2},\ 0\right]$$

$$= -\mathrm{Res}\left[\frac{\mathrm{e}^{-z}}{z(z^2 + 1)},\ 0\right] = -1$$

(4)关于 $z = \infty$ 的留数的计算方法。

答：①利用全平面的留数和为零；

②利用 $\mathrm{Res}[f(z),\ \infty] = -\mathrm{Res}\left[f\left(\dfrac{1}{z}\right)\dfrac{1}{z^2},\ 0\right]$ 计算；

③把函数在区域 $R < |z| < \infty$ 展开成罗兰级数，求 $-c_{-1}$。

(5)关于黎曼 ζ 函数。黎曼 ζ 函数 $\zeta(z) = \sum\limits_{n=1}^{\infty} n^{-z}$ 在区域 $A = \{z\,|\,\mathrm{Re}z > 1\}$ 内解析。

证明：如果 $\mathrm{Re}z \geqslant 1 + \varepsilon$，$\varepsilon > 0$，这样有 $|n^{-z}| = |n^{-\mathrm{Re}z}| \leqslant n^{-1-\varepsilon}$，

因 $\sum\limits_{n=1}^{\infty} |n^{-z}|$ 在区域 $A = \{z\,|\,\mathrm{Re}z > 1\}$ 一致收敛，那么 $\zeta(z) = \sum\limits_{n=1}^{\infty} n^{-z}$ 在区域 $A = \{z\,|\,\mathrm{Re}z > 1\}$ 内收敛解析。

定理： 对于 $\text{Re}z > 1$，有 $\zeta(z) = \dfrac{\Gamma(1-z)}{2\pi i} \oint_c \dfrac{(-w)^z}{e^w - 1} \dfrac{dw}{w}$，其中 $(-w)^z = e^{z\ln(-w)}$，且 $-\pi < \text{Im}[\ln(-w)] < \pi$。

因为函数 $\Gamma(1-z)$ 在 $z = 1, 2, 3, \cdots$ 有简单极点，而对 $\text{Re}z > 1$，$\zeta(z)$ 是解析的，所以在整数 $n \geq 2$ 上的极点必然与积分 $I(z)$ 的零点相抵消，即 $I(z)$ 在 $z = 2, 3, 4, \cdots$ 必有零点。

我们现在计算在唯一简单极点 $z = 1$ 点的留数

$$\text{Res}[\zeta(z), 1] = \lim_{z \to 1}\left[(z-1)\frac{\Gamma(1-z)}{2\pi i}I(z)\right] = -\frac{1}{2\pi i}I(1)$$

$$= -\frac{1}{2\pi i}\oint_{|w|=\delta}\frac{(-w)^1}{e^w - 1}\frac{dw}{w} = \frac{1}{2\pi i}\oint_{|w|=\delta}\frac{dw}{e^w - 1}$$

$$= \text{Res}\left(\frac{1}{e^w - 1}, 0\right) = 1$$

$I(z) = \oint \dfrac{(-w)^z dw}{e^w - 1}\dfrac{dw}{w}$，其中积分路径 c 沿正实轴，从无穷远 ∞ 到 $\delta > 0$，绕圆心在原点的圆 $|w| = \delta$，再从 $\delta > 0$ 到无穷远 ∞。只要 c 不围绕 $2l\pi i$，积分就不依赖 c 的形状。

推论： ζ 函数可以扩展为整个复平面上的解析函数，其唯一的极点是 $z = 1$ 处的单极点，其留数为 1。

如果 z 取负整数，有

$$\zeta(-n) = \frac{\Gamma(1+n)}{2\pi i}I(-n) = \frac{n!}{2\pi i}I(-n)$$

其中

$$I(z) = \oint_\gamma \frac{(-w)^{-n}}{e^w - 1}\frac{dw}{w} = (-1)^n\oint_\gamma \frac{w}{e^w - 1}\frac{dw}{w^{n+2}}$$

由于函数 $\dfrac{w}{e^w - 1}$ 在原点及其邻域内解析，有

$$\frac{w}{e^w - 1} = \sum_{n=0}^{\infty}(-1)^n\frac{1}{n!}B_n w^n = 1 - \frac{1}{2}w + \sum_{n=2}^{\infty}(-1)^n\frac{1}{n!}B_n w^n, \quad |w| < 2\pi$$

其中，B_n 称为伯努利数，$B_n = \dfrac{d^n}{dw^n}\left(\dfrac{w}{e^w - 1}\right)\bigg|_{w=0}$。因为 $\dfrac{w}{e^w - 1} + \dfrac{w}{2}$ 是一个偶函数。

$B_1 = -\dfrac{1}{2}$ 其余的奇数项都为 0。我们容易得到偶数项为 $B_2 = \dfrac{1}{6}$，$B_4 = -\dfrac{1}{30}$，$B_6 = \dfrac{1}{42}$，$\cdots$

由高阶导数公式，我们得到

$$\frac{1}{2\pi i}\oint_{|w|=\delta}\frac{w}{e^w - 1}\frac{dw}{w^{n+2}} = \frac{1}{(n+1)!}\frac{d^{n+1}}{dw^{n+1}}\left(\frac{w}{e^w - 1}\right) = \frac{1}{(n+1)!}B_{n+1}$$

因此有

$$\zeta(-n) = \frac{\Gamma(1+n)}{2\pi i}I(-n) = \frac{n!}{2\pi i}I(-n) = \frac{n!}{2\pi i}\left[(-1)^n\oint_\gamma\frac{w}{e^w - 1}\frac{dw}{w^{n+2}}\right] = (-1)^n\frac{B_{n+1}}{n+1}$$

因此，可以得到：$\zeta(0) = -\dfrac{1}{2}$，$\zeta(-1) = (-1)\dfrac{B_2}{2} = -\dfrac{1}{12}$。

对大于零的整数 n，有 $\zeta(-2) = \zeta(-4) = \zeta(-6) = \cdots = 0$，点 $-2m$（m 为整数）称为黎曼 ζ 函数的平凡零点。

伯努利数 B_n

伯努利数 B_n 的生成函数（母函数）为 $\dfrac{w}{\mathrm{e}^w - 1}$，即

$$\frac{w}{\mathrm{e}^w - 1} = \sum_{n=0}^{\infty} \frac{1}{n!} B_n w^n \tag{1}$$

其中，$B_n = \dfrac{\mathrm{d}^n}{\mathrm{d}w^n}\left(\dfrac{w}{\mathrm{e}^w - 1}\right)\bigg|_{w=0}$ 为有理数，且 $B_0 = 1$，$B_1 = -\dfrac{1}{2}$，$B_2 = \dfrac{1}{6}$，$B_4 = -\dfrac{1}{30}$，$B_6 = \dfrac{1}{42}$，$\cdots$，$B_{2n+1} = 0$（$n = 1, 2, 3, \cdots$），

事实上，式（1）可以写为

$$\frac{w}{\mathrm{e}^w - 1} = 1 - \frac{w}{2} + \sum_{n=2}^{\infty} \frac{1}{n!} B_n w^n$$

或者

$$\frac{w}{\mathrm{e}^w - 1} + \frac{w}{2} = 1 + \sum_{n=2}^{\infty} \frac{1}{n!} B_n w^n$$

把上式左端记为 $f(w)$，于是

$$f(-w) = \frac{-w}{\mathrm{e}^{-w} - 1} + \frac{-w}{2} = -\frac{w\mathrm{e}^w}{1 - \mathrm{e}^w} - \frac{w}{2} = -\frac{2w\mathrm{e}^w + w(1 - \mathrm{e}^w)}{2(1 - \mathrm{e}^w)}$$

$$= -\frac{w\mathrm{e}^w + w}{2(1 - \mathrm{e}^w)} = \frac{w\mathrm{e}^w - w + 2w}{2(\mathrm{e}^w - 1)} = \frac{w}{\mathrm{e}^w - 1} + \frac{w}{2}$$

故 $f(w)$ 为偶函数，故有 $B_{2n+1} = 0$（$n = 1, 2, 3, \cdots$）。

四、解 题 示 例

类型一 留数的计算

例5.1 求下列函数在所有孤立奇点处的留数。

（1）$z^2 \sin \dfrac{1}{z}$；　（2）$\mathrm{e}^{z + \frac{1}{z}}$；　（3）$\dfrac{1}{\sin \dfrac{1}{z}}$；　（4）$\dfrac{z^{2n}}{1 + z^n}$（$n$ 为自然数）。

解题分析：对于有限的孤立奇点 a，计算留数 $\text{Res}[f(z), a]$ 最基本的方法就是寻求罗兰展开式中负幂项 $c_{-1}(z-a)^{-1}$ 的系数 c_{-1}。但是如果能知道孤立奇点的类型，那么留数的计算也可简便些。①当 a 为可去奇点时，则 $\text{Res}[f(z), a]=0$（切记当 $a=\infty$ 时此结论不成立）；②对于极点处留数的计算，我们有相应的规则或公式；③对于无穷远点的留数 $\text{Res}[f(z), \infty]$，一般是求 $f(z)$ 在 $R<|z|<+\infty$ 内罗兰展开式中负 1 次幂项 $c_{-1}z^{-1}$ 的系数变号 $-c_{-1}$，也可转变为求函数 $-\dfrac{1}{z^2}f\left(\dfrac{1}{z}\right)$ 在 $z=0$ 处的留数，还可以用公式 $\text{Res}[f(z), \infty]=-\sum\limits_{k=1}^{n}\text{Res}[f(z), z_k]$，其中 $z_1, z_2, \cdots, z_n$ 为 $f(z)$ 的所有有限个奇点。

解：（1）函数 $f(z)=z^2\sin\dfrac{1}{z}$ 有孤立奇点 0 与 ∞，而且易知在 $0<|z|<\infty$ 内有罗兰展开式

$$z^2\sin\frac{1}{z}=z^2\left(\frac{1}{z}-\frac{1}{3!}\frac{1}{z^3}+\frac{1}{5!}\frac{1}{z^5}-\cdots\right)=z-\frac{1}{3!}\frac{1}{z}+\frac{1}{5!}\frac{1}{z^3}-\cdots$$

这既可以看成是函数 $z^2\sin\dfrac{1}{z}$ 在 $z=0$ 的去心邻域内的罗兰展开式，也可以看成是函数 $z^2\sin\dfrac{1}{z}$ 在 $z=\infty$ 的去心邻域内的罗兰展式。所以

$$\text{Res}\left[z^2\sin\frac{1}{z}, 0\right]=-\frac{1}{3!}, \quad \text{Res}\left[z^2\sin\frac{1}{z}, \infty\right]=\frac{1}{3!}$$

（2）函数 $f(z)=e^{z+\frac{1}{z}}$ 有孤立奇点 0 与 ∞，而且在 $0<|z|<\infty$ 内有如下罗兰展开式：

$$e^{z+\frac{1}{z}}=e^z\cdot e^{\frac{1}{z}}=\left(\sum_{n=0}^{+\infty}\frac{1}{n!}z^n\right)\cdot\left[\sum_{k=0}^{\infty}\frac{1}{k!}\left(\frac{1}{z}\right)^k\right]=\cdots+\sum_{n=0}^{+\infty}\frac{1}{n!\ (n+1)!}\frac{1}{z}+\cdots$$

这里用到了罗兰级数的乘法，它类似于数的乘法，但我们关心的只是 $\dfrac{1}{z}$ 项的系数 c_{-1}。故

$$\text{Res}[f(z), 0]=-\text{Res}[f(z), \infty]=\sum_{n=0}^{+\infty}\frac{1}{n!\ (n+1)!}$$

（3）函数 $f(z)=\dfrac{1}{\sin\dfrac{1}{z}}$ 有奇点：0，∞，$\dfrac{1}{k\pi}(k=\pm1, \pm2, \cdots)$。显然，$0$ 为非孤立奇点，$\dfrac{1}{k\pi}$ 为 $\sin\dfrac{1}{z}$ 的一级零点，所以 $\dfrac{1}{k\pi}$ 为 $\dfrac{1}{\sin\dfrac{1}{z}}$ 的一级极点，由公式

$$\text{Res}\left[\frac{1}{\sin\dfrac{1}{z}}, \frac{1}{k\pi}\right]=\frac{1}{\left(\sin\dfrac{1}{z}\right)'}\Bigg|_{z=\frac{1}{k\pi}}=\frac{(-1)^{k+1}}{(k\pi)^2}, \quad k=\pm1, \pm2, \cdots$$

由公式 $$\text{Res}[f(z), \infty]=-\text{Res}\left[\frac{1}{z^2}f\left(\frac{1}{z}\right), 0\right]$$

$$\text{Res}\left[\frac{1}{\sin\frac{1}{z}},\ \infty\right] = -\text{Res}\left[\frac{1}{z^2\sin z},\ 0\right]$$

$$= -\frac{1}{2!}\frac{d^2}{dz^2}\left(\frac{z}{\sin z}\right)\Big|_{z=0} \quad \left(z=0\ \text{是}\ \frac{1}{z^2\sin z}\ \text{的 3 阶极点}\right)$$

$$= -\frac{1}{6}$$

(4) 函数 $f(z)=\dfrac{z^{2n}}{1+z^n}$ 以 ∞ 及方程 $1+z^n=0$ 的根 $a_k=e^{i\frac{2k+1}{n}\pi}(k=0,\ 1,\ 2,\ \cdots,\ n-1)$

为孤立奇点, a_k 为 $1+z^n$ 的一级零点(方程 $1+z^n=0$ 的单根)。由公式

$$\text{Res}\left[\frac{z^{2n}}{1+z^n},\ a_k\right] = \frac{z^{2n}}{(1+z^n)'}\Big|_{z=a_k} = -\frac{1}{n}a_k, \quad k=0,\ 1,\ 2,\ \cdots,\ n-1$$

$$\text{Res}\left[\frac{z^{2n}}{1+z^n},\ \infty\right] = -\sum_{k=0}^{n-1}\text{Res}\left[\frac{z^{2n}}{1+z^n},\ a_k\right] = \frac{1}{n}\sum_{k=0}^{n-1}a_k = \begin{cases} -1, & n=1 \\ 0, & n>1 \end{cases}$$

例 5.2 求下列各函数在其孤立奇点的留数。

$(1)\ f(z)=\dfrac{z-\sin z}{z^3};$ $(2)\ f(z)=\dfrac{1}{z^2\sin z};$ $(3)\ f(z)=ze^{\frac{1}{z-1}}$。

解: (1) 因 $z=0$ 为 $f(z)$ 的可去奇点, $\text{Res}[f(z),\ 0]=0$。

(2) 因 $z=0$ 为 $f(z)$ 的三阶极点, $z=k\pi (k=\pm1,\ \pm2,\ \cdots)$ 为 $f(z)$ 的一阶极点, 故

$$\text{Res}\left[\frac{1}{z^2\sin z},\ 0\right] = \frac{1}{2!}\frac{d^2}{dz^2}\left(z^3\frac{1}{z^2\sin z}\right)\Big|_{z=0} = \frac{1}{6}$$

$$\text{Res}\left[\frac{1}{z^2\sin z},\ k\pi\right] = \frac{1}{(z^2\sin z)'}\Big|_{z=k\pi} = \frac{(-1)^k}{(k\pi)^2}$$

(3) 因 $z=1$ 为 $f(z)$ 的本性奇点, 而

$$ze^{\frac{1}{z-1}} = [(z-1)+1]\sum_{n=0}^{+\infty}\frac{1}{n!}\left(\frac{1}{z-1}\right)^n = \sum_{n=0}^{+\infty}\frac{1}{n!}\left(\frac{1}{z-1}\right)^{n-1} + \sum_{n=0}^{\infty}\frac{1}{n!}\left(\frac{1}{z-1}\right)^n$$

故 $\text{Res}[f(z),\ 1]=c_{-1}=\dfrac{1}{2!}+1=\dfrac{3}{2}$。

例 5.3 指出函数 $f(z)=\dfrac{e^{\frac{1}{z}}}{(1-z)^2}$ 的孤立奇点和类型, 若是孤立奇点, 并计算各孤立奇点的留数。

解: $z=1$ 是函数的二阶极点, $z=0$ 是本性奇点。由于函数在 $1<|z|<\infty$ 解析, $z=\infty$ 是可去奇点。

$$\text{Res}[f(z),\ 1] = \lim_{z\to1}\frac{d}{dz}\left[(z-1)^2\frac{e^{\frac{1}{z}}}{(1-z)^2}\right] = \left[e^{\frac{1}{z}}\left(-\frac{1}{z^2}\right)\right]\Big|_{z=1} = -e$$

由于 $z=0$ 是本性奇点, 将函数在 $0<|z|<1$ 中展开成罗兰级数, 求其 c_{-1}。

$$f(z) = \frac{\mathrm{e}^{\frac{1}{z}}}{(1 - z)^2} = \sum_{n=0}^{\infty} \frac{1}{n!}\left(\frac{1}{z}\right)^n \cdot \sum_{n=0}^{\infty} (n + 1)z^n$$

$$= \cdots + \left(1 + 2 \cdot \frac{1}{2!} + \cdots + n \cdot \frac{1}{n!} + \cdots\right)\frac{1}{z} + \cdots = \cdots + (\mathrm{e})\frac{1}{z} + \cdots$$

故 $\mathrm{Res}[f(z), 0] = c_{-1} = \mathrm{e}$。

计算 $z = \infty$ 的留数，方法有以下几种：

方法一：利用全平面的留数和为零。

由 $\mathrm{Res}[f(z), \infty] + \mathrm{Res}[f(z), 0] + \mathrm{Res}[f(z), 1] = 0$,

得到 $\mathrm{Res}[f(z), \infty] = -\mathrm{Res}[f(z), 0] - \mathrm{Res}[f(z), 1] = \mathrm{e} - \mathrm{e} = 0$。

方法二：化为零点的留数计算。

$$\mathrm{Res}[f(z), \infty] = -\mathrm{Res}\left[f\left(\frac{1}{z}\right)\frac{1}{z^2}, 0\right] = -\mathrm{Res}\left[\frac{\mathrm{e}^z}{\left(1 - \frac{1}{z}\right)^2}\frac{1}{z^2}, 0\right] = -\mathrm{Res}\left[\frac{\mathrm{e}^z}{(z - 1)^2}, 0\right] = 0$$

方法三：由于 $z = \infty$ 是 $f(z)$ 的可去奇点，并且 $\lim\limits_{z \to \infty} f(z) = 0$，故

$$\mathrm{Res}[f(z), \infty] = -c_{-1} = -\lim_{z \to \infty} zf(z) = -\lim_{z \to \infty} z\frac{\mathrm{e}^{\frac{1}{z}}}{(1 - z)^2} = 0$$

方法四：把函数在区域 $1 < |z| < \infty$ 展开成罗兰级数，求 $-c_{-1}$。

$$f(z) = \frac{\mathrm{e}^{\frac{1}{z}}}{(1 - z)^2} = \frac{\mathrm{e}^{\frac{1}{z}}}{z^2\left(1 - \frac{1}{z}\right)^2} = \frac{1}{z^2}\sum_{n=0}^{\infty} \frac{1}{n!}\left(\frac{1}{z}\right)^n \cdot \sum_{n=0}^{\infty} (n + 1)\left(\frac{1}{z}\right)^n$$

$$= \frac{1}{z^2}\left[1 + \frac{1}{1!}\left(\frac{1}{z}\right) + \cdots + \frac{1}{n!}\left(\frac{1}{z}\right)^n + \cdots\right]\left[1 + 2\frac{1}{z} + \cdots(n + 1)\left(\frac{1}{z}\right)^n + \cdots\right]$$

故 $\mathrm{Res}[f(z), \infty] = -c_{-1} = 0$。

例 5.4 求函数 $f(z) = \dfrac{1}{(z + i)^{10}(z - 2)}$ 在无穷远点处的留数。

解：$\mathrm{Res}[f(z), \infty] = -\mathrm{Res}\left[f\left(\dfrac{1}{z}\right)\dfrac{1}{z^2}, 0\right] = -\mathrm{Res}\left[\dfrac{1}{\left(\dfrac{1}{z} + i\right)^{10}\left(\dfrac{1}{z} - 2\right)}\dfrac{1}{z^2}, 0\right]$

$$= -\mathrm{Res}\left[\frac{z^9}{(1 + iz)^{10}(1 - 2z)}, 0\right] = 0$$

例 5.5 多值函数的留数。

(1)求函数 $f(z) = \dfrac{1}{\sqrt{2 - z} + 1}$ 在点 $z = 1$ 处的留数；

(2)求函数 $f(z) = \dfrac{z^\alpha}{\sqrt{z} - 1}$ $(z^\alpha = \mathrm{e}^{\alpha \mathrm{Ln} z})$ 在点 $z = 1$ 处的留数。

解：(1)由于 $\sqrt{2 - z}\,\big|_{z=1} = \sqrt{1} = \pm 1$，对于 $\sqrt{1} = 1$ 的分支，函数 $f(z)$ 在点 $z = 1$ 解析，

即 $z=1$ 不是奇点，故不考虑。

对 $\sqrt{1}=-1$ 所决定的分支，因为 $(\sqrt{2-z}+1)'\big|_{z=1}=\dfrac{1}{2}\neq 0$，所以 $z=1$ 是简单极点，故

$$\text{Res}[f(z),\ 1]=\lim_{z\to 1}\frac{1}{(\sqrt{2-z}+1)'}=2$$

(2)考虑 $\sqrt{1}=1$ 的分支，$z=1$ 是 $(\sqrt{z}-1)=\dfrac{z-1}{\sqrt{z}+1}$ 的一阶零点，而

$$z^{\alpha}=e^{\alpha\text{Ln}z}=e^{\alpha[\ln|z|+i(\arg z+2k\pi)]},\ \ k=0,\ \pm 1,\ \pm 2,\cdots$$

对 z^{α} 的任一分支(对每一 k 值)，$z=1$ 是对应函数 $f(z)=\dfrac{z^{\alpha}}{\sqrt{z}-1}$ 单值分支的简单极点。故

$$\text{Res}[f(z),\ 1]=\frac{z^{\alpha}}{(\sqrt{z}-1)'}\bigg|_{z=1}=\frac{e^{\alpha\text{Ln}1}}{1/2}=2e^{2k\pi\alpha i}$$

这里 $\sqrt{1}=1$，$\text{Ln}1=\ln 1+i(\arg 1+2k\pi)=2k\pi i$。

对 $\sqrt{1}=-1$ 的分支，$z=1$ 不是分母的零点，即 $z=1$ 在各个单值分支解析，故不考虑。

类型二　利用留数定理计算积分

例5.6 计算 $\displaystyle\oint_{|z|=\frac{7}{2}}\left[\frac{1}{\sin z}-\frac{1}{\ln\left(1+\frac{z}{4}\right)}\right]dz$ 的值。

解：因为 $\dfrac{1}{\sin z}$ 的奇点为 $k\pi$，在 $|z|<\dfrac{7}{2}$ 有 0，$\pm\pi$ 这 3 个一级极点，

而 $\dfrac{1}{\ln\left(1+\dfrac{z}{4}\right)}$ 的一个奇点为 $z=0$，是一个一级极点，另一个奇点 $z=-4$ 在积分回路外面，故

$$\text{Res}\left[\frac{1}{\sin z},\ k\pi\right]=\frac{1}{(\sin z)'}\bigg|_{z=k\pi}=(-1)^k,\ k=0,\pm 1$$

$$\text{Res}\left[\frac{1}{\ln\left(1+\frac{z}{4}\right)},\ 0\right]=\lim_{z\to 0}\frac{z}{\ln\left(1+\frac{z}{4}\right)}=4$$

所以 $$I=\oint_{|z|=\frac{7}{2}}\left[\frac{1}{\sin z}-\frac{1}{\ln\left(1+\frac{z}{4}\right)}\right]dz=-10\pi i$$

例 5.7 利用留数计算下列积分。

（1）$\oint_{|z|=R} \dfrac{z^2}{\mathrm{e}^{2\pi\mathrm{i}z^3}-1}\mathrm{d}z$，$n < R^3 < n+1$，$n$ 为正整数；

（2）$\oint_{|z|=3} \dfrac{z^{13}}{(z^2+2)^3(z^2-1)^4}\mathrm{d}z$。

解题分析：利用留数定理计算复积分，一般先要求出被积函数在积分路径内部的孤立奇点，判断类型，计算出奇点处的留数，应用留数定理便可以得到所求的积分值．如果积分路径内部孤立奇点处的留数计算比较困难，也可以类似地考察被积函数在积分路径外部孤立奇点处的留数，并利用全平面留数和为 0 计算。

解：（1）被积函数 $f(z) = \dfrac{z^2}{\mathrm{e}^{2\pi\mathrm{i}z^3}-1}$ 在 $|z|=R$ 内的孤立奇点为 $\mathrm{e}^{2\pi\mathrm{i}z^3}-1=0$，即

$$2\pi\mathrm{i}z^3 = \mathrm{Ln}1 = 2k\pi\mathrm{i}, \quad z^3 = k, \qquad k = 0, \pm1, \pm2, \cdots$$

而 $z=0$ 以及方程 $z^3=k(k=\pm1, \pm2, \cdots, \pm n)$ 的 6n 个根 z_k，这 6n+1 个孤立奇点的均为 $f(z)$ 的一阶极点。由公式

$$\mathrm{Res}[f(z), 0] = \lim_{z\to0}zf(z) = \lim_{z\to0}\frac{z^3}{\mathrm{e}^{2\pi\mathrm{i}z^3}-1} = \frac{1}{2\pi\mathrm{i}}$$

$$\mathrm{Res}[f(z), z_k] = \frac{z^2}{(\mathrm{e}^{2\pi\mathrm{i}z^3}-1)'}\Big|_{z=z_k} = \frac{1}{6\pi\mathrm{i}\mathrm{e}^{2\pi\mathrm{i}z_k^3}} = \frac{1}{6\pi\mathrm{i}}$$

于是，由留数定理

$$\oint_{|z|=R} \frac{z^2}{\mathrm{e}^{2\pi\mathrm{i}z^3}-1}\mathrm{d}z = 2\pi\mathrm{i}\left(\frac{1}{2\pi\mathrm{i}} + 6n\cdot\frac{1}{6\pi\mathrm{i}}\right) = 2n+1$$

（2）被积函数 $f(z) = \dfrac{z^{13}}{(z^2+2)^3(z^2-1)^4}$ 在 $|z|=3$ 内的孤立奇点有 ±1 与 $\pm\sqrt{2}\mathrm{i}$，分别为 4 级极点与 3 级极点，其留数计算比较复杂。注意到 $f(z)$ 在 $|z|=3$ 外部只有孤立奇点 ∞，而且

$$\mathrm{Res}[f(z), \infty] = -\mathrm{Res}\left[\frac{1}{z^2}f\left(\frac{1}{z}\right), 0\right] = -\mathrm{Res}\left[\frac{1}{z(1+2z^2)^3(1-z^2)^4}, 0\right] = -1$$

所以，由留数定理

$$\oint_{|z|=3} \frac{z^{13}}{(z^2+2)^3(z^2-1)^4}\mathrm{d}z = -2\pi\mathrm{i}\mathrm{Res}[f(z), \infty] = 2\pi\mathrm{i}$$

例 5.8 计算积分 $\oint_{|z|=\sqrt{2}} \dfrac{\mathrm{d}z}{z^n-1}$，其中整数 $n \geqslant 1$。

解：**方法一**：将被积函数化为 $\dfrac{1}{z-z_k}$ 的形式，并利用柯西定理求解。

（1）当 n=1 时，有 $\oint_{|z|=\sqrt{2}} \dfrac{\mathrm{d}z}{z-1} = 2\pi\mathrm{i}$。

（2）当 n≥2 时，被积函数 $f(z) = \dfrac{1}{z^n-1}$，则其奇点为 $z^n-1=0$，解得

$$z_k = \sqrt[n]{1} = e^{\frac{2k\pi}{n}} \quad (k = 1, 2, \cdots, n)$$

设 $\dfrac{1}{z^n - 1} = \dfrac{1}{(z - z_1)(z - z_1)\cdots(z - z_n)} = \dfrac{a_1}{z - z_1} + \dfrac{a_2}{z - z_2} + \dfrac{a_3}{z - z_3} + \cdots + \dfrac{a_n}{z - z_n}$，即 $1 = a_1(z - z_2)(z - z_3)\cdots(z - z_n) + a_2(z - z_1)(z - z_3)\cdots(z - z_n) + \cdots a_k(z - z_1)(z - z_2)\cdots(z - z_{k-1})(z - z_{k+1})\cdots(z - z_n) + \cdots + a_n(z - z_1)(z - z_2)\cdots(z - z_{n-1})$ 对于任何复数 z，要使上式成立，则根据复数相等必有 z 的相同幂次系数相同。

仅考虑 z^{n-1} 项系数，则上式左端 z^{n-1} 项系数为 0，右端 z^{n-1} 项系数为 $a_1 + a_2 + \cdots + a_n$，所以

$$a_1 + a_2 + a_3 + \cdots + a_n = \sum_{k=1}^{n} a_k = 0$$

设 C_k 为仅包含奇点 z_k 又彼此不相交的小圆周，则根据复合闭路柯西定理有

$$\oint_{|z|=\sqrt{2}} \frac{dz}{z^n - 1} = \oint_{|z|=\sqrt{2}} \left(\frac{a_1}{z - z_1} + \frac{a_2}{z - z_2} + \cdots + \frac{a_n}{z - z_n} \right) dz$$

$$= \sum_{k=1}^{n} \oint_{C_k} \frac{a_k}{z - z_k} dz = \sum_{k=1}^{n} a_k \oint_{C_k} \frac{1}{z - z_k} dz$$

$$= \sum_{k=1}^{n} a_k 2\pi i = 2\pi i \sum_{k=1}^{n} a_k = 0$$

推导中已使用（闭路变形原理）$\oint_{|z|=\sqrt{2}} \dfrac{1}{z - z_k} dz = \oint_{C_k} \dfrac{1}{z - z_k} dz = 2\pi i$。

方法二：将被积函数化为 $\dfrac{f(z)}{z - z_k}$ 的形式，并利用柯西定理、柯西积分公式求解。

对于 $n = 1$，由柯西积分公式得 $\oint_{|z|=\sqrt{2}} \dfrac{1}{z - 1} dz = 2\pi i$

下面主要讨论 $n \geq 2$ 的情形，设 C_k 为仅包含奇点 z_k 又彼此不相交的小圆周（根据闭路变形原理也可以是任意小的闭合曲线），则根据柯西定理（或复合闭路柯西定理）有

$$\oint_{|z|=\sqrt{2}} \frac{dz}{z^n - 1} = \sum_{k=1}^{n} \oint_{C_k} \frac{dz}{z^n - 1}$$

在每一具体的 C_k 积分内应用柯西积分公式，并令 $h(z) = \dfrac{1}{\prod\limits_{\substack{m=1 \\ m \neq k}}^{n} (z - z_m)}$，故

$$\oint_{|z|=\sqrt{2}} \frac{dz}{z^n - 1} = \sum_{k=1}^{n} \oint_{C_k} \frac{dz}{\prod\limits_{k=1}^{n}(z - z_k)} = \sum_{k=1}^{n} \oint_{C_k} \frac{\dfrac{1}{\prod\limits_{\substack{m=1 \\ m \neq k}}^{n}(z - z_m)}}{z - z_k} dz = \sum_{k=1}^{n} \oint_{C_k} \frac{h(z)}{(z - z_k)} dz$$

$$= \sum_{k=1}^{n} 2\pi i h(z_k) = 2\pi i \sum_{k=1}^{n} \frac{1}{\prod\limits_{\substack{m=1 \\ m \neq k}}^{n}(z_k - z_m)} = 0$$

上面的最后一步推导用到了恒等式 $\displaystyle\sum_{k=1}^{n} \frac{1}{\prod_{\substack{m=1\\m\neq k}}^{n}(z_k - z_m)} = 0$。

方法三：利用级数展开法计算

①利用级数展开法计算典型环路积分。

被积函数在积分区域内的奇点较多，根据积分性质将区域内积分转化为区域外积分

$$I = \oint_{|Z|=\sqrt{2}} = \frac{\mathrm{d}z}{z^n - 1} = -\oint_{|Z|=\sqrt{2}} \frac{\mathrm{d}z}{z^n - 1}$$

被积函数在区域 $1 < \sqrt{2} < |z| < \infty$ 内解析，被积函数 $f(z) = \dfrac{1}{z^n - 1}$ 在此圆环域内可展

开为

$$\frac{1}{z^n - 1} = \frac{1}{z^n\left(1 - \dfrac{1}{z^n}\right)} = \frac{1}{z^n}\sum_{k=0}^{\infty}\left(\frac{1}{z^n}\right)^k$$

$$I = \oint_{|Z|=\sqrt{2}} \frac{\mathrm{d}z}{z^n - 1} = -\oint_{|Z|=\sqrt{2}} \frac{\mathrm{d}z}{z^n - 1} = -\oint_{|Z|=\sqrt{2}} \frac{1}{z^n}\sum_{k=0}^{\infty}\left(\frac{1}{z^n}\right)^k \mathrm{d}z$$

② 再将区域外转化为区域内积分

$$I = -\oint_{|Z|=\sqrt{2}} \frac{1}{z^n}\sum_{k=0}^{\infty}\left(\frac{1}{z^n}\right) k\mathrm{d}z = \oint_{|Z|=\sqrt{2}} \frac{1}{z^n}\sum_{k=0}^{\infty}\left(\frac{1}{z^n}\right)^k \mathrm{d}z$$

显然，当 n = 1 时 $I = 2\pi\mathrm{i}$；当 $n \geq 2$ 时，对任何 k 均有 $I = 0$。

方法四：利用留数定理计算典型环路积分

①当 $n = 1$ 时，由留数理论，显然 $z = 1$ 为被积函数的一阶极点，故有

$$I = \oint_{|Z|=\sqrt{2}} \frac{\mathrm{d}z}{z - 1} = 2\pi\mathrm{i}\operatorname{Res}\left(\frac{1}{z - 1}, 1\right) = 2\pi\mathrm{i}\lim_{z\to 1}\left[(z - 1)\frac{1}{z - 1}\right] = 2\pi\mathrm{i}$$

②当 $n \geq 2$ 时，显然任意一个奇点 $z = z_k$ 均为被积函数的一阶极点，根据孤立奇点的留数定理，有

$$\oint_{|Z|=\sqrt{2}} \frac{1}{z^n - 1}\mathrm{d}z = \oint_{|Z|=\sqrt{2}} \frac{1}{(z - z_1)(z - z_2)\cdots(z - z_k)\cdots(z - z_n)}\mathrm{d}z$$

$$= \sum_{k=1}^{n}\oint_{C_k} \frac{1}{z^n - 1}\mathrm{d}z = 2\pi\mathrm{i}\sum_{k=1}^{n}\operatorname{Res}\left[\frac{1}{z^n - 1}, z_k\right]$$

$$= 2\pi\mathrm{i}\sum_{k=1}^{n}\frac{1}{nz^{n-1}}\Big|_{z=z_k} = \frac{2\pi\mathrm{i}}{n}\sum_{k=1}^{n}\frac{1}{z_k^{n-1}}(\text{这里}\ z_k = \sqrt[n]{1} = \mathrm{e}^{\mathrm{i}2k\pi/n}, k = 1, 2, \cdots, n)$$

$$= \frac{2\pi\mathrm{i}}{n}\sum_{k=1}^{n}\frac{z_k}{(z^k)^n} = \frac{2\pi\mathrm{i}}{n}\sum_{k=1}^{n}\mathrm{e}^{\mathrm{i}2k\pi/n} = \frac{2\pi\mathrm{i}}{n}\sum_{k=1}^{n}\left(\mathrm{e}^{\mathrm{i}2\pi/n}\right)^k = \frac{2\pi\mathrm{i}}{n}\cdot\frac{1 - \left(\mathrm{e}^{\mathrm{i}2\pi/n}\right)^n}{1 - \mathrm{e}^{\mathrm{i}2\pi/n}}$$

$$= \frac{2\pi\mathrm{i}}{n}\cdot\frac{1 - 1}{1 - \mathrm{e}^{\mathrm{i}2\pi/n}} = 0$$

方法五：利用全平面留数和定理对典型环路积分计算

根据全平面留数和定理，即有限远奇点的所有留数加无穷远点的留数之和为零，设 $f(z) = \dfrac{1}{z^n - 1}$，故

$$\sum_{k=1}^{n} \text{Res}[f(z), z_k] + \text{Res}[f(z), \infty] = 0$$

$$\frac{1}{2\pi i} \oint_{|z|=\sqrt{2}} \frac{dx}{z^n - 1} + \text{Res}[f(z), \infty] = 0$$

$$\oint_{|z|=\sqrt{2}} \frac{dz}{z^n - 1} = -2\pi i \text{Res}[f(z), \infty]$$

因为满足 $\lim\limits_{z \to \infty} f(z) = 0$，根据计算无穷远点留数的计算方法，则

$$\text{Res}[f(z), \infty] = -\lim_{z \to \infty}\left[z \cdot \frac{1}{z^n - 1}\right] = \begin{cases} -1, & n = 1 \\ 0, & n \geqslant 2 \end{cases}$$

故

$$I = \oint_{|z|=\sqrt{2}} \frac{dz}{z^n - 1} = -2\pi i \text{Res}[f(z), \infty] = \begin{cases} 2\pi i, & n = 1 \\ 0, & n \geqslant 2 \end{cases}$$

容易看出，利用留数定理或全平面留数和定理（或无穷远点的留数概念）计算积分更加简单明了。

说明：①本题可以将复变函数的各种基本理论有机地联系起来，而且有很多种解法。通过本例的学习可以加强各章节之间的有机联系，使读者充分理解各定理的区别和联系。

②本积分计算是否可以进一步推广到更一般的情形，即 $\oint_L \dfrac{dz}{(z - z_1)(z - z_2) \cdots (z - z_n)}$，且 z_1，z_2，$\cdots$，z_n，可选为复平面上的任意不重合的有限远点。

例5.9 设 $0 < |a| < r < |b|$，C 为正向圆周：$|z| = r$，证明：

$$\int_C (\bar{z} - a)^{-1} (b - \bar{z})^{-1} (z^2 + z^{-2}) dz = 2\pi i \frac{r^8 + b^4}{b^4 r^2 (b - a)}$$

解题分析：由于复积分把被积函数限制在积分路径 C 上，在 C 上 $z\bar{z} = r^2$。于是被积函数中 $\bar{z}$ 可以用 $\dfrac{r^2}{z}$ 代替而转化为 z 的函数，然后用留数定理计算积分值，验证结论。

证明：在积分路径 C 上，$z\bar{z} = r^2$，$\bar{z} = \dfrac{r^2}{z}$，于是

$$\int_C (\bar{z} - a)^{-1} (b - \bar{z})^{-1} (z^2 + z^{-2}) dz = \int_C f(z) dz$$

其中，$f(z) = \dfrac{z^4 + 1}{(r^2 - az)(bz - r^2)}$。

函数 $f(z)$ 有两个简单极点：$\dfrac{r^2}{a}$，$\dfrac{r^2}{b}$ 只有 $\dfrac{r^2}{b}$ 在 C 内，由留数定理

$$\int_C f(z) dz = 2\pi i \text{Res}\left[f(z), \frac{r^2}{b}\right] = 2\pi i \lim_{z \to \frac{r^2}{b}}\left[\left(z - \frac{r^2}{b}\right) f(z)\right]$$

$$= 2\pi i \lim_{z \to \frac{r^2}{b}} \frac{z^4 + 1}{b(r^2 - az)} = 2\pi i \frac{r^8 + b^4}{b^4 r^2 (b - a)}$$

结论成立。

类型三 被积函数为三角函数有理式的积分：$\int_0^{2\pi} R(\cos\theta, \sin\theta)\mathrm{d}\theta$ 型积分

例 5.10 计算定积分 $I = \int_0^{2\pi} \dfrac{\mathrm{d}\theta}{1 + 2\mathrm{i}\sin\theta}$。

解：令 $z = \mathrm{e}^{\mathrm{i}\theta}$，则有 $\mathrm{d}\theta = \dfrac{\mathrm{d}z}{\mathrm{i}z}$，$\sin\theta = \dfrac{z - z^{-1}}{2\mathrm{i}}$，故

$$\int_0^{2\pi} \frac{\mathrm{d}\theta}{1 + 2\mathrm{i}\sin\theta} = \oint_{|z|=1} \frac{1}{\mathrm{i}(z^2 + z - 1)}\mathrm{d}z$$

若 $z^2 + z - 1 = 0$，则有 $z = \dfrac{-1 \pm \sqrt{5}}{2}$ 两个零点，仅有 $z = \dfrac{-1 + \sqrt{5}}{2}$ 在 $|z| < 1$ 内，而

$$\mathrm{Res}\left(\frac{1}{z^2 + z - 1}, \frac{\sqrt{5} - 1}{2}\right) = \frac{1}{\sqrt{5}}$$

所以

$$\int_0^{2\pi} \frac{\mathrm{d}\theta}{1 + 2\mathrm{i}\sin\theta} = \frac{2\pi}{\sqrt{5}}$$

例 5.11 计算下列积分：

（1）$I = \int_0^\pi \dfrac{(\sin 3\theta)^2}{1 - 2a\cos\theta + a^2}\mathrm{d}\theta$（$|a| < 1$）； （2）$I = \int_0^\alpha \dfrac{1}{\left(5 - 3\sin\dfrac{2\pi\varphi}{\alpha}\right)^2}\mathrm{d}\varphi$。

解：（1）利用被积分函数是以 2π 为周期的偶函数的特点。

$$I = \frac{1}{2}\int_{-\pi}^\pi \frac{\frac{1}{2}(1 - \cos 6\theta)}{1 - 2a\cos\theta + a^2}\mathrm{d}\theta = \frac{1}{4}\left(\int_0^{2\pi} \frac{\mathrm{d}\theta}{1 - 2a\cos\theta + a^2} - \int_0^{2\pi} \frac{\cos 6\theta}{1 - 2a\cos\theta + a^2}\mathrm{d}\theta\right)$$

括号内的积分都是熟悉的积分类型，可以用留数定理计算之。

令 $z = \mathrm{e}^{\mathrm{i}\theta}$，则 $\mathrm{d}\theta = \dfrac{\mathrm{d}z}{\mathrm{i}z}$，$\cos\theta = \dfrac{z^2 + 1}{2z}$。于是

$$\int_0^{2\pi} \frac{\mathrm{d}\theta}{1 - 2a\cos\theta + a^2} = \oint_{|z|=1} \frac{1}{1 - 2a\frac{z^2 + 1}{2z} + a^2} \frac{\mathrm{d}z}{\mathrm{i}z} = \frac{1}{\mathrm{i}}\oint_{|z|=1} \frac{1}{(z - a)(1 - az)}\mathrm{d}z$$

$$= \frac{1}{\mathrm{i}} \cdot 2\pi\mathrm{i}\,\mathrm{Res}\left[\frac{1}{(z - a)(1 - az)}, a\right] = \frac{2\pi}{1 - a^2}$$

而

$$\int_0^{2\pi} \frac{\cos 6\theta}{1 - 2a\cos\theta + a^2}\mathrm{d}\theta = \int_0^{2\pi} \frac{\cos 6\theta}{1 - 2a\cos\theta + a^2}\mathrm{d}\theta + \mathrm{i}\int_{-\pi}^\pi \frac{\sin 6\theta}{1 - 2a\cos\theta + a^2}\mathrm{d}\theta$$

$$= \int_0^{2\pi} \frac{\mathrm{e}^{6\mathrm{i}\theta}}{1 - 2a\cos\theta + a^2}\mathrm{d}\theta = \frac{1}{\mathrm{i}}\oint_{|z|=1} \frac{z^6}{(z - a)(1 - az)}\mathrm{d}z$$

$$= \frac{1}{i} \cdot 2\pi i \text{Res} \left[\frac{z^6}{(z-a)(1-az)}, \ a \right] = \frac{2\pi a^6}{1-a^2}$$

故

$$I = \frac{1}{4} \left(\frac{2\pi}{1-a^2} - \frac{2\pi a^6}{1-a^2} \right) = \frac{\pi(1-a^6)}{2(1-a^2)}$$

(2) 令

$$\theta = \frac{2\pi\varphi}{\alpha} \Rightarrow I = \frac{\alpha}{2\pi} \int_0^{2\pi} \frac{1}{(5-3\sin\theta)^2} d\theta$$

设

$$z = e^{i\theta} \Rightarrow I = -\frac{2\alpha}{i\pi} \oint_{|z|=1} \frac{z}{(3z-i)^2(z-3i)^2} dz$$

被积函数在单位圆 $|z| < 1$ 内只有一个二阶极点：$z = \dfrac{i}{3}$，故

$$I = 2\pi i \text{Res} \left[f(z), \ \frac{i}{3} \right] = 2\pi i \left(-\frac{2\alpha}{i\pi} \right) \left(-\frac{5}{256} \right) = \frac{5}{64} \alpha$$

类型四 实轴有界实函数的积分：$\int_{-\infty}^{+\infty} f(x) dx$ 型积分

例 5.12 计算下列积分：

(1) $\displaystyle\int_{-\infty}^{+\infty} \frac{1}{x^2+4x+20} dx$； (2) $\displaystyle\int_0^{+\infty} \frac{1}{(x^2+a^2)(x^2+b^2)} dx$ $(a > 0, \ b > 0)$。

解： (1) 被积函数 $f(z) = \dfrac{1}{z^2+4z+20} = \dfrac{1}{(z+2)^2+16}$ 有两奇点 $-2 \pm 4i$，其中 $-2 + 4i$ 位于上半平面，故

$$\int_{-\infty}^{+\infty} \frac{1}{x^2+4x+20} dx = 2\pi i \text{Res} \left(\frac{1}{z^2+4z+20}, \ -2+4i \right) = 2\pi i \left. \frac{1}{2z+4} \right|_{-2+4i} = \frac{\pi}{4}$$

(2) 被积函数为偶函数，有 $\displaystyle\int_0^{+\infty} \frac{1}{(x^2+a^2)(x^2+b^2)} dx = \frac{1}{2} \int_{-\infty}^{+\infty} \frac{1}{(x^2+a^2)(x^2+b^2)} dx$，

$f(z) = \dfrac{1}{(z^2+a^2)(z^2+b^2)}$ 有 4 个奇点 $\pm ai$ 和 $\pm bi$，其中 ai, bi 位于上半平面，故

$$\begin{aligned}
\int_0^{+\infty} \frac{1}{(x^2+a^2)(x^2+b^2)} dx &= \frac{1}{2} \int_{-\infty}^{+\infty} \frac{1}{(x^2+a^2)(x^2+b^2)} dx \\
&= \pi i \left\{ \text{Res} \left[\frac{1}{(z^2+a^2)(z^2+b^2)}, \ ai \right] \right. \\
&\quad \left. + \text{Res} \left[\frac{1}{(z^2+a^2)(z^2+b^2)}, \ bi \right] \right\} \\
&= \pi i \left[\frac{1}{2ai(-a^2+b^2)} + \frac{1}{(a^2-b^2)2bi} \right] \\
&= \frac{\pi}{2ab(a+b)}
\end{aligned}$$

例 5.13 计算积分 $\displaystyle\int_0^{+\infty} \frac{dx}{a^2+ax+x^2}$。

解：因被积函数非偶函数，故不能利用定理 5.1 的方法计算，可以利用定理 5.2 的式（1）计算。

因 $f(z) = \dfrac{1}{a^2 + az + z^2}$ 的极点为 $z_{1,2} = \dfrac{-a \pm \mathrm{i}\sqrt{3}\,a}{2}$，为一阶极点，可以得到

$$\mathrm{Res}\left[\left(\frac{1}{a^2 + az + z^2}\right)\mathrm{Ln}z,\ \frac{-a + \mathrm{i}\sqrt{3}\,a}{2}\right] = \left[\left(\frac{1}{a + 2z}\right)\mathrm{Ln}z\right]\Bigg|_{z = \frac{-a+\sqrt{3}\,\mathrm{i}}{2}} = \frac{1}{\mathrm{i}\sqrt{3}\,a}\mathrm{Ln}\left(\frac{-a + \mathrm{i}\sqrt{3}\,a}{2}\right)$$

$$= \frac{1}{\mathrm{i}\sqrt{3}\,a}\left(\ln|a| + \mathrm{i}\,\frac{2}{3}\pi\right)$$

$$\mathrm{Res}\left[\left(\frac{1}{a^2 + az + z^2}\right)\mathrm{Ln}z,\ \frac{-a - \mathrm{i}\sqrt{3}\,a}{2}\right] = \left[\left(\frac{1}{a + 2z}\right)\mathrm{Ln}z\right]\Bigg|_{z = \frac{-a-\sqrt{3}\,\mathrm{i}}{2}} = -\frac{1}{\mathrm{i}\sqrt{3}\,a}\mathrm{Ln}\left(\frac{-a - \mathrm{i}\sqrt{3}\,a}{2}\right)$$

$$= -\frac{1}{\mathrm{i}\sqrt{3}\,a}\left(\ln|a| - \mathrm{i}\,\frac{2}{3}\pi\right)$$

而
$$\mathrm{Res}[f(z)\mathrm{Ln}z,\ z_1] + \mathrm{Res}[f(z)\mathrm{Ln}z,\ z_2] = 2\,\frac{2\pi}{3\sqrt{3}\,a}$$

故
$$\int_0^{+\infty} \frac{\mathrm{d}x}{a^2 + ax + x^2} = -\sum_{k=1}^{2} \mathrm{Res}[f(z)\mathrm{Ln}z,\ z_k] = -\frac{4\pi}{3\sqrt{3}\,a}$$

类型五　实轴有界实函数的积分：$\int_{-\infty}^{+\infty} f(x)\mathrm{e}^{\mathrm{i}ax}\mathrm{d}x\ (a > 0)$ 型积分

例 5.14　求积分 $I = \int_0^{+\infty} \dfrac{x\sin x}{x^2 + a}\mathrm{d}x\ (a > 0)$ 的值。

解：这里 $m = 2$，$n = 1$，$m-n = 1$，$R(z)$ 在实轴上无孤立奇点，因而所求的积分是存在的

$$\int_{-\infty}^{+\infty} \frac{x\mathrm{e}^{\mathrm{i}x}}{x^2 + a^2}\mathrm{d}x = 2\pi\mathrm{i}\,\mathrm{Res}\left[\frac{z\mathrm{e}^{\mathrm{i}z}}{z^2 + a^2},\ a\mathrm{i}\right] = 2\pi\mathrm{i}\lim_{z \to a\mathrm{i}} \frac{z\mathrm{e}^{\mathrm{i}z}}{(z^2 + a^2)'} = \pi\mathrm{i}\mathrm{e}^{-a}$$

因此
$$I = \int_0^{+\infty} \frac{x\sin x}{x^2 + a^2}\mathrm{d}x = \mathrm{Im}\left(\frac{1}{2}\int_{-\infty}^{+\infty} \frac{x\mathrm{e}^{\mathrm{i}x}}{x^2 + a^2}\mathrm{d}x\right) = \frac{1}{2}\pi\mathrm{e}^{-a}$$

例 5.15　利用留数求积分 $\int_{-\infty}^{+\infty} \dfrac{x\cos x}{x^2 + 4x + 20}\mathrm{d}x$ 的值。

解：对函数 $f(z) = \dfrac{z}{z^2 + 4z + 20}$，$z = \pm 4\mathrm{i} - 2$ 为函数的一阶极点，其中，$z = 4\mathrm{i} - 2$ 在上半平面，则函数积分

$$\int_{-\infty}^{+\infty} \frac{x\cos x}{x^2 + 4x + 20}\mathrm{d}x = \mathrm{Re}\int_{-\infty}^{+\infty} \frac{x\mathrm{e}^{\mathrm{i}x}}{x^2 + 4x + 20}\mathrm{d}x$$

$$= \mathrm{Re}\{2\pi\mathrm{i}\,\mathrm{Res}[f(z)\mathrm{e}^{\mathrm{i}z},\ 4\mathrm{i} - 2]\} = \mathrm{Re}\left(2\pi\mathrm{i}\,\frac{z\mathrm{e}^{\mathrm{i}z}}{2z + 4}\bigg|_{z = 4\mathrm{i} - 2}\right)$$

$$= \mathrm{Re}\left[2\pi\mathrm{i}\,\frac{(4\mathrm{i} - 2)\mathrm{e}^{-2\mathrm{i}-4}}{8\mathrm{i}}\right] = \frac{\pi}{2}\mathrm{e}^{-4}(2\sin 2 - \cos 2)$$

例 5.16 利用留数求积分 $I = \int_0^{+\infty} \dfrac{\cos x}{x^4 + 10x^2 + 9} \mathrm{d}x$ 的值。

解： 在上半平面内，$f(z) = \dfrac{1}{z^4 + 10z^2 + 9}$ 有一阶极点 $z=\mathrm{i}$ 和 $z=3\mathrm{i}$。

所以
$$I = \frac{1}{2}\int_{-\infty}^{+\infty} \frac{\cos x}{x^4 + 10x^2 + 9}\mathrm{d}x = \frac{1}{2}\mathrm{Re}\int_{-\infty}^{+\infty} \frac{\mathrm{e}^{\mathrm{i}x}}{x^4 + 10x^2 + 9}\mathrm{d}x$$

$$= \frac{1}{2}\mathrm{Re}\{2\pi\mathrm{i}\mathrm{Res}[f(z)\mathrm{e}^{\mathrm{i}z},\ \mathrm{i}] + 2\pi\mathrm{i}\mathrm{Res}[f(z)\mathrm{e}^{\mathrm{i}z},\ 3\mathrm{i}]\}$$

而
$$\mathrm{Res}[f(z)\mathrm{e}^{\mathrm{i}z},\ \mathrm{i}] = \frac{1}{16e\mathrm{i}},\quad \mathrm{Res}[f(z)\mathrm{e}^{\mathrm{i}z},\ 3\mathrm{i}] = -\frac{1}{48e^3\mathrm{i}}$$

故
$$I = \frac{\pi}{48e^3}(3e^2 - 1)$$

例 5.17 计算积分 $\displaystyle\int_0^{+\infty} \dfrac{(\cos 2x)^2}{(x^2 + 1)^2(x^2 + 4)}\mathrm{d}x$。

解： 因
$$\int_0^{+\infty} \frac{(\cos 2x)^2}{(x^2 + 1)^2(x^2 + 4)}\mathrm{d}x = \frac{1}{2}\int_{-\infty}^{+\infty} \frac{\frac{1}{2}(1 + \cos 4x)}{(x^2 + 1)^2(x^2 + 4)}\mathrm{d}x$$

$$= \frac{1}{4}\left[\int_{-\infty}^{+\infty} \frac{1}{(x^2 + 1)^2(x^2 + 4)}\mathrm{d}x + \int_{-\infty}^{+\infty} \frac{\cos 4x}{(x^2 + 1)^2(x^2 + 4)}\mathrm{d}x\right]$$

括号内的积分都是熟悉的积分类型，可以用留数定理计算之。

$$\int_{-\infty}^{+\infty} \frac{1}{(x^2 + 1)^2(x^2 + 4)}\mathrm{d}x = 2\pi\mathrm{i}\left\{\mathrm{Res}\left[\frac{1}{(z^2 + 1)^2(z^2 + 4)},\ \mathrm{i}\right] + \mathrm{Res}\left[\frac{1}{(z^2 + 1)^2(z^2 + 4)},\ 2\mathrm{i}\right]\right\}$$

$$= 2\pi\mathrm{i}\left\{\frac{\mathrm{d}}{\mathrm{d}z}\left[(z - \mathrm{i})^2 \frac{1}{(z^2 + 1)^2(z^2 + 4)}\right]\Big|_{z=\mathrm{i}} + \left[\frac{1}{(z^2 + 1)^2(z + 2\mathrm{i})}\right]\Big|_{z=\mathrm{i}}\right\}$$

$$= 2\pi\mathrm{i}\left\{\frac{-\mathrm{i}}{36} + \frac{-\mathrm{i}}{36}\right\} = \frac{\pi}{9}$$

$$\int_{-\infty}^{+\infty} \frac{\cos 4x}{(x^2 + 1)^2(x^2 + 4)}\mathrm{d}x = \mathrm{Re}\int_{-\infty}^{+\infty} \frac{\mathrm{e}^{\mathrm{i}4x}}{(x^2 + 1)^2(x^2 + 4)}\mathrm{d}x$$

$$= \mathrm{Re}2\pi\mathrm{i}\left\{\mathrm{Res}\left[\frac{\mathrm{e}^{\mathrm{i}4z}}{(z^2 + 1)^2(z^2 + 4)},\ \mathrm{i}\right] + \mathrm{Res}\left[\frac{\mathrm{e}^{\mathrm{i}4z}}{(z^2 + 1)^2(z^2 + 4)},\ 2\mathrm{i}\right]\right\}$$

$$= \mathrm{Re}2\pi\mathrm{i}\left\{\frac{\mathrm{d}}{\mathrm{d}z}\left[(z - \mathrm{i})^2 \frac{\mathrm{e}^{\mathrm{i}4z}}{(z^2 + 1)^2(z^2 + 4)}\right]\Big|_{z=\mathrm{i}} + \left[\frac{\mathrm{e}^{\mathrm{i}4z}}{(z^2 + 1)^2(z + 2\mathrm{i})}\right]\Big|_{z=\mathrm{i}}\right\}$$

$$= \mathrm{Re}\left\{2\pi\mathrm{i}\left[\frac{-13\mathrm{i}}{36}\mathrm{e}^{-4} + \frac{-\mathrm{i}}{36}\mathrm{e}^{-8}\right]\right\}$$

$$= \frac{\pi}{18}(13\mathrm{e}^{-4} + \mathrm{e}^{-8})$$

故 $\displaystyle\int_0^{+\infty} \frac{(\cos 2x)^2}{(x^2 + 1)^2(x^2 + 4)}\mathrm{d}x = \frac{1}{4}\left[\frac{\pi}{9} + \frac{\pi}{18}(13\mathrm{e}^{-4} + \mathrm{e}^{-8})\right] = \frac{\pi}{36}\left(1 + \frac{13}{2}\mathrm{e}^{-4} + \frac{1}{2}\mathrm{e}^{-8}\right)$

例 5.18 设 a，b，$c > 0$，求 $I = \int_0^{+\infty} e^{a\cos bx}\sin(a\sin bx)\dfrac{x}{x^2+c^2}dx$。

解：注意被积函数是 x 的偶函数，有

$$iI = \frac{i}{2}\int_{-\infty}^{+\infty} e^{a\cos bx}\sin(a\sin bx)\frac{x\,dx}{x^2+c^2}$$

$$= \frac{1}{2}\int_{-\infty}^{+\infty} e^{a\cos bx}\cos(a\sin bx)\frac{x\,dx}{x^2+c^2} + \frac{i}{2}\int_{-\infty}^{+\infty} e^{a\cos bx}\sin(a\sin bx)\frac{x\,dx}{x^2+c^2}$$

$$= \frac{1}{2}\int_{-\infty}^{+\infty} e^{a\cos bx + ia\sin bx}\frac{x\,dx}{x^2+c^2} = \frac{1}{2}\int_{-\infty}^{+\infty} e^{ae^{ibx}}\frac{x}{x^2+c^2}dx$$

考虑函数 $f(z) = e^{ae^{ibz}}\dfrac{z}{z^2+c^2}$，沿如图 5-1 所示路径 $\Gamma = [-R, R] + C_R$ 的积分，其中，R 充分大。

由留数定理

$$\int_{-R}^{R} f(z)\,dz + \int_{C_R} f(z)\,dz = 2\pi i\,\mathrm{Res}[f(z),\ ic] = 2\pi i\cdot\frac{1}{2}e^{ae^{-bc}} = \pi i e^{ae^{-bc}} \tag{1}$$

这里 $\int_{-R}^{R} f(z)\,dz = \int_{-R}^{R} e^{ae^{ibx}}\dfrac{x}{x^2+c^2}dx$，现在的问题是计算 $\int_{C_R} f(z)\,dz$。为此，令 $J_R = \int_{C_R}\left[f(z) - \dfrac{1}{z}\right]dz$。此时，被积函数为

$$f(z) - \frac{1}{z} = \frac{z^2 e^{ae^{ibz}} - z^2 - c^2}{z(z^2+c^2)} = \frac{z(e^{ae^{ibz}}-1)}{z^2+c^2} - \frac{c^2}{z(z^2+c^2)}$$

由积分不等式及三角不等式

$$|J_R| \leq \left|\int_{C_R}\frac{z(e^{ae^{ibz}}-1)}{z^2+c^2}dz\right| + \left|\int_{C_R}\frac{c^2}{z(z^2+c^2)}dz\right| \leq \int_{C_R}\frac{R\,|e^{ae^{ibz}}-1|}{R^2-c^2}|dz| + \int_{C_R}\frac{c^2}{R(R^2-c^2)}|dz|$$

$$= \frac{R}{R^2-c^2}\int_{C_R}|e^{ae^{ibz}}-1|\,|dz| + \frac{\pi c^2}{R^2-c^2} \tag{2}$$

当 $z \in C_R$ 时 $z = x + iy = R\cos\theta + iR\sin\theta$，其中，$y > 0$，$0 \leq \theta \leq \pi$，

$$|ae^{ibz}| = a\,|e^{ib(x+iy)}| = ae^{-by} \leq a$$

再由不等式 $|e^z - 1| \leq |z|\,e^{|z|}$，可知（只需取 $z = ae^{ibz}$）：

$$|e^{ae^{ibz}}-1| \leq |ae^{ibz}|\,e^{|ae^{ibz}|} = ae^{-by}e^{ae^{-by}} \leq ae^{-by}e^a = ae^a e^{-bR\sin\theta}$$

于是

$$\int_{C_R}|e^{ae^{ibz}}-1|\,|dz| \leq \int_0^{\pi} ae^a e^{-bR\sin\theta}R\,d\theta = 2Rae^a\int_0^{\frac{\pi}{2}} e^{-bR\sin\theta}\,d\theta$$

$$\leq 2Rae^a\int_0^{\frac{\pi}{2}} e^{-bR\frac{\theta}{\pi}}\,d\theta = \frac{ae^a}{b}\pi(1 - e^{-bR})$$

由式（2）得

$$|J_R| \leq \frac{R}{R^2-c^2}\frac{ae^a}{b}\pi(1 - e^{-bR}) + \frac{\pi c^2}{R^2-c^2} \xrightarrow{R\to+\infty} 0$$

这样

$$\int_{C_R} f(z)\,\mathrm{d}z = \int_{C_R}\left[f(z) - \frac{1}{z}\right]\mathrm{d}z + \int_{C_R}\frac{1}{z}\mathrm{d}z = J_R + \pi\mathrm{i} \xrightarrow{R\to+\infty} \pi\mathrm{i}$$

最后在式(1)两端令 $R\to+\infty$ ，即得

$$\int_{-\infty}^{+\infty}\frac{x}{x^2+c^2}\mathrm{e}^{ae^{\mathrm{i}bx}}\mathrm{d}x + \pi\mathrm{i} = \pi\mathrm{i}\mathrm{e}^{ae^{-bc}}$$

故

$$I = \frac{\pi}{2}(\mathrm{e}^{ae^{-bc}} - 1)$$

类型六　被积函数在积分路径上存在无界点的积分——实轴上有一阶极点时的积分

例 5.19　证明 $\displaystyle\int_0^{+\infty}\frac{\sin x}{x(x^2+1)^2}\mathrm{d}x = \frac{\pi}{2}\left(1 - \frac{3}{2\mathrm{e}}\right)$。

解： 考虑函数 $\dfrac{\mathrm{e}^{\mathrm{i}z}}{z(z^2+1)^2}$，其在上半平面有二阶极点 i，在实轴上有一阶极点 0，

$$\mathrm{Res}\left[\frac{\mathrm{e}^{\mathrm{i}z}}{z(z^2+1)^2}, \mathrm{i}\right] = \lim_{z\to\mathrm{i}}\frac{\mathrm{d}}{\mathrm{d}z}\left[(z-\mathrm{i})^2\frac{\mathrm{e}^{\mathrm{i}z}}{z(z^2+1)^2}\right] = -\frac{3}{4\mathrm{e}}$$

$$\mathrm{Res}\left[\frac{\mathrm{e}^{\mathrm{i}z}}{z(z^2+1)^2}, 0\right] = \lim_{z\to0}\left[z\frac{\mathrm{e}^{\mathrm{i}z}}{z(z^2+1)^2}\right] = 1$$

故

$$\int_0^{+\infty}\frac{\sin x}{x(x^2+1)^2}\mathrm{d}x = \frac{1}{2}\int_{-\infty}^{+\infty}\frac{\sin x}{x(x^2+1)^2}\mathrm{d}x$$

$$= \frac{1}{2}\mathrm{Im}\left\{2\pi\mathrm{i}\mathrm{Res}\left[\frac{\mathrm{e}^{\mathrm{i}z}}{z(z^2+1)^2}, \mathrm{i}\right] + \pi i\mathrm{Res}\left[\frac{\mathrm{e}^{\mathrm{i}z}}{z(z^2+1)^2}, 0\right]\right\}$$

$$= \frac{1}{2}\mathrm{Im}\left(-\frac{3\pi\mathrm{i}}{2\mathrm{e}} + \pi\mathrm{i}\right) = \frac{\pi}{2}\left(1 - \frac{3}{2\mathrm{e}}\right)$$

例 5.20　计算积分 $\displaystyle\int_0^{+\infty}\frac{\sin\pi x}{x(1-x^2)}\mathrm{d}x$。

解： 考虑函数 $\dfrac{\mathrm{e}^{\mathrm{i}\pi z}}{z(1-z^2)}$，在实轴上有一阶极点 0 和 ±1，有

$$\mathrm{Res}\left[\frac{\mathrm{e}^{\mathrm{i}\pi z}}{z(1-z^2)}, 0\right] = \lim_{z\to0}\left[z\frac{\mathrm{e}^{\mathrm{i}\pi z}}{z(1-z^2)}\right] = 1$$

$$\mathrm{Res}\left[\frac{\mathrm{e}^{\mathrm{i}\pi z}}{z(1-z^2)}, 1\right] = \lim_{z\to1}\left[(z-1)\frac{\mathrm{e}^{\mathrm{i}\pi z}}{z(1-z^2)}\right] = -\frac{\mathrm{e}^{\pi\mathrm{i}}}{2} = \frac{1}{2}$$

$$\mathrm{Res}\left[\frac{\mathrm{e}^{\mathrm{i}\pi z}}{z(1-z^2)}, -1\right] = \lim_{z\to-1}\left[(z+1)\frac{\mathrm{e}^{\mathrm{i}\pi z}}{z(1-z^2)}\right] = -\frac{\mathrm{e}^{-\pi\mathrm{i}}}{2} = \frac{1}{2}$$

故

$$\int_0^{+\infty}\frac{\sin\pi x}{x(1-x^2)}\mathrm{d}x = \frac{1}{2}\int_{-\infty}^{+\infty}\frac{\sin\pi x}{x(1-x^2)}\mathrm{d}x$$

$$= \frac{1}{2}\text{Im}\left\{\pi\text{i}\,\text{Res}\left[\frac{e^{\text{i}\pi z}}{z(1-z^2)},\ \pm 1\right] + \pi\text{i}\,\text{Res}\left[\frac{e^{\text{i}\pi z}}{z(1-z^2)^2},\ 0\right]\right\}$$

$$= \frac{1}{2}\text{Im}\left[\frac{\pi\text{i}}{2} + \frac{\pi\text{i}}{2} + \pi\text{i}\right] = \pi$$

例 5.21 关于多值函数的积分，证明 $\displaystyle\int_0^{+\infty}\frac{\ln x}{(x^2+1)^2}\text{d}x = -\frac{\pi}{4}$。

证明： 设 $\displaystyle I = \int_C \frac{\ln z}{(z^2+1)^2}\text{d}z$，其中 C 如图 5-4

所示。在 C 内只有一个二级极点 i，其留数为

$$\text{Res}\left[\frac{\ln z}{(z^2+1)^2},\ \text{i}\right] = \frac{\text{d}}{\text{d}z}\left[(z-\text{i})^2\frac{\ln z}{(z^2+1)^2}\right]_{z=\text{i}}$$

$$= \frac{\pi+2\text{i}}{8}$$

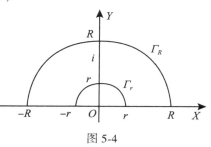

图 5-4

即

$$I = \int_C \frac{\ln z}{(z^2+1)^2}\text{d}z = 2\pi\text{i}\frac{\pi+2\text{i}}{8} \qquad (1)$$

$\ln z$ 为主值分支，$\ln z = \ln|z| + \text{i}\arg z$，$\ln z$ 在正实轴上 $\ln z = \ln x\,(x>0)$，$\ln z$ 在负实轴上，$\ln z = \ln|x| + \text{i}\pi\,(x<0)$。将积分路径 $C = [-R,\ -r] + \Gamma_r + [r,\ R] + \Gamma_R$ 代入式 (1)，于是

$$I = \int_{-R}^{-r}\frac{\ln|x|+\text{i}\pi}{(x^2+1)^2}\text{d}x + \int_r^R\frac{\ln x}{(x^2+1)^2}\text{d}x + \int_{\Gamma_r}\frac{\ln z}{(z^2+1)^2}\text{d}z + \int_{\Gamma_R}\frac{\ln z}{(z^2+1)^2}\text{d}z \qquad (2)$$

（1）由大圆弧引理可知：$\displaystyle\int_{\Gamma_R}\frac{\ln z}{(z^2+1)^2}\text{d}z = 0$ （当 $R \to \infty$ 时）；

（2）由小圆弧引理可知：$\displaystyle\int_{\Gamma_r}\frac{\ln z}{(z^2+1)^2}\text{d}z = 0$ （当 $r \to 0$ 时）；

（3）$\displaystyle\int_{-R}^{-r}\frac{\ln|x|+\text{i}\pi}{(x^2+1)^2}\text{d}x \xrightarrow{x=-t} \int_R^r\frac{\ln t+\text{i}\pi}{(t^2+1)^2}\text{d}(-t) = \int_r^R\frac{\ln x+\text{i}\pi}{(x^2+1)^2}\text{d}x$。

所以，式 (2) 化为

$$I = \int_r^R\frac{\ln x+\text{i}\pi}{(x^2+1)^2}\text{d}x + \int_r^R\frac{\ln x}{(x^2+1)^2}\text{d}x = 2\int_r^R\frac{\ln x}{(x^2+1)^2}\text{d}x + \pi\text{i}\int_r^R\frac{1}{(x^2+1)^2}\text{d}x$$

令 $r \to 0$，$R \to \infty$，有

$$\int_0^{+\infty}\frac{1}{(x^2+1)^2}\text{d}x = \frac{1}{2}\int_{-\infty}^{+\infty}\frac{1}{(x^2+1)^2}\text{d}x = \pi\text{i}\,\text{Res}\left[\frac{1}{(z^2+1)^2},\ \text{i}\right] = \frac{\pi}{4}$$

$$2\int_0^{+\infty}\frac{\ln x}{(x^2+1)^2}\text{d}x + \pi\text{i}\int_0^{+\infty}\frac{1}{(x^2+1)^2}\text{d}x = 2\pi\text{i}\frac{\pi+2\text{i}}{8},$$

$$2\int_0^{+\infty}\frac{\ln x}{(x^2+1)^2}\text{d}x + \pi\text{i}\frac{\pi}{4} = 2\pi\text{i}\frac{\pi+2\text{i}}{8}$$

比较两边的虚部和实部，可以得到 $\int_0^{+\infty} \dfrac{\ln x}{(x^2+1)^2}\mathrm{d}x = -\dfrac{\pi}{4}$。

五、习题参考解答和提示

5.1 求下列函数在奇点处的留数。

(1) $\dfrac{z}{(z-1)(z+1)^2}$;　　(2) $\dfrac{1+z^4}{(z^2+1)^3}$;　　(3) $\dfrac{z+1}{z^2-2z}$;　　(4) $\dfrac{1-\mathrm{e}^{2z}}{z^4}$;

(5) $\dfrac{\sin 2z}{(z+1)^3}$;　　(6) $\dfrac{z}{\cos z}$;　　(7) $\cos\dfrac{1}{z-1}$;　　(8) $z^2\sin\dfrac{1}{z}$。

解：（1）　$z=1$ 和 $z=-1$ 分别是函数 $\dfrac{z}{(z-1)(z+1)^2}$ 的一阶极点和二阶极点，有

$$\mathrm{Res}[f(z),\,1]=\lim_{z\to 1}\left[(z-1)\frac{z}{(z-1)(z+1)^2}\right]=\frac{1}{4}$$

$$\mathrm{Res}[f(z),\,-1]=\lim_{z\to -1}\frac{\mathrm{d}}{\mathrm{d}z}\left[(z+1)^2\frac{z}{(z-1)(z+1)^2}\right]=\lim_{z\to -1}\left[\frac{1}{z-1}-\frac{z}{(z-1)^2}\right]=-\frac{1}{4}$$

（2）$z=\pm\mathrm{i}$ 分别是函数 $\dfrac{1+z^4}{(z^2+1)^3}$ 的三阶极点，有

$$\mathrm{Res}[f(z),\,\mathrm{i}]=\lim_{z\to\mathrm{i}}\frac{1}{2!}\frac{\mathrm{d}^2}{\mathrm{d}z^2}\left[(z-\mathrm{i})^3\frac{1+z^4}{(z-\mathrm{i})^3(z+\mathrm{i})^3}\right]=\lim_{z\to\mathrm{i}}\frac{1}{2!}\frac{\mathrm{d}^2}{\mathrm{d}z^2}\left[\frac{1+z^4}{(z+\mathrm{i})^3}\right]$$

$$=\lim_{z\to\mathrm{i}}\frac{1}{2}\frac{\mathrm{d}}{\mathrm{d}z}\left[\frac{4z^3}{(z+\mathrm{i})^3}-3\frac{1+z^4}{(z+\mathrm{i})^4}\right]$$

$$=\lim_{z\to\mathrm{i}}\frac{1}{2}\left[\frac{12z^2}{(z+\mathrm{i})^3}-\frac{24z^3}{(z+\mathrm{i})^4}+\frac{12(1+z^4)}{(z+\mathrm{i})^5}\right]$$

$$=\frac{1}{2}\left(-\frac{12}{8}\mathrm{i}-\frac{-24}{16}\mathrm{i}-\frac{24}{32}\mathrm{i}\right)=-\frac{3}{8}\mathrm{i}$$

$$\mathrm{Res}[f(z),\,-\mathrm{i}]=\frac{1}{2}\lim_{z\to -\mathrm{i}}\frac{\mathrm{d}^2}{\mathrm{d}z^2}\left[(z+\mathrm{i})^3\frac{1+z^4}{(z-\mathrm{i})^3(z+\mathrm{i})^3}\right]=\frac{1}{2}\lim_{z\to -\mathrm{i}}\frac{\mathrm{d}^2}{\mathrm{d}z^2}\left[\frac{1+z^4}{(z-\mathrm{i})^3}\right]$$

$$=\frac{1}{2}\lim_{z\to -\mathrm{i}}\frac{\mathrm{d}}{\mathrm{d}z}\left[\frac{4z^3}{(z-\mathrm{i})^3}-3\frac{1+z^4}{(z-\mathrm{i})^4}\right]$$

$$=\frac{1}{2}\lim_{z\to -\mathrm{i}}\left[\frac{12z^2}{(z-\mathrm{i})^3}-\frac{24z^3}{(z-\mathrm{i})^4}+\frac{12(1+z^4)}{(z-\mathrm{i})^5}\right]$$

$$=\frac{1}{2}\left(\frac{12}{8}\mathrm{i}-\frac{24}{16}\mathrm{i}+\frac{24}{32}\mathrm{i}\right)=\frac{3}{8}\mathrm{i}$$

（3）$z=0$ 和 $z=2$ 都是函数 $\dfrac{z+1}{z^2-2z}$ 的一阶极点，有

$$\mathrm{Res}[f(z),\,0]=\lim_{z\to 0}\left(z\frac{z+1}{z^2-2z}\right)=-\frac{1}{2}$$

$$\text{Res}[f(z), 2] = \lim_{z \to 2}\left[(z-2)\frac{z+1}{z^2-2z}\right] = \frac{3}{2}$$

（4）$z = 0$ 是函数 $\dfrac{1-\mathrm{e}^{2z}}{z^4}$ 的三阶极点。

计算留数时，可视为四阶极点，

$$\text{Res}[f(z), 0] = \lim_{z \to 0}\frac{1}{3!}\frac{\mathrm{d}^3}{\mathrm{d}z^3}\left(z^4\frac{1-\mathrm{e}^{2z}}{z^4}\right) = -\frac{4}{3}$$

（5）因 $z = -1$ 是函数 $\dfrac{\sin 2z}{(z+1)^3}$ 的三阶极点，

$$\text{Res}[f(z), -1] = \lim_{z \to -1}\frac{1}{2!}\frac{\mathrm{d}^2}{\mathrm{d}z^2}\left[(z+1)^3\frac{\sin 2z}{(z+1)^3}\right] = -2\sin(-2) = 2\sin 2$$

（6）由 $\cos z = 0$，得到 $z = k\pi + \dfrac{\pi}{2}$ $(k = 0, \pm1, \pm2, \cdots)$，它是函数 $\dfrac{z}{\cos z}$ 的 1 阶极点，故

$$\text{Res}\left(f(z), k\pi + \frac{\pi}{2}\right) = \lim_{z \to k\pi+\frac{\pi}{2}}\left[\frac{z}{(\cos z)'}\right] = (-1)^k\left(k\pi + \frac{\pi}{2}\right), k = 0, \pm1, \pm2, \cdots$$

（7）因 $z = 1$ 是函数 $\cos\dfrac{1}{z-1}$ 的本性奇点，由 Laurent 级数展开式

$$\cos\frac{1}{z-1} = 1 - \frac{1}{2!}\frac{1}{(z-1)^2} + \cdots + \frac{(-1)^n}{(2n)!}\frac{1}{(z-1)^{2n}} + \cdots$$

得到 $\text{Res}[f(z), 1] = c_{-1} = 0$。

（8）因 $z = 0$ 是函数 $z^2\sin\dfrac{1}{z}$ 的本性奇点，由 Laurent 级数展开式

$$\sin\frac{1}{z} = \frac{1}{z} - \frac{1}{3!}\frac{1}{z^3} + \cdots + \frac{(-1)^n}{(2n+1)!}\frac{1}{z^{2n+1}} + \cdots$$

得到 $\text{Res}[f(z), 0] = c_{-1} = -\dfrac{1}{3!}$。

5.2 利用留数定理计算下列各积分。

（1）$\oint_{|z|=\frac{3}{2}}\dfrac{\sin z}{z}\mathrm{d}z$；

（2）$\oint_{|z|=2}\dfrac{1}{1+z^2}\mathrm{e}^{\frac{\pi}{4}z}\mathrm{d}z$；

（3）$\oint_{|z|=2}\dfrac{\mathrm{e}^{2z}}{(z-1)^2}\mathrm{d}z$；

（4）$\oint_{|z|=2}\dfrac{\mathrm{e}^z}{z(z-1)^2}\mathrm{d}z$；

（5）$\oint_{|z|=2}\dfrac{\mathrm{d}z}{(z-3)(z^5-1)}$；

（6）$\oint_{|z|=1}\dfrac{z\sin z}{(1-\mathrm{e}^z)^3}\mathrm{d}z$；

（7）$\oint_{|z|=2}\dfrac{z}{\sin^2 z - 1/2}\mathrm{d}z$；

（8）$\oint_{|z|=3}\tan\pi z\,\mathrm{d}z$

解：（1）$\oint_{|z|=\frac{3}{2}}\dfrac{\sin z}{z}\mathrm{d}z = 2\pi\mathrm{i}\,\text{Res}\left(\dfrac{\sin z}{z}, 0\right) = 0$。

（2）$\text{Res}\left(\dfrac{1}{1+z^2}\mathrm{e}^{\frac{\pi}{4}z}, \mathrm{i}\right) = \left(\dfrac{1}{2z}\mathrm{e}^{\frac{\pi}{4}z}\right)\bigg|_{z=\mathrm{i}} = -\dfrac{1}{2}\mathrm{i}\mathrm{e}^{\frac{\pi}{4}\mathrm{i}}$，

$$\mathrm{Res}\left(\frac{1}{1+z^2}\mathrm{e}^{\frac{\pi}{4z}},\ -\mathrm{i}\right)=\left(\frac{1}{2z}\mathrm{e}^{\frac{\pi}{4z}}\right)\bigg|_{z=-\mathrm{i}}=\frac{1}{2}\mathrm{ie}^{-\frac{\pi}{4}\mathrm{i}},$$

$$\oint_{|z|=2}\frac{1}{1+z^2}\mathrm{e}^{\frac{\pi}{4z}}\mathrm{d}z=2\pi\mathrm{i}\left[\mathrm{Res}\left(\frac{1}{1+z^2}\mathrm{e}^{\frac{\pi}{4z}},\ \mathrm{i}\right)+\mathrm{Res}\left(\frac{1}{1+z^2}\mathrm{e}^{\frac{\pi}{4z}},\ -\mathrm{i}\right)\right]$$

$$=2\pi\mathrm{i}\left(-\frac{1}{2}\mathrm{ie}^{\frac{\pi}{4}\mathrm{i}}+\frac{1}{2}\mathrm{ie}^{-\frac{\pi}{4}\mathrm{i}}\right)=\pi(\mathrm{e}^{\frac{\pi}{4}\mathrm{i}}-\mathrm{e}^{-\frac{\pi}{4}\mathrm{i}})=2\pi\mathrm{isin}\frac{\pi}{4}=\sqrt{2}\pi\mathrm{i}_\circ$$

(3) $\oint_{|z|=2}\dfrac{\mathrm{e}^{2z}}{(z-1)^2}\mathrm{d}z=2\pi\mathrm{iRes}\left(\dfrac{\mathrm{e}^{2z}}{(z-1)^2},\ 1\right)=2\pi\mathrm{i}\lim_{z\to1}\dfrac{\mathrm{d}}{\mathrm{d}z}\left((z-1)^2\dfrac{\mathrm{e}^{2z}}{(z-1)^2}\right)$

$$=4\pi\mathrm{e}^2\mathrm{i}_\circ$$

(4) 因 $\mathrm{Res}\left[\dfrac{\mathrm{e}^z}{z(z-1)^2},\ 0\right]=\lim_{z\to0}\left[z\dfrac{\mathrm{e}^z}{z(z-1)^2}\right]=1$

$$\mathrm{Res}\left[\frac{\mathrm{e}^z}{z(z-1)^2},\ 1\right]=\lim_{z\to1}\frac{\mathrm{d}}{\mathrm{d}z}\left[(z-1)^2\frac{\mathrm{e}^z}{z(z-1)^2}\right]=\lim_{z\to1}\left[\frac{\mathrm{e}^z}{z}-\frac{\mathrm{e}^z}{z^2}\right]=0$$

故 $\oint_{|z|=2}\dfrac{\mathrm{e}^z}{z(z-1)^2}\mathrm{d}z=2\pi\mathrm{i}\left\{\mathrm{Res}\left[\dfrac{\mathrm{e}^z}{z(z-1)^2},\ 0\right]+\mathrm{Res}\left[\dfrac{\mathrm{e}^z}{z(z-1)^2},\ 1\right]\right\}=2\pi\mathrm{i}_\circ$

(5) 被积函数 $f(z)=\dfrac{1}{(z-3)(z^5-1)}$ 在 $|z|=2$ 内的孤立奇点有 $z=\sqrt[5]{1}=\mathrm{e}^{\mathrm{i}\frac{2k\pi}{5}}(k=0,$ 1, 2, 3, 4), 均为一阶极点。注意到 $f(z)$ 在 $|z|=2$ 外部有孤立奇点 $z=3$ 和 ∞, 而且

$$\mathrm{Res}[f(z),\ \infty]=-\mathrm{Res}\left[\frac{1}{z^2}f\left(\frac{1}{z}\right),\ 0\right]$$

$$=-\mathrm{Res}\left[\frac{1}{\left(\frac{1}{z}-3\right)\left(\frac{1}{z^5}-1\right)}\cdot\frac{1}{z^2},\ 0\right]$$

$$=-\mathrm{Res}\left[\frac{z^4}{(1-3z)(1-z^5)},\ 0\right]=0$$

$$\mathrm{Res}\left[\frac{1}{(z-3)(z^5-1)},\ 3\right]=\lim_{z\to3}\left[(z-3)\frac{1}{(z-3)(z^5-1)}\right]=\frac{1}{3^5-1}=\frac{1}{242}$$

所以由全平面留数和为零, 得到

$$\oint_{|z|=2}\frac{\mathrm{d}z}{(z-3)(z^5-1)}=-2\pi\mathrm{i}\left\{\mathrm{Res}\left[\frac{1}{(z-3)(z^5-1)},\ \infty\right]+\mathrm{Res}\left[\frac{1}{(z-3)(z^5-1)},\ 3\right]\right\}$$

$$=-\frac{\pi\mathrm{i}}{121}$$

(6) 由 $1-\mathrm{e}^z=0$, 得到 $z=\mathrm{Ln}1=\ln1+\mathrm{i}(\arg1+2k\pi)=2k\pi\mathrm{i}(k=0,\pm1,\pm2\cdots)$。对 $k\neq0$ 是被积函数的三阶极点, $k=0$ 时, $z=0$ 是被积函数的一阶极点。在积分路径 $|z|=1$ 内, 有 1 个极点, 对应的 k 值为 0, 是被积函数的一阶极点。

$$\oint_{|z|=1}\frac{z\mathrm{sin}z}{(1-\mathrm{e}^z)^3}\mathrm{d}z=2\pi\mathrm{iRes}\left[\frac{z\mathrm{sin}z}{(1-\mathrm{e}^z)^3},\ 0\right]=2\pi\mathrm{i}\lim_{z\to0}\left[z\frac{z\mathrm{sin}z}{(1-\mathrm{e}^z)^3}\right]=-2\pi\mathrm{i}$$

这里利用等价无穷小，有 $1 - e^z = 1 - \left(1 + z + \dfrac{1}{2!}z^2 + \cdots\right) = -z - \dfrac{1}{2!}z^2 + \cdots = -z + o(z)$，代入计算较方便。

（7）因为 $\sin^2 z - \dfrac{1}{2} = \dfrac{1 - \cos 2z}{2} - \dfrac{1}{2} = \dfrac{-\cos 2z}{2}$，由 $\cos 2z = 0$，得到 $z = \left(\dfrac{k}{2} + \dfrac{1}{4}\right)\pi\,(k = 0,\ \pm1,\ \pm2,\cdots)$，是被积函数的一阶极点。

而 $\mathrm{Res}\left[\dfrac{z}{\cos 2z},\ \left(\dfrac{k}{2} + \dfrac{1}{4}\right)\pi\right] = \dfrac{z}{(\cos 2z)'}\bigg|_{z = \left(\frac{k}{2}+\frac{1}{4}\right)\pi} = -\dfrac{\left(\dfrac{k}{2} + \dfrac{1}{4}\right)\pi}{2\sin\left(k + \dfrac{1}{2}\right)\pi} = (-1)^{k+1}\left(\dfrac{k}{4} + \dfrac{1}{8}\right)\pi$

在积分路径 $|z| = 2$ 内，有 2 个极点，对应的 k 值为：$k = -1$，$k = 0$，而

$$\mathrm{Res}\left[\dfrac{z}{\cos 2z},\ \dfrac{1}{4}\pi\right] = -\dfrac{1}{8}\pi,\quad \mathrm{Res}\left[\dfrac{z}{\cos 2z},\ -\dfrac{1}{4}\pi\right] = -\dfrac{1}{8}\pi$$

所以，有 $\displaystyle\oint_{|z|=2} \dfrac{z}{\sin^2 z - \dfrac{1}{2}}\mathrm{d}z = -2\oint_{|z|=2} \dfrac{z}{\cos 2z}\mathrm{d}z$

$$= -4\pi\mathrm{i}\left\{\mathrm{Res}\left[\dfrac{z}{\cos 2z},\ \dfrac{1}{4}\pi\right] + \mathrm{Res}\left[\dfrac{z}{\cos 2z},\ \dfrac{1}{4}\pi\right]\right\}$$

$$= -4\pi\mathrm{i}\left[-\dfrac{1}{8}\pi - \dfrac{1}{8}\pi\right] = \pi^2\mathrm{i}$$

（8）被积函数 $\tan\pi z = \dfrac{\sin\pi z}{\cos\pi z}$ 的奇点为 $\cos\pi z = 0$，即 $z = k + \dfrac{1}{2}\,(k = 0,\ \pm1,\ \pm2,\cdots)$ 均为一阶极点，在积分路径 $|z| = 3$ 内，有 6 个极点，对应的 k 值为：$-3,\ -2,\ -1,\ 0,\ 1,\ 2$。函数 $\tan\pi z = \dfrac{\sin\pi z}{\cos\pi z}$ 在极点的留数为

$$\mathrm{Res}\left(\dfrac{\sin\pi z}{\cos\pi z},\ k + \dfrac{1}{2}\right) = \dfrac{\sin\pi z}{(\cos\pi z)'}\bigg|_{z = k + \frac{1}{2}} = -\dfrac{1}{\pi}$$

故 $\displaystyle\oint_{|z|=3} \tan\pi z\,\mathrm{d}z = 2\pi\mathrm{i}\sum_{k=-3}^{2} \mathrm{Res}\left(\dfrac{\sin\pi z}{\cos\pi z},\ k + \dfrac{1}{2}\right) = 2\pi\mathrm{i}\left(-\dfrac{1}{\pi}\right)\cdot 6 = -12\mathrm{i}$

5.3 求无穷远点的留数。

（1）$\cos z - \sin z$；　　　（2）$\dfrac{2z}{3 + z^2}$；　　　（3）$\dfrac{1}{z(z + 1)^4(z - 4)}$。

解：可以利用计算无穷远点的留数的方法求解（参见本章（三）2）。

（1）$z = \infty$ 是本性奇点，在 $|z| < +\infty$ 内，其级数为

$$\cos z - \sin z = \left(1 - \dfrac{1}{2!}z^2 + \cdots\right) - \left(z - \dfrac{1}{3!}z^3 + \cdots\right)$$

有无穷多正幂项，本性奇点，而 $c_{-1} = 0$，留数为零。

（2）$z = \infty$ 是 $\dfrac{2z}{3 + z^2}$ 的可去奇点，并且 $\lim\limits_{z\to\infty} f(z) = 0$，所以

$$\text{Res}[f(z),\ \infty] = -c_{-1} = -\lim_{z\to\infty} zf(z) = -\lim_{z\to\infty} z\frac{2z}{3+z^2} = -2(\neq 0)$$

(3) $z=\infty$ 是 $\dfrac{1}{z(z+1)^4(z-4)}$ 的可去奇点，并且 $\lim_{z\to\infty} f(z)=0$，所以

$$\text{Res}[f(z),\ \infty] = -c_{-1} = -\lim_{z\to\infty} zf(z) = -\lim_{z\to\infty} z\frac{1}{z(z+1)^4(z-4)} = 0$$

5.4 求下列函数在所有奇点(包括无穷远点)的留数：

(1) $e^{z+\frac{1}{z}}$;　(2) $\sin z\cdot\sin\dfrac{1}{z}$;　(3) $\sin\dfrac{z}{z+1}$;　(4) $\cos\dfrac{z^2+4z-1}{z+3}$;

(5) $\dfrac{\sqrt{z}}{\sin\sqrt{z}}$;　(6) $z^{-n}\tan z$;　(7) $\dfrac{1}{\sin\dfrac{1}{z}}$;　(8) $\cot^2 z$。

解：(1) $z=0$ 和 $z=\infty$ 是函数 $e^{z+\frac{1}{z}}$ 的本性奇点。

因　$e^{z+\frac{1}{z}} = \left[\sum\limits_{n=0}^{\infty}\dfrac{1}{n!}z^n\right]\cdot\left[\sum\limits_{k=0}^{\infty}\dfrac{1}{k!}\left(\dfrac{1}{z}\right)^k\right] = \cdots + \sum\limits_{n=0}^{\infty}\dfrac{1}{n!\ (n+1)!}\dfrac{1}{z} + \cdots$

所以　$\text{Res}[f(z),\ 0] = -\text{Res}[f(z),\ \infty] = \sum\limits_{n=0}^{\infty}\dfrac{1}{n!\ (n+1)!}$

(2) $z=0$ 和 $z=\infty$ 是函数 $\sin z\cdot\sin\dfrac{1}{z}$ 的本性奇点。

因 $\sin z\cdot\sin\dfrac{1}{z} = \sum\limits_{n=0}^{\infty}\dfrac{1}{(2n+1)!}z^{2n+1}\cdot\sum\limits_{n=0}^{\infty}\dfrac{1}{(2n+1)!}\left(\dfrac{1}{z}\right)^{2n+1}$

$= \left(z-\dfrac{1}{3!}z^3+\cdots\right)\cdot\left(\dfrac{1}{z}-\dfrac{1}{3!}\left(\dfrac{1}{z}\right)^3+\cdots\right) = \cdots + 0\cdot\dfrac{1}{z}+\cdots$

其 Laurent 级数展开式中不含有 $\dfrac{1}{z}$ 项，故

$$\text{Res}[f(z),\ 0] = -\text{Res}[f(z),\ \infty] = 0。$$

(3) $z=-1$ 是函数 $\sin\dfrac{z}{z+1}$ 的本性奇点。因在 $1<|z|<\infty$ 中的 Laurent 展开式为

$$\sin\dfrac{z}{z+1} = \sin\dfrac{1}{1+\dfrac{1}{z}} = \sin\left[\sum\limits_{k=0}^{\infty}\left(-\dfrac{1}{z}\right)^k\right] = \sum\limits_{n=0}^{\infty}\dfrac{(-1)^n}{(2n+1)!}\left[\sum\limits_{k=0}^{\infty}\left(-\dfrac{1}{z}\right)^k\right]^{2n+1}$$

不含正幂项，知 $z=\infty$ 是可去奇点。

由　$\sin\dfrac{z}{z+1} = \sin\left(1-\dfrac{1}{z+1}\right) = \sin 1\cos\dfrac{1}{z+1} - \cos 1\sin\dfrac{1}{z+1}$

$$= \sin 1\sum\limits_{n=0}^{\infty}\dfrac{(-1)^n}{(2n)!}\left(\dfrac{1}{z+1}\right)^{2n} - \cos 1\sum\limits_{n=0}^{\infty}\dfrac{(-1)^n}{(2n+1)!}\left(\dfrac{1}{z+1}\right)^{2n+1}$$

故 $\text{Res}[f(z),\ -1] = -\text{Res}[f(z),\ \infty] = -\cos 1$。

（4）$z = -3$ 和 $z = \infty$ 是 $\cos\dfrac{z^2 + 4z - 1}{z + 3}$ 的本性奇点。

因为 $\cos\dfrac{z^2 + 6z + 9 - 2z - 10}{z + 3} = \cos\dfrac{(z + 3)^2 - 2(z + 3) - 4}{z + 3} = \cos\left[(z + 3) - 2 - \dfrac{4}{z + 3}\right]$

$$= \cos\left[(z + 3) - 2\right]\cos\left(\dfrac{4}{z + 3}\right) + \sin\left[(z + 3) - 2\right]\sin\left(\dfrac{4}{z + 3}\right)$$

$$= \left[\cos(z + 3)\cos 2 + \sin(z + 3)\sin 2\right]\cos\left(\dfrac{4}{z + 3}\right)$$

$$+ \left[\sin(z + 3)\cos 2 - \cos(z + 3)\sin 2\right]\sin\left(\dfrac{4}{z + 3}\right)$$

$$= \sin 2 \cdot \sin(z + 3)\cos\left(\dfrac{4}{z + 3}\right) - \sin 2\cos(z + 3)\sin\left(\dfrac{4}{z + 3}\right)$$

$$+ \left[\cos 2\cos(z + 3)\cos\left(\dfrac{4}{z + 3}\right) + \cos 2\sin(z + 3)\sin\left(\dfrac{4}{z + 3}\right)\right]$$

显然，$\cos(z + 3)\cos\left(\dfrac{4}{z + 3}\right)$ 和 $\sin(z + 3)\sin\left(\dfrac{4}{z + 3}\right)$ 展开没有 $\dfrac{1}{z + 3}$ 项。

而

$$\sin(z + 3)\cos\left(\dfrac{4}{z + 3}\right) = \left[(z + 3) - \dfrac{1}{3!}(z + 3)^3 + \cdots + \dfrac{(-1)^n}{(2n + 1)!}(z + 3)^{2n+1} + \cdots\right]$$

$$\cdot \left[1 - \dfrac{1}{2!}\left(\dfrac{4}{z + 3}\right)^2 + \cdots + \dfrac{(-1)^n}{(2n + 1)!}\left(\dfrac{4}{z + 3}\right)^{2n+1} + \cdots\right]$$

$$= \cdots + \dfrac{1}{z + 3}\left[-1 \cdot \dfrac{4^2}{2!} - \dfrac{1}{3!}\dfrac{4^4}{4!} - \dfrac{1}{5!}\dfrac{4^6}{6!} \cdots - \dfrac{1}{(2n - 1)!}\dfrac{4^{2n}}{(2n)!} + \cdots\right] + \cdots$$

$$\cos(z + 3)\sin\left(\dfrac{4}{z + 3}\right) = \left[1 - \dfrac{1}{2!}(z + 3)^2 + \cdots + \dfrac{(-1)^n}{(2n)!}(z + 3)^{2n} + \cdots\right]$$

$$\cdot \left[\left(\dfrac{4}{z + 3}\right) - \dfrac{1}{3!}\left(\dfrac{4}{z + 3}\right)^3 + \cdots + \dfrac{(-1)^n}{(2n + 1)!}\left(\dfrac{4}{z + 3}\right)^{2n+1} + \cdots\right]$$

$$= \cdots + \left(\dfrac{1}{z + 3}\right)\left[1 \cdot \dfrac{4}{1!} + \dfrac{1}{2!}\dfrac{4^3}{3!} + \dfrac{1}{4!}\dfrac{4^5}{5!} \cdots\right.$$

$$\left. + \dfrac{1}{(2n)!}\dfrac{4^{2n+1}}{(2n + 1)!} + \cdots\right] + \cdots$$

故

$$\text{Res}[f(z), -3] = -\text{Res}[f(z), \infty]$$

$$= -\sin 2\left[\sum_{n=1}^{\infty}\dfrac{4^{2n}}{(2n - 1)!(2n)!} + \sum_{n=0}^{\infty}\dfrac{4^{2n+1}}{(2n)!(2n + 1)!}\right]$$

（5）因为 $f(z) = \dfrac{\sin\sqrt{z}}{\sqrt{z}} = \dfrac{\sin\left(\sqrt{|z|}\,\mathrm{e}^{\mathrm{i}\frac{\arg z + 2k\pi}{2}}\right)}{\sqrt{|z|}\,\mathrm{e}^{\mathrm{i}\frac{\arg z + 2k\pi}{2}}}$ （$k = 0, 1$），

$$\left(\frac{\sin\sqrt{z}}{\sqrt{z}}\right)_{k=1} = \frac{\sin(\sqrt{|z|}\,\mathrm{e}^{\mathrm{i}\frac{\arg z+2\pi}{2}})}{\sqrt{|z|}\,\mathrm{e}^{\mathrm{i}\frac{\arg z+2\pi}{2}}} = \frac{\sin(-\sqrt{|z|}\,\mathrm{e}^{\mathrm{i}\frac{\arg z}{2}})}{-\sqrt{|z|}\,\mathrm{e}^{\mathrm{i}\frac{\arg z}{2}}} = \frac{\sin(-\sqrt{|z|}\,\mathrm{e}^{\mathrm{i}\frac{\arg z}{2}})}{-\sqrt{|z|}\,\mathrm{e}^{\mathrm{i}\frac{\arg z}{2}}}$$

$$= \left(\frac{\sin\sqrt{z}}{\sqrt{z}}\right)_{k=0}$$

为单值函数。

由 $\sin\sqrt{z} = 0 \Rightarrow \sqrt{z} = k\pi\,(k = 0,\ \pm 1,\ \pm 2,\cdots) \Rightarrow z = (k\pi)^2,\ k = 0,\ 1,\ 2,\cdots$

对 $k \neq 0$，均为一阶极点，而对应的 $k = 0$ 为可去奇点；$z = \infty$ 为非孤立奇点。

$$\mathrm{Res}\left(\frac{\sqrt{z}}{\sin\sqrt{z}},\ k^2\pi^2\right) = \left.\frac{\sqrt{z}}{(\sin\sqrt{z})'}\right|_{z=k^2\pi^2} = \left.\frac{\sqrt{z}}{(\cos\sqrt{z})\cdot\left(\frac{1}{2\sqrt{z}}\right)}\right|_{z=k^2\pi^2} = (-1)^k 2k^2\pi^2,\ k = 1,\ 2,\cdots$$

(6)(参见习题 4.18 和 4.21)

$$z = 0 \text{ 和 } \cos z = 0 \Rightarrow z = \left(k + \frac{1}{2}\right)\pi,\ k = 0,\ \pm 1,\ \pm 2,\cdots$$

是函数 $z^{-n}\tan z$ 的奇点，其中 $z = 0$ 是 n 阶极点，$z = \left(k + \frac{1}{2}\right)\pi$ 是 1 阶极点。所以

$$\mathrm{Res}\left[z^{-n}\tan z,\ \left(k + \frac{1}{2}\right)\pi\right] = \left.\frac{z^{-n}\sin z}{(\cos z)'}\right|_{z=\left(k+\frac{1}{2}\right)\pi} = -\frac{1}{\left(k + \frac{1}{2}\right)^n\pi^n},\ k = 0,\ \pm 1,\ \pm 2,\cdots$$

因为 $\quad \tan z = \dfrac{\sin z}{\cos z} = -\mathrm{i}\,\dfrac{\mathrm{e}^{\mathrm{i}z} - \mathrm{e}^{-\mathrm{i}z}}{\mathrm{e}^{\mathrm{i}z} + \mathrm{e}^{-\mathrm{i}z}} = -\mathrm{i} + \dfrac{1}{z}\cdot\dfrac{2\mathrm{i}z}{\mathrm{e}^{2\mathrm{i}z} - 1} - \dfrac{1}{z}\cdot\dfrac{4\mathrm{i}z}{\mathrm{e}^{4\mathrm{i}z} - 1}$

$$= -\mathrm{i} + \frac{1}{z}\cdot\sum_{k=0}^{\infty}\frac{B_k}{k!}(2\mathrm{i}z)^k - \frac{1}{z}\cdot\sum_{k=0}^{\infty}\frac{B_k}{k!}(4\mathrm{i}z)^k$$

$$= -\mathrm{i} + \frac{1}{z}\cdot\sum_{k=0}^{\infty}\left[\frac{(2\mathrm{i})^k B_k}{k!} - \frac{(4\mathrm{i})^k B_k}{k!}\right]z^k$$

其中，B_k 为 Bernoulli 数。

由于大于 1 的奇数下标的 Bernoulli 数为 0，所以，

当 n 为奇数时，$\mathrm{Res}[z^{-n}\tan z,\ 0] = 0$；

当 n 为偶数时，$\mathrm{Res}[z^{-n}\tan z,\ 0] = (-1)^{\frac{n}{2}+1}\dfrac{2^n(2^n - 1)}{n!}B_n$。

(7)因 $\sin\dfrac{1}{z} = 0$ 和 $z = 0$ 是函数的奇点，解得 $\dfrac{1}{z} = k\pi\ (k = 0,\ \pm 1,\ \pm 2,\cdots)$，即

$z = \dfrac{1}{k\pi}(k = \pm 1,\ \pm 2,\cdots)$ 是一阶极点，而 $z = 0$ 是函数的非孤立奇点。如图 5-5 所示。

$$\mathrm{Res}\left[\frac{1}{\sin\dfrac{1}{z}},\ \frac{1}{k\pi}\right] = \left.\frac{1}{\left(\sin\dfrac{1}{z}\right)'}\right|_{z=\frac{1}{k\pi}} = \left.\frac{1}{\left(\cos\dfrac{1}{z}\right)\left(-\dfrac{1}{z^2}\right)}\right|_{z=\frac{1}{k\pi}} = -\frac{1/(k\pi)^2}{\cos(k\pi)}$$

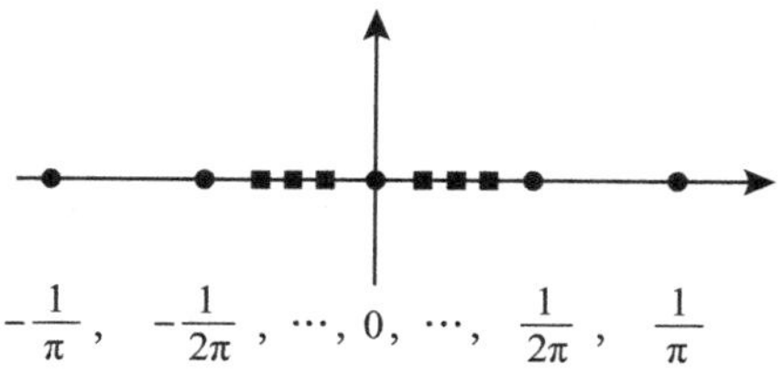

$$-\frac{1}{\pi},\quad -\frac{1}{2\pi},\quad \cdots,\ 0,\ \cdots,\quad \frac{1}{2\pi},\quad \frac{1}{\pi}$$

图 5-5

$$= (-1)^{k+1}\frac{1}{k^2\pi^2},\quad k=\pm 1,\ \pm 2,\cdots$$

$$\mathrm{Res}[f(z),\ \infty]=-\sum_{\substack{k=-\infty\\k\neq 0}}^{\infty}\mathrm{Res}\left[\frac{1}{\sin\dfrac{1}{z}},\ \frac{1}{k\pi}\right]=-\sum_{\substack{k=-\infty\\k\neq 0}}^{\infty}(-1)^{k+1}\frac{1}{k^2\pi^2}$$

$$=\frac{2}{\pi^2}\sum_{n=1}^{\infty}\frac{(-1)^n}{n^2}=-\frac{1}{6}$$

注意到 $\displaystyle\sum_{n=1}^{\infty}\frac{(-1)^n}{n^2}=-\frac{\pi^2}{12}$。

这里, 无穷远点的留数也可以通过零点的留数计算, 即

$$\mathrm{Res}\left[\frac{1}{\sin\dfrac{1}{z}},\ \infty\right]=-\mathrm{Res}\left[\frac{1}{\sin z}\frac{1}{z^2},\ 0\right]=-\frac{1}{2!}\lim_{z\to 0}\frac{\mathrm{d}^2}{\mathrm{d}z^2}\left(z^3\frac{1}{\sin z}\frac{1}{z^2}\right)=-\frac{1}{6}$$

(8)**方法一**:因 $\cot^2 z=\left(\dfrac{\cos z}{\sin z}\right)^2$, 由 $\sin z=0\Rightarrow z=k\pi(k=0,\ \pm 1,\ \pm 2,\cdots)$ 是二阶极点。

故 $\mathrm{Res}[\cot^2 z,\ k\pi]=\mathrm{Res}\left[\left(\dfrac{\cos z}{\sin z}\right)^2,\ k\pi\right]=\lim_{z\to k\pi}\dfrac{\mathrm{d}}{\mathrm{d}z}\left[(z-k\pi)^2\left(\dfrac{\cos z}{\sin z}\right)^2\right]=0$

方法二:参见习题 4.20~4.22。

因 $\dfrac{z}{\mathrm{e}^z-1}=\displaystyle\sum_{n=0}^{\infty}\frac{B_n}{n!}z^n=B_0+\frac{B_1}{1!}z+\frac{B_2}{2!}z^2+\cdots+\frac{B_n}{n!}z^n+\cdots$,

且 $B_0=1$, $B_1=-\dfrac{1}{2}$, $B_2=\dfrac{1}{6}$, $B_4=-\dfrac{1}{30}$, $B_6=\dfrac{1}{42}$, $\cdots$。

而 $\cot z=\dfrac{1}{z}\left(\mathrm{i}z+\dfrac{2\mathrm{i}z}{\mathrm{e}^{2\mathrm{i}z}-1}\right)=\dfrac{1}{z}\left[\mathrm{i}z+\displaystyle\sum_{n=0}^{\infty}\frac{B_n}{n!}(2\mathrm{i}z)^n\right]$

$$=\frac{1}{z}\left[\mathrm{i}z+\left(B_0+\frac{B_1}{1!}(2\mathrm{i}z)+\frac{B_2}{2!}(2\mathrm{i}z)^2\cdots+\frac{B_n}{n!}(2\mathrm{i}z)^n+\cdots\right)\right]$$

$$=B_0\frac{1}{z}+\left(\mathrm{i}+2\mathrm{i}\frac{B_1}{1!}\right)+\frac{B_2}{2!}(2\mathrm{i})^2 z+\frac{B_4}{4!}(2\mathrm{i})^4 z^3\cdots+\frac{B_n}{n!}(2\mathrm{i})^n z^{n-1}+\cdots$$

$$=\frac{1}{z}-\frac{1}{3}z-\frac{1}{45}z^3+\cdots$$

所以有 $\cot^2 z = \left(\dfrac{1}{z} - \dfrac{1}{3}z - \dfrac{1}{45}z^3 + \cdots\right)^2 = \dfrac{1}{z^2} - \dfrac{2}{3} + \dfrac{4}{45}z^2 + \cdots$

故 $\mathrm{Res}[\cot^2 z,\ 0] = 0$。

另外，由 $\xi\cot\xi = \mathrm{i}\xi + \dfrac{2\mathrm{i}\xi}{\mathrm{e}^{2\mathrm{i}\xi} - 1}$，令 $\xi = z - k\pi$，作同样的讨论，可以得到

$$\mathrm{Res}[\cot^2 z,\ k\pi] = 0$$

5.5 利用留数定理计算积分 $\displaystyle\oint_c \dfrac{z^{15}}{(z^2 + 1)^2 (z^4 + 2)^3}\mathrm{d}z$，$c$ 是 $|z| = 3$ 的圆周的正方向。

解： 被积函数 $f(z) = \dfrac{z^{15}}{(z^2 + 1)^2 (z^4 + 2)^3}$ 在 $|z| = 3$ 内的孤立奇点有 $\pm\mathrm{i}$ 与 $\sqrt[4]{-2} = \sqrt[4]{2}\,\mathrm{e}^{\mathrm{i}\frac{\pi + 2k\pi}{4}}(k = 0,\ 1,\ 2,\ 3)$，分别为二级极点与三级极点，其留数计算比较复杂。注意到 $f(z)$ 在 $|z| = 3$ 外部只有孤立奇点 ∞，而且

$$\mathrm{Res}[f(z),\ \infty] = -\mathrm{Res}\left[\dfrac{1}{z^2}f\left(\dfrac{1}{z}\right),\ 0\right] = -\mathrm{Res}\left[\dfrac{1/z^{15}}{(1/z^2 + 1)^2 (1/z^4 + 2)^3}\dfrac{1}{z^2},\ 0\right]$$

$$= -\mathrm{Res}\left[\dfrac{1}{(1 + z^2)^2 (1 + 2z^4)^3}\dfrac{1}{z},\ 0\right] = -1$$

所以由留数定理

$$\oint_{|z|=3} \dfrac{z^{15}}{(z^2 + 1)^2 (z^4 + 2)^3}\mathrm{d}z = -2\pi\mathrm{i}\,\mathrm{Res}\{f(z),\ \infty\} = 2\pi\mathrm{i}$$

5.6 设 $0 < r < 1$，证明：$\dfrac{1}{2\pi}\displaystyle\int_0^{2\pi}\left|\dfrac{r\mathrm{e}^{\mathrm{i}\theta}}{(1 - r\mathrm{e}^{\mathrm{i}\theta})^2}\right|\mathrm{d}\theta = \dfrac{r}{1 - r^2}$。

证明： $\dfrac{1}{2\pi}\displaystyle\int_0^{2\pi}\left|\dfrac{r\mathrm{e}^{\mathrm{i}\theta}}{(1 - r\mathrm{e}^{\mathrm{i}\theta})^2}\right|\mathrm{d}\theta = \dfrac{r}{2\pi}\displaystyle\int_0^{2\pi}\dfrac{1}{|(1 - r\mathrm{e}^{\mathrm{i}\theta})|^2}\mathrm{d}\theta$

$$= \dfrac{r}{2\pi}\int_0^{2\pi}\dfrac{1}{(1 - r\mathrm{e}^{\mathrm{i}\theta})\overline{(1 - r\mathrm{e}^{\mathrm{i}\theta})}}\mathrm{d}\theta$$

$$= \dfrac{r}{2\pi}\int_0^{2\pi}\dfrac{1}{(1 - r\mathrm{e}^{\mathrm{i}\theta})(1 - r\mathrm{e}^{-\mathrm{i}\theta})}\mathrm{d}\theta$$

$$\xlongequal{z = \mathrm{e}^{\mathrm{i}\theta}} \dfrac{r}{2\pi}\oint_{|z|=1}\dfrac{1}{(1 - rz)(1 - rz^{-1})}\dfrac{\mathrm{d}z}{\mathrm{i}z}$$

$$= \dfrac{r}{2\pi\mathrm{i}}\oint_{|z|=1}\dfrac{\mathrm{d}z}{(1 - rz)(z - r)}$$

$$= 2\pi\mathrm{i}\left\{\dfrac{r}{2\pi\mathrm{i}}\mathrm{Res}\left[\dfrac{1}{(1 - rz)(z - r)},\ r\right]\right\} = \dfrac{r}{1 - r^2}$$

5.7 计算积分 $\displaystyle\oint_{|z|=1}\dfrac{\bar{z}^k P_n(z)}{z - z_0}\mathrm{d}z$，其中 $|z_0| \neq 1$；整数 $k: 0 \leqslant k \leqslant n$；$P_n(z) = a_0 + a_1 z + \cdots + a_n z^n$。（提示：$1 = |z|^2 = z\bar{z}$；$|z_0| \neq 1 \Rightarrow |z_0| < 1$ 或 $|z_0| > 1$）

解： 因为积分路径为 $|z| = 1$，所以有 $|z|^2 = z\bar{z} = 1 \Rightarrow \bar{z} = \dfrac{1}{z}$，故

$$\oint_{|z|=1} \frac{z^k P_n(z)}{z - z_0} \mathrm{d}z = \oint_{|z|=1} \frac{P_n(z)}{z^k(z - z_0)} \mathrm{d}z$$

$z = 0$ 是 k 阶极点，z_0 是 1 阶极点。

$$\mathrm{Res}\left[\frac{P_n(z)}{z^k(z - z_0)}, \ z_0\right] = \lim_{z \to z_0}\left[(z - z_0)\frac{P_n(z)}{z^k(z - z_0)}\right] = \frac{P_n(z_0)}{(z_0)^k}$$

下面计算被积函数 $\dfrac{P_n(z)}{z^k(z - z_0)}$ 在 $z = 0$ 的留数，将函数在 $0 < |z| < \delta$ 内展开为 Laurent 级数。

$$\frac{P_n(z)}{z^k(z - z_0)} = -\frac{P_n(z)}{z_0 z^k(1 - z/z_0)} = -\frac{P_n(z)}{z_0 z^k}\sum_{m=0}^{\infty}\left(\frac{z}{z_0}\right)^m = -P_n(z)\sum_{m=0}^{\infty}\frac{1}{(z_0)^{m+1}}(z)^{m-k}$$

$$= -(a_0 + a_1 z + \cdots + a_n z^n)\sum_{m=0}^{\infty}\frac{1}{(z_0)^{m+1}}(z)^{m-k}$$

$$= -\left[a_0\sum_{m=0}^{\infty}\frac{1}{(z_0)^{m+1}}(z)^{m-k} + a_1\sum_{m=0}^{\infty}\frac{1}{(z_0)^{m+1}}(z)^{m-k+1} + \cdots + a_n\sum_{m=0}^{\infty}\frac{1}{(z_0)^{m+1}}(z)^{m-k+n}\right]$$

$$= \cdots - \left[a_0\frac{1}{(z_0)^k} + a_1\frac{1}{(z_0)^{k-1}} + \cdots + a_{k-1}\frac{1}{(z_0)^1}\right]\left(\frac{1}{z}\right) + \cdots$$

故

$$\mathrm{Res}\left[\frac{P_n(z)}{z^k(z - z_0)}, \ 0\right] = c_{-1} = -\left[a_0\frac{1}{(z_0)^k} + a_1\frac{1}{(z_0)^{k-1}} + \cdots + a_{k-1}\frac{1}{(z_0)^1}\right]$$

$$= -\frac{1}{(z_0)^k}\left[a_0 + a_1 z_0 + \cdots + a_{k-1}z_0^{k-1}\right] = -\frac{P_{k-1}(z_0)}{(z_0)^k}$$

所以，有

$$\oint_{|z|=1} \frac{z^k P_n(z)}{z - z_0}\mathrm{d}z = \oint_{|z|=1}\frac{P_n(z)}{z^k(z - z_0)}\mathrm{d}z = 2\pi\mathrm{i}\left\{\mathrm{Res}\left[\frac{P_n(z)}{z^k(z - z_0)}, z_0\right], + \mathrm{Res}\left[\frac{P_n(z)}{z^k(z - z_0)}, 0\right]\right\}$$

$$= \begin{cases} -\dfrac{P_{k-1}(z_0)}{(z_0)^k}, & |z_0| > 1 \\[3mm] \dfrac{P_n(z_0)}{(z_0)^k} - \dfrac{P_{k-1}(z_0)}{(z_0)^k}, & |z_0| < 1 \end{cases}$$

5.8 利用留数定理计算积分

（1）$\displaystyle\int_0^{2\pi}\frac{\mathrm{d}\theta}{1 + a\cos\theta}$，$\ |a| < 1$；　　　　（2）$\displaystyle\int_0^{2\pi}\frac{\mathrm{d}\theta}{1 + \cos^2\theta}$；

（3）$\displaystyle\int_0^{\pi/2}\frac{\mathrm{d}x}{a + \sin^2 x}$　$a > 0$；　　　　（4）$\displaystyle\int_0^{2\pi}\frac{\mathrm{d}\theta}{(a + b\cos^2\theta)^2}$，$a > 0$，$b > 0$；

（5）$\displaystyle\int_0^{\pi}\frac{\cos 2\theta}{1 - 2a\cos\theta + a^2}\mathrm{d}\theta$，$a > 0$；　　（6）$\displaystyle\int_0^{2\pi}\frac{1}{1 - 2b\cos\theta + b^2}\mathrm{d}\theta$，$\ |b| < 1$。

解：在题 5.8 中，令 $z = \mathrm{e}^{\mathrm{i}\theta}$，则有 $\cos\theta = \dfrac{\mathrm{e}^{\mathrm{i}\theta} + \mathrm{e}^{-\mathrm{i}\theta}}{2} = \dfrac{z^2 + 1}{2z}$，$\quad\sin\theta = \dfrac{\mathrm{e}^{\mathrm{i}\theta} - \mathrm{e}^{-\mathrm{i}\theta}}{2\mathrm{i}} = \dfrac{z^2 - 1}{2\mathrm{i}z}$，

$$\mathrm{d}\theta = \frac{\mathrm{d}z}{\mathrm{i}z}。$$

(1) $I = \int_0^{2\pi} \dfrac{\mathrm{d}\theta}{1 + a\cos\theta} = \oint_{|z|=1} \dfrac{1}{1 + a\dfrac{z^2+1}{2z}} \dfrac{\mathrm{d}z}{\mathrm{i}z} = \oint_{|z|=1} \dfrac{1}{z + \dfrac{a}{2}(z^2+1)} \dfrac{\mathrm{d}z}{\mathrm{i}}$

$$= -\mathrm{i}\oint_{|z|=1} \frac{\mathrm{d}z}{z + \dfrac{a}{2}(z^2+1)}$$

其中，$z = \pm\sqrt{\dfrac{1}{a^2}-1} - \dfrac{1}{a}$ 是被积函数的一阶极点，因 $|a| < 1$，所以 $z = \left|\sqrt{\dfrac{1}{a^2}-1} - \dfrac{1}{a}\right| < 1$ 位于单位圆内，则

$$I = -\mathrm{i}\oint_{|z|=1} \frac{\mathrm{d}z}{z + \dfrac{a}{2}(z^2+1)} = -\mathrm{i}\cdot\mathrm{i}2\pi\mathrm{Res}\left[f(z),\ \sqrt{\frac{1}{a^2}-1} - \frac{1}{a}\right]$$

$$= 2\pi\frac{1}{az+1}\bigg|_{z = \sqrt{\frac{1}{a^2}-1}-\frac{1}{a}} = \frac{2\pi}{\sqrt{1-a^2}}$$

(2) $I = \int_0^{2\pi} \dfrac{\mathrm{d}\theta}{1 + \cos^2\theta} = \oint_{|z|=1} \dfrac{1}{1 + \left(\dfrac{z^2+1}{2z}\right)^2}\cdot\dfrac{\mathrm{d}z}{\mathrm{i}z}$

$$= \frac{1}{\mathrm{i}}\oint_{|z|=1} \frac{4z}{4z^2 + (z^2+1)^2}\mathrm{d}z = \frac{1}{\mathrm{i}}\oint_{|z|=1} \frac{4z}{z^4 + 6z^2 + 1}\mathrm{d}z$$

$$= \frac{1}{\mathrm{i}}\oint_{|z|=1} \frac{4z}{(z^2+3)^2 - 8}\mathrm{d}z = \frac{1}{\mathrm{i}}\oint_{|z|=1} \frac{4z}{(z^2+3-\sqrt{8})(z^2+3+\sqrt{8})}\mathrm{d}z$$

$$= \frac{1}{\mathrm{i}}\oint_{|z|=1}\left[\frac{1}{(z^2+3-\sqrt{8})} - \frac{1}{(z^2+3+\sqrt{8})}\right]\frac{\sqrt{2}z}{2}\mathrm{d}z$$

$$= \frac{\sqrt{2}}{2\mathrm{i}}\oint_{|z|=1} \frac{z}{(z^2+3-\sqrt{8})}\mathrm{d}z$$

$$= \frac{\sqrt{2}}{2\mathrm{i}}\cdot 2\pi\mathrm{i}\left\{\mathrm{Res}\left[\frac{z}{(z^2+3-\sqrt{8})},\ (3-\sqrt{8})^{1/2}\mathrm{i} + \right.\right.$$

$$\left.\left.\mathrm{Res}\left[\frac{z}{(z^2+3-\sqrt{8})},\ -(3-\sqrt{8})^{1/2}\mathrm{i}\right]\right\}$$

$$= \frac{\sqrt{2}}{2}\cdot 2\pi\left(\frac{1}{2} + \frac{1}{2}\right) = \sqrt{2}\pi$$

(3) $I = \int_0^{\pi/2} \dfrac{\mathrm{d}x}{a + \sin^2 x} = \int_0^{\pi/2} \dfrac{\mathrm{d}x}{a + \dfrac{1-\cos 2x}{2}} \xeq{2x=t} \int_0^{\pi} \dfrac{\mathrm{d}t/2}{2a + 1 - \cos t}$

$$= \frac{1}{4} \int_{-\pi}^{\pi} \frac{\mathrm{d}t}{2a+1-\cos t} = \frac{1}{4} \oint_{|z|=1} \frac{1}{2a+1-\frac{z^2+1}{2z}} \frac{\mathrm{d}z}{\mathrm{i}z}$$

$$= -\frac{1}{\mathrm{i}} \oint_{|z|=1} \frac{1}{z^2-2(2a+1)z+1} \mathrm{d}z$$

由 $z^2-2(2a+1)z+1=0$，得到 $z_{1,2}=(2a+1)\pm2\sqrt{a(a+1)}$，其中 $z_1=(2a+1)-2\sqrt{a(a+1)}$ 在圆内。

$$\mathrm{Res}\left[\frac{1}{z^2-2(2a+1)z+1}, (2a+1)-2\sqrt{a(a+1)}\right] = \left.\frac{1}{2z-2(2a+1)}\right|_{z=(2a+1)-2\sqrt{a(a+1)}}$$

$$= -\frac{1}{4\sqrt{a(a+1)}}$$

故

$$I = -\frac{1}{\mathrm{i}} \oint_{|z|=1} \frac{\mathrm{d}z}{z^2-2(2a+1)z+1}$$

$$= -\frac{1}{\mathrm{i}} \cdot 2\pi\mathrm{i}\,\mathrm{Res}\left[\frac{1}{z^2-2(2a+1)z+1}, (2a+1)-2\sqrt{a(a+1)}\right]$$

$$= -2\pi\left(-\frac{1}{4\sqrt{a(a+1)}}\right) = \frac{\pi}{2\sqrt{a(a+1)}}$$

（4）$I = \int_0^{2\pi} \frac{\mathrm{d}\theta}{(a+b\cos\theta)^2} = \oint_{|z|=1} \frac{1}{\left(a+b\frac{z+z^{-1}}{2}\right)^2} \frac{\mathrm{d}z}{\mathrm{i}z} = \oint_{|z|=1} \frac{-4\mathrm{i}z}{(bz^2+2az+b)^2}\mathrm{d}z$

由 $bz^2+2az+b=0$，得 $z_{1,2}=\frac{-a\pm\sqrt{a^2-b^2}}{b}$，其中 $z_1=\frac{-a+\sqrt{a^2-b^2}}{b}$ 在圆内。

$$I = \int_0^{2\pi} \frac{\mathrm{d}\theta}{(a+b\cos\theta)^2} = 2\pi\mathrm{i}\,\mathrm{Res}\left[\frac{-4\mathrm{i}z}{(bz^2+2az+b)^2}, z_1\right]$$

$$= 2\pi\mathrm{i}(-4\mathrm{i})\lim_{z\to z_1}\left[\frac{z}{b^2(z-z_2)^2}\right]' = \frac{8\pi}{b^2}\left.\left[\frac{-(z+z_2)}{(z-z_2)^3}\right]\right|_{z=z_1}$$

$$= \frac{8\pi}{b^2}\frac{2a/b}{(2\sqrt{a^2-b^2}/b)^3} = \frac{2\pi a}{(\sqrt{a^2-b^2})^3}$$

（5）$I = \int_0^{\pi} \frac{\cos2\theta}{1-2a\cos\theta+a^2}\mathrm{d}\theta = \frac{1}{2}\oint_{|z|=1} \frac{\frac{z^4+1}{2z^2}}{1-2a\left(\frac{z^2+1}{2z}\right)+a^2} \frac{\mathrm{d}z}{\mathrm{i}z}$

$$= -\frac{1}{4\mathrm{i}}\oint_{|z|=1} \frac{z^4+1}{z^2(z-a)(az-1)}\mathrm{d}z$$

因为 $0<a<1$，所以极点 $z=a$，$z=0$ 在单位圆内部。故

$$I = -\frac{1}{4\mathrm{i}} 2\pi\mathrm{i}\{\mathrm{Res}[f(z),\ a] + \mathrm{Res}[f(z),\ 0]\}$$

$$= -\frac{\pi}{2}\left\{\lim_{z\to a}\frac{z^4+1}{z^2(az-1)} + \lim_{z\to 0}\left[\frac{z^4+1}{(z-a)(az-1)}\right]'\right\} = \frac{\pi a^2}{1-a^2}$$

也可以利用例 5.11(1) 的方法，计算可以简化。

$$I = \int_0^\pi \frac{\cos 2\theta}{1-2a\cos\theta+a^2}\mathrm{d}\theta = \frac{1}{2}\int_{-\pi}^\pi \frac{\cos 2\theta}{1-2a\cos\theta+a^2}\mathrm{d}\theta$$

$$= \frac{1}{2}\int_{-\pi}^\pi \frac{\cos 2\theta}{1-2a\cos\theta+a^2}\mathrm{d}\theta + \mathrm{i}\frac{1}{2}\int_{-\pi}^\pi \frac{\sin 2\theta}{1-2a\cos\theta+a^2}\mathrm{d}\theta$$

$$= \frac{1}{2}\int_{-\pi}^\pi \frac{\cos 2\theta + i\sin 2\theta}{1-2a\cos\theta+a^2}\mathrm{d}\theta = \frac{1}{2}\oint_{|z|=1}\frac{z^2}{1-2a\frac{z^2+1}{2z}+a^2}\frac{\mathrm{d}z}{\mathrm{i}z}$$

$$= \frac{1}{2}\oint_{|z|=1}\frac{z^2}{(z-a)(1-az)}\mathrm{d}z = 2\pi\mathrm{i}\frac{1}{2\mathrm{i}}\mathrm{Res}\left[\frac{z^2}{(z-a)(1-az)},\ a\right] = \pi\left.\frac{z^2}{1-az}\right|_{z=a}$$

$$= \frac{\pi a^2}{1-a^2}$$

(6) $I = \displaystyle\int_0^{2\pi}\frac{1}{1-2b\cos\theta+b^2}\mathrm{d}\theta = \oint_{|z|=1}\frac{1}{(b-z)\left(b-\dfrac{1}{z}\right)}\frac{\mathrm{d}z}{\mathrm{i}z} = \oint_{|z|=1}\frac{1}{(b-z)(zb-1)}\frac{\mathrm{d}z}{\mathrm{i}}$

因 $z=b$，$z=1/b$ 是函数的一阶极点，又 $|b|<1$，所以 $z=b$ 在单位圆内部。

$$I = \int_0^{2\pi}\frac{1}{1-2b\cos\theta+b^2}\mathrm{d}\theta = -\mathrm{i}\oint_{|z|=1}\frac{\mathrm{d}z}{(b-z)(zb-1)}$$

$$= -\mathrm{i}\cdot 2\pi\mathrm{i}\mathrm{Res}[f(z),\ b] = -\mathrm{i}\cdot 2\pi\mathrm{i}(z-b)\left.\frac{1}{(b-z)(zb-1)}\right|_{z=b}$$

$$= \frac{2\pi}{1-b^2}$$

5.9 利用留数定理计算积分。

(1) $\displaystyle\int_{-\infty}^{+\infty}\frac{\mathrm{d}x}{(1+x^2)^2}$;　　(2) $\displaystyle\int_0^{+\infty}\frac{x^2\mathrm{d}x}{1+x^4}$;　　(3) $\displaystyle\int_{-\infty}^{+\infty}\frac{x^2\mathrm{d}x}{(x^2+a^2)(x^2+b^2)}(a>0,\ b>0)$;

(4) $\displaystyle\int_0^{+\infty}\frac{\mathrm{d}x}{(1+x^2)^{n+1}}(n=0,\ 1,\ 2,\ \cdots)$。

解： (1) 辅助函数 $f(z)=\dfrac{1}{(1+z^2)^2}$，$z=\pm\mathrm{i}$ 是函数的二阶极点，其中 $z=\mathrm{i}$ 位于上半平面。函数的积分

$$\int_{-\infty}^{+\infty}\frac{\mathrm{d}x}{(1+x^2)^2} = 2\pi\mathrm{i}\mathrm{Res}[f(z),\ \mathrm{i}] = 2\pi\mathrm{i}\left(\frac{1}{(z+\mathrm{i})^2}\right)'\bigg|_{z=\mathrm{i}} = \frac{\pi}{2}$$

(2) 辅助函数 $f(z)=\dfrac{z^2}{1+z^4}$，$z=\mathrm{e}^{\mathrm{i}\frac{\pi}{4}}$，$\mathrm{e}^{\mathrm{i}\frac{3\pi}{4}}$，$\mathrm{e}^{\mathrm{i}-\frac{\pi}{4}}$，$\mathrm{e}^{\mathrm{i}-\frac{3\pi}{4}}$ 是辅助函数的一阶极点，其中，

$z = e^{i\frac{\pi}{4}}$，$e^{i\frac{3\pi}{4}}$ 在上半平面。故

$$\int_0^{+\infty} \frac{x^2 \mathrm{d}x}{1+x^4} = \frac{1}{2}\int_{-\infty}^{+\infty} \frac{x^2 \mathrm{d}x}{1+x^4} = \pi i \mathrm{Res}[f(z),\ e^{i\frac{\pi}{4}}] + \pi i \mathrm{Res}[f(z),\ e^{i\frac{3\pi}{4}}]$$

$$= i\pi \left.\frac{z^2}{4z^3}\right|_{z=e^{i\frac{\pi}{4}}} + \pi i \left.\frac{z^2}{4z^3}\right|_{z=e^{i\frac{3\pi}{4}}} = \frac{\sqrt{2}}{4}\pi$$

（3）辅助函数 $f(z) = \dfrac{z^2}{(z^2+a^2)(z^2+b^2)}$，$z = \pm ai$，$\pm bi$ 是函数的一阶极点。

$$\int_{-\infty}^{+\infty} \frac{x^2}{(x^2+a^2)(x^2+b^2)}\mathrm{d}x = 2\pi i \mathrm{Res}[f(z),\ ai] + 2\pi i \mathrm{Res}[f(z),\ bi]$$

$$= 2\pi i \lim_{z\to ai}\frac{z^2}{(z+ai)(z^2+b^2)} + 2\pi i \lim_{z\to bi}\frac{z^2}{(z+bi)(z^2+a^2)}$$

$$= 2\pi i\left[\frac{-a^2}{i2a(b^2-a^2)} + \frac{-b^2}{i2b(a^2-b^2)}\right] = \frac{\pi}{b+a}$$

（4）辅助函数 $f(z) = \dfrac{1}{(1+z^2)^{n+1}}$，$z = \pm i$ 是函数的 $n+1$ 阶极点，故

$$I = \int_0^{+\infty}\frac{\mathrm{d}x}{(1+x^2)^{n+1}} = \frac{1}{2}\int_{-\infty}^{+\infty}\frac{\mathrm{d}x}{(1+x^2)^{n+1}}$$

$$= \frac{1}{2}2\pi i \mathrm{Res}[f(z),\ z=i] = \pi i \frac{1}{n!}\lim_{z\to i}\frac{\mathrm{d}^n}{\mathrm{d}z^n}\left[(z-i)^{n+1}\frac{1}{(z-i)^{n+1}(z+i)^{n+1}}\right]$$

$$= \pi i \frac{1}{n!}\left.\frac{\mathrm{d}^n}{\mathrm{d}z^n}\left(\frac{1}{z+i}\right)^{n+1}\right|_{z=i} = \pi i \frac{(-1)^n}{n!}\frac{(n+1)(n+2)\cdots 2n}{(2i)^{2n+1}}$$

$$= \frac{(n+1)(n+2)\cdots 2n}{n!\ 2^{2n+1}}\pi = \frac{\pi}{2}\cdot\frac{(2n-1)!!}{(2n)!!}$$

5.10 计算积分 $I = \displaystyle\int_0^{+\infty}\frac{x^m}{(x^n+a)}\mathrm{d}x$，这里 $a>0$，n 为偶整数，$n\geq 2$；m 为非负偶整数，$m\leq n-2$。

解：取围道 C 由实轴上的自 $x=0$ 到 $x=R$ 的线段，与沿圆 $|z|=R$ 到射线 $\theta = \arg z = \dfrac{2\pi}{n}$ 的圆弧，以及沿这射线到原点的线段所组成（图 5-6），因此对充分大的 R，围道 C 正好包含 $z^n + a$ 的一个零点，这里 n 是正整数，就是 $z_1 = a^{1/n}\exp(\pi i/n)$，所以我们有

$$\oint_C \frac{z^m}{(z^n+a)}\mathrm{d}z = 2\pi i \mathrm{Res}\left[\frac{z^m}{(z^n+a)},\ z_1\right] = 2\pi i \frac{z_1^m}{nz_1^{n-1}} = \frac{2\pi i}{na^{(n-m-1)/n}\exp[(n-m-1)\pi i/n]}$$

围道 C 的积分写为 3 个积分之和，其中沿射线 $z = r\exp(2\pi i/n)$ 的积分为

$$\int_R^0 \frac{r^m\exp[(m+1)2\pi i/n]}{(r^n+a)}\mathrm{d}r = -\int_0^R \frac{x^m\exp[(m+1)2\pi i/n]}{(x^n+a)}\mathrm{d}x$$

联合沿实轴 $x=0$ 到 $x=R$ 的积分，以及 $\displaystyle\int_{C_R}\frac{z^m}{(z^n+a)}\mathrm{d}z$，并令 $R\to\infty$，对 $0<m+1<n$，有

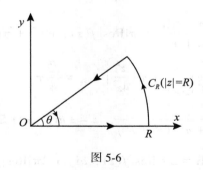

图 5-6

$$\int_0^{+\infty} \frac{x^m}{(x^n + a)} \mathrm{d}x = \frac{2\pi\mathrm{i}}{\{1 - \exp[(m+1)2\pi\mathrm{i}/n]\} na^{(n-m-1)/n}\exp[(n-m-1)\pi\mathrm{i}/n]}$$

$$= \frac{\pi}{na^{(n-m-1)/n}\sin[(m+1)\pi/n]}$$

5.11 计算积分 $I = \displaystyle\int_0^{+\infty} \frac{x^{2p} - x^{2q}}{1 - x^{2r}}\mathrm{d}x$，$p$、$q$、$r$ 为非负整数，且 $p < r$，$q < r$。

解：设 $F(z) = \dfrac{z^{2p} - z^{2q}}{1 - z^{2r}}$，则分母的阶次 $2r$ 比分子的阶次数 $2p$、$2q$ 至少高 2 阶，$F(z)$ 的所有极点为 $z = \sqrt[2r]{1} = \mathrm{e}^{\frac{2k\pi\mathrm{i}}{2r}} = \mathrm{e}^{\frac{k\pi\mathrm{i}}{r}}(k = 1, 2, \cdots, 2r-1)$。

注意：$z = 1$ 非 $F(z)$ 的极点，因分子与分母有公因子 $1 - z^2$；若 p、q、r 不互质，则所述的某些点也不是 $F(z)$ 的极点。

位于上半平面的极点是 $z = \mathrm{e}^{\frac{k\pi\mathrm{i}}{r}}(k = 1, 2, \cdots, r-1)$，全是单阶极点，因此留数为

$$\mathrm{Res}\left[F(z), \mathrm{e}^{\frac{k\pi\mathrm{i}}{r}}\right] = \frac{(\mathrm{e}^{\frac{k\pi\mathrm{i}}{r}})^{2p} - (\mathrm{e}^{\frac{k\pi\mathrm{i}}{r}})^{2q}}{-2r(\mathrm{e}^{\frac{k\pi\mathrm{i}}{r}})^{(2r-1)}} = \frac{1}{2r}\left[(\mathrm{e}^{\frac{k\pi\mathrm{i}}{r}})^{(2q+1)} - (\mathrm{e}^{\frac{k\pi\mathrm{i}}{r}})^{(2p+1)}\right]$$

故 $\quad I = \displaystyle\int_0^{+\infty} \frac{x^{2p} - x^{2q}}{1 - x^{2r}}\mathrm{d}x = \frac{1}{2}\int_{-\infty}^{+\infty} \frac{x^{2p} - x^{2q}}{1 - x^{2r}}\mathrm{d}x$

$$= \frac{\pi\mathrm{i}}{2r}\sum_{k=1}^{r-1}\left[(\mathrm{e}^{\frac{k\pi\mathrm{i}}{r}})^{(2q+1)} - (\mathrm{e}^{\frac{k\pi\mathrm{i}}{r}})^{(2p+1)}\right] = \frac{\pi\mathrm{i}}{2r}\sum_{k=1}^{r-1}\left[\mathrm{e}^{(2q+1)\frac{k\pi\mathrm{i}}{r}} - \mathrm{e}^{(2p+1)\frac{k\pi\mathrm{i}}{r}}\right]$$

$$= \frac{\pi\mathrm{i}}{2r}\left\{\frac{\mathrm{e}^{(2q+1)\frac{\pi\mathrm{i}}{r}}\left[1 - \mathrm{e}^{(2q+1)\frac{\pi\mathrm{i}}{r}(r-1)}\right]}{1 - \mathrm{e}^{(2q+1)\frac{\pi\mathrm{i}}{r}}} - \frac{\mathrm{e}^{(2p+1)\frac{\pi\mathrm{i}}{r}}\left[1 - \mathrm{e}^{(2p+1)\frac{\pi\mathrm{i}}{r}(r-1)}\right]}{1 - \mathrm{e}^{(2p+1)\frac{\pi\mathrm{i}}{r}}}\right\}$$

$$= \frac{\pi\mathrm{i}}{2r}\left[\frac{\mathrm{e}^{(2q+1)\frac{\pi\mathrm{i}}{r}} - \mathrm{e}^{(2q+1)\pi\mathrm{i}}}{1 - \mathrm{e}^{(2q+1)\frac{\pi\mathrm{i}}{r}}} - \frac{\mathrm{e}^{(2p+1)\frac{\pi\mathrm{i}}{r}} - \mathrm{e}^{(2p+1)\pi\mathrm{i}}}{1 - \mathrm{e}^{(2p+1)\frac{\pi\mathrm{i}}{r}}}\right]$$

$$= \frac{\pi}{2r}\left[\mathrm{i}\frac{1 + \mathrm{e}^{(2q+1)\frac{\pi\mathrm{i}}{r}}}{1 - \mathrm{e}^{(2q+1)\frac{\pi\mathrm{i}}{r}}} - \mathrm{i}\frac{1 + \mathrm{e}^{(2p+1)\frac{\pi\mathrm{i}}{r}}}{1 - \mathrm{e}^{(2p+1)\frac{\pi\mathrm{i}}{r}}}\right]$$

$$= \frac{\pi}{2r}\left[\cot(2p+1)\frac{\pi}{2r} - \cot(2q+1)\frac{\pi}{2r}\right]$$

若 $r = 2n$，$q = p + n(p < n)$，则上式积分变为

$$I = \int_0^{+\infty} \frac{x^{2p} - x^{2q}}{1 - x^{2r}}dx = \int_0^{+\infty} \frac{(x^p - x^q)(x^p + x^q)}{(1 - x^r)(1 + x^r)}dx$$

$$= \int_0^{+\infty} \frac{(x^p - x^{p+n})(x^p + x^{p+n})}{(1 - x^{2n})(1 + x^{2n})}dx = \int_0^{+\infty} \frac{x^p(1 - x^n) \cdot x^p(1 + x^n)}{(1 - x^{2n})(1 + x^{2n})}dx = \int_0^{+\infty} \frac{x^{2p}}{(1 + x^{2n})}dx$$

并且

$$\frac{\pi}{2r}\left[\cot(2p+1)\frac{\pi}{2r} - \cot(2q+1)\frac{\pi}{2r}\right] = \frac{\pi}{4n}\left[\cot(2p+1)\frac{\pi}{4n} - \cot(2p+2n+1)\frac{\pi}{4n}\right]$$

$$= \frac{\pi}{4n}\left[\cot(2p+1)\frac{\pi}{4n} + \tan(2p+1)\frac{\pi}{4n}\right] = \frac{\pi}{4n}\left\{\frac{1}{\sin\left[(2p+1)\frac{\pi}{4n}\right]\cos\left[(2p+1)\frac{\pi}{4n}\right]}\right\}$$

$$= \frac{\pi}{2n}\frac{1}{\sin\left[\left(\frac{2p+1}{2n}\right)\pi\right]} \quad (p < n)$$

所以有
$$\int_0^{+\infty} \frac{x^{2p}}{(1 + x^{2n})}dx = \frac{\pi}{2n}\frac{1}{\sin\left[\left(\frac{2p+1}{2n}\right)\pi\right]} \quad (p < n)$$

5.12 利用留数定理计算积分。

（1）$\int_{-\infty}^{+\infty} \frac{x\sin x}{x^2 + 4x + 20}dx$；

（2）$\int_{-\infty}^{+\infty} \frac{x\sin\mu x}{a^4 + x^4}dx \ (a > 0, \ \mu > 0)$；

（3）$\int_{-\infty}^{+\infty} \frac{x\sin\mu x}{a^2 + x^2}dx \ (a > 0, \ \mu > 0)$；

（4）$\int_0^{+\infty} \frac{x\sin\mu x}{(x^2 + a^2)^2}dx \ (a > 0, \ \mu > 0)$；

（5）$\int_{-\infty}^{+\infty} \frac{\cos\mu x}{a^2 + x^2}dx \ (a > 0, \ \mu > 0)$；

（6）$\int_0^{+\infty} \frac{\cos\mu x}{(x^2 + a^2)^2}dx \ (a > 0, \ \mu > 0)$。

解：（1）辅助函数 $f(z) = \frac{z}{z^2 + 4z + 20}$，其中 $z = \pm 4i - 2$ 为函数的一阶极点，其中，$z = 4i - 2$ 在上半平面，则函数积分

$$\int_{-\infty}^{+\infty} \frac{x\sin x}{x^2 + 4x + 20}dx = \text{Im}\int_{-\infty}^{+\infty} \frac{xe^{ix}}{x^2 + 4x + 20}dx$$

$$= \text{Im}2\pi i\text{Res}\left[f(z)e^{iz}, \ 4i - 2\right] = \text{Im}2\pi i\left.\frac{ze^{iz}}{z - (-4i - 2)}\right|_{z = 4i-2}$$

$$= \frac{\pi}{2}e^{-4}(2\cos 2 + \sin 2)$$

（2）辅助函数 $f(z) = \frac{z}{a^4 + z^4}$，$z = ae^{i\frac{\pi}{4}}$，$ae^{i\frac{3\pi}{4}}$，$ae^{i\frac{-\pi}{4}}$，$ae^{i\frac{-3\pi}{4}}$ 是函数的一阶极点，其中 $z = ae^{i\frac{\pi}{4}}$，$ae^{i\frac{3\pi}{4}}$ 是上半平面极点，则函数积分

$$\int_{-\infty}^{+\infty} \frac{x e^{i\mu x}}{a^4 + x^4} dx = 2\pi i \left\{ \mathrm{Res}\left[f(z) e^{i\mu z}, \ a e^{i\frac{\pi}{4}} \right] + \mathrm{Res}\left[f(z) e^{i\mu z}, \ a e^{i\frac{3\pi}{4}} \right] \right\}$$

$$= 2\pi i \left(\frac{e^{i\mu z}}{4z^2} \bigg|_{z = a e^{i\frac{\pi}{4}}} + \frac{e^{i\mu z}}{4z^2} \bigg|_{z = a e^{i\frac{3\pi}{4}}} \right) = 2\pi i \left[\frac{e^{i\mu a e^{i\frac{\pi}{4}}}}{4 \left(a e^{i\frac{\pi}{4}} \right)^2} + \frac{e^{i\mu a e^{i\frac{3\pi}{4}}}}{4 \left(a e^{i\frac{3\pi}{4}} \right)^2} \right]$$

$$= 2\pi i \left(\frac{e^{\frac{\sqrt{2}}{2}\mu a - \frac{\sqrt{2}}{2}\mu a}}{4a^2 i} - \frac{e^{-\frac{\sqrt{2}}{2}\mu a - \frac{\sqrt{2}}{2}\mu a}}{4a^2 i} \right) = i \frac{\pi}{a^2} e^{-\frac{\sqrt{2}}{2}\mu a} \sin \frac{\sqrt{2}}{2} \mu a$$

故 $\displaystyle\int_{-\infty}^{+\infty} \frac{x \sin\mu x}{a^4 + x^4} dx = \mathrm{Im} \int_{-\infty}^{+\infty} \frac{x e^{i\mu x}}{a^4 + x^4} dx = \frac{\pi}{a^2} e^{-\frac{\sqrt{2}}{2}\mu a} \sin \frac{\sqrt{2}}{2} \mu a_{\circ}$

（3）辅助函数 $f(z) = \dfrac{z}{a^2 + z^2}$，$z = \pm a i$ 是函数的一阶极点，其中 $z = a i$ 是上半平面极点，则函数积分

$$\int_{-\infty}^{+\infty} \frac{x \sin\mu x}{a^2 + x^2} dx = \mathrm{Im} \int_{-\infty}^{+\infty} \frac{x e^{i\mu x}}{a^2 + x^2} dx = \mathrm{Im} 2\pi i \mathrm{Res}\left[f(z) e^{i\mu z}, \ a i \right] = \pi e^{-a\mu}$$

（4）辅助函数 $f(z) = \dfrac{z}{(a^2 + z^2)^2}$，$z = \pm a i$ 是函数的二阶极点，$z = a i$ 是上半平面极点，则函数积分

$$\int_{0}^{+\infty} \frac{x \sin\mu x}{(a^2 + x^2)^2} dx = \frac{1}{2} \int_{-\infty}^{+\infty} \frac{x \sin\mu x}{(a^2 + x^2)^2} dx = \frac{1}{2} \mathrm{Im} \int_{-\infty}^{+\infty} \frac{x e^{i\mu x}}{(a^2 + x^2)^2} dx$$

$$= \frac{1}{2} \mathrm{Im} 2\pi i \mathrm{Res}\left[f(z) e^{i\mu z}, \ a i \right] = \frac{1}{2} \mathrm{Im} 2\pi i \left[\frac{z e^{i\mu z}}{(a i + z)^2} \right]' \bigg|_{z = a i} = \frac{\mu \pi e^{-a\mu}}{4a}$$

（5）辅助函数 $f(z) = \dfrac{1}{a^2 + z^2}$，$z = \pm a i$ 是函数的一阶极点，$z = a i$ 是上半平面极点，则函数积分

$$\int_{-\infty}^{+\infty} \frac{\cos\mu x}{a^2 + x^2} dx = \mathrm{Re} \int_{-\infty}^{+\infty} \frac{e^{i\mu x}}{a^2 + x^2} dx = \mathrm{Re} \left\{ 2\pi i \mathrm{Res}\left[f(z) e^{i\mu z}, \ a i \right] \right\} = \mathrm{Re} \left[2\pi i \frac{e^{-a\mu}}{2a i} \right] = \frac{\pi}{a} e^{-a\mu}$$

（6）辅助函数 $f(z) = \dfrac{1}{(a^2 + z^2)^2}$，$z = \pm a i$ 是函数的二阶极点，$z = a i$ 是上半平面极点，则函数积分

$$\int_{0}^{+\infty} \frac{\cos\mu x}{(a^2 + x^2)^2} dx = \frac{1}{2} \mathrm{Re} \int_{-\infty}^{+\infty} \frac{e^{i\mu x}}{(a^2 + x^2)^2} dx = \frac{1}{2} \mathrm{Re} 2\pi i \mathrm{Res}\left[f(z) e^{i\mu z}, \ a i \right]$$

$$= \frac{1}{2} \mathrm{Re} 2\pi i \left[\frac{e^{i\mu z}}{(a i + z)^2} \right]' \bigg|_{z = a i} = \frac{\pi}{4a^3} (1 + \mu a) e^{-a\mu}$$

5.13 计算积分 $I = \displaystyle\oint_C e^{-\frac{1}{z}} dz$ 的值，其中 C：$|z| = 1$，并证明：

$$\int_{0}^{2\pi} e^{-\cos\theta} \cos(\theta + \sin\theta) d\theta = -2\pi, \quad \int_{0}^{2\pi} e^{-\cos\theta} \sin(\theta + \sin\theta) d\theta = 0$$

证明： 因为 $z = 0$ 是被积函数的本性奇点，所以

$$I = \oint_c e^{-\frac{1}{z}} dz = \oint_c \sum_{n=0}^{\infty} \frac{1}{n!} \left(-\frac{1}{z} \right)^n dz = -2\pi i$$

令 $z = e^{i\theta} = \cos\theta + i\sin\theta$ 代入上式,有

$$I = \oint_c e^{-\frac{1}{z}} dz = \int_0^{2\pi} e^{-\frac{1}{\cos\theta + i\sin\theta}} i e^{i\theta} d\theta = i \int_0^{2\pi} e^{-\cos\theta + i\sin\theta} e^{i\theta} d\theta = i \int_0^{2\pi} e^{-\cos\theta} e^{i(\theta + \sin\theta)} d\theta$$

$$= i \int_0^{2\pi} e^{-\cos\theta} \cos(\theta + \sin\theta) d\theta - \int_0^{2\pi} e^{-\cos\theta} \sin(\theta + \sin\theta) d\theta = -2\pi i$$

比较得到 $\int_0^{2\pi} e^{-\cos\theta} \cos(\theta + \sin\theta) d\theta = -2\pi$, $\int_0^{2\pi} e^{-\cos\theta} \sin(\theta + \sin\theta) d\theta = 0$

5.14 证明:
$$\int_0^{2\pi} \frac{e^{2\cos\varphi} \cos(2\sin\varphi)}{5 - 4\cos(\theta - \varphi)} d\varphi = \frac{2\pi}{3} e^{\cos\theta} \cos(\sin\theta)$$

$$\int_0^{2\pi} \frac{e^{2\cos\varphi} \sin(2\sin\varphi)}{5 - 4\cos(\theta - \varphi)} d\varphi = \frac{2\pi}{3} e^{\cos\theta} \sin(\sin\theta)$$

证明: 设
$$I_1 = \int_0^{2\pi} \frac{e^{2\cos\varphi} \cos(2\sin\varphi)}{5 - 4\cos(\theta - \varphi)} d\varphi = \frac{2\pi}{3} e^{\cos\theta} \cos(\sin\theta)$$

$$I_2 = \int_0^{2\pi} \frac{e^{2\cos\varphi} \sin(2\sin\varphi)}{5 - 4\cos(\theta - \varphi)} d\varphi = \frac{2\pi}{3} e^{\cos\theta} \sin(\sin\theta)$$

则 $I = I_1 + iI_2 = \int_0^{2\pi} \frac{e^{2\cos\varphi} \cos(2\sin\varphi)}{5 - 4\cos(\theta - \varphi)} d\varphi + i \int_0^{2\pi} \frac{e^{2\cos\varphi} \sin(2\sin\varphi)}{5 - 4\cos(\theta - \varphi)} d\varphi$

$$= \int_0^{2\pi} \frac{e^{2\cos\varphi} [\cos(2\sin\varphi) + i\cos(2\sin\varphi)]}{5 - 4\cos(\theta - \varphi)} d\varphi = \int_0^{2\pi} \frac{e^{2(\cos\varphi + i\sin\varphi)}}{5 - 4\cos(\theta - \varphi)} d\varphi$$

令 $z = e^{i\varphi}$,有 $\cos\varphi = \dfrac{e^{i\varphi} + e^{-i\varphi}}{2} = \dfrac{z^2 + 1}{2z}$, $\sin\varphi = \dfrac{e^{i\varphi} - e^{-i\varphi}}{2i} = \dfrac{z^2 - 1}{2iz}$, $d\varphi = \dfrac{dz}{iz}$。

因为 $5 - 4\cos(\theta - \varphi) = 5 - 2[e^{i(\theta - \varphi)} + e^{-i(\theta - \varphi)}] = [1 - 2e^{i(\theta - \varphi)}][1 - 2e^{-i(\theta - \varphi)}]$

$$= \left(1 - \frac{2e^{i\theta}}{z} \right)(1 - 2e^{-i\theta}z) = \frac{z - 2e^{i\theta}}{z}(1 - 2e^{-i\theta}z)$$

所以 $I = \displaystyle\int_0^{2\pi} \frac{e^{2(\cos\varphi + i\sin\varphi)}}{5 - 4\cos(\theta - \varphi)} d\varphi = \oint_{|z|=1} \frac{e^{2z}}{\dfrac{z - 2e^{i\theta}}{z}(1 - 2e^{-i\theta}z)} \frac{dz}{iz}$

$$= \frac{i}{2e^{-i\theta}} \oint_{|z|=1} \frac{e^{2z}}{(z - 2e^{i\theta}) \left(z - \dfrac{1}{2e^{-i\theta}} \right)} dz$$

被积函数的两个极点 $z_1 = 2e^{i\theta}$ 在单位圆外, $z_2 = \dfrac{1}{2} e^{i\theta}$ 在单位圆内。故

$$I = \int_0^{2\pi} \frac{e^{2(\cos\varphi + i\sin\varphi)}}{5 - 4\cos(\theta - \varphi)} d\varphi = \frac{i}{2e^{-i\theta}} \oint_{|z|=1} \frac{e^{2z}}{(z - 2e^{i\theta}) \left(z - \dfrac{1}{2e^{-i\theta}} \right)} dz$$

$$= \frac{i}{2e^{-i\theta}} \cdot 2\pi i \operatorname{Res} \left[\frac{e^{2z}}{(z - 2e^{i\theta}) \left(z - \dfrac{1}{2e^{-i\theta}} \right)}, \frac{1}{2} e^{i\theta} \right]$$

$$= -\pi e^{i\theta} \frac{e^{2z}}{z - 2e^{i\theta}} \Bigg|_{z = \frac{1}{2}e^{i\theta}} = -\pi e^{i\theta} \frac{e^{\cos\theta + i\sin\theta}}{\frac{1}{2}e^{i\theta} - 2e^{i\theta}} = \frac{2}{3}\pi e^{\cos\theta + i\sin\theta}$$

$$= \frac{2}{3}\pi e^{\cos\theta}\cos(\sin\theta) + i\frac{2}{3}\pi e^{\cos\theta}\sin(\sin\theta)$$

比较即得所要证明结果。

5.15 证明：$\displaystyle\int_0^{2\pi}\cos^{2n}\theta d\theta = \frac{1\cdot 3\cdot 5\cdots(2n-1)}{2\cdot 4\cdot 6\cdots(2n)}2\pi$，其中 $n = 1,~2,~3,~\cdots$。

证明： 令 $z = e^{i\theta} = \cos\theta + i\sin\theta$，则 $\cos\theta = \dfrac{e^{i\theta} + e^{-i\theta}}{2} = \dfrac{1}{2}\left(z + \dfrac{1}{z}\right)$，$dz = izd\theta$，有

$$I = \int_0^{2\pi}\cos^{2n}\theta d\theta = \oint_{|z|=1}\left[\frac{1}{2}\left(z + \frac{1}{z}\right)\right]^{2n}\frac{dz}{iz}$$

$$= \frac{1}{2^{2n}i}\oint_{|z|=1}\frac{1}{z}\left[z^{2n} + \binom{2n}{1}(z^{2n-1})\left(\frac{1}{z}\right) + \cdots + \binom{2n}{k}(z^{2n-k})\left(\frac{1}{z}\right)^k + \cdots + \left(\frac{1}{z}\right)^{2n}\right]dz$$

$$= \frac{1}{2^{2n}i}\oint_{|z|=1}\frac{1}{z}\left[z^{2n} + \binom{2n}{1}(z^{2n-1})\left(\frac{1}{z}\right) + \cdots + \binom{2n}{k}(z^{2n-k})\left(\frac{1}{z}\right)^k + \cdots + \left(\frac{1}{z}\right)^{2n}\right]dz$$

$$= \frac{1}{2^{2n}i}\oint_{|z|=1}\left[z^{2n-1} + \binom{2n}{1}(z^{2n-3}) + \cdots + \binom{2n}{k}(z^{2n-2k-1}) + \cdots + (z^{-2n-1})\right]dz$$

注意： 只有当 $k = n$ 时积分不为零。所以

$$I = \frac{1}{2^{2n}i}\left[2\pi i\binom{2n}{n}\right] = \frac{2\pi}{2^{2n}}\frac{(2n)!}{n!~n!} = \frac{(2n)(2n-1)(2n-2)\cdots(n)(n-1)\cdots 1}{2^{2n}n!~n!}2\pi$$

$$= \frac{1\cdot 3\cdot 5\cdot\cdots\cdot(2n-1)}{2\cdot 4\cdot 6\cdot\cdots\cdot(2n)}2\pi$$

5.16 求下列函数在孤立奇点处的留数。

(1) $\dfrac{z^{2m}}{(1-z)^m}$，m 为自然数；
(2) $z^3\cos\dfrac{1}{z-2}$；

(3) $\dfrac{1}{z(1-e^{az})}$ $(a\neq 0)$；
(4) $\dfrac{1}{z\sin z}$。

解：（1）$z = 1$ 是函数 $\dfrac{z^{2m}}{(1-z)^m}$ 的 m 阶极点，由 m 阶极点留数计算公式，有

$$\mathrm{Res}\left[\frac{z^{2m}}{(1-z)^m},~1\right] = \frac{1}{(m-1)!}\lim_{z\to 1}\frac{d^{m-1}}{dz^{m-1}}\left[(z-1)^m\frac{z^{2m}}{(1-z)^m}\right]$$

$$= (-1)m\frac{2m(2m-1)\cdots[2m-(m-2)]}{(m-1)!}$$

$$= (-1)^m\frac{(2m)!}{(m-1)!~(m+1)!}$$

（2）$z = 2$ 是函数 $z^3\cos\dfrac{1}{z-2}$ 的本性奇点，在 $0 < |z-2| < \infty$ 中展开为罗兰级数，

因 $z^3 = [(z-2)+2]^3 = (z-2)^3 + 6(z-2)^2 + 12(z-2) + 8$

$$\cos\frac{1}{z-2} = 1 - \frac{1}{2!}\left(\frac{1}{z-2}\right)^2 + \frac{1}{4!}\left(\frac{1}{z-2}\right)^4 - \cdots + (-1)^n \frac{1}{(2n)!}\left(\frac{1}{z-2}\right)^{2n} + \cdots$$

所以 $z^3\cos\dfrac{1}{z-2} = \Big[(z-2)^3 + 6(z-2)^2 + 12(z-2) + 8\Big] \cdot \Big[1 - \dfrac{1}{2!}\left(\dfrac{1}{z-2}\right)^2$

$$+ \frac{1}{4!}\left(\frac{1}{z-2}\right)^4 - \cdots + (-1)^n \frac{1}{(2n)!}\left(\frac{1}{z-2}\right)^{2n} + \cdots\Big]$$

$$= \cdots + \left(-\frac{1}{2!} + \frac{1}{4!}\right)\left(\frac{1}{z-2}\right) + \cdots$$

故 $\mathrm{Res}\left(z^3\cos\dfrac{1}{z-2},\ 2\right) = \dfrac{1}{4!} - \dfrac{1}{2!} = -\dfrac{11}{24}$。

（3）由 $z(1-\mathrm{e}^{az}) = 0$，当 $1-\mathrm{e}^{az} = 0$，即 $az = \mathrm{Ln}1 = 2k\pi\mathrm{i}(k = \pm1,\ \pm2,\ \cdots)$，

得到 $z = \mathrm{Ln}1 = \dfrac{2k\pi\mathrm{i}}{a}(k = \pm1,\ \pm2,\cdots)$ 是一阶极点，$z = 0$ 是二阶极点。$z = \infty$ 是非孤立奇点。

$$\mathrm{Res}\left[\frac{1}{z(1-\mathrm{e}^{az})},\ 0\right] = \lim_{z\to0}\frac{\mathrm{d}}{\mathrm{d}z}\left[z^2\frac{1}{z(1-\mathrm{e}^{az})}\right] = \lim_{z\to0}\left[\frac{(1-\mathrm{e}^{az}) + za\mathrm{e}^{az}}{(1-\mathrm{e}^{az})^2}\right]$$

$$\xlongequal{\text{洛必达法则}} \lim_{z\to0}\left[\frac{(-a\mathrm{e}^{az}) + (a\mathrm{e}^{az} + za^2\mathrm{e}^{az})}{2(1-\mathrm{e}^{az})(-a)}\right] = \lim_{z\to0}\left[-\frac{za\mathrm{e}^{az}}{2(1-\mathrm{e}^{az})}\right]$$

$$\xlongequal{\text{洛必达法则}} \lim_{z\to0}\left[-\frac{a\mathrm{e}^{az} + za^2\mathrm{e}^{az}}{2(-a\mathrm{e}^{az})}\right] = \frac{1}{2}$$

$$\mathrm{Res}\left[\frac{1}{z(1-\mathrm{e}^{az})},\ \frac{2k\pi\mathrm{i}}{a}\right] = \lim_{z\to\frac{2k\pi\mathrm{i}}{a}}\left[\frac{1}{[z(1-\mathrm{e}^{az})]'}\right] = \lim_{z\to\frac{2k\pi\mathrm{i}}{a}}\left[\frac{1}{[(1-\mathrm{e}^{az}) + z(-a\mathrm{e}^{az})]}\right]$$

$$= -\frac{1}{2k\pi\mathrm{i}} = \frac{\mathrm{i}}{2k\pi}(k = \pm1,\ \pm2,\cdots)$$

（4）由 $z\sin z = 0$，当 $\sin z = 0$，即 $z = k\pi(k = \pm1,\ \pm2,\cdots)$ 是一阶极点，$z = 0$ 是二阶极点，$z = \infty$ 是非孤立奇点。

$$\mathrm{Res}\left(\frac{1}{z\sin z},\ 0\right) = \lim_{z\to0}\frac{\mathrm{d}}{\mathrm{d}z}\left(z^2\frac{1}{z\sin z}\right) = \lim_{z\to0}\left[\frac{\sin z - z\cos z}{(\sin z)^2}\right]$$

$$\xlongequal{\text{洛必达法则}} \lim_{z\to0}\left[\frac{\cos z - (\cos z - z\sin z)}{2\sin z\cos z}\right] = \lim_{z\to0}\left(\frac{z}{2\cos z}\right) = 0$$

$$\mathrm{Res}\left(\frac{1}{z\sin z},\ k\pi\right) = \lim_{z\to k\pi}\left[\frac{1}{(z\sin z)'}\right] = \lim_{z\to k\pi}\left(\frac{1}{\sin z + z\cos z}\right)$$

$$= \frac{1}{(k\pi)\cos(k\pi)} = \frac{(-1)^{k\pi}}{k\pi},\quad k = \pm1,\ \pm2,\cdots$$

5.17 求 $f(z) = \dfrac{\mathrm{e}^z}{z^2-1}$ 在 $z = \infty$ 点的留数。

解：$z = \infty$ 是函数的本性奇点。

方法一：利用全平面的留数和为零。

$$\text{Res}[f(z),\ \infty\ ] = -\sum_k \text{Res}[f(z),\ z_k] = -\left[\text{Res}\left(\frac{e^z}{z^2-1},\ 1\right) + \text{Res}\left(\frac{e^z}{z^2-1},\ -1\right)\right]$$

$$= -\frac{e}{2} + \frac{e^{-1}}{2}$$

方法二：在 $1 < |z| < \infty$ 中把函数展开为 Laurent 级数：

$$f(z) = \frac{e^z}{z^2-1} = \frac{1}{2}\frac{e^z}{z-1} - \frac{1}{2}\frac{e^z}{z+1} = \frac{1}{2z}\frac{e^z}{1-\dfrac{1}{z}} - \frac{1}{2z}\frac{e^z}{1+\dfrac{1}{z}}$$

$$= \frac{1}{2z}\sum_{n=0}^{\infty}\frac{1}{n!}z^n \cdot \sum_{n=0}^{\infty}\left(\frac{1}{z}\right)^n - \frac{1}{2z}\sum_{n=0}^{\infty}\frac{1}{n!}z^n \cdot \sum_{n=0}^{\infty}\left(-\frac{1}{z}\right)^n$$

$$= \cdots + \frac{1}{2z}\left(1 + \frac{1}{1!}\cdot 1 + \cdots + \frac{1}{n!}\cdot 1 + \cdots\right)$$

$$- \frac{1}{2z}\left[1 + \frac{1}{1!}\cdot(-1) + \cdots + \frac{1}{n!}(-1)^n + \cdots\right] + \cdots$$

$$= \cdots + \frac{1}{2z}(e) - \frac{1}{2z}(e^{-1}) + \cdots$$

所以 $\text{Res}[f(z),\ \infty\ ] = -c_{-1} = -\dfrac{e}{2} + \dfrac{e^{-1}}{2}$。

5.18 利用留数定理计算下列积分。

(1) $\displaystyle\oint_l \frac{dz}{z^4+1}$, $l: x^2 + y^2 = 2x$; \qquad (2) $\displaystyle\oint_l \frac{zdz}{(z-1)(z-2)^2}$, $l: |z-2| = \dfrac{1}{2}$。

解：(1) $x^2 - 2x + y^2 = 0 \Rightarrow (x-1)^2 + y^2 = 1 \Rightarrow |z-1| = 1$,

$z^4 - 1 = 0 \Rightarrow z = \sqrt[4]{-1} = e^{\frac{\pi+2k\pi}{4}i}(k=0,1,2,3) \Rightarrow z_1 = e^{\frac{\pi}{4}i}, z_2 = e^{\frac{3\pi}{4}i}, z_3 = e^{\frac{5\pi}{4}i}, z_4 = e^{\frac{7\pi}{4}i}$,

只有 $z_1 = e^{\frac{\pi}{4}i}$, $z_4 = e^{\frac{7\pi}{4}i}$ 位于积分路径内部，故

$$\oint_{|z-1|=1} \frac{dz}{z^4+1} = 2\pi i\left[\text{Res}\left(\frac{1}{z^4+1},\ e^{\frac{\pi}{4}i}\right) + \text{Res}\left(\frac{1}{z^4+1},\ e^{\frac{7\pi}{4}i}\right)\right]$$

$$= 2\pi i\left(\frac{1}{4e^{\frac{3\pi}{4}i}} + \frac{1}{4e^{\frac{21\pi}{4}i}}\right) = \frac{\pi i}{2}(e^{-\frac{3\pi}{4}i} + e^{\frac{3\pi}{4}i}) = \pi i\cos\frac{3\pi}{4} = -\frac{\sqrt{2}}{2}\pi i$$

(2) $\displaystyle\oint_{|z-2|=1/2} \frac{zdz}{(z-1)(z-2)^2} = 2\pi i\,\text{Res}\left[\frac{z}{(z-1)(z-2)^2},\ 2\right]$

$$= 2\pi i\lim_{z\to 2}\frac{d}{dz}\left[(z-2)^2\frac{z}{(z-1)(z-2)^2}\right]$$

$$= 2\pi i\lim_{z\to 2}\left[\frac{(z-1)-z}{(z-1)^2}\right] = -2\pi i$$

5.19 求积分值 $\displaystyle\oint_C \frac{z^{2n}}{1+z^n}dz$, $C: |z| = r > 1$, n 是自然数。

解：参见例 5.1(4)。

5.20 (1)计算积分值 $\oint_c \dfrac{z^3}{1+z}e^{1/z}dz$，$c$：$|z|=2$。

(2)若 n 为自然数，函数 $\dfrac{z^n}{1+z}e^{\frac{1}{z}}$ 在 $z=0$ 和 $z=\infty$ 的留数为 A 与 B，试证明：

$$A = (-1)^{n+1}\frac{1}{e} + \frac{1}{n!} - \frac{1}{(n-1)!} + \cdots + (-1)^n\frac{1}{2!}$$

$$A + B + (-1)^n\frac{1}{e} = 0$$

解：(1) 被积函数 $\dfrac{z^3}{1+z}e^{1/z}$ 在积分路径内有两个奇点：本性奇点 $z=0$，一阶极点 $z=-1$。

由 $\dfrac{z^3}{1+z}e^{1/z} = z^3 \displaystyle\sum_{n=0}^{\infty} \frac{1}{n!}\left(\frac{1}{z}\right)^n \cdot \sum_{n=0}^{\infty} (-1)^n z^n$

$\qquad = z^3\left(1 + \dfrac{1}{z} + \dfrac{1}{2!}\dfrac{1}{z^2} + \cdots\right)\left[1 - z + z^2 + \cdots (-1)^n z^n + \cdots\right]$

$\qquad = z^3\left[\cdots + \left(\dfrac{1}{4!}\dfrac{1}{z^4} - \dfrac{1}{5!}\dfrac{1}{z^4} + \cdots\right) + \cdots\right]$

$\qquad = \cdots + \left[\cdots\left(1 - \dfrac{1}{1!} + \dfrac{1}{2!} - \dfrac{1}{3!} + \dfrac{1}{4!} - \dfrac{1}{5!} + \cdots\right)\dfrac{1}{z}\right.$

$\qquad\qquad \left. + \left(-1 + \dfrac{1}{1!} - \dfrac{1}{2!} + \dfrac{1}{3!}\right)\dfrac{1}{z} + \cdots\right] + \cdots$

有 $\text{Res}\left[\dfrac{z^3}{1+z}e^{1/z}, 0\right] = c_{-1} = \displaystyle\sum_{n=0}^{\infty} \frac{(-1)^n}{n!} + \left(-1 + \frac{1}{1!} - \frac{1}{2!} + \frac{1}{3!}\right) = e^{-1} - \frac{1}{3}$

而 $\text{Res}\left[\dfrac{z^3}{1+z}e^{1/z}, -1\right] = -e^{-1}$，

所以 $\oint_c \dfrac{z^3}{1+z}e^{1/z}dz = 2\pi i\left[\text{Res}\left(\dfrac{z^3}{1+z}e^{1/z}, 0\right) + \text{Res}\left(\dfrac{z^3}{1+z}e^{1/z}, -1\right)\right] = -\frac{2}{3}\pi i$。

(2) 函数 $\dfrac{z^n}{1+z}e^{\frac{1}{z}}$ 的奇点为 $z=0$，$z=-1$ 和 $z=\infty$。

首先计算函数 $\dfrac{z^n}{1+z}e^{\frac{1}{z}}$ 在 $z=0$ 的留数 $\text{Res}\left(\dfrac{z^n}{1+z}e^{1/z}, 0\right)$，因为 $z=0$ 是本性奇点，只能利用 Laurent 展开式求解，展开区域为 $0 < |z| < 1$。

因 $\dfrac{z^n}{1+z}e^{1/z} = z^n\left[\displaystyle\sum_{k=0}^{\infty} \frac{1}{k!}\left(\frac{1}{z}\right)^k\right] \cdot \left[\sum_{n=0}^{\infty} (-1)^k z^k\right]$

$\qquad = z^n\left[1 + \dfrac{1}{z} + \dfrac{1}{2!}\dfrac{1}{z^2} + \cdots \dfrac{1}{k!}\dfrac{1}{z^k} + \cdots\right]\left[1 - z + z^2 + \cdots (-1)^k z^k + \cdots\right]$

$\qquad = z^n\left\{\cdots + \left[\dfrac{1}{(n+1)!}\dfrac{1}{z^{n+1}} \cdot 1 + \dfrac{1}{(n+2)!}\dfrac{1}{z^{n+2}} \cdot (-z)\right.\right.$

$$+ \frac{1}{(n+3)!} \frac{1}{z^{n+3}} \cdot (z^2) + \cdots \Big] + \cdots \Big\}$$

$$= \cdots + \left[\frac{1}{(n+1)!} - \frac{1}{(n+2)!} + \frac{1}{(n+3)!} + \cdots + \frac{(-1)^{k+1}}{(n+k)!} + \cdots \right] \frac{1}{z} + \cdots$$

$$= \cdots + \left[1 - \frac{1}{1!} + \frac{1}{2!} - \frac{1}{3!} + \frac{1}{4!} - \frac{1}{5!} + \cdots \frac{(-1)^{k+1}}{(n+k)!} + \cdots \right] \frac{1}{z}$$

$$+ \left(-1 + \frac{1}{1!} - \frac{1}{2!} + \cdots + \frac{1}{n!} \right) \frac{1}{z} + \cdots \Big] + \cdots$$

$$= \cdots + (-1)^{(-n+1)} \left[\sum_{m=0}^{\infty} \frac{(-1)^m}{m!} \right] \frac{1}{z} + \left(-\frac{1}{2!} + \cdots + \frac{1}{n!} \right) \frac{1}{z} + \cdots$$

$$c_{-1} = (-1)^{(-n+1)} \sum_{m=0}^{\infty} \frac{(-1)^m}{m!} + \left(-\frac{1}{2!} + \frac{1}{3!} + \cdots + \frac{1}{n!} \right)$$

$$= (-1)^{n+1} e^{-1} + \left[\frac{1}{n!} - \frac{1}{(n-1)!} + \cdots - \frac{1}{2!} \right]$$

故 $A = \text{Res}\left(\frac{z^n}{1+z} e^{1/z}, 0 \right) = c_{-1} = (-1)^{n+1} \frac{1}{e} + \frac{1}{n!} - \frac{1}{(n-1)!} + \cdots - \frac{1}{2!}$。

而 $\text{Res}\left(\frac{z^n}{1+z} e^{1/z}, -1 \right) = \lim_{z \to -1} \left[(1+z) \frac{z^n}{1+z} e^{1/z} \right] = (-1)^n e^{-1}$。

由全平面的留数和为零，有

$$\text{Res}\left(\frac{z^n}{1+z} e^{1/z}, 0 \right) + \text{Res}\left(\frac{z^n}{1+z} e^{1/z}, \infty \right) + \text{Res}\left(\frac{z^n}{1+z} e^{1/z}, -1 \right) = 0$$

即 $A + B + \text{Res}\left(\frac{z^n}{1+z} e^{1/z}, -1 \right) = 0$，所以有 $A + B + (-1)^n \frac{1}{e} = 0$。

5.21 利用留数定理计算积分。

(1) $I = \int_0^{2\pi} \frac{\cos mx}{5 - 4\cos x} dx$（$m$ 为正整数）；　　(2) $\int_0^{\pi} \tan(x + i\alpha) dx$（$\alpha$ 为实数，$\alpha \neq 0$）；

(3) $I = \int_0^{\pi} \cot(x - a) dx$（$a = \alpha + \beta i, \beta > 0$）。

解： (1) 令 $z = e^{ix}$，则 $\cos x = \frac{z^2 + 1}{2z}$，$\cos mx = \text{Re} e^{imx} = \text{Re} z^m$，则

$$I = \int_0^{2\pi} \frac{\cos mx}{5 - 4\cos x} dx = \text{Re} \oint_{|z|=1} i \frac{z^m}{2z^2 - 5z + 2} dz = \text{Re} \oint_{|z|=1} i \frac{z^m}{(2z-1)(z-2)} dz$$

$z = \frac{1}{2}$，$z = 2$ 是被积函数的一阶极点，其中 $z = \frac{1}{2}$ 在积分围道单位圆内，所以有

$$I = \text{Re}\left\{ 2\pi i \text{Res}\left[i \frac{z^m}{(2z-1)(z-2)}, \frac{1}{2} \right] \right\} = \frac{\pi}{3} \frac{1}{2^{m-1}}$$

(2) 因 $\tan(x + i\alpha) = \frac{\sin(x + i\alpha)}{\cos(x + i\alpha)} = \dfrac{\dfrac{e^{i(x+i\alpha)} - e^{-i(x+i\alpha)}}{2i}}{\dfrac{e^{i(x+i\alpha)} + e^{-i(x+i\alpha)}}{2}} = \frac{e^{i2(x+i\alpha)} - 1}{i(e^{i2(x+i\alpha)} + 1)}$

令 $z = \mathrm{e}^{\mathrm{i}2(x+\mathrm{i}\alpha)}$，有 $\tan(x+\mathrm{i}\alpha) = \dfrac{z-1}{\mathrm{i}(z+1)}$，$\mathrm{d}z = \mathrm{e}^{\mathrm{i}2(x+\mathrm{i}\alpha)}2\mathrm{i}\mathrm{d}x = 2\mathrm{i}z\mathrm{d}x$，且当 $x: 0 \to \pi$，积分路径变为沿圆 $|z| = \mathrm{e}^{-2\alpha}$ 逆时针一圈，并注意到 $\alpha > 0$，$|z| = \mathrm{e}^{-2\alpha} < 1$；$\alpha < 0$，$|z| = \mathrm{e}^{-2\alpha} > 1$。所以有

$$
\begin{aligned}
\int_0^\pi \tan(x+\mathrm{i}\alpha)\,\mathrm{d}x &= -\frac{1}{2}\oint_{|z|=\mathrm{e}^{-2\alpha}} \frac{z-1}{z(z+1)}\mathrm{d}z \\
&= 2\pi\mathrm{i}\left\{-\frac{1}{2}\sum \mathrm{Res}\left[\frac{z-1}{z(z+1)}, z_k\right]\Big|_{|z_k|<\mathrm{e}^{-2\alpha}}\right\} \\
&= -\pi\mathrm{i}\sum \mathrm{Res}\left[\frac{z-1}{z(z+1)}, z_k\right]\Big|_{|z_k|<\mathrm{e}^{-2\alpha}} \\
&= \begin{cases} -\pi\mathrm{i}\,\mathrm{Res}\left[\dfrac{z-1}{z(z+1)}, 0\right] = \pi\mathrm{i}, & \alpha > 0 \\[2mm] -\pi\mathrm{i}\left\{\mathrm{Res}\left[\dfrac{z-1}{z(z+1)}, 0\right] + \mathrm{Res}\left[\dfrac{z-1}{z(z+1)}, -1\right]\right\} = -\pi\mathrm{i}, & \alpha < 0 \end{cases} \\
&= \pi\mathrm{i}\,\mathrm{sgn}(\alpha)
\end{aligned}
$$

其中，sgn 为符号函数：
$$
\mathrm{sgn}(x) = \begin{cases} 1, & x > 0 \\ -1, & x < 0 \end{cases}
$$

（3）$a = \alpha + \beta\mathrm{i}$，$\beta \neq 0$（$\beta = 0$ 时积分发散）。

令 $z = \mathrm{e}^{2\mathrm{i}(x-a)}$，则 $\mathrm{d}x = \dfrac{\mathrm{d}z}{2\mathrm{i}z}$，$\cot(x-a) = \mathrm{i}\dfrac{\mathrm{e}^{\mathrm{i}(x-a)}+\mathrm{e}^{-\mathrm{i}(x-a)}}{\mathrm{e}^{\mathrm{i}(x-a)}-\mathrm{e}^{-\mathrm{i}(x-a)}} = \mathrm{i}\dfrac{\mathrm{e}^{2\mathrm{i}(x-a)}+1}{\mathrm{e}^{2\mathrm{i}(x-a)}-1} = \mathrm{i}\dfrac{z+1}{z-1}$，当 x 由 0 变至 π 时，z 绕圆周 $|z| = |\mathrm{e}^{2\mathrm{i}(x-a)}| = |\mathrm{e}^{2\beta+2\mathrm{i}(x-\alpha)}| = \mathrm{e}^{2\beta}$ 一圈。

所以
$$
I = \oint_{|z|=\mathrm{e}^{2\beta}} \mathrm{i}\frac{z+1}{z-1}\frac{\mathrm{d}z}{2\mathrm{i}z} = \frac{1}{2}\oint_{|z|=\mathrm{e}^{2\beta}} \frac{z+1}{z-1}\frac{\mathrm{d}z}{z}
$$

当 $\beta > 0$ 时：因为 $\mathrm{e}^{2\beta} > 1$，故被积函数 $f(z) = \dfrac{z+1}{z-1}\dfrac{1}{z}$ 的两个 $z=0$，$z=1$ 极点均在其内，

而 $\mathrm{Res}[f(z), 0] = -1$，$\mathrm{Res}[f(z), 1] = 2$，$I = \dfrac{1}{2}\oint_{|z|=\mathrm{e}^{2\beta}} \dfrac{z+1}{z-1}\dfrac{\mathrm{d}z}{z} = \pi\mathrm{i}\{\mathrm{Res}[f(z), 0] + \mathrm{Res}[f(z), 1]\} = \pi\mathrm{i}$

当 $\beta < 0$ 时：因为 $\mathrm{e}^{2\beta} < 1$，被积函数只有一个极点 $z=0$ 在其内，

而 $\mathrm{Res}[f(z), 0] = -1$，
$$
I = \frac{1}{2}\oint_{|z|=\mathrm{e}^{2\beta}} \frac{z+1}{z-1}\frac{\mathrm{d}z}{z} = \pi\mathrm{i}\,\mathrm{Res}[f(z), 0] = -\pi\mathrm{i}
$$

故 $I = \displaystyle\int_0^\pi \cot(x-a)\,\mathrm{d}x = \pi\mathrm{i}\,\mathrm{sgn}(\beta)\ (\mathrm{Im}\,a = \beta \neq 0)$。

5.22 试证明：

$$
\int_0^\pi \frac{x\sin x}{1-2a\cos x + a^2}\mathrm{d}x = \begin{cases} \dfrac{\pi}{a}\ln(1+a), & 0 < a < 1 \\[3mm] \dfrac{\pi}{a}\ln\left(1+\dfrac{1}{a}\right), & a > 1 \end{cases}
$$

证明：方法一： 注意到 $\text{Im}\left(\dfrac{x}{a - e^{-ix}}\right) = \dfrac{-x\sin x}{1 - 2a\cos x + a^2}$，考虑积分 $\dfrac{1}{2\pi i}\oint_C \dfrac{z}{a - e^{-iz}}dz$，

其中 C 为矩形 $-\pi \leqslant \text{Re}z \leqslant \pi$，$0 \leqslant \text{Im}z \leqslant h$ 的边界，由留数定理可知，其积分值为积分

路径 C 内被积函数 $f(z) = \dfrac{z}{a - e^{-iz}}$ 所有奇点留数的代数和。

因为函数 $f(z) = \dfrac{z}{a - e^{-iz}}$ 的奇点为 $a - e^{-iz} = 0$，则有 $z_k = i\ln|a| - (\text{arg}a + 2k\pi)$ $(k = 0,$

$\pm 1, \pm 2, \cdots)$ 为函数一阶极点。

（1）当 $a > 1$ 时，在积分路径 C 的内部，只有一个一阶极点 $z = i\ln|a| - \text{arg}a = i\ln a$，

$k = 0$，其留数为：

$$\text{Res}[f(z), i\ln a] = \text{Res}\left[\frac{z}{a - e^{-iz}}, i\ln a\right] = \frac{z}{ie^{-iz}}\Bigg|_{z = i\ln a} = \frac{\ln a}{a}$$

（2）当 $0 < a < 1$ 时，在积分路径 C 的内部没有奇点，积分值为 0。

而积分 $\displaystyle\oint_C \frac{z}{a - e^{-iz}}dz = \int_{-\pi}^{\pi}\frac{x}{a - e^{-ix}}dx + \int_0^h\frac{\pi + iy}{a - e^{-i(\pi+iy)}}d(iy) + \int_\pi^{-\pi}\frac{x + ih}{a - e^{-i(x+ih)}}dx$

$$+ \int_h^0\frac{-\pi + iy}{a - e^{-i(-\pi+iy)}}d(iy) \qquad (1)$$

下面分别计算式(1)右边的各项积分。

式(1)右边第一项的积分值，首先我们将积分限变为 $[0, \pi]$，有

$$\int_{-\pi}^{\pi}\frac{x}{a - e^{-ix}}dx = \int_{-\pi}^{\pi}\frac{x(a - \cos x - i\sin x)}{1 - 2a\cos x + a^2}dx = \int_0^{\pi}\frac{-2ix\sin x}{1 - 2a\cos x + a^2}dx$$

式(1)右边第二项和第四项的积分值，因为 $\displaystyle\int_h^0\frac{-\pi + iy}{a - e^{-i(-\pi+iy)}}dy = \int_0^h\frac{\pi - iy}{a - e^{i\pi+y}}dy$，所以有

$$\int_0^h\frac{\pi + iy}{a - e^{-i(\pi+iy)}}d(iy) + \int_h^0\frac{-\pi + iy}{a - e^{-i(-\pi+iy)}}d(iy)$$

$$= i\int_0^h\frac{\pi + iy}{a - e^{-i\pi+y}}dy + i\int_0^h\frac{\pi - iy}{a - e^{i\pi+y}}dy$$

$$= i\int_0^h\frac{\pi + iy}{a + e^y}dy + i\int_0^h\frac{\pi - iy}{a + e^y}dy$$

$$= i\int_0^h\frac{2\pi}{a + e^y}dy \xrightarrow{y = -u} i\int_0^{-h}\frac{2\pi}{a + e^{-u}}d(-u)$$

$$= -2\pi i\int_0^{-h}\frac{e^u}{ae^u + 1}du = -\frac{2\pi i}{a}\ln(ae^u + 1)\Big|_0^{-h}$$

$$= -\frac{2\pi i}{a}[\ln(ae^{-h} + 1) - \ln(ae^0 + 1)] \xrightarrow{h \longrightarrow \infty} \frac{2\pi i}{a}\ln(a + 1)$$

式(1)右边第三项的积分值，利用积分估值定理，有

$$\left| \int_{-\pi}^{\pi} \frac{x + ih}{a - e^{-i(x+ih)}} dx \right| \leqslant \int_{-\pi}^{\pi} \left| \frac{x + ih}{a - e^{-i(x+ih)}} \right| dx = \int_{-\pi}^{\pi} \frac{|x + ih|}{|a - e^{h}e^{-ix}|} dx$$

$$\leqslant \int_{-\pi}^{\pi} \frac{\sqrt{x^2 + h^2}}{|a| - e^{h}} dx \xrightarrow{h \to \infty} 0$$

所以，当 $h \to \infty$ 时，式（1）积分为

$$\oint_{c} \frac{z}{a - e^{-iz}} dz = -i \int_{0}^{\pi} \frac{2x\sin x}{1 - 2a\cos x + a^2} dx + \frac{2\pi i}{a} \ln(a+1) = \begin{cases} 0, & 0 < a < 1 \\ 2\pi i \dfrac{\ln(a)}{a}, & a > 1 \end{cases}$$

$$\int_{0}^{\pi} \frac{x\sin x}{1 - 2a\cos x + a^2} dx = \frac{\pi}{a} \ln(a+1) - \begin{cases} 0, & 0 < a < 1 \\ \dfrac{\pi}{a} \ln(a), & a > 1 \end{cases}$$

所以 $\displaystyle \int_{0}^{\pi} \frac{x\sin x}{1 - 2a\cos x + a^2} dx = \begin{cases} \dfrac{\pi}{a} \ln(1+a), & 0 < a < 1 \\ \dfrac{\pi}{a} \ln\left(1 + \dfrac{1}{a}\right), & a > 1 \end{cases}$

方法二：
$$\int_{0}^{\pi} \frac{x\sin x}{1 - 2a\cos x + a^2} dx = \int_{0}^{\pi} \frac{x}{2a} d\ln(1 - 2a\cos x + a^2)$$

$$= \frac{x}{2a} d\ln(1 - 2a\cos x + a^2) \Big|_{0}^{\pi} - \frac{1}{2a} \int_{0}^{\pi} \ln(1 - 2a\cos x + a^2) dx$$

$$= \frac{\pi}{2a} \ln(1+a)^2 - \frac{1}{2a} \int_{0}^{\pi} \ln(1 - 2a\cos x + a^2) dx$$

下面证明等式：$\displaystyle \int_{0}^{\pi} \ln(1 - 2a\cos x + a^2) dx = \begin{cases} 0, & 0 < a < 1 \\ \pi\ln a, & a > 1 \end{cases}$

因 $\displaystyle \int_{0}^{2\pi} \ln(1 - 2a\cos x + a^2) dx = \int_{0}^{2\pi} \ln[(1 - ae^{ix})(1 - ae^{-ix})] dx$，取函数 $F(z) = 1 - az$，有 $F(0) = 1$。

（1）当 $a < 1$ 时，则 $F(z)$ 在 $|z| \leqslant 1$ 中无零点，故有

$$\frac{1}{2\pi} \int_{0}^{2\pi} \ln|1 - ae^{ix}| dx = \ln|F(0)| = 0 \quad \text{（参见习题 3.26）}$$

（2）当 $a > 1$ 时，则 $F(z)$ 在 $|z| \leqslant 1$ 中有零点，故有

$$\frac{1}{2\pi} \int_{0}^{2\pi} \ln|1 - ae^{ix}| dx = \ln|F(0)| - \ln\frac{1}{a} = \ln a \quad \text{（Jensen 公式）}$$

即
$$\int_{0}^{\pi} \ln|1 - ae^{ix}| dx = \int_{0}^{\pi} \ln(1 - 2a\cos x + a^2) dx = \pi\ln a$$

5.23 若 $\alpha > 0$，设 $f(z) = \dfrac{P(z)}{Q(z)} = \dfrac{a_m z^m + a_{m-1} z^{m-1} + \cdots + a_1 z + a_0}{b_n z^n + b_{n-1} z^{n-1} + \cdots + b_1 z + b_0}$ $(n - m \geqslant 1)$ 为有理分式，函数 $f(z)$ 满足下列条件：

（1）$f(z)$ 在上半平面 $\mathrm{Im}(z) > 0$ 内的极点为 $z_k (k = 1, 2, \cdots, n)$；

（2）$Q(z)$ 比 $P(z)$ 的阶次至少高 1 阶；

（3）$f(z)$ 在实轴上只有有限个 1 阶极点为 $x_k(k = 1,\ 2,\ \cdots,\ m)$。试证明：

$$\int_{-\infty}^{+\infty} f(x)\,\mathrm{e}^{\mathrm{i}\alpha x}\,\mathrm{d}x = 2\pi\mathrm{i}\sum_{k=1}^{n} \mathrm{Res}\left[f(z)\mathrm{e}^{\mathrm{i}\alpha z},\ z_k\right]\Big|_{\mathrm{Im}(z_k) > 0} + \pi\mathrm{i}\sum_{k=1}^{m} \mathrm{Res}\left[f(z)\mathrm{e}^{\mathrm{i}\alpha z},\ x_k\right]$$

证明：参见本章（四）4。

5.24　利用上题的结论，计算下列积分。

（1）$I = \displaystyle\int_{-\infty}^{+\infty} \frac{\sin^3 x}{x^3}\,\mathrm{d}x$；

（2）$I = \displaystyle\int_{0}^{+\infty} \frac{\cos ax - \cos bx}{x^2}\,\mathrm{d}x \ (a > 0,\ b > 0)$；

（3）$I = \displaystyle\int_{-\infty}^{+\infty} \frac{\mathrm{d}x}{x^4 - 1}$；

（4）$I = \displaystyle\int_{-\infty}^{+\infty} \frac{\mathrm{d}x}{x(x + 1)(x^2 + 1)}$；

（5）$I = \displaystyle\int_{0}^{+\infty} \frac{\sin x\,\mathrm{d}x}{x(x^2 + a^2)}$；

（6）$I = \displaystyle\int_{-\infty}^{+\infty} \frac{\cos ax\,\mathrm{d}x}{(x^5 + 1)}$；

（7）$I = \displaystyle\int_{-\infty}^{+\infty} \frac{\cos x\,\mathrm{d}x}{x^2 - a^2}(a > 0)$；

（8）$I = \displaystyle\int_{-\infty}^{+\infty} \frac{\sin x\,\mathrm{d}x}{(x - 1)(x^2 + 4)}$；

（9）$I = \displaystyle\int_{0}^{+\infty} \frac{x^2 - b^2}{x^2 + b^2}\frac{\sin ax}{x}\,\mathrm{d}x$，其中 a，b 均为实数；

（10）$I = \displaystyle\int_{-\infty}^{+\infty} \frac{x\cos x\,\mathrm{d}x}{x^2 - 5x + 6}$。

解：（1）设 $f(z) = \dfrac{\mathrm{e}^{\mathrm{i}3z} - 3\mathrm{e}^{\mathrm{i}z} + 2}{z^3}$，考虑 $I = \displaystyle\oint_{\Gamma} \frac{\mathrm{e}^{\mathrm{i}3z} - 3\mathrm{e}^{\mathrm{i}z} + 2}{z^3}\,\mathrm{d}z$，其中 Γ 为如图 5-7 所示

的闭合路径。于是 $I = \left(\displaystyle\int_{-R}^{-r} + \int_{r}^{R}\right) \frac{\mathrm{e}^{\mathrm{i}3x} - 3\mathrm{e}^{\mathrm{i}x} + 2}{x^3}\,\mathrm{d}x + \left(\displaystyle\int_{C_R} + \int_{C_r}\right) \frac{\mathrm{e}^{\mathrm{i}3z} - 3\mathrm{e}^{\mathrm{i}z} + 2}{z^3}\,\mathrm{d}z$

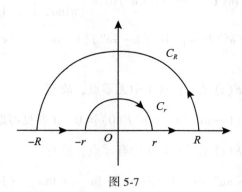

图 5-7

因为 $\displaystyle\lim_{R \to \infty} \int_{C_R} \frac{\mathrm{e}^{\mathrm{i}3z} - 3\mathrm{e}^{\mathrm{i}z} + 2}{z^3}\,\mathrm{d}z = 0$（由大圆弧引理和 Jordan 引理），

又 $z = 0$ 是函数 $f(z) = \dfrac{\mathrm{e}^{\mathrm{i}3z} - 3\mathrm{e}^{\mathrm{i}z} + 2}{z^3}$ 的一阶极点，且 $\displaystyle\lim_{z \to 0}[zf(z)] = \lim_{z \to 0}\left(z\frac{\mathrm{e}^{\mathrm{i}3z} - 3\mathrm{e}^{\mathrm{i}z} + 2}{z^3}\right) =$

-3，由小圆弧引理得到

$$\lim_{r \to 0} \int_{C_r} \frac{e^{i3z} - 3e^{iz} + 2}{z^3} dz = -i\pi(-3) = 3\pi i$$

由于被积函数在积分回路中没有极点，令 $r \to 0$，$R \to \infty$，有

$$I = \int_{-\infty}^{+\infty} \frac{e^{i3x} - 3e^{ix} + 2}{x^3} dx + 3\pi i = 0$$

即

$$\int_{-\infty}^{+\infty} \frac{\sin 3x - 3\sin x}{x^3} dx = -3\pi$$

但 $\sin 3x - 3\sin x = -4\sin^3 x$，所以

$$I = \int_{-\infty}^{+\infty} \frac{\sin^3 x}{x^3} dx = -\frac{1}{4} \int_{-\infty}^{+\infty} \frac{\sin 3x - 3\sin x}{x^3} dx = \frac{3}{4}\pi$$

（2）考虑积分 $\oint_{\Gamma} \frac{e^{iaz} - e^{ibz}}{z^2} dz$，其中 Γ 为如图 5-7 所示的闭合路径。于是

$$I = \text{Re}\left[\int_{-\infty}^{+\infty} \frac{e^{iax} - e^{ibx}}{x^2} dx \right] = \text{Re}\left[\lim_{\substack{R \to \infty \\ r \to 0}} \oint_{\Gamma} \frac{e^{iaz} - e^{ibz}}{z^2} dz \right]$$

$$= \pi i \text{Res}\left(\frac{e^{iaz} - e^{ibz}}{z^2}, 0 \right) = \pi i \lim_{z \to 0}\left(z \frac{e^{iaz} - e^{ibz}}{z^2} \right)$$

$$= \pi i \lim_{z \to 0}\left(\frac{e^{iaz} - e^{ibz}}{z} \right) = \pi i(ai - bi)$$

$$= \pi(b - a)$$

（3）由 $z^4 - 1 = 0 \Rightarrow z = \sqrt[4]{1} = e^{\frac{2k\pi}{4}i}$（$k = 0, 1, 2, 3$），得到 $z_1 = 1$，$z_2 = i$，$z_3 = -1$，$z_4 = -i$，为被积函数的极点。于是

$$\int_{-\infty}^{+\infty} f(x)dx = 2\pi i \sum_{k=1}^{n} \text{Res}\left[f(z), z_k \right]\Big|_{\text{Im}(z_k) > 0} + \pi i \sum_{k=1}^{m} \text{Res}[f(z), x_k]$$

$$\text{Res}\left(\frac{1}{z^4 - 1}, i \right) = -\frac{1}{4i}, \quad \text{Res}\left(\frac{1}{z^4 - 1}, \pm 1 \right) = \pm \frac{1}{4}$$

故

$$I = \int_{-\infty}^{+\infty} \frac{dx}{x^4 - 1} = 2\pi i \text{Res}\left(\frac{1}{z^4 - 1}, i \right) + \pi i\left[\text{Res}\left(\frac{1}{z^4 - 1}, 1 \right) + \text{Res}\left(\frac{1}{z^4 - 1}, -1 \right) \right]$$

$$= 2\pi i\left(-\frac{1}{4i} \right) = -\frac{\pi}{2}$$

（4）$I = \int_{-\infty}^{+\infty} \frac{dx}{x(x + 1)(x^2 + 1)}$

$$= 2\pi i \text{Res}\left[\frac{1}{z(z + 1)(z^2 + 1)}, i \right] + \pi i\left\{ \text{Res}\left[\frac{1}{z(z + 1)(z^2 + 1)}, 0 \right] \right.$$

$$\left. + \text{Res}\left[\frac{1}{z(z + 1)(z^2 + 1)}, -1 \right] \right\}$$

$$= 2\pi i\left(\frac{1}{i(i + 1)(2i)} \right) + \pi i\left(1 - \frac{1}{2} \right) = -\pi i\left(\frac{1 - i}{2} \right) + \frac{\pi i}{2} = -\frac{\pi}{2}$$

(5) $I = \int_0^{+\infty} \dfrac{\sin x \mathrm{d}x}{x(x^2 + a^2)} = \dfrac{1}{2}\int_{-\infty}^{+\infty} \dfrac{\sin x \mathrm{d}x}{x(x^2 + a^2)} = \dfrac{1}{2}\mathrm{Im}\left[\int_{-\infty}^{+\infty} \dfrac{\mathrm{e}^{\mathrm{i}x}\mathrm{d}x}{x(x^2 + a^2)}\right]$

$$\int_{-\infty}^{+\infty} \frac{\mathrm{e}^{\mathrm{i}x}\mathrm{d}x}{x(x^2 + a^2)} = 2\pi\mathrm{i}\mathrm{Res}\left[\frac{\mathrm{e}^{\mathrm{i}z}}{z(z^2 + a^2)},\ a\mathrm{i}\right] + \pi\mathrm{i}\mathrm{Res}\left[\frac{\mathrm{e}^{\mathrm{i}z}}{z(z^2 + a^2)},\ 0\right]$$

$$= 2\pi\mathrm{i}\left(-\frac{\mathrm{e}^{-a}}{2a^2}\right) + \pi\mathrm{i}\frac{1}{a^2} = \frac{\pi\mathrm{i}}{a^2}(1 - \mathrm{e}^{-a})$$

(6) 由 $z^5 + 1 = 0$ 得到 $z = \sqrt[5]{-1} = \mathrm{e}^{\frac{\pi + 2k\pi}{5}\mathrm{i}}(k = 0,\ 1,\ 2,\ 3,\ 4)$ 为一阶极点，即 $z_1 = \mathrm{e}^{\frac{\pi}{5}\mathrm{i}}$，$z_2 = \mathrm{e}^{\frac{3\pi}{5}\mathrm{i}}$，$z_3 = \mathrm{e}^{\frac{5\pi}{5}\mathrm{i}} = -1$，$z_4 = \mathrm{e}^{\frac{7\pi}{5}\mathrm{i}}$，$z_5 = \mathrm{e}^{\frac{9\pi}{5}\mathrm{i}}$，其中 z_1、z_2 位于上半平面，$z_3 = \mathrm{e}^{\frac{5\pi}{5}\mathrm{i}} = -1$ 是实轴上的一阶极点，故

$$\int_{-\infty}^{+\infty} \frac{\mathrm{e}^{\mathrm{i}ax}\mathrm{d}x}{(x^5 + 1)} = 2\pi\mathrm{i}\left\{\mathrm{Res}\left[\frac{\mathrm{e}^{\mathrm{i}az}}{(z^5 + 1)},\ \mathrm{e}^{\frac{\pi}{5}\mathrm{i}}\right] + \mathrm{Res}\left[\frac{\mathrm{e}^{\mathrm{i}az}}{(z^5 + 1)},\ \mathrm{e}^{\frac{3\pi}{5}\mathrm{i}}\right]\right\} + \pi\mathrm{i}\mathrm{Res}\left[\frac{\mathrm{e}^{\mathrm{i}az}}{(z^5 + 1)},\ -1\right]$$

$$= 2\pi\mathrm{i}\left(\frac{\mathrm{e}^{\mathrm{i}a\mathrm{e}^{\frac{\pi}{5}\mathrm{i}}}}{5\mathrm{e}^{\frac{4\pi}{5}\mathrm{i}}} + \frac{\mathrm{e}^{\mathrm{i}a\mathrm{e}^{\frac{3\pi}{5}\mathrm{i}}}}{5\mathrm{e}^{\frac{12\pi}{5}\mathrm{i}}}\right) + \pi\mathrm{i}\frac{\mathrm{e}^{-a\mathrm{i}}}{5} = \frac{2\pi\mathrm{i}}{5}(\mathrm{e}^{\mathrm{i}a\mathrm{e}^{\frac{\pi}{5}\mathrm{i}}}\mathrm{e}^{\frac{4\pi}{5}\mathrm{i}} + \mathrm{e}^{\mathrm{i}a\mathrm{e}^{\frac{3\pi}{5}\mathrm{i}}}\mathrm{e}^{\frac{12\pi}{5}\mathrm{i}}) + \pi\mathrm{i}\frac{\mathrm{e}^{-a\mathrm{i}}}{5}$$

$$I = \int_{-\infty}^{+\infty} \frac{\cos ax \mathrm{d}x}{x^5 + 1} = \mathrm{Re}\left(\int_{-\infty}^{+\infty} \frac{\mathrm{e}^{\mathrm{i}ax}\mathrm{d}x}{x^5 + 1}\right)$$

(7) $\qquad I = \int_{-\infty}^{+\infty} \dfrac{\cos x \mathrm{d}x}{x^2 - a^2} = \mathrm{Re}\left(\int_{-\infty}^{+\infty} \dfrac{\mathrm{e}^{\mathrm{i}x}\mathrm{d}x}{x^2 - a^2}\right)$

$$\int_{-\infty}^{+\infty} \frac{\mathrm{e}^{\mathrm{i}x}\mathrm{d}x}{x^2 - a^2} = \pi\mathrm{i}\left[\mathrm{Res}\left(\frac{\mathrm{e}^{\mathrm{i}z}}{(z^2 - a^2)},\ a\right) + \mathrm{Res}\left(\frac{\mathrm{e}^{\mathrm{i}z}}{(z^2 - a^2)},\ -a\right)\right]$$

$$= \pi\mathrm{i}\left\{\frac{\mathrm{e}^{a\mathrm{i}}}{2a} - \frac{\mathrm{e}^{-a\mathrm{i}}}{2a}\right\} = -\frac{\pi\sin a}{a}$$

所以 $\qquad I = \int_{-\infty}^{+\infty} \dfrac{\cos x \mathrm{d}x}{x^2 - a^2} = \mathrm{Re}\left(\int_{-\infty}^{+\infty} \dfrac{\mathrm{e}^{\mathrm{i}x}\mathrm{d}x}{x^2 - a^2}\right) = \pi\mathrm{i}\left(\dfrac{\mathrm{e}^{a\mathrm{i}}}{2a} - \dfrac{\mathrm{e}^{-a\mathrm{i}}}{2a}\right) = -\dfrac{\pi\sin a}{a}$

(8) $\qquad I = \int_{-\infty}^{+\infty} \dfrac{\sin x \mathrm{d}x}{(x - 1)(x^2 + 4)} = \mathrm{Im}\left[\int_{-\infty}^{+\infty} \dfrac{\mathrm{e}^{\mathrm{i}x}\mathrm{d}x}{(x - 1)(x^2 + 4)}\right]$

$$\int_{-\infty}^{+\infty} \frac{\mathrm{e}^{\mathrm{i}x}\mathrm{d}x}{(x - 1)(x^2 + 4)} = 2\pi\mathrm{i}\mathrm{Res}\left[\frac{\mathrm{e}^{\mathrm{i}z}}{(z - 1)(z^2 + 4)},\ 2\mathrm{i}\right] + \pi\mathrm{i}\mathrm{Res}\left[\frac{\mathrm{e}^{\mathrm{i}z}}{(z - 1)(z^2 + 4)},\ 1\right]$$

$$= 2\pi\mathrm{i}\frac{\mathrm{e}^{-2}}{(2\mathrm{i} - 1)(4\mathrm{i})} + \pi\mathrm{i}\frac{\mathrm{e}^{\mathrm{i}}}{5} = \frac{\pi\mathrm{e}^{-2}}{2}\frac{(-1 - 2\mathrm{i})}{5} + \frac{\pi\mathrm{i}}{5}(\cos 1 + \mathrm{i}\sin 1)$$

$$= -\frac{\pi\mathrm{e}^{-2}}{10} - \frac{\pi}{5}\sin 1 + \mathrm{i}\left(-\frac{\pi\mathrm{e}^{-2}}{5} + \frac{\pi}{5}\cos 1\right)$$

故 $\quad I = \int_{-\infty}^{+\infty} \dfrac{\sin x \mathrm{d}x}{(x - 1)(x^2 + 4)} = \mathrm{Im}\left[\int_{-\infty}^{+\infty} \dfrac{\mathrm{e}^{\mathrm{i}x}\mathrm{d}x}{(x - 1)(x^2 + 4)}\right] = \dfrac{\pi}{5}(\cos 1 - \mathrm{e}^{-2})$

$I' = \int_{-\infty}^{+\infty} \dfrac{\cos x \mathrm{d}x}{(x - 1)(x^2 + 4)} = \mathrm{Re}\left\{\int_{-\infty}^{+\infty} \dfrac{\mathrm{e}^{\mathrm{i}x}\mathrm{d}x}{(x - 1)(x^2 + 4)}\right\} = -\dfrac{\pi\mathrm{e}^{-2}}{10} - \dfrac{\pi}{5}\sin 1$

（9）因为，若 $a<0$ 有

$$\int_{-\infty}^{+\infty} \frac{x^2-b^2}{x^2+b^2} \frac{\sin ax}{x} \mathrm{d}x \xlongequal{x=-t} \int_{-\infty}^{+\infty} \frac{t^2-b^2}{t^2+b^2} \frac{\sin(-at)}{(t)} \mathrm{d}(-t) = -\int_{-\infty}^{+\infty} \frac{x^2-b^2}{x^2+b^2} \frac{\sin(-ax)}{x} \mathrm{d}x$$

$$= -\int_{-\infty}^{+\infty} \frac{x^2-b^2}{x^2+b^2} \frac{\sin(\mid a\mid x)}{x} \mathrm{d}x$$

对 $a>0$ 有

$$I = \int_{-\infty}^{+\infty} \frac{x^2-b^2}{x^2+b^2} \frac{\sin ax}{x} \mathrm{d}x = \frac{1}{2}\int_{-\infty}^{+\infty} \frac{x^2-b^2}{x^2+b^2} \frac{\sin ax}{x} \mathrm{d}x = \frac{1}{2}\mathrm{Im}\left\{\int_{-\infty}^{+\infty} \frac{x^2-b^2}{x^2+b^2} \frac{\mathrm{e}^{iax}}{x} \mathrm{d}x\right\}$$

因 $f(z) = \dfrac{(z^2-b^2)}{(z^2+b^2)} \dfrac{\mathrm{e}^{iaz}}{z}$ 在上半平面有一阶极点 $z=\mid b\mid i$，在实轴上有一阶极点 $z=0$。

$$\int_{-\infty}^{+\infty} \frac{x^2-b^2}{x^2+b^2} \frac{\mathrm{e}^{iax}}{x} \mathrm{d}x = 2\pi i\mathrm{Res}\left[\frac{z^2-b^2}{z^2+b^2} \frac{\mathrm{e}^{iaz}}{z},\ \mid b\mid i\right] + \pi i\mathrm{Res}\left[\frac{z^2-b^2}{z^2+b^2} \frac{\mathrm{e}^{iaz}}{z},\ 0\right]$$

$$= 2\pi i \left.\frac{z^2-b^2}{z+\mid b\mid i} \frac{\mathrm{e}^{iaz}}{z}\right|_{z=\mid b\mid i} - \pi i = 2\pi i \frac{(-2b^2)}{2\mid b\mid i} \frac{\mathrm{e}^{-a\mid b\mid}}{\mid b\mid i} - \pi i = 2\pi i\mathrm{e}^{-a\mid b\mid} - \pi i,$$

则

$$I = \int_0^{+\infty} \frac{x^2-b^2}{x^2+b^2} \frac{\sin ax}{x} \mathrm{d}x = \frac{1}{2}\int_{-\infty}^{+\infty} \frac{x^2-b^2}{x^2+b^2} \frac{\sin ax}{x} \mathrm{d}x$$

$$= \frac{1}{2}\mathrm{Im}\left\{\int_{-\infty}^{+\infty} \frac{x^2-b^2}{x^2+b^2} \frac{\mathrm{e}^{i\mid a\mid x}}{x} \mathrm{d}x\right\}\mathrm{sgn}a = \pi(\mathrm{e}^{-\mid ab\mid} - \frac{1}{2})\mathrm{sgn}a。$$

（10）
$$I = \int_{-\infty}^{+\infty} \frac{x\cos x\mathrm{d}x}{x^2-5x+6} = \mathrm{Re}\left(\int_{-\infty}^{+\infty} \frac{x\mathrm{e}^{ix}\mathrm{d}x}{x^2-5x+6}\right)$$

$$\int_{-\infty}^{+\infty} \frac{x\mathrm{e}^{ix}\mathrm{d}x}{x^2-5x+6} = \pi i\left[\mathrm{Res}\left(\frac{z\mathrm{e}^{iz}}{z^2-5z+6},\ 3\right) + \mathrm{Res}\left(\frac{z\mathrm{e}^{iz}}{z^2-5z+6},\ 2\right)\right]$$

$$= \pi i\left[\frac{3\mathrm{e}^{3i}}{1} + \frac{2\mathrm{e}^{2i}}{(-1)}\right]$$

$$= \pi i\{3[\cos(3) + i\sin(3)] - 2[\cos(2) + i\sin(2)]\}$$

$$= \pi i[3\cos(3) - 2\cos(2)] + \pi[2\sin(2) - 3\sin(3)]$$

所以 $I = \int_{-\infty}^{+\infty} \dfrac{x\cos x\mathrm{d}x}{x^2-5x+6} = \mathrm{Re}\left(\int_{-\infty}^{+\infty} \dfrac{x\mathrm{e}^{ix}\mathrm{d}x}{x^2-5x+6}\right) = \pi[2\sin(2) - 3\sin(3)]$

5.25 若 $f(z)$ 是一个在正实轴上无极点的有理函数，α 是非整数，且

$$\lim_{z\to 0}[z^\alpha f(z)] = \lim_{z\to\infty}[z^\alpha f(z)] = 0,$$

试证明：

$$\int_0^{+\infty} x^{\alpha-1}f(x)\mathrm{d}x = -\frac{\pi\mathrm{e}^{-\pi\alpha i}}{\sin(\alpha\pi)}\sum_{k=1}^n \mathrm{Res}[z^{\alpha-1}f(z),\ z_k]$$

这里，$z_k(k=1,\ 2,\ \cdots,\ n)$ 是 $f(z)$ 的极点，不包括 0 点；$z^{\alpha-1} = \mathrm{e}^{(\alpha-1)\ln z}$，及 $\ln z = \ln\mid z\mid + i\arg z$，取主值分支 $0 \leqslant \arg z < 2\pi$。

5.26 利用上题的结论，计算下列积分。

(1) $\displaystyle\int_0^{+\infty} \frac{x^\alpha}{x^2 + 3x + 2}\mathrm{d}x \quad (-1 < a < 1)$；

(2) $\displaystyle\int_0^{+\infty} \frac{x^\alpha}{(1 + x^2)^2}\mathrm{d}x \quad (-1 < a < 3)$；

(3) $\displaystyle\int_0^{+\infty} \frac{x^\alpha}{1 + x^4}\mathrm{d}x \quad (-1 < a < 3)$；

(4) $\displaystyle\int_0^{+\infty} \frac{x^\alpha}{x^2 + 2x\cos\lambda + 1}\mathrm{d}x \quad (-1 < a < 1, \ -\pi < \lambda < \pi)$。

解：(1) $f(z) = \dfrac{1}{z^2 + 3z + 2}$ 的极点为 -1、-2。而

$$\mathrm{Res}\left(\frac{z^\alpha}{z^2 + 3z + 2}, \ -1\right) = \frac{z^\alpha}{2z + 3}\Bigg|_{z = -1} = (-1)^\alpha = \mathrm{e}^{\alpha\ln(-1)} = \mathrm{e}^{\pi\alpha\mathrm{i}}$$

$$\mathrm{Res}\left(\frac{z^\alpha}{z^2 + 3z + 2}, \ -2\right) = \frac{z^\alpha}{2z + 3}\Bigg|_{z = -2} = -(-2)^\alpha = -\mathrm{e}^{\alpha\ln(-2)} = -\mathrm{e}^{\alpha\ln2 + \pi\alpha\mathrm{i}} = -2^\alpha\mathrm{e}^{\pi\alpha\mathrm{i}}$$

故 $\displaystyle\int_0^{+\infty} \frac{x^\alpha}{x^2 + 3x + 2}\mathrm{d}x = -\frac{\pi\mathrm{e}^{-\pi\alpha\mathrm{i}}}{\sin(\alpha\pi)}\sum_{k=1}^{n} \mathrm{Res}[z^{\alpha-1}f(z), \ z_k] = -\frac{\pi\mathrm{e}^{-\pi\alpha\mathrm{i}}}{\sin(\alpha\pi)}(\mathrm{e}^{-\pi\alpha\mathrm{i}} - 2^\alpha\mathrm{e}^{-\pi\alpha\mathrm{i}})$

$$= \frac{\pi}{\sin(\alpha\pi)}[2^\alpha - 1]$$

(2) $f(z) = \dfrac{z}{(z^2 + 1)^2}$ 的极点为 $+\mathrm{i}$、$-\mathrm{i}$。而对 $\alpha \neq 1$，有

$$\mathrm{Res}\left[\frac{z^\alpha}{(z^2 + 1)^2}, \ \mathrm{i}\right] = \frac{\mathrm{d}}{\mathrm{d}z}\left[\frac{z^\alpha}{(z + \mathrm{i})^2}\right]\Bigg|_{z = \mathrm{i}} = \mathrm{i}\frac{\alpha - 1}{4}\mathrm{e}^{\frac{\pi\alpha}{2}\mathrm{i}}$$

$$\mathrm{Res}\left[\frac{z^\alpha}{(z^2 + 1)^2}, \ -\mathrm{i}\right] = \frac{\mathrm{d}}{\mathrm{d}z}\left[\frac{z^\alpha}{(z - \mathrm{i})^2}\right]\Bigg|_{z = -\mathrm{i}} = -\mathrm{i}\frac{\alpha - 1}{4}\mathrm{e}^{\frac{3\pi\alpha}{2}\mathrm{i}}$$

故 $\displaystyle\int_0^{+\infty} \frac{x^\alpha}{(x^2 + 1)^2}\mathrm{d}x = -\frac{\pi\mathrm{e}^{-\pi\alpha\mathrm{i}}}{\sin(\alpha\pi)}\sum_{k} \mathrm{Res}[z^{\alpha-1}f(z), \ z_k]$

$$= -\frac{\pi\mathrm{e}^{-\pi\alpha\mathrm{i}}}{\sin(\alpha\pi)}\left(\mathrm{i}\frac{\alpha - 1}{4}\mathrm{e}^{\frac{\pi\alpha}{2}\mathrm{i}} - \mathrm{i}\frac{\alpha - 1}{4}\mathrm{e}^{\frac{3\pi\alpha}{2}\mathrm{i}}\right)$$

$$= -\frac{\pi}{\sin(\alpha\pi)}\left(\mathrm{i}\frac{\alpha - 1}{4}\mathrm{e}^{-\frac{\pi\alpha}{2}\mathrm{i}} - \mathrm{i}\frac{\alpha - 1}{4}\mathrm{e}^{\frac{\pi\alpha}{2}\mathrm{i}}\right)$$

$$= \frac{\pi}{\sin(\alpha\pi)}\frac{1 - \alpha}{4}\cdot 2\sin\left(\frac{\pi\alpha}{2}\right) = \frac{(1 - \alpha)\pi}{4\cos\left(\dfrac{\alpha\pi}{2}\right)}$$

对 $\alpha = 1$ 时，有 $\displaystyle\int_0^{+\infty} \frac{x}{(x^2 + 1)^2}\mathrm{d}x = -\frac{1}{2}(x^2 + 1)^{-1}\Bigg|_0^{+\infty} = \frac{1}{2}$。

（3）函数 $f(z) = \dfrac{z}{1+z^4}$ 有一阶极点 $z = e^{\frac{\pi+2k\pi}{4}i}(k=0,1,2,3)$，而

$$\text{Res}\left(\frac{z^{\alpha-1}z}{1+z^4}, e^{i\frac{\pi+2k\pi}{4}}\right) = \frac{z^{\alpha-1}}{4z^2}\bigg|_{z=e^{i\frac{\pi+2k\pi}{4}}} = \frac{e^{\frac{(\alpha-1)i\frac{\pi+2k\pi}{4}}{}}}{4e^{i2\frac{\pi+2k\pi}{4}}} = \frac{e^{\frac{(\alpha-1)\pi}{4}i}e^{\frac{(\alpha-1)2k\pi i}{4}}}{4ie^{k\pi i}}$$

$$= \frac{e^{\frac{(\alpha-1)\pi}{4}i}e^{\frac{(\alpha-1)2k\pi i}{4}-\frac{4k\pi i}{4}}}{4i} = \frac{e^{\frac{(\alpha-1)\pi}{4}i}e^{\frac{(\alpha+1)2k\pi i}{4}}}{4i}$$

故 $\displaystyle\sum_{k=0}^{3}\text{Res}\left(\frac{z^{\alpha-1}z}{1+z^4}, e^{i\frac{\pi+2k\pi}{4}}\right) = \frac{e^{\frac{(\alpha-1)\pi}{4}i}}{4i}\sum_{k=0}^{3}\left[e^{\frac{(\alpha+1)2\pi i}{4}}\right]^k = \frac{e^{\frac{(\alpha-1)\pi}{4}i}}{4i}\frac{1-e^{\frac{(\alpha+1)2\pi i}{4}\cdot4}}{1-e^{\frac{(\alpha+1)2\pi i}{4}}}$

$$= \frac{e^{\frac{(\alpha-1)\pi}{4}i}}{4i}\frac{1-e^{2\pi\alpha i}}{1-e^{\frac{(\alpha+1)\pi}{2}}}$$

所以有

$$\int_0^{+\infty}x^{\alpha-1}\frac{x}{1+x^4}dx = -\frac{\pi e^{-\pi\alpha i}}{\sin(\alpha\pi)}\sum_k\text{Res}\left(z^{\alpha-1}\frac{z}{1+z^4}, z_k\right)$$

$$= \frac{\pi e^{-\alpha\pi i}}{\sin(\alpha\pi)}\frac{e^{\frac{(\alpha-1)\pi}{4}i}}{4i}\frac{1-e^{2\pi\alpha i}}{1-e^{\frac{(\alpha+1)\pi}{2}}} = \frac{-\pi}{\sin(\alpha\pi)}\frac{e^{\frac{(\alpha-1)\pi}{4}i}}{4ie^{\frac{(\alpha+1)\pi i}{4}}}\frac{e^{-\alpha\pi i}-e^{\alpha\pi i}}{e^{-\frac{(\alpha+1)\pi i}{4}}-e^{\frac{(\alpha+1)\pi i}{4}}}$$

$$= \frac{\pi}{4\sin(\alpha\pi)}\frac{e^{-\alpha\pi i}-e^{\alpha\pi i}}{e^{-\frac{(\alpha+1)\pi i}{4}}-e^{\frac{(\alpha+1)\pi i}{4}}} = \frac{\pi}{4\sin\frac{(\alpha+1)\pi}{4}}$$

一般有

$$\int_0^{+\infty}\frac{x^{p-1}}{1+x^n}dx = \frac{\pi}{n\sin\left(\frac{p\pi}{n}\right)} \quad (0<p<n)$$

$$\int_0^{+\infty}\frac{x^\alpha}{1+x^n}dx = \frac{\pi}{n\sin\frac{(\alpha+1)\pi}{n}} \quad (-1<a<n-1)$$

（4）先设 $\lambda\neq0$，$f(z) = \dfrac{1}{z^2+2z\cos\lambda+1}$ 的极点为 $z = -e^{\pm\lambda i}$。而

$$\text{Res}\left(\frac{z^\alpha}{z^2+2z\cos\lambda+1}, -e^{\lambda i}\right) = \frac{z^\alpha}{2z+2\cos\lambda}\bigg|_{z=-e^{\lambda i}} = \frac{1}{-2i\sin\lambda}(-e^{\lambda i})^\alpha$$

$$\text{Res}\left(\frac{z^\alpha}{z^2+2z\cos\lambda+1}, -e^{-\lambda i}\right) = \frac{z^\alpha}{2z+2\cos\lambda}\bigg|_{z=-e^{\lambda i}} = \frac{1}{2i\sin\lambda}(-e^{-\lambda i})^\alpha$$

故 $\displaystyle\int_0^{+\infty}\frac{x^\alpha}{x^2+2x\cos\lambda+1}dx = -\frac{\pi e^{-\pi\alpha i}}{\sin(\alpha\pi)}\sum_{k=1}^{2}\text{Res}[z^{\alpha-1}f(z), z_k]$

$$= -\frac{\pi e^{-\pi\alpha i}}{\sin(\alpha\pi)}\left[\frac{(-e^{\lambda i})^\alpha}{-2i\sin(\lambda)}+\frac{(-e^{-\lambda i})^\alpha}{2i\sin(\lambda)}\right]$$

$$= \frac{\pi e^{-\pi\alpha i}(-1)^\alpha}{\sin(\alpha\pi)\sin(\lambda)}\sin(\lambda\alpha) = \frac{\pi\sin(\lambda\alpha)}{\sin(\alpha\pi)\sin(\lambda)}$$

若 $\lambda = 0$，$f(z) = \dfrac{1}{z^2 + 2z + 1}$ 的极点为 $z = -1$，为 2 阶极点。而

$$\mathrm{Res}\left(\frac{z^\alpha}{z^2 + 2z + 1}, -1\right) = (z^\alpha)'|_{z=-1} = \alpha(-1)^{\alpha-1}$$

$$\int_0^{+\infty} \frac{x^\alpha}{x^2 + 2x + 1}\mathrm{d}x = -\frac{\pi \mathrm{e}^{-\pi\alpha\mathrm{i}}}{\sin(\alpha\pi)}\sum_{k=1}^n \mathrm{Res}[z^{\alpha-1}f(z), z_k] = -\frac{\pi\mathrm{e}^{-\pi\alpha\mathrm{i}}}{\sin(\alpha\pi)}\alpha(-1)^{\alpha-1}$$

$$= \frac{\alpha\pi}{\sin(\alpha\pi)}$$

5.27 若 m 为实数，$-1 < a < 1$，试证明：

$$\int_0^{2\pi} \frac{\mathrm{e}^{m\cos\theta}}{1 - 2a\sin\theta + a^2}[\cos(m\sin\theta) - a\sin(m\sin\theta + \theta)]\mathrm{d}\theta = 2\pi\cos ma$$

$$\int_0^{2\pi} \frac{\mathrm{e}^{m\cos\theta}}{1 - 2a\sin\theta + a^2}[\sin(m\sin\theta) + a\cos(m\sin\theta + \theta)]\mathrm{d}\theta = 2\pi\sin ma$$

证明： 因为

$$[\cos(m\sin\theta)) - a\sin(m\sin\theta + \theta)] + \mathrm{i}[\sin(m\sin\theta) + a\cos(m\sin\theta + \theta)]$$
$$= [\cos(m\sin\theta) + \mathrm{i}\sin(m\sin\theta)] + \mathrm{i}[a\cos(m\sin\theta + \theta) + \mathrm{i}a\sin(m\sin\theta + \theta)]$$
$$= \mathrm{e}^{\mathrm{i}m\sin\theta} + \mathrm{i}a\mathrm{e}^{\mathrm{i}(m\sin\theta + \theta)} = \mathrm{e}^{\mathrm{i}m\sin\theta}(1 + \mathrm{i}a\mathrm{e}^{\mathrm{i}\theta})$$

令 $\quad I_1 = \displaystyle\int_0^{2\pi} \frac{\mathrm{e}^{m\cos\theta}}{1 - 2a\sin\theta + a^2}[\cos(m\sin\theta) - a\sin(m\sin\theta + \theta)]\mathrm{d}\theta$，

$$I_2 = \int_0^{2\pi} \frac{\mathrm{e}^{m\cos\theta}}{1 - 2a\sin\theta + a^2}[\sin(m\sin\theta) + a\cos(m\sin\theta + \theta)]\mathrm{d}\theta$$

$$I = I_1 + \mathrm{i}I_2 = \int_0^{2\pi} \frac{\mathrm{e}^{m\cos\theta}}{1 - 2a\sin\theta + a^2}\mathrm{e}^{\mathrm{i}m\sin\theta}(1 + \mathrm{i}a\mathrm{e}^{\mathrm{i}\theta})\mathrm{d}\theta$$

$$= \int_0^{2\pi} \frac{\mathrm{e}^{m\cos\theta + \mathrm{i}m\sin\theta}}{1 - 2a\sin\theta + a^2}(1 + \mathrm{i}a\mathrm{e}^{\mathrm{i}\theta})\mathrm{d}\theta$$

令 $\quad z = \mathrm{e}^{\mathrm{i}\theta} = \cos\theta + \mathrm{i}\sin\theta$，则有

$$I = \oint_{|z|=1} \frac{\mathrm{e}^{mz}}{1 - 2a\dfrac{z^2 - 1}{2\mathrm{i}z} + a^2}(1 + \mathrm{i}az)\frac{\mathrm{d}z}{\mathrm{i}z} = \oint_{|z|=1} \frac{\mathrm{e}^{mz}(1 + \mathrm{i}az)}{\mathrm{i}z - a(z^2 - 1) + a^2\mathrm{i}z}\mathrm{d}z$$

$$= -\oint_{|z|=1} \frac{\mathrm{e}^{mz}(1 + \mathrm{i}az)}{az^2 - (\mathrm{i} + a^2\mathrm{i})z - a}\mathrm{d}z = -\oint_{|z|=1} \frac{\mathrm{e}^{mz}(1 + \mathrm{i}az)}{(az - \mathrm{i})(z - a\mathrm{i})}\mathrm{d}z$$

$$= -2\pi\mathrm{i}\,\mathrm{Res}\left[\frac{\mathrm{e}^{mz}(1 + \mathrm{i}az)}{(az - \mathrm{i})(z - a\mathrm{i})}, a\mathrm{i}\right] = -2\pi\mathrm{i}\frac{\mathrm{e}^{mz}(1 + \mathrm{i}az)}{(az - \mathrm{i})}\Big|_{z=a\mathrm{i}}$$

$$= 2\pi\mathrm{e}^{ma\mathrm{i}} = 2\pi\cos ma + 2\pi\mathrm{i}\sin ma$$

5.28 若函数 $\Phi(z)$ 在 $|z| \leqslant 1$ 上解析，当 z 为实数时 $\Phi(z)$ 取实数值，而且 $\Phi(0) = 0$，$f(x, y)$ 表示 $\Phi(x + \mathrm{i}y)$ 的虚数部分，试证明：

$$\int_0^{2\pi} \frac{t\sin\theta}{1 - 2t\cos\theta + t^2}f(\cos\theta, \sin\theta)\mathrm{d}\theta = \pi\Phi(t) \quad (-1 < t < 1)$$

证明: 设 $\Phi(x + iy) = g(x, y) + if(x, y)$，则有 $\Phi(0) = g(0) = f(0) = 0$。

令 $z = \cos\theta + i\sin\theta = e^{i\theta}(0 \leqslant \theta \leqslant 2\pi)$，则 $z\bar{z} = 1$，$dz = ie^{i\theta}d\theta = izd\theta$，因为

$$\frac{1}{1 - 2t\cos\theta + t^2} = \frac{1}{(t - \cos\theta)^2 + \sin^2\theta} = \frac{1}{(t - \cos\theta) + i\sin\theta} \cdot \frac{1}{(t - \cos\theta) - i\sin\theta}$$

$$= \left[\frac{1}{t - (\cos\theta + i\sin\theta)} - \frac{1}{t - (\cos\theta - i\sin\theta)}\right] \cdot \frac{1}{2i\sin\theta}$$

$$= \left(\frac{1}{t - z} - \frac{1}{t - \bar{z}}\right) \cdot \frac{1}{2i\sin\theta} = \left[\frac{1}{t - z} - \frac{1}{t - \dfrac{1}{z}}\right] \cdot \frac{1}{2i\sin\theta}$$

故

$$\int_0^{2\pi} \frac{t\sin\theta}{1 - 2t\cos\theta + t^2}\Phi(\cos\theta, \sin\theta)d\theta$$

$$= \oint_{|z|=1} t\left[\frac{1}{t - z} - \frac{1}{t - 1/z}\right] \cdot \frac{1}{2i}\Phi(z)\frac{dz}{iz}$$

$$= \frac{t}{2}\oint_{|z|=1} \frac{\Phi(z)}{tz - 1}dz - \frac{t}{2}\oint_{|z|=1} \frac{\Phi(z)}{(t - z)z}dz = \frac{t}{2}\oint_{|z|=1} \frac{\Phi(z)}{(z - t)z}dz$$

$$= 2\pi i\frac{t}{2}\left\{\text{Res}\left[\frac{\Phi(z)}{(z - t)z}, 0\right] + \text{Res}\left[\frac{\Phi(z)}{(z - t)z}, t\right]\right\}$$

$$= \pi ti\left\{\frac{\Phi(0)}{-t} + \frac{\Phi(t)}{t}\right\} = \pi\Phi(t)i$$

有

$$\int_0^{2\pi} \frac{t\sin\theta}{1 - 2t\cos\theta + t^2}f(\cos\theta, \sin\theta)d\theta = \pi\Phi(t)$$

第六章 保 角 变 换

前几章主要是用分析的方法，也就是用微分、积分和级数理论等讨论解析函数的性质和应用。内容主要涉及柯西定理、留数定理等。这一章用几何方法来揭示解析函数的特征和应用，除了阐述一些理论性问题外，着重讨论：

(1)由线性函数和初等函数构成的变换的性质，求已知区域的象区域；

(2)给定两个区域，求满足条件的保角变换，使其中一个区域保角变换成另一个区域。

保角变换在数学以及在流体力学、弹性力学、电磁学等学科的一些问题中有应用，它是使问题化繁为简的重要方法。

一、知识要点

(一) 保角变换(映射)的概念

1. 复变函数 $w = f(z)$ 的几何意义

将 z 平面中的一个区域变换为 w 平面中的一个区域。对于解析函数而言，其所实现的变换具有保角性，即任意两条曲线的切线之间的夹角在变换中保持不变。

2. 解析函数导数的辐角与模的几何意义

设函数 $w = f(z)$ 在区域 D 内解析，z_0 为 D 内一点，若 $f'(z_0) \neq 0$，那么导数 $f'(z_0)$ 的辐角 $\arg f'(z_0)$ 是过点 z_0 的曲线 C 经过 $w = f(z)$ 映射后在 z_0 处的转动角(或旋转角)，模 $|f'(z_0)|$ 是经过映射 $w = f(z)$ 后通过 z_0 的曲线 C 在 z_0 的伸缩率，而且此映射具有转动角与伸缩率的不变性，

3. 保角变换(映射)

因此，当 $f'(z_0) \neq 0$ 时，函数 $w = f(z)$ 在 z_0 点是保角的。若在区域 D 内，$f'(z) \neq 0$ 时，则函数 $w = f(z)$ 在 D 内是保角的。

凡具有保角性(包括大小和方向)和伸缩率不变性的变换称为保角变换(或共形变换)，也称为第一类的保角变换。若 $w = f(z)$ 在区域 D 内解析，且 $f'(z_0) \neq 0$，则它就是保角变换(或称保角映射、共形变换)。

(二) 分式线性变换

1. 分式线性变换

$$w = f(z) = \frac{az + b}{cz + \mathrm{d}}$$

$$(a, b, c, \mathrm{d} \text{ 皆为复常数}, c \neq 0, \begin{vmatrix} a & b \\ c & \mathrm{d} \end{vmatrix} = a\mathrm{d} - bc \neq 0)$$

称为分式线性变换。也可以写为

$$w = \frac{az + b}{cz + \mathrm{d}} = \frac{a}{c} \cdot \frac{z + b/a}{z + \mathrm{d}/c} = k\frac{z + \alpha}{z + \beta}$$

所以，三对有序点唯一决定分式线性变换。

此变换的反函数 $z = \frac{-\mathrm{d}w + b}{cw - a}$ 也是线性变换，因此分式线性变换也称为双线性变换。

2. 分式线性变换的分解

分式线性变换可以分解为以下基本变换的合成：

(1) 线性变换： $\qquad\qquad w = az + b$

其中，a，b 皆为复常数，a 的模为点与原点距离的放大倍数，a 的辐角为点相对于原点转过的角度，而 b 则为点的移动矢量(复数可视为 xy 平面上的矢量)。因此，该映射包括平移、转动和伸缩三种变换，像与原像为相似形。

(2) 反演变换： $\qquad\qquad w = \frac{1}{z}$

反演变换 $w = \frac{1}{z}$，除 $z = 0$ 以外 z 平面的任意一点满足保角变换的条件。

线性变换并不改变图形的形状，所以分式变换和反演变换的性质完全一样。

3. 分式线性变换的性质

(1) 保角性。有以下定理：

定理一：分式线性变换在扩充复平面上是单值且处处保角的变换。

(2) 保圆性。把直线看成圆周的特例，规定直线是经过无穷远点的圆周，也就是把直线看成是半径无穷大的圆周，则分式线性变换把圆周变换成圆周。

(3) 保对称性。有以下定理：

定理二：设 z_1 和 z_2 关于圆周 C 对称，则在分式线性变换下，它们的象点 w_1 和 w_2 关于 C 的象圆周 C^* 对称。

(4) 保交比性。在分式线性变换下，四点的交比不变。即若 $w_i = \frac{az_i + b}{cz_i + \mathrm{d}}$，$1 \leqslant i \leqslant 4$，则

$$\frac{z_4 - z_1}{z_4 - z_2} : \frac{z_3 - z_1}{z_3 - z_2} = \frac{w_4 - w_1}{w_4 - w_2} : \frac{w_3 - w_1}{w_3 - w_2}$$

上式亦可简单地表示为 $(w_1，w_2，w_3，w_4)=(z_1，z_2，z_3，z_4)$。

若 z_i 或 $w_i(i=1，2，3，4)$ 中有一点在无穷远（z_i 或 $w_i=\infty$），则分式中含 ∞ 的两个因子可相互约掉，即这两个因子可直接看成 1。

例如，$(z_1，z_2，\infty，z_4)=\dfrac{z_4-z_1}{z_4-z_2}:\dfrac{1}{1}=\dfrac{z_4-z_1}{z_4-z_2}$。

4. 唯一确定分式线性映射的条件

如果确定了平面上三个点的像，那么就确定了唯一一个分式线性变换，有如下定理：

定理三：设有分式线性变换将 z 平面上的三个点 z_1，z_2，z_3 依次变换变成 w_1，w_2，w_3，则此分式线性变换就被唯一确定，并且

$$\frac{w-w_1}{w-w_2}:\frac{w_3-w_1}{w_3-w_2}=\frac{z-z_1}{z-z_2}:\frac{z_3-z_1}{z_3-z_2}。$$

因为具体计算时必须用到 3 对有序点，故该映射更便于应用的形式为

$$\frac{(w-w_1)(w_3-w_2)}{(w-w_2)(w_3-w_1)}=\frac{(z-z_1)(z_3-z_2)}{(z-z_2)(z_3-z_1)}$$

式中，z_1，z_2，z_3 和 w_1，w_2，w_3 是任取的 3 对对应点，但它们在各自图形中的排列顺序必须相同。若 z_i 或 $w_i(i=1，2，3)$ 中有一点在无穷远（z_i 或 $w_i=\infty$），则分式中含 ∞ 的两个因子可相互约掉，即这两个因子可直接看成 1。

（三）一些常用分式线性变换

根据边界对应定理，只需把 z 平面中区域 D 的边界线 C 映射为 w 平面中的闭曲线 C'，再由 C' 的绕向即可确定像区域 D'（C' 相对于 D' 的绕行方向与 C 相对于 D 的绕行方向相同）。也可求 D 中任一点的像点，像点所在的区域即 D'。

1. 上半平面 Im$z>0$ 到上半平面 Im$w>0$ 的变换

$$w=f(z)=\frac{az+b}{cz+d}\quad(a，b，c，d \text{ 皆为复常数}，c\neq 0，\begin{vmatrix}a&b\\c&d\end{vmatrix}=ad-bc\neq 0)$$

其中，a，b，c，d 皆为实数，$ad-bc>0$。此变换也将下半平面 Im$z<0$ 到下半平面 Im$w<0$。

2. 上半平面 Im$z>0$ 到单位圆（内部 $|w|<1$、外部 $|w|>1$）的变换

将 z 平面上的一对对称点 α 和 $\bar{\alpha}$，映射到 w 平面上关于单位圆的一对对称点 0 和 ∞ 的分式线性映射为

$$w=k\frac{z-\alpha}{z-\bar{\alpha}}=\mathrm{e}^{\mathrm{i}\theta}\frac{z-\alpha}{z-\bar{\alpha}}\quad(\text{单位圆内部}\ |w|<1)$$

$$w=k\frac{z-\bar{\alpha}}{z-\alpha}=\mathrm{e}^{\mathrm{i}\theta}\frac{z-\bar{\alpha}}{z-\alpha}\quad(\text{单位圆内部}\ |w|>1)$$

其中，$\text{Im}\alpha > 0$，k 或者 θ 由另一个条件决定。

3. 单位圆(内部、外部)到单位圆(内部、外部)的映射

将 z 平面上关于单位圆的一对对称点 λ 和 $1/\overline{\lambda}$，映射到 w 平面上关于单位圆的一对对称点 0 和 ∞ 的分式线性变换(单位圆内部到单位圆内部的映射)为

$$w = k \frac{z - \lambda}{z - \dfrac{1}{\overline{\lambda}}} = k' \frac{z - \lambda}{1 - \overline{\lambda} z} = \mathrm{e}^{\mathrm{i}\theta} \frac{z - \lambda}{1 - \overline{\lambda} z}$$

其中，λ 为单位圆 $|z| < 1$ 内的点，一般 $|k| \neq 1$，k 或者 θ 由另一个条件决定。

单位圆内部到单位圆外部的映射为：

$$w = k \frac{z - \dfrac{1}{\overline{\lambda}}}{z - \lambda}$$

由保角变换的唯一性定理，可以根据原点和像点的位置确定映射区域。

(四) 初等函数的映射

1. 幂函数和根式函数：角形区域到角形区域的映射

幂函数 　　　　　　$w = z^n$ 　或者 　$w = (z - a)^n$（n 是整数，且 $n \geqslant 2$）

在此变换下，顶点在 $z = 0$(或者 $z = a$) 的角形区域的顶角被放大了 n 倍。但应注意，此变换在顶点处不保角。

根式函数 　　　　　$w = \sqrt[n]{z}$ 　或者 　$w = f(z) = \sqrt[n]{z - a}$ 　（n 是整数，且 $n \geqslant 2$）

此与幂变换互逆，它使顶点在 $z = 0$(或者 $z = a$) 的角形区域的顶角缩小为原来的 $1/n$。它在顶点处也不保角。

2. 指数函数和对数函数 $w = f(z) = \mathrm{e}^z$，$w = f(z) = \mathrm{Ln}z$

(1) 指数变换：条形区域到角形区域的变换。

$$w = f(z) = \mathrm{e}^z$$

它把 z 平面中平行于 x 轴的无限长带形区域 $(-\infty < x < \infty,\ 0 < y < \alpha)$ 映射为 w 平面的角形区域 $(0 < |w| < \infty,\ 0 < \arg w < \alpha)$。

(2)对数变换：

$$w = f(z) = \mathrm{Ln}z$$

它与指数变换互逆。但须注意，$\mathrm{Ln}z$ 为多值函数，变换时必须确定其单值分支。

在对数变换中，记 $z = \rho \mathrm{e}^{\mathrm{i}\theta}$ 较为方便，此时 w 的实部和虚部可以简单地分开：

$$w = \ln\rho + \mathrm{i}\theta$$

二、教学基本要求

(1)了解导数的几何意义及保角映射的概念；

(2)掌握线分式线性映射的性质；

(3)利用分式线性变换的保角性及保对称性求简单区域的变换；

(4)掌握初等函数的变换和变换性质.

(5)求一些简单区域(如平面、半平面、角形域、圆、带形域)之间的保角变换。

三、问 题 解 答

(1)求初等保角变换表达式应掌握哪几个原则？

答：首先，最基本的是掌握分式线性变换，它能把广义圆周变为广义圆周，把以广义圆周作为边界的(扩充平面上)区域变为以广义圆周作为边界的(扩充平面上的)区域(此种区域称为圆界区域)，再确定的广义圆周的对应区域。

其次是掌握幂函数与根式函数，它们能把角形区域的角度扩大或缩小。

再是掌握指数函数与对数函数，它们能把水平带域变换为角域。对数函数(取主值)

$$w = \ln z = \ln |z| + i\arg z$$

将上半平面 ($0 < |z| < \infty$，$0 < \arg z < \pi$)映射为 w 平面的平行于实轴的无限长带形区域 ($0 < \text{Im}w < \pi$)，其中正实轴 ($\arg z = 0$)映射为 $\text{Im}w = 0$，负实轴 ($\arg z = \pi$)映射为 $\text{Im}w = \pi$。而将上半平面单位圆内部 ($0 < |z| < 1$，$0 < \arg z < \pi$)，映射成左半平面的带形区域 ($0 < \text{Im}w < \pi$，$\text{Re}w < 0$)，而将上半平面单位圆外部 ($|z| > 1$，$0 < \arg z < \pi$)，映射成右半平面的带形区域 ($0 < \text{Im}w < \pi$，$\text{Re}w > 0$)。

(2)在复平面 z 上的某区域，一平面静电场(真空中)的电势 $u(x, y)$ 满足 Poisson 方程

$$\nabla^2 u(x, y) = \frac{\partial^2 u}{\partial x^2} + \frac{\partial^2 u}{\partial y^2} = -\frac{1}{\varepsilon_0}\rho(x, y)$$

其中，$\rho(x, y)$ 为电荷密度，ε_0 为真空介电常数。问经过保角变换 $w = f(z)$ 后，在 w 平面上此方程具有怎样的形式？

答：设 $z = x + iy$，$w = \xi + i\eta$，而变换 $w = f(z)$ 相当于二元变换

$$\begin{cases} \xi = \xi(x, y) \\ \eta = \eta(x, y) \end{cases}$$

且满足
$$f'(z) = \frac{\partial \xi}{\partial x} + i\frac{\partial \eta}{\partial x} \neq 0$$

由调和函数变换的解析不变性，有

$$\frac{\partial^2 u}{\partial x^2} + \frac{\partial^2 u}{\partial y^2} = |f'(z)|^2\left(\frac{\partial^2 u}{\partial \xi^2} + \frac{\partial^2 u}{\partial \eta^2}\right)$$

得到
$$\frac{\partial^2 u}{\partial \xi^2} + \frac{\partial^2 u}{\partial \eta^2} = -\frac{1}{\varepsilon_0}\frac{\rho(x,y)}{|f'(z)|^2}$$

这是 w 平面上的 Poisson 方程。

四、解 题 示 例

在处理边界由圆周、圆弧、直线、直线段所围成的区域的保角映射问题时，分式线性变换起着重要的作用。例如，由两相交圆弧所围成的区域映射成上半平面的一般方法是：利用分式线性变换的性质，首先将其中一个交点映射成无穷远点，另一交点映射为原点，于是相应的区域也就映射为角区域；其次利用幂函数的变换特点将角形域映射成所需的上半平面。若只有一个交点，则先将此交点映射成无穷远点，这时相应的区域就映射成带形域，再利用指数函数的映射特点将带形区域映射成上半平面。

类型一　复变函数的几何意义

例 6.1　求函数 $f(z) = z^3$ 在点 $z = i$ 和 $z = 0$ 的导数值，并说明其几何意义。

解：函数 $f(z) = z^3$ 在复平面上处处解析，其导数为 $f'(z) = 3z^2$，故其转动角为 $\arg f'(z)$；将 $|f'(z)| > 1$ 的区域放大，将 $|f'(z)| < 1$ 的区域缩小。

对 $z = i$ 点，$f'(i) = 3i^2 = -3 = 3e^{\pi i}$，变换 $f(z) = z^3$ 在 $z = i$ 处具有保角性和伸缩率不变性，其转动角为 π，伸缩率为 3。

对 $z = 0$ 点，$f'(0) = 0$，变换 $f(z) = z^3$ 在 $z = 0$ 处不具有保角性。

例 6.2　试证：(1) $\left|\dfrac{z - z_1}{z - z_2}\right| = k\ (k > 0)$ 表示圆周，并求其圆心和半径；

(2) z_1、z_2 是关于圆周 $\left|\dfrac{z - z_1}{z - z_2}\right| = k$ 的对称点。

解题分析：由圆心在 z_0，半径为 r 的圆的方程 $|z - z_0| = r$，得到

$(z - z_0)\overline{(z - z_0)} = r^2 \Rightarrow z\bar{z} - \bar{z}_0 z - z_0 \bar{z} + z_0 \bar{z}_0 - r^2 = 0$，化简 $\left|\dfrac{z - z_1}{z - z_2}\right| = k\ (k > 0)$，可以得到圆心和半径。再利用对称点定义 $(z_1 - z_0)\overline{(z_2 - z_0)} = r^2$，验证 z_1、z_2 是关于圆周 $\left|\dfrac{z - z_1}{z - z_2}\right| = k$ 的对称点。（参见习题 1.22）

证明：(1) 因为 $|z - z_1| = k|z - z_2|$ 则 $(z - z_1)\overline{(z - z_1)} = k^2(z - z_2)\overline{(z - z_2)}$，化简得到

$$(1 - k)^2 z\bar{z} + (k^2\bar{z}_2 - \bar{z}_1)z + (k^2 z_2 - z_1)\bar{z} + z_1\bar{z}_1 - k^2 z_2\bar{z}_2 = 0$$
$$z\bar{z} + \frac{(k^2\bar{z}_2 - \bar{z}_1)}{1 - k^2}z + \frac{(k^2 z_2 - z_1)}{1 - k^2}\bar{z} + \frac{z_1\bar{z}_1 - k^2 z_2\bar{z}_2}{1 - k^2} = 0$$

与圆的方程 $|z - z_0| = r \Rightarrow (z - z_0)\overline{(z - z_0)} = r^2 \Rightarrow z\bar{z} - \bar{z}_0 z - z_0\bar{z} + z_0\bar{z}_0 - r^2 = 0$，对比得

到，圆心为

$$- \frac{k^2 z_2 - z_1}{1 - k^2} = \frac{z_1 - k^2 z_2}{1 - k^2}$$

半径的平方为

$$r^2 = z_0 \bar{z}_0 - \frac{z_1 \bar{z}_1 - k^2 z_2 \bar{z}_2}{1 - k^2} = \frac{(k^2 z_2 - z_1)}{1 - k^2} \cdot \frac{(k^2 \bar{z}_2 - \bar{z}_1)}{1 - k^2} - \frac{z_1 \bar{z}_1 - k^2 z_2 \bar{z}_2}{1 - k^2}$$

$$= \frac{(k^2 z_2 - z_1)(k^2 \bar{z}_2 - \bar{z}_1) - (1 - k^2)(z_1 \bar{z}_1 - k^2 z_2 \bar{z}_2)}{(1 - k^2)^2}$$

$$= \frac{(k^4 z_2 \bar{z}_2 - k^2 z_2 \bar{z}_1 - k^2 z_1 \bar{z}_2 + z_1 \bar{z}_1) - (z_1 \bar{z}_1 - k^2 z_2 \bar{z}_2) + k^2 (z_1 \bar{z}_1 - k^2 z_2 \bar{z}_2)}{(1 - k^2)^2}$$

$$= \frac{- k^2 z_2 \bar{z}_1 - k^2 z_1 \bar{z}_2 + k^2 z_2 \bar{z}_2 + k^2 z_1 \bar{z}_1}{(1 - k^2)^2} = k^2 \frac{(z_2 - z_1)(\bar{z}_2 - \bar{z}_1)}{(1 - k^2)^2} = k^2 \frac{|z_2 - z_1|^2}{|1 - k^2|^2}$$

（2）利用对称点定义验证　$(z_1 - z_0)\overline{(z_2 - z_0)} = r^2$

因为

$$z_1 - z_0 = z_1 - \frac{z_1 - k^2 z_2}{1 - k^2} = \frac{k^2 (z_2 - z_1)}{1 - k^2}$$

$$z_2 - z_0 = z_2 - \frac{z_1 - k^2 z_2}{1 - k^2} = \frac{z_2 - z_1}{1 - k^2}$$

所以　$(z_1 - z_0)\overline{(z_2 - z_0)} = \frac{k^2 (z_2 - z_1)}{1 - k^2} \cdot \frac{\overline{(z_2 - z_1)}}{1 - k^2} = \frac{k^2 |z_2 - z_1|^2}{(1 - k^2)^2} = r^2$

故 z_1、z_2 是关于圆周 $\left| \dfrac{z - z_1}{z - z_2} \right| = k$ 的对称点。

类型二　由解析函数的变换的性质，求已知区域的像区域

例 6.3　函数 $w = \dfrac{1}{z}$ 把下列 z 平面上的曲线映射成 w 平面上怎样的曲线？

（1）$(x - 1)^2 + y^2 = 1$；　　（2）$x = 1$。

解：（1）由 $(x - 1)^2 + y^2 = 1$，得到 $x^2 + y^2 - 2x + 1 = 1$，即 $z\bar{z} - (z + \bar{z}) = 0$；

将 $z = \dfrac{1}{w}$ 代入，得到 $\dfrac{1}{w\bar{w}} - \left(\dfrac{1}{w} + \dfrac{1}{\bar{w}} \right) = 0 \Rightarrow w\bar{w} - (w + \bar{w}) = 0$，即 $(u^2 + v^2) - 2u = 0$，

化简得到 $(u - 1)^2 + v^2 = 1$，变换为圆的方程。

（2）由 $x = \dfrac{z + \bar{z}}{2} = 1$，得到 $z + \bar{z} = 2$，所以有 $\dfrac{1}{w} + \dfrac{1}{\bar{w}} = 2 \Rightarrow 2w\bar{w} - w - \bar{w} = 0$，即 $2(u^2 + v^2) - 2u = 0$

化简得到 $\left(u - \dfrac{1}{2} \right)^2 + v^2 = \dfrac{1}{4}$，变换为圆的方程。

类型三　给定两个区域，求满足条件的保角变换

例 6.4　求将 2，i，− 2 对应变换成 − 1，i，1 的分式线性变换。

解：方法一： 由 $\dfrac{(w - w_1)(w_3 - w_2)}{(w - w_2)(w_3 - w_1)} = \dfrac{(z - z_1)(z_3 - z_2)}{(z - z_2)(z_3 - z_1)}$，得到

$$\frac{(w + 1)(1 - i)}{(w - i)(1 + 1)} = \frac{(z - 2)(- 2 - i)}{(z - i)(- 2 - 2)}$$

化简得到 $w = \dfrac{z - 6i}{3iz - 2}$。

方法二： 由 $w = k\dfrac{z + \alpha}{z + \beta}$，分别代入对应的变换点，得到

$$- 1 = k\frac{2 + \alpha}{2 + \beta} \tag{1}$$

$$i = k\frac{i + \alpha}{i + \beta} \tag{2}$$

$$1 = k\frac{- 2 + \alpha}{- 2 + \beta} \tag{3}$$

由式（1）和式（3）解得　　　　　　$\alpha\beta = 4$ 　　　　　　　　　　　　　(4)

由式（1）和式（2）解得 $(1 - i)\alpha\beta + 3\beta - i\alpha + (2i + 2) = 0$

$$\alpha^2 + (2 + 6i)\alpha + 12i = 0$$

$$\alpha = \frac{- (2 + 6i) + \sqrt{(2 + 6i)^2 - 48i}}{2} = \frac{- (2 + 6i) \pm (2 - 6i)}{2} = \begin{cases} - 6i \\ - 2(舍去) \end{cases}$$

代入式（4），得 $\beta = \dfrac{4}{\alpha} = - \dfrac{2}{3i}$，再将 α 和 β 的值代入式（2），得到 $i = k\dfrac{i - 6i}{i - \dfrac{2}{3i}}$，

解得 $k = - \dfrac{1}{3}i$，故有 $w = k\dfrac{z + \alpha}{z + \beta} = - \dfrac{1}{3}i\dfrac{z - 6i}{z - \dfrac{2}{3i}} = \dfrac{z - 6i}{3iz - 2}$。

例 6.5　求上半平面 $\text{Im}(z) > 0$ 映射到圆内部 $|w| < 1$ 的分式线性映射 $w = f(z)$，且满足条件 $f(2i) = 0$，$\arg f'(2i) = 0$。

解： 由条件 $f(2i) = 0$ 可知，分式线性映射将点 2i 映射到 w 平面上的 0 点，由保角变换的对称性，将 $\text{Im}(z) > 0$ 平面上的一对对称点 2i 和 − 2i，映射到 w 平面上关于单位圆 $|w| < 1$ 的一对对称点 0 和 ∞ 的分式线性映射为

$$w = f(z) = e^{i\theta}\frac{z - 2i}{z + 2i}$$

而　　　　　　　$f'(z) = e^{i\theta}\dfrac{(z + 2i) - (z - 2i)}{(z + 2i)^2} = e^{i\theta}\dfrac{4i}{(z + 2i)^2}$

$$f'(i) = e^{i\theta}\frac{4i}{(i + 2i)^2} = - \frac{4}{9}ie^{i\theta}$$

由 $\arg f'(2i) = 0$ 可知 $f'(i) > 0$，故 $e^{i\theta} = i$，

所以
$$f(z) = i\frac{z - 2i}{z + 2i}$$

例 6.6 （1）设分式线性映射 $w = e^{i\varphi}\left(\dfrac{z - \alpha}{1 - \overline{\alpha}z}\right)$，试证：$\varphi = \arg w'(\alpha)$。

（2）求上半平面 $\mathrm{Im}(z) > 0$ 映射到圆内部 $|w| < R$ 的分式线性映射 $w = f(z)$，且满足条件 $f(i) = 0$，$f'(i) = 1$，并计算 R 的值。

（1）**证明：** $w'(z) = e^{i\varphi}\dfrac{(1 - \overline{\alpha}z) + \overline{\alpha}(z - \alpha)}{(1 - \overline{\alpha}z)^2} = e^{i\varphi}\dfrac{(1 - \overline{\alpha}\alpha)}{(1 - \overline{\alpha}z)^2}$

$$w'(\alpha) = e^{i\varphi}\frac{(1 - \overline{\alpha}\alpha)}{(1 - \overline{\alpha}\alpha)^2} = e^{i\varphi}\frac{1}{1 - \overline{\alpha}\alpha}$$

由于 $|\alpha| < 1$（为什么？）

故 $\varphi = \arg w'(\alpha)$。

（2）**解：** 将 $\mathrm{Im}(z) > 0$ 平面上的一对对称点 i 和 $-i$，映射到 w 平面上关于单位圆 $|w| < 1$ 的一对对称点 0 和 ∞ 的分式线性映射为

$$w_1 = f_1(z) = e^{i\theta}\frac{z - i}{z + i}$$

单位圆 $|w| < 1$ 映射到 $|w| < R$ 的映射为 $w_2 = f_2(z) = Rf_1(z)$

故
$$w = f(z) = Re^{i\theta}\frac{z - i}{z + i}$$

$$f'(z) = Re^{i\theta}\frac{(z + i) - (z - i)}{(z + i)^2} = Re^{i\theta}\frac{2i}{(z + i)^2}$$

$$f'(i) = Re^{i\theta}\frac{2i}{(i + i)^2} = -\frac{R}{2}ie^{i\theta} = 1$$

故
$$R = 2, \quad e^{i\theta} = i$$

$$w = f(z) = 2i\frac{z - i}{z + i}$$

例 6.7 设 z 平面上的区域为 D：$|z + i| > \sqrt{2}$，$|z - i| < \sqrt{2}$，试求下列保角变换。

（1）$w_1 = f_1(z)$ 把 D 映射成 w_1 平面上的角形域 G_1：$\dfrac{\pi}{4} < \arg w_1 < \dfrac{3}{4}\pi$；

（2）$w_2 = f_2(w_1)$ 把 G_1 映射成 w_2 平面上的第一象限 G_2：$0 < \arg w_2 < \dfrac{\pi}{2}$；

（3）$w = f_3(w_2)$ 把 G_2 映射成 w 平面的上半平面 G：$\mathrm{Im}w > 0$；

（4）$w = f(z)$ 把 D 映射成 G。

解： （1）由 $\begin{cases} |z + i| = \sqrt{2} \\ |z - i| = \sqrt{2} \end{cases}$ 解得交点 $z_1 = 1$，$z_2 = -1$。

设 $w_1 = \dfrac{z - 1}{z + 1}$ 则它把 D 映射成 w_1 平面上的 G_1：$\dfrac{\pi}{4} < \arg w_1 < \dfrac{3}{4}\pi$。

（2）设 $w_2 = \mathrm{e}^{-\frac{\pi}{4}\mathrm{i}} w_1$，则它把 G_1 映射成 w_2 平面上的第一象限 G_2：$0 < \arg w_2 < \dfrac{\pi}{2}$。

（3）设 $w = w_2{}^2$，则它把 G_2 映射成 w 平面的上半平面 G：$\mathrm{Im}\,w > 0$。

（4）$w = \left(\mathrm{e}^{-\frac{\pi}{4}\mathrm{i}}\dfrac{z-1}{z+1}\right)^2 = -\,\mathrm{i}\left(\dfrac{z-1}{z+1}\right)^2$。

如图 6-1 所示。

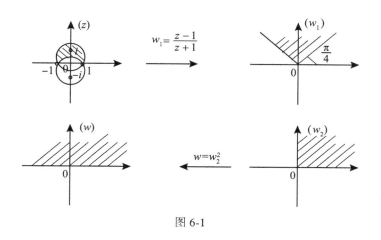

图 6-1

五、习题参考解答和提示

6.1 求解析函数 $w = z^2$ 在下列点处的伸缩率和旋转角：

（1）$z = 1$；　　（2）$z = 1 + \mathrm{i}$。

解：函数 $f(z) = z^2$ 在复平面上处处解析，其导数为 $f'(z) = 2z$，故其转动角为 $\arg f'(z)$；将 $|f'(z)| > 1$ 的区域放大，将 $|f'(z)| < 1$ 的区域缩小。

（1）对 $z = 1$ 点，$f'(1) = 2 = 2\mathrm{e}^{0\mathrm{i}}$，变换 $f(z) = z^2$ 在 $z = 1$ 处具有保角性和伸缩率不变性，其转动角为 0，伸缩率为 2。

（2）对 $z = 1 + \mathrm{i}$ 点，$f'(1 + \mathrm{i}) = 2(1 + \mathrm{i}) = 2\sqrt{2}\,\mathrm{e}^{\frac{\pi}{4}\mathrm{i}}$，变换具有保角性和伸缩率不变性，伸缩率为 $2\sqrt{2}$，转动角 $\theta = \dfrac{\pi}{4}$。

6.2 在解析变换 $w = \mathrm{i}z + \mathrm{i}$ 下，下列图形变换成什么图形？

（1）以 $z_1 = \mathrm{i}$，$z_2 = -1$，$z_3 = 1$ 为顶点的三角形；

（2）圆域 $|z - 1| \leqslant 1$；

（3）右半平面 $\mathrm{Re}\,z > 0$。

解：函数 $w = \mathrm{i}z + \mathrm{i}$ 在复平面上处处解析，具有旋转和平移不变性。

逆时针旋转 $\dfrac{\pi}{2}$，虚轴平移 1 单位。

6.3 解析函数 $w = z^2$ 把上半个圆域（$|z| < R$，$\text{Im}z > 0$）变换成什么图形?

解：经 $w = z^2$ 式变换以后，$z = \pm R$ 变换到 $w = R^2$，$|w| < R^2$ 且沿由 0 到 1 的半径有割痕。

6.4 求出一个把右半平面 $\text{Re}z > 0$ 变换成单位圆 $|w| < 1$ 的分式变换。

解：由分式线性变换的保圆性，我们知道这是将 z 平面的虚轴映射成单位圆周 $|w| = 1$。设将右半平面内的点 $z = \lambda$ 变换为圆心 $w = 0$，λ 关于 y 轴的对称点是 $-\bar{\lambda}$，由保对称性，可知点 $z = -\bar{\lambda}$ 必变换为 $w = \infty$。所求的分式线性映射有如下形式：

$$w = k\frac{z - \lambda}{z + \bar{\lambda}}$$

其中，k 为常数。

由于是将 z 平面的虚轴映射成单位圆周 $|w| = 1$，所以当 $z = iy$（虚数）时，必须 $|w| = 1$，即

$$|w| = |k|\left|\frac{iy - x}{iy + \bar{x}}\right| = |k|\left|\frac{iy - x}{-(iy - x)}\right| = |k| = 1$$

所以，$k = e^{i\theta}$。因此，将右半平面 $\text{Im}z > 0$ 变换为单位圆 $|w| < 1$ 的分式线性变换的一般形式为

$$w = e^{i\theta}\frac{z - \lambda}{z + \bar{\lambda}} \quad (\text{Re}\lambda > 0)$$

其中，λ 是一个任意的复数，它和 $-\bar{\lambda}$ 组成 y 轴的一对对称点，将 y 轴变换成单位圆的分式变换不是唯一的，需要另一个条件确定 $e^{i\theta}$ 的值。

另解：先将右半平面 $\text{Re}z > 0$ 逆时针旋转 90 度，再将 $z = \lambda$ 变换到原点，将它的共轭点变换到无穷远点，其一个变换为 $w = i\frac{z - \lambda}{z - \bar{\lambda}}$。

6.5 求把上半平面 $\text{Im}z > 0$ 变换成单位圆 $|w| < 1$ 的分式变换，并满足条件：
(1) $f(i) = 0$，$f(-1) = 1$；　　(2) $f(i) = 0$，$\arg f'(i) = 0$；
(3) $f(i) = 0$，$\arg f'(i) = \dfrac{\pi}{2}$。

解：(1)将 i 变换为圆心 $w = f(i) = 0$，可知 $\lambda = i$，而其关于 x 轴的对称点 $\bar{\lambda} = -i$。所以有

$$w = f(z) = e^{i\theta}\frac{z - i}{z + i}$$

由于

$$f(-1) = e^{i\theta}\frac{-1 - i}{-1 + i} = e^{i\theta}\frac{(-1 - i)^2}{2} = e^{i\theta}i = 1$$

可知，$\theta = -\dfrac{\pi}{2}$。所以，分式变换为

$$w = f(z) = -\mathrm{i}\,\frac{z-\mathrm{i}}{z+\mathrm{i}}$$

（2）将 i 变换为圆心 $w=f(\mathrm{i})=0$，可知 $\lambda=\mathrm{i}$，而其关于 x 轴的对称点 $\overline{\lambda}=-\mathrm{i}$。所以有

$$w = f(z) = \mathrm{e}^{\mathrm{i}\theta}\,\frac{z-\mathrm{i}}{z+\mathrm{i}}$$

由于 $\quad f'(z)=\mathrm{e}^{\mathrm{i}\theta}\dfrac{2\mathrm{i}}{(z+\mathrm{i})^2},\ f'(\mathrm{i})=\mathrm{e}^{\mathrm{i}\theta}\dfrac{2\mathrm{i}}{(z+\mathrm{i})^2}\bigg|_{z=\mathrm{i}}=-\dfrac{\mathrm{i}}{2}\mathrm{e}^{\mathrm{i}\theta}=\dfrac{1}{2}\mathrm{e}^{\mathrm{i}\left(\theta-\frac{\pi}{2}\right)}$

由条件 $\arg f'(\mathrm{i})=0$，可知 $\theta=\dfrac{\pi}{2}$。所以分式变换为

$$w = f(z) = \mathrm{i}\,\frac{z-\mathrm{i}}{z+\mathrm{i}}$$

（3）将 i 变换为圆心 $w=f(\mathrm{i})=0$，可知 $\lambda=\mathrm{i}$，而其关于 x 轴的对称点 $\overline{\lambda}=-\mathrm{i}$。所以，有

$$w = f(z) = \mathrm{e}^{\mathrm{i}\theta}\,\frac{z-\mathrm{i}}{z+\mathrm{i}}$$

由于 $\quad f'(z)=\mathrm{e}^{\mathrm{i}\theta}\dfrac{2\mathrm{i}}{(z+\mathrm{i})^2},\ f'(\mathrm{i})=\mathrm{e}^{\mathrm{i}\theta}\dfrac{2\mathrm{i}}{(z+\mathrm{i})^2}\bigg|_{z=\mathrm{i}}=-\dfrac{\mathrm{i}}{2}\mathrm{e}^{\mathrm{i}\theta}=\dfrac{1}{2}\mathrm{e}^{\mathrm{i}\left(\theta-\frac{\pi}{2}\right)}$

由条件 $\arg f'(\mathrm{i})=\dfrac{\pi}{2}$，可知 $\theta=\pi$。所以分式变换为

$$w = f(z) = -\frac{z-\mathrm{i}}{z+\mathrm{i}}$$

6.6 求把单位圆映射成单位圆的分式变换，并满足条件：

$(1)\,f\left(\dfrac{1}{2}\right)=0,\ f(-1)=1;\qquad (2)\,f\left(\dfrac{1}{2}\right)=0,\ \arg f'\left(\dfrac{1}{2}\right)=\dfrac{\pi}{2}$。

解：（1）将 z 平面的单位圆变换到 w 平面的单位圆，并使得 $z=\dfrac{1}{2}$ 点变为 w 平面单位圆的圆心，$z=2$ 和 $z=\dfrac{1}{2}$ 是单位圆的一对共轭点，$w=0$ 和 $w=\infty$ 是 w 平面内单位圆的一对共轭点，下面的变换能完成这两对共轭点之间的变换。

$$w = f(z) = k\,\frac{z-\dfrac{1}{2}}{z-2}$$

由 $f(-1)=1$，得到 $k=2$，则分式变换为 $w=\dfrac{2z-1}{z-2}$。

（2）将 z 平面的单位圆变换到 w 平面的单位圆，因为 $z=2$ 和 $z=\dfrac{1}{2}$ 是单位圆的一对共轭点，使 $z=\dfrac{1}{2}$ 点变为 w 平面单位圆的圆心，$z=2$ 点变为 w 平面 $w=\infty$ 点，分式变换为

$$w = f(z) = k\frac{z - \dfrac{1}{2}}{z - 2} = e^{i\theta}\frac{2z - 1}{z - 2}$$

因 $\dfrac{dw}{dz} = f'(z) = -3e^{i\theta}\dfrac{1}{(z-2)^2}$，由 $\arg f'\left(\dfrac{1}{2}\right) = \dfrac{\pi}{2}$，得到 $\theta = -\dfrac{\pi}{2}$，故满足条件的单位圆到单位圆的分式变换，$w = -i\dfrac{2z-1}{z-2}$。

6.7 求将下列区域变换为上半平面的分式线性变换：

（1）$|z| < 2$，$\mathrm{Im}\, z > 1$；　（2）$0 < \arg z < \dfrac{\pi}{4}$，$|z| < 2$；（3）$a < \mathrm{Re}\, z < b$。

解：（1）区域为小半圆，圆周与线段的交点为 $-\sqrt{3} + i$ 和 $\sqrt{3} + i$，圆周和线段的夹角为 $\dfrac{\pi}{3}$，如图 6-2 所示。

若将交点 $-\sqrt{3} + i$ 变换为原点，将交点 $\sqrt{3} + i$ 变换为无穷远点，则区域变换为夹角为 $\dfrac{\pi}{3}$ 角形区域，

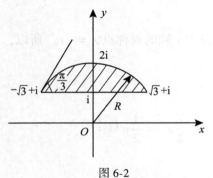

图 6-2

$$w_1 = \frac{z + \sqrt{3} - i}{z - \sqrt{3} - i},$$

首先确定线段的位置，取 $z = i$，代入得到 $w_1 = -1$，即线段变换为负实轴射线，根据保角性质，可以确定圆弧变换成的射线的位置，二条射线的夹角是 $\dfrac{\pi}{3}$，也可以取圆弧上的点 $z = 2i$，代入得到

$$w_1 = \frac{i + \sqrt{3}}{i - \sqrt{3}} = -\frac{1}{2}(1 + \sqrt{3}i)$$

$$w_2 = e^{i\pi}w_1$$

$$w = (w^2)^3 = -\left(\frac{z + \sqrt{3} - i}{z - \sqrt{3} - i}\right)^3$$

（2）所要变换区域为扇形区域，夹角是 $\dfrac{\pi}{4}$，半径为 2，如图 6-3 所示。下面将角形区域变换为上半平面。

首先作变换 $w_1 = z^4$，将扇形区域变换为上半平面半圆域：$\mathrm{Im}\, w_1 > 0$，$|w_1| < 16$。

再作分式线性变换 $w_2 = \dfrac{w_1 + 16}{w_1 - 16}$，将上半平面半圆域为角形区域，为 w_2 平面的第三象限，即 $-\pi < \arg w_2 < -\dfrac{\pi}{2}$。

令 $w = (-w_2)^2$，则变为 w 平面的上半平面，即 $w = \left(\dfrac{z^4 + 16}{z^4 - 16}\right)^2$。

（3）所要变换区域为带形区域，如图 6-4 所示。

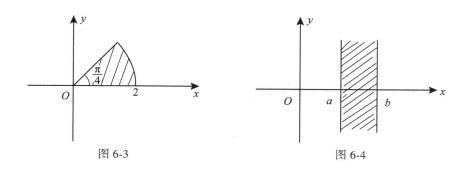

图 6-3　　　　　　　　　　　图 6-4

首先作变换 $w_1 = z - a$，将区域 $a < \mathrm{Re}z < b$ 变换为区域 $0 < \mathrm{Re}w_1 < b - a$；

再作变换 $w_2 = \mathrm{i}w_1$，将垂直的带形区域变换为水平带形区域 $0 < \mathrm{Im}w_2 < b - a$；

作变换 $w_3 = \dfrac{\pi}{b-a}w_2$ 变换，将水平带形区域的宽度变到 π，变换 $w = \mathrm{e}^{w_3}$，把宽为 π

的水平带形区域映射为 w 平面的上半平面，即 $w = \mathrm{e}^{\frac{\pi \mathrm{i}}{b-a}(z-a)}$ 把 $a < \mathrm{Re}z < b$ 映射为上半平面。

6.8　下列区域在指定的解析变换下变成什么？

（1）$0 < \mathrm{Im}z < \dfrac{1}{2}$，$w = \dfrac{1}{z}$；

（2）$\mathrm{Re}z > 1$，$\mathrm{Im}z > 0$，$w = \dfrac{1}{z}$；

（3）$\mathrm{Re}z > 0$，$0 < \mathrm{Im}(z) < 1$，$w = \dfrac{\mathrm{i}}{z}$。

解：（1）**方法一**：将 $z = \dfrac{1}{w}$ 代入不等式，有

$$0 < \mathrm{Im}z < \frac{1}{2} \Rightarrow 0 < \mathrm{Im}\frac{1}{w} < \frac{1}{2} \Rightarrow 0 < -\frac{v}{u^2+v^2} < \frac{1}{2}$$

$$\Rightarrow \begin{cases} v < 0 \\ u^2 + (v+1)^2 > 1 \end{cases} \Rightarrow \begin{cases} \mathrm{Im}w < 0 \\ |w + \mathrm{i}| > 1 \end{cases}$$

方法二：讨论区域的边界的映射情况。

因为 $w = \dfrac{1}{z} = \dfrac{x - \mathrm{i}y}{x^2+y^2}$，反演变换将 x 轴（$y = 0$）变换为 $v = 0$；

将 $y = \dfrac{1}{2}$ 变换为 $u = \dfrac{x}{x^2+\frac{1}{4}}$，$v = -\dfrac{\frac{1}{2}}{x^2+\frac{1}{4}}$，消去参量 x 得到，$u^2 + (v+1)^2 = 1$。

故变换成的区域为 $\begin{cases} \mathrm{Im}w < 0 \\ |w + \mathrm{i}| > 1 \end{cases}$

（2）**方法一**：将 $z = \dfrac{1}{w}$ 代入不等式，有

$$\operatorname{Im} z > 0 \Rightarrow \operatorname{Im} \frac{1}{w} > 0 \Rightarrow -\frac{v}{u^2 + v^2} > 0 \Rightarrow v < 0$$

$$\operatorname{Re} z > 1 \Rightarrow \operatorname{Re} \frac{1}{w} > 1 \Rightarrow \frac{u}{u^2 + v^2} > 1 \Rightarrow u^2 - u + v^2 < 0 \Rightarrow \left(u - \frac{1}{2}\right)^2 + v^2 < \frac{1}{4}$$

故变换成的区域为
$$\begin{cases} \operatorname{Im} w < 0 \\ \left| w - \dfrac{1}{2} \right| < \dfrac{1}{2} \end{cases}$$

方法二：讨论区域的边界的映射情况。

因为 $w = \dfrac{1}{z} = \dfrac{x - \mathrm{i} y}{x^2 + y^2}$，反演变换将 x 轴（$y = 0$）变换为 $v = 0$；

将 $x = 1$ 变换为 $u = \dfrac{1}{1 + y^2}$，$v = -\dfrac{y}{1 + y^2}$，消去参量 y 得到，$\left(u - \dfrac{1}{2}\right)^2 + v^2 = \left(\dfrac{1}{2}\right)^2$。

故变换成的区域为
$$\begin{cases} \operatorname{Im} w < 0 \\ \left| w - \dfrac{1}{2} \right| < \dfrac{1}{2} \end{cases}$$

（3）将 $z = \dfrac{\mathrm{i}}{w}$ 代入不等式，有

$$\operatorname{Re} z > 0 \Rightarrow \operatorname{Re} \frac{\mathrm{i}}{w} > 0 \Rightarrow \frac{v}{u^2 + v^2} > 0 \Rightarrow v > 0$$

$$0 < \operatorname{Im} z < 1 \Rightarrow 0 < \operatorname{Im} \frac{\mathrm{i}}{w} < 1 \Rightarrow 0 < \frac{u}{u^2 + v^2} < 1 \Rightarrow \begin{cases} u > 0 \\ \left(u - \dfrac{1}{2}\right)^2 + v^2 < \left(\dfrac{1}{2}\right)^2 \end{cases}$$

故变换成的区域为
$$\begin{cases} \operatorname{Re} w > 0 \\ \operatorname{Im} w > 0 \\ \left| w - \dfrac{1}{2} \right| < \dfrac{1}{2} \end{cases}$$

6.9　求将下列区域变换成上半平面的线性变换式：

（1）$0 < \operatorname{Im}(z) < \alpha$，$\operatorname{Re} z > 0$；　　（2）$|z| < 2$，$|z - 1| > 1$。

解：（1）所要变换的区域为右半平面带形区域，如图 6-5 所示。

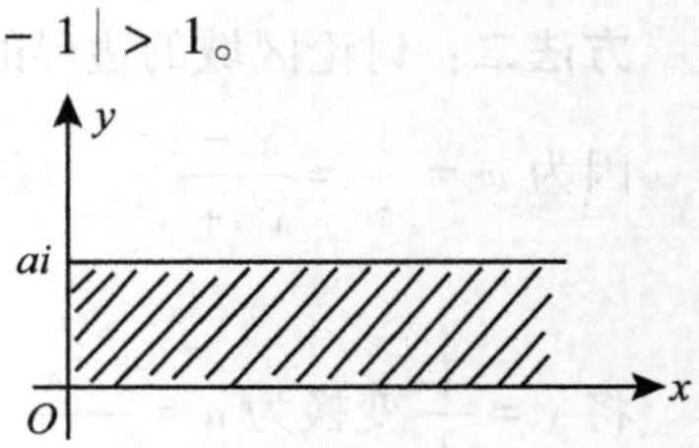

令 $w_1 = \dfrac{\pi}{a} z$，则把区域 $0 < \operatorname{Im}(z) < \alpha$，$\operatorname{Re} z > 0$，映射为区域 $0 < \operatorname{Im}(w_1) < \pi$，$\operatorname{Re} w_1 > 0$。

再作指数函数 $w_2 = \mathrm{e}^{-w_1}$ 变换，将区域变换为半单位

圆，$w_2 = \mathrm{e}^{-w_1} \underset{w_1 = \rho(\cos\theta + \mathrm{i}\sin\theta)}{} \mathrm{e}^{-\rho\cos\theta} \cdot \mathrm{e}^{-\mathrm{i}\rho\sin\theta}$ $|w_2| < 1$，$\operatorname{Im} w_2 < 0$。

图 6-5

234

作变换 $w = \left(\dfrac{w-1}{w+1}\right)^2$，则半单位圆可以变换成上半无界的平面。

故所求变换为
$$w = \left(\dfrac{\mathrm{e}^{-\frac{\pi}{a^2}z} - 1}{\mathrm{e}^{-\frac{\pi}{a^2}z} + 1}\right)^2$$

（2）所要变换的区域月芽形区域，如图 6-6(a)所示。

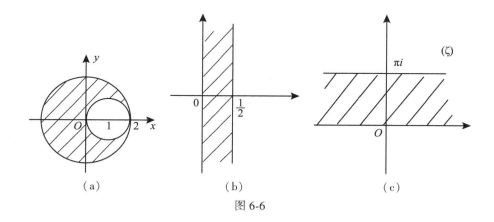

图 6-6

区域可以由分式线性变换映射成条形区域，只要将交点变换成 $w = \infty$ 点即可。考虑分式线性变换 $w_1 = \dfrac{z}{z-2}$，把 $z = 2$ 映射为 $w_1 = \infty$，把 $z = 0$ 映射为 $w_1 = 0$，再考虑到把 $z = 1 + \mathrm{i}$ 映射为 $w_1 = -\mathrm{i}$，则 $w_1 = \dfrac{z}{z-2}$ 把 $|z-1| = 1$ 映射为 w_1 的虚轴；因为把 $z = -2$ 映射为 $w_1 = \dfrac{1}{2}$，故 $w_1 = \dfrac{z}{z-2}$ 把 $|z| = 2$ 映射为 w_1 的平行虚轴的直线 $\mathrm{Re}w_1 = \dfrac{1}{2}$，再由 $z = -1$ 映射为 $w_1 = \dfrac{1}{3}$ 知，分式线性变换 $w_1 = \dfrac{z}{z-2}$ 把区域映射成带形区域 $0 < \mathrm{Re}w_1 < \dfrac{1}{2}$，如图 6-6(b)所示。

作 $w_2 = 2\pi\mathrm{i}w_1$ 变换，将区域 $0 < \mathrm{Re}w_1 < \dfrac{1}{2}$ 变换为水平带形区域 $0 < \mathrm{Im}w_2 < \pi$，如图 6-6(c)；

再作指数函数 $w = \mathrm{e}^{w_2}$ 变换，将带形区域 $0 < \mathrm{Im}w_2 < \pi$ 变换为上半平面 $\mathrm{Im}w > 0$。

故所求变换为 $w = \mathrm{e}^{\mathrm{i}2\pi\frac{z}{z-2}}$。

6.10 两块半无穷大的金属平板连成一块无穷大的金属平板，连接处绝缘，设两部分的静电势分别为 V_1 和 V_2，求板外的静电势分布。

解： 若在三维直角坐标系中，无穷大的金属平板位于 xz 平面，两金属平板连接处为 z 轴线，则问题转化为 xy 平面的二维静电势问题。

对数函数(取主值)

$$w_1 = \ln z = \ln|z| + i\arg z$$

将上半平面（$0 < |z| < \infty$，$0 < \arg z < \pi$）映射为 w_1 平面的平行于实轴的无限长带形区域（$0 < \mathrm{Im} w_1 < \pi$），其中正实轴（$\arg z = 0$）映射为 $\mathrm{Im} w_1 = 0$，负实轴（$\arg z = \pi$）映射为 $\mathrm{Im} w_1 = \pi$。如图 6-7 所示。

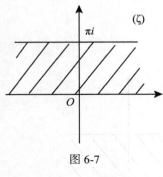

图 6-7

再将带形区域的上下边界变换成对应的静电势值 V_2 和 V_1，此变换为

$$w = \frac{V_2 - V_1}{\pi} w_1 + V_1 i = \frac{V_2 - V_1}{\pi}\ln|z| + i\left(\frac{V_2 - V_1}{\pi}\arg z + V_1\right)$$

则变换后的虚部为板外静电势，即

$$V = \mathrm{Im} w = \frac{V_2 - V_1}{\pi}\arg z + V_1$$

6.11 一无限长的金属圆柱形空筒，用极薄的两条绝缘材料沿圆柱的母线将金属圆柱筒分成两片，设一片接地，另一片的电势为 1，求筒内静电势。

解：若在三维直角坐标系中，金属圆柱形空筒的轴线为 z 轴，则问题转化为 xy 平面的二维静电势问题。假设接地端位于下半平面，而电势为 1 的一端位于上半平面。

首先将圆内变换成上半平面，且下半平面半圆映射成负实轴，上半平面半圆映射成正实轴。因为圆弧的两个交点为 $z = 1$ 和 $z = -1$，把 $z = -1$ 映射为 $w_1 = \infty$，把 $z = 1$ 映射为 $w_1 = 0$，则此分式线性变换为 $w_1 = e^{i\theta}\dfrac{z-1}{z+1}$。

为了使得 $\arg w_1(i) = 0$，$\arg w_1(-i) = \pi$，则 $e^{i\theta} = -i$，故 $w_1 = -i\dfrac{z-1}{z+1}$。

再将上半平面变换成条状区域，对数函数（取主值）$w_2 = \ln w_1 = \ln|w_1| + i\arg w_1$。

将上半平面（$0 < |w_1| < \infty$，$0 < \arg w_1 < \pi$）映射为 w_2 平面的平行于实轴的无限长带形区域（$0 < \mathrm{Im} w_2 < \pi$），其中正实轴（$\arg w_1 = 0$）映射为 $\mathrm{Im} w_2 = 0$，负实轴（$\arg w_1 = \pi$）映射为 $\mathrm{Im} w_2 = \pi$。

再将带形区域的上下边界变换成对应的静电势值 1 和 0，此变换为 $w = \dfrac{1}{\pi} w_2$。

则变换后的虚部为筒内静电势，即 $V = \mathrm{Im}\left[\dfrac{1}{\pi}\ln\dfrac{i(1-z)}{1+z}\right] = \dfrac{1}{\pi}\arg\left(i\dfrac{1-z}{1+z}\right)$。

6.12 二维静电势的物理问题，A，B 二点绝缘，图 6-8(a) 中半径为 a 的半圆周带有 V_2 的静电势，x 轴的其它部分带有 V_1 的静电势。图 6-8(b) 中 A 和 B 离开原点的距离是 a，$|x| < a$ 的部分带有静电势是 V_2，$|x| > a$ 部分带有静电势是 V_1，分别将两图中带有 V_1 的部分变换成一条直线，带有 V_2 的部分变换成另一条直线，使得这两条直线平行，并指明两条直线之间的距离。

解：(1) 因为圆弧的两个交点为 $z = a$ 和 $z = -a$，我们把 $z = -a$ 映射为 $w_1 = \infty$，把 $z = a$ 映射为 $w_1 = 0$，则此分式线性变换为 $w_1 = \dfrac{z-a}{z+a}$。

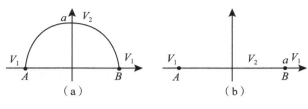

图 6-8

因为 $w_1(ai) = i$，而 $w_1(2a) = \dfrac{1}{3}$，$w_1(-2a) = 3$，所以变换 $w_1 = \dfrac{z-a}{z+a}$ 把圆弧映射成正虚轴，把直线 $-\infty < x < -a$ 和 $a < x < +\infty$ 映射成正实轴（对应 $[1, \infty]$ 和 $[0, 1]$）。

将第一象限区域变换成上半平面，$w_2 = (w_1)^2$，再将上半平面变换成条状区域，对数函数（取主值），$w_3 = \ln w_2 = \ln|w_2| + i\arg w_2$，将上半平面（$0 < |w_2| < \infty$，$0 < \arg w_2 < \pi$）映射为 w_3 平面的平行于实轴的无限长带形区域（$0 < \operatorname{Im} w_3 < \pi$），其中正实轴（$\arg w_2 = 0$）映射为 $\operatorname{Im} w_3 = 0$，负实轴（$\arg w_2 = \pi$）映射为 $\operatorname{Im} w_3 = \pi$。

再将带形区域的上下边界变换成对应的静电势值 V_2 和 V_1，此变换为

$$w = \frac{V_2 - V_1}{\pi} w_3 + V_1 i = 2\frac{V_2 - V_1}{\pi} \ln\left|\frac{z-a}{z+a}\right| + i\left(2\frac{V_2 - V_1}{\pi}\arg\frac{z-a}{z+a} + V_1\right)$$

则变换后的虚部为静电势，即

$$V = 2\frac{V_2 - V_1}{\pi}\arg\frac{z-a}{z+a} + V_1$$

(2) 因为两直线的两个交点为 $z = a$ 和 $z = -a$，我们把 $z = -a$ 映射为 $w_1 = \infty$，把 $z = a$ 映射为 $w_1 = 0$，则此分式线性变换为 $w_1 = \dfrac{z-a}{z+a}$，

因为 $w_1(0) = -1$，而 $w_1(2a) = \dfrac{1}{3}$，$w_1(-2a) = 3$，所以变换 $w_1 = \dfrac{z-a}{z+a}$ 把线段 $[-1, 1]$ 映射成负实轴，把直线 $-\infty < x < -a$ 和 $a < x < +\infty$ 映射成正实轴（对应 $[1, \infty]$ 和 $[0, 1]$）；并且把上半平面映射成上半平面（因为 $w_1(ai) = i$）。

再将上半平面变换成条状区域，对数函数（取主值）$w_2 = \ln w_1 = \ln|w_1| + i\arg w_1$，

将上半平面（$0 < |w_1| < \infty$，$0 < \arg w_1 < \pi$）映射为 w_2 平面的平行于实轴的无限长带形区域（$0 < \operatorname{Im} w_2 < \pi$），其中正实轴（$\arg w_1 = 0$）映射为 $\operatorname{Im} w_2 = 0$，负实轴（$\arg w_1 = \pi$）映射为 $\operatorname{Im} w_2 = \pi$。

再将带形区域的上下边界变换成对应的静电势值 V_2 和 V_1，此变换为

$$w = \frac{V_2 - V_1}{\pi} w_3 + V_1 i = \frac{V_2 - V_1}{\pi} \ln\left|\frac{z-a}{z+a}\right| + i\left(\frac{V_2 - V_1}{\pi}\arg\frac{z-a}{z+a} + V_1\right)$$

则变换后的虚部为静电势，即

$$V = \frac{V_2 - V_1}{\pi}\arg\frac{z-a}{z+a} + V_1$$

第七章　Fourier 变换

人们在处理和分析工程实际中的一些问题时，常常采用一种变换手段，将问题进行转换，从另一个角度进行分析和处理。变换的目的，一是使问题的性质更清楚，更便于分析；二是使问题的求解更方便。所谓积分变换，就是通过积分运算，把一个函数变成另一个函数的变换，一般是含有参变数的积分

$$F(p) = \int f(x) K(x, p) \mathrm{d}x$$

其实质就是把某函数类 A 中的函数 $f(x)$ 通过上述积分运算变换成另一函数类 B 中的函数 $F(p)$，$F(p)$ 称为 $f(x)$ 的像函数，$f(x)$ 称为 $F(p)$ 的像原函数，其变换是可逆的；而 $K(x, p)$ 是一个已知的二元函数，称为积分变换的核。当选取不同的积分区域和变换核时，就得到不同的积分变换。

在复变函数理论的基础上建立的二个基本的变换，Fourier 变换和 Laplace 变换，它们在系统和信号的分析以及求解偏微分方程和常微分方程中有很广的应用。Fourier 变换将一个实变量的函数变换成另一个实变量的函数，在应用时，原函数的变量可以是空间变量也可以是时间变量，对于不同的空间，像函数的变量有确切的物理意义。

一、知　识　要　点

(一) Fourier 积分公式和积分定理

1. Fourier 级数

函数 $f(x)$ 以 $2l$ 为周期，在闭区间 $[-l, l]$ 上满足狄利克莱(Dirichlet)条件，即它满足条件：

(1) 在 $[-l, l]$ 上连续，或者只有有限个第一类间断点；

(2) $f(x)$ 在 $[-l, l]$ 上只有有限个极值点。

那么，在 $[-l, l]$ 上 $f(x)$ 可以展成 Fourier 级数

$$f(x) = \frac{a_0}{2} + \sum_{n=1}^{\infty} (a_n \cos n\omega x + b_n \sin n\omega x)$$

其中，$\omega = \dfrac{\pi}{l}$ 称为频率，频率 ω 对应的周期 T 与 $f(x)$ 的周期相同，称为基波频率，$n\omega$ 称

为 $f(x)$ 的 n 次谐波频率。而

$$a_0 = \frac{1}{l}\int_{-l}^{l} f(\xi)\mathrm{d}\xi, \quad a_n = \frac{1}{l}\int_{-l}^{l} f(\xi)\cos\frac{n\pi\xi}{l}\mathrm{d}\xi, \quad b_n = \frac{1}{l}\int_{-l}^{l} f(\xi)\sin\frac{n\pi\xi}{l}\mathrm{d}\xi \quad (n = 1,\ 2,\ 3,\ \cdots)$$

2. Fourier 级数的复指数形式

$$f(x) = \sum_{n=-\infty}^{\infty} c_n \mathrm{e}^{\mathrm{i}\omega_n x}, \quad \omega_n = \frac{n\pi}{l}, \quad c_n = \frac{1}{2l}\int_{-l}^{l} f(\xi)\mathrm{e}^{-\mathrm{i}\omega_n \xi}\mathrm{d}\xi \quad (n = 0,\ \pm1,\ \pm2,\ \pm3,\ \cdots)$$

3. Fourier 积分公式

任何一个非周期函数 $f(x)$ 都可以看成由某个周期函数 $f_T(x)$ 当 $T\to+\infty$ 时转化而来的，即 $\lim\limits_{T\to\infty} f_T(x) = f(x)$，则

$$f(x) = \frac{1}{2\pi}\int_{-\infty}^{+\infty}\left[\int_{-\infty}^{+\infty} f(\xi)\mathrm{e}^{-\mathrm{i}\omega\xi}\mathrm{d}\xi\right]\mathrm{e}^{\mathrm{i}\omega x}\mathrm{d}\omega$$

这个公式称为函数 $f(x)$ 的 Fourier 积分公式。

$$\text{若}\ F(\omega) = \int_{-\infty}^{+\infty} f(x)\mathrm{e}^{-\mathrm{i}\omega x}\mathrm{d}x, \quad \text{有}\ f(x) = \frac{1}{2\pi}\int_{-\infty}^{+\infty} F(\omega)\mathrm{e}^{\mathrm{i}\omega x}\mathrm{d}\omega。$$

4. Fourier 积分定理

若函数 $f(x)$ 在任何有限区间上满足 Dirichlet 条件(即函数在任何有限区间上满足：①连续或只有有限个第一类间断点；②至多有有限个极值点)，并且在 $(-\infty, \infty)$ 上绝对可积(即 $\int_{-\infty}^{+\infty}|f(x)|\mathrm{d}x < \infty$)，则有

$$\frac{1}{2\pi}\int_{-\infty}^{+\infty}\left[\int_{-\infty}^{+\infty} f(\xi)\mathrm{e}^{-\mathrm{i}\omega\xi}\mathrm{d}\xi\right]\mathrm{e}^{\mathrm{i}\omega t}\mathrm{d}\omega = \begin{cases} f(x), & x\ \text{为连续点} \\ \dfrac{f(x+0)+f(x-0)}{2}, & x\ \text{为间断点} \end{cases}$$

(二) Fourier 变换

1. 傅立叶变换的概念

$$\mathscr{F}[f(x)] = F(\omega) = \int_{-\infty}^{+\infty} f(x)\mathrm{e}^{-\mathrm{i}\omega x}\mathrm{d}x$$

$F(\omega)$ 称为 $f(x)$ 的 Fourier 变换(像原函数)，可记做 $F(\omega) = \mathscr{F}[f(x)]$

$$f(x) = \frac{1}{2\pi}\int_{-\infty}^{+\infty} F(\omega)\mathrm{e}^{\mathrm{i}\omega x}\mathrm{d}\omega$$

$f(x)$ 称为 $F(\omega)$ 的 Fourier 逆变换(像原函数)，记做 $f(x) = \mathscr{F}^{-1}[F(\omega)]$。

若 $f(x)$ 为奇函数时，则有正弦傅氏变换对

$$F_s(\omega) = \int_0^{+\infty} f(x)\sin\omega x\mathrm{d}x, \quad f(x) = \frac{2}{\pi}\int_0^{+\infty} F_s(\omega)\sin\omega x\mathrm{d}\omega$$

若 $f(x)$ 为偶函数时，则有余弦傅氏变换对

$$F_c(\omega) = \int_0^{+\infty} f(x)\cos\omega x\mathrm{d}x, \quad f(x) = \frac{2}{\pi}\int_0^{+\infty} F_c(\omega)\cos\omega x\mathrm{d}\omega$$

比较 $F(\omega)$，$F_s(\omega)$ 及 $F_c(\omega)$ 易知，当 $f(x)$ 为奇函数时 $F(\omega) = -2\mathrm{i}F_s(\omega)$，当 $f(x)$ 为偶函数时 $F(\omega) = 2F_c(\omega)$。

2. δ 函数及其傅立叶变换

函数 $\delta(x)$ 具有重有的筛选性质：$\int_{-\infty}^{+\infty}\delta(x)f(x-x_0)\mathrm{d}x = f(x_0)$，由此易知

$$\mathscr{F}[\delta(x)] = \int_{-\infty}^{+\infty}\delta(x)\mathrm{e}^{-\mathrm{i}\omega x}\mathrm{d}x = 1, \quad \frac{1}{2\pi}\int_{-\infty}^{+\infty}\mathrm{e}^{\mathrm{i}\omega x}\mathrm{d}\omega = \delta(x)$$

3. δ 函数在积分变换中的作用

(1)有了 δ 函数，对于点源和脉冲量的研究就能够像处理连续分布的量那样，以统一的方式来对待。

(2)尽管 δ 函数本身没有普通意义下的函数值，但它与任何一个无穷次可微的函数的乘积在 $(-\infty，+\infty)$ 上的积分都有确定的值。

(3) δ 函数的傅氏变换是广义傅氏变换，许多重要的函数，如常函数、符号函数 sign(x)、单位阶跃函数 $H(x)$、正弦函数、余弦函数等是不满足傅氏积分定理中的绝对可积条件的(即 $\int_{-\infty}^{+\infty}|f(x)|\mathrm{d}x$ 不存在)，这些函数的广义傅氏变换都可以利用 δ 函数的性质而得到。

4. 一些重要(常见)函数的 Fourier 变换

$$\mathscr{F}[\mathrm{e}^{-\beta x}H(x)] = \frac{1}{\mathrm{i}\omega + \beta}, \quad \mathscr{F}[\mathrm{e}^{\mathrm{i}\omega_0 x}] = 2\pi\delta(\omega - \omega_0)$$

$$\mathscr{F}[1] = 2\pi\delta(\omega), \quad \mathscr{F}[H(x)] = \frac{1}{\mathrm{i}\omega} + \pi\delta(\omega)$$

$$\mathscr{F}[\mathrm{sign}(x)] = \frac{2}{\mathrm{i}\omega}, \quad \mathscr{F}^{-1}\left[\frac{1}{\mathrm{i}\omega}\right] = H(x) - \frac{1}{2}$$

$$\mathscr{F}[\cos\omega_0 x] = \pi[\delta(\omega + \omega_0) + \delta(\omega - \omega_0)]$$

$$\mathscr{F}[\sin\omega_0 x] = \mathrm{i}\pi[\delta(\omega + \omega_0) - \delta(\omega - \omega_0)]$$

(三) Fourier 变换的物理意义——频谱(时域变换)

1. 非正弦的周期函数 $f_T(x)$ 的频谱

在 $f(x)$ 的傅立叶级数展开式中，$a_n\cos n\omega x + b_n\sin n\omega x = A_n\sin(n\omega x + \varphi_n)$ 称为第 n 次谐波，$A_0 = |a_0|$，$A_n = \sqrt{a_n^2 + b_n^2}$ 称为频率为 $n\omega$ 的第 n 次谐波的振幅，在复数形式中，第 n

次谐波为 $C_n e^{j\omega_n x} + C_{-n} e^{-j\omega_n x}$，并且 $C_n = \dfrac{a_n - jb_n}{2}$，$C_{-n} = \dfrac{a_n + jb_n}{2}$，$|C_n| = |C_{-n}| = \dfrac{A_n}{2} =$

$\dfrac{\sqrt{a_n^2 + b_n^2}}{2}$，所以 $A_n = 2|C_n|$，它描述了各次谐波的振幅随频率变化的分布情况。为了能

对频率 $\omega_n = n\omega$ 与振幅 $A_n = \sqrt{a_n^2 + b_n^2}$ 的关系有一个直观的理解，在直角坐标系中作曲线 $A_n \sim \omega_n$，称为振幅频谱，它们是一些离散的直线，这种频谱图称为离散频谱，也称为线状频谱。频谱图能清楚地表明非正弦周期信号 $f(x)$ 包含了哪些频率分量以及各分量所占的比重(振幅的大小)。

2. 非周期函数 $f(t)$ 的频谱

在频谱分析中，函数 $f(x)$ 的傅立叶变换 $F(\omega)$ 称为 $f(x)$ 的频谱函数，其模 $|F(\omega)|$ 称为 $f(x)$ 的振幅频谱。由于连续变化，频谱图是连续曲线，这种频谱图称为连续频谱。可以证明，频谱为偶函数，即 $|F(\omega)| = |F(-\omega)|$。$F(\omega) = |F(\omega)| e^{j\varphi(\omega)}$ 包含了 $|F(\omega)|$ 和 $\varphi(\omega)$，$\varphi(\omega)$ 称为相位频谱。

(四) Fourier 变换的性质

$$\mathscr{F}[f_i(x)] = F_i(\omega) \quad (i = 1, 2)$$

1. 线性性质

$$\mathscr{F}[\alpha f_1(x) + \beta f_2(x)] = \alpha F_1(\omega) + \beta F_2(\omega)$$
$$\mathscr{F}^{-1}[\alpha F_1(\omega) + \beta F_2(\omega)] = \alpha f_1(x) + \beta f_2(x)$$

2. 延迟性质——像原函数的平移性质

$$\mathscr{F}[f(x \pm x_0)] = e^{\pm j\omega x_0} F(\omega)$$

3. 位移性质——像函数的平移性质

$$\mathscr{F}[e^{\mp j\omega_0 x} f(x)] = F(\omega \pm \omega_0)$$

像函数的位移性质在无线电技术中也称为频移性质。

利用位移性质，可以证明：

$$\mathscr{F}[\cos(\omega_0 x) f(x)] = \frac{1}{2}[F(\omega + \omega_0) + F(\omega - \omega_0)]$$

$$\mathscr{F}[\sin(\omega_0 x) f(x)] = \frac{j}{2}[F(\omega + \omega_0) - F(\omega - \omega_0)]$$

这就是通信中的调制原理。

4. 相似性质

$$\mathscr{F}[f(ax)] = \frac{1}{|a|}F\left(\frac{\omega}{a}\right)$$

此性质表明：若时域信号压缩，频域将变宽变低；通信中如果提高通信速率，需要提高带宽。

特别地有 $\qquad a = -1, \quad \mathscr{F}[f(-x)] = F(-\omega)$

5. 微分性质

(1)像原函数的微分性质：

若 $\mathscr{F}[f(x)] = F(\omega)$，且 $\lim\limits_{x \to \pm\infty} f(x) = 0$，则 $\mathscr{F}[f'(x)] = j\omega F(\omega)$。

一般地，若 $\lim\limits_{x \to \pm\infty} f^{(k)}(x) = 0 (k = 0, 1, 2, \cdots, n-1)$，则

$$\mathscr{F}[f^{(n)}(x)] = (j\omega)^n F(\omega)$$

(2)像函数的微分性质：

$$\mathscr{F}[-jxf(x)] = \frac{\mathrm{d}}{\mathrm{d}\omega}F(\omega) \quad \text{或者} \quad \mathscr{F}[xf(x)] = j\frac{\mathrm{d}}{\mathrm{d}\omega}F(\omega)$$

一般地 $$\mathscr{F}[(-jx)^n f(x)] = \frac{\mathrm{d}^n F(\omega)}{\mathrm{d}\omega^n}$$

6. 积分性质

若 $\mathscr{F}[f(x)] = F(\omega)$，如果 $\lim\limits_{x \to \infty}\int_{-\infty}^{x} f(\tau)\mathrm{d}\tau = F(0) = 0$，则

$$\mathscr{F}\left[\int_{-\infty}^{x} f(x)\mathrm{d}x\right] = \frac{1}{j\omega}F(\omega)$$

如果 $\lim\limits_{x \to +\infty}\int_{-\infty}^{x} f(\tau)\mathrm{d}\tau = F(0) \neq 0$，则

$$\mathscr{F}\left[\int_{-\infty}^{x} f(\tau)\mathrm{d}\tau\right] = \frac{1}{j\omega}F(\omega) + \pi F(0)\delta(\omega)$$

像函数的积分性质

$$\mathscr{F}\left[-\frac{1}{jx}f(x)\right] = \int_{-\infty}^{\omega} F(\omega)\mathrm{d}\omega$$

由 Fourier 变换的微分和积分性质，我们可以利用 Fourier 变换求解微积分方程。

(五)卷积和卷积定理

1. 定义

若函数 $f_1(x)$ 和 $f_2(x)$ 在 $(-\infty, \infty)$ 上有定义，则

$$f_1(x) * f_2(x) = \int_{-\infty}^{+\infty} f_1(\tau) f_2(x - \tau) d\tau$$

称为函数 $f_1(x)$ 和 $f_2(x)$ 的卷积。

2. 性质

交换律： $$f_1(x) * f_2(x) = f_2(x) * f_1(x)$$

分配律： $$f_1(x) * [f_2(x) + f_3(x)] = f_1(x) * f_2(x) + f_1(x) * f_3(x)$$

结合律： $$[f_1(x) * f_2(x)] * f_3 x = f_1(x) * [f_2(x) * f_3(x)]$$

3. 卷积定理

若 $\mathscr{F}[f_i(x)] = F_i(\omega)(i = 1, 2)$，则

$$\mathscr{F}[f_1(x) * f_2(x)] = F_1(\omega) F_2(\omega) \qquad \text{时域卷积定理}$$

$$\mathscr{F}[f_1(x) f_2(x)] = \frac{1}{2\pi} F_1(\omega) * F_2(\omega) \qquad \text{频域卷积定理}$$

意义：由 Fourier 变换联系的两个空间，在一个空间是乘积运算，在另一个空间是卷积运算。

4. 卷积计算方法

$$f_1(x) * f_2(x) = \int_{-\infty}^{+\infty} f_1(\tau) f_2(x - \tau) d\tau = \int_{-\infty}^{+\infty} f_2(\tau) f_1(x - \tau) d\tau$$

(1)换元：将 x 换为 τ，得到 $f_1(\tau)$、$f_2(\tau)$。

(2)反转平移：由 $f_1(\tau)$ 反转，得到 $f_1(-\tau)$，再右移 x，得到 $f_1(x - \tau)$，也可以对 $f_2(\tau)$ 反转平移。

(3)乘积： $f_1(\tau) \cdot f_2(x - \tau)$。

(4)积分：变量 τ 从 $-\infty$ 到 ∞ 对乘积项积分。

二、教学基本要求

(1)求函数的 Fourier 变换(利用定义和性质计算 Fourier 变换)；
(2)Fourier 变换的性质；
(3)Fourier 变换的简单应用。

三、问题解答

(一)Fourier 变换的限制

(1)傅立叶变换要求进行变换的函数在整个数轴上的无穷区间 $(-\infty, +\infty)$ 有定义。

在物理、控制、信号处理等实际应用中，许多以时间为自变量的函数，往往当 $x<0$ 时没有意义，或者不需要知道 $x<0$ 的情况．

(2)绝对可积，即 $\int_{-\infty}^{+\infty} |f(x)| \mathrm{d}x$ 存在。

这是一个对函数非常苛刻的要求，一些常用的函数均不满足这一条件。即使引入了 δ 函数，也只是解决了常数、$\sin x$、$\cos x$、x^n 等非指数增长型函数的 Fourier 变换，对指数增长型函数(如 $\mathrm{e}^{ax}(a>0)$)的 Fourier 变换仍然不能解决。

(二) Fourier 变换是自身的函数

例题 1　Fourier 变换的定义式为 $F(\omega) = \int_{-\infty}^{+\infty} f(x)\mathrm{e}^{-j\omega x}\mathrm{d}x$，若函数的 Fourier 变换是自身，则其像函数的系数一定是 $\sqrt{2\pi}$。

证明：设函数 $f(x)$ 的 Fourier 变换是 $kf(\omega)$，　即

$$F(\omega) = \int_{-\infty}^{+\infty} f(x)\mathrm{e}^{-j\omega x}\mathrm{d}x = kf(\omega)$$

由 Fourier 逆变换，$f(x) = \frac{1}{2\pi}\int_{-\infty}^{+\infty} F(\omega)\mathrm{e}^{j\omega x}\mathrm{d}\omega$，　有

$$f(x) = \frac{1}{2\pi}\int_{-\infty}^{+\infty} kf(\omega)\mathrm{e}^{j\omega x}\mathrm{d}\omega = \frac{k}{2\pi}\int_{-\infty}^{+\infty} f(\omega)\mathrm{e}^{-j(-x)\omega}\mathrm{d}\omega = \frac{k}{2\pi}kf(-x)$$

如果 $f(x)$ 是偶函数，则 $k = \sqrt{2\pi}$。

注意：若函数 $f(x)$ 不是偶函数，则系数还差一个常数。

类型一　高斯 GAUSS 函数

例题 2　函数 $f(x) = \mathrm{e}^{-ax^2}$ 的 Fourier 变换是：(参见习题 7.3(5))

$$F(\omega) = \int_{-\infty}^{+\infty} f(x)\mathrm{e}^{-j\omega x}\mathrm{d}x = \int_{-\infty}^{+\infty}\mathrm{e}^{-ax^2}\mathrm{e}^{-j\omega x}\mathrm{d}x = \int_{-\infty}^{+\infty}\mathrm{e}^{-ax^2-j\omega x}\mathrm{d}x = \sqrt{\frac{\pi}{a}}\mathrm{e}^{-\frac{\omega^2}{4a}}$$

特别地，当 $a = \frac{1}{2}$ 时，有 $\mathrm{e}^{-\frac{x^2}{2}} \leftrightarrow \sqrt{2\pi}\mathrm{e}^{-\frac{\omega^2}{2}}$。

函数 $f(x) = x\mathrm{e}^{-ax^2}$ 的 Fourier 变换是 $-\frac{1}{2a}j\omega\sqrt{\frac{\pi}{a}}\mathrm{e}^{-\frac{\omega^2}{4a}}$ (参见习题 7.3(6))。

特别地，$a = \frac{1}{2}$ 时，有 $x\mathrm{e}^{-\frac{x^2}{2}} \leftrightarrow -j\omega\sqrt{2\pi}\mathrm{e}^{-\frac{\omega^2}{2}}$。

更一般地，$f(x) = \mathrm{e}^{-x^2/2}H_{2n+1}(x)$ ($H_n(x)$ 是 Hermite 多项式)的 Fourier 变换是自身。

类型二　正切类函数

例题 3　计算函数 $f(x) = \frac{1}{\cosh ax} = \frac{2}{\mathrm{e}^{ax}+\mathrm{e}^{-ax}}$ ($a>0$) 的 Fourier 变换。

解：考虑函数 $f(z) = \dfrac{1}{\cosh az} = \dfrac{2}{e^{az} + e^{-az}}$，其奇点为 $e^{az} + e^{-az} = 0$，即

$$e^{2az} = -1, \quad z = \frac{1}{2a}\text{Ln}(-1) = \frac{1}{2a}(2k+1)\pi i, \quad k = 0, \pm 1, \pm 2, \cdots$$

考虑一矩形围线 C，其顶点为 R，$R + \dfrac{2\pi i}{a}$，$-R + \dfrac{2\pi i}{a}$，$-R$（注意，这里取 $\dfrac{2\pi i}{a}$ 的原因是考虑到 $\cosh az$ 函数的周期是 $\dfrac{2k\pi i}{a}$），其正方向为逆时针方向，其内部有两个一阶极点 $z_1 = \dfrac{1}{2a}\pi i$ 和 $z_2 = \dfrac{3}{2a}\pi i$。其留数分别为

$$\text{Res}\left[f(z), \frac{\pi i}{2a}\right] = \text{Res}\left[\frac{2}{e^{az} + e^{-az}}e^{-i\omega z}, \frac{\pi i}{2a}\right] = \frac{2}{a(e^{\frac{\pi}{2}i} - e^{-\frac{\pi}{2}i})}e^{\frac{\pi\omega}{2a}} = \frac{1}{ai}e^{\frac{\pi\omega}{2a}}$$

$$\text{Res}\left[f(z), \frac{3\pi i}{2a}\right] = \text{Res}\left[\frac{2}{e^{az} + e^{-az}}e^{-i\omega z}, \frac{3\pi i}{2a}\right] = \frac{2}{a(e^{\frac{3\pi}{2}i} - e^{-\frac{3\pi}{2}i})}e^{\frac{3\pi\omega}{2a}} = -\frac{1}{ai}e^{\frac{3\pi\omega}{2a}}$$

由柯西积分定理，

$$\oint_C f(z)\,dz = 2\pi i\left\{\text{Res}\left[f(z), \frac{\pi i}{2a}\right] + \text{Res}\left[f(z), \frac{3\pi i}{2a}\right]\right\}$$

而 $\displaystyle\oint_C f(z)\,dz = \int_{-R}^{R}f(x)\,dx + \int_0^{\frac{2\pi}{a}}f(R+iy)\,d(iy) + \int_R^{-R}f\left(x + \frac{2\pi i}{a}\right)dx + \int_{\frac{2\pi}{a}}^0 f(-R+iy)\,d(iy)$

$$(1)$$

竖直方向上的积分：$I(R) = \displaystyle\int_0^{\frac{2\pi}{a}}f(R+iy)\,d(iy) = \int_0^{\frac{2\pi}{a}}\frac{1}{\cosh a(R+iy)}e^{-i\omega(R+iy)}\,d(iy)$

可以估计积分值

$$|I(R)| = \left|\int_0^{\frac{2\pi}{a}}f(R+iy)\,d(iy)\right| \leqslant \int_0^{\frac{2\pi}{a}}\left|\frac{1}{\cosh a(R+iy)}e^{-i\omega(R+iy)}\right||d(iy)|$$

$$= \int_0^{\frac{2\pi}{a}}\left|\frac{1}{\cosh a(R+iy)}\right|e^{\omega y}\,dy \xrightarrow{R\to\infty} 0$$

因为

$$|\cosh az| = \left|\frac{e^{az} + e^{-az}}{2}\right| \geqslant \frac{1}{2}||e^{az}| - |e^{-az}|| \geqslant \frac{1}{2}||e^{aR}| - |e^{-aR}|| \geqslant \frac{1}{2}(e^{aR} - e^{-aR}) \xrightarrow{R\to\infty} \infty$$

同理，

$$\left|\int_{\frac{2\pi}{a}}^0 f(-R+yi)\,d(iy)\right| \xrightarrow{R\to\infty} 0$$

水平方向上的积分：$\displaystyle\int_{-R}^R f(x)\,dx = \int_{-R}^R \frac{1}{\cosh ax}e^{-i\omega x}\,dx$

$$\int_R^{-R}f\left(x + \frac{2\pi i}{a}\right)dx = \int_R^{-R}\frac{1}{\cosh a\left(x + \frac{2\pi i}{a}\right)}e^{-i\omega\left(x + \frac{2\pi i}{a}\right)}\,dx = -e^{\frac{2\pi\omega}{a}}\int_{-R}^R \frac{1}{\cosh ax}e^{-i\omega x}\,dx$$

这里用了 $\cosh az$ 的周期为 $\dfrac{2k\pi i}{a}$ 的性质。

注意：这里的积分 $\int_{R}^{-R} f\left(x + \dfrac{2\pi i}{a}\right)\mathrm{d}x$ 是原函数 $\int_{-R}^{R} f(x)\,\mathrm{d}x$ 的平移，对具有周期性的函数，选取这样的围线非常有效。

所以，式(1)在 $R \to \infty$ 时，有

$$\int_{-\infty}^{+\infty} \frac{1}{\cosh ax}\mathrm{e}^{-\mathrm{i}\omega x}\mathrm{d}x - \mathrm{e}^{\frac{2\pi\omega}{a}}\int_{-\infty}^{+\infty} \frac{1}{\cosh ax}\mathrm{e}^{-\mathrm{i}\omega x}\mathrm{d}x = 2\pi\mathrm{i}\left[\frac{1}{a\mathrm{i}}\mathrm{e}^{\frac{\pi\omega}{2a}} - \frac{1}{a\mathrm{i}}\mathrm{e}^{\frac{3\pi\omega}{2a}}\right]$$

$$= -\frac{2\pi}{a}\mathrm{e}^{\frac{\pi\omega}{a}}\left[\mathrm{e}^{\frac{\pi\omega}{2a}} - \mathrm{e}^{-\frac{\pi\omega}{2a}}\right]$$

故

$$F(\omega) = \int_{-\infty}^{+\infty} f(x)\mathrm{e}^{-\mathrm{i}\omega x}\mathrm{d}x = \int_{-\infty}^{+\infty} \frac{1}{\cosh ax}\mathrm{e}^{-\mathrm{i}\omega x}\mathrm{d}x$$

$$= -\frac{2\pi}{a}\mathrm{e}^{\frac{\pi\omega}{a}}\frac{\mathrm{e}^{\frac{\pi\omega}{2a}} - \mathrm{e}^{-\frac{\pi\omega}{2a}}}{1 - \mathrm{e}^{2\pi\omega/a}} = \frac{2\pi}{a}\frac{1}{\mathrm{e}^{\frac{\pi\omega}{2a}} + \mathrm{e}^{-\frac{\pi\omega}{2a}}} = \frac{\pi}{a}\frac{1}{\cosh\dfrac{\pi\omega}{2a}}$$

特别地，取 $a = \dfrac{\pi}{2a}$，即 $a = \sqrt{\dfrac{\pi}{2}}$，有

$$\frac{1}{\cosh ax} \leftrightarrow \frac{\pi}{a}\frac{1}{\cosh\dfrac{\pi\omega}{2a}}, \quad \frac{1}{\cosh\sqrt{\dfrac{\pi}{2}}x} \leftrightarrow \sqrt{2\pi}\frac{1}{\cosh\sqrt{\dfrac{\pi}{2}}\omega}$$

类型三　函数 $f(x) = \mathrm{e}^{jax^2}$，$f(x) = \sin ax^2$，$f(x) = \cos ax^2$ 的 Fourier 变换

例题 4　计算函数 $f(x) = \mathrm{e}^{jax^2}(a > 0)$ 的 Fourier 变换。

解：因为 $\int_{-\infty}^{+\infty} \mathrm{e}^{jx^2}\mathrm{d}x = \sqrt{\pi}\mathrm{e}^{j\frac{\pi}{4}}$（参见教材例 5.15），所以

$$F(\omega) = \int_{-\infty}^{+\infty} f(x)\mathrm{e}^{-\mathrm{j}\omega x}\mathrm{d}x = \int_{-\infty}^{+\infty} \mathrm{e}^{jax^2}\mathrm{e}^{-\mathrm{j}\omega x}\mathrm{d}x \xmapsto{\sqrt{a}x = t} \int_{-\infty}^{+\infty} \mathrm{e}^{jt^2 - j\omega\frac{t}{\sqrt{a}}}\frac{\mathrm{d}t}{\sqrt{a}}$$

$$= \frac{1}{\sqrt{a}}\int_{-\infty}^{+\infty} \mathrm{e}^{j\left(t - \frac{\omega}{2\sqrt{a}}\right)^2 - j\frac{\omega^2}{4a}}\mathrm{d}t = \frac{\sqrt{\pi}}{\sqrt{a}}\mathrm{e}^{-j\frac{\omega^2}{4a}}\mathrm{e}^{j\frac{\pi}{4}}$$

$$= \sqrt{\frac{\pi}{a}}\left[\cos\left(\frac{\pi}{4} - \frac{\omega^2}{4a}\right) + \mathrm{j}\sin\left(\frac{\pi}{4} - \frac{\omega^2}{4a}\right)\right]$$

即

$$\mathrm{e}^{jax^2} \leftrightarrow \sqrt{\frac{\pi}{a}}\mathrm{e}^{-j\frac{\omega^2}{4a} + j\frac{\pi}{4}}$$

特别地，有

$$\mathrm{e}^{j\left(\frac{x^2}{2} - \frac{\pi}{8}\right)} \leftrightarrow \sqrt{2\pi}\mathrm{e}^{-j\left(\frac{\omega^2}{2} - \frac{\pi}{8}\right)}$$

$$\cos\left(\frac{x^2}{2} - \frac{\pi}{8}\right) \leftrightarrow \sqrt{2\pi}\cos\left(\frac{\omega^2}{2} - \frac{\pi}{8}\right), \quad \sin\left(\frac{x^2}{2} - \frac{\pi}{8}\right) \leftrightarrow -\sqrt{2\pi}\sin\left(\frac{\omega^2}{2} - \frac{\pi}{8}\right)$$

更一般地，有 $\mathrm{e}^{-\frac{\pi x^2}{(a+bj)}} \leftrightarrow \sqrt{a + bj}\mathrm{e}^{-(a+bj)\frac{\omega^2}{4\pi}}$，$\mathrm{e}^{-(a+jc)x^2} \leftrightarrow \sqrt{\dfrac{\pi}{(a^2 + c^2)}}\sqrt{a - jc}\mathrm{e}^{-(a-jc)\frac{\omega^2}{4(a^2+c^2)}}$

类型四 函数 $\dfrac{1}{\sqrt{|x|}}$ 的 Fourier 变换

例题 5 计算函数 $f(x) = \dfrac{1}{\sqrt{|x|}}$ 的 Fourier 变换。

解： $F(\omega) = \displaystyle\int_{-\infty}^{+\infty} \frac{1}{\sqrt{|x|}} \mathrm{e}^{-\mathrm{j}\omega x}\mathrm{d}x = \int_0^{+\infty} \frac{1}{\sqrt{x}} \mathrm{e}^{-\mathrm{j}\omega x}\mathrm{d}x + \int_{-\infty}^0 \frac{1}{\sqrt{-x}} \mathrm{e}^{-\mathrm{j}\omega x}\mathrm{d}x$

因为 $\displaystyle\int_{-\infty}^0 \frac{1}{\sqrt{-x}} \mathrm{e}^{-\mathrm{j}\omega x}\mathrm{d}x \xlongequal{-x=x'} -\int_{-\infty}^0 \frac{1}{\sqrt{x'}}\mathrm{e}^{\mathrm{j}\omega x'}\mathrm{d}x' = \int_0^{+\infty} \frac{1}{\sqrt{x}}\mathrm{e}^{\mathrm{j}\omega x}\mathrm{d}x$， 故有

$$F(\omega) = \int_0^{+\infty} \frac{1}{\sqrt{x}}\mathrm{e}^{-\mathrm{j}\omega x}\mathrm{d}x + \int_0^{+\infty} \frac{1}{\sqrt{x}}\mathrm{e}^{\mathrm{j}\omega x}\mathrm{d}x$$

$$= \int_0^{+\infty} \frac{2\cos\omega x}{\sqrt{x}}\mathrm{d}t \xlongequal{\sqrt{x}=t} 2\int_0^{+\infty} \frac{\cos\omega t^2}{t}2t\mathrm{d}t = 4\int_0^{+\infty}\cos(\omega t^2)\mathrm{d}t = \sqrt{2\pi}\,\frac{1}{\sqrt{|\omega|}},$$

因为 $4\displaystyle\int_0^{+\infty}\cos(\omega x^2)\mathrm{d}x \xlongequal{\omega>0} 4\int_0^{+\infty}\cos\left(\sqrt{\omega}\,x\right)^2 \frac{1}{\sqrt{\omega}}\mathrm{d}(\sqrt{\omega}\,x) = \sqrt{2\pi}\,\frac{1}{\sqrt{\omega}}$

$4\displaystyle\int_0^{+\infty}\cos(\omega x^2)\mathrm{d}x \xlongequal{\omega<0} 4\int_0^{+\infty}\cos\left[-\left(\sqrt{-\omega}\,x\right)^2\right]\frac{1}{\sqrt{-\omega}}\mathrm{d}(\sqrt{-\omega}\,x) = \sqrt{2\pi}\,\frac{1}{\sqrt{-\omega}}$

四、解 题 示 例

类型一 求函数的 Fourier 变换和逆变换

例 7.1 求下列函数的 Fourier 变换：

（1）符号函数 $\mathrm{sign}(x) = \dfrac{x}{|x|} = \begin{cases} -1, & x < 0 \\ 1, & x > 0 \end{cases}$；

（2）$f(x) = \sin^3 x$；

（3）$f(x) = \dfrac{1}{2}\left[\delta(x+a) + \delta(x-a) + \delta\left(x+\dfrac{a}{2}\right) + \delta\left(x-\dfrac{a}{2}\right)\right]$；

（4）$f(x) = \mathrm{e}^{\mathrm{j}\omega_0 x}H(x - x_0)$。

解题分析： 求函数傅氏变换（或傅氏逆变换）的方法，一是用 Fourier 变换的定义（直接法），二是用 Fourier 变换的性质（间接法），间接法利用傅氏变换的性质（包括卷积定理）以及一些常见函数（如 $H(x)$，$\delta(x)$， $\sin x$， $\cos x$ 等）的傅氏变换。

解：（1）**方法一：** 利用 $\mathscr{F}[\mathrm{sign}(x)] = \mathscr{F}[H(x)] - \mathscr{F}[H(-x)]$（线性性质）

$$= \frac{1}{\mathrm{j}\omega} + \pi\delta(\omega) - \left[\frac{1}{\mathrm{j}(-\omega)} + \pi\delta(-\omega)\right] \text{（翻转性质）}$$

$$= \frac{2}{\mathrm{j}\omega} + \pi[\delta(\omega) - \delta(-\omega)]$$

$$= \frac{2}{j\omega} \quad (因为 \delta(\omega) = \delta(-\omega))$$

方法二：注意到 $x = 0$ 是 $f(x) = \text{sign}(x)$ 的间断点，$f(0^{-0}) = -1$，$f(0^{+0}) = 1$，若记 $\mathscr{F}$ $[\text{sign}(x)] = F(\omega)$，那么 $f(x) = \text{sign}(x) = \mathscr{F}^{-1}[F(\omega)]$ 在 $x = 0$ 点的值应理解为 $\frac{1}{2}[f(0^{-0}) + f(0^{+0})] = 0$。于是当 $x = 0$ 时令 $f(0) = 0$，即令

$$\text{sign}(x) = \begin{cases} -1, & x < 0 \\ 0, & x = 0 \\ 1, & x > 0 \end{cases}$$

这样函数 $\delta(x)$ 在 $x = 0$ 处跳跃 2 个单位，并且不难验证

$$\frac{d[\text{sign}(x)]}{dx} = 2\delta(x)$$

即符号函数对 x 的导数等于 $2\delta(x)$，利用微分性质及 $\delta(x)$ 的 Fourier 变换得

$$\mathscr{F}\left[\frac{d}{dt}\text{sign}(x)\right] = j\omega \mathscr{F}\left[\text{sign}(x)\right] = \mathscr{F}[2\delta(x)] = 2,$$

故 $\mathscr{F}[\text{sign}(x)] = \frac{2}{j\omega}$。

(2)因为 $\mathscr{F}[\sin\omega_0 x] = j\pi[\delta(\omega + \omega_0) - \delta(\omega - \omega_0)]$，

再由三角函数公式 $\sin^3 x = \frac{3}{4}\sin x - \frac{1}{4}\sin 3x$，可得

$$\mathscr{F}[\sin^3 x] = \frac{3}{4}\mathscr{F}[\sin x] - \frac{1}{4}\mathscr{F}[\sin 3x]$$

$$= \frac{3\pi j}{4}[\delta(\omega + 1) - \delta(\omega - 1)] - \frac{\pi j}{4}[\delta(\omega + 3) - \delta(\omega - 3)]$$

(3)由傅氏变换的定义及单位脉冲函数 $\delta(x)$ 的性质 $\int_{-\infty}^{+\infty} \delta(x - x_0)f(x)dx = f(x_0)$，可知

$$\mathscr{F}[f(x)] = \int_{-\infty}^{+\infty} f(x)e^{-j\omega x}dx$$

$$= \frac{1}{2}\left\{\int_{-\infty}^{+\infty} \delta(x + a)e^{-j\omega x}dx + \int_{-\infty}^{+\infty} \delta(x - a)e^{-j\omega x}dx + \int_{-\infty}^{+\infty} \delta\left(x + \frac{a}{2}\right)e^{-j\omega x}dx \right.$$

$$\left. + \int_{-\infty}^{+\infty} \delta\left(x - \frac{a}{2}\right)e^{-j\omega x}dx\right\}$$

$$= \frac{1}{2}[e^{j\omega a} + e^{-j\omega a} + e^{j\omega\frac{a}{2}} + e^{-j\omega\frac{a}{2}}]$$

$$= \cos\omega a + \cos\omega\frac{a}{2}$$

此题也可以用 Fourier 变换的线性性质、位移性质及 $\delta(x)$ 的 Fourier 变换去完成。

（4）由 $\mathscr{F}[H(x)] = \dfrac{1}{j\omega} + \pi\delta(\omega)$ 及位移性质 $\mathscr{F}[f(x \pm x_0)] = e^{\pm jx_0\omega}F(\omega)$，可得

$$\mathscr{F}[H(x - x_0)] = e^{-j\omega x_0}\mathscr{F}[H(x)] = e^{-j\omega x_0}\left[\frac{1}{j\omega} + \pi\delta(\omega)\right]$$

再由像函数的位移性质 $\mathscr{F}[e^{\mp j\omega_0 x}f(x)] = F(\omega \pm \omega_0)$ 可知

$$\mathscr{F}[e^{-j\omega_0 x}H(x - x_0)] = e^{-j(\omega-\omega_0)x_0}\left[\frac{1}{j(\omega - \omega_0)} + \pi\delta(\omega - \omega_0)\right]$$

注意：必须指出，以上各函数的傅氏变换其实是它们的广义傅氏变换。傅氏变换（古典意义下）的一些性质，对于广义傅氏变换来说，除了积分性质的结果稍有不同外（广义傅氏变换的积分性质应包括一个脉冲函数），其他性质在形式上都相同，这些性质各有特点，如像原函数若能写成 $f(x \pm x_0)$，$f(x)e^{-j\omega_0 x}$ 或 $f''(x)$，$xf(x)$ 的形式，那么求傅氏变换时就要分别考虑用位移性质与微分性质（求傅氏变换也同样），掌握这些性质的特点，对于傅变换的应用也很重要。

例 7.2 求函数 $f(x) = xH(x)e^{-\beta x}\sin\omega_0 x$ 的 Fourier 变换。

解：**方法一**：利用 Fourier 变换的定义。

$$\mathscr{F}[f(x)] = \int_{-\infty}^{+\infty} f(x)e^{-j\omega x}dx = \int_{-\infty}^{+\infty} xH(x)e^{-\beta x}\sin(\omega_0 x)e^{-j\omega x}dx$$

$$= \int_0^{+\infty} xe^{-(\beta+j\omega)x}\frac{e^{j\omega_0 x} - e^{-j\omega_0 x}}{2j}dx = \frac{2\omega_0(\beta + j\omega)}{[\omega_0^2 + (\beta + j\omega)^2]^2}$$

这里用到了公式 $\int xe^{ax}dx = \dfrac{1}{a^2}e^{ax}(ax - 1) + c$。

方法二：利用 Fourier 变换的性质。

①先求 $H(x)e^{-\beta x}\sin\omega_0 x$ 的 Fourier 变换，再利用微分性质 $\mathscr{F}[(-jx)f(x)] = \dfrac{d}{d\omega}F(\omega)$。

$$\mathscr{F}[H(x)e^{-\beta x}\sin(\omega_0 x)] = \int_{-\infty}^{+\infty} H(x)e^{-\beta x}\sin(\omega_0 x)e^{-j\omega x}dx$$

$$= \int_0^{+\infty} e^{-(\beta+j\omega)x}\frac{e^{j\omega_0 x} - e^{-j\omega_0 x}}{2j}dx = \frac{\omega_0}{\omega_0^2 + (\beta + j\omega)^2}$$

再利用微分性质

$$\mathscr{F}[xf(x)] = j\frac{d}{d\omega}F(\omega) = j\frac{d}{d\omega}\left[\frac{\omega_0}{\omega_0^2 + (\beta + j\omega)^2}\right] = \frac{2\omega_0(\beta + j\omega)}{[\omega_0^2 + (\beta + j\omega)^2]^2}$$

②先求 $H(x)e^{-\beta x}$ 的 Fourier 变换，再利用位移性质 $\mathscr{F}[e^{\mp j\omega_0 x}f(x)] = F(\omega \pm \omega_0)$ 和微分性质 $\mathscr{F}[(-jx)f(x)] = \dfrac{d}{d\omega}F(\omega)$。

因 $\quad \mathscr{F}[H(x)e^{-\beta x}] = \int_{-\infty}^{+\infty} H(x)e^{-\beta x}e^{-j\omega x}dx = \int_0^{+\infty} e^{-(\beta+j\omega)x}dx = \dfrac{1}{\beta + j\omega}$

由位移性质 $\mathscr{F}[e^{\mp j\omega_0 x}f(x)] = F(\omega \pm \omega_0)$，可以得到

$$\mathscr{F}\left[\sin(\omega_0 x)f(x)\right] = \frac{j}{2}\left[F(\omega + \omega_0) - F(\omega - \omega_0)\right]$$

所以 $\mathscr{F}\left[H(x)\mathrm{e}^{-\beta x}\sin(\omega_0 x)\right] = \dfrac{j}{2}\left[\dfrac{1}{\beta + j(\omega + \omega_0)} - \dfrac{1}{\beta + j(\omega - \omega_0)}\right] = \dfrac{\omega_0}{\omega_0^2 + (\beta + j\omega)^2}$

再利用微分性质

$$\mathscr{F}\left[xf(x)\right] = j\frac{\mathrm{d}}{\mathrm{d}\omega}F(\omega) = j\frac{\mathrm{d}}{\mathrm{d}\omega}\left[\frac{\omega_0}{\omega_0^2 + (\beta + j\omega)^2}\right] = \frac{2\omega_0(\beta + j\omega)}{\left[\omega_0^2 + (\beta + j\omega)^2\right]^2}$$

③利用卷积定理

由 $\mathscr{F}\left[\sin\omega_0 x\right] = j\pi\left[\delta(\omega + \omega_0) - \delta(\omega - \omega_0)\right]$

$$\mathscr{F}\left[H(x)\mathrm{e}^{-\beta x}\right] = \frac{1}{(\beta + j\omega)}, \quad \mathscr{F}\left[xH(x)\mathrm{e}^{-\beta x}\right] = j\frac{\mathrm{d}}{\mathrm{d}\omega}\left[\frac{1}{\beta + j\omega}\right] = \frac{1}{(\beta + j\omega)^2}$$

所以，由卷积定理 $\mathscr{F}\left[f_1(x)f_2(x)\right] = \dfrac{1}{2\pi}F_1(\omega) * F_2(\omega)$ 得到

$$\begin{aligned}
\mathscr{F}\left[H(x)\mathrm{e}^{-\beta x}\sin(\omega_0 x)\right] &= \frac{1}{2\pi}\left\{j\pi\left[\delta(\omega + \omega_0) - \delta(\omega - \omega_0)\right]\right\} * \frac{1}{(\beta + j\omega)^2} \\
&= \frac{j}{2}\left[\delta(\omega + \omega_0) * \frac{1}{(\beta + j\omega)^2} - \delta(\omega - \omega_0) * \frac{1}{(\beta + j\omega)^2}\right] \\
&= \frac{j}{2}\left(\frac{1}{\left[\beta + j(\omega + \omega_0)\right]^2} - \frac{1}{\left[\beta + j(\omega - \omega_0)\right]^2}\right) \\
&= \frac{\omega_0}{\omega_0^2 + (\beta + j\omega)^2}
\end{aligned}$$

这里用到了卷积的计算 $f_1(x) * f_2(x) = \displaystyle\int_{-\infty}^{+\infty} f_1(\tau)f_2(x - \tau)\mathrm{d}\tau$ 和函数 $\delta(x)$ 的筛选性质 $\displaystyle\int_{-\infty}^{+\infty}\delta(x - x_0)f(x)\mathrm{d}x = f(x_0)$。

例 7.3 求下列函数的 Fourier 逆变换：

(1) $F(\omega) = \dfrac{j\omega}{\beta + j\omega}(\beta > 0)$；　　(2) $F(\omega) = \omega\sin\omega x_0$。

解： (1)**方法一**：利用已知函数的 Fourier 变换。

$$\begin{aligned}
\mathscr{F}^{-1}\left[F(\omega)\right] &= \mathscr{F}^{-1}\left[\frac{j\omega + \beta - \beta}{\beta + j\omega}\right] = \mathscr{F}^{-1}\left[1\right] - \beta\mathscr{F}^{-1}\left[\frac{1}{\beta + j\omega}\right] \\
&= \delta(x) - \beta\mathrm{e}^{-\beta x}H(x)
\end{aligned}$$

方法二：用公式 $\mathscr{F}^{-1}\left[F(\omega)\right] = \dfrac{1}{2\pi}\displaystyle\int_{-\infty}^{+\infty}F(\omega)\mathrm{e}^{j\omega x}\mathrm{d}\omega$。

$$\begin{aligned}
\mathscr{F}^{-1}\left[F(\omega)\right] &= \frac{1}{2\pi}\int_{-\infty}^{+\infty}\frac{j\omega}{\beta + j\omega}\mathrm{e}^{j\omega x}\mathrm{d}\omega \\
&= \frac{1}{2\pi}\int_{-\infty}^{+\infty}\mathrm{e}^{j\omega x}\mathrm{d}\omega - \frac{\beta}{2\pi}\int_{-\infty}^{+\infty}\frac{1}{\beta + j\omega}\mathrm{e}^{j\omega x}\mathrm{d}\omega
\end{aligned}$$

$$= \delta(x) - \frac{\beta}{2\pi} \int_{-\infty}^{+\infty} \frac{\beta - j\omega}{\beta^2 + \omega^2} e^{j\omega x} d\omega$$

$$= \delta(x) - \frac{\beta}{2\pi} \left\{ \beta \int_{-\infty}^{+\infty} \frac{1}{\beta^2 + \omega^2} e^{j\omega x} d\omega - j \int_{-\infty}^{+\infty} \frac{\omega}{\beta^2 + \omega^2} e^{j\omega x} d\omega \right\} \tag{1}$$

下面分三种情况，用留数定理计算上面式(1)的广义积分。

(1)当 $x > 0$ 时，由留数定理得到

$$\int_{-\infty}^{+\infty} \frac{1}{\beta^2 + \omega^2} e^{j\omega x} d\omega = 2\pi j \text{Res} \left[\frac{1}{\beta^2 + \omega^2} e^{j\omega x}, \ \beta j \right] = \frac{\pi}{\beta} e^{-\beta x}$$

$$\int_{-\infty}^{+\infty} \frac{\omega}{\beta^2 + \omega^2} e^{j\omega x} d\omega = 2\pi j \text{Res} \left[\frac{\omega}{\beta^2 + \omega^2} e^{j\omega x}, \ \beta j \right] = \pi j e^{-\beta x}$$

代入式(1)后得

$$\mathscr{F}^{-1}[F(\omega)] = \delta(x) - \beta e^{-\beta x} H(x)$$

(2)当 $x < 0$ 时，令 $\omega = -\omega'$ 后再由留数定理公式得

$$\int_{-\infty}^{+\infty} \frac{e^{j\omega x}}{\beta^2 + \omega^2} d\omega = \int_{+\infty}^{-\infty} \frac{e^{j\omega'(-x)}}{\beta^2 + \omega'^2} d(-\omega') = \int_{-\infty}^{+\infty} \frac{e^{j\omega'(-x)}}{\beta^2 + \omega'^2} d\omega'$$

$$= 2\pi j \text{Res} \left[\frac{1}{\beta^2 + \omega^2} e^{j\omega(-x)}, \ \beta j \right] = \frac{\pi}{\beta} e^{\beta x}$$

$$\int_{-\infty}^{+\infty} \frac{\omega e^{j\omega x}}{\beta^2 + \omega^2} d\omega = \int_{+\infty}^{-\infty} \frac{(-\omega') e^{j\omega'(-x)}}{\beta^2 + \omega'^2} d(-\omega') = -\int_{-\infty}^{+\infty} \frac{\omega' e^{j\omega'(-x)}}{\beta^2 + \omega'^2} d\omega'$$

$$= 2\pi j \text{Res} \left[-\frac{\omega}{\beta^2 + \omega^2} e^{j\omega(-x)}, \ \beta j \right] = -\pi j e^{\beta x}$$

代入式(1)后得

$$\mathscr{F}^{-1}[F(\omega)] = \delta(x)$$

(3)当 $x = 0$ 时，有

$$\int_{-\infty}^{+\infty} \frac{1}{\beta^2 + \omega^2} d\omega = \frac{1}{\beta} \arctan \frac{\omega}{\beta} \Big|_{-\infty}^{+\infty} = \frac{\pi}{\beta}, \quad \int_{-\infty}^{+\infty} \frac{\omega}{\beta^2 + \omega^2} d\omega = 0 (被积函数为奇函数，积分$$

取其主值)，代入式(1)后得

$$\mathscr{F}^{-1}[F(\omega)] = \delta(x) - \frac{1}{2}\beta$$

故，综合得到

$$\mathscr{F}^{-1}[F(\omega)] = \delta(x) - \beta g(x) = \delta(x) - \beta e^{-\beta x} H(x)$$

其中，

$$g(x) = \begin{cases} 0, & x < 0 \\ \dfrac{1}{2}, & x = 0 \\ e^{-\beta x}, & x > 0 \end{cases} \tag{2}$$

（2）由 $\mathscr{F}^{-1}[\sin\omega x_0] = \dfrac{1}{2j}[\delta(x+x_0) - \delta(x-x_0)]$ 以及微分性质 $\mathscr{F}^{-1}[(j\omega)^n F(\omega)] =$

$\dfrac{d^n}{dx^n}\{\mathscr{F}^{-1}[F(\omega)]\}$ 可知（事实上，令 $n=1$，$F(\omega) = \sin\omega x_0$ 即知）

$$\mathscr{F}^{-1}[\omega\sin\omega x_0] = \frac{1}{j}\frac{d}{dx}\left\{\frac{1}{2j}[\delta(x+x_0)-\delta(x-x_0)]\right\} = \frac{1}{2}[\delta'(x-x_0)-\delta'(x+x_0)]$$

例 7.4　试求函数 $f(x) = e^{-|x|}\cos x$ 的 Fourier 变换；并证明：

$$\int_0^{+\infty} \frac{\omega^2+2}{\omega^4+4}\cos\omega x d\omega = \frac{\pi}{2}e^{-|x|}\cos x$$

解：$F(\omega) = \mathscr{F}[f(x)] = \displaystyle\int_{-\infty}^{+\infty} f(x)e^{-j\omega x}dx = \int_{-\infty}^{+\infty} e^{-|x|}\cos x e^{-j\omega x}dx$

$= \displaystyle\int_0^{+\infty} e^{-x}\frac{e^{jx}+e^{-jx}}{2}e^{-j\omega x}dx + \int_{-\infty}^0 e^x\frac{e^{jx}+e^{-jx}}{2}e^{-j\omega x}dx$

$= \dfrac{1}{2}\displaystyle\int_0^{+\infty}\left[e^{-(1-j+j\omega)x} + e^{-(1+j+j\omega)x}\right]dx + \frac{1}{2}\int_{-\infty}^0\left[e^{(1+j-j\omega)x} + e^{(1-j-j\omega)x}\right]dx$

$= \dfrac{1}{2}\left(\dfrac{1}{1-j+j\omega} + \dfrac{1}{1+j+j\omega}\right) + \dfrac{1}{2}\left(\dfrac{1}{1+j-j\omega} + \dfrac{1}{1-j-j\omega}\right)$

$= \dfrac{1}{2}\left[\dfrac{1}{1-j(1-\omega)} + \dfrac{1}{1+j(1-\omega)}\right] + \dfrac{1}{2}\left[\dfrac{1}{1+j(1+j)} + \dfrac{1}{1-j(1+\omega)}\right]$

$= \dfrac{1}{1+(1-\omega)^2} + \dfrac{1}{1+(1+\omega)^2} = \dfrac{1}{2-2\omega+\omega^2} + \dfrac{1}{2+2\omega+\omega^2}$

$= 2\dfrac{2+\omega^2}{(2+\omega^2)^2 - (2\omega)^2} = 2\dfrac{\omega^2+2}{\omega^4+4}$

证明：因 $f(x) = \dfrac{1}{2\pi}\displaystyle\int_{-\infty}^{+\infty} F(\omega)e^{j\omega x}d\omega = \frac{1}{2\pi}\int_{-\infty}^{+\infty}\frac{\omega^2+2}{\omega^4+4}e^{j\omega x}d\omega$

$= \dfrac{1}{2\pi}\displaystyle\int_{-\infty}^{+\infty} 2\frac{\omega^2+2}{\omega^4+4}(\cos\omega x + i\sin\omega x)d\omega$

$= \dfrac{2}{\pi}\displaystyle\int_0^{+\infty}\frac{\omega^2+2}{\omega^4+4}\cos\omega x d\omega = e^{-|x|}\cos x$

所以　　　　　　　$\displaystyle\int_0^{+\infty}\frac{\omega^2+2}{\omega^4+4}\cos\omega x d\omega = \frac{\pi}{2}e^{-|x|}\cos x$

类型二　利用傅立叶变换的性质求解微分和积分方程

例 7.5　求积分方程

$$\int_0^{+\infty} f(x)\cos\omega x dx = \begin{cases} 1-\omega, & 0 \leqslant \omega \leqslant 1 \\ 0, & \omega > 1 \end{cases}$$

的解 $f(x)$。

解：容易看出未知函数 $f(x)$ 定义在区间 $[0, +\infty)$ 上，只要将 $f(x)$ 作偶式延拓（图像关于纵轴对称)便可得到$(-\infty, +\infty)$上的偶函数$f(x)$，此时$f(x)$的傅氏变换具有积分方程左边的形式，因为当$f(x)$为偶函数时

$$F(\omega) = \mathscr{F}[f(x)] = \int_{-\infty}^{+\infty} f(x)e^{-j\omega x}dx = 2\int_{-\infty}^{+\infty} f(x)\cos\omega x dx$$

且$F(\omega)$也是偶函数，于是未知函数$f(x)$的傅氏变换$F(\omega)$，当$\omega \geqslant 0$时为已知的(因$F(\omega)$为偶函数，所以当$\omega < 0$时$F(\omega)$也是已知的)，即

$$F(\omega) = 2\int_0^{+\infty} f(x)\cos\omega x dx = \begin{cases} 2(1-\omega), & 0 \leqslant \omega \leqslant 1 \\ 0, & \omega > 1 \end{cases}$$

于是解积分方程的问题就转化为求傅氏逆变换的问题。由傅氏逆变换公式

$$f(x) = \mathscr{F}^{-1}[F(\omega)] = \frac{1}{2\pi}\int_{-\infty}^{+\infty} F(\omega)e^{j\omega x}d\omega$$

$$= \frac{1}{\pi}\int_{-\infty}^{+\infty} F(\omega)\cos\omega x d\omega \quad (\text{因}F(\omega)\text{为偶函数})$$

$$= \frac{1}{\pi}\int_0^1 2(1-\omega)\cos\omega x d\omega = \frac{2(1-\cos x)}{\pi x^2}$$

故所给积分方程的解为

$$f(x) = \frac{2(1-\cos x)}{\pi x^2} \quad (x > 0)$$

例 7.6 求积分方程

$$\int_{-\infty}^{+\infty} \frac{y(\tau)}{(x-\tau)^2 + a^2}d\tau = \frac{1}{x^2 + b^2} \quad (0 < a < b)$$

的解$y(x)$。

解： 不难看出，方程的左端是未知函数$y(x)$与$\dfrac{1}{x^2 + a^2}$的卷积，即$y(x) * \dfrac{1}{x^2 + a^2}$，那么对方程两边取傅氏变换，并记$\mathscr{F}(y(x)) = Y(\omega)$，可得

$$\mathscr{F}\left[y(x) * \frac{1}{(x^2 + a^2)}\right] = \mathscr{F}\left(\frac{1}{x^2 + b^2}\right)$$

由卷积定理得到

$$\mathscr{F}[y(x)]\mathscr{F}\left(\frac{1}{x^2 + a^2}\right) = \mathscr{F}\left(\frac{1}{x^2 + b^2}\right)$$

即

$$Y(\omega) = \frac{\mathscr{F}\left(\dfrac{1}{x^2 + b^2}\right)}{\mathscr{F}\left[\dfrac{1}{(x^2 + a^2)}\right]}$$

而 $\qquad \mathscr{F}\left(\dfrac{1}{x^2 + a^2}\right) = \int_{-\infty}^{+\infty} \dfrac{1}{x^2 + a^2}e^{-i\omega x}dx = \dfrac{\pi}{a}e^{-a|\omega|}$ \hfill (1)

同理 $\mathscr{F}\left[\dfrac{1}{(x^2+b^2)}\right]=\dfrac{\pi}{b}\mathrm{e}^{-b|\omega|}$，所以

$$Y(\omega)=\frac{\dfrac{\pi}{b}\mathrm{e}^{-b|\omega|}}{\dfrac{\pi}{a}\mathrm{e}^{-a|\omega|}}=\frac{a}{b}\mathrm{e}^{-(b-a)|\omega|}$$

再取傅氏逆变换得

$$y(x)=\mathscr{F}^{-1}\left[Y(\omega)\right]=\frac{\pi}{b}\mathscr{F}^{-1}\left[\mathrm{e}^{-(b-a)|\omega|}\right]$$

利用式（1）可知

$$y(x)=\frac{a}{b}\frac{b-a}{\pi}\mathscr{F}^{-1}\left[\frac{\pi}{b-a}\mathrm{e}^{-(b-a)|\omega|}\right]=\frac{a}{b}\frac{b-a}{\pi}\frac{1}{x^2+(b-a)^2}$$

故所给积分方程的解为

$$y(x)=\frac{a(b-a)}{b\pi}\frac{1}{x^2+(b-a)^2}$$

例 7.7　求积分方程

$$y(x)+\int_{-\infty}^{+\infty}\mathrm{e}^{-|x-\tau|}y(\tau)\mathrm{d}\tau=\mathrm{e}^{-\beta|x|}$$

的解，其中 $\beta>0$。

解题分析：所给方程中的积分是未知函数 $y(x)$ 与 $\mathrm{e}^{-|x|}$ 的卷积。对方程的两边取傅氏变换并应用卷积定理可解出像函数 $\mathscr{F}[y(x)]$，然后取傅氏变换即得 $y(x)$。

解：在方程两边取傅氏变换，设 $\mathscr{F}[y(x)]=Y(\omega)$，由线性性质与积分性质可得

$$Y(\omega)+Y(\omega)\mathscr{F}[\mathrm{e}^{-|x|}]=\mathscr{F}[\mathrm{e}^{-\beta|x|}]$$

而

$$\mathscr{F}[\mathrm{e}^{-\beta|x|}]=\int_{-\infty}^{+\infty}\mathrm{e}^{-\beta|x|}\mathrm{e}^{-\mathrm{j}\omega x}\mathrm{d}x=\int_{-\infty}^{0}\mathrm{e}^{\beta x}\mathrm{e}^{-\mathrm{j}\omega x}\mathrm{d}x+\int_{0}^{+\infty}\mathrm{e}^{-\beta x}\mathrm{e}^{-\mathrm{j}\omega x}\mathrm{d}x$$

$$=\frac{1}{\beta-\mathrm{j}\omega}-\frac{1}{\beta+\mathrm{j}\omega}=\frac{2\beta}{\beta^2+\omega^2}$$

所以

$$Y(\omega)=\frac{\dfrac{2\beta}{\beta^2+\omega^2}}{1+\dfrac{2}{1+\omega^2}}=\frac{2\beta(1+\omega^2)}{(\beta^2+\omega^2)(3+\omega^2)}$$

当 $\beta\neq\sqrt{3}$ 时，$Y(\omega)=\dfrac{\beta^2-1}{\beta^2-3}\dfrac{2\beta}{(\beta^2+\omega^2)}-\dfrac{2\sqrt{3}\beta}{3(\beta^2-3)}\dfrac{2\sqrt{3}}{[\omega^2+(\sqrt{3})^2]}$

取傅氏逆变换　$y(x)=\mathscr{F}^{-1}[Y(\omega)]=\dfrac{\beta^2-1}{\beta^2-3}\mathrm{e}^{-\beta|x|}-\dfrac{2\sqrt{3}\beta}{3(\beta^2-3)}\mathrm{e}^{-2\sqrt{3}|x|}$

当 $\beta = \sqrt{3}$ 时，
$$y(x) = \mathscr{F}^{-1}[Y(\omega)] = \mathscr{F}^{-1}\left[\frac{2\sqrt{3}(1+\omega^2)}{(\omega^2+3)^2}\right]$$
$$= \frac{1}{2\pi}\int_{-\infty}^{+\infty}\frac{2\sqrt{3}(1+\omega^2)}{(\omega^2+3)^2}e^{j\omega x}d\omega = \frac{\sqrt{3}}{\pi}\int_{-\infty}^{+\infty}\frac{(\omega^2+1)}{(\omega^2+3)^2}e^{j\omega x}d\omega$$

（2）

利用留数定理计算式(2)积分。

当 $x > 0$ 时，由留数定理得
$$y(x) = \frac{\sqrt{3}}{\pi}2\pi j\text{Res}\left[\frac{(\omega^2+1)}{(\omega^2+3)^2}e^{j\omega x},\ \sqrt{3}j\right] = \frac{2-\sqrt{3}x}{3}e^{-\sqrt{3}x}$$

当 $x < 0$ 时，令 $\omega = -\tau$，可知
$$y(x) = \frac{\sqrt{3}}{\pi}\int_{-\infty}^{+\infty}\frac{(\omega^2+1)}{(\omega^2+3)^2}e^{j\omega x}d\omega = \frac{\sqrt{3}}{\pi}\int_{\infty}^{-\infty}\frac{(\tau^2+1)}{(\tau^2+3)^2}e^{j\tau(-x)}d(-\tau)$$
$$= \frac{\sqrt{3}}{\pi}\int_{-\infty}^{+\infty}\frac{(\tau^2+1)}{(\tau^2+3)^2}e^{j\tau(-x)}d\tau = \frac{\sqrt{3}}{\pi}2\pi j\text{Res}\left[\frac{(z^2+1)}{(z^2+3)^2}e^{jz(-x)},\ \sqrt{3}j\right]$$
$$= \frac{2+\sqrt{3}x}{3}e^{\sqrt{3}x}$$

当 $x = 0$ 时，
$$y(x) = \frac{\sqrt{3}}{\pi}\int_{-\infty}^{+\infty}\frac{(\omega^2+1)}{(\omega^2+3)^2}d\omega = \frac{\sqrt{3}}{\pi}2\pi j\text{Res}\left[\frac{(\omega^2+1)}{(\omega^2+3)^2},\ \sqrt{3}j\right] = \frac{2}{3}$$

故当 $\beta = \sqrt{3}$ 时，
$$y(x) = \begin{cases}\dfrac{2-\sqrt{3}x}{3}e^{-\sqrt{3}x}, & x > 0 \\[2mm] \dfrac{2}{3}, & x = 0 \\[2mm] \dfrac{2+\sqrt{3}x}{3}e^{\sqrt{3}x}, & x < 0\end{cases}$$

可写成
$$y(x) = \frac{2-\sqrt{3}|x|}{3}e^{-\sqrt{3}|x|}$$

注意：留数定理在计算某些函数(特别是分式有理函数)的傅氏变换或傅氏逆变换时起着重要作用。在第五章介绍过用留数计算形如式(2)的第三类积分时，要求 $x > 0$，并给出具体公式。但当 $x < 0$ 时，可通过令 $\omega = -\tau$ 转化为公式所要求的形式。也可以由式(2)观察 $y(x)$ 是否具有奇偶性而得到 $x<0$ 时的解 $y(x)$。例如上题4式(2)给出的 $y(x)$ 为偶函数，用公式求出 $x > 0$ 时的解以后，当 $x < 0$ 时其解为 $y(x) = y(-x) = \dfrac{2+\sqrt{3}x}{3}e^{\sqrt{3}x}$。

例7.8 求微分积分方程
$$y'(x) - 4\int_{-\infty}^{\tau}y(\tau)d\tau = e^{-|x|}$$

的解，其中$-\infty < x < +\infty$。

解题分析：这是一个含有未知函数$y(x)$的微分与积分的方程。运用傅氏变换的线性性质、微分性质以及积分性质，可以把此方程转化为像函数$Y(\omega) = \mathscr{F}[y(x)]$的代数方程，通过解代数方程与求傅氏逆变换就可以得到所求的解。

解：在方程两边取傅氏变换，设$\mathscr{F}[y(x)] = Y(\omega)$，由线性性质、微分性质与积分性质可得

$$j\omega Y(\omega) - \frac{4}{j\omega}Y(\omega) = \mathscr{F}[e^{-|x|}]$$

而

$$\mathscr{F}[e^{-|x|}] = \frac{2}{1+\omega^2}$$

所以

$$Y(\omega) = \frac{-2\omega j}{(\omega^2+1)(\omega^2+4)}$$

取傅氏逆变换

$$y(x) = \mathscr{F}^{-1}[Y(\omega)] = \frac{1}{2\pi}\int_{-\infty}^{+\infty} \frac{-2\omega j}{(\omega^2+1)(\omega^2+4)}e^{j\omega x}d\omega = -\frac{j}{\pi}\int_{-\infty}^{+\infty}\frac{\omega e^{j\omega x}}{(\omega^2+1)(\omega^2+4)}d\omega$$

利用留数定理计算此积分(参见例7.3和例7.7)。

当$x > 0$时，由留数定理得

$$y(x) = \frac{1}{3}(e^{-x} - e^{-2x})$$

当$x < 0$时，有

$$y(x) = \frac{1}{3}(e^{2x} - e^{x})$$

当$x = 0$时，被积函数为奇函数，故$y(x) = 0$。

故所求的解为

$$y(x) = \begin{cases} \dfrac{1}{3}(e^{2x} - e^{x}), & x < 0 \\ 0, & x = 0 \\ \dfrac{1}{3}(e^{-x} - e^{-2x}), & x > 0 \end{cases}$$

五、习题参考解答和提示

7.1 根据 Fourier 积分公式，推出函数$f(x)$的 Fourier 积分公式的三角形式：

$$f(x) = \frac{1}{\pi}\int_0^{+\infty}\left[\int_{-\infty}^{+\infty}f(\tau)\cos\omega(x-\tau)d\tau\right]d\omega$$

解：由 Fourier 积分公式

$$f(x) = \frac{1}{2\pi}\int_{-\infty}^{+\infty}\left[\int_{-\infty}^{+\infty}f(\tau)e^{-j\omega\tau}d\tau\right]e^{j\omega x}d\omega$$

$$= \frac{1}{2\pi} \int_{-\infty}^{+\infty} \left[\int_{-\infty}^{+\infty} f(\tau) \, \mathrm{e}^{\mathrm{j}\omega(x-\tau)} \mathrm{d}\tau \right] \mathrm{d}\omega$$

$$= \frac{1}{2\pi} \int_{-\infty}^{+\infty} \left\{ \int_{-\infty}^{+\infty} f(\tau) \left[\cos\omega(x-\tau) + \mathrm{j}\sin\omega(x-\tau) \right] \mathrm{d}\tau \right\} \mathrm{d}\omega$$

$$= \frac{1}{\pi} \int_{0}^{+\infty} \left[\int_{-\infty}^{+\infty} f(\tau) \cos\omega(x-\tau) \mathrm{d}\tau \right] \mathrm{d}\omega$$

这里用了 $\cos\omega(x-\tau)$ 是关于 ω 的偶函数，而 $\sin\omega(x-\tau)$ 是关于 ω 的奇函数，积分为 0。

7.2 试证：若 $f(x)$ 满足 Fourier 积分定理的条件，则有

$$f(x) = \int_{0}^{+\infty} A(\omega)\cos\omega x \mathrm{d}\omega + \int_{0}^{+\infty} B(\omega)\sin\omega x \mathrm{d}\omega$$

其中，$A(\omega) = \dfrac{1}{\pi} \displaystyle\int_{-\infty}^{+\infty} f(\tau)\cos\omega\tau \mathrm{d}\tau$，$B(\omega) = \dfrac{1}{\pi} \displaystyle\int_{-\infty}^{+\infty} f(\tau)\sin\omega\tau \mathrm{d}\tau$。

证明：由 Fourier 积分公式

$$f(x) = \frac{1}{2\pi} \int_{-\infty}^{+\infty} \left[\int_{-\infty}^{+\infty} f(\tau)\,\mathrm{e}^{-\mathrm{j}\omega\tau} \mathrm{d}\tau \right] \mathrm{e}^{\mathrm{j}\omega x} \mathrm{d}\omega$$

$$= \frac{1}{\pi} \int_{0}^{+\infty} \left[\int_{-\infty}^{+\infty} f(\tau)\cos\omega(x-\tau) \mathrm{d}\tau \right] \mathrm{d}\omega$$

$$= \int_{0}^{+\infty} \left[\frac{1}{\pi} \int_{-\infty}^{+\infty} f(\tau)\cos\omega\tau \mathrm{d}\tau \cdot \cos\omega x + \frac{1}{\pi} \int_{-\infty}^{+\infty} f(\tau)\sin\omega\tau \mathrm{d}\tau \cdot \sin\omega x \right] \mathrm{d}\omega$$

$$= \int_{0}^{+\infty} \left[A(\omega)\cos\omega x + B(\omega)\sin\omega x \right] \mathrm{d}\omega$$

其中，$A(\omega) = \dfrac{1}{\pi} \displaystyle\int_{-\infty}^{+\infty} f(\tau)\cos\omega\tau \mathrm{d}\tau$，$B(\omega) = \dfrac{1}{\pi} \displaystyle\int_{-\infty}^{+\infty} f(\tau)\sin\omega\tau \mathrm{d}\tau$。

7.3 求下列函数的 Fourier 变换：

(1) $f(x) = \mathrm{e}^{-a|x|} (a > 0)$；　　　　　　　(2) $f(x) = \cos x \sin x$；

(3) $f(x) = \dfrac{1}{2} [\delta(x+a) + \delta(x-a)]$；　　(4) $f(x) = x^2$；

(5) $f(x) = \mathrm{e}^{-ax^2} (a > 0)$；　　　　　　(6) $f(x) = x\mathrm{e}^{-ax^2} (a > 0)$；

(7) $f(x) = \begin{cases} 1 - x^2, & x^2 < 1, \\ 0, & x^2 > 1; \end{cases}$　　　　(8) $f(x) = \begin{cases} 0, & x < 0, \\ \mathrm{e}^{-x}\sin 2x, & x \geqslant 0 \end{cases}$。

解： (1) $\mathscr{F}[f(x)] = \displaystyle\int_{-\infty}^{+\infty} f(x)\,\mathrm{e}^{-\mathrm{j}\omega x} \mathrm{d}x = \int_{-\infty}^{+\infty} \mathrm{e}^{-a|x|}\,\mathrm{e}^{-\mathrm{j}\omega x} \mathrm{d}x$

$$= \int_{-\infty}^{0} \mathrm{e}^{-a(-x)}\,\mathrm{e}^{-\mathrm{j}\omega x} \mathrm{d}x + \int_{0}^{+\infty} \mathrm{e}^{-a(x)}\,\mathrm{e}^{-\mathrm{j}\omega x} \mathrm{d}x$$

$$= \int_{-\infty}^{0} \mathrm{e}^{(a-\mathrm{j}\omega)x} \mathrm{d}x + \int_{0}^{+\infty} \mathrm{e}^{-(a+\mathrm{j}\omega)x} \mathrm{d}x$$

$$= \mathrm{e}^{(a-\mathrm{j}\omega)x} \Big|_{-\infty}^{0} + \mathrm{e}^{-(a+\mathrm{j}\omega)x} \Big|_{0}^{+\infty} = \frac{1}{a-\mathrm{j}\omega} + \frac{1}{a+\mathrm{j}\omega} = \frac{2a}{a^2+\omega^2}$$

(2) 因为 $f(x) = \cos x \sin x = \dfrac{1}{2}\sin(2x)$，所以 $\mathscr{F}[f(x)] = \mathrm{j}\pi[\delta(\omega+2) - \delta(\omega-2)]$。

(3) 因为 $\mathscr{F}[\delta(x-a)] = \mathrm{e}^{-\mathrm{j}a\omega}$，$\mathscr{F}[\delta(x+a)] = \mathrm{e}^{\mathrm{j}a\omega}$，所以 $\mathscr{F}[f(x)] = \dfrac{1}{2}(\mathrm{e}^{\mathrm{j}a\omega} + \mathrm{e}^{-\mathrm{j}a\omega}) = \cos a\omega$。

(4) 利用像函数的导数性质 $\mathscr{F}[(-\mathrm{j}x)^n f(x)] = \dfrac{\mathrm{d}^n F(\omega)}{\mathrm{d}\omega^n}$ 及 $\mathscr{F}[1] = 2\pi\delta(\omega)$，有

$$\mathscr{F}[x^2 f(x)] = -\frac{\mathrm{d}^2}{\mathrm{d}\omega^2}[2\pi\delta(\omega)] = -2\pi\delta''(\omega)$$

(5) **方法一**：$F(\omega) = \mathscr{F}[f(x)] = \displaystyle\int_{-\infty}^{+\infty} f(x)\mathrm{e}^{-\mathrm{j}\omega x}\mathrm{d}x = \int_{-\infty}^{+\infty} \mathrm{e}^{-ax^2}\mathrm{e}^{-\mathrm{j}\omega x}\mathrm{d}x$

$$= \int_{-\infty}^{+\infty} \mathrm{e}^{-a\left(x+\frac{\mathrm{j}\omega}{2a}\right)^2 - \frac{\omega^2}{4a}}\mathrm{d}x = \sqrt{\frac{\pi}{a}}\,\mathrm{e}^{-\frac{\omega^2}{4a}}$$

这里利用了 $\displaystyle\int_{-\infty}^{+\infty} \mathrm{e}^{-a(x+b)^2}\mathrm{d}x = \sqrt{\dfrac{\pi}{a}}$。

高斯函数 $f(x) = \mathrm{e}^{-ax^2}$ 的 Fourier 变换是高斯函数。特别，$a = \dfrac{1}{2}$ 时，有 $\mathrm{e}^{-\frac{x^2}{2}} \leftrightarrow \sqrt{2\pi}\,\mathrm{e}^{-\frac{\omega^2}{2}}$，是一对自反函数。

方法二：设函数 $f(x) = \mathrm{e}^{-ax^2}$ 的 Fourier 变换是 $F(\omega)$，因为

$$f'(x) = -2ax\mathrm{e}^{-ax^2} = -2axf(x) = \frac{2a}{\mathrm{j}}[-\mathrm{j}xf(x)] \tag{1}$$

对式(1)两边取 Fourier 变换，并利用 Fourier 变换的微分性质 $f'(x) \leftrightarrow \mathrm{j}\omega F(\omega)$，$-\mathrm{j}xf(x) \leftrightarrow F'(\omega)$，代入上式，得到 $\mathrm{j}\omega F(\omega) = \dfrac{2a}{\mathrm{j}}F'(\omega)$，即 $F'(\omega) = -\dfrac{1}{2a}\omega F(\omega)$。

解微分方程 $\dfrac{\mathrm{d}F(\omega)}{F(\omega)} = -\dfrac{1}{2a}\omega\mathrm{d}\omega$，得到 $\ln F(\omega) = -\dfrac{1}{4a}\omega^2 + c$，$F(\omega) = C\exp\left(-\dfrac{1}{4a}\omega^2\right)$。

注意：当 $\omega = 0$ 时，$F(0) = \displaystyle\int_{-\infty}^{+\infty} f(x)\mathrm{d}x = \int_{-\infty}^{+\infty} \mathrm{e}^{-ax^2}\mathrm{d}x = \sqrt{\dfrac{\pi}{a}}$，因此 $F(\omega) = \sqrt{\dfrac{\pi}{a}}\,\mathrm{e}^{-\frac{\omega^2}{4a}}$。

(6) **方法一**：利用上题的结果 $\mathscr{F}[\mathrm{e}^{-ax^2}] = \sqrt{\dfrac{\pi}{a}}\,\mathrm{e}^{-\frac{\omega^2}{4a}}$ 及微分性质。因为 $(\mathrm{e}^{-ax^2})' = -2ax\mathrm{e}^{-ax^2} = -2af(x)$，即有 $f(x) = -\dfrac{(\mathrm{e}^{-ax^2})'}{2a}$，所以

$$\mathscr{F}[f(x)] = -\frac{1}{2a}\mathscr{F}[(\mathrm{e}^{-ax^2})'] = -\frac{1}{2a}\mathrm{j}\omega\,\mathscr{F}[\mathrm{e}^{-ax^2}] = -\frac{1}{2a}\mathrm{j}\omega\sqrt{\frac{\pi}{a}}\,\mathrm{e}^{-\frac{\omega^2}{4a}}$$

方法二：利用定义计算

$$F(\omega) = \mathscr{F}[f(x)] = \int_{-\infty}^{+\infty} f(x)\mathrm{e}^{-\mathrm{j}\omega x}\mathrm{d}x$$

$$= \int_{-\infty}^{+\infty} x e^{-ax^2} e^{-j\omega x} dx = -\frac{1}{2a} \int_{-\infty}^{+\infty} e^{-j\omega x} de^{-ax^2} = -\frac{1}{2a} j\omega \int_{-\infty}^{+\infty} e^{-ax^2} e^{-j\omega x} dx$$

$$= -\frac{1}{2a} j\omega \int_{-\infty}^{+\infty} e^{-a\left(x+\frac{j\omega}{2a}\right)^2 - \frac{\omega^2}{4a}} dx = -\frac{1}{2a} \sqrt{\frac{\pi}{a}} j\omega e^{-\frac{\omega^2}{4a}}$$

注意： 这里利用到 $\displaystyle\int_{-\infty}^{+\infty} e^{-a(x+b)^2} dx = \sqrt{\frac{\pi}{a}}$。

（7） $F(\omega) = \mathscr{F}[f(x)] = \displaystyle\int_{-\infty}^{+\infty} f(x) e^{-j\omega x} dx = \int_{-1}^{+1} (1 - x^2) e^{-j\omega x} dx$

$$= \int_{-1}^{+1} (1 - x^2) d\frac{e^{-j\omega x}}{-j\omega} = (1 - x^2) \frac{e^{-j\omega x}}{-j\omega} \Big|_{-1}^{+1} - \int_{-1}^{+1} \frac{e^{-j\omega x}}{-j\omega} 2x dx$$

$$= \int_{-1}^{+1} \frac{2x}{(-j\omega)^2} d(e^{-j\omega x}) = \frac{2x}{(-j\omega)^2} e^{-j\omega x} \Big|_{-1}^{+1} - \int_{-1}^{+1} \frac{2(e^{-j\omega x})}{(-j\omega)^2} dx$$

$$= \frac{2x}{(-j\omega)^2} e^{-j\omega x} \Big|_{-1}^{+1} - \frac{2(e^{-j\omega x})}{(-j\omega)^3} \Big|_{-1}^{+1}$$

$$= \left[\frac{2}{(-j\omega)^2} e^{-j\omega} + \frac{2}{(-j\omega)^2} e^{j\omega}\right] - \left[\frac{2(e^{-j\omega})}{(-j\omega)^3} - \frac{2(e^{j\omega})}{(-j\omega)^3}\right]$$

$$= -\frac{4}{\omega^2} \cos\omega + \frac{4}{\omega^3} j\sin\omega$$

$$f(x) = \frac{1}{2\pi} \int_{-\infty}^{+\infty} F(\omega) e^{j\omega x} d\omega = \frac{1}{2\pi} \int_{-\infty}^{+\infty} \left(\frac{4}{\omega^3} j\sin\omega - \frac{4}{\omega^2} \cos\omega\right) e^{j\omega x} d\omega$$

$$= \frac{1}{2\pi} \int_{-\infty}^{+\infty} \left(-\frac{4}{\omega^3} \sin\omega\sin\omega x - \frac{4}{\omega^2} \cos\omega\cos\omega x\right) d\omega$$

$$= -\frac{4}{\pi} \int_{0}^{+\infty} \frac{\sin\omega\sin\omega x + \omega\cos\omega\cos\omega x}{\omega^3} d\omega$$

（8） $F(\omega) = \mathscr{F}[f(x)] = \displaystyle\int_{-\infty}^{+\infty} f(x) e^{-j\omega x} dx = \int_{0}^{+\infty} e^{-x} \sin(2x) e^{-j\omega x} dx$

$$= \int_{0}^{+\infty} e^{-x} \frac{e^{2xj} - e^{-2xj}}{2j} e^{-j\omega x} dx = \frac{1}{2j} \int_{0}^{+\infty} \left[e^{-(1-2j+\omega j)x} - e^{-(1+2j+\omega j)x}\right] dx$$

$$= \frac{1}{2j} \left(\frac{1}{1 - 2j + \omega j} - \frac{1}{1 + 2j + \omega j}\right) = \frac{1}{2j} \left(\frac{4j}{(1 + \omega j)^2 + 2^2}\right)$$

$$= \frac{2}{(1 + \omega j)^2 + 2^2}$$

7.4 定义 $\operatorname{sgn} x = \begin{cases} 1, & x > 0 \\ -1, & x < 0 \end{cases}$ 为符号函数，求符号函数的 Fourier 变换。

解： 若 $H(x) = \begin{cases} 1, & x \geqslant 0 \\ 0, & x < 0 \end{cases}$，则 $\operatorname{sgn}(x) + 1 = 2H(x)$，

利用 $\mathscr{F}[1] = 2\pi\delta(\omega)$，$\mathscr{F}[H(x)] = \dfrac{1}{j\omega} + \pi\delta(\omega)$，有 $\mathscr{F}[\operatorname{sgn}(x)] = \dfrac{2}{j\omega}$。

7.5 证明 Fourier 变换的相似性质：$\mathscr{F}[f(ax)] = \dfrac{1}{|a|}F\left(\dfrac{\omega}{a}\right)$。

证明： 设 $F(\omega) = \mathscr{F}[f(x)]$，则

$$\mathscr{F}[f(ax)] = \int_{-\infty}^{+\infty} f(ax)\,e^{-j\omega x}\,dx$$

$$\xlongequal{ax=t} \begin{cases} \displaystyle\int_{-\infty}^{+\infty} f(t)\,e^{-j\frac{\omega}{a}t}\,d\left(\dfrac{t}{a}\right) = \dfrac{1}{a}F\left(\dfrac{\omega}{a}\right), & a > 0 \\[4mm] \displaystyle\int_{\infty}^{-\infty} f(t)\,e^{-j\frac{\omega}{a}t}\,d\left(\dfrac{t}{a}\right) = -\dfrac{1}{a}\int_{-\infty}^{+\infty} f(t)\,e^{-j\frac{\omega}{a}t}\,dt = -\dfrac{1}{a}F\left(\dfrac{\omega}{a}\right), & a < 0 \end{cases}$$

$$= \dfrac{1}{|a|}F\left(\dfrac{\omega}{a}\right)$$

7.6 求 $f(x) = \sin\left(5x + \dfrac{\pi}{3}\right)$ 的 Fourier 变换。

解： 利用定义计算 $\mathscr{F}\left[\sin\left(5x + \dfrac{\pi}{3}\right)\right] = \displaystyle\int_{-\infty}^{+\infty} \sin\left(5x + \dfrac{\pi}{3}\right)e^{-j\omega x}\,dx$

$$= \int_{-\infty}^{+\infty} \dfrac{e^{j\left(5x+\frac{\pi}{3}\right)} - e^{-j\left(5x+\frac{\pi}{3}\right)}}{2j}e^{-j\omega x}\,dx$$

$$= \int_{-\infty}^{+\infty} \dfrac{e^{j\left(5x+\frac{\pi}{3}-\omega x\right)} - e^{-j\left(5x+\frac{\pi}{3}+\omega x\right)}}{2j}\,dx$$

$$= \dfrac{e^{j\frac{\pi}{3}}}{2j}2\pi\delta(\omega - 5) - \dfrac{e^{-j\frac{\pi}{3}}}{2j}2\pi\delta(\omega + 5)$$

$$= \pi j\,e^{-j\frac{\pi}{3}}\delta(\omega + 5) - \pi j\,e^{j\frac{\pi}{3}}\delta(\omega - 5)$$

也可以利用性质计算。

7.7 试求下列有限波列的 Fourier 变换 $F(\omega)$。

$$(1)\ f(x) = \begin{cases} \cos 2\pi\nu_0 x, & |x| < T \\ 0, & |x| \geqslant T \end{cases}; \qquad (2)\ f(x) = \begin{cases} \dfrac{1}{2} + \dfrac{1}{2}\cos\dfrac{\pi x}{T}, & |x| < T \\[2mm] 0, & |x| \geqslant T \end{cases}$$

解：（1）　$F(\omega) = \mathscr{F}[f(x)] = \displaystyle\int_{-\infty}^{+\infty} f(x)\,e^{-j\omega x}\,dx = \int_{-T}^{T} \cos(2\pi\nu_0 x)\,e^{-j\omega x}\,dx$

$$= \int_{-T}^{T} \dfrac{e^{j2\pi\nu_0 x} + e^{-j2\pi\nu x}}{2}e^{-j\omega x}\,dx = \int_{-T}^{T} \dfrac{e^{(j2\pi\nu_0 - j\omega)x} + e^{-(j2\pi\nu_0 + j\omega)x}}{2}\,dx$$

$$= \dfrac{1}{2(j2\pi\nu_0 - j\omega)}e^{(j2\pi\nu_0 - j\omega)x}\bigg|_{-T}^{T} - \dfrac{1}{2(j2\pi\nu_0 + j\omega)}e^{-(j2\pi\nu_0 + j\omega)x}\bigg|_{-T}^{T}$$

$$= \dfrac{1}{2(j2\pi\nu_0 - j\omega)}e^{(j2\pi\nu_0 - j\omega)x}\bigg|_{-T}^{T} - \dfrac{1}{2(j2\pi\nu_0 - j\omega)}e^{-(j2\pi\nu_0 - j\omega)x}\bigg|_{-T}^{T}$$

$$= \dfrac{1}{2\pi\nu_0 - \omega}\sin(2\pi\nu_0 - \omega)T + \dfrac{1}{2\pi\nu_0 + \omega}\sin(2\pi\nu_0 + \omega)T$$

（2）$F(\omega) = \mathscr{F}[f(x)] = \int_{-\infty}^{+\infty} f(x)\mathrm{e}^{-j\omega x}\mathrm{d}x = \frac{1}{2}\int_{-T}^{T}\left[1 + \cos\left(\frac{\pi x}{T}\right)\right]\mathrm{e}^{-j\omega x}\mathrm{d}x$

$= \frac{1}{2}\left(\int_{-T}^{T}\mathrm{e}^{-j\omega x}\mathrm{d}x + \int_{-T}^{T}\frac{\mathrm{e}^{j\frac{\pi x}{T}} + \mathrm{e}^{-j\frac{\pi x}{T}}}{2}\mathrm{e}^{-j\omega x}\mathrm{d}x\right)$

$= \frac{1}{2}\int_{-T}^{T}\mathrm{e}^{-j\omega x}\mathrm{d}x + \frac{1}{2}\int_{-T}^{T}\frac{\mathrm{e}^{\left(j\frac{\pi}{T}-j\omega\right)x} + \mathrm{e}^{-\left(j\frac{\pi}{T}+j\omega\right)x}}{2}\mathrm{d}x$

$= -\frac{1}{2j\omega}\mathrm{e}^{-j\omega x}\Big|_{-T}^{T} + \frac{1}{4\left(j\frac{\pi}{T}-j\omega\right)}\mathrm{e}^{\left(j\frac{\pi}{T}-j\omega\right)x}\Big|_{-T}^{T} - \frac{1}{4\left(j\frac{\pi}{T}+j\omega\right)}\mathrm{e}^{-\left(j\frac{\pi}{T}+j\omega\right)x}\Big|_{-T}^{T}$

$= \frac{1}{\omega}\sin(\omega T) + \frac{1}{2\left(\frac{\pi}{T}-\omega\right)}\sin\left(\frac{\pi}{T}-\omega\right)T + \frac{1}{2\left(\frac{\pi}{T}+\omega\right)}\sin\left(\frac{\pi}{T}+\omega\right)T$

$= \frac{1}{\omega}\sin(\omega T) + \frac{T}{2(\pi-\omega T)}\sin(\omega T) - \frac{T}{2(\pi+\omega T)}\sin(\omega T)$

$= \frac{1}{\omega}\sin(\omega T) + \frac{\omega T^2\sin(\omega T)}{\pi^2 - (\omega T)^2}$

7.8 试求阻尼正弦波 $f(x) = \begin{cases} \mathrm{e}^{-ax}\sin 2\pi\nu_0 x, & x \geqslant 0 \\ 0, & x < 0 \end{cases}$ 的 Fourier 变换 $F(\omega)$。

解：$\mathscr{F}[f(x)] = \int_{-\infty}^{+\infty} f(x)\mathrm{e}^{-j\omega x}\mathrm{d}x = \int_{0}^{+\infty}\mathrm{e}^{-ax}\sin 2\pi\nu_0 x\mathrm{e}^{-j\omega x}\mathrm{d}x = \frac{2\pi\nu_0}{(a+j\omega)^2 + (2\pi\nu_0)^2}$

7.9 试求函数 $f(x) = \begin{cases} 1 - \dfrac{|x|}{2}, & |x| < 2 \\ 0, & |x| \geqslant 2 \end{cases}$ 的 Fourier 变换。并证明：

$$\int_{0}^{+\infty}\frac{\sin^2\omega\cos\omega x}{\omega^2}\mathrm{d}\omega = \begin{cases} \dfrac{\pi}{2}\left(1 - \dfrac{|x|}{2}\right), & |x| < 2 \\ 0, & |x| \geqslant 2 \end{cases}$$

解：$F(\omega) = \mathscr{F}[f(x)] = \int_{-\infty}^{+\infty} f(x)\mathrm{e}^{-j\omega x}\mathrm{d}x = \int_{-2}^{+2}\left(1 - \frac{|x|}{2}\right)\mathrm{e}^{-j\omega x}\mathrm{d}x$

$= \int_{0}^{2}\left(1 - \frac{x}{2}\right)\mathrm{e}^{-j\omega x}\mathrm{d}x + \int_{-2}^{0}\left(1 + \frac{x}{2}\right)\mathrm{e}^{-j\omega x}\mathrm{d}x$

$= \int_{-2}^{2}\mathrm{e}^{-j\omega x}\mathrm{d}x - \int_{0}^{2}\left(\frac{x}{2}\right)\mathrm{e}^{-j\omega x}\mathrm{d}x + \int_{-2}^{0}\left(\frac{x}{2}\right)\mathrm{e}^{-j\omega x}\mathrm{d}x$

$= \int_{-2}^{2}\mathrm{e}^{-j\omega x}\mathrm{d}x - \int_{0}^{2}\left(\frac{x}{2}\right)\mathrm{e}^{-j\omega x}\mathrm{d}x + \int_{2}^{0}\left(-\frac{x}{2}\right)\mathrm{e}^{j\omega x}\mathrm{d}(-x)$

$= \int_{-2}^{2}\mathrm{e}^{-j\omega x}\mathrm{d}x - \int_{0}^{2}x\cos\omega x\mathrm{d}x = -\frac{\mathrm{e}^{-j2\omega} - \mathrm{e}^{j2\omega}}{j\omega} - \frac{1}{\omega}\int_{0}^{2}x\mathrm{d}(\sin\omega x)$

$= \frac{2\sin(2\omega)}{\omega} - \frac{1}{\omega}\left[x(\sin\omega x)\Big|_{0}^{2} - \int_{0}^{2}\sin\omega x\mathrm{d}x\right]$

$$= \frac{2\sin(2\omega)}{\omega} - \frac{1}{\omega}\Big[2\sin2\omega + \frac{1}{\omega}(\cos2\omega - 1)\Big] = \frac{1}{\omega^2}(1 - \cos2\omega)$$

$$f(x) = \frac{1}{2\pi}\int_{-\infty}^{+\infty} F(\omega)e^{j\omega x}d\omega$$

$$= \frac{1}{2\pi}\int_{-\infty}^{+\infty} \frac{1}{\omega^2}(1 - \cos2\omega)e^{j\omega x}d\omega = \begin{cases} 1 - \dfrac{|x|}{2}, & |x| < 2 \\ 0, & |x| \geqslant 2 \end{cases}$$

即

$$\frac{1}{2\pi}\int_{-\infty}^{+\infty} \frac{2\sin^2 2\omega}{\omega^2}(\cos\omega x + \sin\omega x)d\omega = \begin{cases} 1 - \dfrac{|x|}{2}, & |x| < 2 \\ 0, & |x| \geqslant 2 \end{cases}$$

$$\int_0^{+\infty} \frac{\sin^2 2\omega}{\omega^2}\cos\omega x\,d\omega = \begin{cases} \dfrac{\pi}{2}\Big(1 - \dfrac{|x|}{2}\Big), & |x| < 2 \\ 0, & |x| \geqslant 2 \end{cases}$$

7.10　试求函数 $f(x) = \begin{cases} \sin x, & |x| < \pi \\ 0, & |x| \geqslant \pi \end{cases}$ 的 Fourier 变换。并证明：

$$\int_0^{+\infty} \frac{\sin\omega\pi\sin\omega x}{1 - \omega^2}d\omega = \begin{cases} \dfrac{\pi}{2}\sin x, & |x| < \pi \\ 0, & |x| \geqslant \pi \end{cases}$$

解：$F(\omega) = \mathscr{F}[f(x)] = \int_{-\infty}^{+\infty} f(x)e^{-j\omega x}dx = \int_{-\pi}^{+\pi}\sin x\,e^{-j\omega x}dx$

$$= \int_{-\pi}^{+\pi} \frac{e^{jx} - e^{-jx}}{2j}e^{-j\omega x}dx = \frac{1}{2j}\int_{-\pi}^{+\pi}[e^{j(1-\omega)x} - e^{-j(1+\omega)x}]dx$$

$$= \frac{1}{2j}\Big[\frac{e^{j(1-\omega)x}}{j(1-\omega)} - \frac{e^{-j(1+\omega)x}}{-j(1+\omega)}\Big]\Big|_{-\pi}^{+\pi}$$

$$= \frac{1}{2j}\Big[\frac{e^{j(1-\omega)\pi} - e^{-j(1-\omega)\pi}}{j(1-\omega)} - \frac{e^{-j(1+\omega)\pi} - e^{j(1+\omega)\pi}}{-j(1+\omega)}\Big]$$

$$= \frac{1}{2j}\Big[\frac{-e^{-j\omega\pi} + e^{j\omega\pi}}{j(1-\omega)} - \frac{-e^{-j\omega\pi} + e^{j\omega\pi}}{-j(1+\omega)}\Big]$$

$$= \frac{1}{j}\Big(\frac{1}{1-\omega} + \frac{1}{1+\omega}\Big)\sin\omega\pi = \frac{2j\sin\omega\pi}{\omega^2 - 1}$$

$$f(x) = \frac{1}{2\pi}\int_{-\infty}^{+\infty} F(\omega)e^{j\omega x}d\omega = \frac{1}{2\pi}\int_{-\infty}^{+\infty} \frac{2j\sin\omega\pi}{\omega^2 - 1}e^{j\omega x}d\omega$$

$$= \frac{1}{2\pi}\int_{-\infty}^{+\infty} \frac{2j\sin\omega\pi}{\omega^2 - 1}(\cos\omega x + j\sin\omega x)d\omega$$

$$= \frac{1}{2\pi}\int_{-\infty}^{+\infty} \frac{-2\sin\omega\pi\sin\omega x}{\omega^2 - 1}d\omega$$

$$= \frac{2}{\pi}\int_0^{+\infty} \frac{\sin\omega\pi\sin\omega x}{1 - \omega^2}d\omega = \begin{cases} \sin x, & |x| < \pi \\ 0, & |x| \geqslant \pi \end{cases}$$

所以，有
$$\int_0^{+\infty} \frac{\sin\omega\pi\sin\omega x}{1-\omega^2}\mathrm{d}\omega = \begin{cases} \dfrac{\pi}{2}\sin x, & |x| < \pi \\ 0, & |x| \geqslant \pi \end{cases}$$

7.11 试求函数 $f(x) = xe^{-x^2}$ 的 Fourier 变换。并证明：
$$\int_0^{+\infty} \omega e^{-\frac{\omega^2}{4}}\sin\omega x\mathrm{d}\omega = 2\sqrt{\pi}\,xe^{-x^2}$$

解：利用习题 7.3(6)的结果，有
$$F(\omega) = \mathscr{F}[xe^{-x^2}] = -\frac{\sqrt{\pi}}{2}\mathrm{j}\omega e^{-\frac{\omega^2}{4}}$$

注意到 $f(x) = xe^{-x^2}$ 是连续的奇函数，有
$$f(x) = \frac{1}{2\pi}\int_{-\infty}^{+\infty} F(\omega)e^{\mathrm{j}\omega x}\mathrm{d}\omega = \frac{1}{2\pi}\int_{-\infty}^{+\infty}\left(-\frac{1}{2}\mathrm{j}\omega\sqrt{\pi}\,e^{-\frac{\omega^2}{4}}\right)e^{\mathrm{j}\omega x}\mathrm{d}\omega$$
$$= -\frac{\mathrm{j}}{4\sqrt{\pi}}\int_{-\infty}^{+\infty}\omega e^{-\frac{\omega^2}{4}}(\cos\omega x + \mathrm{j}\sin\omega x)\mathrm{d}\omega$$
$$= \frac{1}{2\sqrt{\pi}}\int_0^{+\infty}\omega e^{-\frac{\omega^2}{4}}\sin\omega x\mathrm{d}\omega = xe^{-x^2}$$

即
$$\int_0^{+\infty}\omega e^{-\frac{\omega^2}{4}}\sin\omega x\mathrm{d}\omega = 2\sqrt{\pi}\,xe^{-x^2}$$

7.12 设 $F(\omega) = \mathscr{F}[f(x)]$，试证 $F(\omega)$ 与 $f(x)$ 的奇偶性相同。

证明：$F(\omega) = \mathscr{F}[f(x)] = \int_{-\infty}^{+\infty}f(x)e^{-\mathrm{j}\omega x}\mathrm{d}x$

(1)若 $f(-x) = f(x)$ 为偶函数，
$$F(\omega) = \mathscr{F}[f(x)] = \int_{-\infty}^{+\infty}f(x)e^{-\mathrm{j}\omega x}\mathrm{d}x \xed{x=-t} \int_{+\infty}^{-\infty}f(-t)e^{-\mathrm{j}\omega(-t)}\mathrm{d}(-t)$$
$$= \int_{-\infty}^{+\infty}f(t)e^{-\mathrm{j}(-\omega)t}\mathrm{d}t = F(-\omega)$$

(2)若 $f(-x) = -f(x)$ 为奇函数，则
$$F(\omega) = \mathscr{F}[f(x)] = \int_{-\infty}^{+\infty}f(x)e^{-\mathrm{j}\omega x}\mathrm{d}x \xed{x=-t} \int_{+\infty}^{-\infty}f(-t)e^{-\mathrm{j}\omega(-t)}\mathrm{d}(-t)$$
$$= -\int_{-\infty}^{+\infty}f(t)e^{-\mathrm{j}(-\omega)t}\mathrm{d}t = -F(-\omega)$$

7.13 若 $\mathscr{F}[f(x)] = F(\omega)$，试证明：

(1) $f(x)$ 为实函数的充要条件是 $F(\omega)$ 满足 $F(-\omega) = \overline{F(\omega)}$；

(2) $f(x)$ 为纯虚数的充要条件是 $F(\omega)$ 满足 $F(-\omega) = -\overline{F(\omega)}$。

证明：(1)必要性：若 $f(x)$ 为实函数，由 $F(\omega) = \int_{-\infty}^{+\infty}f(x)e^{-\mathrm{j}\omega x}\mathrm{d}x$，有
$$\overline{F(\omega)} = \overline{\int_{-\infty}^{+\infty}f(x)e^{-\mathrm{j}\omega x}\mathrm{d}x} = \int_{-\infty}^{+\infty}f(x)\overline{e^{-\mathrm{j}\omega x}}\mathrm{d}x = \int_{-\infty}^{+\infty}f(x)e^{\mathrm{j}\omega x}\mathrm{d}x$$
$$= \int_{-\infty}^{+\infty}f(x)e^{-\mathrm{j}(-\omega)x}\mathrm{d}x = F(-\omega)$$

充分性：若 $\overline{F(\omega)} = F(-\omega)$，由 $f(x) = \dfrac{1}{2\pi} \displaystyle\int_{-\infty}^{+\infty} F(\omega) e^{j\omega x} d\omega$，有

$$\overline{f(x)} = \frac{1}{2\pi} \int_{-\infty}^{+\infty} \overline{F(\omega) e^{j\omega x}} d\omega = \frac{1}{2\pi} \int_{-\infty}^{+\infty} F(-\omega) e^{-j\omega x} d\omega$$

$$\xrightarrow{-\omega = \xi} \frac{1}{2\pi} \int_{-\infty}^{+\infty} F(\xi) e^{j\xi x} d\xi = f(x)$$

即函数 $f(x)$ 为实函数。

(2) 仿照(1)可以证明结论。

7.14　证明：若 $\mathscr{F}[e^{i\varphi(x)}] = F(\omega)$，其中，$\varphi(x)$ 为一实函数，则

$$\mathscr{F}[\cos\varphi(x)] = \frac{1}{2}[F(\omega) + \overline{F(-\omega)}]$$

$$\mathscr{F}[\sin\varphi(x)] = \frac{1}{2j}[F(\omega) - \overline{F(-\omega)}]$$

其中，$\overline{F(-\omega)}$ 为 $F(-\omega)$ 的共轭函数。

证明： 因为 $F(\omega) = \mathscr{F}[f(t)] = \displaystyle\int_{-\infty}^{+\infty} e^{j\varphi(x)} e^{-j\omega x} dx$

而　　　$\displaystyle\int_{-\infty}^{+\infty} e^{-j\varphi(x)} e^{-j\omega x} dx = \int_{-\infty}^{+\infty} \overline{e^{j\varphi(x)}} e^{-j\omega x} dx = \int_{-\infty}^{+\infty} \overline{e^{j\varphi(x)}} \overline{e^{j\omega x}} dx$

$$= \int_{-\infty}^{+\infty} \overline{e^{j\varphi(x)}} \overline{e^{-j(-\omega)x}} dx = \overline{\int_{-\infty}^{+\infty} e^{j\varphi(x)} e^{-j(-\omega)x} dx} = \overline{F(-\omega)}$$

所以有　　　$\mathscr{F}[e^{i\varphi(x)}] = \mathscr{F}[\cos\varphi(x) + i\sin\varphi(x)] = F(\omega)$ 　　　　　(1)

$$\mathscr{F}[e^{-i\varphi(x)}] = \mathscr{F}[\cos\varphi(x) - i\sin\varphi(x)] = \overline{F(-\omega)} \tag{2}$$

将式(1)和式(2)进行加减运算，即得到所要证明的结果。

7.15　求下列函数的 Fourier 变换 $F(\omega)$。

$(1)\ f(x) = \dfrac{1}{a^2 + x^2}(a > 0)$；　　$(2)\ f(x) = \dfrac{\sin^2 x}{x^2}$。

解： $(1)\ F(\omega) = \mathscr{F}[f(x)] = \displaystyle\int_{-\infty}^{+\infty} f(x) e^{-j\omega x} dx = \int_{-\infty}^{+\infty} \frac{1}{x^2 + a^2} e^{-j\omega x} dx$

下面分三种情况，用留数定理计算上面的广义积分。

①当 $\omega > 0$ 时，令 $x = -t$，再由留数定理公式计算。

$$\int_{-\infty}^{+\infty} f(x) e^{-j\omega x} dx = \int_{-\infty}^{+\infty} \frac{1}{x^2 + a^2} e^{-j\omega x} dx \xrightarrow{x = -t} \int_{+\infty}^{-\infty} \frac{1}{t^2 + a^2} e^{j\omega t} d(-t) = \int_{-\infty}^{+\infty} \frac{1}{x^2 + a^2} e^{j\omega x} dx$$

由留数定理得到

$$\int_{-\infty}^{+\infty} \frac{1}{x^2 + a^2} e^{-j\omega x} dx = 2\pi j \operatorname{Res}\left(\frac{1}{x^2 + a^2} e^{j\omega x},\ aj\right) = 2\pi j \frac{1}{2aj} e^{-a\omega} = \frac{\pi}{a} e^{-a\omega}$$

②当 $\omega < 0$ 时，由留数定理公式得

$$\int_{-\infty}^{+\infty} f(x) e^{-j\omega x} dx = \int_{-\infty}^{+\infty} \frac{1}{x^2 + a^2} e^{j(-\omega)x} dx$$

$$= 2\pi \mathrm{j} \mathrm{Res}\left[\frac{1}{x^2 + a^2}\mathrm{e}^{\mathrm{j}(-\omega)x}, \ a\mathrm{j}\right] = 2\pi \mathrm{j}\frac{1}{2a\mathrm{j}}\mathrm{e}^{-a(-\omega)} = \frac{\pi}{a}\mathrm{e}^{-a(-\omega)}$$

③当 $\omega = 0$ 时，$\displaystyle\int_{-\infty}^{+\infty}\frac{1}{x^2 + a^2}\mathrm{d}x = \frac{1}{a}\arctan\left(\frac{x}{a}\right)\Big|_{-\infty}^{+\infty} = \frac{\pi}{a}$

故
$$F(\omega) = \mathscr{F}\left(\frac{1}{a^2 + x^2}\right) = \frac{\pi}{a}\mathrm{e}^{-a|\omega|}$$

（2）这里利用卷积定理求解。由卷积定理

$$F(\omega) = \mathscr{F}\left[\left(\frac{\sin x}{x}\right)^2\right] = \frac{1}{2\pi}\mathscr{F}\left(\frac{\sin x}{x}\right) * \mathscr{F}\left(\frac{\sin x}{x}\right)$$

而
$$F_1(\omega) = \mathscr{F}\left(\frac{\sin x}{x}\right) = \pi\left[H(\omega + 1) - H(\omega - 1)\right] = \begin{cases} \pi, & |\omega| \leqslant 1 \\ 0, & |\omega| > 1 \end{cases}$$

所以有

$$F(\omega) = \frac{1}{2\pi}F_1(\omega) * F_1(\omega) = \frac{1}{2\pi}\int_{-\infty}^{+\infty}F_1(\omega - \tau)F_1(\tau)\mathrm{d}\tau$$

$$= \frac{\pi}{2}\int_{-\infty}^{+\infty}\left[H(\omega - \tau + 1) - H(\omega - \tau - 1)\right]\left[H(\tau + 1) - H(\tau - 1)\right]\mathrm{d}\tau$$

$$= \frac{\pi}{2}\left[(\omega + 2)H(\omega + 2) - 2\omega H(\omega) + (\omega - 2)H(\omega - 2)\right]$$

$$= \begin{cases} \dfrac{\pi}{2}(2 + \omega), & -2 < \omega < 0 \\ \dfrac{\pi}{2}(2 - \omega), & 0 < \omega < 2 \\ 0, & |\omega| \geqslant 0 \end{cases} = \begin{cases} \pi\left(1 - \dfrac{|\omega|}{2}\right), & |\omega| < 2 \\ 0, & |\omega| \geqslant 2 \end{cases}$$

参见习题 7.9。

7.16 已知 $F(\omega) = \begin{cases} 1, & |\omega| < a \\ 0, & |\omega| > a \end{cases}$ 是 $f(x)$ 的 Fourier 变换，试求 $f(x)$。

解：
$$f(x) = \frac{1}{2\pi}\int_{-\infty}^{+\infty}F(\omega)\mathrm{e}^{\mathrm{j}\omega x}\mathrm{d}\omega = \frac{1}{2\pi}\int_{-a}^{a}\mathrm{e}^{\mathrm{j}\omega x}\mathrm{d}\omega$$

$$= \frac{1}{2\pi}\frac{\mathrm{e}^{\mathrm{j}\omega x}}{\mathrm{j}x}\Big|_{-a}^{a} = \frac{1}{2\pi}\frac{\mathrm{e}^{\mathrm{j}ax} - \mathrm{e}^{-\mathrm{j}ax}}{\mathrm{j}x} = \frac{\sin ax}{\pi x}$$

7.17 利用 Fourier 变换求解积分方程

$$\int_{-\infty}^{+\infty}\frac{y(\xi)}{(x - \xi)^2 + a^2}\mathrm{d}\xi = \frac{1}{x^2 + b^2}, \qquad 0 < a < b$$

解： 参见例 7.5。

7.18 求解微积分方程

$$\frac{\mathrm{d}y(x)}{\mathrm{d}x} - \int_{-\infty}^{x}y(\tau)\mathrm{d}\tau = \mathrm{e}^{-|x|}$$

的解。其中 $-\infty < x < \infty$。

解：（可以参见例 7.8）

设 $\mathscr{F}[y(x)] = Y(\omega)$，方程两边取 Fourier 变换，由微分和积分性质得，

$$\mathrm{j}\omega Y(\omega) - \frac{1}{\mathrm{j}\omega}Y(\omega) = \frac{2}{1+\omega^2},$$

化简得到

$$Y(\omega) = -\frac{2\mathrm{j}\omega}{(1+\omega^2)^2}$$

再取 Fourier 逆变换得

$$y(x) = \mathscr{F}^{-1}[y(\omega)] = \mathscr{F}^{-1}\left[-\frac{2\mathrm{j}\omega}{(1+\omega^2)^2}\right]$$

$$\frac{1}{2\pi}\int_{-\infty}^{+\infty} -\frac{2\mathrm{j}\omega}{(1+\omega^2)^2}\mathrm{e}^{\mathrm{j}\omega x}\mathrm{d}\omega = -\frac{\mathrm{j}}{\pi}\int_{-\infty}^{+\infty}\frac{\omega}{(1+\omega^2)^2}\mathrm{e}^{\mathrm{j}\omega x}\mathrm{d}\omega$$

当 $x > 0$ 时，$y(x) = -\dfrac{\mathrm{j}}{\pi}2\pi\mathrm{j}\mathrm{Res}\left[\dfrac{z}{(1+z^2)^2}\mathrm{e}^{\mathrm{j}zx},\ \mathrm{j}\right] = 2 \cdot \dfrac{x}{4}\mathrm{e}^{-x} = \dfrac{x}{2}\mathrm{e}^{-x}$

当 $x = 0$ 时，$y(x) = -\dfrac{\mathrm{j}}{\pi}2\pi\mathrm{j}\mathrm{Res}\left[\dfrac{z}{(1+z^2)^2},\ \mathrm{j}\right] = 0$

当 $x < 0$ 时，令 $\omega = -t$，有

$$y(x) = -\frac{\mathrm{j}}{\pi}\int_{-\infty}^{+\infty}\frac{\omega}{(1+\omega^2)^2}\mathrm{e}^{\mathrm{j}\omega x}\mathrm{d}\omega = -\frac{\mathrm{j}}{\pi}\int_{\infty}^{-\infty}\frac{-t}{(1+t^2)^2}\mathrm{e}^{\mathrm{j}(-t)x}\mathrm{d}(-t)$$

$$= \frac{\mathrm{j}}{\pi}\int_{-\infty}^{+\infty}\frac{t}{(1+t^2)^2}\mathrm{e}^{\mathrm{j}t(-x)}\mathrm{d}t$$

即

$$y(x) = \frac{\mathrm{j}}{\pi}2\pi\mathrm{j}\mathrm{Res}\left[\frac{z}{(1+z^2)^2}\mathrm{e}^{-\mathrm{j}zx},\ \mathrm{j}\right] = -2 \cdot \left(-\frac{x}{4}\mathrm{e}^{-x}\right) = \frac{x}{2}\mathrm{e}^x$$

故所给方程的解为
$$y(x) = \begin{cases} \dfrac{x}{2}\mathrm{e}^{-x}, & x \geq 0 \\[2mm] \dfrac{x}{2}\mathrm{e}^x, & x < 0 \end{cases}$$

注意： 也可以由 $y(x)$ 为奇函数而得到 $x < 0$ 时的解：$y(x) = -y(-x) = -\left(\dfrac{-x}{2}\mathrm{e}^x\right) = \dfrac{x}{2}\mathrm{e}^x$。

7.19 求解积分方程 $\displaystyle\int_{-\infty}^{x}\mathrm{e}^{-|x-\tau|}y(\tau)\mathrm{d}\tau = \sqrt{2\pi}\,\mathrm{e}^{-x^2/2}$。

解： 因为方程的左端是未知函数 $y(x)$ 与 $\mathrm{e}^{-|x|}$ 的卷积，即 $y(x) * \mathrm{e}^{-|x|}$，那么对方程两边取 Fourier 变换，并记 $\mathscr{F}[y(x)] = Y(\omega)$，利用 $\mathscr{F}[\mathrm{e}^{-\beta x^2}] = \sqrt{\dfrac{\pi}{\beta}}\mathrm{e}^{-\frac{1}{4\beta}\omega^2}$，可得

$$\mathscr{F}[y(x) * \mathrm{e}^{-|x|}] = = \mathscr{F}[\sqrt{2\pi}\,\mathrm{e}^{-x^2/2}]$$

$$\frac{2}{1+\omega^2}Y(\omega) = 2\pi e^{-\frac{1}{2}\omega^2}$$

解之得到
$$Y(\omega) = \pi(1+\omega^2)e^{-\frac{1}{2}\omega^2} = \pi\left[e^{-\frac{1}{2}\omega^2} - (j\omega)^2 e^{-\frac{1}{2}\omega^2}\right]$$

由其 Fourier 逆变换，得到

$$y(x) = \mathscr{F}^{-1}[y(\omega)] = \mathscr{F}^{-1}\left\{\pi\left[e^{-\frac{1}{2}\omega^2} - (j\omega)^2 e^{-\frac{1}{2}\omega^2}\right]\right\}$$

由微分公式 $\mathscr{F}[y''(\omega)] = (j\omega)^2 Y(\omega)$，并利用 $\mathscr{F}\left[\sqrt{\dfrac{1}{2\pi}}e^{-x^2/2}\right] = e^{-\frac{1}{2}\omega^2}$，得到

$$\mathscr{F}^{-1}\left[(j\omega)^2 e^{-\frac{1}{2}\omega^2}\right] = \left(\sqrt{\frac{1}{2\pi}}e^{-x^2/2}\right)'' = \frac{x^2-1}{\sqrt{2\pi}}e^{-x^2/2}$$

故
$$y(x) = \pi\frac{1}{\sqrt{2\pi}}e^{-x^2/2} - \pi\frac{x^2-1}{\sqrt{2\pi}}e^{-x^2/2} = \sqrt{\frac{\pi}{2}}(2-x^2)e^{-x^2/2}$$

7.20 利用 Fourier 变换求解微分方程

$$\frac{d^2y(x)}{dx^2} + 2\gamma\frac{dy(x)}{dx} + \omega_0^2 y(x) = f(x)H(x), \quad \omega_0 > \gamma > 0$$

解： 设 $\mathscr{F}[y(x)] = Y(\omega)$，对方程两边进行 Fourier 变换，利用微分性质，有
$$(j\omega)^2 Y(\omega) + 2\gamma j\omega Y(\omega) + \omega_0^2 Y(\omega) = \mathscr{F}[f(x)H(x)]$$

整理得到像函数

$$Y(\omega) = \frac{1}{-\omega^2 + j2\gamma\omega + \omega_0^2}\mathscr{F}[f(x)H(x)] \tag{1}$$

再对式(1)进行 Fourier 反演，就可以求得方程的解。由于 $f(x)$ 是未知函数，不能直接反演，可以利用卷积定理进行反演。先利用留数定理进行下式的反演：

$$\mathscr{F}^{-1}\left(\frac{1}{-\omega^2 + j2\gamma\omega + \omega_0^2}\right) = \frac{1}{2\pi}\int_{-\infty}^{+\infty}\left(\frac{1}{-\omega^2 + j2\gamma\omega + \omega_0^2}\right)e^{j\omega x}d\omega$$

其中，$\omega = j\gamma \pm \sqrt{\omega_0^2 - \gamma^2}$ 为被积函数的 1 阶极点，均位于上半平面。

当 $x > 0$ 时，

$$\frac{1}{2\pi}\int_{-\infty}^{+\infty}\left(\frac{1}{-\omega^2 + j2\gamma\omega + \omega_0^2}\right)e^{j\omega x}d\omega = \frac{1}{2\pi}2\pi j\sum_k \text{Res}\left(\frac{1}{-\omega^2 + j2\gamma\omega + \omega_0^2}e^{j\omega x}, \omega_k\right)$$

$$= j\frac{1}{-2\omega + j2\gamma}e^{j\omega x}\Bigg|_{\omega = j\gamma + \sqrt{\omega_0^2-\gamma^2}} + j\frac{1}{-2\omega + j2\gamma}e^{j\omega x}\Bigg|_{\omega = j\gamma - \sqrt{\omega_0^2-\gamma^2}}$$

$$= j\frac{1}{-2\sqrt{\omega_0^2-\gamma^2}}e^{j(j\gamma+\sqrt{\omega_0^2-\gamma^2})x} + j\frac{1}{2\sqrt{\omega_0^2-\gamma^2}}e^{j(j\gamma-\sqrt{\omega_0^2-\gamma^2})x}$$

$$= \frac{1}{\sqrt{\omega_0^2-\gamma^2}}e^{-\gamma}\sin(\sqrt{\omega_0^2-\gamma^2}\,x)$$

当 $x < 0$ 时，

$$\frac{1}{2\pi}\int_{-\infty}^{+\infty}\frac{1}{-\omega^2+j2\gamma\omega+\omega_0^2}e^{j\omega x}d\omega \xlongequal{\omega=-\tau} \frac{1}{2\pi}\int_{\infty}^{-\infty}\frac{1}{-\tau^2-j2\gamma\tau+\omega_0^2}e^{j\tau(-x)}d(-\tau)$$

$$= \frac{1}{2\pi} \int_{-\infty}^{+\infty} \left[\frac{1}{-\tau^2 - \mathrm{j}2\gamma\tau + \omega_0^2} \right] \mathrm{e}^{\mathrm{j}\tau |x|} \mathrm{d}\tau = 0$$

因为 $\tau = -\mathrm{j}\gamma \pm \sqrt{\omega_0^2 - \gamma^2}$ 为被积函数的 1 阶极点，均位于下半平面，所以

$$\mathscr{F}^{-1}\left[\frac{1}{-\omega^2 + \mathrm{j}2\gamma\omega + \omega_0^2} \right] = \frac{1}{\sqrt{\omega_0^2 - \gamma^2}} \mathrm{e}^{-\gamma} \sin(\sqrt{\omega_0^2 - \gamma^2}\, x) H(x)$$

利用卷积定理，式(1)的反演为

$$y(x) = \left[\frac{1}{\sqrt{\omega_0^2 - \gamma^2}} \mathrm{e}^{-\gamma} \sin(\sqrt{\omega_0^2 - \gamma^2}\, x) H(x) \right] * [f(x) H(x)]$$

$$= \int_{-\infty}^{+\infty} \frac{1}{\sqrt{\omega_0^2 - \gamma^2}} \mathrm{e}^{-\gamma} \sin(\sqrt{\omega_0^2 - \gamma^2}\, \tau) H(\tau) f(x - \tau) H(x - \tau) \mathrm{d}\tau$$

$$= \frac{1}{\sqrt{\omega_0^2 - \gamma^2}} \mathrm{e}^{-\gamma} \int_0^x \sin(\sqrt{\omega_0^2 - \gamma^2}\, \tau) f(x - \tau) \mathrm{d}\tau$$

7.21 利用卷积公式证明 Fourier 变换的积分方程。

设 $\mathscr{F}[f(x)] = F(\omega)$，若 $\lim\limits_{x \to \infty}\left[\int_{-\infty}^x y(\xi) \mathrm{d}\xi \right] = F(0) \neq 0$，则 $\mathscr{F}\left[\int_{-\infty}^x y(\xi) \mathrm{d}\xi \right] = \dfrac{F(\omega)}{\mathrm{i}\omega} + \pi F(0) \delta(\omega)$。

证明： 因 $\int_{-\infty}^x y(\xi) \mathrm{d}\xi = \int_{-\infty}^x y(\tau) H(x - \tau) \mathrm{d}\tau = y(x) * H(x)$，则

$$\mathscr{F}\left[\int_{-\infty}^x y(\xi) \mathrm{d}\xi \right] = \mathscr{F}[y(x) * H(x)] = \mathscr{F}[y(x)] \mathscr{F}[H(x)]$$

$$= F(\omega) \left[\frac{1}{\mathrm{i}\omega} + \pi\delta(\omega) \right] = \frac{F(\omega)}{\mathrm{i}\omega} + \pi F(0) \delta(\omega)$$

第八章　Laplace 变换

Fourier 变换在许多领域中发挥了重要作用，特别是在信号处理领域，直到今天它仍然是最基本的分析和处理工具，甚至可以说信号分析本质上即是 Fourier 分析(频谱分析)。但 Fourier 变换有它的局限性。因为 Fourier 变换是建立在 Fourier 积分基础上的，函数除要满足狄氏条件外，它还要在$(-\infty,+\infty)$上绝对可积，才有古典意义下的 Fourier 变换。而绝对可积是一个相当强的条件，即使是一些很简单的函数(如线性函数、正弦与余弦函数等)都不满足此条件。引入 δ 函数后，Fourier 变换的适用范围被拓宽了许多，使得一些"缓增"函数(如常数、符号函数、正弦与余弦函数等)也能进行 Fourier 变换，但对于以指数级增长的函数仍无能为力。另外，进行傅氏变换必须在整个实轴上有定义，但在工程实际问题中，许多以时间 t 作为自变量的函数在 $t < 0$ 时是无意义的，或者是不需要考虑的。因此在使用傅氏变换处理问题时，具有一定的局限性。

能否找到一种变换，既具有类似于傅氏变换的性质，又能克服以上的不足呢？回答是肯定的，这就是我们本章要介绍的 Laplace 变换。Laplace 变换是由 19 世纪末英国工程师赫维塞德(Heaviside)所发明的算子法发展而来的，而其数学上的完善则来自法国数学家Laplace。

一、知 识 要 点

(一)Laplace 变换的概念

1. 定义

$$\mathscr{L}[f(t)] = \int_0^{+\infty} f(t)\mathrm{e}^{-pt}\mathrm{d}t = F(p)$$

2. Laplace 变换的存在定理

若函数 $f(t)$ 满足下列条件：

(1)在 $t \geqslant 0$ 的任一有限区间上连续或分段连续；

(2)当 $t \to +\infty$ 时，$f(t)$ 的增长速度不超过某一指数函数，即存在常数 $M > 0$ 及 $c \geqslant 0$，使得

$$|f(t)| \leqslant M\mathrm{e}^{ct}, \qquad 0 \leqslant t < +\infty$$

则 $f(t)$ 的 Laplace 变换

$$F(p) = \int_0^{+\infty} f(t)\mathrm{e}^{-pt}\mathrm{d}t$$

在半平面 $\mathrm{Re}(p) > c$ 上一定存在, 并且 $F(p)$ 为解析函数。

3. 一些常见函数的 Laplace 变换及逆变换

$$\mathscr{L}[H(t)] = \frac{1}{p}, \quad \mathscr{L}^{-1}\left(\frac{1}{p}\right) = H(t);$$

$$\mathscr{L}[\mathrm{e}^{\pm\alpha t}] = \frac{1}{p \mp \alpha}, \quad \mathscr{L}^{-1}\left(\frac{1}{p \pm \alpha}\right) = \mathrm{e}^{\mp\alpha t};$$

$$\mathscr{L}[\cos\alpha t] = \frac{p}{p^2 + \alpha^2}, \quad \mathscr{L}^{-1}\left(\frac{p}{p^2 + \alpha^2}\right) = \cos\alpha t;$$

$$\mathscr{L}[\sin\alpha t] = \frac{\alpha}{p^2 + \alpha^2}, \quad \mathscr{L}^{-1}\left(\frac{\alpha}{p^2 + \alpha^2}\right) = \sin\alpha t;$$

$$\mathscr{L}[t^m] = \frac{m!}{p^{m+1}} (m \text{ 为整数}), \quad \mathscr{L}[t^m] = \frac{\Gamma(m+1)}{p^{m+1}}\left(\Gamma(m+1) = \int_0^{+\infty} t^{m-1}\mathrm{e}^{-t}\mathrm{d}t\right),$$

$$\mathscr{L}[\delta(t)] = 1。$$

4. 周期函数的 Laplace 变换公式

$$\mathscr{L}[f(t)] = \frac{1}{1 - \mathrm{e}^{-pT}}\int_0^T f(t)\mathrm{e}^{-pt}\mathrm{d}t \quad (\mathrm{Re}\,p > 0)$$

这里 $f(t)$ 是以 T 为周期, 且在一个周期上连续或者分段连续。

(二) Laplace 变换的性质

设 $$\mathscr{L}[f(t)] = F(p)$$

(1) 线性性质

$$\mathscr{L}[\alpha f_1(t) + \beta f_2(t)] = \alpha F_1(p) + \beta F_2(p)$$

$$\mathscr{L}^{-1}[\alpha F_1(p) + \beta F_2(p)] = \alpha f_1(t) + \beta f_2(t)$$

(2) 相似性质 $\quad \mathscr{L}[f(at)] = \dfrac{1}{a}F\left(\dfrac{p}{a}\right)$, 其中 $a > 0$

(3) 延迟性质 $\quad \mathscr{L}[f(t - t_0)] = \mathrm{e}^{-pt_0}F(p)$

(4) 位移性质 $\quad \mathscr{L}[\mathrm{e}^{\mp p_0 t}f(t)] = F(p \pm p_0)$

(5) 微分性质 $\quad \mathscr{L}[f'(t)] = pF(p) - f(0)$

$$\mathscr{L}[f''(t)] = p^2 F(p) - pf(0) - f'(0)$$

$$\mathscr{L}[(-t)^n f(t)] = \frac{\mathrm{d}^n F(p)}{\mathrm{d}p^n}$$

(6) 积分性质 $\quad \mathscr{L}\left[\int_0^t f(t)\mathrm{d}t\right] = \dfrac{1}{p}F(p)$

$$\mathscr{L}\left[\frac{f(t)}{t}\right] = \int_p^{+\infty} F(p)\,\mathrm{d}p$$

（三）卷积

1. 卷积的概念

若 $f_1(t)$，$f_2(t)$ 定义在 $t \geq 0$，则

$$f_1(t) * f_2(t) = \int_0^t f_1(\tau) f_2(t-\tau)\,\mathrm{d}\tau$$

卷积运算满足交换律、结合律与对加法的分配律。

卷积的时移性质：若 $f_1(t) * f_2(t) = f(t)$，则 $f_1(t-t_1) * f_2(t-t_2) = f(t-t_1-t_2)$。

2. 卷积定理

$$\mathscr{L}[f_1(t) * f_2(t)] = F_1(p) F_2(p)$$

（四）Laplace 反演（逆变换）

1. Laplace 反演积分公式

$$f(t) = \frac{1}{2\pi\mathrm{j}} \int_{\beta-\mathrm{j}\infty}^{\beta+\mathrm{j}\infty} F(p)\,\mathrm{e}^{pt}\,\mathrm{d}p, \quad t > 0$$

2. Laplace 反演积分公式计算方法

定理：若 p_1，p_2，$\cdots$，p_n 是函数 $F(p)$ 的所有奇点（适当地选取 β 使这些奇点全在 $\mathrm{Re}(p) < \beta$ 内），且 $\beta \to \infty$ 时，$F(p) \to 0$，则有

$$f(t) = \frac{1}{2\pi\mathrm{j}} \int_{\beta-\mathrm{j}\infty}^{\beta+\mathrm{j}\infty} F(p)\,\mathrm{e}^{pt}\,\mathrm{d}p = \sum_{n=1}^n \mathrm{Res}[F(p)\,\mathrm{e}^{pt}, p_n]$$

（五）Laplace 逆变换的方法

（1）部分分式法：将 $F(p)$ 化为最简函数的代数和；

（2）卷积定理；

（3）Laplace 反演公式（留数定理）；

（4）利用 Laplace 变换的性质。

（六）Laplace 变换的应用

1. 利用 Laplace 变换求解微积分方程

（1）对方程取 Laplace 变换，得到像函数的代数方程；

（2）解代数方程，得到像函数的表达式；

（3）求像函数的拉普拉斯逆变换。

如图 8-1 所示。

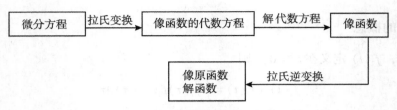

图 8-1　求解微分方程的流程

2. 线性系统的传导函数

对一个系统进行分析和研究，首先要知道该系统的数学模型，也就是要建立该系统特性的数学表达式。所谓线性系统，在许多场合，它的数学模型可以用一个线性微分方程来描述，或者说是满足叠加原理的一类系统。这一类系统无论是在电路理论还是在自动控制理论的研究中，都占有很重要的地位。应用 Laplace 变换可解此类解线性微分方程。

对线性系统而言，响应的像函数 $F(p)$ 常具有有理分式的形式，它可以表示为两个实系数的 p 的多项式之比，即

$$F(p) = \frac{N(p)}{D(p)} = \frac{b_m p^m + b_{m-1} p^{m-1} + \cdots + b_1 p + b_0}{a_n p^n + a_{n-1} p^{n-1} + \cdots + a_1 p + a_0}$$

式中，m 和 n 为正整数，若 $m < n$，$F(p)$ 为有理分式。对此形式的象函数可以用部分分式法将其表示为许多简单分式之和的形式，而这些简单项的反变换都可以在 *Laplace* 变换表中找到。

若 $D(p) = 0$ 具有共轭复根，由于 $D(p)$ 是 p 的实系数多项式，若 $D(p) = 0$ 出现复根，必然是成对共轭。设 $D(p) = 0$ 中含有一对共轭复根，如 $p_1 = \alpha + j\omega$ 和 $p_2 = \alpha - j\omega$，则 $F(p)$ 的展开式中将含有如下两项 $\dfrac{K_1}{p - \alpha - j\omega} + \dfrac{K_2}{p - \alpha + j\omega}$，可得对应系数 K_1 和 K_2 也必为共轭复数，即有 $K_1 = |K_1| e^{j\varphi_1}$，$K_2 = |K_1| e^{-j\varphi_1}$，

因而对应的 Laplace 逆变换为

$$K_1 e^{(\alpha+j\omega)t} + K_2 e^{(\alpha-j\omega)t} = |K_1| e^{j\varphi_1} e^{(\alpha+j\omega)t} + |K_1| e^{-j\varphi_1} e^{(\alpha-j\omega)t}$$
$$= |K_1| e^{\alpha t} \left[e^{j(\omega t+\varphi_1)} + e^{-j(\omega t+\varphi_1)} \right] = 2|K_1| e^{\alpha t} \cos(\omega t + \varphi_1)$$

二、教学基本要求

（1）利用定义和性质计算 Laplace 变换。

（2）计算 Laplace 逆变换。

（3）利用 Laplace 变换求解微积分方程。

三、问题解答

1. Laplace 变换与 Fourier 变换的关系

区别：

①积分区域不同。Fourier 变换的积分区域为 $(-\infty, \infty)$，Laplace 变换积分区域为 $(0, \infty)$。这一点导致了 $f(t)$ 在 $t < 0$ 的值完全与 $\mathscr{L}[f(t)]$ 无关，因此约定，当 $t < 0$ 时 $f(t) = 0$。等价地，$f(t) = H(t)f(t)$，即 $H(t)$ 成了乘法单位。

②像函数中自变量变化范围不同。$\mathscr{F}[f(t)]$ 自变量 ω 为实变量，在实际中一般表示频率。$\mathscr{L}[f(t)]$ 自变量 p 为复变量。若令 $p = \beta + j\omega$，而将 p 限制在一条与虚轴平行的直线上，则 Laplace 变换可以看成 Fourier 变换。

联系：

设 $f(t)$ 的增长指数为 $c, \beta > c, p = \beta + j\omega$，则

$$\mathscr{F}[f(t)H(t)e^{-\beta t}] = \mathscr{L}[f(t)H(t)]$$

此时等式两边皆看作 ω 的函数。

例如：例 7.2 是求函数 $f(t) = tH(t)e^{-\beta t}\sin\omega_0 t$ 的 Fourier 变换，为

$$\mathscr{F}[tH(t)e^{-\beta t}\sin\omega_0 t] = \frac{2\omega_0(\beta + j\omega)}{[\omega_0{}^2 + (\beta + j\omega)^2]^2}$$

则对应的是函数 $t\sin\omega_0 t$ 的 Laplace 变换，下面我们计算此函数的 Laplace 变换。

因 $\mathscr{L}[\sin\omega_0 t] = \dfrac{\omega_0}{\omega_0{}^2 + p^2}$，再利用微分性质 $\mathscr{L}[-tf(t)] = \dfrac{\mathrm{d}F(p)}{\mathrm{d}p}$ 可求出。

$$\mathscr{L}(t\sin\omega_0 t) = -\frac{\mathrm{d}}{\mathrm{d}p}\left(\frac{\omega_0}{\omega_0{}^2 + p^2}\right) = \frac{2p\omega_0}{(\omega_0{}^2 + p^2)^2}$$

用 $p = \beta + j\omega$ 代入即为 Fourier 变换值。

习题 7.3(8) 即为 $\sin 2t$ 的 Laplace 变换，取 $p = \beta + j\omega$ 中的 $\beta = 1$。

2. 关于 Laplace 变换的积分下限问题

函数 $f(t)$ 满足 Laplace 变换存在定理条件且在 $t = 0$ 处有界时，积分

$$\mathscr{L}[f(t)] = \int_0^{+\infty} f(t)e^{-pt}\mathrm{d}t$$

中的下限取 0^+ 或者 0^- 不会影响其结果。但当 $f(t)$ 在 $t = 0$ 处包含了脉冲函数时，则 Laplace 变换的积分下限必须明确指出是 0^+ 还是 0^-。因此，有

$$\mathscr{L}_+[f(t)] = \int_{0^+}^{+\infty} f(t)e^{-pt}\mathrm{d}t$$

$$\mathscr{L}_-[f(t)] = \int_{0^-}^{+\infty} f(t)e^{-pt}\mathrm{d}t = \int_{0^-}^{0^+} f(t)e^{-pt}\mathrm{d}t + \int_{0^+}^{+\infty} f(t)e^{-pt}\mathrm{d}t$$

$$= \int_{0^-}^{0^+} f(t)\mathrm{e}^{-pt}\mathrm{d}t + \mathscr{L}_+[f(t)]$$

显然，当 $f(t)$ 在 $t = 0$ 处有界时，有 $\mathscr{L}_+[f(t)] = \mathscr{L}_-[f(t)]$，

当 $f(t)$ 在 $t = 0$ 处包含脉冲函数、$\delta(t)$ 函数时，有 $\mathscr{L}_+[f(t)] \neq \mathscr{L}_-[f(t)]$。

3. 阶跃函数的卷积

$$H(t) * H(t) = \int_{-\infty}^{+\infty} H(\tau)H(t-\tau)\mathrm{d}\tau = \int_0^t \mathrm{d}\tau = tH(t)$$

$$H(t - t_1) * H(t - t_2) = (t - t_1 - t_2)H(t - t_1 - t_2)$$

因为

$$f(t) * \delta(t) = \int_{-\infty}^{+\infty} f(\tau)\delta(t - \tau)\mathrm{d}\tau = f(t)$$

$$f(t) * \delta(t - t_0) = \int_{-\infty}^{+\infty} f(t - \tau)\delta(\tau - t_0)\mathrm{d}\tau = f(t - t_0)$$

$$\delta(t - t_1) * \delta(t - t_2) = \delta(t - t_1 - t_2)$$

所以

$$f_1(t - t_1) * f_2(t - t_2) = [f_1(t) * \delta(t - t_1)] * [f_2(t) * \delta(t - t_2)]$$

$$= [f_1(t) * f_2(t)] * \delta(t - t_1 - t_2)$$

四、解　题　示　例

类型一　利用定义和性质计算函数的 Laplace 变换

例 8.1　求下列函数的 Laplace 变换

（1）$f(t) = |\sin t|$；　（2）$f(t) = t^2 H(t - 2)$；　（3）$f(t) = t\mathrm{e}^{-3t}\sin 2t$；　（4）$t\mathrm{e}^{\alpha t}\cos\omega_0 t$。

解题分析：求像函数的方法，除按定义进行积分外，还经常可以利用函数间的关系，以及变换定理等。

解：（1）容易看出，$|\sin t|$ 是以 π 为周期的函数，而以 T 为周期的函数 $f(t)$，当 $f(t)$ 在一个周期上分段连续时，其拉氏变换为

$$\mathscr{L}[f(t)] = \frac{1}{1 - \mathrm{e}^{-pT}} \int_0^T f(t)\mathrm{e}^{-pt}\mathrm{d}t\ (\mathrm{Re}(p) > 0)$$

于是由此公式

$$\mathscr{L}[|\sin t|] = \frac{1}{1 - \mathrm{e}^{-p\pi}} \int_0^\pi |\sin t|\mathrm{e}^{-pt}\mathrm{d}t = \frac{1}{1 - \mathrm{e}^{-p\pi}} \int_0^\pi \sin t\,\mathrm{e}^{-pt}\mathrm{d}t$$

$$= \frac{1}{1 - \mathrm{e}^{-p\pi}} \left[\frac{\mathrm{e}^{-pt}}{1 + p^2}(-p\sin t - \cos t) \right] \Bigg|_0^\pi$$

$$= \frac{1}{p^2 + 1} \frac{1 + \mathrm{e}^{-p\pi}}{1 - \mathrm{e}^{-\pi p}}$$

$$= \frac{1}{p^2 + 1}\coth\frac{\pi p}{2}$$

同样方法可以得到 $\mathscr{L}[\,|\cos t|\,] = \dfrac{1}{p^2 + 1}\left(p + \operatorname{csch}\dfrac{\pi p}{2}\right)$

（2）由 $\mathscr{L}[H(t)] = \dfrac{1}{p}$ 及延迟性质可知

$$\mathscr{L}[H(t - 2)] = \frac{1}{p}\mathrm{e}^{-2p}$$

再由微分性质得

$$\mathscr{L}[t^2 H(t - 2)] = (-1)^2\frac{\mathrm{d}^2}{\mathrm{d}p^2}\left(\frac{1}{p}\mathrm{e}^{-2p}\right) = \frac{4p^2 + 4p + 2}{p^3}\mathrm{e}^{-2p}$$

（3）可利用 Laplace 变换的性质求函数 $f(t) = t\mathrm{e}^{-3t}\sin 2t$ 的拉氏变换。

因为 $\mathscr{L}[\sin 2t] = \dfrac{2}{p^2 + 4}$，有 $\mathscr{L}[\mathrm{e}^{-3t}\sin 2t] = \dfrac{2}{(p + 3)^2 + 4}$，故

$$\mathscr{L}[t\mathrm{e}^{-3t}\sin 2t] = -\left[\frac{2}{(p + 3)^2 + 4}\right]' = \frac{4(p + 3)}{[(p + 3)^2 + 4]^2}$$

（4）**方法一**：利用 Laplace 变换的定义求解。

$$\mathscr{L}[f(t)] = \int_0^{+\infty} f(t)\mathrm{e}^{-pt}\mathrm{d}t = \int_0^{+\infty} t\mathrm{e}^{-\alpha t}\cos(\omega_0 t)\mathrm{e}^{-pt}\mathrm{d}t = \int_0^{+\infty} t\mathrm{e}^{-(\alpha + p)t}\frac{\mathrm{e}^{\mathrm{i}\omega_0 t} + \mathrm{e}^{-\mathrm{i}\omega_0 t}}{2}\mathrm{d}t$$

$$= \frac{(p - \alpha)^2 - \omega_0^2}{[(p - \alpha)^2 + \omega_0^2]^2}$$

这里用到了公式 $\displaystyle\int t\mathrm{e}^{at}\mathrm{d}t = \frac{1}{a^2}\mathrm{e}^{at}(at - 1) + c$

方法二：利用 Laplace 变换的性质求解。

①先求 $\mathrm{e}^{\alpha t}\cos\omega_0 t$ 的 Laplace 变换，再利用微分性质 $\mathscr{L}[-tf(t)] = \dfrac{\mathrm{d}}{\mathrm{d}p}F(p)$。

因 $\mathscr{L}[\cos\omega_0 t] = \dfrac{p}{\omega_0^2 + p^2}$，由位移性质 $\mathscr{L}[\mathrm{e}^{\mp p_0 t}f(t)] = F(p \pm p_0)$，得到

$$\mathscr{L}[\mathrm{e}^{\alpha t}\cos\omega_0 t] = \frac{p - \alpha}{\omega_0^2 + (p - \alpha)^2}$$

再利用微分性质 $\mathscr{L}[-tf(t)] = \dfrac{\mathrm{d}}{\mathrm{d}p}F(p)$，得到

$$\mathscr{L}[t\mathrm{e}^{\alpha t}\cos\omega_0 t] = -\frac{\mathrm{d}}{\mathrm{d}p}\left[\frac{p - \alpha}{\omega_0^2 + (p - \alpha)^2}\right] = \frac{(p - \alpha)^2 - \omega_0^2}{[(p - \alpha)^2 + \omega_0^2]^2}$$

②或先由 $\cos\omega_0 t$ 的 Laplace 变换 $\dfrac{p}{\omega_0^2 + p^2}$，再利用微分性质 $\mathscr{L}[-tf(t)] = \dfrac{\mathrm{d}}{\mathrm{d}p}F(p)$。
求出

$$\mathscr{L}(t\cos\omega_0 t) = -\frac{\mathrm{d}}{\mathrm{d}p}\left(\frac{p}{\omega_0^2 + p^2}\right) = \frac{p^2 - \omega_0^2}{(\omega_0^2 + p^2)^2}$$

再由位移性质 $\mathscr{L}[\mathrm{e}^{\mp p_0 t}f(t)] = F(p \pm p_0)$，得到

$$\mathscr{L}\left[te^{\alpha t}\cos\omega_0 t\right] = \frac{(p-\alpha)^2 - {\omega_0}^2}{\left[(p-\alpha)^2 + \omega_0^2\right]^2}$$

例 8.2 设 $f(t)$ 满足拉氏变换存在的条件，若 $\mathscr{L}[f(t)] = F(p)$，证明 $\mathscr{L}\left[\dfrac{f(t)}{t}\right] = \displaystyle\int_p^{+\infty} F(p)\mathrm{d}p$，其中右边的积分路径在半平面 $\mathrm{Re}(p) > c$ 内，利用此结论：

(1) 求 $\mathscr{L}\left[\displaystyle\int_0^t \dfrac{e^{-3t}\sin 2t}{t}\mathrm{d}t\right]$；

(2) 计算积分 $\displaystyle\int_0^{+\infty} \dfrac{e^{-at}\cos bt - e^{-mt}\cos nt}{t}\mathrm{d}t$。

解题分析： 由拉氏变换的存在定理，广义积分 $\displaystyle\int_0^{+\infty} f(t)e^{-pt}\mathrm{d}t$ 在 $\mathrm{Re}(p) > C_1 > C$ 上绝对且一致收敛，而且 $F(p) = \displaystyle\int_0^{+\infty} f(t)e^{-pt}\mathrm{d}t$ 在半平面 $\mathrm{Re}(p) > C$ 内解析，其关于 p 的积分与路径无关。这样对函数 $F(p)$ 的积分 $\displaystyle\int_p^{+\infty} F(p)\mathrm{d}p = \int_p^{+\infty}\left[\int_0^{+\infty} f(t)e^{-pt}\mathrm{d}t\right]\mathrm{d}p$，只须交换积分次序以后便知结论。

证明： $\displaystyle\int_p^{+\infty} F(p)\mathrm{d}p = \int_p^{+\infty}\left[\int_0^{+\infty} f(t)e^{-pt}\mathrm{d}t\right]\mathrm{d}p$ （交换积分次序）

$$= \int_0^{+\infty}\left[\int_p^{+\infty} f(t)e^{-pt}\mathrm{d}p\right]\mathrm{d}t$$

$$= \int_0^{+\infty}\left[-\frac{1}{t}e^{-pt}\right]\Big|_p^{+\infty} f(t)\mathrm{d}t$$

注意到 $t > 0$，$\mathrm{Re}(p) > c$，$\displaystyle\lim_{p\to\infty}e^{-pt} = 0$，上式给出

$$\int_p^{+\infty} F(p)\mathrm{d}p = \int_0^{+\infty} \frac{1}{t}e^{-pt}f(t)\mathrm{d}t = \mathscr{L}\left[\frac{f(t)}{t}\right]$$

此即要证明的结论。

注意： 上述结论把求函数 $\dfrac{f(t)}{t}$ 的拉氏变换问题转化为求积分 $\displaystyle\int_p^{+\infty} F(p)\mathrm{d}p$ 的问题，而且取 $p = 0$ 时，给出一个计算广义积分的公式：

$$\int_0^{+\infty} \frac{f(t)}{t}\mathrm{d}t = \int_0^{+\infty} F(p)\mathrm{d}p$$

(1) 因 $\mathscr{L}[\sin 2t] = \dfrac{2}{p^2 + 2^2}$，由位移性质 $\mathscr{L}[e^{\mp p_0 t}f(t)] = F(p \pm p_0)$，得到

$$\mathscr{L}[e^{-3t}\sin 2t] = \frac{2}{(p+3)^2 + 2^2}$$

再由 $\mathscr{L}\left[\dfrac{f(t)}{t}\right] = \displaystyle\int_p^{+\infty} F(p)\mathrm{d}p$，得到

$$\mathscr{L}\left[\frac{e^{-3t}\sin 2t}{t}\right] = \int_p^{+\infty} \frac{2}{(p+3)^2 + 2^2}\mathrm{d}p = \arctan\left(\frac{p+3}{2}\right)\Big|_p^{+\infty} = \operatorname{arccot}\left(\frac{p+3}{2}\right)$$

再由积分性质 $\mathscr{L}\left[\int_0^t f(t)\,\mathrm{d}t\right] = \dfrac{F(p)}{p}$，得到

$$\mathscr{L}\left[\int_0^t \frac{\mathrm{e}^{-3t}\sin2t}{t}\mathrm{d}t\right] = \frac{1}{p}\mathrm{arccot}\left(\frac{p+3}{2}\right)$$

（2）由上面给出的计算广义积分的公式得

$$\int_0^{+\infty} \frac{\mathrm{e}^{-at}\cos bt - \mathrm{e}^{-mt}\cos nt}{t}\mathrm{d}t = \int_0^{+\infty} \mathscr{L}\left[\mathrm{e}^{-at}\cos bt - \mathrm{e}^{-mt}\cos nt\right]\mathrm{d}p$$

$$= \int_0^{+\infty}\left[\frac{p+a}{(p+a)^2+b^2} - \frac{p+m}{(p+m)^2+n^2}\right]\mathrm{d}p$$

$$= \frac{1}{2}\ln\frac{(p+a)^2+b^2}{(p+m)^2+n^2}\bigg|_0^{+\infty} = \frac{1}{2}\ln\frac{m^2+n^2}{a^2+b^2}$$

例 8.3 设 $\mathscr{L}[f(t)] = F(p)$，$a > 0$，$b \geqslant 0$，试证明：

$$\mathscr{L}[f(at-b)H(at-b)] = \frac{1}{a}F\left(\frac{p}{a}\right)\mathrm{e}^{-\frac{b}{a}p}$$

并根据此性质求 $\mathscr{L}[\sin(\omega t+\varphi)H(\omega t+\varphi)]$（$\omega > 0$，$\varphi < 0$）。

证：不难看出，若令 $g(t)=f(t)H(t)$，则函数 $f(at-b)H(at-b)$ 是由 t 函数 $g(t)$ 经过延迟与相似变换得到的，而 $\mathscr{L}[g(t)] = \mathscr{L}[f(t)H(t)] = F(p)$，所以利用延迟性质可知

$$\mathscr{L}[g(t-b)] = F(p)\mathrm{e}^{-bp}$$

令 $h(t)=g(t-b)$，则 $h(at)=g(at-b)$ 且 $\mathscr{L}[h(t)]=F(p)\mathrm{e}^{-bt}$。由相似性质得

$$\mathscr{L}[g(at-b)] = \mathscr{L}[h(at)] = \frac{1}{a}F\left(\frac{p}{a}\right)\mathrm{e}^{-b\frac{p}{a}}$$

故

$$\mathscr{L}[f(at-b)H(at-b)] = \frac{1}{a}F\left(\frac{p}{a}\right)\mathrm{e}^{-\frac{b}{a}p}$$

注：此结论推广了拉氏变换的延迟性质（$a=1$ 与相似性质（$b=0$））。

若令 $f(t)=\sin t$，$a=\omega$，$b=-\varphi$，并注意到 $\mathscr{L}[\sin t]=\dfrac{1}{p^2+1}$，则由上面公式可知

$$\mathscr{L}[\sin(\omega t+\varphi)H(\omega t+\varphi)] = \frac{1}{\omega}\frac{1}{\left(\frac{p}{\omega}\right)^2+1}\mathrm{e}^{\frac{\varphi}{\omega}p} = \frac{\omega\mathrm{e}^{\frac{\varphi}{\omega}p}}{p^2+\omega^2}$$

类型二　求 Laplace 反演

主要方法：部分分式；Laplace 变换的性质；利用卷积定理；反演公式。

例 8.4 求下列函数的拉氏逆变换：

（1）$\dfrac{2p+5}{p^2+4p+13}$；　（2）$\dfrac{p}{(p^2+a^2)^2}$；　（3）$\dfrac{\mathrm{e}^{-5p}}{p^2-9}$；　（4）$\ln\dfrac{p^2-1}{p^2}$。

解题分析：求函数 $F(p)$ 的拉氏逆变换的一般方法，一是用公式

$$\mathscr{L}^{-1}[F(p)] = \sum_{k=1}^{n} \mathrm{Res}[F(p)\mathrm{e}^{pt}, p_k] \quad (t > 0)$$

其中，$p_1, p_2, \cdots, p_n$ 是 $F(p)$ 的所有奇点，二是用拉氏变换的性质(包括卷积定理)，见例 8.1 中的分析说明。

解：(1)**方法一**：用拉氏变换的性质。

由 $F(p) = \dfrac{2p+5}{p^2+4p+13} = \dfrac{2(p+2)+1}{(p+2)^2+3^2}$ 以及 $\mathscr{L}[\sin 3t] = \dfrac{3}{p^2+3^2}$，$\mathscr{L}[\cos 3t] = \dfrac{p}{p^2+3^2}$，结合位移性质可得

$$f(t) = \mathscr{L}^{-1}[F(p)] = \mathscr{L}^{-1}\left\{\frac{2(p+2)+1}{(p+2)^2+3^2}\right\} = \left(2\cos 3t + \frac{1}{3}\sin 3t\right)\mathrm{e}^{-2t}$$

注：利用位移性质求像原函数 $f(t) = \mathscr{L}^{-1}[F(p)]$，一方面要将 $F(p)$ 写成 $F_1(p-a)$ 的形式，另一方面 $F_1(p)$ 的像原函数 $\mathscr{L}^{-1}[F_1(p)] = f_1(t)$ 要求是已知的或容易求出。

方法二：利用反演公式计算。

函数 $F(p) = \dfrac{2p+5}{p^2+4p+13}$ 有两个简单极点：$-2-3i$，$-2+3i$，且 $\lim\limits_{p\to\infty}F(p) = 0$，由反演公式

$$\mathscr{L}^{-1}[F(p)] = \mathrm{Res}\left[\frac{2p+5}{p^2+4p+13}\mathrm{e}^{pt}, -2-3i\right] + \mathrm{Res}\left[\frac{2p+5}{p^2+4p+13}\mathrm{e}^{pt}, -2+3i\right]$$

$$= \left.\frac{(2p+5)\mathrm{e}^{pt}}{(p^2+4p+13)'}\right|_{p=-2-3i} + \left.\frac{(2p+5)\mathrm{e}^{pt}}{(p^2+4p+13)'}\right|_{p=-2+3i}$$

$$= \left(1+\frac{1}{6}i\right)\mathrm{e}^{-2t-3ti} + \left(1-\frac{1}{6}i\right)\mathrm{e}^{-2t+3ti} = \mathrm{e}^{-2t}\left(2\cos 3t + \frac{1}{3}\sin 3t\right)$$

(2)利用卷积定理计算。

由 $\dfrac{p}{(p^2+a^2)^2} = \dfrac{p}{p^2+a^2}\dfrac{1}{p^2+a^2} = F_1(p)F_1(p)$，其中 $F_1(p) = \dfrac{p}{p^2+a^2}$，$F_2(p) = \dfrac{1}{p^2+a^2}$，不难看出

$$\mathscr{L}^{-1}[F_1(p)] = f_1(t) = \cos at, \qquad \mathscr{L}^{-1}[F_2(p)] = f_2(t) = \frac{1}{a}\sin at$$

于是，由卷积定理

$$\mathscr{L}^{-1}\left[\frac{p}{(p^2+a^2)^2}\right] = \mathscr{L}^{-1}[F_1(p)F_2(p)] = f_1(t)*f_2(t)$$

$$= \frac{1}{a}\int_0^t \cos ax \sin a(t-x)\mathrm{d}x = \frac{t}{2a}\sin at$$

注意：此题也可用反演公式求拉氏逆变换。利用卷积定理求 $F(p)$ 的拉氏逆变换，要求将 $F(p)$ 写成 $F_1(p)F_2(p)$ 的形式，而且 $F_1(p)$ 与 $F_2(p)$ 的拉氏逆变换是已知的或容易求出。

（3）注意到 $\dfrac{e^{-5p}}{p^2-9}$ 中有函数 e^{-5p}，可利用延迟性质：

$$\mathscr{L}^{-1}[e^{-ap}F(p)] = f(t-a)H(t-a)$$

此时只须求出函数 $F(p)$ 的拉氏逆变换 $\mathscr{L}^{-1}[F(p)] = f(t)$ 即可。

因

$$\mathscr{L}^{-1}\left[\frac{1}{p^2-9}\right] = \mathrm{Res}\left[\frac{e^{pt}}{p^2-9}, 3\right] + \mathrm{Res}\left[\frac{e^{pt}}{p^2-9}, -3\right]$$

$$= \frac{1}{6}e^{3t} - \frac{1}{6}e^{-3t} = \frac{1}{3}\sinh 3t$$

所以由延迟性质可知

$$\mathscr{L}^{-1}\left[\frac{e^{-5p}}{p^2-9}\right] = \frac{1}{3}\sinh 3(t-5)H(t-5)$$

（4）注意到函数 $\ln\dfrac{p^2-1}{p^2}$ 中有对数符号，可利用微分性质：

$$\mathscr{L}^{-1}[F(p)] = \frac{(-1)^n}{t^n}\mathscr{L}^{-1}[F^{(n)}(p)]$$

求其导数 $F^{(n)}(p)$ 的拉氏逆变换。

设 $\mathscr{L}[f(t)] = F(p) = \ln\dfrac{p^2-1}{p^2}$，则

$$F'(p) = [\ln(p^2-1) - 2\ln p]' = \frac{2p}{p^2-1} - \frac{2}{p} = \frac{1}{p-1} + \frac{1}{p-1} - \frac{2}{p}$$

而

$$\mathscr{L}^{-1}[F'(p)] = \mathscr{L}^{-1}\left[\frac{1}{p-1} + \frac{1}{p-1} - \frac{2}{p}\right] = e^t + e^{-t} - 2$$

由微分性质 $\mathscr{L}^{-1}[F'(p)] = -tf(t)$，我们得到 $-tf(t) = e^t + e^{-t} - 2$，所以有

$$f(t) = \frac{2 - (e^t + e^{-t})}{t} = \frac{2}{t}(1 - \cosh t)$$

类型三　利用 Laplace 变换求卷积

按卷积的定义直接计算卷积，往往要遇到繁琐的分部积分；而利用 Laplace 变换，就可以绕过分部积分，使计算简化。

例 8.5　设 $\mathscr{L}[f(t)] = F(p)$，$\mathscr{L}[g(t)] = G(p)$，试证明：

$$pF(p)G(p) = \mathscr{L}\left[f(0)g(t) + \int_0^t f'(\tau)g(t-\tau)\mathrm{d}\tau\right]$$

证明：不难看出　　　$\displaystyle\int_0^t f'(\tau)g(t-\tau)\mathrm{d}\tau = f'(t)*g(t)$

于是

$$\mathscr{L}\left[f(0)g(t) + \int_0^t f'(\tau)g(t-\tau)\mathrm{d}\tau\right] = f(0)\mathscr{L}[g(t)] + \mathscr{L}\left[\int_0^t f'(\tau)g(t-\tau)\mathrm{d}\tau\right]$$

$$= f(0)G(p) + \mathscr{L}[f'(t)*g(t)]$$

$$= f(0)G(p) + \mathscr{L}[f'(t)]\mathscr{L}[g(t)]$$

$$= f(0)G(p) + [pF(p) - f(0)]G(p)$$

$$= pF(p)G(p)$$

类型四　利用 Laplace 变换求解微积分方程

例 8.6　求解积分方程

$$f(t) = at + \int_0^t \sin(t - \tau)f(\tau)\,\mathrm{d}\tau$$

解题分析：观察方程中的定积分，可知方程右边的积分是未知函数 $f(t)$ 与 $\sin t$ 的卷积，那么通过对方程两边取拉氏变换并应用卷积定理可解出未知函数的像函数，然后取拉氏逆变换即得 $f(t)$。

解：对方程两边取拉氏变换，并记 $\mathscr{L}[f(t)] = F(p)$，可得像函数 $F(p)$ 满足的方程为

$$\mathscr{L}[f(t)] = a\mathscr{L}[t] + \mathscr{L}[f(t) * \sin t]$$

$$F(p) = a\frac{1}{p^2} + F(p)\frac{1}{p^2 + 1}$$

解此代数方程得

$$F(p) = a\frac{p^2 + 1}{p^4} = a\left(\frac{1}{p^2} + \frac{1}{p^4}\right)$$

取拉氏逆变换，得到方程的解

$$f(t) = \mathscr{L}^{-1}\left[a\frac{p^2 + 1}{p^4}\right] = a\left(t + \frac{t^3}{6}\right)。$$

例 8.7　用拉氏变换解方程

$$y'(t) + 2\int_0^t y(\tau)\,\mathrm{d}\tau = H(t - 1), \quad y(0) = 1$$

解：对方程的两边取拉氏变换，并设 $\mathscr{L}[y(t)] = Y(p)$，由拉氏变换的线性、微分、积分以及延迟性质可知

$$\mathscr{L}[y'(t)] + 2\mathscr{L}\left[\int_0^t y(\tau)\,\mathrm{d}\tau\right] = \mathscr{L}[H(t - 1)]$$

$$pY(p) - 1 + \frac{2}{p}Y(p) = \frac{1}{p}\mathrm{e}^{-p}$$

解之得 $Y(p) = \dfrac{\mathrm{e}^{-p} + p}{p^2 + 2}$。

取拉氏逆变换，并注意到 $\mathscr{L}[\cos kt] = \dfrac{p}{p^2 + k^2}$，$\mathscr{L}^{-1}\left[\dfrac{1}{p^2 + 2}\right] = \dfrac{\sqrt{2}}{2}\sin\sqrt{2}t$，由延迟性质可得

$$y(t) = \mathscr{L}^{-1}[Y(p)] = \mathscr{L}^{-1}\left[\frac{\mathrm{e}^{-p}}{p^2 + (\sqrt{2})^2}\right] + \mathscr{L}^{-1}\left[\frac{p}{p^2 + (\sqrt{2})^2}\right]$$

$$= \frac{\sqrt{2}}{2} H(t - 1) \sin\sqrt{2}(t - 1) + \cos\sqrt{2}t$$

例 8.8　利用拉氏变换求满足条件的微分方程 $\begin{cases} y''(t) - 2y'(t) + 2y(t) = 2e^t\cos t \\ y(0) = 0, \ y'(0) = 0 \end{cases}$。

解：记 $\mathscr{L}[y(t)] = Y(p)$，方程两边同时取 Laplace 变换，有

$$p^2 Y(p) - py(0) - y'(0) - 2[pY(p) - y(0)] + 2Y(p) = \frac{p - 1}{(p - 1)^2 + 1}$$

代入初始条件，得到 $Y(p) = \dfrac{2(p - 1)}{[(p - 1)^2 + 1]^2}$。

由于 $Y(p) = -\dfrac{\mathrm{d}}{\mathrm{d}p}\left[\dfrac{1}{(p - 1)^2 + 1}\right]$，而 $\mathscr{L}^{-1}\left[\dfrac{1}{(p - 1)^2 + 1}\right] = e^t \cdot \sin t$，所以有

$$y(t) = \mathscr{L}^{-1}[Y(p)] = t \cdot e^t \cdot \sin t$$

例 8.9　利用拉氏变换求微分方程 $y''(t) - 2y'(t) + y(t) = 0$，满足条件 $y(0) = 0$，$y(1) = 2$ 的解。

解：设 $\mathscr{L}[y(t)] = Y(p)$，由于有一个初值条件 $y'(0)$ 未知，可以通过另一个条件来确定。微分方程两边取拉氏变换得到，

$$p^2 Y(p) - py(0) - y'(0) - 2[pY(p) - y(0)] + Y(p) = 0$$

代入初始条件，整理后得到 $\qquad Y(p) = \dfrac{y'(0)}{(p - 1)^2}$

取逆变换，有 $\qquad\qquad y(t) = y'(0)te^t$

代入初始条件 $y(1) = 2$，得到，$y'(0) = 2/e$，所以 $y(t) = 2te^{t-1}$。

注：二阶微分方程只需要两个初始条件即可唯一确定常数。

例 8.10　求变系数二阶线性微分方程

$$ty''(t) - 2y'(t) + ty(t) = 0$$

满足条件 $y(0) = 0$ 的解。

解：对方程的两边取拉氏变换，并设 $\mathscr{L}[y(t)] = Y(p)$，由拉氏变换的线性性质与微分性质可知

$$\mathscr{L}[ty''(t)] - 2\mathscr{L}[y'(t)] + \mathscr{L}[ty(t)] = 0$$
$$-[p^2 Y(p) - py(0) - y'(0)]' - 2[pY(p) - y(0)] - Y'(p) = 0$$

将 $y(0) = 0$ 代入，整理得

$$(1 + p^2)Y'(p) + 4pY(p) = 0$$

解之得 $Y(p) = \dfrac{c}{(1 + p^2)^2}$（$c$ 为任意常数）。

取拉氏逆变换得

$$y(t) = \mathscr{L}^{-1}[Y(p)] = c\,\mathscr{L}^{-1}\left[\frac{1}{(1 + p^2)^2}\right] = c(\sin t * \sin t) = \frac{c}{2}(\sin t - t\cos t)$$

也可由公式

$$\mathscr{L}^{-1}\left[\frac{1}{(1+p^2)^2}\right] = \operatorname{Res}\left[\frac{\mathrm{e}^{pt}}{(1+p^2)^2}, \ \mathrm{i}\right] + \operatorname{Res}\left[\frac{\mathrm{e}^{pt}}{(1+p^2)^2}, \ -\mathrm{i}\right]$$

$$= -\frac{t+\mathrm{i}}{4}\mathrm{e}^{\mathrm{i}t} - \frac{t-\mathrm{i}}{4}\mathrm{e}^{-\mathrm{i}t} = \frac{1}{2}(\sin t - t\cos t)$$

得出

$$y(t) = \frac{c}{2}(\sin t - t\cos t)$$

由于二阶微分方程的通解有两个常数，确定它们需要两个初始条件，故有一个常数待定。

例 8.11　利用 Laplace 变换求 n 阶 Bessel 方程

$$x^2 y'' + xy' + (x^2 - n^2)y = 0 (n = 0, 1, 2, \cdots) \tag{1}$$

的解 $J_n(x)$。

解：式(1)也可写为 $x[xy']' + (x^2 - n^2)y = 0$，设 $\mathscr{L}[y(x)] = Y(p)$，对式(1)两边取 Laplace 变换，得到像函数满足的方程，

$$(p^2 + 1)Y''(p) + 3pY'(p) + (1 - n^2)Y(p) = 0 \tag{2}$$

为了求解微分方程式(2)，作变换 $p = \sinh q$，$Y(p) = \dfrac{1}{\cosh q}Z(q)$，方程式(2)化简后得到

$$Z''(q) - n^2 Z(q) = 0 \tag{3}$$

方程式(3)的解为 $Z(q) = \mathrm{e}^{\pm nq}$。

取负指数(为什么?)，并将变量 q 和 $Z(q)$ 变换回到变量 p 和 $Y(p)$，得到

$$\cosh(\operatorname{arcsinh}p) \cdot Y(p) = \mathrm{e}^{-n\operatorname{arcsinh}p} \tag{4}$$

由关系式 $\operatorname{arcsinh}p = \ln(p + \sqrt{p^2 + 1})$，得到

$$\cosh(\operatorname{arcsinh}p) = \frac{\mathrm{e}^{\operatorname{arcsinh}p} + \mathrm{e}^{-\operatorname{arcsinh}p}}{2} = \frac{(p + \sqrt{p^2 + 1}) + (p + \sqrt{p^2 + 1})^{-1}}{2} = \sqrt{p^2 + 1}$$

$$\mathrm{e}^{-n\operatorname{arcsinh}p} = (p + \sqrt{p^2 + 1})^{-n}$$

代入式(4)，得到

$$\mathscr{L}[J_n(x)] = Y(p) = \frac{1}{\sqrt{p^2 + 1}}(p + \sqrt{p^2 + 1})^{-n} = \frac{1}{\sqrt{p^2 + 1}}(\sqrt{p^2 + 1} - p)^n \tag{5}$$

式(5)是 n 阶 Bessel 函数的 Laplace 变换。取式(5)的 Laplace 逆变换，得到方程式(1)的解

$$J_n(x) = \mathscr{L}^{-1}[Y(p)] = \frac{1}{2\pi j}\int_{\beta-j\infty}^{\beta+j\infty} \frac{1}{\sqrt{p^2 + 1}}(p + \sqrt{p^2 + 1})^{-n}\mathrm{e}^{px}\mathrm{d}p$$

令 $\omega = \sqrt{p^2 + 1} + p$，则有 $\omega^{-1} = \sqrt{p^2 + 1} - p$，$p = \dfrac{\omega - \omega^{-1}}{2}$，$\mathrm{d}\omega = \dfrac{\sqrt{p^2 + 1} + p}{\sqrt{p^2 + 1}}\mathrm{d}p$，

有

$$J_n(x) = \mathscr{L}^{-1}[Y(p)] = \frac{1}{2\pi j}\int \omega^{-n-1}e^{\frac{x}{2}(\omega-\omega^{-1})}d\omega$$

注意：①方程式(2)也可以通过另外的变换来解。作变换 $Z(p) = \sqrt{p^2+1}\,Y(p)$，化简后我们可以得到新变量满足的方程为

$$(p^2+1)^{1/2}Z'(p)\frac{d}{dp}[(p^2+1)^{1/2}Z'(p)] = n^2Z(p)Z'(p)$$

两边积分得到 $[(p^2+1)^{1/2}Z'(p)]^2 = n^2[Z(p)]^2 + c$

其中，c 是积分常数，设 $c=0$，有

$$(p^2+1)^{1/2}Z'(p) = \pm n[Z(p)]$$

通过验证，可以知道取负号，即

$$(p^2+1)^{1/2}Z'(p) = -n[Z(p)]$$

$$\frac{Z'(p)}{Z(p)} = -\frac{n}{(p^2+1)^{1/2}}$$

积分得到 $\quad Z(p) = C[(p^2+1)^{1/2}-p]^n$

取 $C=1$，得到 $\quad Y(p) = \dfrac{Z(p)}{(p^2+1)^{1/2}} = \dfrac{[(p^2+1)^{1/2}-p]^n}{(p^2+1)^{1/2}}$

即 $\quad \mathscr{L}[J_n(x)] = \dfrac{[(p^2+1)^{1/2}-p]^n}{(p^2+1)^{1/2}}, \quad n=1,2,\cdots$

②0 阶 Bessel 方程为 $xy''+y'+xy=0$，设 $\mathscr{L}[y(x)]=Y(p)$，由 Laplace 变换的性质，有

$$\mathscr{L}[y'(x)] = pY(p)-y(0), \quad \mathscr{L}[xy'(x)] = -Y'(p),$$

$$\mathscr{L}[xy''(x)] = -\frac{d}{dp}\{\mathscr{L}[y''(x)]\}$$

$$= -\frac{d}{dp}[p^2Y(p)-py(0)-y'(0)] = y(0)-2pY(p)-p^2Y'(p)$$

0 阶 Bessel 方程两边取 Laplace 变换，整理得到

$$(p^2+1)Y'(p)+pY(p) = 0,$$

解得 $\dfrac{Y'(p)}{Y(p)} = -\dfrac{p}{(p^2+1)}$，$Y(p) = \dfrac{A}{\sqrt{p^2+1}}$。

由 $J_0(0)=1$，性质 $pY(p)\to y(0)$，当 $p\to\infty$，得到 $A=1$。

$$\mathscr{L}[J_0(x)] = \frac{1}{\sqrt{1+p^2}}。$$

另解：0 阶 Bessel 函数为 $\quad J_0(x) = \sum_{n=0}^{\infty}\dfrac{(-1)^n x^{2n}}{(n!)^2 2^n}$

$J_0(x)$ 解析，因 $\mathscr{L}[x^{2n}] = \dfrac{(2n)!}{p^{2n+1}}$，有

$$\mathscr{L}[J_0(x)] = \sum_{n=0}^{\infty}\frac{(-1)^n}{p^{2n+1}}\cdot\frac{1}{4^n}\binom{2n}{n}$$

无穷级数当 $\mathrm{Re}p > 1$ 时收敛，因为 $\dfrac{1}{4^n}\dbinom{2n}{n} \approx \dfrac{1}{\sqrt{\pi n}}$。

由二项式展开理论，有 $\displaystyle\sum_{n=0}^{\infty} \dfrac{z^n}{4^n}\dbinom{2n}{n} = \dfrac{1}{\sqrt{1-z}}$，　$|z| < 1$

因此　　　　　　　　　　$\mathscr{L}[J_0(x)] = \dfrac{1}{\sqrt{1+p^2}}$，　$|p| > 1$

类型五　利用 Laplace 变换及性质计算积分

1. 对参变量进行 Laplace 变换

该计算积分的方法往往是先取 Laplace 变换再进行反演，能在一定程度上对积分的计算起到简化作用。

例 8.12　（1）计算 $I(b) = \displaystyle\int_0^{+\infty} \dfrac{\cos bx}{(x^2 + a^2)}\mathrm{d}x$ 的积分；

（2）计算 $I(b) = \displaystyle\int_0^{+\infty} \dfrac{\sin bx}{x(x^2 + a^2)}\mathrm{d}x$ 的积分。

解：（1）参变量 b 作 Laplace 变换，得到

$$\mathscr{L}[I(b)] = \int_0^{+\infty} \frac{1}{(x^2 + a^2)} \cdot \frac{p}{x^2 + p^2}\mathrm{d}x$$

$$= \frac{p}{p^2 - a^2}\int_0^{+\infty}\left(\frac{1}{x^2 + a^2} - \frac{1}{p^2 + x^2}\right)\mathrm{d}x$$

$$= \frac{p}{p^2 - a^2}\left(\frac{1}{a} - \frac{1}{p}\right)\frac{\pi}{2} = \frac{\pi}{2a}\frac{1}{(p + a)}$$

作 Laplace 逆变换，得到

$$I(b) = \int_0^{+\infty} \frac{\cos bx}{x^2 + a^2}\mathrm{d}x = \mathscr{L}^{-1}\left(\frac{\pi}{2a}\frac{1}{p + a}\right) = \frac{\pi}{2a}\mathrm{e}^{-ab}$$

（2）参变量 b 作 Laplace 变换，得到

$$\mathscr{L}[I(b)] = \mathscr{L}\left[\int_0^{+\infty} \frac{\sin bx}{x(x^2 + a^2)}\mathrm{d}x\right] = \int_0^{+\infty} \frac{1}{x(x^2 + a^2)}\frac{x}{p^2 + x^2}\mathrm{d}x$$

$$= \frac{1}{p^2 - a^2}\int_0^{+\infty}\left(\frac{1}{x^2 + a^2} - \frac{1}{p^2 + x^2}\right)\mathrm{d}x = \frac{\pi}{2a^2}\left(\frac{1}{p} - \frac{1}{p + a}\right)$$

作 Laplace 逆变换，得到

$$I(b) = \int_0^{+\infty} \frac{\sin bx}{x(x^2 + a^2)}\mathrm{d}x = \frac{\pi}{2a^2}[1 - \mathrm{e}^{-ab}]$$

从上面的讨论可以看出，对积分的计算起到简化作用，主要取决于对参变量进行 Laplace 变换后的效果。除了含 $\sin bx$，$\cos bx$ 外，对含有 e^{-ax^2} 的积分，利用此方法也有较

好的效果。读者可以尝试利用此方法计算 Gauss 积分 $\int_0^{+\infty} e^{-ax^2} dx$ 和 Poisson 积分 $\int_0^{+\infty} e^{-bx^2} \cos ax \, dx$。

2. 将积分中某一部分视为像函数

例 8.13 计算积分 $\int_0^{+\infty} \dfrac{\sin^4 x}{x^3} dx$。

解：因为有 $\mathscr{L}\left(\dfrac{t^2}{2}\right) = \int_0^{+\infty} \dfrac{t^2}{2} e^{-pt} dt = \dfrac{1}{p^3}$，于是

$$\int_0^{+\infty} \frac{\sin^4 x}{x^3} dx = \int_0^{+\infty} \sin^4 x \left(\int_0^{+\infty} \frac{t^2}{2} e^{-xt} dt\right) dx = \frac{1}{2} \int_0^{+\infty} t^2 \left(\int_0^{+\infty} \sin^4 x e^{-xt} dx\right) dt$$

$$= 12 \int_0^{+\infty} \frac{t}{t^2 + 20t + 64} dt = \ln 2$$

对此类积分的一般形式 $\int_0^{+\infty} \dfrac{\sin^n x}{x^m} dx \, (n \geq m)$，可以利用此方法求解。

例 8.14 计算积分 $\int_0^{+\infty} \cos x^k dx$，$\int_0^{+\infty} \sin x^k dx$。

解：对积分作变换，有 $\int_0^{+\infty} \cos x^k dx \xlongequal{\tau = x^k} \dfrac{1}{k} \int_0^{+\infty} \dfrac{\cos \tau}{\tau^{1-1/k}} d\tau$

因为，对 $\nu > -1$，有 $\mathscr{L}[t^\nu] = \dfrac{\Gamma(\nu+1)}{p^{\nu+1}}$，所以，有

$$\mathscr{L}\left[\frac{t^{-1/k}}{\Gamma\left(1-\frac{1}{k}\right)}\right] = \frac{1}{\Gamma\left(1-\frac{1}{k}\right)} \int_0^{+\infty} t^{-1/k} e^{-\tau t} dt = \frac{1}{\tau^{1-1/k}}$$

则

$$\int_0^{+\infty} \cos x^k dx = \frac{1}{k} \int_0^{+\infty} \cos \tau \left[\frac{1}{\Gamma\left(1-\frac{1}{k}\right)} \int_0^{+\infty} t^{-1/k} e^{-\tau t} dt\right] d\tau$$

$$= \frac{1}{k\Gamma\left(1-\frac{1}{k}\right)} \int_0^{+\infty} t^{-1/k} \left[\int_0^{+\infty} \cos \tau e^{-\tau t} d\tau\right] dt$$

$$= \frac{1}{k\Gamma\left(1-\frac{1}{k}\right)} \int_0^{+\infty} t^{-1/k} \frac{t}{1+t^2} dt$$

$$\xlongequal{\tau = t^2} \frac{1}{k\Gamma\left(1-\frac{1}{k}\right)} \int_0^{+\infty} \frac{\tau^{1/2-1/2k}}{\tau+1} \frac{1}{2} \frac{1}{\tau^{1/2}} d\tau$$

$$= \frac{1}{2k\Gamma\left(1-\frac{1}{k}\right)} \int_0^{+\infty} \frac{\tau^{-1/2k}}{\tau+1} d\tau = \frac{1}{2k\Gamma\left(1-\frac{1}{k}\right)} \frac{\pi}{\sin\left(\frac{\pi}{2k}\right)}$$

$$= \frac{1}{k}\Gamma\left(\frac{1}{k}\right)\cos\left(\frac{\pi}{2k}\right)$$

同样地，可得到
$$\int_0^{+\infty}\sin x^k \mathrm{d}x = \frac{1}{k}\Gamma\left(\frac{1}{k}\right)\sin\left(\frac{\pi}{2k}\right)$$

这种方法一般要求找出像函数后交换积分次序，对剩下来的部分再进行一次 Laplace 变换，有助于起到简化计算作用。

这种方法来源于 Laplace 变换交叉乘积公式：

设 $F(p) = \int_0^{+\infty} f(x)\mathrm{e}^{-px}\mathrm{d}x$，$G(p) = \int_0^{+\infty} g(x)\mathrm{e}^{-px}\mathrm{d}x$，则有

$$\int_0^{+\infty} f(x)G(x)\mathrm{d}x = \int_0^{+\infty} F(x)g(x)\mathrm{d}x$$

交叉乘积告诉我们，在原积分较为复杂时，我们可以对部分进行变换，剩下的部分进行逆变换，再将结果相乘。

五、习题参考解答和提示

8.1　求下列函数的 Laplace 变换：

(1) $f(t) = \mathrm{e}^{-(t-2)}$；

(2) $f(t) = \mathrm{e}^{-2t}H(t-1)$；

(3) $f(t) = 1 - t\mathrm{e}^t$；

(4) $f(t) = (t-1)^2\mathrm{e}^t$；

(5) $f(t) = t\cos at$；

(6) $f(t) = \mathrm{e}^{2t} + 5\delta(t)$；

(7) $f(t) = \delta(t)\cos t - \sin t$；

(8) $t^2 H(t-2)$；

(9) $f(t)$ 是以 2π 为周期的函数，且在一个周期内的表达式为

$$f_T(t) = \begin{cases} \sin t, & 0 < t \leqslant \pi \\ 0, & \pi < t \leqslant 2\pi \end{cases}$$

解： (1) $\mathscr{L}[\mathrm{e}^{-(t-2)}] = \mathrm{e}^2 \mathscr{L}[\mathrm{e}^{-t}] = \mathrm{e}^2\dfrac{1}{p+1}$，

注意： $\mathscr{L}[\mathrm{e}^{-(t-2)}H(t-2)] = \mathrm{e}^{-2p}\mathscr{L}[\mathrm{e}^{-t}] = \mathrm{e}^{-2p}\dfrac{1}{p+1}$；

(2) $\mathscr{L}[f(t)] = \mathscr{L}[\mathrm{e}^{-2t}H(t-1)] = \int_0^{+\infty}\mathrm{e}^{-2t}H(t-1)\mathrm{e}^{-pt}\mathrm{d}t$

$$= \int_1^{+\infty}\mathrm{e}^{-(2+p)t}\mathrm{d}t = \frac{1}{-(2+p)}\mathrm{e}^{-(2+p)t}\Big|_1^{+\infty} = \frac{\mathrm{e}^{-(2+p)}}{p+2},$$

$$\mathscr{L}[\mathrm{e}^{-2t}H(t-1)] = \mathscr{L}[\mathrm{e}^{-2(t-1)}\cdot\mathrm{e}^{-2}H(t-1)] = \mathrm{e}^{-2}\frac{\mathrm{e}^{-p}}{p+2} = \frac{\mathrm{e}^{-(2+p)}}{p+2};$$

（3）$\mathscr{L}[1 - te^t] = \dfrac{1}{p} + \left(\dfrac{1}{p - 1}\right)' = \dfrac{1}{p} - \dfrac{1}{(p - 1)^2}$;

（4）$\mathscr{L}[(t - 1)^2 e^t] = \mathscr{L}[(t^2 - 2t + 1)e^t] = \left(\dfrac{1}{p - 1}\right)'' - 2\left(\dfrac{1}{p - 1}\right)' + \left(\dfrac{1}{p - 1}\right)$

$$= \dfrac{1}{p - 1} - 2\dfrac{1}{(p - 1)^2} - 2\dfrac{1}{(p - 1)^3};$$

（5）$\mathscr{L}[f(t)] = \mathscr{L}[t\cos at] = -\dfrac{\mathrm{d}}{\mathrm{d}p}\left[\dfrac{p}{p^2 + a^2}\right] = \dfrac{p^2 - a^2}{(p^2 + a^2)^2}$;

（6）$\mathscr{L}[e^{2t} + 5\delta(t)] = \dfrac{1}{p - 2} + 5$;

（7）因 $\delta(t)\cos t = \delta(t)\cos 0 = \delta(t)$，所以 $\mathscr{L}[\delta(t)\cos t - \sin t] = 1 - \dfrac{1}{p^2 + 1} = \dfrac{p^2}{p^2 + 1}$;

（8）$\mathscr{L}[t^2 H(t - 2)] = \left(\dfrac{e^{-2p}}{p}\right)'' = \dfrac{4p^2 + 4p + 2}{p^3}e^{-2p}$。

另解：$\qquad t^2 = (t - 2)^2 + 4t - 4 = (t - 2)^2 + 4(t - 2) + 4$

则 $\qquad \mathscr{L}[t^2 H(t - 2)] = \mathscr{L}\{[(t - 2)^2 + 4(t - 2) + 4]H(t - 2)\}$

$$= \left(\dfrac{2!}{p^3} + \dfrac{4}{p^2} + \dfrac{4}{p}\right)e^{-2p} = \left(\dfrac{4p^2 + 4p + 2}{p^3}\right)e^{-2p}$$

（9）由周期函数的拉氏变换公式

$$\mathscr{L}[f(t)] = \int_0^{+\infty} \left[\sum_0^\infty f_T(t)H(t - 2n\pi)\right]e^{-pt}\mathrm{d}t = \dfrac{F(p)}{1 - e^{-2\pi p}}$$

其中 $\quad F(p) = \int_0^\pi |\sin t|e^{-pt}\mathrm{d}t = \int_0^\pi \dfrac{e^{it} - e^{-it}}{2i}e^{-pt}\mathrm{d}t$

$$= \int_0^\pi \dfrac{e^{(i-p)t} - e^{-(p+i)t}}{2}\mathrm{d}t = \dfrac{e^{(i-p)t}}{2i(i - p)}\bigg|_0^\pi - \dfrac{e^{-(p+i)t}}{-2i(p + i)}\bigg|_0^\pi$$

$$= \dfrac{1}{2i(i - p)}[e^{(i-p)\pi} - 1] - \dfrac{1}{-2i(p + i)}[e^{-(p+i)\pi} - 1]$$

$$= \dfrac{1}{2i(i - p)}(-e^{-p\pi} - 1) - \dfrac{1}{-2i(p + i)}(-e^{-p\pi} - 1)$$

$$= \dfrac{1}{p^2 + 1}(e^{-p\pi} + 1)$$

故 $\mathscr{L}[f(t)] = \dfrac{1 + e^{-p\pi}}{p^2 + 1} \cdot \dfrac{1}{1 - e^{-2\pi p}} = \dfrac{1}{(p^2 + 1)} \cdot \dfrac{1}{1 - e^{-\pi p}}$。

8.2 利用定义证明：$\mathscr{L}[f''(t)] = p^2 F(p) - f'(0) - pf(0)$。

证明：$\mathscr{L}[f''(t)] = \displaystyle\int_0^{+\infty} f''(t)e^{-pt}\mathrm{d}t = \int_0^{+\infty} e^{-pt}\mathrm{d}f'(t)$

$$= e^{-pt}f'(t)\bigg|_0^{+\infty} - \int_0^{+\infty} f'(t)(-pe^{-pt})\mathrm{d}t = -f'(0) + p\int_0^{+\infty} e^{-pt}\mathrm{d}f(t)$$

$$= -f'(0) + p[e^{-pt}f(t)]\Big|_0^{+\infty} - \int_0^{+\infty} f(t)(-pe^{-pt})\mathrm{d}t$$

$$= -f'(0) - pf(0) + p^2\int_0^{+\infty} f(t)e^{-pt}\mathrm{d}t = p^2F(p) - f'(0) - pf(0)$$

8.3 设 $\mathscr{L}[f(t)] = F(p)$，证明：

$$\mathscr{L}[f(t)\sin\omega t] = \frac{1}{2\mathrm{i}}[F(p - \mathrm{i}\omega) - F(p + \mathrm{i}\omega)]$$

证明：由 Laplace 变换的位移性质 $\mathscr{L}[e^{\mp p_0 t}f(t)] = F(p \pm p_0)$，有

$$\mathscr{L}[f(t)\sin\omega t] = \mathscr{L}\left[\frac{e^{\mathrm{i}\omega} - e^{-\mathrm{i}\omega}}{2\mathrm{i}}f(t)\sin\omega t\right] = \frac{1}{2\mathrm{i}}[F(p - \mathrm{i}\omega) - F(p + \mathrm{i}\omega)]$$

8.4 求下列像函数 $F(p)$ 的 Laplace 反演。

(1) $F(p) = \dfrac{p + 1}{p^2 + 16}$;　　　(2) $F(p) = \dfrac{pe^{-2p}}{p^2 + 16}$;　　　(3) $F(p) = \dfrac{2p + 5}{p^2 + 4p + 13}$;

(4) $F(p) = \dfrac{1}{p(p - 1)^2}$;　　(5) $F(p) = \dfrac{1}{p^2(p + 1)}$;　　(6) $F(p) = \ln\dfrac{p^2 - 1}{p^2}$。

解： (1) $\mathscr{L}^{-1}\left(\dfrac{p + 1}{p^2 + 16}\right) = \cos 4t + \sin 4t$;

(2) $\mathscr{L}^{-1}\left(\dfrac{p}{p^2 + 16}\right) = \cos 4t$,

$$f(t) = \mathscr{L}^{-1}[F(p)] = \mathscr{L}^{-1}\left(\frac{pe^{-2t}}{p^2 + 16}\right) = \cos 4(t - 2)H(t - 2);$$

(3) 参见例 8.4(1);

(4) 因 $F(p) = \dfrac{1}{p(p - 1)^2} = \dfrac{1}{p - 1}\left[\dfrac{1}{p - 1} - \dfrac{1}{p}\right] = \dfrac{1}{(p - 1)^2} - \left[\dfrac{1}{p - 1} - \dfrac{1}{p}\right]$,

有 $f(t) = \mathscr{L}^{-1}[F(p)] = \mathscr{L}^{-1}\left[\dfrac{1}{(p - 1)^2} - \dfrac{1}{p - 1} + \dfrac{1}{p}\right] = te^t - e^t + 1$;

(5) 因 $F(p) = \dfrac{1}{p^2(p + 1)} = \dfrac{1}{p}\left[\dfrac{1}{p} - \dfrac{1}{(p + 1)}\right] = \dfrac{1}{p^2} - \left[\dfrac{1}{p} - \dfrac{1}{(p + 1)}\right]$,

有 $f(t) = \mathscr{L}^{-1}[F(p)] = \mathscr{L}^{-1}\left\{\dfrac{1}{p^2} - \left[\dfrac{1}{p} - \dfrac{1}{p + 1}\right]\right\} = (t - 1 + e^{-t})$;

(6)参见例 8.4(6)。

8.5 利用卷积定理求下列像函数的反演：

(1) $F(p) = \dfrac{1}{(p^2 + a^2)^2}$;　　(2) $F(p) = \dfrac{p}{(p^2 + a^2)^2}$。

解： (1) $\mathscr{L}^{-1}\left[\dfrac{1}{(p^2 + a^2)}\right] = \dfrac{1}{a}\sin at$,

$$\mathscr{L}^{-1}[F(p)] = \mathscr{L}^{-1}\left[\frac{1}{(p^2 + a^2)^2}\right] = \frac{1}{a}\sin at * \frac{1}{a}\sin at$$

$$= \int_0^t \left(\frac{1}{a}\sin a\tau \right) \left[\frac{1}{a}\sin a(t-\tau) \right] \mathrm{d}\tau$$

$$= \frac{1}{a^2} \int_0^t \frac{1}{2} [\cos(2a\tau - at) - \cos at] \mathrm{d}\tau$$

$$= \frac{1}{2a^2} \left[\frac{\sin(2a\tau - at)}{2a} - \tau \cos at \right] \Bigg|_0^t$$

$$= \frac{1}{2a^2} \left[\frac{\sin(at) - [-\sin(at)]}{2a} - t\cos at \right]$$

$$= \frac{1}{2a^2} \left[\frac{\sin(at)}{a} - t\cos at \right];$$

（2） $\mathscr{L}^{-1} \left[\dfrac{p}{(p^2 + a^2)^2} \right] = \mathscr{L}^{-1} \left[\dfrac{p}{p^2 + a^2} \cdot \dfrac{1}{a} \dfrac{a}{p^2 + a^2} \right] = \dfrac{1}{a}\cos at * \sin at$

$$= \frac{1}{a} \int_0^t \cos a\tau \sin a(t-\tau) \mathrm{d}\tau$$

$$= \frac{1}{a} \int_0^t \frac{1}{2} [\sin(at) - \sin(2a\tau - at)] \mathrm{d}\tau$$

$$= \frac{1}{2a} \left[\tau \sin(at) + \frac{\cos(2a\tau - at)}{2a} \right] \Bigg|_0^t$$

$$= \frac{1}{2a} \left[t\sin(at) + \frac{\cos(at)}{2a} - \frac{\cos(-at)}{2a} \right]$$

$$= \frac{1}{2a} t\sin(at)。$$

8.6 证明：$f(t) * H(t) = \displaystyle\int_0^t f(\tau)\mathrm{d}\tau$，并利用卷积定理证明：$\mathscr{L}\left[\displaystyle\int_0^t f(\tau)\mathrm{d}\tau \right] = \dfrac{F(p)}{p}$。

证明：因为 $\displaystyle\int_0^t f(\tau)\mathrm{d}\tau = \int_0^t H(t-\tau)f(\tau)\mathrm{d}\tau = H(t) * f(t)$

所以 $\mathscr{L}^{-1}\left[\displaystyle\int_0^t f(t)\mathrm{d}t \right] = \mathscr{L}^{-1}[H(t) * f(t)] = \mathscr{L}^{-1}[H(t)] \cdot \mathscr{L}^{-1}[f(t)] = \dfrac{F(p)}{p}$。

8.7 利用 Laplace 变换求解具有初值的常系数常微分方程的解：

（1） $y''(t) + 4y(t) = 0$，$y(0) = -2$，$y'(0) = 4$；

（2） $y''(t) + 4y(t) = \sin t$，$y(0) = 0$，$y'(0) = 0$；

（3） $y'(t) + y(t) = H(t-b)\ (b > 0)$，$y(0) = y_0$；

（4） $y''(t) + 2y'(t) - 3y(t) = \mathrm{e}^{-t}$，$y(0) = 0$，$y'(0) = 1$。

解：（1） 设 $\mathscr{L}[y(t)] = Y(p)$，两边取 Laplace 变换，得到

$$[p^2 Y(p) - py(0) - y'(0)] + 4Y(p) = 0$$

代入初始条件，得到 $\quad [p^2 Y(p) + 2p - 4] + 4Y(p) = 0$

求解得到像函数 $\quad\quad Y(p) = \dfrac{-2p + 4}{p^2 + 4}$

取 Laplace 逆变换，得到方程的解

$$y(t) = \mathscr{L}^{-1}[Y(p)] = \mathscr{L}^{-1}\left[-2\frac{p}{p^2 + 2^2} + 2\frac{2}{p^2 + 2^2}\right] = -2\cos 2t + 2\sin 2t$$

（2）设 $\mathscr{L}[y(t)] = Y(p)$，两边取 Laplace 变换，得到

$$[p^2 Y(p) - py(0) - y'(0)] + 4Y(p) = \frac{1}{p^2 + 1}$$

代入初始条件，得到　　　　$p^2 Y(p) + 4Y(p) = \frac{1}{p^2 + 1}$

求解得到像函数　$Y(p) = \frac{1}{p^2 + 4} \cdot \frac{1}{p^2 + 1} = \frac{1}{3}\left(\frac{1}{p^2 + 1} - \frac{1}{p^2 + 4}\right)$

取 Laplace 逆变换，得到方程的解

$$y(t) = \mathscr{L}^{-1}[Y(p)] = \mathscr{L}^{-1}\left[\frac{1}{3}\left(\frac{1}{p^2 + 1} - \frac{1}{p^2 + 4}\right)\right] = \frac{1}{3}\sin t - \frac{1}{6}\sin 2t$$

（3）设 $\mathscr{L}[y(t)] = Y(p)$，两边取 Laplace 变换，得到

$$[pY(p) - y(0)] + Y(p) = \frac{1}{p}\mathrm{e}^{-bp}$$

代入初始条件，得到　　　$[pY(p) - y_0] + Y(p) = \frac{1}{p}\mathrm{e}^{-bp}$

求解得到像函数　　　　$Y(p) = \frac{1}{p + 1}\left(\frac{1}{p}\mathrm{e}^{-bp} + y_0\right)$

取 Laplace 逆变换，得到方程的解

$$y(t) = \mathscr{L}^{-1}[Y(p)] = \mathscr{L}^{-1}\left[\frac{1}{p + 1}\left(\frac{1}{p}\mathrm{e}^{-bp} + y_0\right)\right] = y_0\mathrm{e}^{-t} + H(t - b)[1 - \mathrm{e}^{-(t-b)}]$$

第一项是初始条件的影响，在 $t > 0$ 开始，第二项是非齐次项的影响，在 $t > b$ 开始。

（4）设 $\mathscr{L}[y(t)] = Y(p)$，两边取 Laplace 变换，得到

$$[p^2 Y(p) - py(0) - y'(0)] + 2[pY(p) - y(0)] - 3Y(p) = \frac{1}{p + 1}$$

代入初始条件，得到　$[p^2 Y(p) - 1] + 2pY(p) - 3Y(p) = \frac{1}{p + 1}$

$$Y(p)[p^2 + 2p - 3] = \frac{1}{p + 1} + 1$$

得到像函数　　　　$Y(p) = \left(\frac{1}{p + 1} + 1\right)\frac{1}{(p + 3)(p - 1)}$

$$= \frac{1}{8}\left(3\frac{1}{p - 1} - 2\frac{1}{p + 1} - \frac{1}{p + 3}\right)$$

取 Laplace 逆变换，得到方程的解

$$y(t) = \mathscr{L}^{-1}[Y(p)] = \mathscr{L}^{-1}\left[\frac{1}{8}\left(3\frac{1}{p - 1} - 2\frac{1}{p + 1} - \frac{1}{p + 3}\right)\right]$$

$$= \frac{1}{8}(3e^t - 2e^{-t} - e^{-3t})$$

8.8 利用 Laplace 变换求解积分微分方程

$$y'(t) - 4y(t) + 4\int_0^t y(\tau)\mathrm{d}\tau = \frac{1}{3}t^3, \quad t \geqslant 0$$

满足 $y(0) = 0$ 的特解。

解： 设 $\mathscr{L}[y(t)] = Y(p)$，两边取 Laplace 变换，得到

$$[pY(p) - y(0)] - 4Y(p) + 4\frac{Y(p)}{p} = \frac{1}{3}\frac{3!}{p^4}$$

代入初始条件，得到 $\quad pY(p) - 4Y(p) + 4\frac{Y(p)}{p} = \frac{2}{p^4}$

$$p^2 Y(p) - 4pY(p) + 4Y(p) = \frac{2}{p^3}$$

得到像函数 $\quad\quad\quad\quad\quad Y(p) = \frac{2}{p^3}\frac{1}{(p-2)^2}$

取 Laplace 逆变换，得到方程的解

$$y(t) = \mathscr{L}^{-1}[Y(p)] = \mathscr{L}^{-1}\left[\frac{2}{p^3}\frac{1}{(p-2)^2}\right] = t^2 * (te^{2t})$$

$$= \int_0^t (t-\tau)^2 \tau e^{2\tau}\mathrm{d}\tau = \frac{1}{2}\int_0^t (t-\tau)^2 \tau \mathrm{d}(e^{2\tau})$$

$$= \frac{1}{2}\left[(t-\tau)^2\tau(e^{2\tau})\Big|_0^t - \int_0^t (e^{2\tau})(t^2 - 4t\tau + 3\tau^2)\mathrm{d}\tau\right]$$

$$= -\frac{1}{4}\int_0^t (t^2 - 4t\tau + 3\tau^2)\mathrm{d}(e^{2\tau})$$

$$= -\frac{1}{4}\left[(t^2 - 4t\tau + 3\tau^2)(e^{2\tau})\Big|_0^t - \int_0^t (e^{2\tau})(-4t + 6\tau)\mathrm{d}\tau\right]$$

$$= \frac{1}{4}t^2 + \frac{1}{8}\int_0^t (-4t + 6\tau)\mathrm{d}(e^{2\tau})$$

$$= \frac{1}{4}t^2 + \frac{1}{8}\left[(-4t + 6\tau)(e^{2\tau})\Big|_0^t - \int_0^t (e^{2\tau})6\mathrm{d}\tau\right]$$

$$= \frac{1}{4}t^2 + \frac{1}{4}te^{2t} + \frac{1}{2}t - \frac{3}{8}\int_0^t \mathrm{d}(e^{2\tau})$$

$$= \frac{1}{4}t^2 + \frac{1}{4}te^{2t} + \frac{1}{2}t - \frac{3}{8}(e^{2t} - 1)$$

（问题：对方程两边微分，利用 Laplace 变换求解，能否得到相同的结果?）

8.9 利用 Laplace 变换求解积分方程：

(1) $y(t) = at + \int_0^t y(\tau)\sin(t - \tau)\mathrm{d}\tau;$

（2）$y(t) = \sin t - 2\int_0^t y(\tau)\cos(t - \tau)\mathrm{d}\tau$。

解：（1）参见例 8.6 。

（2）因 $\int_0^t y(\tau)\cos(t - \tau)\mathrm{d}\tau = y(t) * \cos t$，设 $\mathscr{L}[y(t)] = Y(p)$，两边取 Laplace 变换，得到

$$Y(p) = \frac{1}{p^2 + 1} - 2Y(p) \cdot \frac{p}{p^2 + 1}$$

整理得到
$$Y(p) = \frac{1}{p^2 + 2p + 1}$$

取 Laplace 逆变换，得到方程的解

$$y(t) = \mathscr{L}^{-1}[Y(p)] = \mathscr{L}^{-1}\left(\frac{1}{p^2 + 2p + 1}\right) = te^{-t}$$

8.10　利用阶跃函数将下列函数写成定义在 $t \geqslant 0$ 范围内的表达式，然后求它的 Laplace 变换。

$$(1)\, f(t) = \begin{cases} 3, & 0 \leqslant t < 2 \\ -1, & 2 \leqslant t < 4; \\ 0, & t \geqslant 4 \end{cases} \qquad (2)\, f(t) = \begin{cases} 3, & t < \dfrac{\pi}{2} \\ \cos t, & t > \dfrac{\pi}{2} \end{cases}$$

解：（1）因为 $f(t) = [3H(t) - 3H(t - 2)] - [H(t - 2) - H(t - 4)]$
$$= 3H(t) - 4H(t - 2) + H(t - 4)$$
由延迟性质 $\mathscr{L}[f(t - \tau)] = e^{-p\tau}F(p)$，得到

$$\mathscr{L}[f(t)] = 3\frac{1}{p} - 4\frac{1}{p}e^{-2p} + \frac{1}{p}e^{-4p}$$

（2）因 $f(t) = 3\left[H(t) - H\left(t - \dfrac{\pi}{2}\right)\right] + \cos t \cdot H\left(t - \dfrac{\pi}{2}\right)$，由延迟性质 $\mathscr{L}[f(t - \tau)] = e^{-p\tau}F(p)$，得到

$$\mathscr{L}[f(t)] = 3\left(\frac{1}{p} - \frac{1}{p}e^{-\frac{\pi}{2}p}\right) + \frac{p}{p^2 + 1}e^{-\frac{\pi}{2}p}$$

8.11　利用 Laplace 变换的性质求下列函数的 Laplace 变换。

（1）$f(t) = te^{-3t}\sin 2t$；　　　　　　（2）$f(t) = t\int_0^t e^{-3t}\sin 2t\mathrm{d}t$；

（3）$f(t) = \dfrac{\sin at}{t}$；　　　　　　　（4）$f(t) = \int_0^t \dfrac{e^{-3t}\sin 2t}{t}\mathrm{d}t$。

解：（1）因 $\mathscr{L}[\sin 2t] = \dfrac{2}{p^2 + 2^2}$，由 $\mathscr{L}[e^{\mp p_0 t}f(t)] = F(p \pm p_0)$，得到

$$\mathscr{L}[e^{-3t}\sin 2t] = \frac{2}{(p + 3)^2 + 2^2}$$

再由 $\mathscr{L}\left[(-t)^n f(t)\right] = \dfrac{\mathrm{d}^n F(p)}{\mathrm{d}p^n}$，得到

$$\mathscr{L}\left[te^{-3t}\sin 2t\right] = -\frac{\mathrm{d}}{\mathrm{d}p}\left[\frac{2}{(p+3)^2+2^2}\right] = \frac{4(p+3)}{\left[(p+3)^2+2^2\right]^2}$$

（2）因 $\mathscr{L}\left[\sin 2t\right] = \dfrac{2}{p^2+2^2}$，由 $\mathscr{L}\left[e^{\mp p_0 t}f(t)\right] = F(p \pm p_0)$，得到

$$\mathscr{L}\left[e^{-3t}\sin 2t\right] = \frac{2}{(p+3)^2+2^2}$$

由 $\mathscr{L}\left[\displaystyle\int_0^t f(t)\,\mathrm{d}t\right] = \dfrac{1}{p}F(p)$，得到

$$\mathscr{L}\left[\int_0^t e^{-3t}\sin 2t\,\mathrm{d}t\right] = \frac{2}{p\left[(p+3)^2+2^2\right]}$$

再由 $\mathscr{L}\left[(-t)^n f(t)\right] = F^{(n)}(p)$，得到

$$\mathscr{L}\left[t\int_0^t e^{-3t}\sin 2t\,\mathrm{d}t\right] = -\frac{\mathrm{d}}{\mathrm{d}p}\left[\frac{2}{p\left[(p+3)^2+2^2\right]}\right] = \frac{2(3p^2+12p+13)}{p^2\left[(p+3)^2+2^2\right]^2}$$

（3）因 $\mathscr{L}\left[\sin at\right] = \dfrac{a}{p^2+a^2}$，由 $\mathscr{L}\left[\dfrac{f(t)}{t}\right] = \displaystyle\int_0^{+\infty}\frac{f(t)}{t}e^{-pt}\,\mathrm{d}t = \int_p^{+\infty}F(p)\,\mathrm{d}p$，得到

$$\mathscr{L}\left[\frac{\sin at}{t}\right] = \int_p^{+\infty}\frac{a}{p^2+a^2}\,\mathrm{d}p = \arctan\left(\frac{p}{a}\right)\Big|_p^{+\infty} = \frac{\pi}{2} - \arctan\left(\frac{p}{a}\right) = \operatorname{arccot}\left(\frac{p}{a}\right)$$

（4）参见例 8.2（1）。

8.12 求下列积分的值：

（1）$\displaystyle\int_0^{+\infty}\frac{e^{at}-e^{bt}}{t}\,\mathrm{d}t$；　　　　（2）$\displaystyle\int_0^{+\infty}\frac{1-\cos t}{t}e^{-t}\,\mathrm{d}t$；

（3）$\displaystyle\int_0^{+\infty}te^{-2t}\,\mathrm{d}t$；　　　　　　（4）$\displaystyle\int_0^{+\infty}\frac{e^{-t}\sin^2 t}{t}\,\mathrm{d}t$。

解：（1）利用 $\mathscr{L}\left[\dfrac{f(t)}{t}\right] = \displaystyle\int_0^{+\infty}\frac{f(t)}{t}e^{-pt}\,\mathrm{d}t = \int_p^{+\infty}F(p)\,\mathrm{d}p$，

因 $\mathscr{L}\left[e^{at}-e^{bt}\right] = \dfrac{1}{p-a} - \dfrac{1}{p-b}$，故

$$\int_0^{+\infty}\frac{e^{at}-e^{bt}}{t}\,\mathrm{d}t = \mathscr{L}\left[\int_0^{+\infty}\frac{e^{at}-e^{bt}}{t}e^{-pt}\,\mathrm{d}t\right]\Big|_{p=0} = \int_0^{+\infty}\left(\frac{1}{p-a}-\frac{1}{p-b}\right)\mathrm{d}p$$

$$= \ln\left(\frac{p-a}{p-b}\right)\Big|_0^{+\infty} = \ln\left(\frac{b}{a}\right)$$

（2）利用 $\mathscr{L}\left[\dfrac{f(t)}{t}\right] = \displaystyle\int_0^{+\infty}\frac{f(t)}{t}e^{-pt}\,\mathrm{d}t = \int_p^{+\infty}F(p)\,\mathrm{d}p$，$\displaystyle\int_0^{+\infty}\frac{f(t)}{t}e^{-\alpha t}\,\mathrm{d}t = $

$\displaystyle\int_p^{+\infty}F(p)\,\mathrm{d}p\Big|_{p=\alpha}$，因 $\mathscr{L}\left[1-\cos t\right] = \dfrac{1}{p} - \dfrac{p}{p^2+1}$，故

$$\int_0^{+\infty}\frac{1-\cos t}{t}e^{-t}\,\mathrm{d}t = \int_1^{+\infty}\left[\frac{1}{p}-\frac{p}{p^2+1}\right]\mathrm{d}p = \left[\ln p - \frac{1}{2}\ln(p^2+1)\right]\Big|_1^{+\infty}$$

$$= \left[\ln \frac{p}{\sqrt{p^2+1}} \right] \Bigg|_1^{+\infty} = \frac{1}{2}\ln2 \text{。}$$

（3）$\displaystyle\int_0^{+\infty} te^{-2t}dt = \mathscr{L}[t]\big|_{p=2} = \frac{1}{p^2}\bigg|_{p=2} = \frac{1}{4}$。

（4）利用 $\displaystyle\mathscr{L}\left[\frac{f(t)}{t}\right] = \int_0^{+\infty}\frac{f(t)}{t}e^{pt}dt = \int_p^{+\infty}F(p)dp$，$\displaystyle\int_0^t \frac{f(t)}{t}e^{-\alpha t}dt = \int_p^{+\infty}F(p)dp\bigg|_{p=\alpha}$，因

$\mathscr{L}(\sin^2 t) = \left(\dfrac{1-\cos2t}{2}\right) = \dfrac{1}{2p} - \dfrac{p}{p^2+2^2}$，故

$$\int_0^{+\infty}\frac{e^{-t}\sin^2 t}{t}dt = \int_1^{+\infty}\frac{1}{2}\left(\frac{1}{p} - \frac{p}{p^2+2^2}\right)dp = \frac{1}{2}\left[\ln p - \frac{1}{2}\ln(p^2+2^2)\right]\Bigg|_1^{+\infty} = \frac{1}{4}\ln5$$

8.13 求下列像函数的 Laplace 逆变换。

（1）$F(p) = \dfrac{3p+7}{(p+1)(p^2+2p+5)}$；　　　2）$F(p) = \dfrac{2p^2+3p+3}{(p+1)(p+3)^2}$；

（3）$F(p) = \dfrac{p^2+4p+4}{(p^2+4p+13)^2}$；　　　（4）$F(p) = \dfrac{p+3}{p^3+3p^2+6p+4}$；

（5）$F(p) = \dfrac{p^2}{p^4+1}$；　　　　　　　　（6）$F(p) = \dfrac{p}{(p^2+1)(1+e^{-\pi p})}$。

解：（1）因为 $F(p) = \dfrac{3p+7}{(p+1)(p^2+2p+5)} = \dfrac{3(p+1)+4}{(p+1)[(p+1)^2+4]}$，

由 $\mathscr{L}[e^{\mp p_0 t}f(t)] = F(p\pm p_0)$，或者 $\mathscr{L}^{-1}[F(p\pm p_0)] = e^{\mp p_0 t}f(t)$，

有 $\mathscr{L}^{-1}[F(p)] = \mathscr{L}^{-1}\left[\dfrac{3(p+1)+4}{(p+1)[(p+1)^2+4]}\right] = e^{-t}\mathscr{L}^{-1}\left[\dfrac{3p+4}{p(p^2+4)}\right]$，

而 $\mathscr{L}^{-1}\left[\dfrac{3p+4}{p(p^2+4)}\right] = \mathscr{L}^{-1}\left[\dfrac{1}{p} + \dfrac{3}{(p^2+4)} - \dfrac{p}{(p^2+4)}\right] = 1 + \dfrac{3}{2}\sin2t - \cos2t$，

故 $\mathscr{L}^{-1}[F(p)] = e^{-t}\left(1 + \dfrac{3}{2}\sin2t - \cos2t\right)$。

（2）$F(p) = \dfrac{2p^2+3p+3}{(p+1)(p+3)^2} = \dfrac{2(p^2+6p+9)-9(p+1)-6}{(p+1)(p+3)^2}$

$$= \frac{2}{(p+1)} - \frac{9}{(p+3)^2} - \frac{6}{(p+1)(p+3)^2}$$

$$= \frac{7}{2}\frac{1}{p+1} - \frac{3}{2}\frac{1}{p+3} - \frac{12}{(p+3)^2}$$

$$\mathscr{L}^{-1}[F(p)] = \frac{7}{2}e^{-t} - \frac{3}{2}e^{-3t} - 12te^{-3t}$$

注意：若 $F(p) = \dfrac{2p^2+3p+3}{(p+1)(p+3)^3}$，有

$$F(p) = \frac{2(p^2+6p+9)-9(p+1)-6}{(p+1)(p+3)^2} = \frac{2}{(p+1)(p+3)} - \frac{9}{(p+3)^3} - \frac{6}{(p+1)(p+3)^3}$$

$$= \frac{1}{4} \frac{1}{(p+1)} - \frac{1}{4} \frac{1}{(p+3)} + \frac{3}{2} \frac{1}{(p+3)^2} - \frac{6}{(p+3)^3}$$

$$\mathscr{L}^{-1}[F(p)] = f(t) = \frac{1}{4}\mathrm{e}^{-t} - \frac{1}{4}\mathrm{e}^{-3t} + \frac{3}{2}t\mathrm{e}^{-3t} - 3t^2\mathrm{e}^{-3t}$$

(3) $F(p) = \dfrac{(p+2)^2}{[(p+2)^2+9]^2}$,

因 $\mathscr{L}^{-1}\left[\dfrac{p^2}{(p^2+9)^2}\right] = \mathscr{L}^{-1}\left[\dfrac{p}{(p^2+9)} \dfrac{p}{(p^2+9)}\right] = \cos 3t * \cos 3t$

$$= \int_0^t \cos 3\tau \cos 3(t-\tau)\mathrm{d}\tau = \frac{1}{2}\int_0^t [\cos 3t + \cos(6\tau - 3t)]\mathrm{d}\tau$$

$$= \frac{1}{2}(t\cos 3t + \frac{1}{3}\sin 3t)$$

所以 $\mathscr{L}^{-1}\left\{\dfrac{(p+2)^2}{[(p+2)^2+9]^2}\right\} = \mathrm{e}^{-2t}\mathscr{L}^{-1}\left[\dfrac{p^2}{(p^2+9)^2}\right] = \dfrac{1}{2}(t\cos 3t + \dfrac{1}{3}\sin 3t)\mathrm{e}^{-2t}$。

(4) $F(p) = \dfrac{p+3}{p^3+3p^2+6p+4} = \dfrac{p+3}{(p+1)^3 + 3(p+1)}$

$$= \frac{1}{(p+1)^2+3} + \frac{2}{3}\frac{1}{(p+1)} - \frac{2}{3}\frac{(p+1)}{(p+1)^2+3}$$

$$\mathscr{L}^{-1}[F(p)] = \mathscr{L}^{-1}\left[\frac{1}{(p+1)^2+3} + \frac{2}{3}\frac{1}{(p+1)} - \frac{2}{3}\frac{(p+1)}{(p+1)^2+3}\right]$$

$$= \left(\frac{2}{3} + \frac{1}{\sqrt{3}}\sin\sqrt{3}t - \frac{2}{3}\cos\sqrt{3}t\right)\mathrm{e}^{-t}$$

(5) 由 $p^4 + 1 = 0$,得到 $p = \sqrt[4]{-1} = \mathrm{e}^{\frac{\pi+2k\pi}{4}\mathrm{i}}(k = 0, 1, 2, 3)$,即 $p_1 = \mathrm{e}^{\frac{\pi}{4}\mathrm{i}}$,$p_2 = \mathrm{e}^{\frac{3\pi}{4}\mathrm{i}}$,$p_3 = \mathrm{e}^{\frac{5\pi}{4}\mathrm{i}}$,$p_4 = \mathrm{e}^{\frac{7\pi}{4}\mathrm{i}}$,为像函数的 1 阶极点。

故 $f(t) = \sum_k \mathrm{Res}\left(\dfrac{p^2}{p^4+1}\mathrm{e}^{pt}, p_k\right) = \sum_k \left(\dfrac{1}{4p}\mathrm{e}^{pt}\bigg|_{p=p_k}\right)$

$$= \frac{1}{4\mathrm{e}^{\frac{\pi}{4}\mathrm{i}}}\mathrm{e}^{\left(\frac{\sqrt{2}}{2}+\mathrm{i}\frac{\sqrt{2}}{2}\right)t} + \frac{1}{4\mathrm{e}^{\frac{3\pi}{4}\mathrm{i}}}\mathrm{e}^{\left(-\frac{\sqrt{2}}{2}+\mathrm{i}\frac{\sqrt{2}}{2}\right)t} + \frac{1}{4\mathrm{e}^{\frac{5\pi}{4}\mathrm{i}}}\mathrm{e}^{\left(-\frac{\sqrt{2}}{2}-\mathrm{i}\frac{\sqrt{2}}{2}\right)t} + \frac{1}{4\mathrm{e}^{\frac{7\pi}{4}\mathrm{i}}}\mathrm{e}^{\left(\frac{\sqrt{2}}{2}-\mathrm{i}\frac{\sqrt{2}}{2}\right)t}$$

$$= \frac{1}{4}\mathrm{e}^{-\frac{\pi}{4}\mathrm{i}}\mathrm{e}^{\left(\frac{\sqrt{2}}{2}+\mathrm{i}\frac{\sqrt{2}}{2}\right)t} + \frac{1}{4}\mathrm{e}^{-\frac{3\pi}{4}\mathrm{i}}\mathrm{e}^{\left(-\frac{\sqrt{2}}{2}+\mathrm{i}\frac{\sqrt{2}}{2}\right)t} + \frac{1}{4}\mathrm{e}^{\frac{3\pi}{4}\mathrm{i}}\mathrm{e}^{\left(-\frac{\sqrt{2}}{2}-\mathrm{i}\frac{\sqrt{2}}{2}\right)t} + \frac{1}{4}\mathrm{e}^{\frac{\pi}{4}\mathrm{i}}\mathrm{e}^{\left(\frac{\sqrt{2}}{2}-\mathrm{i}\frac{\sqrt{2}}{2}\right)t}$$

$$= \frac{1}{4}\mathrm{e}^{\frac{\sqrt{2}}{2}t}\left[\mathrm{e}^{-\left(\frac{\pi}{4}-\frac{\sqrt{2}}{2}t\right)\mathrm{i}} + \mathrm{e}^{\left(\frac{\pi}{4}-\frac{\sqrt{2}}{2}t\right)\mathrm{i}}\right] + \frac{1}{4}\mathrm{e}^{-\frac{\sqrt{2}}{2}t}\left[\mathrm{e}^{-\left(\frac{3\pi}{4}-\frac{\sqrt{2}}{2}t\right)\mathrm{i}} + \mathrm{e}^{\left(\frac{3\pi}{4}-\frac{\sqrt{2}}{2}t\right)\mathrm{i}}\right]$$

$$= \frac{1}{2}\mathrm{e}^{\frac{\sqrt{2}}{2}t}\cos\left(\frac{\pi}{4} - \frac{\sqrt{2}}{2}t\right) + \frac{1}{2}\mathrm{e}^{-\frac{\sqrt{2}}{2}t}\cos\left(\frac{3\pi}{4} - \frac{\sqrt{2}}{2}t\right)$$。

(6) 因为 $F(p) = \dfrac{p}{(p^2+1)(1+\mathrm{e}^{-\pi p})} = \dfrac{p(1-\mathrm{e}^{-\pi p})}{(p^2+1)}\dfrac{1}{(1-\mathrm{e}^{-2\pi p})}$,

而 $\mathscr{L}^{-1}\left[\dfrac{p(1-\mathrm{e}^{-\pi p})}{p^2+1}\right] = \cos t - \cos(t-\pi)H(t-\pi)$,

故 $f(t)$ 是以 2π 为周期的函数，且在一个周期内的表达式为

$$f_T(t) = \cos t - \cos(t - \pi)H(t - \pi)$$

8.14 求卷积 $\sqrt{t} * \dfrac{1}{\sqrt{t}} * e^{2t}$。

解：由卷积定理 $\mathscr{L}[f_1(t) * f_2(t)] = \mathscr{L}[f_1(t)] \cdot \mathscr{L}[f_2(t)] = F_1(p) \cdot F_2(p)$

$$\mathscr{L}^{-1}[F_1(p) \cdot F_2(p)] = f_1(t) * f_2(t)$$

因为 $\quad \mathscr{L}[\sqrt{t}] = \dfrac{\sqrt{\pi}}{2} \dfrac{1}{p^{3/2}}, \quad \mathscr{L}\left[\dfrac{1}{\sqrt{t}}\right] = \sqrt{\pi}\dfrac{1}{p^{1/2}}, \quad \mathscr{L}[e^{2t}] = \dfrac{1}{p-2},$

所以 $\quad \mathscr{L}\left[\sqrt{t} * \dfrac{1}{\sqrt{t}} * e^{2t}\right] = \mathscr{L}[\sqrt{t}] \cdot \mathscr{L}\left[\dfrac{1}{\sqrt{t}}\right] \cdot \mathscr{L}[e^{2t}]$

$$= \dfrac{\sqrt{\pi}}{2}\dfrac{1}{p^{3/2}} \cdot \sqrt{\pi}\dfrac{1}{p^{1/2}} \cdot \dfrac{1}{p-2}$$

$$= \dfrac{\pi}{2}\dfrac{1}{p^2} \cdot \dfrac{1}{p-2} = \dfrac{\pi}{4}\dfrac{1}{p}\left(\dfrac{1}{p-2} - \dfrac{1}{p}\right)$$

$$= \dfrac{\pi}{4}\left[\dfrac{1}{2}\left(\dfrac{1}{p-2} - \dfrac{1}{p}\right) - \dfrac{1}{p^2}\right]$$

$$= \dfrac{\pi}{8}\left(\dfrac{1}{p-2} - \dfrac{1}{p}\right) - \dfrac{\pi}{4}\dfrac{1}{p^2}$$

故 $\quad \sqrt{t} * \dfrac{1}{\sqrt{t}} * e^{2t} = \mathscr{L}^{-1}\left[\dfrac{\pi}{8}\left(\dfrac{1}{p-2} - \dfrac{1}{p}\right) - \dfrac{\pi}{4}\dfrac{1}{p^2}\right] = \dfrac{\pi}{8}(e^{2t} - 1) - \dfrac{\pi}{4}t$

8.15 求下列两个函数的卷积。

$$f(t) = \begin{cases} 0, & t < 0 \\ 1, & 0 \le t \le 1 \\ 0, & t > 1 \end{cases}; \quad g(t) = \begin{cases} 0, & t < 0 \\ 1, & 0 \le t \le 2 \\ 0, & t > 2 \end{cases}$$

解：因为 $f(t) = H(t) - H(t-1)$，$g(t) = H(t) - H(t-2)$，所以

$f(t) * g(t) = [H(t) - H(t-1)] * [H(t) - H(t-2)]$

$\quad = H(t) * H(t) - H(t) * H(t-1) - H(t) * H(t-2) + H(t-1)H(t-2)$

$\quad = tH(t) - (t-1)H(t-1) - (t-2)H(t-2) + (t-3)H(t-3)$

这里利用了 $H(t) * H(t) = \displaystyle\int_{-\infty}^{+\infty} H(\tau)H(t-\tau)\mathrm{d}\tau = \int_0^t \mathrm{d}\tau = tH(t)$

及卷积性质 若 $f_1(t) * f_2(t) = f(t)$，则 $f_1(t-t_1) * f_2(t-t_2) = f(t - t_1 - t_2)$

8.16 利用卷积定理求下列像函数的反演：

$$F(p) = \dfrac{e^{-bp}}{p(p+a)} \quad (b > 0)$$

解：**方法一**：部分分式法

$$F(p) = \dfrac{e^{-bp}}{p(p+a)} = \dfrac{e^{-bp}}{a}\left(\dfrac{1}{p} - \dfrac{1}{p+a}\right), \quad 故$$

$$\mathscr{L}^{-1}[F(p)] = \mathscr{L}^{-1}\left[\frac{\mathrm{e}^{-bp}}{p(p+a)}\right] = \mathscr{L}^{-1}\left[\frac{\mathrm{e}^{-bp}}{a}\left(\frac{1}{p} - \frac{1}{p+a}\right)\right] = \frac{1}{a}(1 - \mathrm{e}^{-a(t-b)})H(t-b)_{\circ}$$

方法二: 卷积定理

$$F(p) = \frac{\mathrm{e}^{-bp}}{p(p+a)} = \frac{\mathrm{e}^{-bp}}{p}\frac{1}{p+a}$$

因 $\mathscr{L}^{-1}\left[\dfrac{\mathrm{e}^{bp}}{p}\right] = H(t-b)$, $\mathscr{L}^{-1}\left[\dfrac{1}{p+a}\right] = \mathrm{e}^{-at}$, 故

$$\mathscr{L}^{-1}[F(p)] = \mathscr{L}^{-1}\left[\frac{\mathrm{e}^{-hp}}{p(p+a)}\right]$$

$$= H(t-b) * \mathrm{e}^{-at} = \int_{-\infty}^{+\infty} H(t-\tau-b)\mathrm{e}^{-a\tau}H(\tau)\mathrm{d}\tau = \int_{0}^{t-b} \mathrm{e}^{-a\tau}\mathrm{d}\tau$$

$$= \frac{1}{a}(1 - \mathrm{e}^{-a(t-b)})H(t-b)$$

8.17 将串联的 LC 电路接入信号源 $e(t) = E_0\sin\omega t$（见图8.2），电感中的初始电流等于零，当 $t = 0$ 时开关闭合，求回路中的电流 $i(t)$。

解：将电感 L 和电容 C 串联到电源 $e(t) = E_0\sin\omega t$ 上，设

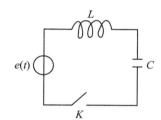

图 8-2 *LC* 电路

电路中的电流为 $i(t)$，则有 $L\dfrac{\mathrm{d}i}{\mathrm{d}t} + \dfrac{q(t)}{C} = E_0\sin\omega t$，因为 $i(t) = \dfrac{\mathrm{d}q(t)}{\mathrm{d}t}$，因此，方程可以化为

$$L\frac{\mathrm{d}^2 q(t)}{\mathrm{d}t^2} + \frac{q(t)}{C} = E_0\sin\omega t \tag{1}$$

或者

$$L\frac{\mathrm{d}i}{\mathrm{d}t} + \frac{1}{C}\int_0^t i(t)\mathrm{d}t = E_0\sin\omega t \tag{2}$$

初始条件 $q(0) = 0$, $i(0) = q'(0) = 0$。

设 $\mathscr{L}[q(t)] = Q(p)$，对方程式(1)两边取 Laplace 变换，得到

$$Lp^2 Q(p) + \frac{1}{C}Q(p) = E_0\frac{\omega}{p^2 + \omega^2}$$

整理得到像函数为

$$Q(p) = E_0\frac{\omega}{p^2 + \omega^2} \cdot \frac{1}{Lp^2 + \dfrac{1}{C}} = \frac{E_0}{L}\frac{\omega}{p^2 + \omega^2} \cdot \frac{1}{p^2 + \dfrac{1}{LC}}$$

若令 $(\omega_0)^2 = \dfrac{1}{LC}$，则

$$Q(p) = \frac{E_0}{L}\frac{\omega}{p^2 + \omega^2} \cdot \frac{1}{p^2 + \dfrac{1}{LC}} = \frac{E_0\omega}{L\left(\dfrac{1}{LC} - \omega^2\right)}\left(\frac{1}{p^2 + \omega^2} - \frac{1}{p^2 + \dfrac{1}{LC}}\right)$$

故 $\qquad q(t) = \mathscr{L}^{-1}[Q(p)] = \dfrac{E_0\omega}{L\left(\dfrac{1}{LC} - \omega^2\right)}\left[\dfrac{1}{\omega}\sin\omega t - \sqrt{LC}\sin\left(\sqrt{\dfrac{1}{LC}}t\right)\right]$

而 $\qquad \mathrm{i}(t) = \dfrac{\mathrm{d}q(t)}{\mathrm{d}t} = \dfrac{E_0\omega}{L\left(\dfrac{1}{LC} - \omega^2\right)}\left[\cos\omega t - \cos\left(\sqrt{\dfrac{1}{LC}}t\right)\right]$

另解：设 $\mathscr{L}[\mathrm{i}(t)] = I(p)$，对方程式(2)两边取 Laplace 变换，得到

$$LpI(p) + \frac{1}{C}\frac{I(p)}{p} = E_0\frac{\omega}{p^2 + \omega^2}$$

整理得到像函数为

$$I(p) = E_0\frac{\omega}{p^2 + \omega^2} \cdot \frac{Cp}{LCp^2 + 1} = \frac{E_0\omega}{L}\frac{1}{p^2 + \omega^2} \cdot \frac{p}{p^2 + \dfrac{1}{LC}}$$

$$= \frac{E_0\omega}{L\left(\dfrac{1}{LC} - \omega^2\right)}\left(\frac{p}{p^2 + \omega^2} - \frac{p}{p^2 + \dfrac{1}{LC}}\right)$$

故 $\qquad i(t) = \mathscr{L}^{-1}[I(p)] = \dfrac{E_0\omega}{L\left(\dfrac{1}{LC} - \omega^2\right)}\left[\cos\omega t - \cos\left(\sqrt{\dfrac{1}{LC}}t\right)\right]$

8.18 证明：微分方程 $y''(t) + \omega^2 y(t) = f(t)$ 在初始条件 $y(t) = y'(t) = 0$ 下的解是

$$y(t) = \frac{1}{\omega}\int_0^t f(\tau)\sin\omega(t - \tau)\mathrm{d}\tau$$

证明：设 $\mathscr{L}[y(t)] = Y(p)$，$\mathscr{L}[f(t)] = F(p)$ 对微分方程两边取拉氏变换，得到

$$\mathscr{L}\left[\frac{\mathrm{d}^2 y(t)}{\mathrm{d}t^2} + \omega^2 y(t)\right] = p^2 Y(p) - py(0) - y'(0) + \omega^2 Y(p) = F(p)$$

代入初始条件，有 $p^2 Y(p) + \omega^2 Y(p) = F(p)$，

整理得到像函数 $Y(p) = \dfrac{F(p)}{p^2 + \omega^2}$，

设 $\omega > 0$，对 $Y(p) = \dfrac{F(p)}{p^2 + \omega^2} = \dfrac{1}{\omega}\dfrac{\omega}{p^2 + \omega^2} \cdot F(p)$，取拉氏逆变换，并利用卷积定理，有

$$y(t) = \frac{1}{\omega}\sin(\omega t) * f(t) = \frac{1}{\omega}\int_0^t \sin\omega(t - \tau)f(\tau)\mathrm{d}\tau$$

8.19 证明：微分方程

$$L\frac{\mathrm{d}^2 q}{\mathrm{d}t^2} + R\frac{\mathrm{d}q}{\mathrm{d}t} + \frac{q}{C} = E_0\cos\omega t \quad (L, R, C, E_0 \text{ 及 } \omega \text{ 均为常数})$$

的一个解为

$$q = \text{Re}\left\{\frac{E_0 \mathrm{e}^{\mathrm{i}\omega t}}{\mathrm{i}\omega\left[R + \mathrm{i}(\omega L - 1/\omega C)\right]}\right\}$$

此微分方程式是什么电路的表达式。

[提示：将右边改写成 $E_0 \mathrm{e}^{\mathrm{i}\omega t}$，再用未定系数法假设解为 $A\mathrm{e}^{\mathrm{i}\omega t}$ 的形式。]

证明： 设 $\mathscr{L}[q(t)] = Q(p)$，初始条件 $q(0) = 0$，$i(0) = q'(0) = 0$，对方程两边取拉氏变换，得到

$$Lp^2 Q(p) + RpQ(p) + \frac{1}{C}Q(p) = E_0 \frac{p}{p^2 + \omega^2}$$

整理得到像函数为

$$Q(p) = E_0 \frac{p}{p^2 + \omega^2} \cdot \frac{1}{Lp^2 + Rp + \dfrac{1}{C}} = \frac{E_0}{L}\frac{p}{p^2 + \omega^2} \cdot \frac{1}{p^2 + \dfrac{R}{L}p + \dfrac{1}{LC}}$$

因 $p^2 + \dfrac{R}{L}p + \dfrac{1}{LC} = \left(p + \dfrac{R}{2L}\right)^2 + \dfrac{1}{LC} - \left(\dfrac{R}{2L}\right)^2$，若令 $(\omega_0)^2 = \dfrac{1}{LC} - \left(\dfrac{R}{2L}\right)^2$，则

$$Q(p) = \frac{E_0}{L}\frac{p}{p^2 + \omega^2} \cdot \frac{1}{\left(p + \dfrac{R}{2L}\right)^2 + \omega_0{}^2}$$

而

$$\frac{1}{\left(p + \dfrac{R}{2L}\right)^2 + \omega_0{}^2} = \mathscr{L}\left[\frac{1}{\omega_0}\mathrm{e}^{-\frac{R}{2L}t}\sin\omega_0 t\right]$$

故

$$q(t) = \mathscr{L}^{-1}[Q(p)] = \frac{E_0}{L}\cos\omega t * \left[\frac{1}{\omega_0}\mathrm{e}^{-\frac{R}{2L}t}\sin\omega_0 t\right]$$

另解： 将微分方程右边改写成 $E_0 \mathrm{e}^{\mathrm{i}\omega t}$，并设 $q(t) = A\mathrm{e}^{\mathrm{i}\omega t}$，代入方程得到

$$\left(-L\omega^2 A + \mathrm{i}\omega R A + \frac{A}{C}\right)\mathrm{e}^{\mathrm{i}\omega t} = E_0 \mathrm{e}^{\mathrm{i}\omega t}$$

即

$$A = \frac{E_0}{-L\omega^2 + \mathrm{i}\omega R + \dfrac{1}{C}} = \frac{E_0}{\mathrm{i}\omega\left[R + \mathrm{i}\left(\omega L - \dfrac{1}{\omega C}\right)\right]}$$

故

$$q = \text{Re}\left\{\frac{E_0 \mathrm{e}^{\mathrm{i}\omega t}}{\mathrm{i}\omega\left[R + \mathrm{i}\left(\omega L - \dfrac{1}{\omega C}\right)\right]}\right\}$$

复变函数和积分变换练习题

练习题一

一、设 $f(z) = \sqrt[3]{z}$ 为一单值分支，若 $f(-1) = -1$，求：

1. 函数 $f(1)$ 和导数 $f'(1)$ 的值；

2. 积分 $\int_c \sqrt[3]{z}\,\mathrm{d}z$ 的值，其中：①c 为从 $z = 0$，到 $z = 1$ 的直线段；②c 为 $|z| = 1$ 的上半圆周，从 $z = -1$，到 $z = 1$。

二、指出函数 $f(z) = \dfrac{1}{z(1 - e^{iaz})}$ （a 为实数）的奇点和类型（含 ∞ 点）；若是孤立奇点，计算各孤立奇点的留数。

三、计算函数 $f(t) = e^{-\beta|t|}$ （$\beta > 0$）的 Fourier 变换 $F(\omega)$，并计算 $\lim\limits_{\beta \to 0} F(\omega)$。

四、函数的级数展开

1. 将函数 $f(z) = \dfrac{z-1}{z+1}$ 在 $z = 1$ 点的所有解析区域内展开成幂级数。

2. 设 $\dfrac{z-1}{z+1} = \sum\limits_{n=-\infty}^{\infty} c_n z^n$，$|z| > 1$，则求 c_{-1} 的值，说明它和 $\mathrm{Res}\left(\dfrac{z-1}{z+1}, -1\right)$ 的关系。

五、计算积分 $I(t) = \displaystyle\int_0^{+\infty} \dfrac{x\sin tx}{x^2 + a^2}\mathrm{d}x$

1. 利用留数定理计算。

2. 对 $I(t)$ 先作 Laplace 变换，再进行积分反演。

六、若函数 $f(z) = u(x, y) + iv(x, y)$ 解析，已知 $u = x^2 - ky^2$，且 $f(0) = 0$。求 k 的值和解析函数 $f(z)$。

七、1. 试求满足微分方程 $f'(z) + cf(z) = 0$（c 是常数）的幂级数 $f(z) = \sum\limits_{n=0}^{\infty} a_n z^n$，并求其收敛半径。（本题不能通过解微分方程的方法求解）。

2. 利用 Laplace 变换求微分方程 $y''(t) + 4y(t) = \begin{cases} 1, & 0 < t < 4 \\ 0, & t > 4 \end{cases}$ 的解，且满足条件：$y(0) = 3$，$y'(0) = -2$。

八、求上半平面 $\mathrm{Im}(z) > 0$ 映射到圆内部 $|w| < 1$ 的分式线性映射 $w = f(z)$，且满足

条件：$f(2\mathrm{i}) = 0$，$\arg f'(2\mathrm{i}) = 0$。

练 习 题 二

一、计算下列各题

1. 已知 $f\left(\dfrac{1}{z+\mathrm{i}}\right) = \bar{z}$，则求极限 $\lim\limits_{z \to \mathrm{i}} f(z)$；

2. 求解方程 $\sin z + \mathrm{i}\cos z = 4\mathrm{i}$。

二、1. 设函数 $f(z) = x^2 - y^2 + \mathrm{i}xy$，试确定 $f(z)$ 在何处可导，何处解析，并求可导点处的导数。

2. 求调和函数 $u = u(xy)$。

3. 已知 $v(x, y) = \dfrac{y}{x^2 + y^2}$，求解析函数 $f(z) = u(x, y) + \mathrm{i}v(x, y)$，并满足 $f(2) = 0$。

三、计算积分：

1. $\oint_c \dfrac{\mathrm{e}^z \bar{z}^2}{(\bar{z} + 2)^2} \mathrm{d}z$，其中 c 为 $|z| = 1$；

2. $\int_c \bar{z}\mathrm{d}z$，其中 c 为从原点 $z = 0$，到 $z = 1 + \mathrm{i}$ 的直线段。

四、指出函数 $\dfrac{\mathrm{e}^{\frac{1}{z}}}{1 - z}$ 的奇点和类型；若是孤立奇点，计算各孤立奇点的留数，并计算

积分 $\oint_C \dfrac{\mathrm{e}^{\frac{1}{z}}}{1 - z}\mathrm{d}z$，其中 C 是正向圆周 $|z| = 2$。

五、设 $f(z) = \mathrm{Ln}(1 - z^2)$ 为定义在单值分支中的解析函数，若 $f(0) = 0$。求：

1. $f(2\mathrm{i})$ 和 $f'(2)$；

2. 函数 $f(z) = \mathrm{Ln}(1 - z^2)$ 在 $z = 0$ 点的 Taylor 级数；

3. 级数 $\sum\limits_{n=1}^{\infty} \dfrac{\cos 2n\varphi}{n}$ 的和函数。

六、留数定理计算积分和 Fourier 变换。

1. 若 $\varepsilon > 0$，$\omega > 0$，利用留数定理计算积分

$$I(\omega, \varepsilon) = \int_{-\infty}^{+\infty} \frac{\varepsilon}{\varepsilon^2 + x^2} \mathrm{e}^{\mathrm{i}\omega x} \mathrm{d}x$$

并求 $\lim\limits_{\varepsilon \to 0} I(\omega, \varepsilon)$。

2. 若 $I(\omega, \varepsilon)$ 是参变数函数 $\dfrac{\varepsilon}{\varepsilon^2 + x^2}$ 的 Fourier 变换，比较 $\lim\limits_{\varepsilon \to 0} I(\omega, \varepsilon)$ 和 $\delta(x)$ 函数的

Fourier 变换关系，可以把 $\dfrac{\varepsilon}{\varepsilon^2 + x^2}$ 视为 δ 型序列函数，写出 $\lim\limits_{\varepsilon \to 0} \dfrac{\varepsilon}{\varepsilon^2 + x^2}$ 和 $\delta(x)$ 的关系。

3. 计算函数 $f(x) = e^{-\varepsilon x} H(x)$ 的 Fourier 变换，其中 $H(x) = \begin{cases} 1, & x > 0 \\ 0, & \text{其他} \end{cases}$ 为阶跃函数，并

求 $\lim\limits_{\varepsilon \to 0^+} \{\mathscr{F}[e^{-\varepsilon x} H(x)]\}$ 的值。

七、利用 Laplace 变换求微分方程

1. 求 $f(t) = H(t-1) = \begin{cases} 1, & t > 1 \\ 0, & \text{其他} \end{cases}$ 的 Laplace 变换。

2. 利用 Laplace 变换求微分方程 $y''(t) + a^2 y(t) = f(t)$ 满足条件 $y(0) = b$, $y'(0) = c$ 的

解，其中 a、b、c 为常数。

如果 $f(t) = H(t-1) = \begin{cases} 1, & t > 1 \\ 0, & \text{其他} \end{cases}$, 写出其解。

八、1. 设 $z = \cos\theta + i\sin\theta$, 将函数 $f(z) = -\dfrac{z+1}{z-1}$ 写成三角形式。

2. 变换 $f(z) = -\dfrac{z+1}{z-1}$ 将上半圆域 $|z| < 1$, $\operatorname{Im} z > 0$ 变为什么区域?

练 习 题 三

一、计算下列各题

1. 计算复数 $(-1)^i$ 的主值。

2. 已知 $f(z^3 + 1) = |z|$, 则求 $f(0)$。

3. 指出函数 $f(z) = \dfrac{e^{iaz} - e^{ibz}}{z^2}$ (a、b 为实数，且 $a \neq b$) 的奇点和类型(含 ∞ 点)；若是

孤立奇点，计算各孤立奇点的留数。

4. 计算积分 $\int_c \bar{z} dz$, 设：

(1) c 为从原点 $z = 0$, 到 $z = 1 + i$ 的直线段；

(2) c 为 $|z| = 1$。

5. 计算函数 $f(x) = \begin{cases} \sin x, & |x| \leqslant \pi \\ 0, & |x| > \pi \end{cases}$ 的 Fourier 变换。

二、设 $r > 0$ 且 $|r| \neq 1$, 利用留数定理计算积分

$$\int_0^{2\pi} \frac{r - \cos\theta}{1 - 2r\cos\theta + r^2} d\theta = \begin{cases} 0, & |r| < 1 \\ \dfrac{2\pi}{r}, & |r| > 1 \end{cases}$$

三、将函数 $f(z) = \dfrac{1}{z^2 - 5z + 6}$ 在下列圆环域内展开成 Laurent 级数

(1) $0 < |z-2| < 1$; (2) $|z| > 3$。

四、1. 求调和函数 $u = u(ax + by)$， a、b 为常数。

2. 已知 $u = 2(x - 1)y$， 求解析函数 $f(z) = u(x, y) + iv(x, y)$， 并满足 $f(0) = 0$。

五、利用 Laplace 变换求微分方程 $y''(t) + a^2 y(t) = f(t)$ 满足条件 $y(0) = b$， $y'(0) = c$ 的解，其中 a、b、c 为常数。

如果 $f(t) = t$， 写出其解。

六、求把单位圆映射成单位圆的分式变换，并满足条件：$f\left(\dfrac{1}{2}\right) = 0$， $f(-1) = 1$。

练 习 题 四

一、1. 若 $z = re^{i\theta} = r(\cos\theta + i\sin\theta)$， 试计算 $\mathrm{Re}[\ln(z - 1)]$。

2. 试计算 $\mathrm{Re}(1^{\sqrt{2}})$。

二、计算积分 $\displaystyle\int_C (\bar{z} - e^z)\mathrm{d}z$， 若 C 为：

（1）$|z| = 2$； （2）$-i \leqslant \mathrm{Im}(z) \leqslant i$， $\mathrm{Re}z = 0$。

三、若函数 $f(z) = u(x, y) + iv(x, y)$ 在区域 D 内解析，试求满足下列条件的解析函数 $f(z)$：

（1）$v = u^2$； （2）$u = x^2 - y^2 + xy$。

四、将函数 $f(z) = \dfrac{1}{z^2 + z - 6}$ 在下列指定区域展开成级数：

（1）$|z| < 2$； （2）$|z - 2| > 5$。

五、指出函数 $\dfrac{1}{\sin\pi z} - \dfrac{1}{z}$ 的奇点和类型（含 ∞ 点）；若是孤立奇点，计算各孤立奇点的

留数，并计算积分 $\displaystyle\oint_C \left(\dfrac{1}{\sin\pi z} - \dfrac{1}{z}\right)\mathrm{d}z$， 其中 C 是正向圆周 $|z| = \sqrt{2}$。

六、利用留数定理计算积分 $\displaystyle\int_0^{+\infty} \dfrac{x\sin x}{x^2 + 1}\mathrm{d}x$。

七、（1）试证明：对 Fourier 变换，若像原函数 $f(t)$ 是实函数，则它的像函数 $F(\omega)$ 满足 $F(-\omega) = \overline{F(\omega)}$。

（2）计算函数 $f(t) = \begin{cases} te^{-at}, & t \geqslant 0 \\ 0, & t < 0 \end{cases}$ 的 Fourier 变换。

八、利用 Laplace 变换求微分方程 $y''(t) + a^2 y(t) = f(t)$ 的解，其满足的初始条件为 $y(0) = 0$， $y'(0) = -1$， 其中 $a > 0$ 为常数。若 1) $f(t) = \delta(t - t_0)$； 2) $f(t) = \sin t$。

九、求把单位圆映射成单位圆的分式变换，并满足条件：$f\left(\dfrac{1}{2}\right) = 0$， $\mathrm{arg}f'\left(\dfrac{1}{2}\right) = \dfrac{\pi}{2}$。

练 习 题 五

一、计算下列各题

1. 若函数 $f(z) = e^{i\,z^2}$，其中 $z = x + iy$，计算 $|f(z)|$ 和 $\arg f(z)$。

2. 讨论函数 $f(z) = \dfrac{\sin\sqrt{z}}{\sqrt{z}}$ 的多值性，并计算 $z = 1$ 时的值。

二、计算积分 $\displaystyle\int_C (\bar{z} + \sin z)\,\mathrm{d}z$，其中：

1. C 为 $|z| = 1$ 的上半圆周，从 -1 到 1；

2. C 为 $|z| = 1$ 的单位圆周。

三、计算函数 $f(t) = \begin{cases} 1, & |t| \leqslant 1 \\ 0, & |t| > 1 \end{cases}$ 的 Fourier 变换。利用此结果，证明：

1. $\displaystyle\int_0^{+\infty} \frac{\sin\omega\cos\omega}{\omega}\mathrm{d}\omega = \frac{\pi}{4}$；　　2. $\displaystyle\int_0^{+\infty} \frac{\sin^2\omega}{\omega^2}\mathrm{d}\omega = \frac{\pi}{2}$。

四、1. 计算积分 $\displaystyle\oint_{|z|=1} \frac{e^{iaz} - e^{ibz}}{z^2}\mathrm{d}z$。

2. 设 $\lim\limits_{z\to\infty} f(z) = A$，且 $\lim\limits_{z\to\infty} z[f(z) - A]$ 存在。

(1) 指出函数在 ∞ 点的奇点类型；

(2) 证明：$\mathrm{Res}[f(z),\ \infty] = -\lim\limits_{z\to\infty} z[f(z) - A]$。

五、计算和证明下列各题：

1. 若函数 $f(z) = u(x, y) + iv(x, y)$ 为解析函数，且满足 $3u(x, y) + 2v(x, y) = 1$，求解析函数 $f(z) = u(x, y) + iv(x, y)$。

2. 函数 $f(z) = x^2 + xyi$ 的可导性和解析性，若可导，计算可导点的导数。

六、已知函数 $f(z) = \dfrac{1}{(z-1)(z-2)}$。

1. 将函数 $f(z)$ 在下列圆环域内展开成 Laurent 级数：

(1) $0 < |z - 1| < 1$；　　(2) $2 < |z| < \infty$。

2. 指出函数 $f(z)$ 的奇点和类型（含 ∞ 点）；并计算函数在所有奇点留数的和。

七、设函数 $f(x, \beta) = \dfrac{1}{2\pi} \dfrac{1 - \beta^2}{1 - 2\beta\cos x + \beta^2}$ $(0 < \beta < 1)$。

1. 讨论函数 $f(x, \beta)$ 在 $\beta \to 1$（即 $\lim\limits_{\beta\to1} f(x, \beta)$）时的值；

2. 计算积分 $I(\beta) = \displaystyle\int_{-\pi}^{\pi} \frac{1}{1 - 2\beta\cos x + \beta^2}\mathrm{d}x$；

3. 计算 $\lim\limits_{\beta\to1} \dfrac{1 - \beta^2}{2\pi}I(\beta)$；说明在 $x \in [-\pi, \pi]$，在 $\beta \to 1$ 时，$f(x, \beta)$ 是 $\delta(x)$ 函数。

八、微分方程 $\begin{cases} y''(t) + \lambda y(t) = f(t) \\ y(0) = 0, \ y'(0) = 0 \end{cases}$ ，其中 λ 为实数。

1. 利用 Laplace 变换求解此微分方程；并根据卷积定理，将方程的解用积分形式表示。

2. 当 $f(t) = \delta(t)$ 和 $f(t) = e^{-t}$ 时，求方程的解（可以直接求解，不一定要利用积分形式求解）。

九、求上半平面 $\text{Im}(z) > 0$ 映射到圆内部 $|w| < 1$ 的分式线性映射 $w = f(z)$，且满足条件 $f(i) = 0$，$f'(i) < 0$。

练 习 题 六

一、计算下列各题。

1. 若函数 $f(z) = e^{i\frac{1}{z}}$，其中 $z = x + iy$，计算 $\text{Im}f(z)$ 和 $|f(z)|$。

2. 根式函数 $f(z) = \sqrt[4]{z}$ 为多值函数，其在单值分支上解析，若 $f(1) = i$，计算 $z = i$ 时的值。

3. 若二元函数 $u(x, y) = x^2 + ky^2 + 2xy$ 是调和函数，求 k 值；如果 $u(x, y)$ 使函数 $f(z) = u(x, y) + iv(x, y)$ 构成解析函数，试求 $f(z)$。

4. 函数 $f(x) = \begin{cases} \cos x, \ 0 \leqslant x \leqslant \pi/2 \\ 0, \ \text{其他} \end{cases}$，试计算 $f(x)$ 的 Fourier 变换 $F(\omega)$。

二、计算积分 $\int_C (|z| + e^{iz})dz$，其中：

1. C 为 $|z| = 1$ 的上半圆周，从 -1 到 1；

2. C 为 $|z| = 2$ 的圆周。

三、一蜗牛从原点出发，沿 x 轴正方向行走 1 个单位，然后逆时针转向 α 角度行走 $\frac{1}{2}$ 个单位，再在此方向上逆时针转向 α 角度行走 $\frac{1}{2^2}$ 个单位，再逆时针转向 α 角度行走 $\frac{1}{2^3}$ 个单位，即每次转向 α 角度再行走前一个行走距离的 $\frac{1}{2}$，如此一直行走下去（数学意义上）。(1)求最终蜗牛距离出发原点的距离；(2)证明：不管转向角度 α 是多少，其终点一定位于 $\left|z - \frac{4}{3}\right| = \frac{2}{3}$ 的圆周上。用 $\alpha = 0$ 和 $\alpha = \pi$ 两个特定角度验证此结论。

四、已知函数 $f(z) = \dfrac{1}{z(z-1)}$，试求解下列问题：

1. 将函数 $f(z)$ 在下列圆环域内展开成 Laurent 级数

(1) $0 < |z - 1| < 1$；　(2) $1 < |z| < \infty$。

2. 指出函数 $f(z)$ 的奇点和类型（含 ∞ 点）；并计算函数在所有奇点的留数。

五、利用留数定理计算积分 $I(a) = \int_0^{+\infty} \dfrac{\cos x}{x^2 + a^2}dx$，并证明：

$$\int_0^{+\infty} \frac{\cos x}{x^2+1} \mathrm{d}x = \int_0^{+\infty} \frac{\cos x}{(x^2+1)^2} \mathrm{d}x$$

六、利用 Laplace 变换求解微分方程 $\begin{cases} y''(t) + 3y'(t) + 2y(t) = f(t) \\ y(0) = 0, \ y'(0) = 0 \end{cases}$

1. 根据卷积定理，给出 $f(t)$ 一般形式时微分方程解 $y(t)$ 的积分表达形式；

2. 给出 $f(t) = \delta(t)$ 和 $f(t) = 1$ 时的解。

七、一条与地面平行的无限长的均匀带电导线（线电荷密度 λ），它与地面的距离为 a，求空间各点的电势。

复变函数和积分变换练习题参考答案及提示

练 习 题 一

一、答：1. 由 $f(-1) = \sqrt[3]{-1} = \mathrm{e}^{\mathrm{i}\frac{\pi+2k\pi}{3}}$，$k = 0,\ 1,\ 2$，因为 $f(-1) = -1$，所以为 $k = 1$ 单值分支。

$$f(1) = \sqrt[3]{1} = \mathrm{e}^{\mathrm{i}\frac{2k\pi}{3}} = \mathrm{e}^{\mathrm{i}\frac{2\pi}{3}},\ k = 1,\ f'(z) = \frac{1}{3}z^{\frac{1}{3}-1} = \frac{1}{3}\frac{\sqrt[3]{z}}{z},\ \text{有}\ f'(1) = \frac{1}{3}\mathrm{e}^{\mathrm{i}\frac{2\pi}{1}} = \frac{1}{3}\mathrm{e}^{\mathrm{i}\frac{2\pi}{3}}\text{。}$$

2. （1） $\displaystyle\int_c \sqrt[3]{z}\,\mathrm{d}z = \int_0^1 t^{\frac{1}{3}}\,\mathrm{d}t = \frac{4}{3}t^{\frac{4}{3}}\Big|_0^1 = \frac{3}{4}\mathrm{e}^{\mathrm{i}\frac{2\pi}{3}}\text{。}$

（2） $\displaystyle\int_c \sqrt[3]{z}\,\mathrm{d}z = \int_\pi^0 \mathrm{e}^{\mathrm{i}\frac{\theta+2\pi}{3}}\mathrm{i}\mathrm{e}^{\mathrm{i}\theta}\,\mathrm{d}\theta = \mathrm{i}\mathrm{e}^{\mathrm{i}\frac{2\pi}{3}}\int_\pi^0 \mathrm{e}^{\mathrm{i}\frac{4}{3}\theta}\,\mathrm{d}\theta = \mathrm{e}^{\mathrm{i}\frac{2\pi}{3}}\frac{3}{4}\mathrm{e}^{\mathrm{i}\frac{4}{3}\theta}\Big|_\pi^0 = \mathrm{e}^{\mathrm{i}\frac{2\pi}{3}}\frac{3}{4}\left(1 - \mathrm{e}^{\mathrm{i}\frac{4\pi}{3}}\right) = \frac{3}{4}\left(\mathrm{e}^{\mathrm{i}\frac{2\pi}{3}} - 1\right)\text{。}$

二、答：由 $z(1 - \mathrm{e}^{\mathrm{i}az}) = 0$，得到 $z = \dfrac{2k\pi}{\alpha}(k = \pm 1,\ \pm 2,\cdots)$ 是一阶极点，$z = 0$ 是二阶极点。$z = \infty$ 是非孤立奇点。

$$\mathrm{Res}\left[\frac{1}{z(1 - \mathrm{e}^{\mathrm{i}az})},\ 0\right] = \lim_{z\to 0}\frac{\mathrm{d}}{\mathrm{d}z}\left[z^2\frac{1}{z(1 - \mathrm{e}^{\mathrm{i}az})}\right] = \frac{1}{2}$$

$$\mathrm{Res}\left[\frac{1}{z(1 - \mathrm{e}^{\mathrm{i}az})},\ \frac{2k\pi}{\alpha}\right] = \lim_{z\to\frac{2k\pi}{\alpha}}\frac{1}{[z(1 - \mathrm{e}^{\mathrm{i}az})]'} = -\frac{1}{2k\pi}$$

三、答：$\displaystyle F(\omega) = \int_{-\infty}^{+\infty} f(t)\mathrm{e}^{-j\omega t}\,\mathrm{d}t = \int_{-\infty}^{+\infty} \mathrm{e}^{-\beta|t|}\mathrm{e}^{-j\omega t}\,\mathrm{d}t = \int_{-\infty}^{0} \mathrm{e}^{\beta t}\mathrm{e}^{-j\omega t}\,\mathrm{d}t + \int_{0}^{+\infty} \mathrm{e}^{-\beta t}\mathrm{e}^{-j\omega t}\,\mathrm{d}t$

$$= \frac{1}{\beta - j\omega} + \frac{1}{\beta + j\omega} = \frac{2\beta}{\beta^2 + \omega^2}$$

$$\lim_{\beta\to 0}F(\omega) = \lim_{\beta\to 0}\frac{2\beta}{\beta^2 + \omega^2} = \begin{cases} \infty, & \omega = 0 \\ 0, & \omega \neq 0 \end{cases}$$

因为 $\displaystyle\lim_{\beta\to 0}\mathrm{e}^{-\beta|t|} = 1$ 而 $\mathscr{F}(1) = 2\pi\delta(\omega)$。

四、答：（1）$z = -1$ 是函数 $f(z) = \dfrac{z-1}{z+1}$ 的唯一有限奇点，函数在 $|z-1| < 2$ 和 $2 < |z-1| < \infty$ 内解析，

$$f(z) = \frac{z-1}{z+1} = \frac{z-1}{2 + (z-1)} \xlongequal{|z-1| < 2} \frac{z-1}{2}\frac{1}{1 + \left(\frac{z-1}{2}\right)} = \frac{z-1}{2}\sum_{n=0}^{\infty}\left(-\frac{z-1}{2}\right)^n$$

$$f(z) = \frac{z-1}{z+1} = \frac{z-1}{2+(z-1)} \xlongequal{2 < |z-1| < \infty} \frac{1}{1+\left(\dfrac{2}{z-1}\right)} = \sum_{n=0}^{\infty} \left(-\frac{2}{z-1}\right)^n \text{。}$$

(2)由于函数在 $1 < |z| < \infty$ 内解析，所以

$$\frac{z-1}{z+1} \xlongequal{|z|>1} \frac{z-1}{z} \cdot \frac{1}{1+\dfrac{1}{z}} = \frac{z-1}{z} \sum_{n=0}^{\infty} \left(-\frac{1}{z}\right)^n = \left(1 - 2\frac{1}{z} + 2\frac{1}{z^2} - 2\frac{1}{z^3} + \cdots\right)$$

$$c_{-1} = -2, \quad -c_{-1} = \text{Res}\left[\frac{z-1}{z+1}, \infty\right], \quad \text{Res}\left[\frac{z-1}{z+1}, \infty\right] + \text{Res}\left[\frac{z-1}{z+1}, -1\right] = 0$$

五、答： 1. $I(t) = \displaystyle\int_0^{+\infty} \frac{x\sin tx}{(x^2+a^2)}\,dx = \frac{1}{2}\int_{-\infty}^{+\infty} \frac{x\sin tx}{(x^2+a^2)}\,dx$

$$= \frac{1}{2}\text{Im}\left\{2\pi i\text{Res}\left[\frac{ze^{itz}}{(z^2+a^2)}, ai\right]\right\} = \frac{\pi}{2}e^{-at}$$

2. 参变量 t 作 Laplace 变换，得到

$$\mathscr{L}[I(t)] = \mathscr{L}\left\{\int_0^{+\infty} \frac{x\sin tx}{x^2+a^2}\,dx\right\} = \int_0^{+\infty} \frac{x}{(x^2+a^2)} \cdot \frac{x}{(p^2+x^2)}\,dx$$

$$= \frac{1}{p^2-a^2}\int_0^{+\infty} \left[\frac{p^2}{(p^2+x^2)} - \frac{a^2}{(x^2+a^2)}\right]\,dx$$

$$= \frac{1}{p^2-a^2}(p-a)\frac{\pi}{2} = \frac{1}{(p+a)}\frac{\pi}{2}$$

作 Laplace 逆变换，得到 $I(t) = \displaystyle\int_0^{+\infty} \frac{x\sin tx}{x^2+a^2}\,dx = \frac{\pi}{2}e^{-at}$

六、答： 因为 u 是调和函数，故 $\nabla^2 u = 2 - 2k = 0$，得到 $k = 1$。

由 $f'(z) = \dfrac{\partial u(x,y)}{\partial x} + i\dfrac{\partial v(x,y)}{\partial x} = \dfrac{\partial u(x,y)}{\partial x} - i\dfrac{\partial u(x,y)}{\partial y} = 2x + i2y = 2z$，

得到 $f(z) = z^2 + c$。由 $f(0) = 0$，得到 $c = 0$，故 $f(z) = z^2$。

七、答： 1. 将幂级数 $f(z) = \displaystyle\sum_{n=0}^{\infty} a_n z^n$ 代入微分方程后得到 $\displaystyle\sum_{n=1}^{\infty} na_n z^{n-1} + c\sum_{n=0}^{\infty} a_n z^n = 0$，

即 $$\sum_{n=0}^{\infty} [(n+1)a_{n+1} + ca_n]z^n = 0$$

我们得到系数的递推关系为 $(n+1)a_{n+1} + ca_n = 0 \quad (n = 0, 1, 2, \cdots)$

$$a_1 = -ca_0, \quad a_2 = \frac{-ca_1}{2} = \frac{(-c)^2 a_0}{2}, \quad \cdots, \quad a_n = \frac{-ca_{n-1}}{n} = \frac{(-c)^n a_0}{n!}, \quad \cdots$$

故幂级数 $f(z) = \displaystyle\sum_{n=0}^{\infty} a_n z^n = \sum_{n=0}^{\infty} \frac{(-c)^n a_0}{n!}z^n = a_0\sum_{n=0}^{\infty} \frac{(-cz)^n}{n!} = a_0 e^{-cz}$，

此级数处处收敛，故收敛半径为 $R = \infty$。

2. $y(t) = \dfrac{1}{4}(1 - \cos 2t) - \dfrac{1}{4}[H(t-4) - \cos 2(t-4)H(t-4)] + 3\cos 2t - \sin 2t$

八、答：$f(z) = i\dfrac{z - 2i}{z + 2i}$

练 习 题 二

一、答：1. 设 $\dfrac{1}{z + i} = t$，则 $z = \dfrac{1}{t} - i$，$\bar{z} = \left(\overline{\dfrac{1}{t}}\right) + i$，所以 $f(t) = \left(\overline{\dfrac{1}{t}}\right) + i$，极限 $\lim\limits_{z \to i} f(z) = 2i$。

2. $z = i\ln4 - 2k\pi i \quad (k = 0, \pm 1, \pm 2, \cdots)$。

二、答：1. 在 $z = (0, 0)$ 处可导，处处不解析。由 $f'(z)\big|_{(0, 0)} = \dfrac{\partial f(z)}{\partial x} = (2x + iy)\big|_{(0, 0)} = 0$。

2. $u(xy) = c_1(xy) + c_2$。

3. $f(z) = -\dfrac{1}{z} + \dfrac{1}{2}$。

三、答：1. $\oint_c \dfrac{e^z z^2}{(\bar{z} + 2)^2} dz = \oint_{|z| = 1} \dfrac{e^z \dfrac{1}{z^2}}{\left(\dfrac{1}{z} + 2\right)^2} dz$

$$= \oint_{|z| = 1} \dfrac{e^z}{(1 + 2z)^2} dz = \dfrac{1}{4} 2\pi i (e^z)'\big|_{z = -\frac{1}{2}} = \dfrac{\pi}{2} e^{-\frac{1}{2}} i$$

2. 1。

四、答：孤立奇点 $z=0$ 和 $z=1$ 分别是函数的本性奇点和一阶极点，故

$$\text{Res}[f(z), 1] = \lim_{z \to 1}\left[(z - 1)\dfrac{e^{1/z}}{(1 - z)}\right] = -e$$

为了求 $\text{Res}[f(z), 0]$，将函数 $f(z) = \dfrac{e^{1/z}}{(1 - z)}$ 在 $0 < |z| < \infty$ 内展开成 Laurent 级数，

$$f(z) = \dfrac{e^{\frac{1}{z}}}{1 - z} = \left(\sum_{n = 0}^{\infty} z^n\right) \cdot \left(\sum_{n = 0}^{\infty} \dfrac{1}{n!}\dfrac{1}{z^n}\right) = \cdots + \left(1 + \dfrac{1}{2!} + \cdots + \dfrac{1}{n!} + \cdots\right)\dfrac{1}{z} + \cdots$$

故 $c_{-1} = 1 + \dfrac{1}{2!} + \cdots + \dfrac{1}{n!} + \cdots = e - 1$，$\text{Res}[f(z), 0] = e - 1$，

$$\oint_C \dfrac{e^{1/z}}{1 - z} dz = 2\pi i \{\text{Res}[f(z), 1] + \text{Res}[f(z), 0]\} = -2\pi i$$

五、答：因 $f(0) = \text{Ln}1 = 2k\pi i (k = 0, \pm 1, \cdots)$，若 $f(0) = 0$，则为 $k = 0$ 的单值解析分支。

1. $f(2i) = \text{Ln}(1 + 4) = \ln5 + 2k\pi i \xrightarrow{k = 0} \ln5$

$f(z) = \text{Ln}(1 - z^2)$ 在 $k = 0$ 的分支中单值解析，则 $f'(2) = \dfrac{-2z}{1 - z^2}\bigg|_{z = 2} = \dfrac{4}{3}$。

2. $f(z) = \mathrm{Ln}(1 - z^2) = -\sum_{n=0}^{\infty} \dfrac{z^{2(n+1)}}{n+1} = -\sum_{n=1}^{\infty} \dfrac{z^{2n}}{n}$。

3. 对 $\sum_{n=1}^{\infty} \dfrac{z^{2n}}{n} = -\mathrm{Ln}(1 - z^2)$，令 $z = \cos\theta + \mathrm{i}\sin\theta$，得到

$$\sum_{n=1}^{\infty} \dfrac{(\cos\theta + \mathrm{i}\sin\theta)^{2n}}{n} = \sum_{n=1}^{\infty} \dfrac{(\cos 2n\theta + \mathrm{i}\sin 2n\theta)}{n} = -\mathrm{Ln}[1 - (\cos\theta + \mathrm{i}\sin\theta)^2]$$

$$= -\mathrm{Ln}[(1 - \cos 2\theta) - \mathrm{i}\sin 2\theta]$$

$$\sum_{n=1}^{\infty} \dfrac{\cos 2n\theta}{n} = \mathrm{Re}\{-\mathrm{Ln}[(1 - \cos 2\theta) - \mathrm{i}\sin 2\theta]\} = -\ln\sqrt{(1 - \cos 2\theta)^2 + \sin^2 2\theta}$$

$$= -\dfrac{1}{2}\ln(2 - 2\cos 2\theta)$$

六、答： 1. $I(\omega, \varepsilon) = \displaystyle\int_{-\infty}^{+\infty} \dfrac{\varepsilon e^{\mathrm{i}\omega x}}{\varepsilon^2 + x^2}\mathrm{d}x = 2\pi\mathrm{i}\,\mathrm{Res}\left[\dfrac{\varepsilon}{\varepsilon^2 + z^2}e^{\mathrm{i}\omega z}, \varepsilon\mathrm{i}\right] = 2\pi\mathrm{i}\,\dfrac{\varepsilon}{z + \varepsilon\mathrm{i}}e^{\mathrm{i}\omega z}\Big|_{x = \varepsilon\mathrm{i}}$

$$= \pi e^{-\omega\alpha} \quad \lim_{\varepsilon \to 0} I(\omega, \varepsilon) = \pi$$

2. $I(\omega, \varepsilon) = \mathscr{F}\left(\dfrac{\varepsilon}{\varepsilon^2 + x^2}\right) = \displaystyle\int_{-\infty}^{+\infty} \dfrac{\varepsilon e^{-\mathrm{i}\omega x}}{\varepsilon^2 + x^2}\mathrm{d}x$

$$= \begin{cases} \displaystyle\int_{-\infty}^{+\infty} \dfrac{\varepsilon e^{-\mathrm{i}\omega x}}{\varepsilon^2 + x^2}\mathrm{d}x \xrightarrow[x = -t]{\omega > 0} -\int_{\infty}^{-\infty} \dfrac{\varepsilon e^{\mathrm{i}\omega t}}{\varepsilon^2 + t^2}\mathrm{d}t = \int_{-\infty}^{+\infty} \dfrac{\varepsilon e^{\mathrm{i}\omega t}}{\varepsilon^2 + t^2}\mathrm{d}t = \pi e^{-\varepsilon\omega} \\[3mm] \displaystyle\int_{-\infty}^{+\infty} \dfrac{\varepsilon e^{-\mathrm{i}\omega x}}{\varepsilon^2 + x^2}\mathrm{d}x \xrightarrow{\omega < 0} \int_{-\infty}^{+\infty} \dfrac{\varepsilon e^{\mathrm{i}|\omega| x}}{\varepsilon^2 + x^2}\mathrm{d}x = \pi e^{-\varepsilon|\omega|} \end{cases}$$

故 $\displaystyle\lim_{\varepsilon \to 0^+} I(\omega, \varepsilon) = \lim_{\varepsilon \to 0^+} \mathscr{F}\left(\dfrac{\varepsilon}{\varepsilon^2 + \mathrm{x}^2}\right) = \pi$

而 $\mathscr{F}[\delta(x)] = \displaystyle\int_{-\infty}^{+\infty} \delta(x)e^{-\mathrm{i}\omega x}\mathrm{d}x = 1$

因此 $\displaystyle\lim_{\varepsilon \to 0} \dfrac{\varepsilon}{\varepsilon^2 + x^2} = \pi\delta(x)$。

3. $\mathscr{F}[f(x)] = \displaystyle\int_{-\infty}^{+\infty} H(x)e^{-\varepsilon x}e^{-\mathrm{j}\omega x}\mathrm{d}x = \int_{0}^{+\infty} e^{-\varepsilon x}e^{-\mathrm{j}\omega x}\mathrm{d}x = \dfrac{1}{\varepsilon + \mathrm{j}\omega}$

$$\lim_{\varepsilon \to 0^+}\{\mathscr{F}[e^{-\varepsilon x}H(x)]\} = \lim_{\varepsilon \to 0^+} \dfrac{1}{\varepsilon + \mathrm{j}\omega} = \lim_{\varepsilon \to 0^+} \dfrac{\varepsilon - \mathrm{j}\omega}{\varepsilon^2 + \omega^2} = \lim_{\varepsilon \to 0^+}\left(\dfrac{\varepsilon}{\varepsilon^2 + \omega^2} - \dfrac{\mathrm{j}\omega}{\varepsilon^2 + \omega^2}\right)$$

$$= \pi\delta(\omega) - \mathrm{j}\dfrac{1}{\omega} = \pi\delta(\omega) + \dfrac{1}{\mathrm{j}\omega}。$$

七、答： 1. $\mathscr{L}[H(t - 1)] = \dfrac{e^{-p}}{p}$。

2. $y(t) = \mathscr{L}^{-1}[Y(p)] = \dfrac{1}{a}f(t) * \sin at + b\cos at + \dfrac{c}{a}\sin at$。

八、答： 1. $f(z) = \mathrm{i}\cot\dfrac{\theta}{2}$。

2. 第一象限。

练 习 题 三

一、答: 1. 由于 $\mathrm{Ln}(-1) = \ln 1 + \mathrm{i}[\arg(-1) + 2k\pi] = \mathrm{i}[\pi + 2k\pi]$, 有 $(-1)^{\mathrm{i}} = \mathrm{e}^{\mathrm{iLn}(-1)} = \mathrm{e}^{-[\pi + 2k\pi]}$, 故 $(-1)^{\mathrm{i}}$ 主值为 $\mathrm{e}^{-\pi}$。

2. 令 $z^3 + 1 = t$, 则有 $z = \sqrt[3]{t-1}$, 所以 $f(z) = |\sqrt[3]{z-1}|$, 故 $f(0) = |\sqrt[3]{-1}| = 1$。

3. 将函数 $f(z) = \dfrac{\mathrm{e}^{iaz} - \mathrm{e}^{ibz}}{z^2}$ 在 $0 < |z| < \infty$ 展开为 Laurent 级数, 有

$$f(z) = \frac{1}{z^2} \sum_{n=0}^{\infty} \frac{1}{n!} [(iaz)^n - (ibz)^n]$$

可以看出, $z = 0$ 是函数的一阶极点, 且 $\mathrm{Res}\left[\dfrac{\mathrm{e}^{iaz} - \mathrm{e}^{ibz}}{z^2}, 0\right] = (a-b)\mathrm{i}$。

$z = \infty$ 是本性奇点。从 Laurent 级数中可知 $\mathrm{Res}\left[\dfrac{\mathrm{e}^{iaz} - \mathrm{e}^{ibz}}{z^2}, \infty\right] = -c_{-1} = -(a-b)\mathrm{i}$。

或者 由 $\mathrm{Res}\left[\dfrac{\mathrm{e}^{iaz} - \mathrm{e}^{ibz}}{z^2}, 0\right] + \mathrm{Res}\left[\dfrac{\mathrm{e}^{iaz} - \mathrm{e}^{ibz}}{z^2}, \infty\right] = 0$ 计算得到。

4. (1) 1。   (2) $2\pi\mathrm{i}$。

5. $F(\omega) = \displaystyle\int_{-\infty}^{+\infty} f(x)\mathrm{e}^{-i\omega x}\mathrm{d}x = \int_{-\pi}^{\pi} \sin x\, \mathrm{e}^{-i\omega x}\mathrm{d}x = \int_{-\pi}^{\pi} \frac{\mathrm{e}^{ix} - \mathrm{e}^{-ix}}{2i}\mathrm{e}^{-i\omega x}\mathrm{d}x = -\frac{2i}{1-\omega^2}\sin\omega\pi$。

二、答: 设 $z = \mathrm{e}^{i\theta}(0 \le \theta \le 2\pi)$, 则

$$I = \int_0^{2\pi} \frac{r - \cos\theta}{1 - 2r\cos\theta + r^2}\mathrm{d}\theta = \frac{1}{2i}\oint_{|z|=1} \frac{z^2 - 2rz + 1}{(rz-1)(z-r)}\frac{1}{z}\mathrm{d}z$$

1) 当 $|r| < 1$ 时, 被积函数 $\dfrac{z^2 - 2rz + 1}{(rz-1)(z-r)}\dfrac{1}{z}$ 在单位圆 $|z| = 1$ 内有两个一阶极点 $z = 0$ 和 $z = r$,

$$I = \int_0^{2\pi} \frac{r - \cos\theta}{1 - 2r\cos\theta + r^2}\mathrm{d}\theta$$
$$= 2\pi\mathrm{i}\frac{1}{2i}\left\{\mathrm{Res}\left[\frac{z^2-2rz+1}{(rz-1)(z-r)}\frac{1}{z}, 0\right] + \mathrm{Res}\left[\frac{z^2-2rz+1}{(rz-1)(z-r)}\frac{1}{z}, r\right]\right\} = 0$$

2) 当 $|r| > 1$ 时, 被积函数 $\dfrac{z^2 - 2rz + 1}{(rz-1)(z-r)}\dfrac{1}{z}$ 在单位圆 $|z| = 1$ 内有两个一阶极点 $z = 0$ 和 $z = 1/r$,

$$I = \int_0^{2\pi} \frac{r - \cos\theta}{1 - 2r\cos\theta + r^2}\mathrm{d}\theta$$
$$= 2\pi\mathrm{i}\frac{1}{2i}\left\{\mathrm{Res}\left[\frac{z^2-2rz+1}{(rz-1)(z-r)}\frac{1}{z}, 0\right] + \mathrm{Res}\left[\frac{z^2-2rz+1}{(rz-1)(z-r)}\frac{1}{z}, \frac{1}{r}\right]\right\} = \frac{2\pi}{r}$$

故 $\int_0^{2\pi} \dfrac{r - \cos\theta}{1 - 2r\cos\theta + r^2}\mathrm{d}\theta = \begin{cases} 0, & |r| < 1 \\ \dfrac{2\pi}{r}, & |r| > 1 \end{cases}$

三、答: $f(z) = \dfrac{1}{(z-2)(z-3)} = \dfrac{1}{z-3} - \dfrac{1}{z-2}$

(1) $0 < |z - 2| < 1$, $f(z) = \dfrac{1}{z-3} - \dfrac{1}{z-2} = -\sum_{n=-1}^{\infty}(z-2)^n$

(2) $|z| > 3$, $f(z) = \dfrac{1}{z}\left(\dfrac{1}{1-\dfrac{3}{z}} - \dfrac{1}{1-\dfrac{2}{z}}\right) = \dfrac{1}{z}\left[\sum_{n=0}^{\infty}\left(\dfrac{3}{z}\right)^n - \sum_{n=0}^{\infty}\left(\dfrac{2}{z}\right)^n\right]$

四、答: 1. $u = c_1(ax + by) + c_2$, 2. $f(z) = 2\mathrm{i}z - \mathrm{i}z^2$。

五、答: $y(t) = \mathscr{L}^{-1}[Y(p)] = \dfrac{1}{a}f(t) * \sin at + b\cos at + \dfrac{c}{a}\sin at$

对 $f(t) = t$, 有 $y(t) = \dfrac{1}{a}t * \sin at + b\cos at + \dfrac{c}{a}\sin at$

$$y(t) = \dfrac{1}{a^2}\left(t + ca - \dfrac{1}{a}\right)\sin at + b\cos at$$

六、答: $w = f(z) = -\left(\dfrac{z - 1/2}{1 - z/2}\right) = \dfrac{2z-1}{z-2}$

练 习 题 四

一、答: 1. $\mathrm{Re}[\ln(z-1)] = \dfrac{1}{2}\ln(1 + r^2 - 2r\cos\theta)$

2. $1^{\sqrt{2}} = e^{\sqrt{2}\mathrm{Ln}(1)} = e^{\sqrt{2}[\ln 1 + \mathrm{i}(\arg 1 + 2k\pi)]} = e^{2\sqrt{2}k\pi\mathrm{i}}$ $(k = 0, \pm 1, \cdots)$

二、答: (1)方法一:因为 $z\bar{z} = 4$, 所以 $\bar{z} = \dfrac{4}{z}$, 故 $\int_C(\bar{z} - e^z)\mathrm{d}z = \int_C\left(\dfrac{4}{z} - e^z\right)\mathrm{d}z = 8\pi\mathrm{i}$

方法二: $\int_C(\bar{z} - e^z)\mathrm{d}z = \int_C\bar{z}\mathrm{d}z = \int_0^{2\pi}2e^{-\mathrm{i}\theta}2\mathrm{i}e^{\mathrm{i}\theta}\mathrm{d}\theta = 8\pi\mathrm{i}$

(2) $\int_C(\bar{z} - e^z)\mathrm{d}z = \int_C\bar{z}\mathrm{d}z - \int_C e^z\mathrm{d}z = \int_{-1}^1 -\mathrm{i}t \cdot \mathrm{i}\mathrm{d}t - e^z|_{-\mathrm{i}}^{\mathrm{i}} = -(e^{\mathrm{i}} - e^{-\mathrm{i}}) = -2\mathrm{i}\sin 1$

三、答: (1) $f(z) = c = $ 常数; (2) $f(z) = \dfrac{(2-\mathrm{i})}{2}z^2 + c$。

四、答: $f(z) = \dfrac{1}{z^2 + z - 6} = \dfrac{1}{(z+3)(z-2)} = \dfrac{1}{5}\left[\dfrac{1}{z-2} - \dfrac{1}{z+3}\right]$

(1) $|z| < 2$,

$f(z) = \dfrac{1}{5}\left[-\dfrac{1}{2}\dfrac{1}{1-z/2} - \dfrac{1}{3}\dfrac{1}{1+z/3}\right] = -\dfrac{1}{10}\sum_{n=0}^{\infty}\left(\dfrac{z}{2}\right)^n - \dfrac{1}{15}\sum_{n=0}^{\infty}(-1)^n\left(\dfrac{z}{3}\right)^n$

(2) $|z - 2| > 5$,

$$f(z) = \frac{1}{5}\left[\frac{1}{z-2} - \frac{1}{(z-2)+5}\right] = \frac{1}{5}\left[\frac{1}{z-2} - \frac{1}{(z-2)}\frac{1}{1+5/(z-2)}\right]$$

$$= \frac{1}{5}\left[\frac{1}{z-2} - \frac{1}{(z-2)}\sum_{n=0}^{\infty}\left(\frac{5}{z-2}\right)^n\right]$$

五、答: $z = k$　$k = 0,\ \pm 1,\ \pm 2,\ \cdots$　是一阶极点(包括 $z = 0$),$z = \infty$ 是非孤立奇点。

$$\text{Res}[f(z),\ 0] = \lim_{z\to 0} z \cdot \frac{z-\sin\pi z}{z\sin\pi z} = \lim_{z\to 0}\frac{z-\sin\pi z}{\sin\pi z} = \lim_{z\to 0}\frac{1-\pi\cos\pi z}{\pi\cos\pi z} = \frac{1-\pi}{\pi}$$

$$\text{Res}[f(z),\ k(k\neq 0)] = \lim_{z\to k}\frac{z-\sin\pi z}{(z\sin\pi z)'} = \left.\frac{z-\sin\pi z}{\sin\pi z + \pi z\cos\pi z}\right|_{z=k} = (-1)^k\frac{1}{\pi}$$

$$\oint_C\left(\frac{1}{\sin\pi z} - \frac{1}{z}\right)\mathrm{d}z = 2\pi\mathrm{i}\{\text{Res}(f(z),\ 0) + \text{Res}(f(z),\ 1) + \text{Res}(f(z),\ -1)\}$$

$$= 2\pi\mathrm{i}\left(\frac{1-\pi}{\pi} - \frac{1}{\pi} - \frac{1}{\pi}\right) = -2\pi\mathrm{i}\left(\frac{1+\pi}{\pi}\right)$$

六、答: $\displaystyle\int_0^{+\infty}\frac{x\sin x}{x^2+1}\mathrm{d}x = \frac{1}{2}\int_{-\infty}^{+\infty}\frac{x\sin x}{x^2+1}\mathrm{d}x = \text{Im}\left[\frac{1}{2}\int_{-\infty}^{+\infty}\frac{x e^{\mathrm{i}x}}{x^2+1}\mathrm{d}x\right]$

$$= \frac{1}{2}\text{Im}\left[2\pi\mathrm{i}\,\text{Res}\left(\frac{z e^{\mathrm{i}z}}{z^2+1},\ \mathrm{i}\right)\right] = \frac{1}{2}\text{Im}\left[2\pi\mathrm{i}\left.\frac{z e^{\mathrm{i}z}}{2z}\right|_{\mathrm{i}}\right]$$

$$= \frac{1}{2}\text{Im}[\pi\mathrm{i}e^{-1}] = \frac{\pi e^{-1}}{2}$$

七、答: (1) $\overline{F(\omega)} = \overline{\int_{-\infty}^{+\infty}f(t)e^{-\mathrm{j}\omega t}\mathrm{d}t} = \int_{-\infty}^{+\infty}\overline{f(t)}\ \overline{e^{-\mathrm{j}\omega t}}\ \overline{\mathrm{d}t} = \int_{-\infty}^{+\infty}f(t)e^{-\mathrm{j}(-\omega)t}\mathrm{d}t = F(-\omega)$

(2)对 $\alpha \geqslant 0$ 有,$F(\omega) = \displaystyle\int_{-\infty}^{+\infty}f(t)e^{-\mathrm{j}\omega t}\mathrm{d}t = \int_0^{+\infty}te^{-\alpha t}e^{-\mathrm{j}\omega t}\mathrm{d}t = \int_0^{+\infty}te^{-(\mathrm{j}\omega+\alpha)t}\mathrm{d}t = \frac{1}{(\alpha+\mathrm{j}\omega)^2}$

当 $\alpha < 0$ 时,Fourier 变换不存在。

八、答: $y(t) = \mathscr{L}^{-1}[Y(p)] = \mathscr{L}^{-1}\left[\frac{F(p)}{p^2+a^2} - \frac{1}{p^2+a^2}\right]$

$$= \frac{1}{a}f(t) * \sin at - \frac{1}{a}\sin at$$

(1)当 $f(t) = \delta(t-t_0)$,有 $y(t) = \mathscr{L}^{-1}[Y(p)] = \dfrac{1}{a}\displaystyle\int_0^t f(\tau)\sin a(t-\tau)\mathrm{d}\tau - \frac{1}{a}\sin at$

$= \dfrac{1}{a}\sin a(t-t_0)H(t-t_0) - \dfrac{1}{a}\sin at$

(2)当 $f(t) = \sin t$ 时,有 $y(t) = \mathscr{L}^{-1}[Y(p)] = \mathscr{L}^{-1}\left[\dfrac{1}{(p^2+a^2)(p^2+1)} - \dfrac{1}{p^2+a^2}\right] =$

$\mathscr{L}^{-1}\left[\dfrac{1}{a^2-1}\left(\dfrac{1}{p^2+1} - \dfrac{1}{p^2+a^2}\right) - \dfrac{1}{p^2+a^2}\right] = \dfrac{1}{a^2-1}\left(\sin t - \dfrac{1}{a}\sin at\right) - \sin t$。

九、答: $w = f(z) = \mathrm{i}\dfrac{2z-1}{z-2}$

练 习 题 五

一、答：$1. f(z) = \mathrm{e}^{iz^2} = \mathrm{e}^{i(x^2-y^2+i2xy)} = \mathrm{e}^{i(x^2-y^2)-2xy}$，$|f(z)| = \mathrm{e}^{-2xy}$；$\arg f(z) = (x^2 - y^2)$。

$2. f(z) = \dfrac{\sin\sqrt{z}}{\sqrt{z}} = \dfrac{\sin\left(\sqrt{|z|}\,\mathrm{e}^{i\left(\frac{\arg z + 2k\pi}{2}\right)}\right)}{\sqrt{|z|}\,\mathrm{e}^{i\left(\frac{\arg z + 2k\pi}{2}\right)}}$ $(k = 0,\ 1)$

$$\left(\frac{\sin\sqrt{z}}{\sqrt{z}}\right)_{k=1} = \frac{\sin\left(\sqrt{|z|}\,\mathrm{e}^{i\left(\frac{\arg z + 2\pi}{2}\right)}\right)}{\sqrt{|z|}\,\mathrm{e}^{i\left(\frac{\arg z + 2\pi}{2}\right)}} = \frac{\sin\left[-\sqrt{|z|}\,\mathrm{e}^{i\left(\frac{\arg z}{2}\right)}\right]}{-\sqrt{|z|}\,\mathrm{e}^{i\left(\frac{\arg z}{2}\right)}} = \frac{\sin\left[-\sqrt{|z|}\,\mathrm{e}^{i\left(\frac{\arg z}{2}\right)}\right]}{-\sqrt{|z|}\,\mathrm{e}^{i\left(\frac{\arg z}{2}\right)}}$$

$$= \left(\frac{\sin\sqrt{z}}{\sqrt{z}}\right)_{k=0}$$

为单值函数。

$$f(1) = \frac{\sin\sqrt{1}}{\sqrt{1}} = \frac{\sin\left[\sqrt{|1|}\,\mathrm{e}^{i\left(\frac{\arg 1 + 2k\pi}{2}\right)}\right]}{\sqrt{|1|}\,\mathrm{e}^{i\left(\frac{\arg 1 + 2k\pi}{2}\right)}} = \sin 1$$

二、答：(1) $\displaystyle\int_C (\bar{z} + \sin z)\mathrm{d}z = \int_\pi^0 \mathrm{e}^{-i\theta} i\mathrm{e}^{i\theta}\mathrm{d}\theta + \int_{-1}^1 \sin z\,\mathrm{d}z = -\pi i + [-\cos + \cos(-1)] =$
$-\pi i$

(2) $\displaystyle\oint_C (\bar{z} + \sin z)\mathrm{d}z = \oint_{|z|=1}\left(\frac{1}{z} + \sin z\right)\mathrm{d}z = 2\pi i$

三、答：$F(\omega) = \displaystyle\int_{-\infty}^{+\infty} f(t)\mathrm{e}^{-j\omega t}\mathrm{d}t = \int_{-1}^1 \mathrm{e}^{-j\omega t}\mathrm{d}t = -\frac{1}{j\omega}\mathrm{e}^{-j\omega}\bigg|_{-1}^{1} = \frac{\mathrm{e}^{j\omega} - \mathrm{e}^{-j\omega}}{j\omega} = 2\frac{\sin\omega}{\omega}$

由 Fourier 逆变换，得到

$$\frac{1}{2\pi}\int_{-\infty}^{+\infty} F(\omega)\mathrm{e}^{j\omega t}\mathrm{d}\omega = \frac{1}{2\pi}\int_{-\infty}^{+\infty} 2\frac{\sin\omega}{\omega}\mathrm{e}^{j\omega t}\mathrm{d}\omega = \frac{1}{\pi}\int_{-\infty}^{+\infty}\frac{\sin\omega\cos\omega t}{\omega}\mathrm{d}\omega = \begin{cases} 1, & |t| < 1 \\ 0, & |t| > 1 \\ \dfrac{1}{2}, & |t| = 1 \end{cases}$$

我们得到 $\displaystyle\int_0^{+\infty}\frac{\sin\omega\cos\omega}{\omega}\mathrm{d}\omega = \frac{\pi}{4}$。

$$\int_0^{+\infty}\frac{\sin\omega\cos\omega}{\omega}\mathrm{d}\omega = \frac{1}{2}\int_0^{+\infty}\frac{\mathrm{d}(\sin^2\omega)}{\omega} = \frac{\sin^2\omega}{2\omega}\bigg|_0^{+\infty} - \frac{1}{2}\int_0^{+\infty}-\frac{\sin^2\omega}{\omega^2}\mathrm{d}\omega = \frac{1}{2}\int_0^{+\infty}\frac{\sin^2\omega}{\omega^2}\mathrm{d}\omega = \frac{\pi}{4}$$

有 $\displaystyle\int_0^{+\infty}\frac{\sin^2\omega}{\omega^2}\mathrm{d}\omega = \frac{\pi}{2}$。

四、答：$1. z = 0$ 是函数 $\dfrac{\mathrm{e}^{iaz} - \mathrm{e}^{ibz}}{z^2}$ 的一阶极点，且 $\mathrm{Res}\left[\dfrac{\mathrm{e}^{iaz} - \mathrm{e}^{ibz}}{z^2},\ 0\right] = ia - ib$

$$\oint_{|z|=1}\frac{\mathrm{e}^{iaz} - \mathrm{e}^{ibz}}{z^2}\mathrm{d}z = 2\pi i\,\mathrm{Res}\left[\frac{\mathrm{e}^{iaz} - \mathrm{e}^{ibz}}{z^2},\ 0\right] = 2\pi(b - a)$$

$2.(1)$ 由于 $\displaystyle\lim_{z\to\infty} f(z) = A$，故 $f(z) = \cdots + c_{-n}z^{-n} + \cdots + c_{-1}z^{-1} + A$，由于不含正幂项，故

∞ 点是函数的可去奇点。

（2）由于 $f(z) - A = \cdots + c_{-n}z^{-n} + \cdots + c_{-1}z^{-1}$，

$$- c_{-1} = - \lim_{z \to \infty} z[f(z) - A] = \text{Res}[f(z), \infty]$$

五、答： $1.f(z) = u(x, y) + iv(x, y)$ 为常数。

2. 在 $(0, 0)$ 处可导，处处不解析。由 $f'(z) = \dfrac{\partial f}{\partial x} = (u_x + iv_x)\big|_{(0, 0)} = (2x + iy)\big|_{(0, 0)} = 0$。

六、答： 1. （1） $0 < |z - 1| < 1$，$f(z) = \dfrac{1}{(z - 1)(z - 2)} = \dfrac{1}{z - 2} - \dfrac{1}{z - 1} = -\dfrac{1}{z - 1} - \sum_{n=0}^{\infty}(z - 1)^n$

（2） $2 < |z| < \infty$，$f(z) = \dfrac{1}{(z - 1)(z - 2)} = \dfrac{1}{z - 2} - \dfrac{1}{z - 1} = \dfrac{1}{z}\dfrac{1}{(1 - 2/z)} - \dfrac{1}{z}\dfrac{1}{1 - 1/z} = \dfrac{1}{z}\sum_{n=0}^{\infty}\left(\dfrac{2}{z}\right)^n - \dfrac{1}{z}\sum_{n=0}^{\infty}\left(\dfrac{1}{z}\right)^n$

2. $z = 1, z = 2$ 是一阶极点，$z = \infty$ 是可去奇点。

$$\text{Res}[f(z), 1] = \lim_{z \to 1}\left[(z - 1)\dfrac{1}{(z - 1)(z - 2)}\right] = -1$$

$$\text{Res}[f(z), 2] = \lim_{z \to 2}\left[(z - 2)\dfrac{1}{(z - 1)(z - 2)}\right] = 1$$

$$\text{Res}[f(z), \infty] = 0。$$

七、答： 1. $\lim_{\beta \to 1} f(x, \beta) = \lim_{\beta \to 1}\left[\dfrac{1}{2\pi}\dfrac{1 - \beta^2}{1 - 2\beta\cos x + \beta^2}\right] = \begin{cases} 0, & \cos x \neq 1 \\ \infty, & \cos x = 1 \end{cases}$

2. $I(\beta) = \displaystyle\int_{-\pi}^{\pi}\dfrac{1}{1 - 2\beta\cos x + \beta^2}\mathrm{d}x = \oint_{|z|=1}\dfrac{1}{1 - 2\beta\dfrac{z^2 + 1}{2z} + \beta^2}\dfrac{\mathrm{d}z}{iz} = \dfrac{2\pi}{1 - \beta^2}。$

3. 因为，在 $\beta \to 1$ 时 $f(x, \beta) = \begin{cases} 0, & x \neq 0 \\ \infty, & x = 0 \end{cases}$，$\displaystyle\int_{-\pi}^{\pi}f(x, \beta)\mathrm{d}x = 1$，$f(x, \beta)$ 是 $\delta(x)$ 函数，在 $\beta \to 1$。

八、答： 1. 设 $\mathscr{L}[y(t)] = Y(p)$，$\mathscr{L}[f(t)] = F(p)$，对微分方程两边取 Laplace 变换，有

$$Y(p) = \dfrac{F(p)}{p^2 + \lambda}$$

当 $\lambda = 0$ 时，$\mathscr{L}^{-1}\left(\dfrac{1}{p^2}\right) = t$，$\mathscr{L}^{-1}[Y(p)] = \displaystyle\int_0^t f(\tau)(t - \tau)\mathrm{d}\tau$

当 $\lambda = k^2 > 0$ 时，$\mathscr{L}^{-1}\left(\dfrac{1}{p^2 + k^2}\right) = \dfrac{1}{k}\sin kt,$

$$\mathscr{L}^{-1}[Y(p)] = \frac{1}{k}\int_0^t f(\tau)\sin k(t-\tau)\,\mathrm{d}\tau$$

当 $\lambda = -k^2 < 0$ 时，$\mathscr{L}^{-1}\left(\dfrac{1}{p^2-k^2}\right) = \dfrac{1}{2k}(\mathrm{e}^{kt} - \mathrm{e}^{-kt})$，

$$\mathscr{L}^{-1}[Y(p)] = \frac{1}{2k}\int_0^t f(\tau)\left[\mathrm{e}^{k(t-\tau)} - \mathrm{e}^{-k(t-\tau)}\right]\mathrm{d}\tau$$

2. (1) 当 $f(t) = \delta(t)$，有 $\qquad Y(p) = \dfrac{1}{p^2+\lambda}$

当 $\lambda = 0$ 时，$\mathscr{L}^{-1}\left(\dfrac{1}{p^2}\right) = t$

当 $\lambda = k^2 > 0$ 时，$\mathscr{L}^{-1}\dfrac{1}{p^2+k^2} = \dfrac{1}{k}\sin kt$

当 $\lambda = -k^2 < 0$ 时，$\qquad \mathscr{L}^{-1}\left(\dfrac{1}{p^2-k^2}\right) = \dfrac{1}{2k}(\mathrm{e}^{kt} - \mathrm{e}^{-kt})$

(2) 当 $f(t) = \mathrm{e}^{-t}$ 时，有 $\qquad Y(p) = \dfrac{1}{(p^2+\lambda)(p+1)}$

$$y(t) = \mathscr{L}^{-1}[Y(p)] = \mathscr{L}^{-1}\left[\frac{1}{(p^2+\lambda)(p+1)}\right]$$

$$= \frac{\mathrm{e}^{\sqrt{-\lambda}t}}{2\sqrt{-\lambda}(\sqrt{-\lambda}+1)} + \frac{\mathrm{e}^{-\sqrt{-\lambda}t}}{(-2\sqrt{-\lambda})(-\sqrt{-\lambda}+1)} + \frac{\mathrm{e}^{-t}}{1+\lambda}$$

九、答：$f(z) = -\mathrm{i}\dfrac{z-\mathrm{i}}{z+\mathrm{i}}$。

练 习 题 六

一、计算下列各题

1. 答：$f(z) = \mathrm{e}^{\mathrm{i}\frac{1}{z}} = \mathrm{e}^{\mathrm{i}x - \mathrm{i}y/(x^2+y^2)} = \mathrm{e}^{(y+\mathrm{i}x)/(x^2+y^2)}$

$$|f(z)| = \mathrm{e}^{y/(x^2+y^2)}; \quad \mathrm{Im}f(z) = \mathrm{e}^{\frac{y}{x^2+y^2}}\sin\left(\frac{x}{x^2+y^2}\right)$$

2. 答：$f(z) = \sqrt[4]{z} = \sqrt{|z|}\,\mathrm{e}^{\mathrm{i}\left(\frac{\arg z+2k\pi}{4}\right)}$ $(k=0,1,2,3)$，因 $f(1) = \sqrt[4]{1} = \mathrm{e}^{\mathrm{i}\frac{2k\pi}{4}} = \mathrm{i}$，故对应 $k=1$ 分支。

$$f(\mathrm{i}) = \sqrt[4]{\mathrm{i}} = \mathrm{e}^{\mathrm{i}\left(\frac{\pi/2+2k\pi}{4}\right)} = \mathrm{e}^{\mathrm{i}\frac{5\pi}{8}} \quad (k=1)$$

3. 答：(1) 由 $\nabla^2 u(x,y) = 0$，得到 $k = -1$；

(2) $f(z) = (1-\mathrm{i})z^2 + c$。

4. 答：$F(\omega) = \displaystyle\int_{-\infty}^{+\infty} f(t)\mathrm{e}^{-\mathrm{j}\omega t}\mathrm{d}t = \int_0^{\pi/2}\cos x\,\mathrm{e}^{-\mathrm{j}\omega t}\mathrm{d}t = \frac{\mathrm{j}\omega}{(1-\omega^2)} + \frac{1}{(1-\omega^2)}\mathrm{e}^{-\mathrm{j}\omega\frac{\pi}{2}}$

二、答: 1. $\int_C (|z| + e^{iz}) \mathrm{d}z = \int_\pi^0 \mathrm{d}e^{i\theta} + \int_{-1}^1 e^{iz} \mathrm{d}z = 2 + \dfrac{e^i - e^{-i}}{i} = 2 + 2\sin 1$;

2. $\oint_C (|z| + e^{iz}) \mathrm{d}z = \oint_{|z|=2} (2 + e^{iz}) \mathrm{d}z = 0$。

三、答: (1) 每次行走在 x 轴上的投影为 1,$\dfrac{1}{2}\cos\alpha$,$\dfrac{1}{2^2}\cos 2\alpha$,$\cdots$,$\dfrac{1}{2^n}\cos n\alpha$,$\cdots$

其和为 $X = 1 + \dfrac{1}{2}\cos\alpha + \dfrac{1}{2^2}\cos 2\alpha + \cdots + \dfrac{1}{2^n}\cos n\alpha + \cdots$

在 y 轴上的投影为 $\dfrac{1}{2}\sin\alpha$,$\dfrac{1}{2^2}\sin 2\alpha$,$\cdots$,$\dfrac{1}{2^n}\sin n\alpha$,$\cdots$

其和为 $Y = \dfrac{1}{2}\sin\alpha + \dfrac{1}{2^2}\sin 2\alpha + \cdots + \dfrac{1}{2^n}\sin n\alpha + \cdots$

距离出发原点的距离为 $|X + iY| = \left| \dfrac{1}{1 - \dfrac{1}{2}e^{i\alpha}} \right|$。

(2) 验证 $\left| \dfrac{1}{1 - \dfrac{1}{2}e^{i\alpha}} - \dfrac{4}{3} \right| = \dfrac{2}{3}$。显然,$\alpha = 0$ 和 $\alpha = \pi$ 满足方程。

四、 1. (1) $0 < |z - 1| < 1$,$f(z) = \dfrac{1}{(z-1)z} = \dfrac{1}{(z-1)} - \dfrac{1}{z} = \dfrac{1}{z-1} - \sum_{n=0}^\infty (-1)^n (z-1)^n$;

(2) $1 < |z| < \infty$,$f(z) = \dfrac{1}{(z-1)z} = \dfrac{1}{(z-1)} - \dfrac{1}{z} = \dfrac{1}{z}\dfrac{1}{(1-1/z)} - \dfrac{1}{z} = \dfrac{1}{z}\sum_{n=0}^\infty \left(\dfrac{1}{z}\right)^n - \dfrac{1}{z}$

2. $z = 0$,$z = 1$ 是一阶极点,$z = \infty$ 是可去奇点。

$\mathrm{Res}[f(z),\ 0] = \lim_{z\to 0}\left[z\dfrac{1}{z(z-1)}\right] = -1$,$\mathrm{Res}[f(z),\ 1] = \lim_{z\to 1}\left[(z-1)\dfrac{1}{z(z-1)}\right] = 1$,

$\mathrm{Res}[f(z),\ \infty] = 0$。

五、答: 1. $I(a) = \int_0^\infty \dfrac{\cos x}{x^2 + a^2} \mathrm{d}x = \mathrm{Re}\left\{ \dfrac{1}{2}\int_{-\infty}^\infty \dfrac{e^{ix}}{x^2 + a^2}\mathrm{d}x \right\} = \dfrac{\pi e^{-a}}{2a}$

2. 可以利用 $\dfrac{\mathrm{d}I(a)}{\mathrm{d}a} = -\int_0^\infty \dfrac{2a\cos x}{(x^2 + a^2)^2}\mathrm{d}x$

$$\int_0^\infty \dfrac{\cos x}{(x^2 + 1)^2}\mathrm{d}x = \dfrac{\pi}{2}e^{-1},\quad \int_0^\infty \dfrac{\cos x}{x^2 + 1}\mathrm{d}x = \dfrac{\pi e^{-1}}{2}$$

六、答: 1. 设 $\mathscr{L}[y(t)] = Y(p)$,$\mathscr{L}[f(t)] = F(p)$,对微分方程两边取 Laplace 变换,有

$$p^2 Y(p) + 3pY(p) + 2Y(p) = F(p)$$

整理化简得到
$$Y(p) = \frac{F(p)}{(p+2)(p+1)} = \frac{F(p)}{p+1} - \frac{F(p)}{p+2}$$

$$y(t) = \mathscr{L}^{-1}[Y(p)] = \int_0^t f(\tau)[e^{-(t-\tau)} - e^{-2(t-\tau)}]d\tau$$

2.（1）当 $f(t) = \delta(t)$，$y(t) = \mathscr{L}^{-1}[Y(p)] = \mathscr{L}^{-1}\left[\frac{1}{p+1} - \frac{1}{p+2}\right] = e^{-t} - e^{-2t}$，

（2）当 $f(t) = 1$，有 $y(t) = \mathscr{L}^{-1}[Y(p)] = \mathscr{L}^{-1}\left[\frac{1}{2p} - \frac{1}{p+1} + \frac{1}{2(p+2)}\right] = \frac{1}{2} - e^{-t} + \frac{1}{2}e^{-2t}$。

七、答：$w = \dfrac{z-ai}{z+ai}$，$u(x, y) = \dfrac{\lambda}{2\pi\varepsilon_0}\text{Reln}\dfrac{z-ai}{z+ai} = \dfrac{\lambda}{2\pi\varepsilon_0}\ln\sqrt{\dfrac{x^2+(y-a)^2}{x^2+(y+a)^2}}$。